Vorwort

W0190713

Dieses Buch erfüllt die Anforderungen der Richtlinien des Landes Nordrhein-Westfalen für den neugeordneten Büroberuf **„Bürokaufmann/Bürokauffrau"**.

Neben der Integration von **Buchführung** und **Rechnen** haben die Autoren in allen Kapiteln die Inhalte des Rechnungswesens betriebswirtschaftlichen Zusammenhängen zugeordnet.

Lehrplangemäß werden Kenntnisse und Fertigkeiten in der Erfassung, Aufbereitung und Auswertung von Informationen zur Planung, Steuerung und Kontrolle vermittelt.

Den Buchungsteilen liegt der Schulkontenrahmen Nordrhein-Westfalen zugrunde. Dieser ist nach dem im Lehrplan geforderten **Abschlussgliederungsprinzip** aufgebaut und ermöglicht eine Querschnittsorientierung hinsichtlich der Branche.

Bewusst verzichten die Autoren auf die Darstellung von Spezialkenntnissen. Stattdessen vermitteln sie Grundstrukturen des Faches in starker Einbindung in betriebswirtschaftliche Zusammenhänge, indem die wichtigsten Lerninhalte mithilfe von Belegen problematisiert werden. Dadurch können mit diesem Buch schon wesentliche Vorerfahrungen für den bürowirtschaftlichen Unterricht gesammelt werden.

Auf Querverbindungen, die in dem entsprechenden Betriebswirtschaftslehre- bzw. Bürowirtschaftsbuch derselben Reihe vertieft werden können, wird durch besondere Symbole hingewiesen.

Die einzelnen Themenbereiche werden am Beispiel einer Großhandlung für Bürobedarf **(Modellunternehmen Primus GmbH)** erarbeitet. Jedes Kapitel wird mit einer unternehmungs- und fachtypischen Handlungssituation eingeleitet. Über einen abschließenden Arbeitsauftrag werden die Schüler zur eigenständigen Lösung aufgefordert. Mit der verständlichen und illustrierten Darstellung und Erklärung der Inhalte an Beispielen werden Hilfen zur Entwicklung von eigenen Lösungsvorschlägen und damit zu einer identifizierenden Handlungsorientierung angeboten.

In vielen Abschnitten werden computerunterstützte Lösungen aufgezeigt bzw. gefordert.

Jedes Kapitel schließt mit einer Zuammenfassung der Lernstruktur und einem umfangreichen Aufgabenteil. Durch den hohen Stellenwert des Aufgabenteils haben auch lernschwächere Schüler die Möglichkeit, die Bestandteile des Rechnungswesens systematisch einzüüben. Ein umfangreicher Materialienband enthält ausführliche Lösungen.   *Die Verfasser*

Legende der verwendeten Symbole:

 Handlungssituation   Sachinhalt   Zusammenfassung

 Aufgaben   Aufgaben und Sachverhalte, die mithilfe eines Computerprogrammes gelöst werden können

 Hinweis auf das Betriebswirtschaftslehrebuch    Hinweis auf das Bürowirtschaftsbuch

Inhaltsverzeichnis

Einleitung

Ein Unternehmen stellt sich vor

Jedes Unternehmen ist gleichzeitig Kunde bei anderen Unternehmen (Lieferer) und hat selbst Abnehmer (Kunden). Großhandelsunternehmen beschaffen Waren von verschiedenen Herstellern, die sie ihren Kunden anbieten.

Damit Sie die vielfältigen Probleme und Methoden des Rechnungswesens leichter kennen lernen, haben wir in diesem Buch für Sie ein mittelständisches Unternehmen als Modellbetrieb gewählt, die **Primus GmbH**, Großhandlung für Bürobedarf. An typischen Situationen dieses Unternehmens lernen Sie die wesentlichen Themen kennen, mit denen sich das Rechnungswesen beschäftigt. Sie erfahren, wie betriebswirtschaftliche Entscheidungen zustande kommen und welche Methoden eingesetzt werden, damit ein Unternehmen Erfolg hat.

Betrachten Sie die Primus GmbH als „Ihren Ausbildungsbetrieb", um betriebswirtschaftliches Denken und Handeln zu lernen. Hierzu wollen Sie sicher einige Details über dieses Unternehmen erfahren. Auf den nächsten Seiten wird Ihre Neugier gestillt.

Sie erfahren, wo die Primus GmbH ihren Sitz hat, wie das Unternehmen aufgebaut ist, welche Abteilungen vorhanden sind und welche Menschen in diesem Unternehmen arbeiten. Einigen Mitarbeitern werden Sie in diesem Buch häufig begegnen. Sie beobachten sie in typischen betrieblichen Situationen.

Sie finden auch einen Auszug aus dem Katalog der Waren (Sortiment), die von der Primus GmbH vertrieben werden, sowie einen Auszug aus der Kunden- und Liefererdatei. Außerdem wird der Gesellschaftsvertrag der Primus GmbH vorgestellt. Schließlich erfahren Sie, in welchen Verbänden die Primus GmbH Mitglied ist und wie ihr Betriebsrat und ihre Jugendvertretung zusammengesetzt sind.

Auf diese Informationen werden Sie bei Ihrer Lernarbeit häufiger zurückgreifen. Deshalb haben wir sie zusammengefasst und als Vorspann vor das erste Kapitel gesetzt.

Szenario

Nicole Höver und Andreas Dick sind Auszubildende zur Bürokauffrau bzw. zum Bürokaufmann bei der Primus GmbH, einem Großhandelsunternehmen für Bürobedarf in Duisburg, und Schüler einer Unterstufe für diese Ausbildungsberufe an einer berufsbildenden Schule in Duisburg.

Am ersten Tag des Unterrichts einigen sich die Schüler ihrer Klasse, ihre Ausbildungsbetriebe vorzustellen. Diese Vorstellung soll in einem kleinen Projekt bearbeitet werden:

„Wir stellen unseren Ausbildungsbetrieb vor"

● Der Standort

Lager- und Büroräume der Primus GmbH liegen in Duisburg in der Koloniestr. 2–4 (vgl. S. 9). Die Grundstücke und Gebäude sind Eigentum der Primus GmbH.

Die Primus GmbH unterhält in ihrem Verwaltungsgebäude eine kleine Verkaufsboutique, in der gewerbliche Kunden und Letztverbraucher Waren kaufen können. Die Verkaufsboutique wird von den Auszubildenden der Primus GmbH geleitet und verwaltet.

Die Primus GmbH ist unmittelbar an der Autobahn A 59 an der Abfahrt Duisburg-Zentrum gelegen. Der Güterbahnhof Duisburg befindet sich ebenfalls in unmittelbarer Nähe. Arbeitnehmerinnen und Arbeitnehmer können mit den Bus- und Straßenbahnlinien fast bis vor den Eingang des Unternehmens fahren. Auf dem Werksgelände befinden sich nur wenige Parkplätze für Mitarbeiter und Kunden, da die Geschäftsleitung der Primus GmbH über die Ausgabe von Jobtickets für die öffentlichen Verkehrsmittel ihre Mitarbeiter zu umweltbewusstem Verhalten anhalten möchte.

● Telefon und Telefax

Telefon: (0203) 445 36 90

eMail: Primus.Buerobedarf@t-online.de

Telefax: (0203) 445 36 98

oder 02034453690-0001@t-online.de

● Die Bankverbindungen

Geldinstitut	BLZ	Kontonummer
Stadtsparkasse Duisburg	350 500 00	360 058 796
Postbank Essen	360 100 43	286 778 431

● Steuer-, Betriebs-Nr. für Sozialversicherung und Handelsregistereintragung

Finanzamt: Duisburg-Süd; Steuer-Nr.: 032/130/0146

Betriebs-Nr. für die Sozialversicherung: 43641271

Handelsregistereintragung: Amtsgericht Duisburg HR B 467-0301

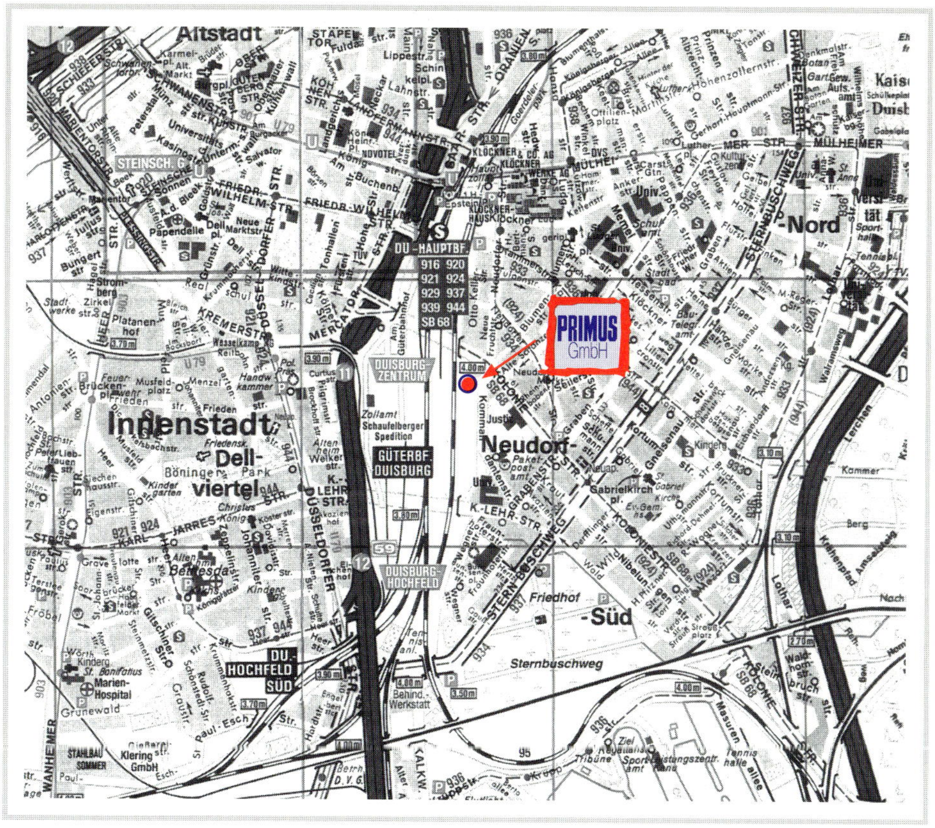

● Organigramm der Primus GmbH (siehe S. 10)

● Die Verbände

Gemäß § 1 IHK-Gesetz ist die Primus GmbH Mitglied in der Industrie- und Handelskammer zu Duisburg. Die Geschäftsführerin, Frau Primus, die Abteilungsleiterinnen Frau Berg und Frau Konski und der Abteilungsleiter Herr Patt sind Mitglieder in Prüfungsausschüssen der IHK. Das Unternehmen ist im Groß- und Außenhandelsverband Westfalen-Mitte organisiert, die organisierten Arbeitnehmer sind Mitglieder in der Gewerkschaft Handel, Banken und Versicherungen (HBV).

● Der Betriebsrat und die Jugend- und Auszubildendenvertretung

Vorsitzender des Betriebsrates der Primus GmbH ist Marc Cremer, sein Stellvertreter ist Sven Fischer. Jugend- und Auszubildendenvertreterin ist Petra Jäger, Stellvertreter ist Andreas Dick.

● Sicherheits-, Umwelt- und Qualitätsbeauftragte der Primus GmbH

Sicherheitsbeauftragter: Arno Schmitt
Umweltbeauftragter: Thomas Weiß
Qualitätsbeauftragter: Jörg Nolte

● Organigramm der Primus GmbH, Großhandel für Bürobedarf

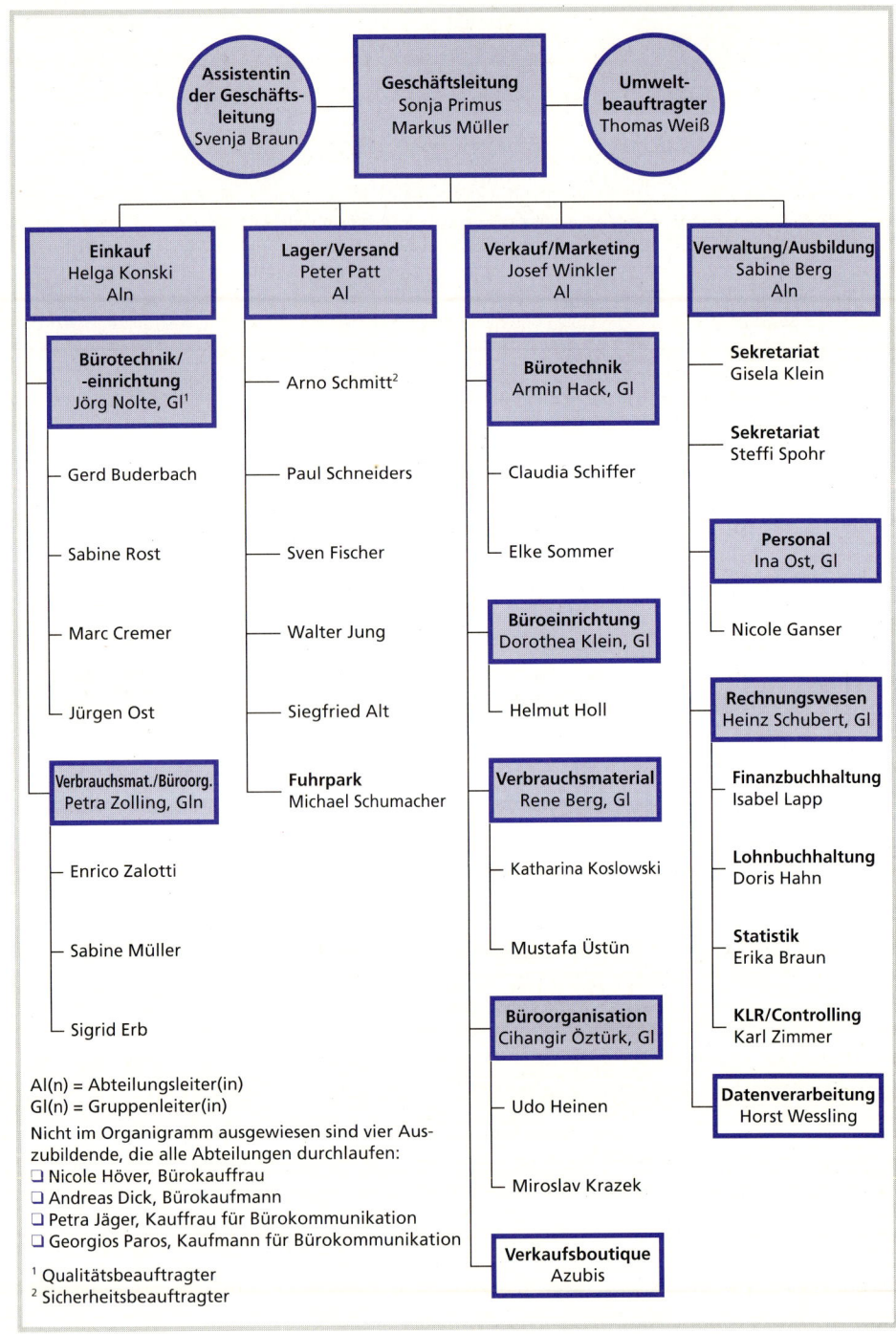

Assistentin der Geschäftsleitung
Svenja Braun

Geschäftsleitung
Sonja Primus
Markus Müller

Umweltbeauftragter
Thomas Weiß

Einkauf
Helga Konski
Aln

Lager/Versand
Peter Patt
Al

Verkauf/Marketing
Josef Winkler
Al

Verwaltung/Ausbildung
Sabine Berg
Aln

Bürotechnik/ -einrichtung
Jörg Nolte, Gl[1]

— Gerd Buderbach

— Sabine Rost

— Marc Cremer

— Jürgen Ost

Verbrauchsmat./Büroorg.
Petra Zolling, Gln

— Enrico Zalotti

— Sabine Müller

— Sigrid Erb

— Arno Schmitt[2]

— Paul Schneiders

— Sven Fischer

— Walter Jung

— Siegfried Alt

Fuhrpark
Michael Schumacher

Bürotechnik
Armin Hack, Gl

— Claudia Schiffer

— Elke Sommer

Büroeinrichtung
Dorothea Klein, Gl

— Helmut Holl

Verbrauchsmaterial
Rene Berg, Gl

— Katharina Koslowski

— Mustafa Üstün

Büroorganisation
Cihangir Öztürk, Gl

— Udo Heinen

— Miroslav Krazek

Verkaufsboutique
Azubis

Sekretariat
Gisela Klein

Sekretariat
Steffi Spohr

Personal
Ina Ost, Gl

— Nicole Ganser

Rechnungswesen
Heinz Schubert, Gl

Finanzbuchhaltung
Isabel Lapp

Lohnbuchhaltung
Doris Hahn

Statistik
Erika Braun

KLR/Controlling
Karl Zimmer

Datenverarbeitung
Horst Wessling

Al(n) = Abteilungsleiter(in)
Gl(n) = Gruppenleiter(in)

Nicht im Organigramm ausgewiesen sind vier Auszubildende, die alle Abteilungen durchlaufen:
❑ Nicole Höver, Bürokauffrau
❑ Andreas Dick, Bürokaufmann
❑ Petra Jäger, Kauffrau für Bürokommunikation
❑ Georgios Paros, Kaufmann für Bürokommunikation

[1] Qualitätsbeauftragter
[2] Sicherheitsbeauftragter

● Der Gesellschaftsvertrag (Auszug)

Gesellschaftsvertrag der Primus GmbH Großhandel für Bürobedarf

durch die Gesellschaftsversammlung am 1. Januar 19.. in 47057 Duisburg, Koloniestr. 2–4, festgelegt.

§ 1 Die Firma der Gesellschaft lautet Primus GmbH, Großhandel für Bürobedarf.

§ 2 Der Geschäftssitz der Gesellschaft ist in 47057 Duisburg, Koloniestr. 2–4.

§ 3 Die Gesellschaft betreibt die Anschaffung und Weiterveräußerung von Bürobedarf aller Art. Nach Möglichkeit sollen umweltverträgliche Artikel angeboten werden.

§ 5 Das Stammkapital der Gesellschaft beträgt 1 200 000,00 DM.

§ 6 Das Stammkapital wird aufgebracht:
1. Gesellschafterin Dipl.-Kauffrau Sonja Primus mit einer Stammeinlage von 600 000,00 DM
2. Gesellschafter Dipl.-Betriebswirt Markus Müller mit einer Stammeinlage von 600 000,00 DM
   Die Stammeinlagen sind in bar oder in Sachwerten zu leisten. Sie sind sofort in voller Höhe fällig.

§ 7 Der Mindestbetrag einer Stammeinlage muss 1000,00 DM betragen. Jede andere Stammeinlage muss durch 100,00 DM teilbar sein. Die Gesellschafter leisten ihre Geschäftsanteile in bar.

§ 8 Die Gesellschafterversammlung beruft einstimmig die Geschäftsführung.

§ 10 Die Gesellschafter treten jährlich einmal zu einer ordentlichen Versammlung zusammen. Die Geschäftsführer laden mit einwöchiger Frist unter Angabe von Tagungsort, Tagungszeit und Tagesordnung ein.

§ 13 Jeder Gesellschafter kann aus wichtigem Grund seinen Austritt aus der Gesellschaft erklären. Der Austritt ist nur zum Ende eines Geschäftsjahres zulässig. Er hat durch Einschreibebrief mit einer Frist von sechs Monaten zu erfolgen. Bei Kündigung der Gesellschafter oder Austritt wird die Gesellschaft nicht aufgelöst.

§ 16 Bekanntmachungen der Gesellschaft nach den gesetzlichen Bestimmungen erfolgen ausschließlich im Bundesanzeiger.

§ 20 Außerhalb des Gesellschaftsvertrages wurde folgender Beschluss gefasst:
Als Geschäftsführer gemäß § 9 des Gesellschaftsvertrages werden bestimmt
1. Frau Dipl.-Kauffrau Sonja Primus
2. Herr Dipl.-Betriebswirt Markus Müller

§ 21 Vorstehendes Protokoll wurde den Gesellschaftern vom Notar vorgelesen, von ihnen genehmigt und eigenhändig wie folgt unterzeichnet:

zu 1. *Sonja Primus*

zu 2. *Markus Müller*

● Das Sortiment

Lieferer-Nr.	Bestell-Nr.	Listenein-kaufspreis, netto/DM	Artikelbezeichnung	Artikel-Nr.	Listenver-kaufspreis, netto/DM[1]
Warengruppe I: Bürotechnik			**Kalkulationszuschlag 20%**		
5641	237060	832,50	Faxgerät TA InkJet -Fax FX 640TI	335B927	999,00
5641	237061	499,17	Faxgerät Primus Fax T30	235B614	599,00
5641	237062	107,50	Anrufbeantworter euroset AB	230B912	129,00
5641	237063	74,17	Anrufbeantworter Code-A-Phone 2001	237B750	89,00
5620	353389	65,83	Taschenrechner Datenbank SF-4300 B	229B906	79,00
5620	253390	32,50	Taschenrechner TI-5028	155B440	39,00
5620	253391	1165,83	Tischkopierer Primus Z-52	150B391	1399,00
5669	289922	65,83	Primus Mikro-Diktiergerät S 926	149B393	79,00
5620	253321	831,67	HP Laser Jet 5 P Laserdrucker	261B289	998,00
Warengruppe 2: Büroeinrichtung			**Kalkulationszuschlag 120%**		
5621	100201	193,18	Schreibtische Primo	159B574	425,00
5621	100202	181,36	Bildschirm-Arbeitstisch Primo	159B590	399,00
5621	100203	217,73	Rollcontainer Primo	159B632	479,00
5621	100204	129,55	Unterschrank Primo	159B616	285,00
5621	100301	272,27	Schreibtisch Classic	308B049	599,00
5621	100303	117,73	Regalelement Classic	308B122	259,00
5621	100306	358,64	Bandscheiben-Drehstuhl Steifensand	120B592	789,00
5621	100310	181,36	Bandscheiben-Drehstuhl ‚Super-Star'	162B388	399,00
5669	289910	195,00	Bürodrehstuhl Modell 1640	381B814	429,00
5669	289934	67,73	Aktenvernichter Fellowes PS 50	228B684	149,00
5669	289958	129,55	Bildschirmarbeitstisch Charm	160B994	285,00
5669	289967	145,00	Druckertisch Euratio	305B094	319,00
Warengruppe 3: Verbrauch			**Kalkulationszuschlag 80%**		
5677	310290	2,19	Primus-Castell TK-Fine 1306 Druckbleistifte	125B567	3,95
5677	310294	21,67	Primus EXPRESS RO 33 20 Stück	313B221	39,00
5677	310301	8,86	Tintenroller Ball-Primus R 50 9 Stück	316B158	15,95
5610	420100	2,75	Primus Bleistifte 12 Stück	253B989	4,95
5610	420108	2,30	Primus Textmarker 6 Stück	128B488	4,14
5610	420110	12,50	Seminarmark. Primus 270 Boardmark. 10 St.	312B561	22,50
5681	145220	6,64	Primus Notizblock 4×800	236B596	11,95
5681	145237	6,94	Primus Universalblock 10 Stück	116B319	12,50
5681	145250	14,94	Recycling Briefumschläge C6 1000 Stück	250B423	26,90
5681	145200	28,89	Computerpapier A4 weiß 80g 2000 Blatt	705B251	52,00
5666	281000	43,89	Kopierpapier Primus XERO-Copy 5000 Blatt	239B632	79,00
5666	281001	7,17	Kopierpapier X-Offit 500 Blatt	251B926	12,90
Warengruppe 4: Organisation			**Kalkulationszuschlag 100%**		
5641	237064	384,50	Drehsäule für Aktenordner 3 Etagen	182B238	769,00
5666	405129	2,00	Primus Ordner 6 Farben A4	119B263	4,00
5666	405145	1,58	Primus Trennblätter A4 Register 10 Stück	118B364	3,16
5669	289905	9,98	Registraturlocher	200B071	19,96
5669	289908	7,48	Primus Briefablage 5 Stück	310B615	14,96
5669	289915	11,75	Karteikasten aus Kunststoff	138B859	23,50
5669	289922	64,50	Zeitschriftenhalter	240B804	129,00
5610	420115	7,48	Primus Heftzange B 36	194B340	14,96
5610	420130	45,00	Magister-Flip-Chart-Tafel	296B673	90,00
5681	145260	28,00	Primus Hängehefter 50 Stück	128B579	56,00

[1] Aus Gründen der psychologischen Preisbildung wurden einige Verkaufspreise auf glatte Beträge auf- oder abgerundet.

Liefererdatei der Primus GmbH (Auszug)

Firma	Lieferer-Nr.	Adresse	Ansprechpartner	Tel./Fax	Kreditinstitut	Produkte	Lieferbedingungen	Zahlungsbedingungen	Umsatz lfd. Jahr
Giesen & Co OHG Herstellung von Kleingeräten für Schulungsbedarf	5610	Quarzstr. 98 51371 Leverkusen	Frau Gentgen	0214/ 766754 766734	Bank für Gemeinwirtschaft Leverkusen BLZ: 375 11411 Kto.-Nr.: 674 562 870	Büromaterial, Schulungsbedarf	Auftragswert bis 1000 DM: 50 DM, über 1000 DM: 84 DM Verpackungspauschale: 21 DM	Ziel: 20 Tage Skonto: 7 Tage /2%	90 000,00 DM
Computec GmbH & Co KG Hard- u. Softwarevertrieb	5620	Volkspark- str. 12-20 22525 Hamburg	Herr Ötztütk	040/ 2244669 2244664	Hamburger Handelsbank BLZ: 202 050 00 Kto.-Nr.: 671 119 C 870	Hard- und Software, Bürogeräte	bis 10 kg: 12 DM, bis 25 kg: 20 DM, bis 50 kg: 32 DM, bis 100 kg: 54 DM, über 100 kg nach Vereinbarung	Ziel: 14 Tage Skonto: -	120 000,00 DM
Bürodesign GmbH Herstellung von Büromöbeln	5621	Stolberger Str. 188 50933 Köln	Herr Staam	0221/ 6683550 668357	Postbank Köln BLZ: 370 100 00 Kto.-Nr.: 324 066-506	Büromöbel	Lieferpauschale: 80 DM	Ziel: 50 Tage Skonto: 14 Tage /2%	420 000,00 DM
Jansen BV. Bürotechnik	5641	Jan de Ver- wersstraat 10 NL-5900 AV Venlo	Frau Sommer	00314780/ 863550 866401	ABN-Amro Venlo BLZ: 1C31471 Kto.-Nr.: 92 235 723	Bürogeräte aller Art	4% vom Warenwert, maximal 400 DM	Ziel: 30 Tage Skonto: -	330 000,00 DM
Latex AG Herstellung von Büroverbrauchs- gütern	5666	Neckar- str. 89-121 12053 Berlin	Frau Demming	030/ 445546 445548	Citibank Berlin BLZ: 100 109 00 Kto.-Nr.: 984 553 223	Bürobedarf aller Art	Spesenpauschale: 10 DM	Ziel: 60 Tage Skonto: 14 Tage /3%	150 000,00 DM
Bürotec GmbH Büroeinrichtung aller Art	5669	Fabrik- str. 24-30 04129 Leipzig	Frau Asbach	03141/ 554645 554849	Deutsche Bank Leipzig BLZ: 870 700 00 Kto.-Nr.: 911 111 723	Bürogeräte, Büromöbel, Büroeinrichtungs- gegenstände	bis Auftragswert 1000 DM: 50 DM sonst frei Haus	Ziel: 30 Tage Skonto: 10 Tage /2%	300 000,00 DM
Flamingo- werke AG Fabrikation von Schreibbedarf	5677	Palzstr. 16 59073 Hamm	Frau Sydow	02381/ 417118 988410	Volksbank Hamm BLZ: 410 601 20 Kto.-Nr.: 987 789 723	Schreibbedarf aller Art	ab Bestellwert von 2000 DM frei Haus, sonst 3% vom Warenwert, mindestens jedoch 15 DM	Ziel: 14 Tage Skonto: -	220 000,00 DM
Papierwerke Iserlohn GmbH Müller & Co	5681	Laarstr. 19 58636 Iserlohn	Herr Kern	02371/ 334431 334232	Deutsche Bank Iserlohn BLZ: 445 800 70 Kto.-Nr.: 674 562 870	Papierwaren aller Art	frei Haus	Ziel: 30 Tage Skonto: 10 Tage /3%	160 000,00 DM

● Kundendatei der Primus GmbH (Auszug)

Firma	Kunden-Nr.	Adresse	An-sprech-partner	Tel./Fax	Kredit-institut	Umsatz lfd. Jahr	Offene Rech-nungen	Rabatt-sätze
Stadtverwaltung Duisburg	8135	Am Buchen-baum 18–22 47051 Duisburg	Herr Baum	0203/ 667531 667538	Landeszentral-bank Duisburg BLZ: 35000000 Kto.-Nr.: 111222870	460000,00 DM	0	20%
Klöckner-Müller Elektronik AG	8142	Taunusring 16–34 63069 Offenbach	Frau Jansen	069/ 443228 443217	Commerzbank Offenbach BLZ: 50540028 Kto.-Nr. 43978623	559000,00 DM	1	25%
Herstadt Warenhaus GmbH	8155	Bruno-str. 45 45889 Gelsen-kirchen	Herr Kluge	0209/ 56499 54490	Postbank Dortmund BLZ: 44010046 Kto.-Nr.: 432056-204	370000,00 DM	1	35%
Krankenhaus GmbH Duisburg	8326	Ems-str. 30–40 47169 Duisburg	Frau Straub	0203/ 556476 556448	Volksbank Meiderich BLZ: 35060281 Kto.-Nr.: 89366223	210000,00 DM	1	25%
Modellux GmbH & Co KG Herstellung von Modelleisenbahnen	8453	Hof-str. 55–67 48167 Münster	Frau Simon	0251/ 89438 89444	Deutsche Bank Münster BLZ: 40070080 Kto.-Nr. 674563870	480000,00 DM	2	20%
Computerfach-handel Martina van den Bosch	8564	Vinckenhof-straat 45 NL 5900 AA Venlo	Frau van den Bosch	003153/ 341769 341764	Crédit Lyonnais Bank Nederland BLZ: 3241100 Kto.-Nr.: 656632120	290000,00 DM	0	40%
Bürofachgeschäft Herbert Blank	8671	Cäcilien-str. 86 46147 Oberhausen	Frau Brieger	0208/ 111360 111345	Dresdner Bank Oberhausen BLZ: 36580072 Kto.-Nr. 06789763	150000,00 DM	3	30%

1 Aufgaben und Aufgabenbereiche des betrieblichen Rechnungswesens

Nach den ersten sechs Monaten ihrer Ausbildung zur Bürokauffrau in der Primus GmbH wechselt Nicole Höver vom Absatz ins Rechnungswesen. Herr Winkler, der Leiter der Abteilung Verkauf/Marketing begleitet sie zu Herrn Schubert, dem Gruppenleiter des Rechnungswesens. „Guten Tag, Herr Schubert, ich bringe Ihnen eine Hilfe für die nächsten Monate." „Danke, mir wurde Frau Höver schon durch den Ausbildungsplan der Personalabteilung angekündigt. Ich will sie sofort mit ihren neuen Kolleginnen bekannt machen, nämlich mit unserer Finanzbuchhalterin, Frau Lapp, und unserer Lohnbuchhalterin, Frau Hahn." Im Büro nebenan arbeiten Frau Braun, zuständig für die Statistik, und Herr Zimmer, der Leiter der Kostenrechnung und des Controllings.

Während des Rundgangs durch die Abteilung erzählt Herr Schubert von seiner Arbeit. Er habe das Gefühl, das Nachrichtenzentrum für die Unternehmensleitung und die betrieblichen Abteilungen zu sein. Noch heute wollte Herr Hack, der Gruppenleiter „Bürotechnik", die Umsatzentwicklung des Laserdruckers HP Laser Jet 5P erfahren, der seit sechs Monaten verkauft wird. Anlässlich eines Auftrages der Computerfachhandlung Martina van den Bosch, Venlo, über 80 000,00 DM will Herr Winkler wissen, ob die Firma van den Bosch die bisherigen Lieferungen bezahlt hat. Außerdem will die Geschäftsleitung regelmäßig Kurzberichte über die Entwicklung des Gewinns oder Verlustes und der liquiden Mittel. Herr Schubert stellt abschließend fest: „Wir sind im Rechnungswesen eine Art Datenbank für die Unternehmungs- und Abteilungsleiter."

Arbeitsauftrag Stellen Sie einen Aufgabenkatalog des Rechnungswesens zusammen, aus dem hervorgeht, dass das Rechnungswesen ein Informationssystem für die Geschäftsleitung, die Abteilungsleiter, die Gruppenleiter, die Kreditgeber und die Behörden werden kann!

Großhandelsbetriebe kaufen über den **Beschaffungsmarkt Waren** und **Betriebsmittel** (Maschinen, Fahrzeuge) ein.

Die Waren werden durch die Mitarbeiter der Großhandelsunternehmung auf dem Absatzmarkt an die Kunden der Großhandelsunternehmung (Einzelhandel, Großverbraucher) verkauft. **Waren, Betriebsmittel** und **menschliche Arbeit** sind die **Produktionsfaktoren** der Unternehmung. Der Verkauf von Waren ist neben dem Verkauf von Dienstleistungen, wie Montage und Wartung verkaufter Waren, die typische Leistung der Großhandelsunternehmung.

● Güter- und Geldströme

Vom **Beschaffungsmarkt** fließt also ein **Strom von Gütern und Dienstleistungen** in die Großhandelsunternehmung. **Beim Verkauf strömen Güter und Dienstleistungen** zu den Kunden **am Absatzmarkt.**

Dem **Güter-** und **Dienstleistungsstrom** steht also ein **Geldstrom** gegenüber (vgl. Abbildung nächste Seite oben):

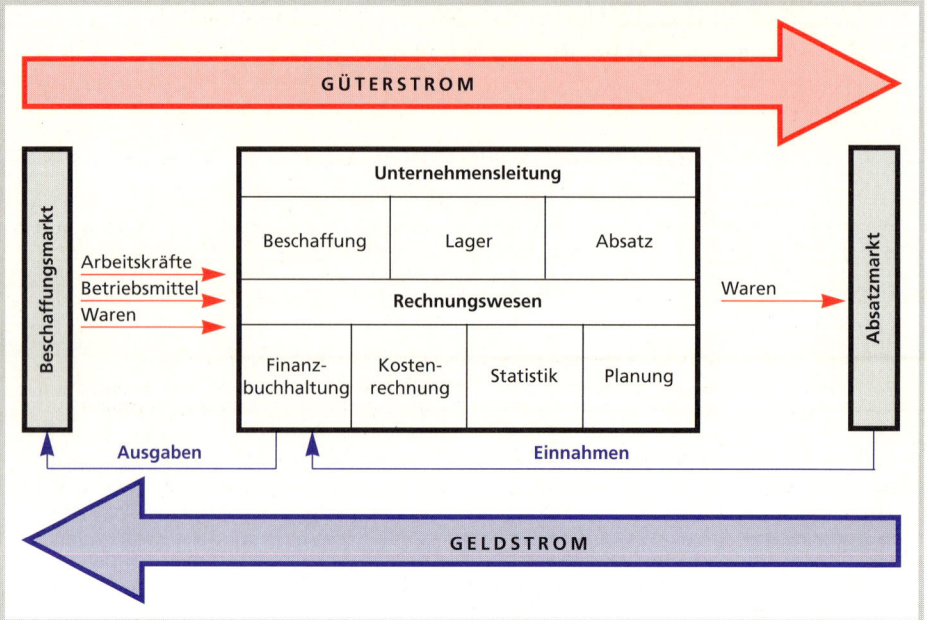

Ziel des Unternehmens ist es hierbei, einen Überschuss der Einnahmen gegenüber den Ausgaben zu erreichen. Ist das der Fall, erzielt das Unternehmen einen **positiven Erfolg** (einen **Gewinn**). Es setzt sich jedoch auch dem Risiko aus einen **negativen Erfolg** (einen **Verlust**) zu erleiden.

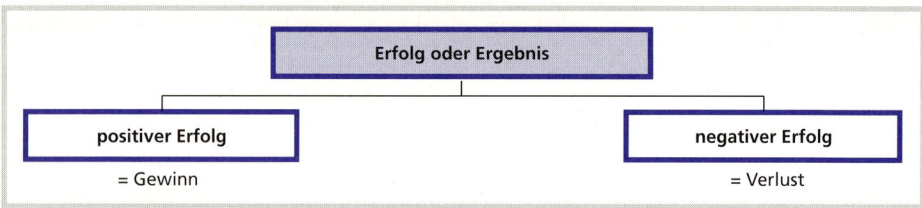

● Einzelaufgaben des Rechnungswesens

Geld- und Güterströme verändern fortwährend die Zusammensetzung und Höhe der Vermögensteile (z. B. Warenbestände, Forderungen, Bankguthaben) und der Schulden. Über die Ursachen, die Art und den Umfang der Veränderungen des Vermögens und der Schulden muss die Unternehmungsleitung zuverlässige Informationen (Daten) erhalten, um aufgrund genauer Angaben die erforderlichen Entscheidungen treffen zu können.

Beispiele

❏ Der Primus GmbH wird von der Bürotec GmbH, Leipzig, ein großer Posten Druckertische Euratio besonders preisgünstig bei sofortiger Zahlung angeboten. Die Unternehmungsleitung erkundigt sich in der Buchhaltung nach dem Bestand an Zahlungsmitteln (Bargeld, Guthaben bei Banken).

❏ Wegen eines Auftrages über 80 000,00 DM vom Kunden van den Bosch, Venlo, möchte der Abteilungsleiter Verkauf/Marketing, Herr Winkler, den derzeitigen Kontenstand des Kunden wissen.

Das Rechnungswesen erfüllt für die Unternehmensleitung folgende **Aufgaben:**

❑ Es ermittelt **Art und Höhe des Vermögens und der Schulden** bei der Gründung der Unternehmung, am Ende jedes Geschäftsjahres und beim Verkauf oder bei der Auflösung der Unternehmung.

❑ Alle **Veränderungen des Vermögens und der Schulden** hält es im Laufe des Geschäftsjahres fest.

> **Beispiele** Aufnahme oder Tilgung eines Darlehens, Zahlungen von Kunden zum Ausgleich von Ausgangsrechnungen, Zahlungen an Lieferer zum Ausgleich von Eingangsrechnungen

❑ Es erfasst alle Daten, um den **Erfolg des Unternehmens,** den Gewinn oder den Verlust, zu ermitteln.

> **Beispiel** Im Monat Oktober wurden Bürobedarfsartikel für 700 000,00 DM verkauft, dafür entstanden im selben Monat Ausgaben für Wareneinkäufe, Löhne, Gehälter, Miete, Büromaterial u. a. von 620 000,00 DM. Der Erfolg, in diesem Fall ein Gewinn, beträgt 80 000,00 DM.

❑ Es liefert Aufzeichnungen zur **Berechnung der Preise** (Kalkulation).

> **Beispiel** Ausgaben für Waren, Löhne, Gehälter, Büromaterial usw. sollen über die Verkaufspreise der Waren wieder hereingeholt werden. Deshalb müssen diese Ausgaben vollständig festgehalten und bei der Preisberechnung (Kalkulation) berücksichtigt werden.

❑ Über die Beobachtung und den Vergleich fortlaufend erfasster Daten stellt es notwendige **Unterlagen für unternehmerische Entscheidungen** bereit.

> **Beispiel** Die Verkaufszahlen von den einzelnen Erzeugnissen (Umsatz und Absatz) werden festgehalten. Je nach Entwicklung lösen sie unternehmerische Entscheidungen aus: Werbemaßnahmen, Herausnahme aus dem Sortiment u. a.

❑ Es ist **Informationsstelle für Gläubiger.**

> **Beispiel** Kreditinstitute überprüfen anhand von Unterlagen des Rechnungswesens die Kreditwürdigkeit.

❑ Es sammelt und ermittelt die **Angaben für Steuererklärungen** (z. B. für die Einkommensteuererklärung).

❑ Im Streitfalle mit den Behörden oder mit Geschäftspartnern stellt es **Beweismittel** bereit.

> **Beispiel** Belege werden aufbewahrt, um gegenüber der Finanzverwaltung Ausgaben und Einnahmen nachzuweisen, um entstandene und getilgte Schulden und Forderungen nachzuweisen.

Das Rechnungswesen ist somit zugleich **Informations-, Kontroll- und Steuerungssystem** für alle betrieblichen Funktions- und Verantwortungsbereiche, vor allem für das Absatz- und Beschaffungsmarketing.

Aufgaben des betrieblichen Rechnungswesens

Informationssystem	Kontrollsystem	Steuerungssystem
stellt Daten bereit über ❑ Einnahmen, Ausgaben ❑ Gewinne, Verluste ❑ Veränderungen der Güter- und Geldmittelbestände	❑ überwacht die Erfassung von Einnahmen und Ausgaben ❑ kontrolliert die Einhaltung von Plänen durch Soll-Ist-Vergleich	❑ liefert Planungsdaten für künftige Entscheidungen

● Aufgabenbereiche des Rechnungswesens

Wegen der vielfältigen Aufgaben ist das Rechnungswesen der meisten Betriebe in folgende Bereiche gegliedert:

Finanzbuchhaltung (Fibu)	Kosten- und Leistungsrechnung (KLR)	Statistik	Planung
❏ erfasst die **Geldströme** zwischen dem Unternehmen und der Außenwelt (z.B. Ausgaben an Lieferer und Einnahmen von Kunden) ❏ ermittelt den **Erfolg** (Gewinn oder Verlust) der Unternehmung, indem sie Aufwendungen und Erträge gegenüberstellt ❏ ermittelt Bestände und **Veränderungen** von **Vermögen** und **eingesetztem Kapital**	❏ ermittelt den Erfolg aus dem Verkauf von Waren ❏ dazu stellt sie die Kosten durch Kauf und Verkauf der Waren und die Umsatzerlöse für die abgesetzten Waren gegenüber ❏ kontrolliert die Wirtschaftlichkeit des Unternehmens	❏ sammelt betriebliche und außerbetriebliche Daten ❏ stellt diese in Tabellen oder Diagrammen anschaulich dar (z.B. Umsätze einzelner Artikel, einzelner Sortimentsbereiche, Kosten einzelner Abteilungen) ❏ ist Basis für die Entscheidungsvorbereitung	❏ wertet innerbetriebliche Daten der Fibu, KLR und Statistik und außerbetriebliche Daten (z.B. Preisentwicklung, Vergleichszahlen der Verbände und IHK) aus ❏ stellt Daten für Einzelpläne (Absatzplan, Beschaffungsplan, Lagerplan, Finanzplan) zur Verfügung

Das Rechnungswesen ist vergleichbar mit einer **Datenbank,** in der Daten von allen Funktionsbereichen gesammelt und von allen Bereichen für die unterschiedlichsten Zwecke abgerufen werden.

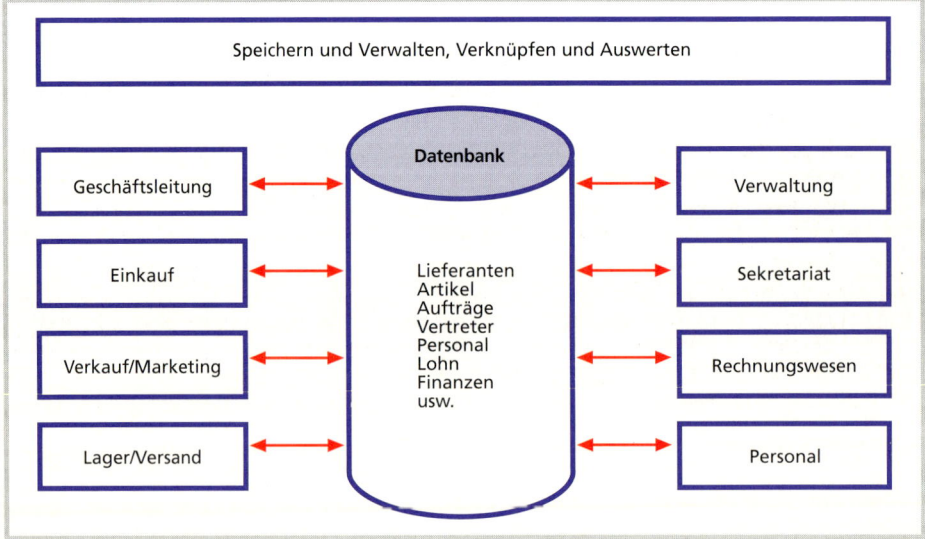

Aufgaben und Aufgabenbereiche des Rechnungswesens

- Das Rechnungswesen
  - ❏ erfasst die Güter- und Geldströme zwischen dem Unternehmen und dem Beschaffungs- und Absatzmarkt,
  - ❏ ermittelt regelmäßig den Stand an Vermögen und Schulden und erfasst laufend deren Veränderungen,
  - ❏ stellt den Erfolg (Gewinn und Verlust) des Geschäftsjahres fest,
  - ❏ stellt Daten für die Preisberechnung und für zahlreiche betriebliche Entscheidungen bereit.
- Das Rechnungswesen ist Informations-, Kontroll- und Steuerungssystem.
- Das Rechnungswesen ist in die Aufgabenbereiche Finanzbuchhaltung, Kosten- und Leistungsrechnung, Statistik und Planung gegliedert.

1 Erläutern Sie anhand des Schaubildes S. 16 die Aufgabenbereiche der Großhandelsunternehmung!

2 Ordnen Sie den betrieblichen Produktionsfaktoren die folgenden Wirtschaftsgüter einer Großhandlung für Bürobedarf zu!

a) Fahrzeuge

b) Leistungen der Unternehmensleitung

c) Computer in der Abteilung Verwaltung

d) Grundstücke und Gebäude

e) Leistungen des Lagerpersonals

f) Regale in den Verwaltungsräumen

g) Bürotische in der Verwaltungsabteilung

h) Gabelstapler im Warenlager

i) Bürobedarfsartikel

j) Leistungen der Möbelschreiner in der Reparaturwerkstatt

k) Regale zur Warenlagerung

3 Nennen Sie die wesentlichen Aufgaben der Finanzbuchhaltung!

4 Erläutern Sie den Güter- und den Geldstrom zwischen Großhandelsunternehmung und Beschaffungs- und Absatzmarkt!

5 Begründen Sie, warum sich

a) die Stadtsparkasse Duisburg,

b) das Finanzamt Duisburg am Geschäftssitz der Primus GmbH

für die Buchführung der Primus GmbH interessieren!

6 Erläutern Sie die Bedeutung des betrieblichen Rechnungswesens als Informations-, Kontroll- und Steuerungssystem!

7 Grenzen Sie die Aufgaben der Geschäfts- oder Finanzbuchhaltung von denen der Kosten- und Leistungsrechnung ab!

8 „Was hast du mit den 400,00 DM gemacht, die ich dir erst vorige Woche gegeben habe?" reagiert Herr Klein auf die Bitte seiner Frau um Haushaltsgeld. „Du weißt doch, dass ich wirklich nur das Notwendigste für den Haushalt kaufe", antwortet Frau Klein. Ähnliche Gespräche haben Sie sicher auch schon in Ihrer Familie miterlebt.

a) Erarbeiten Sie in Gruppen ein Haushaltsbuch zur übersichtlichen Aufzeichnung aller Einnahmen und Ausgaben und vergleichen Sie die Ergebnisse!

b) Begründen Sie jeweils den Aufbau!

c) Stellen Sie einen Katalog von Gründen zusammen, die für ein solches Haushaltsbuch sprechen!

2 Einführung in die Systematik der Buchführung

2.1 Rechtsgrundlagen der Buchführung

Die Primus GmbH plant die Vergrößerung der Ausstellungshalle und des Lagers. Sie benötigt dazu zusätzliche Finanzmittel. Deshalb bittet Frau Primus die Stadtsparkasse Duisburg um einen Kredit. Die Bank verlangt zu ihrer Sicherheit eine Aufstellung des Vermögens und der Schulden der Primus GmbH, um deren Kreditwürdigkeit zu überprüfen.

Damit alle Unternehmungen nach einheitlichen Gesichtspunkten besteuert werden, fordert die Finanzverwaltung ein Rechnungswesen, durch das Vermögens- und Gewinnermittlung nachgewiesen werden können.

Arbeitsauftrag Begründen Sie in diesem Zusammenhang, warum der Gesetzgeber Vorschriften zur Buchführung geschaffen hat!

● Gesetzliche Grundlagen nach Handelsrecht

An einer ordnungsmäßigen Buchführung sind der **Unternehmer** selbst, **Gläubiger** und der **Staat** interessiert.

❏ Dem **Unternehmer** liefert die Buchführung Informationen über das Ergebnis seiner Entscheidungen in der Vergangenheit und Grundlagen für künftige Entscheidungen.

❏ Die Buchführung dient dem **Gläubigerschutz.** Nach einheitlichen Grundsätzen festgestellte Ergebnisse sind vergleichbar.

❏ Gewinn, Umsatz und Vermögen sind wichtige Besteuerungsgegenstände. Im Sinne gerechter **Steuererhebung** ist der **Staat** somit an einer einheitlichen Feststellung dieser Besteuerungsgrößen interessiert.

Nach Handelsrecht ist ein Vollkaufmann zur Buchführung verpflichtet.

§ 238 Abs. 1 Satz 1 HGB: Jeder Kaufmann ist verpflichtet Bücher zu führen und in diesen seine Handelsgeschäfte und die Lage des Vermögens nach den Grundsätzen ordnungsmäßiger Buchführung ersichtlich zu machen.

Der Kaufmann ist verpflichtet seine Vermögenslage jeweils **zum Ende eines Geschäftsjahres darzustellen.** Dafür muss er einen Jahresabschluss erstellen.

§ 242 Abs. 1 (1) Der Kaufmann hat zu Beginn seines Handelsgewerbes und für den Schluss eines jeden Geschäftsjahres einen das Verhältnis seines Vermögens und seiner Schulden darstellenden Abschluss (Eröffnungsbilanz, Bilanz) aufzustellen. Auf die Eröffnungsbilanz sind die für den Jahresabschluss geltenden Vorschriften entsprechend anzuwenden, soweit sie sich auf die Bilanz beziehen.

Abs. 2 (2) Er hat für den Schluss eines jeden Geschäftsjahrs eine Gegenüberstellung der Aufwendungen und Erträge des Geschäftsjahrs (Gewinn- und Verlustrechnung) aufzustellen.

Abs. 3 (3) Die Bilanz und die Gewinn- und Verlustrechnung bilden den Jahresabschluss.

Das **Geschäftsjahr** darf gem. § 240 Abs. 2 Satz 2 HGB zwölf Monate nicht überschreiten. Es muss jedoch nicht mit dem Kalenderjahr übereinstimmen, wenn wichtige Gründe vorliegen.

Die Vorschriften für die Buchführung und den Jahresabschluss befinden sich im dritten Buch des Handelsgesetzbuches (HGB), **Handelsbücher** genannt.

Diese Buchführungspflicht nach dem HGB gilt nicht für Minderkaufleute gem. § 4 Abs. 1 HGB, z. B. für Kaufleute und Handwerker, die wegen der geringen Größe ihrer Betriebe (geringer Umsatz) keine kaufmännische Einrichtung benötigen.

● Buchführungspflicht nach Steuerrecht

Die **Finanzverwaltung will als Bemessungsgrundlage für die Steuern** die Geschäftserfolge des Kaufmanns erkennen können. Daher fordert das Steuerrecht im § 140 Abgabenordnung (AO) auch die vom Handelsrecht (HGB) auferlegten Buchführungspflichten.

Darüber hinaus verpflichtet § 141 AO **kleingewerbetreibende** Minderkaufleute, Handwerker, kleinere land- und forstwirtschaftliche Betriebe zu einer vereinfachten Buchführung und Aufzeichnung, wenn eines der folgenden Merkmale erreicht wurde:

Jahresumsatz	mehr als	500 000,00 DM
Betriebsvermögen	mehr als	125 000,00 DM
Jahresgewinn	mehr als	48 000,00 DM

Für einzelne Steuerarten sind neben den grundsätzlichen Vorschriften der Abgabenordnung (AO) Spezialgesetze zu beachten, so z. B. das Einkommensteuergesetz (EStG), das Körperschaftsteuergesetz (KStG), das Umsatzsteuergesetz (UStG).

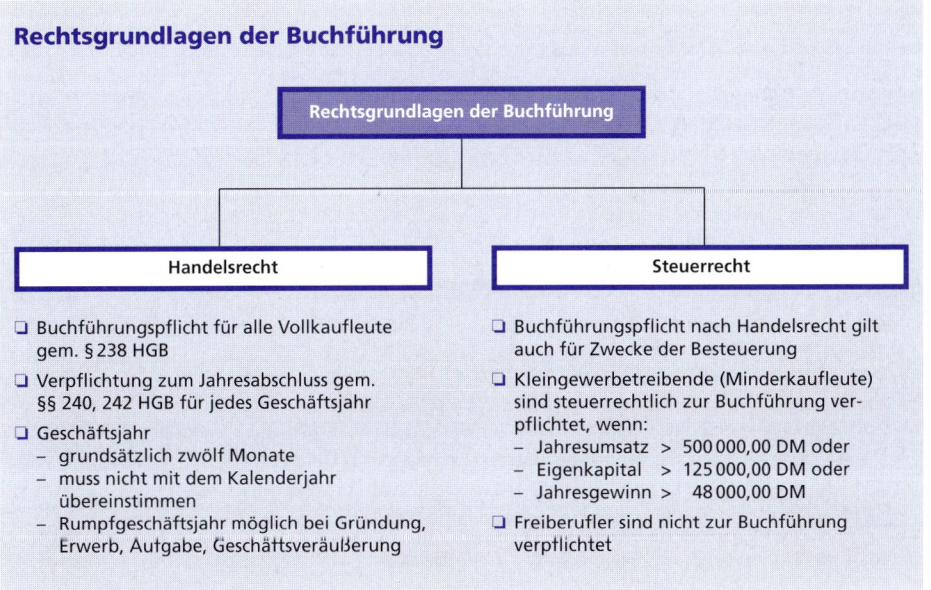

Rechtsgrundlagen der Buchführung

Rechtsgrundlagen der Buchführung

Handelsrecht

❑ Buchführungspflicht für alle Vollkaufleute gem. § 238 HGB
❑ Verpflichtung zum Jahresabschluss gem. §§ 240, 242 HGB für jedes Geschäftsjahr
❑ Geschäftsjahr
  – grundsätzlich zwölf Monate
  – muss nicht mit dem Kalenderjahr übereinstimmen
  – Rumpfgeschäftsjahr möglich bei Gründung, Erwerb, Aufgabe, Geschäftsveräußerung

Steuerrecht

❑ Buchführungspflicht nach Handelsrecht gilt auch für Zwecke der Besteuerung
❑ Kleingewerbetreibende (Minderkaufleute) sind steuerrechtlich zur Buchführung verpflichtet, wenn:
  – Jahresumsatz > 500 000,00 DM oder
  – Eigenkapital > 125 000,00 DM oder
  – Jahresgewinn > 48 000,00 DM
❑ Freiberufler sind nicht zur Buchführung verpflichtet

1 Nennen Sie fünf Aufgaben der Finanzbuchhaltung!

2 Nennen Sie maßgebliche Rechtsquellen der Buchführung für Vollkaufleute!

3 Begründen Sie das Interesse
a) des Unternehmers,
b) der Gläubiger,
c) der Finanzverwaltung
an einer ordnungsmäßigen Buchführung!

4 Prüfen Sie mit entsprechenden Erläuterungen die Buchungspflicht der Firma Adalbert Klar, Mineralwasserbrunnen. Sie ist im Handelsregister eingetragen und erzielt mit 20 Arbeitnehmern einen Jahresumsatz von 2,4 Millionen DM.

5 Prüfen Sie mit entsprechenden Erläuterungen die Buchführungspflicht des selbständigen Schlossermeisters Albert Adams, der bei der letzten Steuerveranlagung bei einem Jahresumsatz von 480 000,00 DM einen Jahresgewinn aus seinem Handwerksbetrieb von 75 000,00 DM erzielte.

6 In der Warengroßhandlung Ulrich Hofstetter fällt am Ende des Jahres wegen des Weihnachtsgeschäftes mehr Arbeit an als im Juli. Deswegen möchte Herr Hofstetter sein Geschäftsjahr, das bisher mit dem Kalenderjahr übereinstimmte, umstellen. Prüfen Sie mit entsprechender Begründung, ob das möglich ist!

2.2 Inventur, Inventar, Bilanz

2.2.1 Inventur

Nicole Höver ist noch keine ganze Woche in der Abteilung Rechnungswesen, als sie ein Gespräch zwischen Frau Primus und Herrn Schubert mitbekommt: „Herr Schubert, ich habe den Eindruck, dass die Menge von Artikeln, die wir auf Lager haben, ganz unterschiedlich ist. Ich denke, es ist richtig, den Einkauf der Artikel, von denen wir zu viel auf Lager haben, zu drosseln. Daher möchte ich Sie bitten, mir möglichst schnell eine genaue Aufstellung der Warenbestände zu machen." Da das Sortiment der Primus GmbH sehr vielfältig ist, überlegt sich Herr Schubert Vorbereitungen und Arbeitsanweisungen, die ihm die Aufstellung der Bestände erleichtern könnten.

Arbeitsauftrag Überlegen Sie, wie man am schnellsten und am ökonomischsten diese Aufstellung machen kann!

● **Gesetzliche Grundlagen der Inventur**

§ 240 HGB Abs. 1: Jeder Kaufmann hat zu Beginn seines Handelsgewerbes seine Grundstücke, seine Forderungen und Schulden, den Betrag seines baren Geldes sowie seine sonstigen Vermögensgegenstände genau zu verzeichnen und dabei den Wert der einzelnen Vermögensgegenstände und Schulden anzugeben.

Abs. 2: Er hat [...] für den Schluss eines jeden Geschäftsjahres ein solches Inventar aufzustellen. [...]

Der **Unternehmer** muss

❏ zu **Beginn der Betriebstätigkeit**

❏ am **Ende jedes Geschäftsjahres** und

❏ beim Verkauf des Unternehmens

ein **genaues Verzeichnis** (Inventar) seines Vermögens und seiner Schulden aufstellen. Alle Vermögensteile und Schulden müssen in **Art** und **Menge** sowie **Wert vollständig** aufgeführt werden.

Beispiel Die Primus GmbH muss Menge und Werte der vorhandenen Bürobedarfsartikel, ihr Bargeld, ihr Guthaben (Forderungen) gegenüber einzelnen Kunden, jedes Fahrzeug und dessen Wert, ihre Schulden gegenüber Lieferern und Banken ermitteln und in einem Verzeichnis darstellen.

Dazu muss der Unternehmer sein Bargeld, seine Waren zählen und noch nicht bezahlte Rechnungen zusammenstellen. Diese Aufnahme aller Wirtschaftsgüter nach Art, Menge und Wert wird als **Inventur** bezeichnet.

● Arten der Inventur

▶ **Unterscheidung nach der Art der Aufnahme:**

❏ **Körperliche Inventur:** Um die gesetzliche Verpflichtung zu erfüllen sind die **Vermögensgegenstände** (Waren, Bargeld) **„körperlich" aufzunehmen.** Zu einem bestimmten Zeitpunkt sind also alle Vermögensgegenstände, die im Unternehmen vorzufinden sind (lat.: invenire = finden, vorfinden), **zu zählen, zu messen, zu wiegen** oder **zu schätzen und zu bewerten.**

Beispiele

– Am Aufnahmetag wurden in der Geschäftskasse gezählt

2 Banknoten à 100,00 DM	25 Münzen à 1,00 DM
24 Banknoten à 50,00 DM	27 Münzen à 2,00 DM
30 Banknoten à 10,00 DM	50 Münzen à 5,00 DM

– Am Aufnahmetag befinden sich im Warenlager u. a.

350 Primus Bleistifte	12 Stück à 2,75 DM
528 Primus Textmarker	6 Stück à 2,30 DM

▶ **Buchinventur:** Wird der mengen- und wertmäßige Bestand der Wirtschaftsgüter nur **anhand** von **schriftlichen Unterlagen oder Daten in der Datenbank ermittelt,** liegt eine **Buchinventur** vor. Sie ersetzt die körperliche Inventur, wenn aufgrund von Aufzeichnungen eine ordnungsmäßige buchmäßige Erfassung sichergestellt ist.

Beispiele

Wirtschaftsgüter der Primus GmbH	Buchinventur aufgrund von
– Grundstücke und Gebäude – Betriebs- und Geschäftsausstattung – Fuhrpark – Forderungen – Verbindlichkeiten – Darlehensforderungen und -schulden – Bank- und Postbankguthaben	– Grundbuchauszügen und anhand de Anlagendatei – Verzeichnis der Fahrzeuge – noch nicht bezahlten Ausgangsrechnungen – noch nicht beglichenen Eingangsrechnungen – Kontenauszügen der Gläubiger – entsprechenden Tagesauszügen der Banken

▶ **Inventurvereinfachungsverfahren:**

❑ **Stichtaginventur und zeitnahe Inventur:** Der Gesetzgeber fordert die Inventur **für** den Schluss des Geschäftsjahres. Die Finanzverwaltung legte den Gesetzestext früher recht eng aus und verlangte den Ablauf der Bestandsaufnahme **genau am Schluss des Geschäftsjahres,** z. B. genau zum Stichtag 31. Dezember. Eine solche Inventur wird als **Stichtaginventur** bezeichnet.

Das Aufnahmeverfahren lässt sich in vielen Fällen **nicht am Schluss des Geschäftsjahres durchführen,** da der Arbeitsaufwand, z. B. aufgrund hoher Lagerbestände, zu umfangreich ist.

Beispiel Großhandelsunternehmen haben nicht selten zwischen 40 000 und 120 000 verschiedene Artikel auf Lager.

Deshalb müssen die **Bestände nur zeitnah,** d.h. in der Regel innerhalb einer Frist von zehn Tagen vor und zehn Tagen nach dem Stichtag **aufgenommen** werden: **Zeitnahe Inventur.** Dabei muss sichergestellt werden, dass die **Bestandsveränderungen** zwischen dem Bilanzstichtag und dem früher oder später liegenden Aufnahmetag anhand von Belegen ordnungsmäßig **mengen- und wertmäßig berücksichtigt werden.**

Beispiel

| bis zu zehn Tagen vor dem Bilanzstichtag | ◀ | Körperliche Inventur | ▶ | bis zu zehn Tagen nach dem Bilanzstichtag |

Mengen- und Wertfortschreibung				**Mengen- und Wertrückrechnung**			
Artikel: **Schreibtisch Primo**	Menge	Einzelwert	Gesamtwert	Artikel: **Bürodrehstuhl Modell 1640**	Menge	Einzelwert	Gesamtwert
Bestand am 21.12. **(Aufnahmetag)**	20	193,18	3 863,60	Bestand am 09. 01. **(Aufnahmetag)**	38	195,00	7 410,00
+ Zugang am 23.12.	35	193,18	6 761,30	+ Abgang am 03. 01.	20	195,00	3 900,00
	55		10 624,90		58		11 310,00
– Abgang am 28.12.	10	193,18	1 931,80	– Zugang am 07. 01.	40	195,00	7 800,00
= Bestand am 31.12. **(Bilanzstichtag)**	45	193,18	8 693,10	= Bestand am 31. 12. **(Bilanzstichtag)**	18	195,00	3 510,00

Die Stichtaginventur hat vielfach große **Nachteile**:

– Das Betriebsgeschehen wird erheblich gestört oder gar unterbrochen.

– Vielfach müssen Arbeitskräfte eingestellt oder Überstunden gemacht werden. Damit sind erhebliche Personalkosten verbunden. Daher lässt der Gesetzgeber Inventurvereinfachungsverfahren zu (§ 241 HGB).

❑ **Permanente Inventur:** Die Großhandelsunternehmung erfasst alle Wareneingänge und Warenausgänge mengenmäßig mittels Computer. Dadurch ist sie in der Lage, den Warenbestand jederzeit ausdrucken zu lassen. Das ist **eine** Voraussetzung der permanenten Inventur.

Beispiel

Warenlagerkarte					Nr. 1
Lagerstelle:	Ware:	Verpackungseinheit:	Art.-Nr.:	Anschaffungswert (Bezugspreis):	
Bürotechnik	Taschenrechner	1 Stück	155B440	32,50 DM/St.	

Bezeichnung: Taschenrechner TI-5028	Meldebestand: 600 Stück	Höchstbestand: Mindestbestand:	1 200 Stück 450 Stück

Datum:	Vorgang:	Zugang:	Abgang:	Bestand:	Anmerkung:
19..–01–01	Inventurbestand			1 100	
19..–04–05	Abgang lt. AR 294		400	700	
19..–06–06	Zugang lt. ER der Computec GmbH & Co KG	500		1 200	
19..–07–16	Abgang lt. AR 1 380		283	917	
19..–09–25	Abgang lt. AR 8 258		457	460	
19..–10–01	Körperliche Inventur			460	gez.: l. Lopp
19..–10–06	Zugang lt. ER der Computec GmbH & Co KG	750		1 210	
19..–10–25	Abgang lt. AR 54 357		582	628	
19..–11–23	Zugang lt. ER der Computec GmbH & Co KG	500		1 128	
19..–12–21	Abgang lt. AR 99 479		600	528	
19..–12–31	Sollbestand			528	

Die permanente Inventur ist möglich, wenn sich der Bestand eines körperlichen Wirtschaftsgutes auch ohne körperliche Bestandsaufnahme aufgrund entsprechender Unterlagen (z. B. Lagerdateien), in denen ständig die Zu- und Abgänge mengenmäßig erfasst werden, buchmäßig ermitteln läßt. Der am Bilanzstichtag vorliegende **buchmäßige Bestand (Sollbestand)** darf dann als **tatsächlicher Bestand (Istbestand)** angesetzt werden.

Diese Vorgehensweise setzt voraus:

– In Lagerkarteien bzw. Lagerdateien müssen täglich mit Angabe des Datums, der Art und Menge alle **Zu- und Abgänge** auf der Grundlage nachprüfbarer Belege eingetragen werden.

– Mindestens einmal im Jahr muss durch **körperliche Inventur** (vgl. S. 23) geprüft werden, ob der zu diesem Inventurstichtag ausgewiesene buchmäßige Bestand **(Sollbestand)** mit dem durch körperliche Inventur ermittelten Bestand **(Istbestand)** übereinstimmt. Der buchmäßige Bestand ist zu berichtigen, falls der durch körperliche Inventur ermittelte Bestand von ihm abweicht. Das Datum dieser körperlichen Inventur ist in der Lagerkartei/-datei für das betreffende Wirtschaftsgut (im Beispiel „Taschenrechner TI 5028") zu vermerken.

Es sind Aufzeichnungen anzufertigen (Inventurlisten; vgl. S. 27) über die Durchführung und das Ergebnis der körperlichen Inventur, die von den aufnehmenden Personen zu unterzeichnen sind.

Diese Niederschriften sind **zehn Jahre** aufzubewahren.

Die permanente Inventur ist eine enge **Kombination von „Buchinventur" und „körperlicher Inventur".** Sie wird besonders bei der Inventur von Waren angewandt.

- Die **Inventurarbeiten** können bei den einzelnen Artikeln **zu unterschiedlichen Terminen** während des Geschäftsjahres erfolgen.
- Die personal- und zeitaufwendigen Inventurarbeiten können **in Zeiten** durchgeführt werden, in denen Arbeitskräfte ohne erhebliche Schwierigkeiten von anderen Arbeiten **freigestellt werden können.**
- Anhand der Lagerbuchhaltung kann dann zu **jedem Termin der Buchbestand (Sollbestand)** als **Inventurbestand (Istbestand)** ausgedruckt werden.

> **§ 241 Abs. 2 HGB:** Bei der Aufstellung des Inventars für den Schluss eines Geschäftsjahres bedarf es einer körperlichen Bestandsaufnahme der Vermögensgegenstände für diesen Zeitpunkt nicht, soweit durch Anwendung eines den Grundsätzen ordnungsmäßiger Buchführung entsprechenden anderen Verfahrens gesichert ist, dass der Bestand der Vermögensgegenstände nach Art, Menge und Wert auch ohne die körperliche Bestandsaufnahme für diesen Zeitpunkt festgestellt werden kann.

❑ **Zeitlich verlegte Inventur:** Bei der zeitlich verlegten Inventur wird
- die Bestandsaufnahme zu einem Zeitpunkt **innerhalb der letzten drei Monate vor dem Bilanzstichtag** oder **innerhalb der ersten zwei Monate nach dem Bilanzstichtag** durchgeführt,
- der festgestellte Bestand nach Art und Menge in einem besonderen Verzeichnis festgehalten und mit den Werten zum Inventurstichtag (nicht Bilanzstichtag) bewertet,
- der zum Inventurstichtag (Aufnahmetag) berechnete Gesamtwert des Bestandes wird dann **nur noch wertmäßig** (nicht mengenmäßig) auf den Bilanzstichtag **fortgeschrieben** oder **zurückgerechnet** (vgl. S. 24).

Die zeitlich verlegte Inventur ist sinnvoll, wenn die Stichtaginventur und die zeitnahe Inventur wegen umfangreicher Bestände nicht denkbar sind und die permanente Inventur aufgrund fehlender mengenmäßiger Fortschreibung der Zu- und Abgänge nicht möglich ist.

> **§ 241 Abs. 3 HGB:** In dem Inventar für den Schluss eines Geschäftsjahres brauchen Vermögensgegenstände nicht verzeichnet zu werden, wenn
> 1. der Kaufmann ihren Bestand aufgrund einer körperlichen Bestandsaufnahme oder aufgrund eines nach Absatz 2 zulässigen anderen Verfahrens (permanente Inventur) nach Art, Menge und Wert in einem besonderen Inventar verzeichnet hat, das für einen Tag innerhalb der letzten drei Monate vor oder der ersten beiden Monate nach dem Schluss des Geschäftsjahres aufgestellt ist, und
> 2. aufgrund des besonderen Inventars durch Anwendung eines den Grundsätzen ordnungsmäßiger Buchführung entsprechenden Fortschreibungs- oder Rückrechnungsverfahrens gesichert ist, dass der am Schluss des Geschäftsjahres vorhandene Bestand der Vermögensgegenstände für diesen Zeitpunkt ordnungsgemäß bewertet werden kann.

● Ablaufplanung der Inventur

Damit die Inventurarbeiten zügig ablaufen, sind **Inventuranweisungen** auszuarbeiten, in denen für alle Bereiche der Unternehmung Aufnahmevorschriften enthalten sind. Ein zusätzlicher **Ablaufplan** enthält Angaben darüber,

- ❑ **wer** die Inventur an den verschiedenen Orten im Unternehmen durchzuführen hat,
- ❑ **wo** im Unternehmen die Bestände zu erfassen sind und
- ❑ **wann** die Bestandsaufnahme an den verschiedenen Orten abzulaufen hat.

Auszug aus einem Inventurablaufplan in der Primus GmbH:

Name	Pers.-Nr.	Ort	Gang	Fächer	Aufnahmetag
Hack, Armin Jäger, Petra	15 17	Bürotechnik	01 – 14		19..–01–04
Schiffer, Claudia Sommer, Elke	34 38	Bürotechnik	15 – 30		19..–01–04
...	...	...	...	...	...

Damit die Inventur den Grundsätzen ordnungsmäßiger Buchführung entsprechen kann, sollten die **Inventurlisten** zur Aufzeichnung der aufgenommenen Bestände die folgenden Angaben enthalten:

❑ genaue Mengen nach Zahl, Maßen, Volumen (z. B. Liter) und Gewichten
❑ fachgerechte (handelsübliche) Bezeichnungen der Gegenstände nach Art und Größe
❑ übersichtliche Gruppierungen der aufgenommenen Wirtschaftsgüter nach Standorten, Lagerstellen oder Abteilungen
❑ den Wert je Einheit und den Gesamtwert des jeweiligen Postens
❑ das Datum der Bestandsaufnahme und die Unterschrift der mit der Inventur beauftragten Person

Beispiel Auszug aus einer Inventurliste der Primus GmbH:

Inventurliste Blatt: 1

Abteilung: Verbrauch Gang 14 Lagerort: Verbrauchsartikel Aufnahmedatum: 19..–01–04

Schlüssel: Beschaffenheit: Qualität 1a = i.O.; nicht verwendbar = n.i.O.
Art der Aufnahme: gemessen = m; gewogen = w; gezählt = z.

Lfd. Nr.	Bezeichnung	Artikel-nummer	An-zahl	Ein-heit	Be-schaf-fenheit	Art der Auf-nahme	Wert je Ein-heit	Wert-abschlag DM	DM	Inventur-wert DM
1	Primus-Bleistifte	253 B 989	350	12	i.O.	z	2,75	–	–	962,50
2	Primus-Textmarker	128 B 488	528	6	i.O.	z	2,30	–	–	1 214,40
3	...									

Aufgenommen: am 19..–01–04 durch Hack/Jäger Berechnet: Geprüft:

Bei EDV-gestützter Lagerbuchhaltung können die Inventurlisten bereits mit den **Sollbeständen** ausgedruckt werden. Durch Eintragung der Istbestände lt. Inventur werden die Abweichungen sofort erkannt.

Inventur

- **Inventur:** Aufnahme nach Art, Mengen und Werten der Vermögensteile und der Schulden zu einem bestimmten Zeitpunkt (Stichtaginventur)

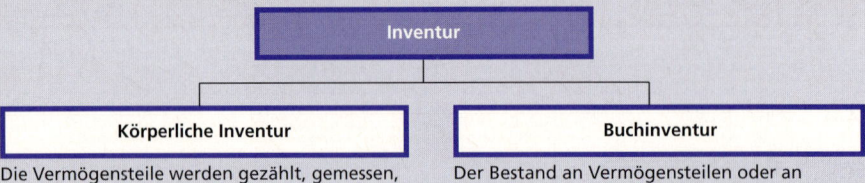

Inventur

Körperliche Inventur	Buchinventur
Die Vermögensteile werden gezählt, gemessen, gewogen oder geschätzt.	Der Bestand an Vermögensteilen oder an Schulden wird anhand schriftlicher Unterlagen ermittelt.

- **Inventurvereinfachungsverfahren:**
  - ❏ **Zeitnahe Inventur:** Inventur innerhalb einer Frist von zehn Tagen vor oder nach dem Bilanzstichtag
  - ❏ **Permanente Inventur:**
    - – Erfassung der Zu- und Abgänge mittels Lagerkartei/-datei
    - – Ermittlung von Sollbeständen
    - – Körperliche Inventur mindestens einmal im Jahr
  - ❏ **Zeitlich verlegte Inventur:** Aufnahme innerhalb der letzten drei Monate vor oder der ersten zwei Monate nach dem Bilanzstichtag

1 a) Geben Sie den Zeitraum zur Durchführung einer zeitnahen Inventur an, wenn das Geschäftsjahr vom 1. Januar bis zum 31. Dezember 19.. dauert!

b) Berechnen Sie den Inventurbestand zum 31. Dezember 19.. im Wege der Rückrechnung für den Artikel „Regalelement classic", Art.-Nr. 308 B 122 aufgrund folgender Angaben:

Bestand bei der Aufnahme am 09.01. . . . . 180 Stück à 117,73 DM
Einkauf von Regalelementen am 05.01. . . . . 150 Stück à 117,73 DM
Verkauf von Regalelementen am 03.01 . . . . 160 Stück
Verkauf von Regalelementen am 07.01 . . . . 70 Stück

2 Führen Sie nach dem Muster S. 27 eine Inventurliste des Lagers „Organisation" der Primus GmbH, deren Geschäftsjahr mit dem Kalenderjahr übereinstimmt.

1. Aufnahmedatum: 21. Dezember 19..
2. Lagerort: Organisation
3. Handelsübliche Bezeichnung: Primus Ordner 6 Farben A4
4. Einstandspreis mit Bezugskosten 2,00 DM/St.
5. Beschaffenheit: keine Mängel
6. Menge/Anzahl: 750 St.
7. Aufgenommen durch: Isabel Lapp

a) Tragen Sie diese Daten in die Inventurliste ein und berechnen Sie den Inventurpreis!
b) Um welche Inventurart handelt es sich?
c) Welcher Bestand ergibt sich zum 31. Dezember 19.., wenn noch folgende Vorgänge zu berücksichtigen sind:

22.12.: Eingangsrechnung über Primus Ordner 6 Farben A4:	5 000 St. zu je 2,00 DM
22.12.: Verkauf:	2 800 St. zu je 4,00 DM
28.12.: Verkauf:	1 600 St. zu je 4,00 DM

3 Erläutern Sie die Aufgaben der Inventur!

4 Erläutern Sie die Begriffe „Inventuranweisungen" und „Inventurablaufplanung"!

5 Es gibt nach Art der Inventurdurchführung die „Buchinventur" und die „körperliche Inventur". Nennen Sie die jeweils zweckmäßigste Inventurart für folgende Wirtschaftsgüter: Kassenbestand, Bankguthaben, Forderungen a. LL., Waren, Verbindlichkeiten a. LL.

2.2.2 Inventar

Herr Schubert hat nach der Inventur der Primus GmbH alle Aufnahmelisten eingesammelt. In vielen Fällen enthalten sie nur handelsübliche Artikel- und Mengenangaben. Die Buchhalterin, Frau Lapp, wird beauftragt, die Inhalte der Aufnahmelisten zu ordnen und alle Gegenstände zu bewerten.

Arbeitsauftrag Machen Sie einen Vorschlag zur Gliederung und Bewertung der Vermögensteile und der Schulden!

● Gliederung des Inventars

Aufgrund der durchgeführten Inventur ist der Unternehmer in der Lage ein Bestandsverzeichnis (Inventar) anzulegen, in dem **Vermögensteile** und **Schulden** der Unternehmung zum Abschlussstichtag nach Art, Menge und Wert aufgezeichnet sind. Zieht der Unternehmer vom Gesamtwert der Vermögensteile die Summe der betrieblichen Schulden ab, erhält er sein **Reinvermögen** (Eigenkapital).

Daraus ergibt sich folgende Gliederung des Inventars (Bestandsverzeichnis):

A. Vermögen

B. Schulden

C. Errechnung des Reinvermögens (Eigenkapital)

▶ **Vermögen:** Der Gesetzgeber fordert vom kaufmännischen Unternehmen die Gliederung des Vermögens in **Anlage-** und **Umlaufvermögen** (§ 247 Abs. 1 HGB).

❑ **Anlagevermögen:** Zum **Anlagevermögen** rechnen die Vermögensgegenstände, die am Abschlussstichtag dazu bestimmt sind, dauernd dem Geschäftsbetrieb zu dienen (§ 247 HGB). Das Anlagevermögen bildet die **Grundlage der Betriebstätigkeit,** mit seiner Hilfe können die eigentlichen Aufgaben des Betriebes, wie Einkauf, Lagerung und Verkauf, erst durchgeführt werden.

Das Anlagevermögen wird gegliedert in:

Immaterielle Vermögensgegenstände	Sachanlagen	Finanzanlagen
– Lizenzen (Rechte zur Nutzung einer Erfindung) – Geschütztes Markenzeichen – Software-Lizenzen – Geschäfts- oder Firmenwert	– Grundstücke und Gebäude – Lagereinrichtung – Fuhrpark – Büroeinrichtung – Computeranlagen	– Beteiligungen an anderen Unternehmen – Langfristige Darlehensforderungen gegenüber anderen Unternehmen

❏ **Umlaufvermögen:** Zum **Umlaufvermögen** rechnen die Vermögensteile, die am Abschlussstichtag dazu bestimmt sind,

= **veräußert** (Waren) oder

= nur **einmalig genutzt** (Bargeld, Bankguthaben, Forderungen) zu werden.

Das Umlaufvermögen bildet den eigentlichen **Gewinnträger.** Es kann gegliedert werden in:

Vorräte	Forderungen	Liquide Mittel
Waren	Forderungen aus Lieferungen und Leistungen	– Kassenbestand (Bargeld) – Postbankguthaben – Bankguthaben

Bei den **Waren** handelt es sich um Handelsartikel, die von fremden Unternehmen bezogen und ohne weitere wesentliche Veränderung veräußert werden.

Beispiele Sämtliche Bürobedarfsartikel der Primus GmbH (vgl. S. 12)

Im Gegensatz zum Anlagevermögen wird das **Umlaufvermögen** durch die betrieblichen Tätigkeiten **ständig verändert und umgewandelt:**

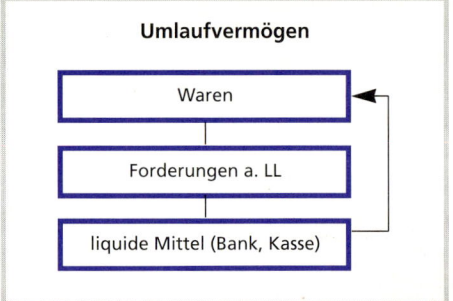

● **Anordnung der Vermögensteile**

Müssen die Gegenstände des Vermögens in einer geordneten Reihenfolge aufgelistet werden, dann ordnet man sie nach **zunehmender Geldnähe (Liquidität)** und abnehmender Kapitalbindung:

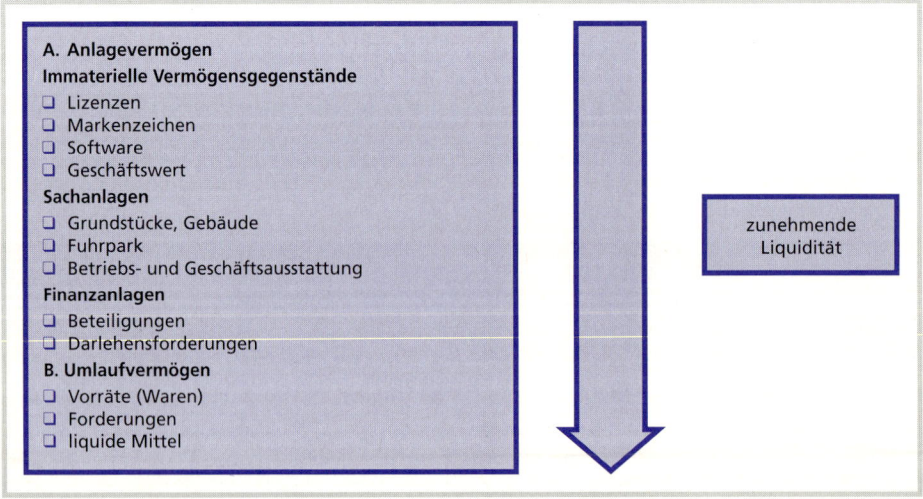

▶ **Schulden:** Schulden sind Zahlungsverpflichtungen aufgrund von **Darlehensverträgen** (Verbindlichkeiten gegenüber Banken) oder aufgrund von **Kaufverträgen** (Verbindlichkeiten aus Lieferungen und Leistungen), die der Vertragspartner bereits erfüllt hat. Die verschiedenen Verbindlichkeiten unterscheiden sich durch ihre **Fälligkeit** oder **Restlaufzeit** und die gegebene Sicherheit:

Schulden	Fälligkeit	Restlaufzeit von ...
Darlehensschulden mit einer Restlaufzeit von zehn Jahren	❑ langfristig	❑ mehr als fünf Jahren
Verbindlichkeiten a. LL, Sonstige Verbindlichkeiten (z.B. Steuerschulden)	❑ mittelfristig ❑ kurzfristig	❑ ein bis fünf Jahren ❑ bis ein Jahr

Kapitalgesellschaften (AG, GmbH) müssen bei Offenlegung ihrer Verbindlichkeiten bei jedem Posten den Anteil lang- und kurzfristiger Schulden und die Art der Kreditsicherung angeben. Diese Übersicht wird als **Verbindlichkeitenspiegel** bezeichnet.

Beispiel Verbindlichkeitenspiegel der Primus GmbH

Verbindlichkeiten	insgesamt DM	Restlaufzeit		
		bis ein Jahr DM	über ein Jahr bis fünf Jahre - DM	mehr als fünf Jahre - DM
Verbindlichkeiten gegenüber Banken	1 000 000,00	50 000,00	550 000,00	400 000,00
Verbindlichkeiten a. LL	200 000,00	200 000,00		
Sonstige Verbindlichkeiten	100 000,00	100 000,00		
	1 300 000,00	350 000,00	550 000,00	400 000,00

▶ **Errechnung des Reinvermögens (Eigenkapital):** Die Differenz zwischen Vermögenswerten und Schulden ergibt das **Reinvermögen (Eigenkapital).**

Beispiel (siehe S. 32)

Summe der Vermögensteile	2 500 000,00
– Summe der Schulden	– 1 300 000,00
= **Reinvermögen (Eigenkapital)**	= 1 200 000,00

Das Reinvermögen zeigt den Wert der Vermögensteile, die mit eigenen Mitteln (**Eigenkapital**) und nicht mit fremden Mitteln (Schulden oder **Fremdkapital**) beschafft worden sind.

Inventare mit allen zu ihrem Verständnis erforderlichen Unterlagen dürfen auch auf **Bildträgern** (Mikrokopien) oder auf **anderen Datenträgern** (z. B. Magnetband, Magnetplatte, Diskette) angefertigt bzw. aufbewahrt werden, wenn sie bei Bedarf innerhalb angemessener Frist lesbar gemacht werden können (§§ 239 HGB, 147 Abs. 2 AO).

Beispiel **Inventar der Primus GmbH, Koloniestr. 2–4, 47057 Duisburg,** zum 31. Dezember 19..

Art, Menge, Einzelwert	DM	DM
A. Vermögen		
I. Anlagevermögen		
1. Bebautes Grundstück, Koloniestr. 2–4		800 000,00
2. Gebäude, Koloniestr. 2–4 (Anlage 1)[1]		630 000,00
3. Fuhrpark (Anlage 2)		250 000,00
4. Betriebs- und Geschäftsausstattung (Anlage 3)		220 000,00
II. Umlaufvermögen		
1. Waren		
Bürotechnik (Anlage 4)	128 000,00	
Büroeinrichtung (Anlage 5)	67 000,00	
Verbrauch (Anlage 6)	26 000,00	
Organisation (Anlage 7)	39 000,00	260 000,00
2. Forderungen aus Lieferungen und Leistungen		
Stadtverwaltung, Duisburg	21 600,00	
Klöckner-Müller Elektronik AG, Offenbach	34 200,00	
Herstadt Warenhaus GmbH, Gelsenkirchen	19 800,00	
Herbert Blank, Oberhausen	5 900,00	
Modellux GmbH & Co KG, Münster	15 100,00	
Krankenhaus GmbH, Duisburg	25 400,00	
Martina van den Bosch, Venlo	18 000,00	140 000,00
3. Kassenbestand		2 400,00
4. Bankguthaben		
Stadtsparkasse Duisburg lt. Kontoauszug (Anlage 8)	160 000,00	
Postbank Essen lt. Kontoauszug (Anlage 9)	37 600,00	197 600,00
Summe des Vermögens		2 500 000,00
B. Schulden		
I. Langfristige Schulden		
Hypothek der Stadtsparkasse Duisburg lt. Kontoauszug und Darlehensvertrag (Anlage 10)		1 000 000,00
II. Kurzfristige Schulden		
1. Verbindlichkeiten aus Lieferungen und Leistungen (Anlage 11)		200 000,00
2. Sonstige Verbindlichkeiten (Anlage 12)		100 000,00
Summe der Schulden		1 300 000,00
C. Errechnen des Reinvermögens (Eigenkapital)		
Summe des Vermögens		2 500 000,00
Summe der Schulden		1 300 000,00
Reinvermögen (Eigenkapital)		1 200 000,00

[1] Wegen ihres Umfangs sind die Anlagen hier nicht aufgenommen.

● Erfolgsermittlung durch Eigenkapitalvergleich

Das Inventar gibt dem Kaufmann einen Überblick über den **Stand seines Vermögens und seiner Schulden zu einem bestimmten Stichtag.**

Durch Vergleich der Inventare zweier aufeinander folgender Jahre wird die Entwicklung der Bestände an Vermögen und Schulden erkennbar. Die Veränderung des Eigenkapitalbestands, der sich erhöht oder vermindert haben kann, verdeutlicht, mit welchem Erfolg ein Unternehmen gearbeitet hat.

Beispiel

Eigenkapitalmehrung (positiver Erfolg) Gewinn		Eigenkapitalminderung (negativer Erfolg) Verlust
2 924 430,00 DM	31. 12. 97 – Eigenkapital – 31. 12. 96	2 450 000,00 DM
– 2 450 000,00 DM	31. 12. 96 – Eigenkapital – 31. 12. 95	– 2 500 000,00 DM
474 430,00 DM		– 50 000,00 DM

● Bewertung der Vermögensteile und der Schulden

Für alle Vermögensteile und Schulden sind im Inventar Werte (DM) anzugeben. Damit alle Unternehmen bei der Bewertung einheitlich verfahren, hat der Gesetzgeber zahlreiche Vorschriften zur Bewertung erlassen (vgl. S. 333 ff.).

Inventar

- Verzeichnis aller Vermögensteile (Art, Menge, Einzelwerte) und Schulden zum Abschlussstichtag
- Errechnung des Reinvermögens
- Erfolgsermittlung durch Vergleich des Eigenkapitals zweier Jahre

A. Vermögen	**Ordnung nach zunehmender Liquidität**
I. Anlagevermögen	❏ Vermögensgegenstände, die dazu bestimmt sind, **dauernd** dem Geschäftsbetrieb zu dienen ❏ Grundlage der Betriebs- und Absatzbereitschaft
II. Umlaufvermögen	❏ Vermögensgegenstände, die veräußert und nur einmalig genutzt werden ❏ Gewinnträger des Unternehmens
B. Schulden	**Ordnung nach abnehmenden Restlaufzeiten**
1. Verbindlichkeiten gegenüber Kreditinstituten (Darlehensschulden) 2. Verbindlichkeiten aus Lieferungen und Leistungen	❏ Fremdkapital ❏ Es ist nach **Restlaufzeiten** zu gliedern: – langfristige Schulden mit mehr als fünf Jahren – mittelfristige von einem bis fünf Jahre – kurzfristige bis zu einem Jahr
C. Errechnung des Reinvermögens	
Vermögen – Schulden = Reinvermögen	❏ Gegenüberstellung von Vermögen und Schulden ❏ Die Differenz ist das Reinvermögen, das dem Betrieb nach Abzug aller Schulden verbleibt (Betriebsvermögen)

- Inventare sind zehn Jahre aufzubewahren

1 Der Lebensmittelgroßhändler Alois Berger, Fürth, machte zum 31. Dezember 19.. Inventur.

	DM	DM
Dabei stellte er folgende Werte fest:		
Gebäude		450 000,00
Fuhrpark lt. Verzeichnis		600 000,00
Geschäftsausstattung lt. Verzeichnis		120 000,00
Waren lt. Verzeichnis		75 000,00
Forderungen		
Alois Hausmann, Nürnberg	22 100,00	
Ludwig Sommer, Bamberg	33 950,00	
Peter Dick, München	43 270,00	
Guthaben bei der		
Handelsbank, Fürth	283 185,00	
Sparkasse der Stadt Fürth	117 430,00	
Guthaben bei der Postbank Nürnberg		62 865,00
Bargeld		2 487,00
Verbindlichkeiten gegenüber der Bank für Handel und Gewerbe		118 000,00
Verbindlichkeiten a. LL		
Schmitz & Co., Aachen	44 600,00	
König AG, Stuttgart	63 200,00	
Werner Linde, Hamburg	55 100,00	

Stellen Sie das Inventar auf!

2 Welche der folgenden Begriffe ergänzen untenstehende Satzteile zu einer richtigen Aussage?

a) das Anlagevermögen

b) das Umlaufvermögen

c) das Vermögen

d) die Schulden

e) das Reinvermögen

Aussagen:

1. Grundlage der Betriebsbereitschaft bildet ...

2. Eigentlicher Gewinnträger der Unternehmung ist ...

3. ... ist der dem Unternehmer verbleibende Teil des Vermögens, nachdem ... abgezogen wurden.

4. Kapital, das der Unternehmung nur befristet überlassen wurde, bezeichnet man als ... der Unternehmung.

5. ... ist dazu bestimmt, dem Unternehmen dauernd zu dienen.

6. ... können als Fremdkapital bezeichnet werden.

7. ... wird nach zunehmender Liquidität geordnet.

3 Welche der folgenden Aussagen treffen auf das Inventar zu?

a) Es ist die Aufnahme aller Vermögens- und Schuldenteile durch Zählen, Messen, Wiegen oder Schätzen.

b) Es ist das Verzeichnis der Warenbestände zum Inventurstichtag.

c) Reinvermögen = Vermögen – Schulden

d) Es ist zehn Jahre aufzubewahren.

e) Die Waren werden mit ihren Verkaufspreisen bewertet.

4 Ordnen Sie die unten angegebenen Posten eines Lebensmittelgroßhändlers in einer Tabelle mit folgender Gliederung:

Anlage-vermögen	Umlauf-vermögen	Eigen-kapital	Langfristige Schulden	Kurzfristige Schulden

Posten:

1. Vorräte an Fleischkonserven
2. EDV-Anlage
3. Verbindlichkeiten gegenüber einem Lieferer
4. Bankguthaben
5. Darlehen mit zehnjähriger Laufzeit
6. Transportbänder im Lager
7. Geschäftshaus
8. Guthaben bei einem Kunden
9. Verbindlichkeiten gegenüber Banken mit einer Laufzeit bis zu einem Jahr
10. Vorräte an Gewürzen
11. Kassenbestand
12. Regale in den Lagerräumen
13. Gabelstapler
14. Reinvermögen
15. Guthaben bei der Postbank
16. Geschäftswagen
17. Geschäftsparkplatz
18. Schreibmaschinen

5 a) Erläutern Sie den Zusammenhang von Inventur und Inventar!
b) Erklären Sie die Begriffe „körperliche" und „buchmäßige" Bestandsaufnahme!
c) Grenzen Sie Anlage- und Umlaufvermögen voneinander ab!
d) Stellen Sie gegenüber
    1. Forderungen a. LL und Verbindlichkeiten a. LL,
    2. Eigenkapital und Schulden!

6 Der Textilgroßhändler Martin Huber, Stuttgart, stellte zum 31. Dezember 19.. (6 a) und 31. Dezember 19.. (6 b) des nächsten Jahres folgende Werte fest:

	a) DM	b) DM
Waren lt. Verzeichnis	315 000,00	331 000,00
Betriebs- und Geschäftsausstattung lt. Verzeichnis	160 000,00	159 000,00
Darlehensschulden bei der Neckar-Bank	170 000,00	160 000,00
Guthaben bei der Stadtsparkasse, Stuttgart	116 740,00	185 280,00
Forderungen a. LL		
Wilhelm Bauer, Stuttgart	40 000,00	30 500,00
Alois Michels, Ludwigshafen	20 800,00	50 000,00
Klaus Lohmar, Mannheim	30 100,00	30 800,00
Verbindlichkeiten a. LL		
V. Missel & Co., Heidenheim	60 000,00	80 000,00
P. Schulze, Berlin	80 000,00	40 000,00
F. Schmitz, Krefeld	30 300,00	20 600,00
H. Meyer, Augsburg	30 400,00	30 700,00
Fuhrpark lt. Verzeichnis	440 000,00	430 000,00
Bargeld	8 100,00	9 900,00

a) Stellen Sie die Inventare zu den beiden Zeitpunkten auf!
b) Vergleichen Sie die Inventare der beiden Jahre miteinander!
c) Worauf führen Sie die Veränderungen des Anlage- und Umlaufvermögens und der Schulden zurück?
d) Um welchen Betrag hat sich das Eigenkapital verändert?

7 Stellen Sie in Gruppen jeweils Probleme der Inventurplanung, -durchführung und -auswertung und Möglichkeiten der Lösung zusammen!

2.2.3 Erfassung der Werte des Vermögens und der Schulden mithilfe des Dreisatzes

Peter Patt, Abteilungsleiter Lager/Versand der Primus GmbH, Großhandel für Bürobedarf, ist zuständig für die Vorbereitung und Durchführung der Inventur. Bei der Durchsicht der Inventurunterlagen des Vorjahres stellt er fest, dass im letzten Jahr 14 Mitarbeiter bei achtstündiger Arbeitszeit 11 200 Artikel aufgenommen haben. Frau Primus, die Geschäftsführerin der Primus GmbH, teilt Herrn Patt mit, dass dieses Jahr 14 400 Artikel erfasst werden müssen.

Arbeitsauftrag
- Berechnen Sie, wie viele Mitarbeiter zusätzlich bei achtstündiger Arbeitszeit für die Inventurarbeit eingesetzt werden müssen!
- Ermitteln Sie, wie viele Stunden die Inventur dauert, wenn 11 200 Artikel aufzunehmen sind und aufgrund einer Grippewelle nur acht Mitarbeiter für die Inventur zur Verfügung stehen!

Bei der Dreisatzrechnung wird aus mindestens drei bekannten Größen durch logisches Schließen die zu suchende vierte Größe ermittelt. Kenntnisse der Dreisatzrechnung sind die Voraussetzung u. a. für die Berechnung handelsüblicher Mengen-, Kosten- und Preisberechnungen in Einkauf, Lager und Verkauf und bei der Inventur, für das Währungsrechnen, das Verteilungsrechnen, das Durchschnittsrechnen und das Prozentrechnen.

Der Dreisatz besteht aus drei Teilen:
1. Bedingungssatz (Angabesatz) = Was ist gegeben?
2. Fragesatz = Was ist gefragt?
3. Bruchsatz = Wie lautet die Lösung?

● Einfacher Dreisatz mit geradem (direktem) Verhältnis

Beim einfachen Dreisatz wird aus drei Angaben ein vierter unbekannter Zahlenwert errechnet. Vom einfachen Dreisatz mit geradem Verhältnis wird dann gesprochen, wenn sich die Werteverhältnisse gerade zueinander verhalten, d. h., wenn sich **bei Änderung einer Größe die andere im gleichen Verhältnis** oder **proportional** ändert.

Beispiel Aus der Inventurliste der Primus GmbH, Großhandel für Bürobedarf, ist zu ersehen, dass der Einstandspreis für 36 Bürodrehstühle „Modell 1640", die sich auf dem Lager A befinden, insgesamt 7 020,00 DM beträgt. Auf dem Lager B befinden sich weitere 50 Bürostühle „Modell 1640". Wie viel DM beträgt der Einstandspreis für die 50 Bürostühle?

Lösung

Was ist gegeben?	↓	36 Bürostühle kosten 7 020,00 DM	↓	① Bedingungssatz
Was ist gefragt?	↓	50 Bürostühle kosten x DM	↓	② Fragesatz

Die Lösung wird in drei Schritten durch logisches Schließen vollzogen:

① Wenn 36 Bürostühle $= 7\,020,00$ DM kosten,

② dann kostet ein Bürostuhl $= \dfrac{7\,020}{36}$ DM

③ und 50 Bürostühle kosten $= \dfrac{7\,020 \cdot 50}{36}$ DM

Der letzte Satz, der die Lösung enthält, wird als **Bruchsatz** bezeichnet.

③ Bruchsatz: $x = \dfrac{7\,020 \cdot 50}{36}$ $x = \underline{9\,750,00\ DM}$

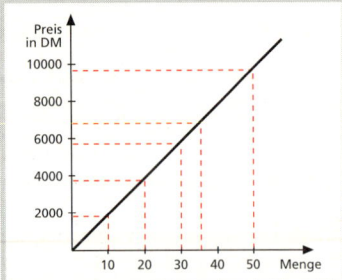

Der Gesamtpreis ist abhängig von der Menge (gerades oder direktes Verhältnis).

- ☐ **Je mehr** Bürostühle sich auf Lager befinden, **desto mehr** beträgt der Einstandspreis.
- ☐ **Je weniger** Bürostühle sich auf Lager befinden, **desto weniger** beträgt der Einstandspreis.

Rechenweg Gleiche Bezeichnungen im Bedingungs- und Fragesatz stehen untereinander (Stück, DM). Die gesuchte Größe (DM) steht immer rechts.

Die Lösung wird in **drei Schritten** vollzogen (Dreisatz):

① Wiederholung der Bedingung

36 Stück kosten 7 020 DM

② Von der **gegebenen Vielheit** (36 Stück) wird auf **eine Einheit** (ein Stück) geschlossen.

ein Stück kostet $\dfrac{7\,020}{36}$ DM

③ Von der **Einheit** wird auf die **gesuchte Vielheit** geschlossen.

50 Stück kosten $\dfrac{7\,020 \cdot 50}{36}$ DM

	A	B	C	D	E	F	G
1	**Dreisatz mit direktem Verhältnis**						
2	Beim Dreisatz sind vier Größen vorhanden. Drei Größen sind bekannt, die vierte Größe wird gesucht,						
3	sie wird mit x bezeichnet. Die Werteverhältnisse verhalten sich zueinander proportional.						
4	Es gilt: Je mehr, desto mehr bzw. je weniger, desto weniger!						
5							
6	Was ist gegeben?		36	Stück Einstandspreis		7 020,00 DM	
7	Was ist gefragt?		50	Stück Einstandspreis		x	
8						7 020,00 DM	
9	Schluß auf eine Einheit		1	Stück Einstandspreis		——	195,00 DM
10						36	▲
11							
12				7 020	*	50	
13	Schluß auf gefragte Einheit	x =					
14					36		
15	Ergebnis	x =		9 750,00 DM			
16				▲			
17							
18	Eingaben in C6, C7, F6, ggf. auch D6, E6, G6						
19	Ausgabe in D15 durch die Formel F6/C6*C7						
20	Ausgabe in G9 durch die Formel F6/C6						

● Einfacher Dreisatz mit ungeradem (indirektem) Verhältnis

Ungerade (indirekte) Dreisatzverhältnisse liegen vor, wenn die Wertveränderungen der jeweiligen Größen sich in entgegengesetztem Sinne vollziehen, d. h., die Vergößerung des einen Wertes führt zu einem Sinken des anderen Wertes oder umgekehrt.

Beispiel Die Inventurarbeiten in einem Lagerraum der Primus GmbH werden von vier Mitarbeitern in 7,5 Stunden erledigt. Wie lange würden die Inventurarbeiten dauern, wenn noch zwei weitere Mitarbeiter für diese Arbeiten eingesetzt werden?

Lösung

Was ist gegeben? ↓ vier Mitarbeiter brauchen 7,5 Stunden ↑ ① Bedingungssatz
Was ist gefragt? sechs Mitarbeiter brauchen x Stunden ② Fragesatz

Die Lösung wird in drei Schritten vollzogen:

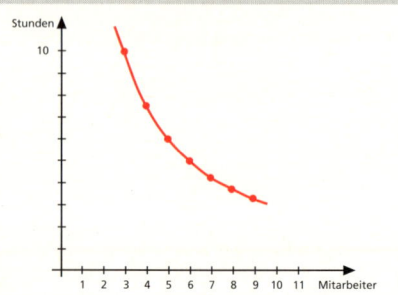

① Wenn vier Mitarbeiter = 7,5 Stunden
brauchen,

② dann braucht ein Mitarbeiter = 7,5 · 4 Stunden

③ und sechs Mitarbeiter brauchen = $\frac{7,5 \cdot 4}{6}$ Stunden

③ Bruchsatz: x = $\frac{7,5 \cdot 4}{6}$ = 5 Stunden

Die Gesamtarbeitszeit ist abhängig von der Zahl der Mitarbeiter. Sie verhält sich umgekehrt proportional (ungerades oder indirektes Verhältnis).

❑ **Je mehr** Mitarbeiter, **desto kürzer** ist die Gesamtarbeitszeit.
❑ **Je weniger** Mitarbeiter, **desto länger** ist die Gesamtarbeitszeit.

Rechenweg Gleiche Bezeichnungen in Bedingungs- und Fragesatz stehen untereinander (Mitarbeiter, Stunden).

Die gesuchte Größe (Stunden) steht immer rechts.

Die Lösung wird in **drei Schritten** vollzogen (Dreisatz):

① Wiederholung der Bedingung   vier Mitarbeiter brauchen 7,5 Stunden

② Von der **gegebenen Vielheit**
(vier Mitarbeiter) wird auf **eine Einheit**   ein Mitarbeiter braucht 4 · 7,5 Stunden
(ein Mitarbeiter) geschlossen.

③ Von der **Einheit** wird auf die **gesuchte**
Vielheit geschlossen.   sechs Mitarbeiter brauchen $\frac{4 \cdot 7,5}{6}$ Stunden

---

Dreisatz

● Aus mindestens drei bekannten Größen wird durch logisches Schließen die zu suchende Größe ermittelt:
    ❑ von der gegebenen Vielheit wird auf eine Einheit geschlossen
    ❑ von einer Einheit wird auf die gesamte Vielheit geschlossen

mit geradem (direktem) Verhältnis	mit ungeradem (indirektem) Verhältnis
❑ Je mehr, desto mehr	❑ Je mehr, desto weniger
❑ Je weniger, desto weniger	❑ Je weniger, desto mehr

1 In einem Unternehmen wurden 22 000 l Heizöl zu einem Einkaufspreis von 12 760,00 DM eingekauft. Am 31. Dezember befinden sich noch 14 600 l in den Öltanks. Ermitteln Sie den Wert des restlichen Heizöls zum 31. Dezember!

2 Ein Inventurposten von 160 Bürostühlen ist mit 29 600,00 DM bewertet worden. Ermitteln Sie, mit wie viel DM 288 Bürostühle der gleichen Art zu bewerten sind!

3 13 m eines Gardinenstoffes kosten 714,00 DM. Ermitteln Sie den Wert für
a) 2,25 m, b) 4,75 m, c) 6,15 m, d) $7^1/_5$ m, e) $8^3/_4$ m, f) 15 m!

4 Ein Spediteur befördert 80 Kisten zu je 40 kg. Die Kisten sind mit 6 400,00 DM versichert. Durch einen Verkehrsunfall werden 50 Kisten völlig zerstört.

Ermitteln Sie den Ersatzanspruch gegenüber dem Versicherer!

5 Ein Reisender erhält für den Verkauf von 160 Stück eines Artikels eine Provision von 120,00 DM. Wie hoch wäre seine Provision bei einem Verkauf von 300 Stück des Artikels?

6 120 kg Rohkaffee ergeben 112,5 kg Röstkaffee.

Wie viel kg Röstkaffee lassen sich aus 700 kg Rohkaffee herstellen?

7 Ein Schuhgroßhändler hat für eine Sendung Straßen- und Sportschuhe im Gesamtgewicht von 2 860 kg insgesamt 128,70 DM für Fracht bezahlt.

Welcher Frachtanteil entfällt auf die Sportschuhe mit einem Gewicht von 720 kg?

8 In einem Hochregallager sind zehn Reihen Regale zu je 20 m Höhe untergebracht. Für die Inventur benötigte man bisher 30 Stunden. Das Lager wird um vier Reihen zu je 20 m Höhe erweitert. Ermitteln Sie den erforderlichen voraussichtlichen Zeitbedarf für die Inventur!

9 Für Inventurvorbereitungsarbeiten benötigten sechs Angestellte im letzten Jahr vier Arbeitstage. In diesem Jahr müssen die Arbeiten wegen eines Feiertages in drei Arbeitstagen erledigt sein.

Wie viel Angestellte werden zusätzlich benötigt?

10 Die Ausgaben für eine Gemeinschaftswerbung, an der sich 16 Lebensmittelgroßhandelsunternehmungen beteiligen, betragen 211 120,00 DM.

Um wie viel DM senken sich die anteiligen Kosten je Unternehmen, wenn sich vier weitere Großhandelsunternehmungen anschließen?

11 In einem Großhandelsunternehmen reicht der Vorrat einer Ware 60 Tage, wenn täglich im Durchschnitt 40 Stück verkauft werden.

Wie viel Tage reicht dieser Bestand, wenn täglich im Durchschnitt

a) 50 Stück,

b) 20 Stück verkauft werden?

12 Ein Warenvorrat von 4 752 Stück reicht für 176 Tage.

Für wie viel Tage reicht der Vorrat, wenn der Tagesabsatz um neun Stück steigen würde?

13 Das Abladen eines Lkw dauert bei Einsatz von drei Mitarbeitern acht Stunden.

In welcher Zeit ist der Lkw abgeladen, wenn sechs Mitarbeiter eingesetzt würden?

14 Wenn 20 Näherinnen täglich acht Stunden an einem Auftrag arbeiten, wird dieser in $12^1/_2$ Tagen fertig.

Wie viel Näherinnen müssen zusätzlich eingestellt werden, wenn die Arbeit bei gleicher täglicher Arbeit in zehn Tagen fertig sein soll?

15 Sechs Mitarbeiter erledigen die Inventurarbeiten eines Großhandelsbetriebes in zwölf Tagen. Wie viel Tage würde man brauchen, wenn zwei weitere Mitarbeiter eingesetzt würden?

16 Für die Erledigung eines Auftrages benötigen sechs Mitarbeiter 18 Arbeitsstunden.

Wie viel Mitarbeiter müssen zusätzlich eingesetzt werden, wenn der Auftrag in zwölf Stunden ausgeführt werden soll?

2.2.4 Durchschnittsrechnen bei Warenbeständen

Svenja Braun, die Assistentin der Geschäftsleitung, hat die Personalkostenstatistik für das zweite Quartal des Geschäftsjahres vorliegen. Danach verdient ein Sachbearbeiter im Einkauf 2 800,00 DM, eine Sekretärin 3 000,00 DM, ein Sachbearbeiter im Verkauf 3 400,00 DM und ein Lagerarbeiter 2 600,00 DM. Frau Braun möchte gerne wissen, was ein Arbeitnehmer die Primus GmbH im Durchschnitt kostet.

Bei der weiteren Durchsicht stellt Svenja Braun fest, dass sieben Sachbearbeiter im Einkauf, zwei Sekretärinnen, sieben Sachbearbeiter im Verkauf und vier Lagerarbeiter bei der Primus beschäftigt sind.

Arbeitsauftrag
❏ Ermitteln Sie, wie viel ein Arbeitnehmer im Durchschnitt verdient. (Die Zahl der jeweils Beschäftigten soll unberücksichtigt bleiben.)!
❏ Ermitteln Sie, wie viel ein einzelner Arbeitnehmer unter Berücksichtigung der unterschiedlichen Anzahl an Arbeitnehmern im Durchschnitt verdient!

Das Durchschnittsrechnen wird angewendet, wenn aus mehreren Werten ein Mittelwert, der Durchschnittswert, errechnet werden soll. Der Durchschnittswert spielt im Unternehmen eine große Rolle, wenn z. B. durchschnittliche Umsätze je Verkäufer, Kunde, Abteilung, Monat, durchschnittliche Lagerbestände, Ein- und Verkaufspreise, Kundenzahl je Mitarbeiter ermittelt werden sollen.

● Einfacher Durchschnitt

Bei der einfachen Durchschnittsrechnung ist der Mittelwert aus gleichwertigen Einheiten zu berechnen. Man erhält den einfachen Durchschnitt, indem man den Gesamtwert der einzelnen Posten durch deren Anzahl teilt.

Beispiel Frau Konski, die Abteilungsleiterin Einkauf der Primus GmbH, möchte am 31. Dezember den durchschnittlichen Lagerbestand für die Warengruppe Bürotechnik für das zweite Halbjahr ermitteln. Folgende Werte liegen für die einzelnen Monate vor:

31. 07.   126 000,00 DM   31. 10.   108 000,00 DM
31. 08.   144 000,00 DM   30. 11.   102 000,00 DM
30. 09.   118 000,00 DM   31. 12.   98 000,00 DM
Ermitteln Sie den durchschnittlichen Lagerbestand!

Lösung

	Monat	Umsatz in DM		Monat	Umsatz in DM
1	Juli	126 000,00	4	Oktober	108 000,00
2	August	144 000,00	5	November	102 000,00
3	September	118 000,00	6	Dezember	98 000,00
				Insgesamt ②	696 000,00 ①

③ 696 000,00 : 6 = 116 000,00 DM

Der durchschnittliche Lagerbestand beträgt 116 000,00 DM.

Rechenweg

① Ermitteln Sie die Summe der einzelnen Werte!

② Ermitteln Sie die Anzahl der Posten!

③ Ermitteln Sie den einfachen Durchschnitt, indem Sie den Gesamtwert der Posten durch die Anzahl der Posten dividieren!

$$\text{Einfacher Durchschnitt (Einfaches arithmetisches Mittel)} = \frac{\text{Summe der einzelnen Werte}}{\text{Anzahl der Posten}}$$

● Gewogener Durchschnitt

Bei der gewogenen Durchschnittsrechnung ist der Mittelwert aus wertmäßig unterschiedlichen Größen zu berechnen. Man erhält den gewogenen Durchschnitt, indem man den gewichteten Gesamtwert der einzelnen Posten durch deren Gesamtmenge dividiert. Der Durchschnitt ist gewogen, weil die Menge mit den Preisen multipliziert wird.

Beispiel   Die Primus GmbH hat von dem im vergangenen Halbjahr bei der Warengruppe „Bürotechnik" getätigten Wareneinkäufen der Artikel Anrufbeantworter noch folgende Restbestände am Lager:

Bürotechnik	Menge in Stück	Verkaufspreis in DM je Stück
Anrufbeantworter euroset AB	20	129,00
Anrufbeantworter Code-A-Phone 2001	30	89,00

Ermitteln Sie den Durchschnittspreis je Stück, zu dem der ganze Warenposten einem Kunden angeboten werden kann!

Lösung   Die beiden Anrufbeantworter sind mit unterschiedlichen Mengen an dem Warenposten beteiligt. Je größer die Menge einer Sorte ist, desto stärker beeinflusst diese Sorte den Durchschnittspreis des Warenpostens. Darum müssen zur Berechnung des Durchschnittspreises sowohl Preis als auch Menge berücksichtigt werden.

① Anrufbeantworter	Menge in Stück	Preis in DM je Stück	② Gesamtpreis in DM
euroset AB	20	129,00	2 580,00
Code-A-Phone 2001	30	89,00	2 670,00
	50		5 250,00 ③
④	1	–	x
⑤ x =			105,00

Rechenweg

① Stellen Sie die Tabelle auf und tragen Sie die Sorten mit ihren Mengen und ihren Preisen je Einheit ein!

② Ermitteln Sie den Gesamtpreis je Einzelposten, indem Sie den Preis je Stück jeder Sorte mit der jeweiligen Menge multiplizieren!

③ Addieren Sie die Gesamtpreise!

④ Ermitteln Sie die Gesamtmenge!

⑤ Dividieren Sie den Gesamtpreis aller Einzelposten durch die Gesamtmenge und Sie erhalten den Durchschnittspreis je Einheit!

$$\text{Gewogener Durchschnitt (Gewichtetes arithmetisches Mittel)} = \frac{\text{Gesamtwert (Summe der Gesamtpreise)}}{\text{Gesamtmenge}}$$

Durchschnittsrechnen

Aus mehreren Werten wird ein Mittelwert = Durchschnittswert ermittelt.

Einfacher Durchschnitt	Gewogener Durchschnitt
Der Mittelwert ist aus gleichwertigen Einheiten zu berechnen.	Der Mittelwert ist aus wertmäßig unterschiedlichen Größen zu berechnen.
Durchschnitt = $\dfrac{\text{Summe der einzelnen Werte}}{\text{Anzahl der Posten}}$	Durchschnitt = $\dfrac{\text{Gesamtwert (Summe der Gesamtpreise)}}{\text{Gesamtmenge}}$

1 Die Lagerkartei eines Großhandelsbetriebes weist für einen Artikel folgende Eintragungen aus:

Tag	Montag	Dienstag	Mittwoch	Donnerstag	Freitag
Bestand in Stück	40	65	55	50	45

Ermitteln Sie den durchschnittlichen Lagerbestand in Stück!

2 In einer Unternehmung betrugen in einem Geschäftsjahr die Personalkosten für 1 200 Mitarbeiter 49 191 000,00 DM. Die Abteilung Rechnungswesen beschäftigte 13 Mitarbeiter. Wie viel DM betrugen die durchschnittlichen Personalkosten

a) je Mitarbeiter,   b) je Monat in der Abteilung Rechnungswesen?

3 Ein Großhändler hatte folgende Tagesumsätze:

Montag	10 600,00 DM	Donnerstag	10 150,00 DM
Dienstag	11 450,00 DM	Freitag	11 200,00 DM
Mittwoch	17 200,00 DM		

Berechnen Sie den durchschnittlichen Tagesumsatz!

4 Ein Großhändler beschäftigt drei Mitarbeiter. A erhält 1 280,00 DM monatlich, B 2 400,00 DM und C 3 280,00 DM. Wie hoch ist das durchschnittliche Monatsgehalt?

5 Der Lagerbestand einer Ware beträgt in den ersten sechs Monaten des Jahres:

	Januar	Februar	März	April	Mai	Juni
Gewicht in kg	54	46	62,5	34	73,5	48
Wert in DM	2 556,00	1 848,00	2 864,00	1 456,00	3 072,00	1 920,00

Errechnen Sie die Durchschnittsmenge und den Durchschnittswert des Lagerbestandes für das Halbjahr!

6 Die Statistik eines Großhandelsunternehmens weist für die Betriebskosten folgende Werte aus:

1. Quartal 288 800,00 DM   2. Quartal 182 920,00 DM
3. Quartal 126 840,00 DM   4. Quartal 198 800,00 DM

a)   Wie viel DM betrugen die Kosten je Monat im Jahresdurchschnitt?
b)   Wie viel DM betrugen die Kosten durchschnittlich je Monat im 3. Quartal?

7 Ein Großhandelsbetrieb bezog im ersten Halbjahr eine Ware zu folgenden Einkaufspreisen:

	Januar	Februar	März	April	Mai	Juni
Menge in Stück	170	250	300	150	90	40
Preis je Einheit in DM	12,50	13,20	13,95	13,55	12,10	11,95

Errechnen Sie den durchschnittlichen Bezugspreis dieser Ware im 1. Halbjahr für ein Stück!

8 Ein Großhändler mischt zwei Kaffessorten. Wie teuer ist 1/2 kg dieser Mischung?

	Menge in kg		Preis in DM für 1 kg	
	Sorte I	Sorte II	Sorte I	Sorte II
a)	48	55	6,80	8,70
b)	75	45	8,60	9,20
c)	1 08	76	7,60	9,00

9 Der Verbrauch an Schreibmaschinenpapier in einem Großhandelsbetrieb betrug im 2. Quartal:

Monat	Menge in Blatt	Preis je 1000 Blatt in DM
April	72 000	22,00
Mai	78 000	20,70
Juni	80 000	18,50

Berechnen Sie die durchschnittlichen Papierkosten für das Quartal je 1000 Blatt!

10 Für einen Sonderverkauf will ein Großhändler bei einem Restposten einen Durchschnittspreis ermitteln. Es sind vorhanden:

Artikel	Preis je Artikel in DM	Menge in Stück
I	1,30	20
II	1,20	50
III	1,40	40
IV	1,00	18

Wie viel DM beträgt der Durchschnittspreis für ein Stück des Restpostens?

11 Die Statistik eines Großhandelsbetriebes weist folgende Werte aus:

Arbeiter	Stundenlohn in DM
24	16,90
35	17,20
42	18,50
29	20,50

Wie viel DM beträgt der durchschnittliche Stundenlohn eines Arbeiters?

12 Eine Bauunternehmung erwarb mehrere Grundstücke unterschiedlichen Zuschnitts, um sie neu aufzuteilen und an Bauinteressenten zu veräußern.

Grundstück	m²	Preis in DM je m²	Grundstückspreis in DM
1	2 048	135,00	
2	1 924	127,50	
3	4 400	127,00	
4	1 628		234 432,00
5	3 000	125,00	

a) Wie viel DM hat die Bauunternehmung insgesamt für die Grundstücke gezahlt?

b) Wie viel DM hat die Bauunternehmung im Durchschnitt je m² gezahlt?

c) Wie viel DM muss der Käufer eines 1 000 m² großen Baugrundstückes zahlen, wenn die Bauunternehmung neben dem Durchschnittspreis noch 50,00 DM/m² als Vorausleistung auf die Erschließungskosten vom Käufer verlangt und 10,00 DM/m² Mehrerlös erzielen will?

2.2.5 Bilanz

Schon am 15. Januar kann Frau Lapp Herrn Schubert das gewünschte Inventar überreichen. Es umfasst 284 Seiten. Nach kurzem Blättern im Inventar sagt Herr Schubert: „Das ist zwar ein schönes Paket Arbeit, aber im Moment fehlt mir die Übersicht über die Struktur des Vermögens und der Schulden. Erstellen Sie mir bis Montag eine Bilanz!" Nicole Höver, die das mitbekommen hat, fragt stöhnend: „Nochmal die ganze Arbeit?"

Arbeitsauftrag Arbeiten Sie anhand des nachstehenden Textes den Unterschied zwischen der Bilanz und dem Inventar heraus!

Eine bessere Übersicht als das Inventar vermittelt die **Bilanz.** Nach § 242 HGB ist sie regelmäßig neben dem Inventar zu erstellen.

§ 242 Abs. 1 Satz 1 HGB: Der Kaufmann hat zu Beginn seines Handelsgewerbes und für den Schluss eines jeden Geschäftsjahres einen das Verhältnis seines Vermögens und seiner Schulden darstellenden Abschluss (Eröffnungsbilanz, Bilanz) aufzustellen.

❏ In der Bilanz wird auf jede **mengenmäßige Darstellung des Vermögens und der Schulden verzichtet.**

❏ Sie enthält lediglich die **Gesamtwerte gleichartiger Posten** (z.B. den Gesamtwert der Waren).

❏ **Vermögen und Kapital werden in einem T-Konto gegenübergestellt.**

Beispiel Gegenüberstellung von Vermögen und Kapital in der Bilanz zum Inventar (S. 32)

Aktiva		Bilanz der Primus GmbH zum 31. Dezember 19..		Passiva
I. Anlagevermögen			**I. Eigenkapital**	1 200 000,00
1. Grundstück mit Bauten	1 430 000,00		**II. Schulden**	
2. Fuhrpark	250 000,00		**1. Langfristige**	
3. Betriebs- und Geschäftsausstattung	220 000,00		Hypothekenschulden	1 000 000,00
			2. Kurzfristige	
II. Umlaufvermögen			Verbindlichkeiten a. LL	200 000,00
1. Waren	260 000,00		Sonstige	
2. Forderungen a. LL	140 000,00		Verbindlichkeiten	100 000,00
3. Kassenbestand	2 400,00			
4. Bankguthaben	197 600,00			
	2 500 000,00			2 500 000,00

Duisburg, den 26. Januar 19..

Sonja Primus *Markus Lill*

Die Bilanz einer Unternehmung zeigt in übersichtlicher Form, woher das Kapital stammt bzw. wie das Vermögen finanziert (Eigen- und Fremdkapital) und wie das Kapital angelegt oder investiert wurde (Anlage- und Umlaufvermögen):

Vermögen oder Aktiva	Bilanz	Kapital oder Passiva
Diese Seite erfasst **die Formen des Vermögens,** d.h. die **Mittelverwendung** (Investition)		Diese Seite erfasst **die Quellen des Kapitals,** d.h. die **Mittelherkunft** (Finanzierung)
Anlagevermögen + Umlaufvermögen		Eigenkapital + Schulden (Fremdkapital)
= Vermögen der Unternehmung		= Kapital der Unternehmung

Die Summe des Vermögens ist gleich der Summe des Kapitals (**Bilanzgleichung**).

Diese Bilanzdarstellung entspricht den **Mindestgliederungsvorschriften** des § 247 HGB. In Kapitalgesellschaften (AG und GmbH) sind die ausführlichen Gliederungsangaben des § 266 HGB zu beachten (vgl. S. 85 ff.).

Der **Jahresabschluss** – dazu gehört neben der **Bilanz** auch die **Gewinn- und Verlustrechnung** (vgl. S. 85 f.) – ist unter Angabe des Datums vom Kaufmann zu **unterzeichnen** (§ 245 HGB).

● Inventar und Bilanz, ein Vergleich

Das Inventar und die Bilanz sind Übersichten über das Vermögen und das Kapital einer Unternehmung. Sie unterscheiden sich nur in der Art der Darstellung. Die Unterschiede zeigt folgende Übersicht:

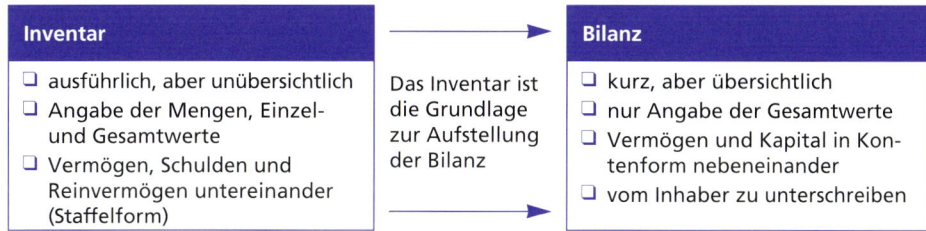

Inventar		Bilanz
❑ ausführlich, aber unübersichtlich ❑ Angabe der Mengen, Einzel- und Gesamtwerte ❑ Vermögen, Schulden und Reinvermögen untereinander (Staffelform)	Das Inventar ist die Grundlage zur Aufstellung der Bilanz	❑ kurz, aber übersichtlich ❑ nur Angabe der Gesamtwerte ❑ Vermögen und Kapital in Kontenform nebeneinander ❑ vom Inhaber zu unterschreiben

Bilanz

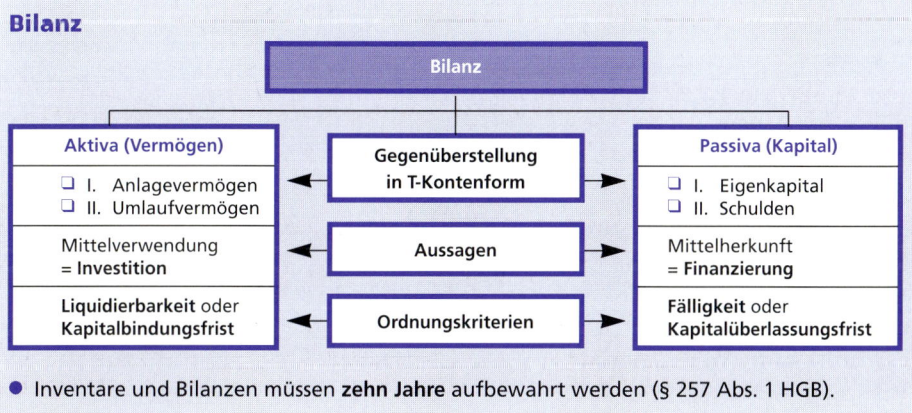

● Inventare und Bilanzen müssen **zehn Jahre** aufbewahrt werden (§ 257 Abs. 1 HGB).

1 Stellen Sie nach folgenden Angaben die Bilanz der Fa. Karl Monz, Stuttgart zum 31. Dezember 19.. auf!

2 Tag der Fertigstellung: 15. Januar 19..

	1	**2**
	DM	DM
Geschäftsausstattung	186 000,00	318 000,00
Waren	117 000,00	132 000,00
Forderungen a. LL	81 800,00	75 500,00
Bankguthaben	92 000,00	104 400,00
Kassenbestand	1 800,00	4 600,00
Verbindlichkeiten gegenüber Banken	–	143 000,00
Verbindlichkeiten a. LL.	92 100,00	96 400,00

3 Die Möbelgroßhandlung Hans Lewen, Mainz, machte am 31. Dezember 19.. (Aufgabe 3)
4 und am 31. Dezember des folgenden Jahres (Aufgabe 4) Inventur.

Sie stellte folgende Werte fest:

	3	**4**
	DM	DM
Betriebs- und Geschäftsausstattung lt. Verzeichnis	188 500,00	167 650,00
Waren lt. Verzeichnis	119 360,00	117 920,00
Forderungen a. LL		
Herbert Berg, Wiesbaden.	11 850,00	11 970,00
Fritz Maas, Bingen	12 370,00	–
Kurt Schorn, Mainz.	13 640,00	13 640,00
Hermann Feld, Mainz.	–	21 760,00
Bankguthaben	54 800,00	65 100,00
Postbankguthaben.	21 260,00	31 130,00
Kassenbestand	1 750,00	2 810,00
Verbindlichkeiten a. LL		
Karl Huber, Stuttgart	22 670,00	30 720,00
Ernst Klein, Berlin	33 620,00	20 100,00
F. Merz OHG, Frankfurt.	14 100,00	8 530,00

a) Stellen Sie Inventar und Bilanz für beide Zeitpunkte auf! Tag der Fertigstellung:
  Aufgabe 3 – 15. Februar 19..
  Aufgabe 4 – 28. Februar 19.. des folgenden Jahres
b) Ermitteln Sie den Erfolg durch Eigenkapitalvergleich!

5 Aus dem Inventar zum 31. Dezember 19.. der Möbelgroßhandlung Franz Klein, Sieg-
6 burg, gehen folgende Gesamtwerte hervor

	5	**6**
	DM	DM
Bankguthaben	320 000,00	366 600,00
Darlehensschulden, Restlaufzeit vier Jahre	500 000,00	720 000,00
Forderungen a. LL	900 000,00	253 800,00
Fuhrpark	150 000,00	600 000,00
Waren	1 600 000,00	1 126 220,00
Verbindlichkeiten a. LL	1 170 000,00	1 080 000,00
Betriebs- und Geschäftsausstattung	60 000,00	141 000,00
Kasse	7 000,00	42 300,00
Grundstücke mit Gebäuden.	1 670 000,00	338 400,00
Hypothekenschulden, Restlaufzeit acht Jahre	600 000,00	–
Fuhrpark	700 000,00	564 000,00
Postbankguthaben.	250 000,00	67 680,00
Eigenkapital	?	1 700 000,00

Stellen Sie eine ordnungsgemäße Bilanz zum 31. Dezember 19.. auf! Tag der Fertigstellung:
Aufgabe 5 – 14. Januar 19..
Aufgabe 6 – 15. Februar 19..

7 Die Bilanz einer Unternehmung weist am Ende des Geschäftsjahres folgende Werte aus:

Anlagevermögen . . . 4 800 000,00 DM Eigenkapital . . . . 5 600 000,00 DM
Umlaufvermögen . . . 3 200 000,00 DM Schulden . . . . 2 400 000,00 DM

Wie viel Prozent der Bilanzsumme beträgt
a) das Anlagevermögen,   c) das Eigenkapital,
b) das Umlaufvermögen,   d) das Fremdkapital (Schulden)?

8 Untersuchen Sie folgende Aussagen über die Bilanz, und stellen Sie mögliche Fehler heraus:
a) Die Aktivseite der Bilanz gibt Auskunft über die Verwendung des Kapitals.
b) Die Passivseite wird nach zunehmender Fälligkeit des Kapitals geordnet.
c) Zum Anlagevermögen zählen beispielsweise Grundstücke, Gebäude, Fuhrpark, Forderungen a. LL, Geschäftsausstattung.
d) Das Anlagevermögen ist das Haftungskapital der Unternehmung.
e) Das Umlaufvermögen ist stärkeren Veränderungen unterworfen als das Anlagevermögen.
f) Das Eigenkapital in der Bilanz stimmt wertmäßig mit dem Reinvermögen im Inventar zum Schluss des Geschäftsjahres überein.
g) Die Bilanz ist eine Gegenüberstellung von Vermögen und Schulden in Kontenform.
h) Die Bilanz wird jeweils zu Beginn des Geschäftsjahres aufgestellt.

9 Prüfen Sie die nachstehenden Aussagen über das Inventar und über die Bilanz auf ihre Richtigkeit:
a) Das Inventar enthält Mengen- und Wertangaben, die Bilanz dagegen nur Wertangaben.
b) Inventar und Bilanz einer Unternehmung können wertmäßig voneinander abweichen.
c) Die Bilanz ist eine kurzgefasste Gegenüberstellung von Kapitalquellen und Kapitalverwendung.
d) Die Bilanz eines Geschäftsjahres ergibt die Grundlage für die Buchführung des folgenden Geschäftsjahres.
e) Inventar und Bilanz können nur vom Prokuristen oder vom Inhaber unterschrieben werden.

2.2.6 Darstellung der Bilanzstruktur mithilfe der Prozentrechnung

Sonja Primus, die Geschäftsführerin der Primus GmbH, Duisburg, hat zum 15. Februar 19.. folgende Bilanz des letzten Geschäftsjahres vorliegen:

A	Bilanz der Primus GmbH, Duisburg, zum 31. Dezember 19..		P
I. Anlagevermögen		**I. Eigenkapital**	1 200 000,00
1. Grundstück mit Bauten	1 430 000,00	**II. Schulden**	
2. Fuhrpark	250 000,00	1. Verbindlichkeiten gegenüber Banken	1 000 000,00
3. Betriebs- und Geschäfts- ausstattung	220 000,00	2. Verbindlichkeiten a. LL	200 000,00
II. Umlaufvermögen		3. Sonstige Verbindlichkeiten	100 000,00
1. Warenbestand	260 000,00		
2. Forderungen a. LL	140 000,00		
3. Bankguthaben	160 000,00		
4. Postbankguthaben	37 600,00		
5. Kasse	2 400,00		
	2 500 000,00		2 500 000,00

40 % der Verbindlichkeiten gegenüber Banken haben eine Laufzeit von über fünf Jahren.

Für einen Betriebsvergleich mit einer anderen Großhandelsunternehmung möchte Frau Primus einige Zahlen ermittelt haben. Zu diesem Zweck beauftragt sie Svenja Braun, die Assistentin der Geschäftsleitung, damit einige Berechnungen vorzunehmen.

Arbeitsauftrag   Ermitteln Sie für Svenja Braun
❑ den prozentualen Anteil des Warenbestandes am Umlaufvermögen,
❑ den Anteil in DM der Verbindlichkeiten gegenüber Banken mit einer Laufzeit über fünf Jahren,
❑ die Eigenkapitalquote (= Anteil des Eigenkapitals am Gesamtkapital)!

Das **Prozentrechnen** ist eine Hundertrechnung, d. h., man nimmt bei ihr die Zahl 100 als Vergleichs- oder Bezugsgröße, z. B. 3 % = Drei von Hundert (lateinisch pro centum) oder $^3/_{100}$. Es ist üblich, für Prozent abgekürzt v. H. „von Hundert", meistens jedoch % zu schreiben.

Bei der **Promillerechnung** ist die Vergleichszahl 1000 (v. T. = von Tausend – lateinisch pro mille – oder ‰).

Die Regeln der Prozentrechnung sind auf die Promillerechnung zu übertragen, so sind z. B. 3‰ = Drei von Tausend oder $^3/_{1000}$.

In Unternehmen des Handwerks, des Handels und der Industrie verwendet man die Prozentrechnung u. a. zur Berechnung von Rabatten, Skonti, Abschreibungen, Gewinnanteilen, Verkaufspreisen oder Vergleichszahlen in der Statistik, z. B. Kosten- oder Umsatzanteile.

● **Größen der Prozentrechnung**

Mithilfe der Prozentrechnung werden gegebene absolute Zahlen vergleichbar gemacht. Bei der Prozentrechnung wird mit drei Größen gerechnet: Prozentsatz, Grundwert und Prozentwert.

Beispiel   Die Primus GmbH hat ein Eigenkapital in Höhe von 1 200 000,00 DM bei einer Bilanzsumme von 2 500 000,00 DM. Für einen Betriebsvergleich sollen u. a. diese Werte mit denen der Bürobedarfsgroßhandlung Schneider & Co verglichen werden. Diese hat Eigenkapital in Höhe von 2 000 000,00 DM bei einer Bilanzsumme von 4 600 000,00 DM. Welches der beiden Großhandelsunternehmen hat einen höheren Eigenkapitalanteil?
Das Eigenkapital der beiden Unternehmen ist nicht ohne weiteres miteinander vergleichbar, weil es sich auf unterschiedliche Bezugsgrößen bezieht. Durch den Bezug auf die gemeinsame Bezugsgröße 100 werden die beiden Eigenkapitalien vergleichbar gemacht.

Lösung mit Dreisatz

Primus GmbH		Bürobedarfsgroßhandlung Schneider & Co
① Bedingungssatz:	Von 2 500 000,00 DM Bilanzsumme sind 1 200 000,00 DM Eigenkapital	Von 4 600 000,00 DM Bilanzsumme sind 2 000 000,00 DM Eigenkapital
② Fragesatz:	Von 100,00 DM Bilanzsumme sind x DM Eigenkapital	Von 100,00 DM Bilanzsumme sind x DM Eigenkapital
③ Bruchsatz:	$x = \dfrac{1\,200\,000 \cdot 100}{2\,500\,000}$ $x = \underline{48\,\%}$	$x = \dfrac{2\,000\,000 \cdot 100}{4\,600\,000}$ $x = \underline{43,48\,\%}$
	Auf 100,00 DM Bilanzsumme entfallen 48,00 DM Eigenkapital, also 48 %.	Auf 100,00 DM Bilanzsumme entfallen 43,48 DM Eigenkapital, also 43,48 %.

Primus GmbH:
Auf 2 500 000,00 DM Bilanzsumme entfallen auf das Eigenkapital 1 200 000,00 DM =   48,00 %
Schneider & Co:
Auf 4 600 000,00 DM Bilanzsumme entfallen auf das Eigenkapital 2 000 000,00 DM =   43,48 %

| **Grundwert** | **Prozentwert** | **Prozentsatz** |

❑ Unter Prozentrechnung versteht man eine Vergleichsrechnung, bei der die Zahl 100 als Bezugsgröße auftritt.

❑ Wenn die Zahl 1 000 als Bezugsgröße genommen wird, spricht man von Promillerechnung.

❑ In der Prozentrechnung (bzw. Promillerechnung) wird mit drei Größen gerechnet:

Grundwert	Prozentwert (bzw. Promillewert)	Prozentsatz (bzw. Promillesatz)
der Wert, der mit der Vergleichszahl 100 (bzw. 1 000) verglichen wird. Er entspricht immer 100 % (bzw. 1 000 ‰).	Bruchteil vom Grundwert, er ergibt sich durch Bezug des Prozentsatzes (Promillesatzes) auf den Grundwert.	gibt die Anzahl der Anteile von 100 (bzw. 1 000) an.

❑ Zwei Größen müssen immer gegeben sein, um die dritte Größe mithilfe des Dreisatzes berechnen zu können.

● Berechnen des Prozentsatzes

Der Prozentsatz gibt an, wie viel Teile auf Hundert entfallen. Um den Prozentsatz berechnen zu können, müssen der Grundwert und der Prozentwert gegeben sein.

Beispiel   In der Primus GmbH haben sich die Schulden im abgelaufenen Geschäftsjahr von 1 300 000,00 DM auf 1 500 000,00 DM erhöht. Wie viel Prozent beträgt die Erhöhung der Schulden?

Lösung
① Bedingungssatz: 1 300 000,00 DM (Grundwert)   = 100 %
② Fragesatz: 200 000,00 DM (Prozentwert) =   x %
③ Bruchsatz: $x = \dfrac{100 \cdot 200\,000}{1\,300\,000}$ x = 15,38 %

Die Schulden haben sich um 15,38 % erhöht.

Hieraus lässt sich folgende Formel für die Berechnung des Prozentsatzes ableiten:

$$\text{Prozentsatz} = \frac{100 \cdot \text{Prozentwert}}{\text{Grundwert}} \quad \text{oder} \quad \frac{\text{Prozentwert}}{1\,\%\ \text{des Grundwertes}}$$

In der Promillerechnung lautet die Formel:

$$\text{Promillesatz} = \frac{1000 \ \ \text{Promillewert}}{\text{Grundwert}} \quad \text{oder} \quad \frac{\text{Promillewert}}{1\,‰\ \text{des Grundwertes}}$$

Rechenweg

① Stellen Sie den Bedingungssatz auf, wobei der Grundwert in Prozent (= 100 %) bzw. in Promille (1 000‰) immer rechts steht!

① Bilden Sie den Fragesatz, wobei der Prozentsatz (bzw. Promillesatz) als gesuchte Größe x rechts steht!

① Stellen Sie den Bruchsatz auf, wobei Sie die oben stehenden Formeln zur Berechnung des Prozent- bzw. Promillesatzes anwenden können!

1 In einem Großhandelsbetrieb hat sich das Eigenkapital im abgelaufenen Geschäftsjahr von 300 000,00 DM auf 340 000,00 DM erhöht. Ermitteln Sie, um wie viel Prozent sich das Eigenkapital erhöht hat!

2 Die Bilanzsumme eines Großhandelsbetriebes beträgt 1 850 000,00 DM. Das Anlagevermögen beträgt 720 000,00 DM und das Eigenkapital 1 360 000,00 DM. Berechnen Sie
a) den prozentualen Anteil des Eigenkapitals am Gesamtkapital,
b) den prozentualen Anteil des Anlagevermögens am Gesamtvermögen!

3 Das Gesamtvermögen eines Großhandelsbetriebes beträgt 3 400 000,00 DM. Auf das Eigenkapital entfallen 2 450 000,00 DM. Das Anlagevermögen beträgt 1 800 000,00 DM. Hierbei entfallen auf Grundstücke mit Gebäude 1 150 000,00 DM und auf Fuhrpark 360 000,00 DM. Die Warenvorräte belaufen sich auf 1 600 000,00 DM. Bei den Schulden entfallen auf Verbindlichkeiten a. LL 510 000,00 DM. Ermitteln Sie
a) den prozentualen Anteil des Anlagevermögens an der Bilanzsumme,
b) den prozentualen Anteil des Umlaufvermögens an der Bilanzsumme,
c) den prozentualen Anteil des Eigenkapitals an der Bilanzsumme,
d) den prozentualen Anteil der Schulden an der Bilanzsumme,
e) den prozentualen Anteil der Grundstücke mit Gebäuden am Anlagevermögen,
f) den prozentualen Anteil des Fuhrparks am Anlagevermögen,
g) den prozentualen Anteil der Warenvorräte am Umlaufvermögen,
h) den prozentualen Anteil der Verbindlichkeiten a.LL an den Schulden!

4 Bei einem Vergleich werden die Gläubiger, die insgesamt 545 000,00 DM Forderungen angemeldet haben, mit 354 250,00 DM abgefunden. Wie viel Prozent ihrer Forderungen verlieren die Gläubiger?

5 Ermitteln Sie unter Berücksichtigung des nachfolgenden Inventars
a) das Eigenkapital der Unternehmung,
b) den Anteil des Anlagevermögens am Gesamtvermögen in Prozent,
c) den Anteil des Eigenkapitals am Gesamtkapital in Prozent!

Inventar einer Großhandelsunternehmung zum Geschäftsjahresende (31. Dezember):

A. Vermögen		B. Schulden	
I Anlagevermögen		I Langfristige Schulden	
1 Grundstücke	400 000,00 DM	1 Darlehen der Sparkasse	1 000 000,00 DM
2 Gebäude	1 400 000,00 DM	2 Darlehen der Volksbank	300 000,00 DM
3 Betriebs- u. Geschäftsausstattung	240 000,00 DM	II Kurzfristige Schulden	
		1 Verbindlichkeiten aus Warenlieferungen	660 000,00 DM
II Umlaufvermögen		2 Verbindlichkeiten gegenüber dem Finanzamt	240 000,00 DM
1 Warenvorräte	1 080 000,00 DM		
2 Forderungen	520 000,00 DM	Summe der Schulden	2 200 000,00 DM
3 Bankguthaben	170 000,00 DM		
4 Kassenbestand	6 000,00 DM		
Summe des Vermögens	3 816 000,00 DM	C. Eigenkapital	? DM

● Berechnen des Prozentwertes

Um den Prozentwert berechnen zu können, müssen der Grundwert und der Prozentsatz gegeben sein. Der Grundwert ist mit 100 % anzusetzen.

Beispiel Die Primus GmbH hat eine Bilanzsumme von 2 500 000,00 DM. Das Unternehmen ist mit 48 % Eigenkapital finanziert. Berechnen Sie das Eigenkapital!

Lösung

① Bedingungssatz: 100 % = 2 500 000,00 DM

② Fragesatz: $\underline{\quad 48\% \quad}$ = $\underline{\quad x \quad}$

③ Bruchsatz: $x = \dfrac{48 \cdot 2\,500\,000}{100}$ $\qquad x = \underline{\underline{1\,200\,000,00\,\text{DM}}}$

Das Eigenkapital beträgt 1 200 000,00 DM.

Hieraus lässt sich folgende Formel für die Berechnung des Prozentwertes ableiten:

$$\text{Prozentwert} = \frac{\text{Grundwert} \cdot \text{Prozentsatz}}{100} \qquad \text{oder} \qquad 1\,\% \text{ des Grundwertes} \cdot \text{Prozentsatz}$$

In der Promillerechnung lautet die Formel:

$$\text{Promillewert} = \frac{\text{Grundwert} \cdot \text{Promillesatz}}{1\,000} \qquad \text{oder} \qquad 1\,‰ \text{ des Grundwertes} \cdot \text{Promillesatz}$$

Rechenweg

① Stellen Sie den Bedingungssatz auf, wobei der Grundwert (DM , m, kg usw.) immer rechts steht!

② Bilden Sie den Fragesatz, wobei der Prozentwert (bzw. Promillewert) = x rechts steht!

③ Stellen Sie den Bruchsatz auf, wobei Sie die oben stehenden Formeln zur Berechnung des Prozent- bzw. Promillewertes anwenden können!

▶ **Ausnutzen von Rechenvorteilen mithilfe von bequemen Prozentsätzen:** Manche Prozentsätze erlauben es, dass mit bequemen Teilern gerechnet werden kann. Ist der Prozentsatz ein bequemer Teiler von 100, so ist er auch der gleiche bequeme Teiler des Grundwertes.

Beispiel Die Verbindlichkeiten gegenüber Banken, die bisher 1 000 000,00 DM betragen haben, sollen im kommenden Jahr um 20 % gesenkt werden. Um wie viel DM sollen die Verbindlichkeiten gegenüber Banken damit reduziert werden?

Lösung mit der Formel des Prozentwertes

$\text{Prozentwert} = \dfrac{\text{Grundwert} \cdot \text{Prozentsatz}}{100}$

$x = \dfrac{10\,000\,000 \cdot 20}{100}$

$x = \underline{\underline{200\,000,00\,\text{DM}}}$

Lösung mit dem bequemen Teiler

20 % sind $\dfrac{20}{100} = \dfrac{1}{5}$

Damit ergibt sich, daß 20 % fünfmal in Hundert enthalten sind. Folglich kann man auch rechnen:

1 000 000 : 5 = $\underline{\underline{200\,000,00\,\text{DM}}}$.

Hieraus kann man auch die Formel ableiten:

> **Prozentwert** = Grundwert : bequemer Teiler

> Die bequemen Prozentsätze führen zu einer Vereinfachung der Rechnung, indem man den Grundwert durch den bequemen Teiler dividiert.

Folgende Prozentsätze ergeben u. a. bequeme Teiler:

Prozentsatz	bequemer Teiler	Prozentsatz	bequemer Teiler
1 %	100	$6^1/_4$ %	16
$1^1/_4$ %	80	$6^2/_3$ %	15
$1^1/_3$ %	75	$8^1/_3$ %	12
$1^2/_3$ %	60	10 %	10
2 %	50	$12^1/_2$ %	8
$2^1/_2$ %	40	$16^2/_3$ %	6
$3^1/_3$ %	30	20 %	5
4 %	25	25 %	4
$4^1/_6$ %	24	$33^1/_3$ %	3
5 %	20	50 %	2

1 In einem Großhandelsunternehmen beträgt das Gesamtvermögen 1 560 000,00 DM. Das Umlaufvermögen beläuft sich auf 60 % des Gesamtvermögens. Die Warenvorräte betragen 75 % des Umlaufvermögens. Das Gesamtvermögen wurde zu 60 % mit Eigenkapital finanziert. Ermitteln Sie
a) das Umlaufvermögen in DM,   c) das Eigenkapital in DM,
b) die Warenvorräte in DM,   d) die Schulden in DM!

2 Ein Großhandelsunternehmen hat eine Bilanzsumme von 1 600 000,00 DM. Es wurde mit 36 % Fremdkapital finanziert. Ermitteln Sie
a) die Schulden in DM,   b) das Eigenkapital in DM!

3 Berechnen Sie den Prozentwert:
a) 3 % von 6 145,20 DM   d) 25 % von 10 750,00 DM
b) 8 % von 8 448,00 DM   e) $6^2/_3$ % von 3 150,00 DM
c) 17 % von 16 983,00 DM   f) $8^1/_3$ % von 4 152,00 DM

4 Berechnen Sie den Promillewert:
a) 3 ‰ von 750,00 DM
b) 5 ‰ von 2 950,00 DM
c) 8 ‰ von 968,00 DM

5 Die Jahresmiete eines Warenlagers beträgt 48 000,00 DM. Für das neue Geschäftsjahr erhöht der Vermieter die Miete um 7,5 %.
a) Wie viel DM beträgt die neue Jahresmiete?
b) Wie viel DM sind im neuen Jahr pro Monat zu zahlen?

6 Ein Angestellter erhielt bisher monatlich ein Gehalt von 2 900,00 DM. Lt. Tarifvertrag werden die Gehälter im neuen Jahr um 4,5 % erhöht.
a) Wie viel DM beträgt die Gehaltserhöhung?
b) Wie viel DM beträgt das neue Gehalt?

7 Das Geschäftshaus eines Großhändlers ist mit 500 000,00 DM gegen Feuer versichert. Wie viel DM sind jährlich zu zahlen, wenn die Versicherungsprämie für ein Jahr 2,5 ‰ beträgt?

● Berechnen des Grundwertes

Der Grundwert entspricht immer 100 %. Er ist der Wert, auf den man sich beim Prozentrechnen bezieht. Um den Grundwert berechnen zu können, müssen der Prozentsatz und der Prozentwert bekannt sein.

Beispiel Die Primus GmbH hat im vergangenen Geschäftsjahr ein Anlagevermögen in Höhe von 1 900 000,00 DM. Dies sind 76 % der Bilanzsumme. Ermitteln Sie die Bilanzsumme in DM!

Lösung

① Bedingungssatz: 76 % (Prozentsatz) = 2 500 000,00 DM (Prozentwert)
② Fragesatz: 100 %   =   x   (Grundwert)

③ Bruchsatz: $x = \dfrac{1\,900\,000 \cdot 100}{76}$ $x = 2\,500\,000,00$ DM

Die Bilanzsumme beträgt 2 500 000,00 DM.

Hieraus lässt sich folgende Formel für die Berechnung des Grundwertes ableiten:

$$\text{Grundwert} = \frac{\text{Prozentwert} \cdot 100}{\text{Prozentsatz}}$$

In der Promillerechnung lautet die Formel:

$$\text{Grundwert} = \frac{\text{Promillewert} \cdot 1\,000}{\text{Promillesatz}}$$

Rechenweg

① Stellen Sie den Bedingungssatz auf, wobei der Prozentwert (bzw. Promillewert) rechts steht!

② Bilden Sie den Fragesatz, wobei der gesuchte Grundwert (x) rechts steht!

③ Stellen Sie den Bruchsatz auf, wobei Sie die oben stehenden Formeln zur Berechnung des Grundwertes anwenden können!

Prozentrechnen

Beim Prozentrechnen werden absolute Zahlen durch Bezug auf 100 vergleichbar gemacht.

Größen der Prozentrechnung

Prozentsatz	Prozentwert	Grundwert
Gibt die Anzahl der Anteile von 100 an.	Ergibt sich durch den Bezug des Prozentsatzes auf den Grundwert.	Ist immer 100 %
Prozentsatz = $\dfrac{100 \cdot \text{Prozentwert}}{\text{Grundwert}}$	Prozentwert = $\dfrac{\text{Grundwert} \cdot \text{Prozentsatz}}{100}$	Grundwert = $\dfrac{\text{Prozentwert} \cdot 100}{\text{Prozentsatz}}$

1 Bei einem Großhandelsunternehmen beträgt das Anlagevermögen 760 000,00 DM, dies sind 38 % des Gesamtvermögens. Ermitteln Sie das Gesamtvermögen in DM!

2 Wie hoch ist die Versicherungssumme, wenn nachstehende Prämien gezahlt werden:

	Prämie in DM	Prämiensatz
a)	91,10	0,4 ‰
b)	145,50	1,5 ‰
c)	54,20	0,8 ‰
d)	291,50	2,65‰

3 Das Fremdkapital einer Großhandlung beträgt 1 440 000,00 DM. Dies entspricht 48 % der Bilanzsumme. Ermitteln Sie
a) das Eigenkapital in DM,
b) die Bilanzsumme in DM!

4 Ein Großhandelsunternehmen wurde zu 55 % mit Eigenkapital finanziert. Dies entspricht 660 000,00 DM. Ermitteln Sie die Bilanzsumme in DM!

5 Der Bestand der Warenvorräte in einem Großhandelsunternehmen beläuft sich auf 858 000,00 DM. Dies entspricht 65 % des Umlaufvermögens. Das Umlaufvermögen beträgt 60 % des Gesamtvermögens. Ermitteln Sie
a) das Umlaufvermögen in DM,
b) das Anlagevermögen in DM,
c) das Gesamtvermögen in DM!

6 Ein Unternehmen hatte im abgelaufenen Geschäftsjahr Gesamtkosten für den Fuhrpark in Höhe von 476 300,00 DM. Die Gesamtkosten verteilten sich folgendermaßen:
40,8 % Personalkosten 6,5 % Werbekosten
30,1 % Treibstoff, Steuern, Versicherung 5,3 % Miete
12,1 % Reparaturkosten 5,2 % Sonstige Kosten

Wie viel DM beträgt der Anteil der Reparaturkosten?

2.3 Grundlegende Buchungen auf Bestandskonten

2.3.1 Auswirkungen von Wertveränderungen auf die Bilanz

Am ersten Tag nach den Weihnachtsferien zeigt Frau Lapp der Auszubildenden Nicole Höver eine Bilanz. „Jetzt müssen wir die Auswirkungen aller Geschäftsfälle auf diese Bilanz genau verfolgen und festhalten. Sie sollen sich das heute einmal klarmachen am Beispiel dieser verkürzten Bilanz und folgender Geschäftsfälle, für die Belege vorliegen."

Aktiva	Bilanz zum Beginn des Geschäftsjahres		Passiva
I. Anlagevermögen		**I. Eigenkapital**	70 000,00
Geschäftsausstattung	30 000,00	**II. Schulden**	
II. Umlaufvermögen		Darlehen	40 000,00
Bank	90 000,00	Verbindlichkeiten a. LL	20 000,00
Kasse	10 000,00		
	130 000,00		130 000,00

Die Bilanz ist eine Aufstellung des Vermögens und der Schulden zu einem bestimmten Zeitpunkt. Durch die Geschäftstätigkeit werden die Vermögens- und Kapitalbestände aber laufend verändert. Damit ändern sich die Bestände einzelner Positionen. Alle Änderungen werden durch **Belege**[1] angezeigt und nachgewiesen.

Folgende vier Wertbewegungen in der Bilanz sind zu unterscheiden:

● Aktivtausch

Der Geschäftsfall betrifft nur die Aktivseite der Bilanz. Die Bilanzsumme bleibt unverändert. Es werden flüssige Mittel in weniger liquide umgewandelt oder umgekehrt.

Beispiel
Geschäftsfall 1: Kassenbeleg/Quittung: Einkauf eines Druckers 2 000,00 DM
Geschäftsausstattung: + 2 000,00 DM
Kasse: – 2 000,00 DM

Aktiva		Bilanz	Passiva
I. Anlagevermögen		**I. Eigenkapital**	70 000,00
Geschäftsausstattung	32 000,00	**II. Schulden**	
II. Umlaufvermögen		Darlehen	40 000,00
Bank	90 000,00	Verbindlichkeiten a. LL	20 000,00
Kasse	8 000,00		
	130 000,00		130 000,00

● Passivtausch

Der Geschäftsfall betrifft nur die Passivseite der Bilanz. Die Bilanzsumme bleibt unverändert. Inhaltlich werden kurzfristige in längerfristige Verbindlichkeiten umgewandelt oder umgekehrt.

Beispiel
Geschäftsfall 2: Vertragskopie: Eine kurzfristige Verbindlichkeit wird in eine längerfristige Darlehensschuld umgewandelt 10 000,00 DM
Verbindlichkeiten a. LL: – 10 000,00 DM
Darlehensschulden: + 10 000,00 DM

[1] AR = Ausgangsrechnung, BA = Bankauszug, ER = Eingangsrechnung, KB = Kassenbeleg/Quittung, PBA = Postbankauszug

Aktiva		Bilanz		Passiva
I. Anlagevermögen			**I. Eigenkapital**	70 000,00
Geschäftsausstattung	32 000,00		**II. Schulden**	
II. Umlaufvermögen			Darlehen	50 000,00
Bank	90 000,00		Verbindlichkeiten a. LL	10 000,00
Kasse	8 000,00			
	130 000,00			130 000,00

● Aktiv-Passiv-Mehrung (Bilanzverlängerung)

Der Geschäftsfall betrifft Aktiv- und Passivseite der Bilanz. Ein Posten der Aktiv- und ein Posten der Passivseite erhöhen sich um den gleichen Betrag. Die Bilanzsummen nehmen um den gleichen Betrag zu. Die Bilanzgleichung bleibt erhalten. Inhaltlich zeigt die Passivseite eine Mehrung des Kapitals und die Herkunft dieses Kapitals auf. Die Veränderung auf der Aktivseite zeigt die Verwendung des neuen Kapitals an.

Beispiel

Geschäftsfall 3: ER: Kauf eines PC auf Ziel 5 000,00 DM
Geschäftsausstattung: + 5 000,00 DM
Verbindlichkeiten a. LL: + 5 000,00 DM

Aktiva		Bilanz		Passiva
I. Anlagevermögen			**I. Eigenkapital**	70 000,00
Geschäftsausstattung	37 000,00		**II. Schulden**	
II. Umlaufvermögen			Darlehen	50 000,00
Bank	90 000,00		Verbindlichkeiten a. LL	15 000,00
Kasse	8 000,00			
	135 000,00			135 000,00

● Aktiv-Passiv-Minderung (Bilanzverkürzung)

Ein Posten der Aktiv- und ein Posten der Passivseite werden um den gleichen Betrag vermindert. Die Bilanzsummen verringern sich um den gleichen Betrag. Die Gleichung der Bilanz bleibt erhalten. Inhaltlich wurde befristet überlassenes Kapital zurückgezahlt. Die Änderung auf der Passivseite zeigt, welches Kapital zurückgezahlt wurde, die Änderung auf der Aktivseite zeigt, mit welchen Mitteln die Tilgung erfolgte.

Beispiel

Geschäftsfall 4: BA: Ausgleich einer Liefererrechnung 8 000,00 DM
Verbindlichkeiten a. LL: – 8 000,00 DM
Bank: – 8 000,00 DM

Aktiva		Bilanz		Passiva
I. Anlagevermögen			**I. Eigenkapital**	70 000,00
Geschäftsausstattung	37 000,00		**II. Schulden**	
II. Umlaufvermögen			Darlehen	50 000,00
Bank	82 000,00		Verbindlichkeiten a. LL	7 000,00
Kasse	8 000,00			
	127 000,00			127 000,00

Auswirkungen von Wertbewegungen auf die Bilanz

```
                    ┌─────────────────────────────┐
                    │  Arten der Bilanzveränderungen │
                    └─────────────────────────────┘
```

Aktivtausch	Passivtausch	Aktiv-Passiv-Mehrung	Aktiv-Passiv-Minderung
❑ Umschichtung auf der Aktivseite der Bilanz	❑ Umschichtung auf der Passivseite der Bilanz	❑ Der Unternehmung wurde neues Kapital zugeführt (Passivmehrung).	❑ Es wird von der Unternehmung Kapital zurückgezahlt (Passivminderung).
❑ Liquide Mittel werden in weniger liquide umgewandelt oder umgekehrt.	❑ Kurzfristiges Kapital wird in längerfristiges umgewandelt oder umgekehrt.	❑ Seine Verwendung wird auf der Aktivseite sichtbar (Aktivmehrung).	❑ Hierfür verwendete Mittel zeigt die Aktivseite (Aktivminderung).

1

Bestände laut Inventur:	DM		DM
Fuhrpark	600 000,00	Eigenkapital	719 000,00
Geschäftsausstattung	180 000,00	Darlehensschuld	320 000,00
Bank	300 000,00	Verbindlichkeiten a. LL	120 000,00
Kasse	14 000,00	Forderungen a. LL	65 000,00

Geschäftsfälle: DM
1. **Quittungsdurchschlag:** Kunde bezahlte fällige Ausgangsrechnung bar . . 12 000,00
2. **Bankauszug:** Kauf eines Lkw gegen Bankscheck 80 000,00
3. **Vertragskopie:** Lieferer stundet Rechnungsbetrag auf sechs Jahre 40 000,00
4. **Ausgangsrechnung:** Zielverkauf eines gebrauchten Personalcomputers . 5 000,00
5. **Bankauszug:** Überweisung der Tilgungsrate für unser Darlehen 20 000,00

a) Stellen Sie bei jedem Geschäftsfall die Auswirkungen auf die Bilanz fest!
b) Kennzeichnen Sie die Wertveränderungen mit dem zutreffenden Begriff!
c) Erstellen Sie nach jedem Geschäftsfall die veränderte Bilanz!

2

Bestände laut Inventur:	DM		DM
Grundstück mit Gebäude	800 000,00	Eigenkapital	852 000,00
Fuhrpark	250 000,00	Bankschuld	130 000,00
Postbankguthaben	42 000,00	Verbindlichkeiten a. LL	258 000,00
Kasse	10 000,00	Forderungen a. LL	138 000,00

Geschäftsfälle: DM
1. **Bankauszug, Kaufvertrag:** Grundstückskauf gegen Bankscheck 10 000,00
2. **Postbankauszug:** Bareinzahlung auf das Postbankkonto 1 000,00
3. **Bankauszug:** Banküberweisung: Ausgleich einer fälligen Liefererrechnung 20 000,00
4. **Eingangsrechnung:** Zielkauf eines Pkw 30 000,00
5. **Postbankauszug:** Kunde bezahlt fällige AR mit Postüberweisung 8 000,00

a) Stellen Sie bei jedem Geschäftsfall die Auswirkungen auf die Bilanz fest!
b) Kennzeichnen Sie die Wertveränderungen mit dem zutreffenden Begriff!
c) Erstellen Sie nach jedem Geschäftsfall die veränderte Bilanz!

3 Beantworten Sie zu den Geschäftsfällen folgende Fragen:
   a) Welche Posten der Bilanz werden berührt?
   b) Handelt es sich um Posten der Aktiv- oder Passivseite der Bilanz?
   c) Wie wirkt sich der Geschäftsfall auf die Posten aus?
   d) Um welche der vier Bilanzveränderungen handelt es sich?

Geschäftsfälle: DM

1. **Eingangsrechnung:** Einkauf eines Personalcomputers für das Sekretariat auf Ziel 11 000,00
2. **Vertragskopie:** Umwandlung einer Verbindlichkeit in ein Darlehen . . . 6 000,00
3. **Eingangsrechnung:** Zielkauf eines Gabelstaplers für das Lager 15 000,00
4. **Quittungsdurchschlag:** Kunde bezahlte fällige Ausgangsrechnung bar. 2 000,00
5. **Postbankauszug:** Barabhebung vom Postbankkonto 5 000,00
6. **Ausgangsrechnung:** Barverkauf eines gebrauchten Personalcomputers 300,00
7. **Bankauszug:** Tilgungsrate für unsere Darlehensschuld 10 000,00
8. **Vertragskopie:** Umwandlung einer Forderung a. LL in ein Darlehen . . . 20 000,00
9. **Bankauszug:** Bareinzahlung auf das Bankkonto 8 000,00
10. **Eingangsrechnung:** Einkauf einer Kühltheke für das Lager 12 000,00

4 Untersuchen Sie, welche der untenstehenden Auswirkungen durch die Geschäftsfälle 1 bis 4 hervorgerufen werden:

Geschäftsfälle: DM

1. **Eingangsrechnung / Bankauszug:**
   Kauf eines Personalcomputers gegen Bankscheck 6 000,00
2. **Bankauszug:** Tilgungsrate einer Darlehensschuld 5 000,00
3. **Postbankauszug:** Ein Kunde begleicht eine fällige Rechnung 9 200,00
4. **Eingangsrechnung:** Zielkauf eines Lkw 85 000,00

Auswirkungen:
a) Der Unternehmung wird neues Fremdkapital zugeführt.
b) Dieser Geschäftsfall ruft einen Aktivtausch hervor.
c) Die Bilanzsumme wird vergrößert.
d) Er ruft eine Aktiv-Passiv-Minderung hervor.
e) Die Bilanzsumme wird verkleinert.
f) Es handelt sich um eine Aktiv-Passiv-Mehrung.
g) Schulden der Unternehmung werden getilgt.
h) Es findet ein Tausch innerhalb des Umlaufvermögens statt.

5 Erläutern Sie, welche Bilanzveränderungen folgende Geschäftsfälle hervorrufen:

       DM

1. Barabhebung vom Bankkonto für die Geschäftskasse 1 500,00
2. Ausgleich einer Liefererrechnung durch Banküberweisung 92 000,00
3. Aufnahme eines Darlehens, das auf dem Bankkonto gutgeschrieben wird 70 000,00
4. Ein Kunde begleicht eine fällige Rechnung durch Banküberweisung 5 750,00
5. Barkauf eines Lagerregals 1 250,00
6. Ein Lieferer stundet einen Rechnungsbetrag auf fünf Jahre 50 000,00
7. Verkauf eines gebrauchten Pkw gegen Bankscheck 4 500,00
8. Einkauf eines Gabelstaplers auf Ziel 17 200,00

2.3.2 Aufgliederung der Bilanz in Bestandskonten

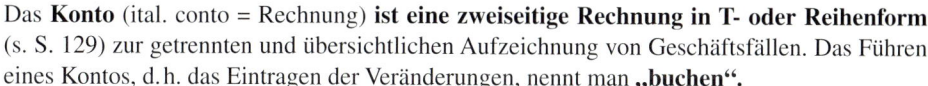

Frau Lapp hat Nicole Höver die Auswirkungen der vier Geschäftsfälle ausführlich erläutert. Frau Lapp stellt zufrieden fest: „Das ist die eigentliche Aufgabe des Informationssystems ‚Buchführung'. Es zeigt der Unternehmensleitung zu jeder Zeit den Stand und die Veränderungen von Vermögen und Kapital."

„Heißt das, dass Sie und Herr Schubert Tag für Tag Hunderte von Bilanzen erstellen?" „Nein, das wäre sehr zeitraubend, unübersichtlich und wenig aussagekräftig, zumal Herr Müller und Frau Primus regelmäßig wissen wollen, wie viel Forderungen durch Verkäufe entstanden sind und welche Forderungen von den Kunden ausgeglichen wurden. Bei den Verbindlichkeiten taucht das gleiche Problem auf. Vielleicht sehen Sie mir eine Weile beim Buchen zu." „Ja, gerne", sagt Nicole. Bis zum Mittag hält sie es aus. Frau Lapp gibt Zahlen ein und lässt Buchungsprotokolle ausdrucken. „Aber ehrlich gesagt, ich habe nichts verstanden", gesteht sie Frau Lapp beim Mittagessen. „Ja, das ist ein wirklich komplexer Bereich. Und deshalb haben wir uns zusammen mit Ihrem Lehrer von der Berufsschule überlegt, ein Modell von diesem Informationssystem zu entwickeln. Damit wird es viel anschaulicher und Sie verstehen unser Fibu-Programm sicher bald."

Arbeitsauftrag Versuchen Sie einen Vorschlag zu entwickeln, wie man die Veränderungen der Bilanzpositionen Kasse, Forderungen und Verbindlichkeiten übersichtlich erfassen kann.

● Konto

Das **Konto** (ital. conto = Rechnung) **ist eine zweiseitige Rechnung in T- oder Reihenform** (s. S. 129) zur getrennten und übersichtlichen Aufzeichnung von Geschäftsfällen. Das Führen eines Kontos, d.h. das Eintragen der Veränderungen, nennt man **„buchen".**

Beispiel Buchung der Bareinnahmen und Barausgaben auf dem Kassenkonto in T-Form:

Einnahmen	Kasse		Ausgaben
Anfangsbestand	860,00	04.01. Mietzahlung	460,00
03.01. Zahlung von Fa. Blank	1 250,00	05.01. Zahlung an Bürotec GmbH	780,00
07.01. Barabhebung	900,00	31.01. Gehaltsvorschuss	850,00
		Endbestand (= Saldo)	920,00
	3 010,00		3 010,00

● Auflösung der Bilanz in Konten

Um eine genaue Übersicht über Art, Ursache und Höhe der Veränderungen der Bilanzposten zu erzielen, wird für jeden Bilanzposten ein **Konto** eingerichtet. Den Seiten der Bilanz entsprechend werden **Aktiv- und Passivkonten** unterschieden. Ihre Seiten tragen die Bezeichnung **„Soll" (links)** und **„Haben" (rechts).** Aus der Bilanz am Anfang eines Abrechnungszeitraumes, der **Eröffnungsbilanz,** übernehmen die Konten die Anfangsbestände **(AB).** Deshalb werden die Aktiv- und Passivkonten auch als **Bestandskonten** bezeichnet.

Aktiva	Eröffnungsbilanz		Passiva
I. Anlagevermögen		**I. Eigenkapital**	70 000,00
Betriebs- und Geschäftsausstattung	30 000,00	**II. Schulden**	
II. Umlaufvermögen		Darlehen	40 000,00
Bank	90 000,00	Verbindlichkeiten a. LL	20 000,00
Kasse	10 000,00		
	130 000,00		130 000,00

Soll	Betriebs- und Geschäftsausstattung	Haben	Soll	Eigenkapital	Haben
AB	30 000,00			AB	70 000,00

Soll	Bank	Haben	Soll	Darlehen	Haben
AB	90 000,00			AB	40 000,00

Soll	Kasse	Haben	Soll	Verbindlichkeiten a. LL	Haben
AB	10 000,00			AB	20 000,00

Die **Aktivkonten** werden durch Auflösung der Aktiv- oder Vermögensseite der Bilanz gebildet. Bei ihnen wird der **Anfangsbestand auf der Sollseite** gebucht, weil er in der Bilanz auch auf der linken Seite steht.

Die **Passivkonten** werden durch Auflösung der Passiv- oder Kapitalseite der Bilanz gebildet. Bei ihnen wird der **Anfangsbestand auf der Habenseite** gebucht, weil er in der Bilanz auch auf der rechten Seite steht.

● Erfassung von Wertveränderungen auf Bestandskonten

Jeder Geschäftsfall ruft Veränderungen auf mindestens zwei Konten hervor.

Vor jeder Buchung sind folgende Überlegungen anzustellen:

❏ **Welche Konten** werden berührt?

❏ Um welche **Kontenart** handelt es sich (Aktiv- oder Passivkonto)?

❏ Wie **wirkt** sich der Geschäftsfall **auf den Bestand** der Konten aus?

❏ Auf welcher **Kontenseite** wird gebucht?

Es muss genau überlegt werden, ob es sich um ein Aktiv- oder Passivkonto handelt, da auf beiden Kontenarten unterschiedlich gebucht wird.

❏ Bei **Aktivkonten** werden **Mehrungen** auf der Sollseite gebucht: Sie stehen unter dem **Anfangsbestand**. **Minderungen** werden auf der **Habenseite** gebucht.

❏ Bei **Passivkonten** ist es folglich umgekehrt: **Mehrungen** stehen auf der **Habenseite**, **Minderungen** auf der **Sollseite**.

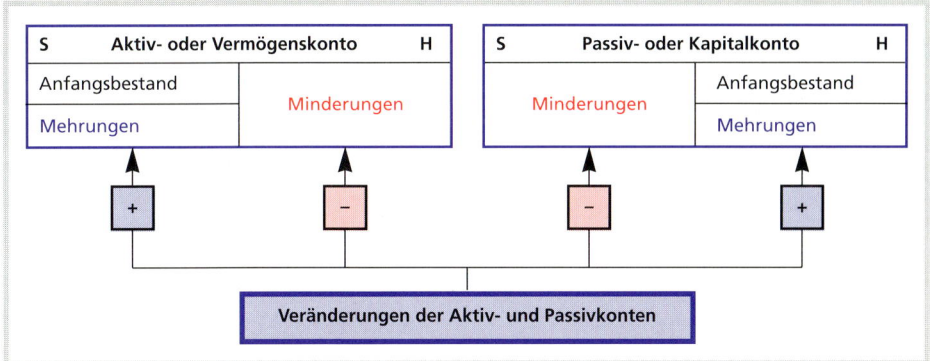

S	Aktiv- oder Vermögenskonto	H
Anfangsbestand	Minderungen	
Mehrungen		

S	Passiv- oder Kapitalkonto	H
Minderungen	Anfangsbestand	
	Mehrungen	

Veränderungen der Aktiv- und Passivkonten

Beispiel 1   Kassenbeleg: Barkauf eines Monitors für die Buchhaltung . . . .   900,00 DM

Auswirkung	Buchung
Mehrung der Geschäftsausstattung	Betriebs- und Geschäftsausstattung (Aktivkonto): Soll. . . . . 900,00 DM
Minderung des Kassenbestands	Kasse (Aktivkonto): Haben . . . . 900,00 DM

Beispiel 2   Vertrag: Umwandlung einer Verbindlichkeit in ein Darlehen . . . . 5 000,00 DM

Auswirkung	Buchung
Minderung der Verbindlichkeiten	Verbindlichkeiten a. LL (Passivkonto): Soll . . . . 5 000,00 DM
Mehrung der Darlehensschulden	Darlehensschulden (Passivkonto): Haben . . . . 5 000,00 DM

Beispiel 3   Eingangsrechnung: Zielkauf eines Schreibtisches für das Personalbüro . . 1 200,00 DM

Auswirkung	Buchung
Mehrung der Betriebsausstattung	Betriebs- und Geschäftsausstattung (Aktivkonto): Soll. . . . . 1 200,00 DM
Mehrung der Verbindlichkeiten	Verbindlichkeiten a. LL (Passivkonto): Haben . . . . 1 200,00 DM

Beispiel 4   Bankauszug: Banküberweisung einer fälligen Eingangsrechnung . . . . . . 7 000,00 DM

Auswirkung	Buchung
Minderung der Verbindlichkeiten	Verbindlichkeiten a. LL (Passivkonto): Soll . . . . 7 000,00 DM
Minderung des Bankguthabens	Bank (Aktivkonto): Haben . . . . 7 000,00 DM

Damit die Ursachen der Veränderung der Anfangsbestände erkennbar sind, schreibt der Buchhalter vor die Beträge das **Gegenkonto.**

Beispiel Aus dem Konto Betriebs- und Geschäftsausstattung geht durch Angabe des Gegenkontos „Kasse" hervor, daß der Monitor bar bezahlt wurde. Auf dem Konto Kasse wird durch die Angabe des Gegenkontos „Betriebs- und Geschäftsausstattung" erkennbar, wofür die Ausgabe entstand.

Aktiva		Bilanz		Passiva
I. Anlagevermögen		**I. Eigenkapital**		70 000,00
Betriebs- und				
Geschäftsausstattung	30 000,00	**II. Schulden**		
		Darlehen		40 000,00
II. Umlaufvermögen		Verbindlichkeiten a. LL		20 000,00
Bank	90 000,00			
Kasse	10 000,00			
	130 000,00			130 000,00

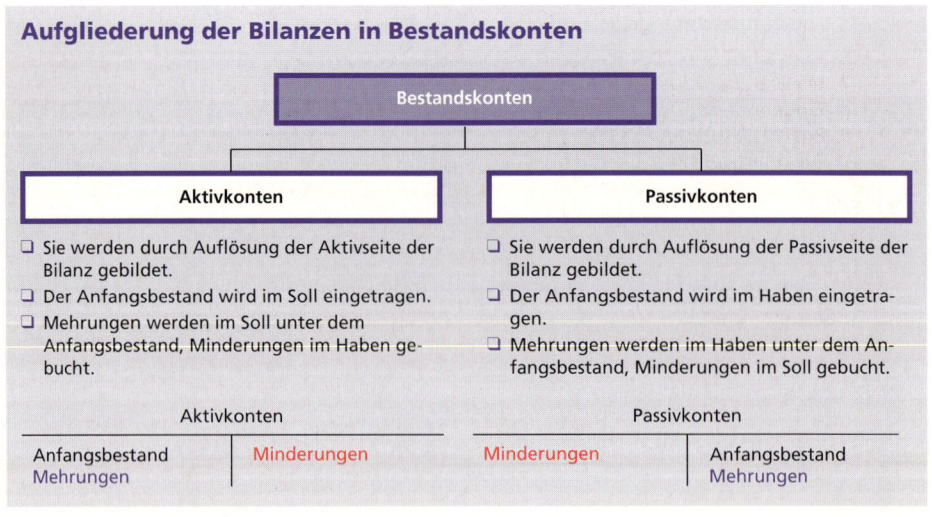

	Betriebs- und				Eigenkapital	
S	Geschäftsausstattung		H	S		H
AB	30 000,00				AB	70 000,00
(1) Kasse	900,00					
(3) Verb.	1 200,00					

S	Bank		H	S	Darlehensschuld		H
AB	90 000,00	(4) Verb.	7 000,00		AB		40 000,00
					(2) Verb.		5 000,00

S	Kasse		H	S	Verbindlichkeiten a. LL		H
AB	10 000,00	(1) BuG	900,00	(2) Darl.	5 000,00	AB	20 000,00
				(4) Bank	7 000,00	(3) BuG	1 200,00

Aufgliederung der Bilanzen in Bestandskonten

Bestandskonten

Aktivkonten	Passivkonten
❏ Sie werden durch Auflösung der Aktivseite der Bilanz gebildet.	❏ Sie werden durch Auflösung der Passivseite der Bilanz gebildet.
❏ Der Anfangsbestand wird im Soll eingetragen.	❏ Der Anfangsbestand wird im Haben eingetragen.
❏ Mehrungen werden im Soll unter dem Anfangsbestand, Minderungen im Haben gebucht.	❏ Mehrungen werden im Haben unter dem Anfangsbestand, Minderungen im Soll gebucht.

Aktivkonten		Passivkonten	
Anfangsbestand	Minderungen	Minderungen	Anfangsbestand
Mehrungen			Mehrungen

1 Stellen Sie die Bilanz auf! Richten Sie die Bestandskonten ein und übernehmen Sie die Anfangsbestände! Buchen Sie die Geschäftsfälle auf den Konten bei Angabe der Nummer des Buchungsfalles und des Gegenkontos!

Anfangsbestände:	DM		DM
Fuhrpark	430 000,00	Eigenkapital.	540 000,00
Forderungen a. LL	115 000,00	Verbindlichkeiten a. LL	140 000,00
Bank	225 000,00	Darlehensschulden	100 000,00
Kasse	10 000,00		

Geschäftsfälle: DM

1. **Bankauszug:** Kunde bezahlt fällige Ausgangsrechnung durch Banküberweisung. 15 000,00
2. **Eingangsrechnung:** Zielkauf eines Pkw 30 000,00
3. **Bankauszug:** Banküberweisung an Lieferer für fällige Eingangsrechnung. 37 000,00
4. **Bankauszug:** Bareinzahlung auf das Bankkonto 4 000,00
5. **Ausgangsrechnung:** Verkauf eines gebrauchten Lkw auf Ziel 28 000,00
6. **Kassenbeleg:** Barzahlung einer Tilgungsrate für die Darlehensschuld . .   2 000,00

2 Stellen Sie die Bilanz auf! Richten Sie die Bestandskonten ein und übernehmen Sie die Anfangsbestände! Buchen Sie die Geschäftsfälle auf den Konten bei Angabe der Nummer des Buchungsfalles und des Gegenkontos!

Anfangsbestände:	DM		DM
Grundstücke mit Gebäude	1 400 000,00	Postbank	120 000,00
Geschäftsausstattung	270 000,00	Kasse	15 000,00
Fuhrpark	430 000,00	Eigenkapital	2 240 000,00
Forderungen a. LL	275 000,00	Darlehensschuld	320 000,00
Bank	330 000,00	Verbindlichkeiten a. LL . . .	280 000,00

Geschäftsfälle: DM

1. **Eingangsrechnung:** Zielkauf eines Personalcomputers 14 000,00
2. **Bankauszug:** Banküberweisung der Tilgungsrate für die Darlehensschuld 25 000,00
3. **Postbankauszug:** Kunde bezahlte fällige AR mit Postüberweisung . . .   20 000,00
4. **Ausgangsrechnung:** Zielverkauf eines gebrauchten Pkw 12 000,00
5. **Bankauszug:** Aus der Geschäftskasse werden auf das Bankkonto bar eingezahlt 8 000,00
6. **Vertrag:** Lieferer stundet eine fällige ER auf sechs Jahre 20 000,00
7. **Vertrag, Bankauszug:** Kauf einer Lagerhalle gegen Bankscheck 120 000,00
8. **Eingangsrechnung:** Zielkauf eines Pkw 45 000,00
9. **Postbankauszug:** Postüberweisung an Lieferer für fällige ER 14 000,00
10. **Ausgangsrechnung:** Barverkauf einer gebrauchten Schreibmaschine .   1 000,00

3 Erläutern Sie zu folgenden Buchungen den Geschäftsfall:

		DM				DM
1. Bank	Soll	600,00	5. Betriebs- und			
Forderungen	Haben	600,00	Geschäftsausstattung	Soll		900,00
2. Betriebs- und				Kasse	Haben	900,00
Geschäftsausstattung	Soll	900,00	6. Verbindl. a. LL	Soll		750,00
Verbindl. a. LL	Haben	900,00	Bank	Haben		750,00
3. Kasse	Soll	1 500,00	7. Kasse	Soll		450,00
Bank	Haben	1 500,00	Forderungen a. LL	Haben		450,00
4. Darlehensschulden	Soll	2 000,00	8. Bank	Soll		1 200,00
Postbank	Haben	2 000,00	Kasse	Haben		1 200,00

2.3.3 Buchungssatz

Frau Lapp möchte Nicole Höver möglichst schnell in die Buchungsarbeiten einbeziehen, insbesondere in den Umgang mit PC und Fibu-Programm. Damit keine Buchungsfehler gemacht werden, gibt sie ihr auf den Belegen an, wie zu buchen ist.

Arbeitsauftrag Erarbeiten Sie am Beispiel eines Geschäftsfalles, welche Informationen Nicole Höver bei ihrem jetzigen Kenntnisstand braucht, um die Buchungen einzugeben!

● **Einfacher Buchungssatz**

Ein Buchhalter erteilt mithilfe eines **Buchungsstempels** auf den Belegen Anweisungen, wie die Geschäftsfälle zu buchen sind. Für diese Anweisungen hat sich eine feste Form herausgebildet, der **Buchungssatz.**

Der Buchungssatz ist eine kurze Anweisung für die Durchführung der Buchung aufgrund des Beleges. Er gibt die Konten an, auf denen gebucht werden muss. Er nennt zuerst das Konto, bei dem im Soll, dann das Konto, bei dem in Haben gebucht wird.

Sollbuchung	**vor**	**Habenbuchung**

Beispiel Banküberweisung der Primus GmbH zum Ausgleich der ER Nr. 706 vom 30.05.19.. über 9 200,00 DM

Die ausführliche Buchungsanweisung aufgrund dieses Beleges müsste lauten:
Im Konto Verbindlichkeiten a. LL sind auf der Sollseite 9 200,00 DM und
im Konto Bank sind auf der Habenseite 9 200,00 DM zu buchen.

Der **Buchungssatz** fasst das zusammen, indem er die betroffenen Konten in der Reihenfolge „**erst Soll, dann Haben**" nennt und durch das Wort „**an**" verbindet.

Verbindlichkeiten a. LL	9 200,00 DM	**an**	Bank	9 200,00 DM

Der Buchungssatz wird im Buchungsstempel auf dem Beleg eingetragen (= **Vorkontierung**):

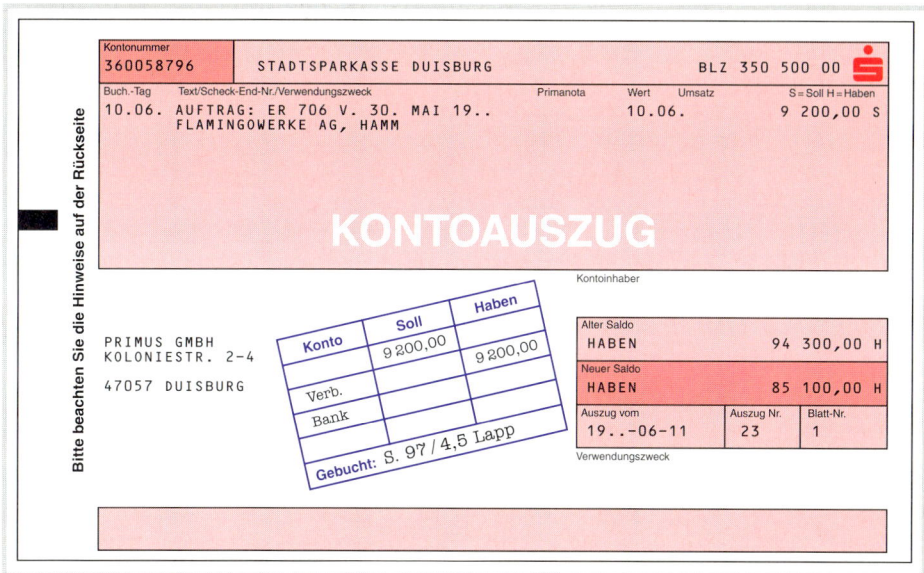

- ❑ Im **Buchungsstempel** wird die Vorkontierung eingetragen. Diese ist die Grundlage der späteren Buchung auf den Konten.
- ❑ Der **Buchungsvermerk** ist der Beweis, dass die Buchung ausgeführt worden ist.
- ❑ Der Buchungsvermerk verhindert Doppelbuchungen und zeigt durch Angabe der Seite und Zeilen im Grundbuch an, **wo gebucht wurde**.

● Zusammengesetzter Buchungssatz

Beim einfachen Buchungssatz ruft der zugrunde liegende Geschäftsfall nur auf zwei Konten Wertveränderungen hervor. Beim zusammengesetzten Buchungssatz werden mehr als zwei Konten berührt.

Beispiel 1 Ausgleich einer Liefererrechnung	DM	DM
durch Banküberweisung...	1 100,00	
und Postüberweisung...	400,00	1 500,00

Buchungssatz:	Soll	Haben
Verbindlichkeiten a. LL...	1 500,00	
an Bank...		1 100,00
an Postbank...		400,00

Buchung:

S	Bank (Ba)	H	S	Verbindlichkeiten a. LL (Vb)	H
AB	4 000,00	Vb 1 100,00	Ba, Ka 1 500,00	AB	8 000,00

S	Kasse (Ka)	H
AB	2 500,00	Vb 400,00

Sollbuchung
auf dem Konto Verbindlichkeiten a. LL

= Habenbuchung
auf den Konten Bank und Postbank

Beispiel 2   DM

Ein Kunde begleicht eine Rechnung über. 650,00
durch Banküberweisung 450,00
und Barzahlung 200,00

Buchungssatz:	**Soll**	**Haben**
Bank	450,00	
Kasse	200,00	
an Forderungen a. LL		650,00

Sollbuchung
auf den Konten Bank und Kasse

= Habenbuchung
auf dem Konto Forderungen a. LL

❑ **Der Buchungssatz** ruft die Konten an, die durch einen Geschäftsfall berührt werden.
❑ Zuerst werden die Konten angerufen, auf denen im **Soll,** dann die Konten, auf denen im **Haben** gebucht wird.

Nach der Buchung werden die Belege abgelegt und aufbewahrt. Häufig müssen Belege für Prüfungen und Vergleiche aus der Registratur hervorgeholt werden. Eine Ordnung nach Belegart und Belegnummer schließt zeitraubendes Suchen aus. Alle Belege müssen daher aufbewahrt werden (vgl. S. 120).

Buchungssatz

● Der Buchungssatz ist eine kurz gefasste Anweisung, wie ein Geschäftsfall zu buchen ist.

● Er nennt die Konten, auf denen zu buchen ist, und zwar zuerst das Konto, auf dem die Sollbuchung, dann das Konto, auf dem die Habenbuchung erfolgt.

● Einfache Buchungssätze rufen nur je ein Konto im Soll und im Haben an.

● Zusammengesetzte Buchungssätze rufen mehrere Konten im Soll und/oder im Haben an.

● Grundlage aller Buchungen sind Belege. Nur mit Belegen kann die Ordnungsmäßigkeit der Buchungen nachgewiesen werden.

● Jeder Beleg wird zwecks Buchung vorkontiert.

● Vorkontieren heißt Angeben des Buchungssatzes auf dem Beleg.

1 Bilden Sie die Buchungssätze zu folgenden Geschäftsfällen: DM

1. Bareinzahlung auf das Postbankkonto 1 300,00
2. Barabhebung vom Bankkonto 600,00
3. Ein Kunde begleicht eine Rechnung durch Banküberweisung 350,00
4. Kauf einer Schreibmaschine bar. 760,00
5. Zieleinkauf eines Schreibtisches 830,00
6. Tilgung einer Darlehensschuld durch Postüberweisung. 900,00
7. Ausgleich einer Lieferrechnung durch Banküberweisung 850,00
8. Einkauf eines Pkw gegen Barscheck 20 000,00
9. Aufnahme eines Darlehens bar 1 500,00
10. Zahlung an einen Lieferer durch Postüberweisung 950,00
11. Bareinzahlung auf unser Bankkonto 800,00
12. Verkauf eines gebrauchten Pkw bar 450,00
13. Kauf eines Baugrundstücks gegen Bankscheck 5 500,00

2 Welche Geschäftsfälle liegen folgenden Buchungssätzen zugrunde?

1. Fuhrpark an Verbindlichkeiten a. LL
2. Kasse an Bank
3. Bank an Forderungen a. LL
4. Verbindlichkeiten a. LL an Bank
5. Darlehen an Postbank
6. Bank an Kasse
7. Postbank an Forderungen a. LL
8. Geschäftsausstattung an Kasse
9. Bank an Unbebaute Grundstücke
10. Kasse an Darlehen

3 Bilden Sie die Geschäftsfälle zu den Buchungen im Kassenkonto:

Soll		Kasse	Haben
AB	3 000,00	(1) Darlehen	500,00
(3) Forderungen a. LL	250,00	(2) Verbindlichkeiten a. LL	300,00
(5) Bank	310,00	(4) Geschäftsausstattung	270,00
(6) Geschäftsausstattung	1 160,00	(7) Bank	1 000,00
		SB	2 650,00
	4 720,00		4 720,00

4 Bilden Sie die Buchungssätze zu den Aufgaben 1 bis 4 S. 63 f.!

5 Bilden Sie zu folgenden Geschäftsfällen die Buchungssätze: DM

1. Ausgleich von Lieferrechnungen über 60 000,00
   durch Banküberweisung. 38 000,00
   durch Postüberweisung 22 000,00
2. Kunden begleichen Rechnungen über 54 000,00
   durch Banküberweisung. 45 000,00
   durch Postüberweisung 8 000,00
   durch Barzahlung 1 000,00
3. Kauf eines Lkw 260 000,00
   gegen Bankscheck. 100 000,00
   auf Ziel 160 000,00

2.3.4 Buchungen von Geschäftsfällen im Grundbuch und im Hauptbuch

Frau Primus und Herr Müller haben einen Betriebsprüfer des Finanzamtes im Unternehmen. Dieses will wissen, ob alle Belege gebucht sind und ob für alle Buchungen Belege vorliegen. In der Buchhaltung sind die Belege in Aktenordnern abgeheftet (Registratur).

Arbeitsauftrag Geben Sie Gründe an, weshalb die Finanzverwaltung für alle Buchungen Belege verlangt und wie Buchungen und Belege miteinander verknüpft werden können, damit einerseits vom Beleg auf die Buchung, andererseits von der Buchung auf den Beleg geschlossen werden kann!

Sind die Belege vorkontiert, kann gebucht werden. **Nach der Ordnung** der Buchungen sind **Grundbuch** und **Hauptbuch** zu unterscheiden.

● **Grundbuch**

Im **Grundbuch,** auch **Journal** genannt, werden alle Buchungssätze in **zeitlicher Reihenfolge** festgehalten. Daneben werden zur besseren Kontrolle Buchungsdatum, Eingangs- bzw. Ausstellungsdatum des Beleges, Belegnummer, Buchungstext u. a. festgehalten.

Beispiel Grundbuchgestaltung

<table>
<tr><td colspan="7" align="center">**Primus GmbH, Duisburg**</td></tr>
<tr><td colspan="4"></td><td colspan="2">Grundbuch</td><td>Seite 014</td></tr>
<tr><td>Lfd.-Nr.</td><td>Buchungs-datum</td><td>Beleg</td><td>Buchungstext</td><td colspan="2">Soll</td><td>Haben</td></tr>
<tr><td>00342</td><td>19..–04–15</td><td>BA 187</td><td>Verbindlichkeiten a. LL an Bank</td><td colspan="2">9 200,00</td><td>9 200,00</td></tr>
</table>

Da in diesem Buch alle Geschäftsfälle fortlaufend und lückenlos gebucht werden, bildet es die **Grundlage bei Prüfungen durch die Behörden** (z.B. Finanzamt). Gleichzeitig liefert das Grundbuch alle **Unterlagen für die Buchung der Geschäftsfälle auf den Konten.**

● **Hauptbuch**

Die chronologische Aufzeichnung im Grundbuch vermittelt keinen Überblick über die Veränderungen der einzelnen Vermögens- und Kapitalposten. Daher werden alle Geschäftsfälle auf den Konten gebucht. **Die Konten befinden sich im Hauptbuch**[1].

---

[1] Für unser Erklärungsmodell benutzen wir T-Kontenblätter, die im Handel erhältlich sind.

Primus GmbH, Duisburg

		Hauptbuch					
S		Bank	H	S	Verbindlichkeiten a. LL		H
AB	28 000,00	Vb	9 200,00	Ba	9 200,00	AB	34 500,00

Die **Eintragung des Gegenkontos** lässt auf den zugrunde liegenden Geschäftsfall und damit **auf die Ursache der Änderung** schließen.

Beispiel Aus dem Konto „Bank" geht durch die Angabe des Gegenkontos „Verbindlichkeiten a. LL" hervor, dass Warenschulden beglichen worden sind. Das Konto „Verbindlichkeiten a. LL" zeigt durch die Gegenbuchung Bank, dass die Verbindlichkeiten über Bank beglichen wurden.

Die Angabe der **Belegnummer** und des **Datums** vor der Gegenbuchung ermöglichen ein schnelles Wiederfinden des Beleges, der der Buchung zugrunde liegt, weil die Belegnummer gleichzeitig Ordnungsnummer für die Ablage der Belege in der Registratur ist. Belegnummer in der Buchung und auf dem Beleg machen einerseits die Buchung nachvollziehbar, beweisen andererseits, dass der Geschäftsfall gebucht wurde.

An die Stelle **gebundener Bücher** können **Loseblattsammlungen** in Form ausgedruckter oder auf **Datenträgern** (Magnetbänder und -platten) gespeicherte Journale und Konten treten (§ 239 HGB; siehe auch S. 134 ff.).

Buchung von Geschäftsfällen im Grundbuch und im Hauptbuch

- Im **Grundbuch** werden alle Geschäftsfälle in Form von **Buchungssätzen in zeitlicher Reihenfolge** (chronologisch) eingetragen.

- Weil alle Geschäftsfälle hier in zeitlicher Reihenfolge lückenlos erfasst werden, bildet das Grundbuch die Grundlage für Kontrollen durch die Finanzverwaltung.

- Es bildet die Grundlage für die Buchungen im Hauptbuch.

- Im **Hauptbuch** werden alle **Geschäftsfälle nach sachlichen Gesichtspunkten**, also welches Konto jeweils berührt wird, verteilt.

- Die Konten des Hauptbuches liefern dem Unternehmer Informationen über Art, Ursache und Höhe der Veränderungen der einzelnen Bilanzposten.

- Die **Ursache jeder Buchung** wird durch die **Angabe des Gegenkontos** und der Belegnummer zum Ausdruck gebracht.

● Folgendes Schaubild zeigt die Zusammenhänge:

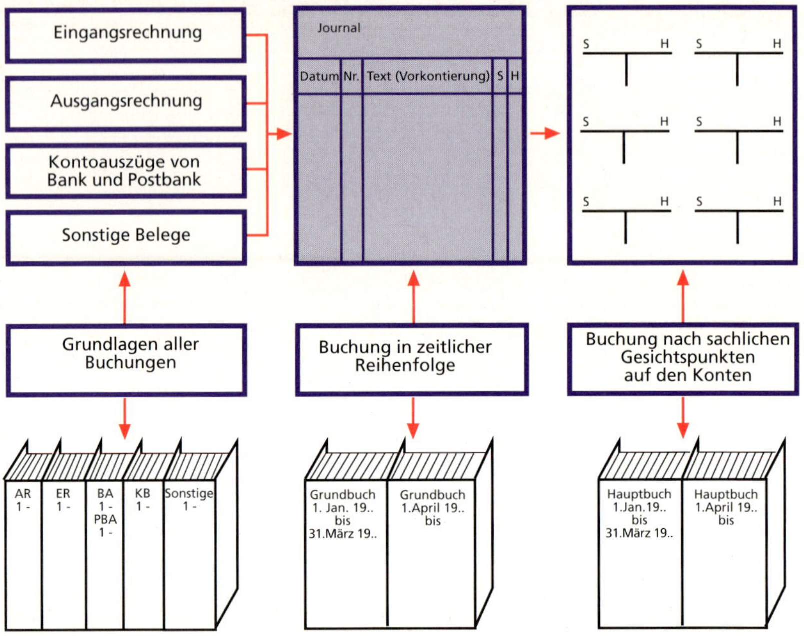

Eingangsrechnung	Journal		S H S H
Ausgangsrechnung	Datum Nr. Text (Vorkontierung) S H		S H S H
Kontoauszüge von Bank und Postbank			S H S H
Sonstige Belege			

Grundlagen aller Buchungen	Buchung in zeitlicher Reihenfolge	Buchung nach sachlichen Gesichtspunkten auf den Konten

AR 1 -	ER 1 -	BA 1 - PBA 1 -	KB 1 -	Sonstige 1 -

Grundbuch 1. Jan. 19.. bis 31. März 19..	Grundbuch 1. April 19.. bis

Hauptbuch 1. Jan. 19.. bis 31. März 19..	Hauptbuch 1. April 19.. bis

1 Tragen Sie zu folgenden Geschäftsfällen die Buchungssätze ins Grundbuch ein:

		DM	DM
1. Einkauf eines Aktenschrankes			
bar	....	200,00	
auf Ziel	....	750,00	950,00
2. Ausgleich einer Liefererrechnung			
bar	....	180,00	
durch Banküberweisung	....	760,00	
durch Postüberweisung	....	260,00	1 200,00
3. Rechnungsausgleich des Kunden			
bar	....	80,00	
durch Banküberweisung	....	360,00	
durch Postüberweisung	....	340,00	780,00
4. Einkauf einer Schreibmaschine			
bar	....	250,00	
gegen Barscheck	....	430,00	680,00
5. Tilgung einer Darlehensschuld			
durch Banküberweisung	....	800,00	
durch Postüberweisung	....	200,00	1 000,00

70

2 Welche Geschäftsfälle liegen folgenden Buchungssätzen im Grundbuch zugrunde?

Lfd.-Nr.	Buchungs-datum	Beleg	Buchungstext	Soll DM	Haben DM
001	02.01.	BA 1, PBA 1	Darlehen	2 000,00	
			an Bank		1 500,00
			an Postbank		500,00
002	03.01.	KB 1, BA 2, PBA 2	Kasse	200,00	
			Bank	500,00	
			Postbank	400,00	
			an Forderungen a. LL		1 100,00
003	04.01.	ER 1, BA 3	Fuhrpark	40 000,00	
			an Verbindlichkeiten a. LL		30 000,00
			an Bank		10 000,00
004	05.01.	BA 4, PBA 4	Verbindlichkeiten a. LL	1 280,00	
			an Bank		900,00
			an Postbank		380,00
005	07.01.	ER 2, BA 5	Geschäftsausstattung	800,00	
			an Kasse		300,00
			an Bank		500,00
006	08.01.	Kaufvertrag, KB 2, BA 6, PBA 5	Unbebaute Grundstücke	70 000,00	
			an Kasse		10 000,00
			an Bank		40 000,00
			an Postbank		5 000,00
			an Verbindlichkeiten a. LL		15 000,00

3 Erstellen Sie ein Grundbuch und tragen Sie die Buchungssätze zu folgenden Geschäftsfällen ein:

1. Kauf eines Lkw   DM
   bar 8 500,00
   gegen Bankscheck 21 000,00
   gegen Postscheck 11 200,00
   auf Ziel 43 000,00

2. Kunden gleichen Rechnungen aus
   durch Postüberweisung 740,00
   durch Banküberweisung 820,00

3. Ausgleich von Liefererrechnungen
   durch Banküberweisung 1 900,00
   durch Postüberweisung 1 300,00

4. Kauf eines Kombiwagens für den Betrieb
   gegen Barscheck 14 400,00
   gegen bar 3 740,00

5. Tilgung einer Darlehensschuld
   durch Banküberweisung 2 000,00
   durch Postüberweisung 1 000,00

6. Verkauf eines gebrauchten Pkw
   gegen Barzahlung 200,00
   gegen Bankscheck 500,00
   auf Ziel 1 300,00

	DM
7. Kunden zahlen zum Ausgleich von Rechnungen	
bar	950,00
mit Bankscheck	1 150,00
8. Kauf von Regalen für das Lager	
gegen Barzahlung	1 200,00
gegen Postscheck	3 800,00

2.3.5 Abschluss der Bestandskonten

Am Ende des Geschäftsjahres möchte Herr Schubert den Stand der Konten Kasse und Verbindlichkeiten wissen und eine Aufstellung über Vermögen und Kapital haben.

Arbeitsauftrag
❏ Ermitteln Sie die Schlussbestände der Konten!
❏ Erläutern Sie dabei die Einzelschritte des Kontenabschlusses!
❏ Begründen Sie die Notwendigkeit des Kontenabschlusses in regelmäßigen Abständen aus der Sicht der Unternehmensleitung!

Zur Ermittlung der vorhandenen Bestände (in der Praxis monatlich, quartalsmäßig, jährlich) werden die Konten abgeschlossen. Dabei wird der **Saldo = Schlussbestand (SB)** auf jedem Konto errechnet. Die so festgestellten Schlussbestände **(Sollbestände)** müssen mit den durch **Inventur** (vgl. S. 22 ff.) ermittelten Beständen **(Istbestände)** der Bilanz am Ende des Jahres **(= Schlussbilanz)** übereinstimmen.

In den Konten werden die Schlussbestände folgendermaßen berechnet:
(1) Addition der wertmäßig größeren Seite
(2) Übertragung der Summe auf die wertmäßig kleinere Seite
(3) Subtraktion der wertmäßig kleineren Seite
(4) Eintragung der Differenz (Schlussbestand, Saldo) auf der wertmäßig kleineren Seite

Beispiele

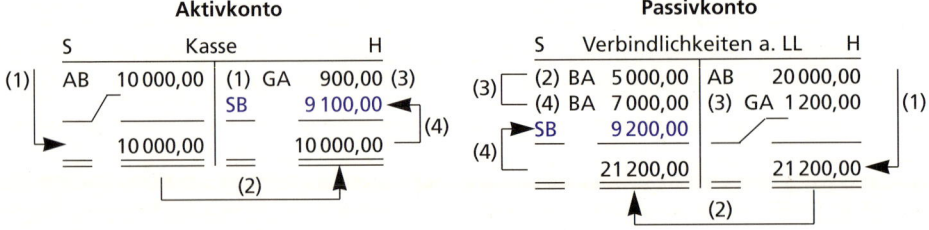

Aktivkonto	Berechnung des Schlussbestandes	Passivkonto
+ Sollzahlen 10 000,00 DM	Anfangsbestand + Mehrungen	+ Habenzahlen 21 200,00 DM
− Habenzahlen 900,00 DM	− Minderungen	− Sollzahlen 12 000,00 DM
= Sollsaldo 9 100,00 DM	= Schlussbestand (Saldo)	= Habensaldo 9 200,00 DM

Beispiel (vgl. S. 62)

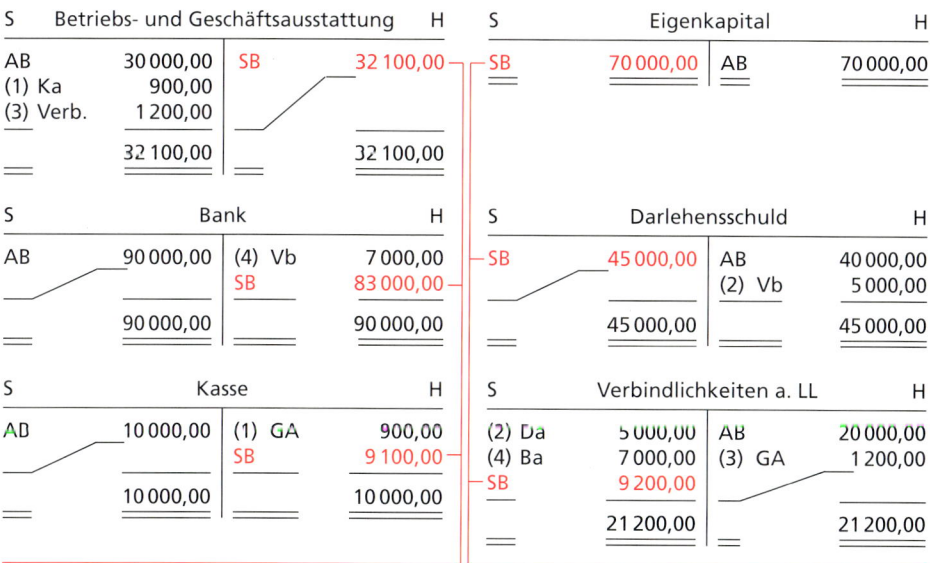

Aktiva   Eröffnungsbilanz   Passiva

I. **Anlagevermögen**
   Betriebs- und Geschäftsausstattung 30 000,00

II. **Umlaufvermögen**
   Bank   90 000,00
   Kasse   10 000,00
                                           130 000,00

I. **Eigenkapital**   70 000,00

II. **Schulden**
   Darlehen   40 000,00
   Verbindlichkeiten a. LL   20 000,00
                                                       130 000,00

S   Betriebs- und Geschäftsausstattung   H
AB   30 000,00   SB   32 100,00
(1) Ka   900,00
(3) Verb.   1 200,00
            32 100,00   32 100,00

S   Eigenkapital   H
SB   70 000,00   AB   70 000,00

S   Bank   H
AB   90 000,00   (4) Vb   7 000,00
                        SB   83 000,00
            90 000,00   90 000,00

S   Darlehensschuld   H
SB   45 000,00   AB   40 000,00
                     (2) Vb   5 000,00
                     45 000,00   45 000,00

S   Kasse   H
AB   10 000,00   (1) GA   900,00
                        SB   9 100,00
            10 000,00   10 000,00

S   Verbindlichkeiten a. LL   H
(2) Da   5 000,00   AB   20 000,00
(4) Ba   7 000,00   (3) GA   1 200,00
SB   9 200,00
           21 200,00   21 200,00

Aktiva   Schlussbilanz   Passiva

I. **Anlagevermögen**
   Betriebs- und Geschäfts-
   ausstattung   32 100,00

II. **Umlaufvermögen**
   Bank   83 000,00
   Kasse   9 100,00

                                           124 200,00

I. **Eigenkapital**   70 000,00

II. **Schulden**
   Darlehen   45 000,00
   Verbindlichkeiten a. LL   9 200,00

                                                       124 200,00

- Der **Schlussbestand** wird immer **auf der wertmäßig kleineren Seite** des Kontos **eingetragen:** der **Sollsaldo des Aktivkontos im Haben,** der **Habensaldo des Passivkontos im Soll.** Dadurch weisen die beiden Seiten jedes Kontos am Ende des Rechnungszeitraumes die gleiche Summe aus (Waage, ähnlich der Bilanz).
- Die Summen der Aktiv- und Passivseite der Schlussbilanz müssen gleich sein, da bei jedem Geschäftsfall der gleiche Betrag im Soll und im Haben gebucht wurde.
- **Lösungsweg von der Eröffnungs- zur Schlussbilanz:**
  1. Übernahme der Schlussbilanz des Vorjahres als Eröffnungsbilanz
  2. Einrichtung von Konten für die Bilanzposten
  3. Übertragung der Anfangsbestände aus der Bilanz auf die Konten
  4. Buchung der Geschäftsfälle im Grundbuch
  5. Buchung in den Konten des Hauptbuches
  6. Abschluss der Konten und Aufstellung der Schlussbilanz aufgrund der Inventurwerte

Abschluss der Bestandskonten

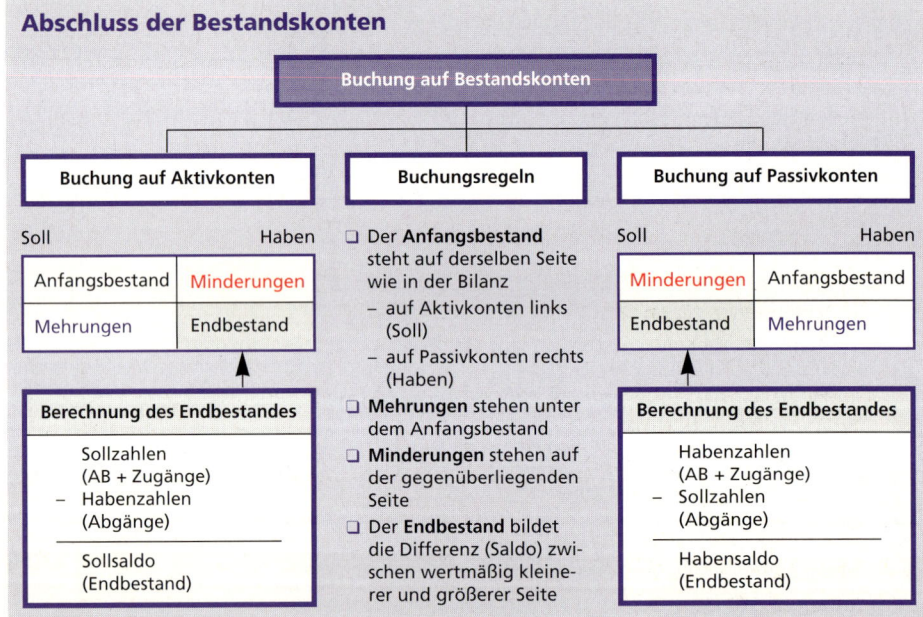

- Alle Geschäftsfälle wurden im Grundbuch in zeitlicher Reihenfolge erfasst.
- Im Hauptbuch wurden alle Geschäftsfälle nach sachlichen Gesichtspunkten auf die Konten verteilt.
- Die Ursache jeder Buchung wird durch die Angabe des Gegenkontos und der Belegnummer verdeutlicht.

1 Eröffnen Sie die Bestandskonten; tragen Sie die Buchungssätze zu den Geschäftsfällen im Grundbuch ein!

Buchen Sie die Geschäftsfälle auf den Konten und stellen Sie die Schlussbilanz auf!

Anfangsbestände:	DM		DM
Grundstücke mit Gebäuden .	150 000,00	Kasse	5 000,00
Fuhrpark	40 000,00	Eigenkapital	270 000,00
Geschäftsausstattung	24 000,00	Darlehensschulden	120 000,00
Forderungen a. LL	36 000,00	Verbindlichkeiten a. LL	15 000,00
Bank	150 000,00		

Geschäftsfälle: DM

1. **Eingangsrechnung:** Zielkauf eines Pkw 40 000,00
2. **Ausgangsrechnung:** Zielverkauf eines gebrauchten PC 1 500,00
3. **Bankauszug:** Banküberweisung an einen Lieferer 35 000,00
4. **Kassenbeleg:** Bareinzahlung auf das Bankkonto 2 000,00
5. **Bankauszug:** Banküberweisung von einem Kunden 17 400,00
6. **Bankauszug:** Verkauf eines gebrauchten Pkw gegen Bankscheck 6 000,00
7. **Bankauszug:** Banküberweisung der Tilgungsrate für das Darlehen 20 000,00
8. **Kassenbeleg:** Kunde bezahlt fällige Rechnung bar 1 400,00
9. **Kassenbeleg:** Barkauf eines Büroregals 1 200,00

2 Stellen Sie die Eröffnungsbilanz auf! Richten Sie die Bestandskonten ein und übernehmen Sie die Anfangsbestände! Buchen Sie die Geschäftsfälle auf den Konten bei Angabe der Nummer des Geschäftsfalles und des Gegenkontos!

Anfangsbestände:	DM		DM
Betriebs- und		Eigenkapital	488 000,00
Geschäftsausstattung	420 000,00	Verbindlichkeiten gegenüber	
Forderungen a. LL	115 000,00	Banken	200 000,00
Bank	226 000,00	Verbindlichkeiten a. LL	84 000,00
Kasse	11 000,00		

Geschäftsfälle: DM

1. **Bankauszug:** Kunde bezahlt fällige Ausgangsrechnung
   durch Banküberweisung 35 000,00
2. **Eingangsrechnung:** Zielkauf einer Kühlanlage für das Lager 60 000,00
3. **Bankauszug:** Banküberweisung an Lieferer für fällige Eingangsrechnung . 36 000,00
4. **Bankauszug:** Bareinzahlung auf das Bankkonto 5 000,00
5. **Ausgangsrechnung:** Verkauf eines gebrauchten Gabelstaplers 6 000,00
6. **Bankauszug:** Banküberweisung einer Tilgungsrate der Darlehensschuld . . 20 000,00

3 Stellen Sie die Eröffnungsbilanz auf. Richten Sie die Bestandskonten ein und übernehmen Sie die Anfangsbestände. Buchen Sie die Geschäftsfälle auf den Konten bei Angabe der Nummer des Geschäftsfalles!

Anfangsbestände:	DM		DM
Grundstücke mit Gebäude . .	600 000,00	Postbank	30 000,00
Geschäftsausstattung	90 000,00	Kasse	13 000,00
Fuhrpark	130 000,00	Eigenkapital	694 000,00
Forderungen a. LL	85 000,00	Darlehensschuld	312 000,00
Bank	150 000,00	Verbindlichkeiten a. LL	92 000,00

Geschäftsfälle: DM

1. **Eingangsrechnung:** Zielkauf eines Personal-Computers 15 000,00
2. **Bankauszug:** Banküberweisung der Tilgungsrate für die
   Darlehensschuld 25 000,00
3. **Postbankauszug:** Kunde bezahlte fällige AR mit Postüberweisung 17 000,00
4. **Ausgangsrechnung:** Zielverkauf eines gebrauchten Pkw 9 000,00
5. **Bankauszug:** Einzahlung auf das Bankkonto bar 10 000,00

6. **Vertrag:** Lieferer stundet eine fällige ER auf sechs Jahre 25 000,00
7. **Vertrag, Bankauszug:** Kauf einer Lagerhalle gegen Bankscheck 80 000,00
8. **Eingangsrechnung:** Zielkauf eines Pkw 38 000,00
9. **Postbankauszug:** Postüberweisung an Lieferer für fällige ER 13 000,00
10. **Ausgangsrechnung, Quittung:** Barverkauf einer gebrauchten
    Schreibmaschine 200,00

2.3.6 Eröffnungsbilanzkonto und Schlussbilanzkonto

Die Finanzbuchhalterin der Primus GmbH, Frau Lapp, eröffnet die Bestandskonten zu Beginn des Geschäftsjahres. Bisher übernahm sie die Eröffnungsbestände aus der Bilanz zum Schluss des letzten Geschäftsjahres und übertrug sie auf die Konten.

A	Bilanz		P
I. Anlagevermögen		**I. Eigenkapital**	70 000,00
Betriebs- und Geschäftsausstattung	30 000,00	**II. Schulden**	
II. Umlaufvermögen		Darlehen	40 000,00
Bank	90 000,00	Verbindlichkeiten a. LL	20 000,00
Kasse	10 000,00		
	130 000,00		130 000,00

Dabei ist ihr ein Übertragungsfehler unterlaufen. Um solche Fehler künftig zu vermeiden, verlangt der Geschäftsführer Herr Müller, eine Gegenbuchung der Eröffnungsbuchungen auf einem Eröffnungsbilanzkonto.

Arbeitsauftrag

❑ Begründen Sie, warum Herr Müller die Abschlusswerte der Schlussbilanz für die Eröffnung der Konten im neuen Jahr benötigt!
❑ Erläutern Sie, warum Herr Müller die Gegenbuchung auf einem besonderen Konto verlangt!

● Eröffnungsbilanz und Eröffnungsbilanzkonto

Die Bilanz am Ende eines Jahres ist identisch mit der Eröffnungsbilanz des neuen Geschäftsjahres (**Grundsatz der Bilanzgleichheit, Bilanzidentität,** vgl. § 252 (1) HGB). Um die Geschäftsfälle des neuen Jahres zu buchen, werden Konten für die einzelnen Bilanzposten eingerichtet.

Die Anfangsbestände wurden **bisher** in folgender Weise vorgetragen:

❑ von der **Aktivseite der Eröffnungsbilanz** auf die **Sollseite der Aktivkonten,**
❑ von der **Passivseite der Eröffnungsbilanz** auf die **Habenseite der Passivkonten** (vgl. S. 59 f.).

Die Anfangsbestände wurden also in den Konten auf der gleichen Seite eingetragen, auf der sie in der Bilanz stehen. Ein Grundsatz der doppelten Buchführung wird dadurch durchbrochen. Dieser verlangt, dass jeder Buchung im Soll eine Buchung im Haben entspricht.

Soll ständig nach diesem Grundsatz verfahren werden, muss ein Konto im Hauptbuch eingerichtet werden, das bei der Buchung der Anfangsbestände der Konten die Gegenbuchung aufnimmt. Diese Aufgabe übernimmt das **Eröffnungsbilanzkonto (EBK).** Die Buchungen zur Eröffnung der Bestandskonten heißen **Eröffnungsbuchungen.**

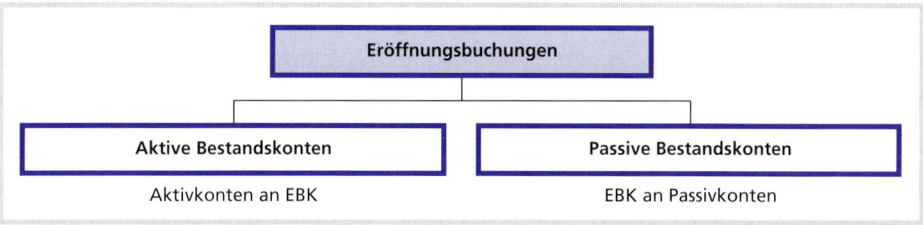

Beispiel Eröffnung der Konten Kasse und Verbindlichkeiten a. LL lt. Beispiel S. 62.

Grundbuch					
Datum	Vorgang	DM	Buchungsgesetz	Soll	Haben
01.01. 01.01.	**A. Eröffnungsbuchungen** Eröffnung des Kontos Kasse Eröffnung des Kontos Verbindlichkeiten a. LL	10 000,00 20 000,00	Kasse an EBK EBK an Verbindl. a. LL	10 000,00 20 000,00	 10 000,00 20 000,00

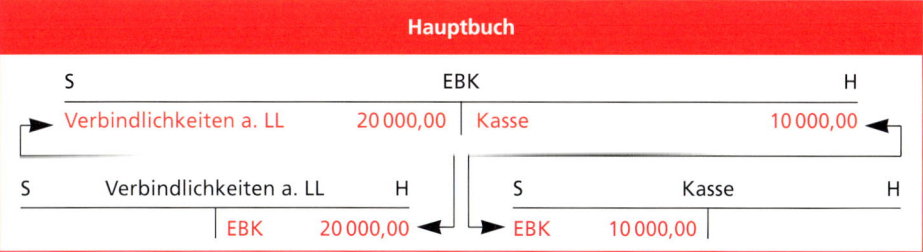

● Schlussbilanz und Schlussbilanzkonto

Am **Ende des Geschäftsjahres** werden die Konten abgeschlossen. Der Endbestand wird errechnet und auf der kleineren Seite eines jeden Kontos zum Ausgleich eingetragen. Zur Aufnahme der Gegenbuchung ist wiederum ein Konto erforderlich: **das Schlussbilanzkonto (SBK).** Es ist ein Hilfskonto zur Sammlung aller Endbestände der Bestandskonten. Hierzu werden **Abschlussbuchungen** gebildet.

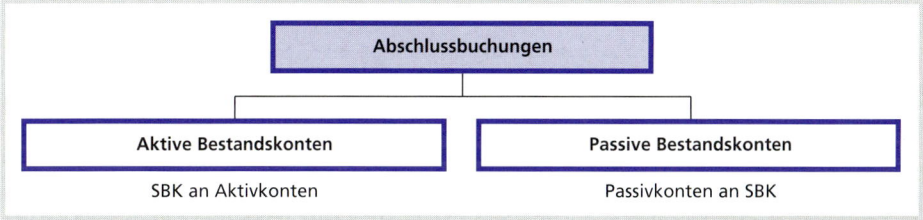

Vorgeschrieben ist die Aufstellung der Bilanz aus dem Inventarverzeichnis (Schlussbilanz). Die durch Inventur ermittelten Bestände **(Istbestände)** müssen mit den auf den Konten errechneten Beständen **(Sollbestände)** übereinstimmen.

Eröffnungsbilanzkonto und Schlussbilanzkonto

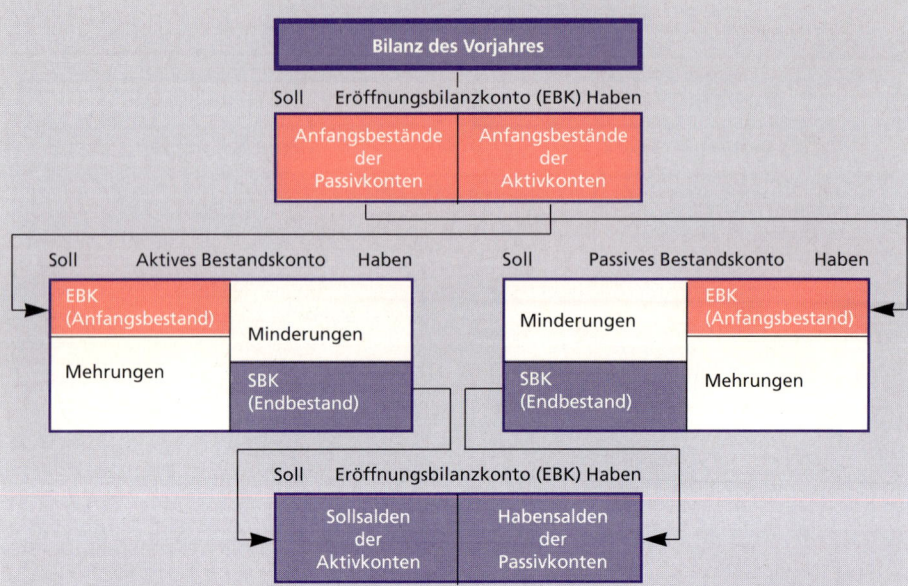

- Das **Eröffnungsbilanzkonto** ist das Gegenkonto für die Eröffnungsbuchungen in den **Bestandskonten**.
- Das **Schlussbilanzkonto** ist das **Gegenkonto für die Abschlussbuchungen in den Bestandskonten**.

Arbeitsanweisungen vom EBK zum SBK

1. Stellen Sie die Eröffnungsbilanz auf!
2. Tragen Sie die Eröffnungsbuchungen und Geschäftsfälle mit Buchungssätzen im Grundbuch ein!
3. Buchen Sie die Eröffnungsbuchungen und die Geschäftsfälle auf den Konten im Hauptbuch!
4. Schließen Sie die Konten über das Schlussbilanzkonto ab! Die Abschlussbuchungen sind auch im Grundbuch einzutragen.
5. Stellen Sie die Schlussbilanz auf! Die Bestände im SBK stimmen mit den Beständen laut Inventur überein.

---

1 Stellen Sie die Eröffnungsbilanz auf! Tragen Sie die Eröffnungsbuchungen und die laufenden Buchungen im Grundbuch ein! Buchen Sie die Geschäftsfälle auf den Konten im Hauptbuch! Führen Sie den Abschluss der Konten im Grund- und Hauptbuch durch!

Anfangsbestände:	DM		DM
Fuhrpark	430 000,00	Kasse	8 000,00
Betriebs- und		Eigenkapital	452 000,00
Geschäftsausstattung	120 000,00	Darlehensschuld	300 000,00
Forderungen a. LL	146 000,00	Verbindlichkeiten a. LL . . .	157 000,00
Bank	205 000,00		

Geschäftsfälle:	DM
1. **Ausgangsrechnung:** Zielverkauf eines gebrauchten Pkw	5 000,00
2. **Vertrag:** Umwandlung einer Liefererverbindlichkeit in ein Darlehen	50 000,00
3. **Bankauszug:** Kauf eines Personal-Computers für das Lager gegen Bankscheck	4 800,00
4. **Bankauszug:** Banküberweisung an Lieferer für fällige Eingangsrechnung	17 000,00
5. **Kassenbelege:** Kunde bezahlt fällige Ausgangsrechnung bar	500,00
6. **Kassenbeleg:** Bareinzahlung auf das Bankkonto	5 000,00
7. **Eingangsrechnung:** Zielkauf eines Pkw	35 000,00
8. **Bankauszug:** Banküberweisung vom Kunden für fällige Ausgangsrechnung..	26 500,00
9. **Bankauszug:** Banküberweisung der Tilgungsrate für das Darlehen .	25 000,00
10. **Kassenbeleg:** Barverkauf eines gebrauchten Regals	800,00

2 Stellen Sie die Eröffnungsbilanz auf. Tragen Sie die Eröffnungsbuchungen und die laufenden Buchungen im Grundbuch ein. Buchen Sie die Geschäftsfälle auf den Konten im Hauptbuch! Führen Sie den Abschluss der Konten im Grund- und Hauptbuch durch!

Anfangsbestände	DM		DM
Darlehensforderung	50 000,00	Bank	216 300,00
Grundstücke mit Gebäuden	730 000,00	Postbank..............	41 500,00
Fuhrpark	885 000,00	Kasse................	5 100,00
Betriebs- und		Eigenkapital..........	1 325 500,00
Geschäftsausstattung	175 000,00	Darlehensschulden......	650 000,00
Forderungen a. LL	122 600,00	Verbindlichkeiten a. LL ..	250 000,00

Geschäftsfälle:	DM
1. **Bankauszug, Vertrag:** Aufnahme eines Darlehens bei der Bank	75 000,00
2. **Bankauszug, Vertrag:** Verkauf eines Grundstücks gegen Bankscheck..	100 000,00
3. **Postbankauszug:** Überweisung vom Bankkonto auf das Postbankkonto	36 000,00
4. **Kassenbeleg:** Kunde bezahlte fällige Ausgangsrechnung bar	600,00
5. **Postbankauszug:** Postüberweisung der Tilgungsrate des Darlehensnehmers	20 000,00
6. **Postbankauszug:** Postüberweisung an Lieferer für fällige ER	32 100,00
7. **Ausgangsrechnung:** Zielverkauf eines gebrauchten Pkw	10 700,00
8. **Kassenbeleg:** Bareinkauf eines Schreibtisches	950,00
9. **Ausgangsrechnung:** Verkauf einer gebrauchten Maschine auf Ziel (30 Tage)	14 000,00
10. **Eingangsrechnung:** Kauf eines Pkw auf Ziel	45 800,00
11. **Bankauszug:** Zahlungen vom Kunden für fällige AR	19 100,00
12. **Vertrag:** Lieferer stundet fällige Eingangsrechnungen auf acht Jahre	30 000,00
13. **Bankauszug:** Banküberweisung zur Tilgung eines Darlehens..	80 000,00

14. **Eingangsrechnung, Bankauszug:** Kauf eines . . . .   DM   DM
    Personalcomputers gegen
    a) Bankscheck (Anzahlung beim Kauf) 5 000,00
    b) Zielgewährung von 90 Tagen . . . .   <u>8 000,00</u>   13 000,00

3 Buchen Sie die aus folgendem Kontoauszug der Primus GmbH hervorgehenden Geschäftsfälle:

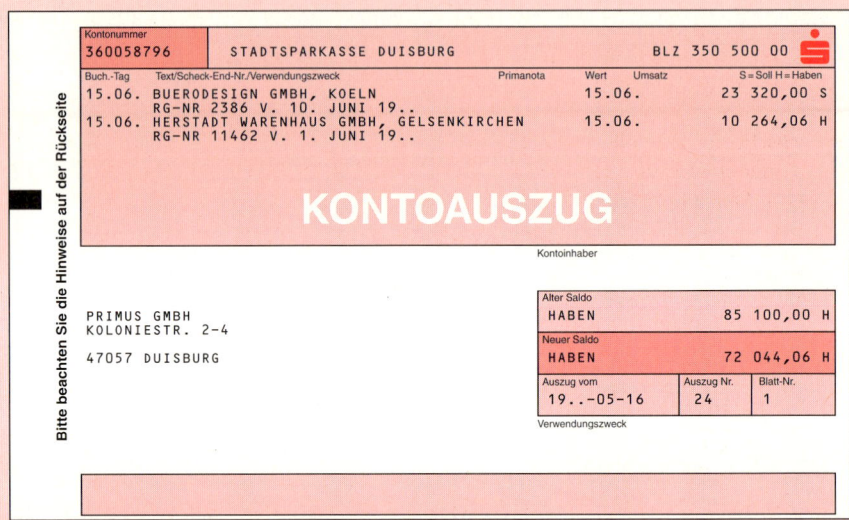

4 Welche der folgenden Aussagen treffen
    a) nur auf die Aktivkonten,   b) nur auf die Passivkonten,
    c) auf alle Bestandskonten,   d) weder auf Aktiv- noch auf Passivkonten zu?
    Aussagen:
    1. Der Anfangsbestand steht im Soll.
    2. Die Minderungen stehen im Soll.
    3. Die Mehrungen stehen unter dem Anfangsbestand.
    4. Der Anfangsbestand steht im Haben, die Zugänge stehen im Soll.
    5. Der Saldo steht auf der wertmäßig kleineren Seite.
    6. Sie stellen Art, Ursache und Höhe der Vermögensänderungen dar.
    7. Sie stehen im Hauptbuch.

5 Untersuchen Sie, ob mit untenstehenden Buchungssätzen
    a) ein Aktiv-Tausch,   b) ein Passiv-Tausch,
    c) eine Aktiv-Passiv-Mehrung,   d) eine Aktiv-Passiv-Minderung
    erfasst wird.
    Buchungssätze: DM

1. Verbindlichkeiten a. LL	an Bank	4 000,00
2. Bank	an Kasse	2 000,00
3. Bank	an Forderungen a. LL	5 000,00
4. Geschäftsausstattung	an Verbindlichkeiten a. LL	8 000,00
5. Verbindlichkeiten a. LL	an Darlehen	6 000,00
6. Forderungen a. LL	an Fuhrpark	3 000,00

6 Unten stehende Satzteile sind zu einer richtigen Aussage zu ergänzen, indem Sie einsetzen
a) das Inventar   b) die Schlussbilanz   c) das Schlussbilanzkonto

Satzteile:
1. (?) nimmt die Salden der Bestandskonten beim Jahresabschluss auf.
2. (?) ist eine Gegenüberstellung von Vermögen und Kapital lt. Inventur.
3. (?) enthält neben Mengen- auch Wertangaben.
4. (?) ist eine Auflistung aller Vermögensteile und Schulden sowie eine Gegenüberstellung von Vermögen und Schulden.
5. (?) steht im Hauptbuch.
6. (?) wird aus dem Inventar abgeleitet.

7 Welche der folgenden Aussagen treffen
a) nur auf Aktivkonten,   b) nur auf Passivkonten,
c) auf alle Bestandskonten zu?
Begründen Sie jeweils Ihre Entscheidung!

Aussagen:
1. Der Anfangsbestand steht im Soll.
2. Sie erteilen Auskunft über die Veränderungen des Kapitals der Unternehmung.
3. Ihr Endbestand steht auf der rechten Seite des Schlussbilanzkontos.
4. Sie erteilen Auskunft über Art, Ursache und Höhe der Veränderung einer Bilanzposition.
5. Abgänge stehen im Soll.
6. Ihr Endbestand ist ein Sollsaldo, der im Haben steht.
7. Zugänge stehen im Haben.
8. Sie geben Auskunft über die Anlage des Kapitals.
9. Ihr Saldo steht auf der wertmäßig kleineren Seite.
10. Ihr Anfangsbestand ist gleich dem Endbestand lt. Inventur des Vorjahres.

2.4 Buchungen auf Erfolgskonten

Nicole Höver und Frau Lapp, Finanzbuchhalterin der Primus GmbH, führen folgende Unterhaltung: „Tag für Tag kommen Lkw mit Waren wie Faxgeräten, Schreibtischen, Druckbleistiften, usw., die sofort in das Lager gebracht werden, täglich verkaufen wir eine Vielzahl dieser Bürobedarfsartikel. Solche Fälle habe ich bisher aber noch nicht gebucht. Überhaupt – ich würde mal gerne wissen, ob sich das Ganze auch lohnt", sagt Nicole.

Frau Lapp: „Das ist richtig, Nicole, aber ich denke, dass das Buchen auf Bestandskonten dafür die Voraussetzung ist."

Arbeitsauftrag
❑ Erläutern Sie die Auswirkungen des Wareneinkaufs, der Lohn- und Gehalts- und Mietzahlungen einerseits und des Verkaufs von Waren andererseits auf die Bilanz!
❑ Zeigen Sie Buchungsmöglichkeiten dieser Vorgänge auf!
❑ Machen Sie einen Vorschlag, wie der Erfolg einer Unternehmung ermittelt werden kann!

● Veränderungen des Eigenkapitals durch Aufwendungen und Erträge

Die bisher gebuchten Geschäftsfälle veränderten Bestände der Bilanz. Eine Bilanzposition wurde nicht berührt, das **Eigenkapital.** Dieses wird jedoch durch die eigentliche Unternehmenstätigkeit (Kauf und Verkauf von Waren) laufend verändert. Mit dieser Tätigkeit will das Unternehmen das eingesetzte Kapital vermehren, also Gewinn erzielen. Das Unternehmen setzt sich aber dadurch auch dem Risiko aus durch Verluste das Eigenkapital zu verlieren.

▶ **Minderungen des Eigenkapitals durch Aufwendungen:** Um Waren verkaufen zu können muss das Unternehmen eingekaufte **Waren,** menschliche **Arbeitsleistung** und **Betriebsmittel** einsetzen (= **Verzehr von Produktionsfaktoren**). Alle Ausgaben für die eingesetzten Produktionsfaktoren, wie

❑ **Ausgaben für Waren** (Wareneinkäufe)
❑ **Mietzahlungen für Betriebsmittel**
❑ **Lohn- und Gehaltszahlungen für die Arbeitsleistungen**

mindern letztlich das Vermögen und zugleich das Eigenkapital. Solche **Werteverzehre an Produktionsfaktoren** werden als **Aufwendungen** bezeichnet.

Aufwendungen mindern das Eigenkapital. Sie könnten somit direkt auf der Sollseite des Eigenkapitalkontos erfasst werden. Um jedoch eine Übersicht über einzelne Aufwandsarten zu ermöglichen werden für die einzelnen Aufwandsarten Unterkonten des Eigenkapitalkontos eingerichtet, die stellvertretend für das Eigenkapitalkonto den Aufwand aufnehmen.

Beim Eingang der Waren wird unterstellt, dass sie sofort verkauft werden und somit eingesetzt werden, also das Lager nicht berühren. Sie werden daher sofort beim Eingang als Aufwand für Waren erfasst.

▶ **Mehrungen des Eigenkapitals durch Erträge:** Die Unternehmung versucht die Aufwendungen, die mit dem Verkauf von Waren und Dienstleistungen verbunden sind, auf die Kunden abzuwälzen, und somit über die Umsatzerlöse eine Erstattung des Aufwands zu erreichen und darüber hinaus dem Unternehmen einen **Gewinn** zu bringen. Damit dieses Ziel erreicht wird, müssen die Umsatzerlöse größer als der gesamte Einsatz an Produktionsfaktoren sein:

Beispiel Einkauf und Absatz von 2000 Bürotischen:

Bewerteter Verzehr (in DM) von Produktionsfaktoren	Personaleinsatz ➤ Löhne, Gehälter 280 000,00 DM Nutzung von Anlagen ➤ Mieten 38 000,00 DM Wareneinsatz ➤ Aufwand für Waren 390 000,00 DM	Aufwand
	Gesamteinsatz der Rechnungsperiode = Aufwand	708 000,00 DM
Bewerteter Zuwachs (in DM) an Vermögen	Verkauf der Waren ➤ Umsatzerlöse 858 000,00 DM	Ertrag
	Gesamtzuwachs der Rechnungsperiode = Ertrag	858 000,00 DM
Differenz von Wertezuwachs und Werteverzehr in DM	**Aufwand < Ertrag = Gewinn**	Gewinn 150 000,00 DM

Durch die Umsatzerlöse des Großhandelsbetriebs wird ein Wertezuwachs des Vermögens (Liquide Mittel, Forderungen) erzielt, der gleichzeitig eine Mehrung des Eigenkapitals darstellt. Diese Eigenkapitalmehrungen werden als **Erträge** bezeichnet. Erträge mehren das Eigenkapital. Sie könnten daher im Haben des Eigenkapitalkontos gebucht werden.

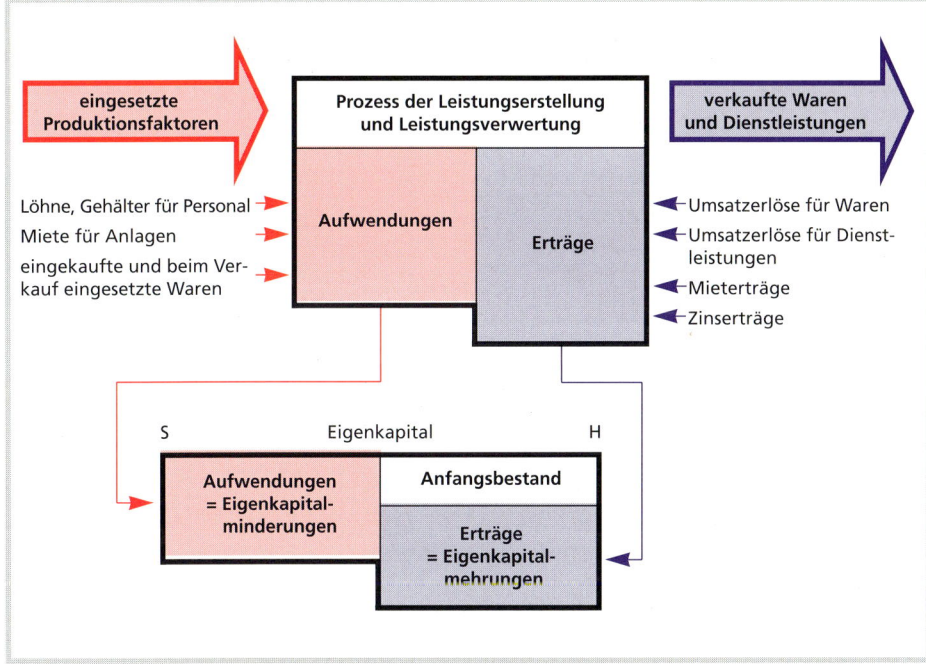

● Buchungen der Aufwendungen und Erträge auf Unterkonten des Eigenkapitals

▶ **Buchungen der Aufwendungen und Erträge:** Eine **unmittelbare Buchung** der Aufwendungen und Erträge **auf dem Eigenkapitalkonto** hat **Nachteile:**

❑ Das Eigenkapitalkonto wird **unübersichtlich.**

❑ Aus den Buchungen geht nicht hervor, **wodurch** das **Eigenkapital verändert** wurde.

❑ Die **Höhe einzelner Aufwendungen und Erträge** ist nur mit zusätzlichem Arbeitsaufwand zu ermitteln.

Daher werden die Aufwendungen und Erträge auf **Unterkonten des Eigenkapitalkontos** gebucht, den **Aufwands- und Ertragskonten.** Weil die Aufwendungen und Erträge den Erfolg eines Unternehmens bestimmen, werden die Aufwands- und Ertragskonten als **Erfolgskonten** bezeichnet. Durch die getrennte Erfassung der einzelnen Erfolgsarten werden dem Unternehmer Ursachen und Höhe der Eigenkapitalveränderungen verdeutlicht.

Beispiele Durch die Einrichtung eines Aufwandskontos „Aufwendungen für Waren", „Löhne", „Fremdinstandsetzungen" verschafft sich der Unternehmer einen genauen Überblick über die genannten Aufwandsarten und deren Höhe. Durch Vergleich von Jahr zu Jahr stellt er so die Entwicklung dieser Aufwandsarten fest.

Die Erfolgskonten sind also ein bedeutendes Informations- und Kontrollinstrument über die einzelnen Aufwands- und Ertragsarten. Daher empfiehlt sich für jede Aufwands- und Ertragsart ein besonderes Unterkonto.

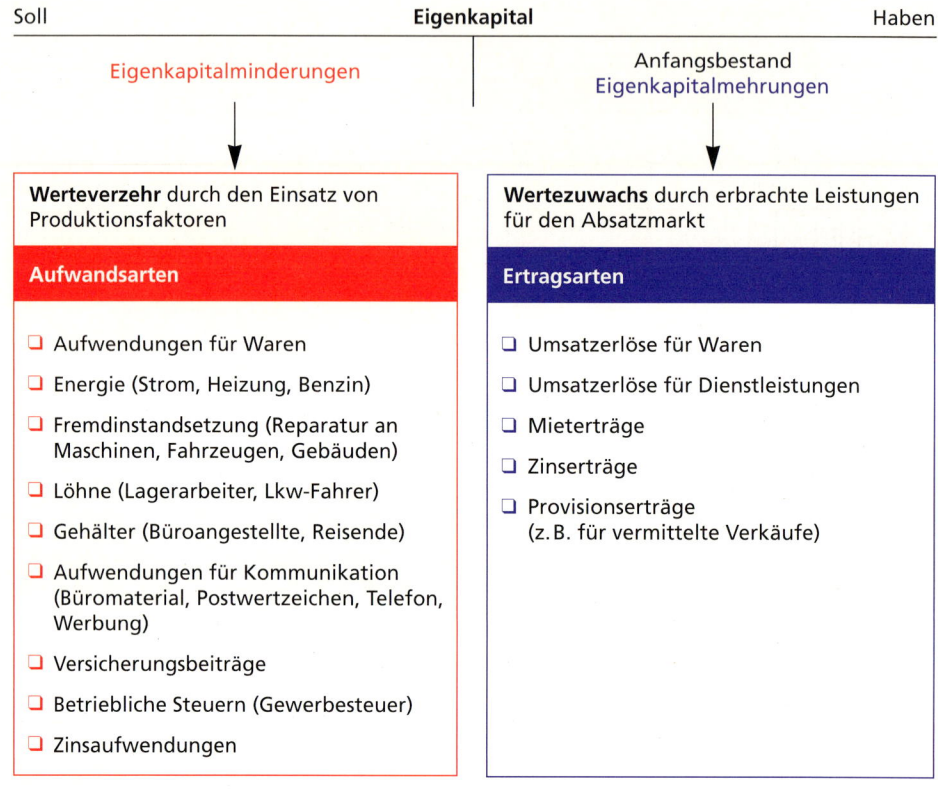

Soll	Eigenkapital	Haben

Eigenkapitalminderungen

Anfangsbestand
Eigenkapitalmehrungen

Werteverzehr durch den Einsatz von Produktionsfaktoren

Aufwandsarten

❑ Aufwendungen für Waren
❑ Energie (Strom, Heizung, Benzin)
❑ Fremdinstandsetzung (Reparatur an Maschinen, Fahrzeugen, Gebäuden)
❑ Löhne (Lagerarbeiter, Lkw-Fahrer)
❑ Gehälter (Büroangestellte, Reisende)
❑ Aufwendungen für Kommunikation (Büromaterial, Postwertzeichen, Telefon, Werbung)
❑ Versicherungsbeiträge
❑ Betriebliche Steuern (Gewerbesteuer)
❑ Zinsaufwendungen

Wertezuwachs durch erbrachte Leistungen für den Absatzmarkt

Ertragsarten

❑ Umsatzerlöse für Waren
❑ Umsatzerlöse für Dienstleistungen
❑ Mieterträge
❑ Zinserträge
❑ Provisionserträge (z.B. für vermittelte Verkäufe)

▶ **Buchungsregeln für Aufwands- und Ertragskonten:** Für die Buchungen

❑ der Aufwendungen als Eigenkapitalminderungen auf den Aufwandskonten und

❑ für die Buchungen der Erträge als Eigenkapitalmehrungen auf den Ertragskonten gelten die **Buchungsregeln für passive Bestandskonten:**

> **Aufwendungen** sind auf Aufwandskonten als Eigenkapitalminderungen **im Soll, Erträge** auf Ertragskonten als Mehrungen des Eigenkapitals **im Haben** zu buchen.

Beispiele

1. Banküberweisung der Löhne für Lagerarbeiter . . . . 280 000,00 DM
2. Verkauf von Waren auf Ziel . . . . 600 600,00 DM

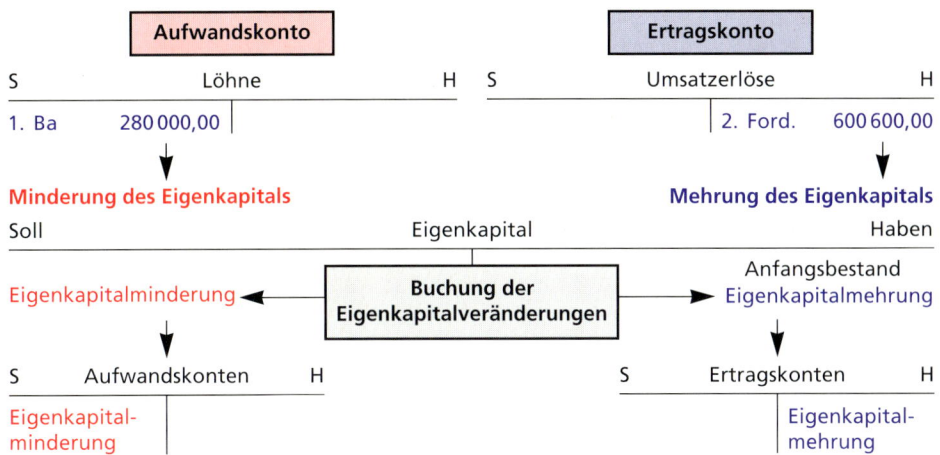

● Abschluss der Erfolgskonten über das Gewinn- und Verlustkonto

Am Ende des Geschäftsjahres werden die Konten abgeschlossen. Aufwendungen und Erträge werden gesammelt und gegenübergestellt, um den **Erfolg** (Gewinn oder Verlust) festzustellen.

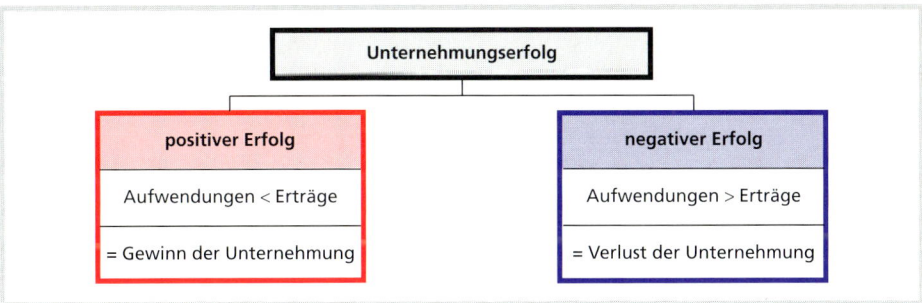

Aufwendungen und Erträge werden auf dem **Gewinn- und Verlustkonto** (GuV) gegenübergestellt (§ 242 HGB).

Abschlussbuchungen:	GuV	an Aufwandskonten
	Ertragskonten	an GuV

Der Gewinn oder der Verlust wird als endgültige Eigenkapitalveränderung auf das Eigenkapitalkonto übertragen.

	Beispiel 1	Beispiel 2
Eigenkapital Anfangsbestand	500 000,00	700 000,00
Aufwendungen des Geschäftsjahres	500 000,00	720 000,00
Erträge des Geschäftsjahres	600 000,00	670 000,00

Beispiel 1

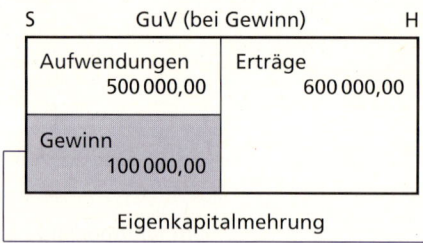

S	GuV (bei Gewinn)	H
Aufwendungen 500 000,00	Erträge 600 000,00	
Gewinn 100 000,00		

Eigenkapitalmehrung

S	Eigenkapital	H
	Anfangsbestand 500 000,00	
	GuV (Gewinn) 100 000,00	

Abschlussbuchungssatz:

GuV an Eigenkapital   100 000,00

Beispiel 2

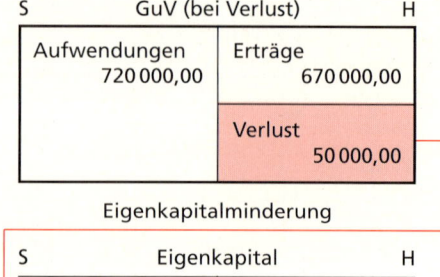

S	GuV (bei Verlust)	H
Aufwendungen 720 000,00	Erträge 670 000,00	
	Verlust 50 000,00	

Eigenkapitalminderung

S	Eigenkapital	H
GuV (Verlust) 50 000,00	Anfangsbestand 700 000,00	

Abschlussbuchungssatz:

Eigenkapital an GuV   50 000,00

Beispiel

Aktiva	Bilanz der Primus GmbH zum 31.12. ..		Passiva
I. Anlagevermögen		**I. Eigenkapital**	1 200 000,00
Geschäftsausstattung	800 000,00	**II. Schulden**	
II. Umlaufvermögen		Verbindlichkeiten a. LL	150 000,00
Forderungen a. LL	50 000,00		
Bank	500 000,00		
	1 350 000,00		1 350 000,00

Die Primus GmbH kaufte und verkaufte in der Rechnungsperiode 2000 Bürodrehstühle Modell 1640.

	DM
1. **BA:** Banküberweisung der Löhne und Gehälter	280 000,00
2. **BA:** Banküberweisung der Miete für gemietete Anlagen	38 000,00
3. **ER:** Einkauf von 1 600 Bürodrehstühlen à 195,00 DM auf Ziel	312 000,00
4. **AR:** Verkauf von 1 400 Bürodrehstühlen à 429,00 DM auf Ziel	600 600,00
5. **ER, BA:** Einkauf von 400 Bürodrehstühlen à 195,00 DM, gegen Bankscheck . . .	78 000,00
6. **AR, BA:** Verkauf von 600 Bürodrehstühlen à 429,00 DM gegen Bankscheck . . .	257 400,00

Buchung der Fälle 1 bis 3 und 5 auf Aufwandskonten:

	DM
1. Löhne und Gehälter an Bank	280 000,00
2. Miete an Bank	38 000,00
3. Wareneingang (Aufwand für Waren) an Verbindlichkeiten a. LL	312 000,00
5. Wareneingang (Aufwand für Waren) an Bank	78 000,00

Buchung der Fälle 4 und 6 auf dem Ertragskonto:

	DM
4. Forderungen a. LL an Warenverkauf (Umsatzerlöse)	600 600,00
6. Bank an Warenverkauf (Umsatzerlöse)	257 400,00

Abschlussbuchungen für die Aufwandskonten:

	DM
GuV an Löhne und Gehälter . . .	280 000,00
GuV an Mieten	45 000,00
GuV an Wareneingang	390 000,00
GuV an Eigenkapital (Gewinn) .	150 000,00

Abschlussbuchung für das Ertragskonto:

	DM
Warenverkauf an GuV	858 000,00

Abschlussbuchungen aktive Bestandskonten:

	DM
SBK an Geschäftsausstattung	800 000,00
SBK an Forderungen a. LL	650 600,00
SBK an Bank	361 400,00

Abschlussbuchungen passive Bestandskonten:

	DM
Eigenkapital an SBK	1 350 000,00
Verbindlichkeiten a. LL an SBK . . .	462 000,00

Die **Buchung** der Aufwendungen und Erträge **auf den Erfolgskonten** hat **Vorteile:**

❑ Aufwendungen und Erträge werden getrennt nach Aufwands- und Ertragsarten gebucht.

❑ Es wird ersichtlich, **welche Aufwendungen** und **Erträge den Erfolg** des Unternehmens besonders **bestimmen** (Aufwands- und Ertragskonten).

Beispiel

S	Gewinn und Verlust					H
	DM	**%**		**DM**	**%**	
Löhne und Gehälter	325 000,00	32,6	Umsatzerlöse	858 000,00	100,0	
Mieten	20 000,00	4,4				
Wareneingang	140 000,00	45,5				
Gewinn	150 000,00	17,5				
	858 000,00	100,0		858 000,00	100,0	

❑ Der Unternehmer kann die Entwicklung der Aufwendungen und Erträge feststellen, indem er die Werte der **Erfolgskonten mehrere Jahre** miteinander vergleicht (Zeitvergleich).

❑ Durch **Vergleich** der betrieblichen **Aufwendungen mit denen anderer Betriebe** können die Ursachen zu hoher Aufwendungen entdeckt werden (Betriebsvergleich).

❑ Aufgrund der gewonnenen Erkenntnisse können **Maßnahmen zur Kostensenkung oder Ertragssteigerung** getroffen werden (Rationalisierung, Planung).

Darstellung des Beispiels von S. 86 f. in Konten mit Abschluss:

S	Eröffnungsbilanzkonto		H
Eigenkapital	1 200 000,00	Geschäftsausstattung	800 000,00
Verbindlichkeiten a. LL	150 000,00	Forderungen a. LL	50 000,00
		Bank	500 000,00
	1 350 000,00		1 350 000,00

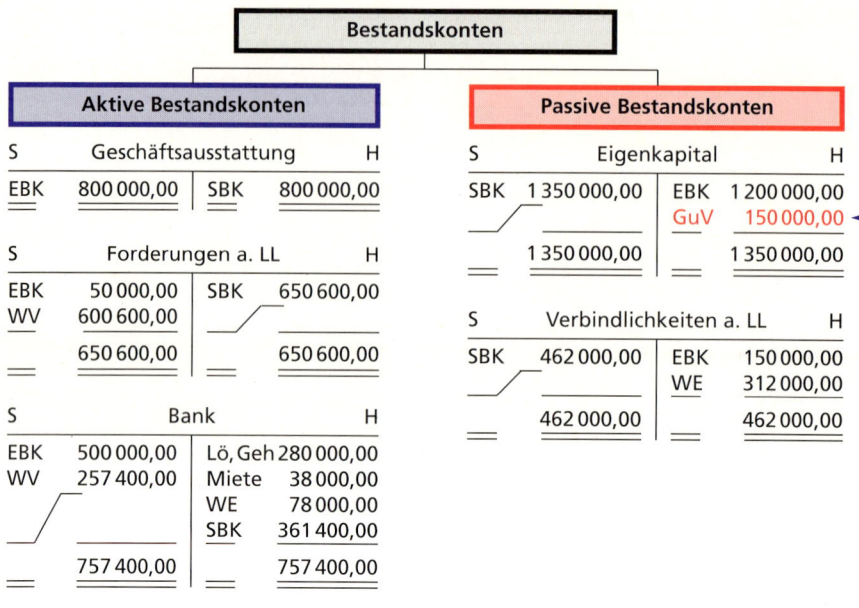

Bestandskonten

| **Aktive Bestandskonten** | | | | **Passive Bestandskonten** | | |

S	Geschäftsausstattung		H
EBK	800 000,00	SBK	800 000,00

S	Eigenkapital		H
SBK	1 350 000,00	EBK	1 200 000,00
		GuV	150 000,00
	1 350 000,00		1 350 000,00

S	Forderungen a. LL		H
EBK	50 000,00	SBK	650 600,00
WV	600 600,00		
	650 600,00		650 600,00

S	Verbindlichkeiten a. LL		H
SBK	462 000,00	EBK	150 000,00
		WE	312 000,00
	462 000,00		462 000,00

S	Bank		H
EBK	500 000,00	Lö, Geh	280 000,00
WV	257 400,00	Miete	38 000,00
		WE	78 000,00
		SBK	361 400,00
	757 400,00		757 400,00

Erfolgskonten

| **Aufwandskonten** | | | | **Ertragskonto** | | |

S	Löhne u. Gehälter		H
Ba	280 000,00	GuV	280 000,00

S	Umsatzerlöse (WV)		H
GuV	858 000,00	Fo	600 600,00
		Ba	257 400,00
	858 000,00		858 000,00

S	Miete		H
Ba	38 000,00	GuV	38 000,00

S	Wareneingang		H
Verb	312 000,00	GuV	390 000,00
Ba	78 000,00		
	390 000,00		390 000,00

Soll	Gewinn- und Verlustkonto		Haben
Löhne u. Gehälter	280 000,00	Umsatzerlöse/WV	858 000,00
Miete	38 000,00		
Wareneingang	390 000,00		
Eigenkapital	150 000,00		
	858 000,00		858 000,00

88

I. Anlagevermögen		**I. Eigenkapital**	1 350 000,00
Geschäftsausstattung	800 000,00	**II. Schulden**	
II. Umlaufvermögen		Verbindlichkeiten a. LL	462 000,00
Forderungen a. LL	650 600,00		
Bank	361 400,00		
	1 812 000,00		1 812 000,00

Buchungen auf Erfolgskonten

- Jedes Großhandelsunternehmen verkauft Waren.
- Der dabei eingesetzte Werteverzehr wird als Aufwand bezeichnet, der das Eigenkapital der Unternehmung mindert.
- Über die Umsatzerlöse versucht die Großhandelsunternehmung diesen Werteverzehr und einen Gewinn hereinzuholen und das eingesetzte Eigenkapital zu vermehren.
- Damit die Unternehmungsleitung die Ursachen der Eigenkapitalveränderungen erkennt, werden Aufwendungen und Erträge artmäßig getrennt auf Unterkonten des Eigenkapitalkontos gebucht (Erfolgskonten).
- Aufwandskonten erfassen die Eigenkapitalminderungen, Ertragskonten die Eigenkapitalmehrungen durch die Unternehmenstätigkeit.
- Zur Ermittlung des Erfolges (Gewinn oder Verlust) werden die Aufwands- und Ertragskonten über das GuV-Konto abgeschlossen.
- Der **Saldo** (Gewinn oder Verlust) wird **auf das Eigenkapitalkonto** übertragen.
- Die Bezeichnung **„Gewinn- und Verlustkonto"** erklärt sich, weil ein Habensaldo **(Gewinn)** zum Ausgleich **im Soll** und ein Sollsaldo **(Verlust) im Haben** eingetragen wird.
- Die **Gewinn- und Verlustrechnung** bildet **zusammen mit** der **Bilanz** den **Jahresabschluss**, der vom Kaufmann unter Angabe des Datums zu unterzeichnen ist (§ 245 HGB).

1 Eine Schulmöbelgroßhandlung kaufte und verkaufte im Geschäftsjahr 20 000 Schultische. Die dabei angefallenen Geschäftsfälle sind zu buchen.

Konten der Schulmöbelgroßhandlung: EBK, Fuhrpark, Geschäftsausstattung, Forderungen a. LL, Bank, Kasse, Eigenkapital, Darlehensschulden, Verbindlichkeiten a. LL, Umsatzerlöse, Aufwendungen für Waren, Aufwendungen für Energie, Löhne/Gehälter, Mieten, Werbung, Gewerbesteuer, GuV, SBK

Anfangsbestände:	DM		DM
Fuhrpark	650 000,00	Kasse.	4 100,00
Geschäftsausstattung	162 000,00	Eigenkapital.	1 054 100,00
Forderungen a. LL	184 000,00	Darlehensschulden	420 000,00
Bank	740 000,00	Verbindlichkeiten a. LL . .	266 000,00

Geschäftsfälle:		DM	DM
1. **BA:** Banküberweisungen			
a) Lohn- und Gehaltszahlungen.		375 000,00	
b) Gewerbesteuer an die Stadtkasse		28 400,00	
c) Mieten für gemietete Betriebsgebäude		125 000,00	
d) Tilgungsrate einer Darlehensschuld		30 000,00	558 400,00

	DM	DM
2. **ER:** Zielkauf eines Lkw		60 000,00
3. **ER:** Zieleinkauf von 1 450 Schultischen à 175,00 DM . .		253 750,00

4. **AR, KB, BA:** Verkäufe von 1 400 Schultischen
à 775,00 DM

a) bar: zwei Stück	1 550,00	
b) gegen Bankscheck: 565 Stück	437 875,00	
c) auf Ziel (30 Tage): 833 Stück	645 575,00	1 085 000,00

5. **ER, BA:**

a) Einkauf von 550 Schultischen gegen Scheckzahlung	96 250,00	
b) Banküberweisung an Lieferer für fällige ER	85 100,00	181 350,00

6. **AR, KB, BA:** Verkauf von 600 Schultischen

a) bar: 1 Stück	775,00	
b) gegen Bankscheck: 229 Stück	177 475,00	
c) auf Ziel: 370 Stück	286 750,00	465 000,00

7. **BA:** Banküberweisungen

a) Strom- und Gasverbrauch	86 200,00	
b) Werbemaßnahmen „Aktion Schultische"	47 000,00	133 200,00

Eröffnen Sie die Konten, buchen Sie die Geschäftsfälle und führen Sie den Abschluss durch!

2
3 Eine Großhandelsunternehmung ermittelte vor dem Abschluss der Konten folgende Salden:

Konten	Aufgabe 2		Aufgabe 3	
	Soll DM	Haben DM	Soll DM	Haben DM
Fuhrpark	230 000,00		980 000,00	
Geschäftsausstattung	25 000,00		340 000,00	
Forderungen a. LL	35 000,00		180 000,00	
Bank	146 000,00		457 200,00	
Kasse	6 400,00		12 000,00	
Eigenkapital		105 000,00		1 248 000,00
Darlehensschuld		240 000,00		409 000,00
Verbindlichkeiten a. LL		76 400,00		125 000,00
Wareneingang	64 400,00		331 400,00	
Aufwand für Energie	7 000,00		43 200,00	
Löhne	49 000,00		252 000,00	
Gehälter	7 000,00		36 000,00	
Steuern	1 400,00		7 200,00	
Büromaterial	11 200,00		50 400,00	
Umsatzerlöse		161 000,00		907 200,00

Ermitteln Sie
a) die gesamten Aufwendungen des Geschäftsjahres,
b) den Unternehmungsgewinn,
c) den Endbestand des Eigenkapitals!

4 **Konten:** EBK, Fuhrpark, Forderungen, Bank, Postbank, Kasse, Eigenkapital, Verbindlichkeiten, Umsatzerlöse, Aufwendungen für Waren, Aufwendungen für Energie, Löhne, Gehälter, Mieten, Gewerbesteuer, GuV, SBK

Anfangsbestände:	DM		DM
Fuhrpark	650 000,00	Kasse	4 600,00
Forderungen a. LL	150 000,00	Eigenkapital	976 600,00
Bank	300 000,00	Verbindlichkeiten a. LL. . . .	235 000,00
Postbank	110 000,00		

Geschäftsfälle: DM

1. **ER:** Zieleinkauf von Waren. 86 000,00
2. **PBA:** Postüberweisung von Kunden für fällige AR. 35 000,00
3. **BA:** Banküberweisung der Löhne an Lagerarbeiter. 164 000,00
4. **AR:** Zielverkäufe von Waren 336 000,00
5. **BA:** Banküberweisung von Kunden für fällige AR 280 000,00
6. **BA:** Gehaltszahlungen an Angestellte durch Banküberweisung. 172 000,00
7. **BA:** Banküberweisung der Miete für gemietete Gebäude 60 000,00
8. **PBA:** Verkäufe von Waren gegen Bankscheck 325 000,00
9. **PBA:** Postüberweisung der Gewerbesteuer 40 000,00
10. **AR, KB:** Verkäufe von Waren gegen Barzahlung 600,00
11. **BA:** Banküberweisung für den Strom- und Gasverbrauch 19 000,00
12. **PBA:** Postüberweisung an Lieferer für fällige ER 94 000,00

Eröffnen Sie die Konten, buchen Sie die Geschäftsfälle und führen Sie den Abschluss durch!

5 Durch welche der untenstehenden Geschäftsfälle wird

a) ein Aktiv-Tausch c) eine Aktiv-Passiv-Mehrung
b) ein Passiv-Tausch d) eine Aktiv-Passiv-Minderung
hervorgerufen?

1. Wareneinkauf auf Ziel
2. Zahlung von Gehältern durch Banküberweisung
3. Banküberweisung an einen Lieferer zum Ausgleich einer fälligen Rechnung
4. Banküberweisung eines Kunden zum Ausgleich einer fälligen Rechnung
5. Unsere Hausbank belastet uns mit Darlehenszinsen
6. Wareneinkauf bar
7. Verkauf von Waren auf Ziel
8. Bareinkauf von Büromaterial
9. Kauf von Heizöl für die Heizungsanlage gegen Bankscheck
10. Zinsgutschrift der Bank
11. Mieter überwies fällige Miete auf Bankkonto

6 Welche der folgenden Aussagen treffen zu

a) nur auf Aktivkonten d) nur auf Aufwandskonten
b) nur auf Passivkonten e) nur auf Ertragskonten
c) auf alle Bestandskonten f) auf alle Erfolgskonten?

Aussagen:

1. Sie haben keinen Anfangsbestand.
2. Der Saldo steht im Haben und wird auf das GuV-Konto übertragen.
3. Auf diesen Konten werden Eigenkapitalmehrungen gebucht.
4. Der Anfangsbestand steht im Haben.
5. Es sind Unterkonten des Eigenkapitals.
6. Auf diesen Konten werden Eigenkapitalminderungen gebucht.
7. Der Saldo wird auf der Sollseite des SBK eingetragen.

8. Sie erteilen Auskunft über die Vermögensänderungen.
9. Sie haben einen Endbestand.
10. Ihre Salden werden im Haben des GuV-Kontos gesammelt.

7 Eine Beschläge- und Schlössergroßhandlung führt in ihrem Sortiment Graphitspray. Zur Wirtschaftlichkeitskontrolle dieses Artikels führt sie die Konten Aufwendungen für Waren und Umsatzerlöse für Waren, auf denen folgende Vorgänge zu erfassen sind:

Geschäftsfälle:

a) Einkauf auf Ziel:	5 500 Dosen zu je 3,00 DM
b) Verkäufe auf Ziel:	4 250 Dosen zu je 4,50 DM
c) Verkauf bar:	50 Dosen zu je 4,50 DM
d) Verkäufe gegen Bankscheck:	1 200 Dosen zu je 4,50 DM

Stellen Sie im GuV-Konto gegenüber

1. den Aufwand für Waren,
2. den Umsatz für Waren!

8 a) Tragen Sie nachstehende Werte in die Konten ein!
b) Schließen Sie die Konten ab!

	DM
Geschäftsausstattung	112 000,00
Grundstück mit Gebäuden	839 000,00
Forderungen a. LL	126 500,00
Bank	362 000,00
Eigenkapital	840 800,00
Verbindlichkeiten a. LL	227 700,00
Aufwendungen für Waren	2 007 000,00
Aufwendungen für Energie	284 000,00
Löhne/Gehälter	1 540 000,00
Steuern	275 000,00
Büromaterial	88 000,00
Mieten	127 000,00
Umsatzerlöse für Waren	4 692 000,00

9 **Konten:**
EBK, Grundstück mit Gebäude, Geschäftsausstattung, Forderungen a. LL, Bank, Kasse, Eigenkapital, Verbindlichkeiten a. LL, Umsatzerlöse für Waren/Warenverkauf, Mieterträge, Aufwendungen für Waren/Wareneingang, Löhne, Büromaterial. Versicherungsbeiträge, GuV, SBK

Anfangsbestände:

	DM			DM
Grundstücke mit Gebäude . .	300 000,00		Kasse	10 000,00
Geschäftsausstattung	140 000,00		Eigenkapital	600 000,00
Forderungen a. LL	60 000,00		Verbindlichkeiten a. LL . . .	60 000,00
Bank	150 000,00			

Geschäftsfälle:

		DM	DM
1. **BA, KB:** Kunden bezahlten fällige Ausgangsrechnung			
a) mit Banküberweisung		40 000,00	
b) in bar		1 200,00	41 200,00
2. **BA, KB, ER:** Einkäufe von Waren gegen			
a) Bankscheck		48 000,00	
b) Barzahlung		3 200,00	
c) Zielgewährung von 50 Tagen		12 000,00	63 200,00
3. **BA:** Banküberweisung der Miete für ein vermietetes Lagergebäude			2 500,00

4. **BA:** Banküberweisung an
    a) Arbeiter wegen Lohnzahlung 40 000,00
    b) Schreibwarenhandlung wegen Büromaterialien 3 500,00
    c) Computerhandel GmbH wegen PC-Kauf für
       Verkaufsbüro. 4 500,00
    d) Versicherungs-AG wegen Gebäudefeuerversicherung 1 300,00   49 300,00
5. **AR, KB:** Verkäufe von Waren gegen
    a) Zielgewährung von 30 Tagen 120 000,00
    b) Barzahlung 12 500,00   132 500,00

Aufgabe:
Führen Sie die Finanzbuchhaltung von der Eröffnung bis zum Abschluss der Konten!

2.5 Verteilung von Erfolgen mithilfe des Verteilungsrechnens

An der Primus GmbH sind die Gesellschafter Sonja Primus und Markus Müller mit je 600 000,00 DM beteiligt. Bisher wurde der erwirtschaftete Gewinn je zur Hälfte auf beide Gesellschafter verteilt. Da Markus Müller sich aufgrund seines Alters nicht mehr so stark im Unternehmen engagieren will, wird zwischen den Gesellschaftern vereinbart, dass der Gewinn zwischen Frau Primus und Herrn Müller in den nächsten beiden Jahren im Verhältnis 3 : 1 verteilt werden soll. Ab dem dritten Jahr soll der Gewinn im Verhältnis $4/_5$ zu $1/_5$ verteilt werden. In diesem Geschäftsjahr beträgt der Gewinn 342 000,00 DM.

Arbeitsauftrag Ermitteln Sie, welchen Gewinnanteil in DM jeder Gesellschafter

❏ im laufenden Geschäftsjahr erhält,

❏ erhalten würde, wenn die Gewinnverteilung für die nächsten beiden Geschäftsjahre zugrunde gelegt würde,

❏ erhalten hätte, wenn die Gewinnverteilung ab dem dritten Jahr zugrunde gelegt würde!

Im Unternehmen kommt es häufig vor, dass Mengen oder Geldbeträge nach einem zu errechnenden oder vorgegebenen Verhältnis zu verteilen sind, so z. B.

❏ Kostenanteile verschiedener Warengruppen, Abteilungen, Filialen

❏ der Anteil eines Verkäufers oder Handlungsreisenden an der Jahreserfolgsprämie,

❏ der Anteil eines Teilhabers am Jahresgewinn,

❏ der Anteil von Waren an den Frachtkosten.

● Verteilung nach ganzen Anteilen

▶ **mit vorgegebenem Verteilungsschlüssel: Die Verteilungssumme wird nach einem bestimmten Verteilungsschlüssel verteilt.** Es muss der Wert eines Anteils berechnet werden, um die einzelnen Verteilungsanteile ermitteln zu können.

Beispiel Sonja Primus und Markus Müller betreiben gemeinsam die Primus GmbH. Der Gewinn in Höhe von 210 000,00 DM soll im Verhältnis 3 : 1 verteilt werden. Wie viel DM erhalten Frau Primus und Herr Müller?

Lösung

① Gesellschafter	Anteile ② (Verteilungs- schlüssel)	Wert je Anteil in DM	Verteilungsanteile ④ in DM
Müller	3	52 500,00	157 500,00
Primus	1	52 500,00	52 500,00

$$② \quad \frac{4}{1} \qquad \begin{matrix} = \\ = \end{matrix} \qquad \begin{matrix} 210\,000,00 \;⑤ \\ x \end{matrix}$$

$$③ \quad x = \frac{210\,000}{4} \qquad x = 52\,500,00 \text{ DM}$$

Markus Müller erhält 52 500,00 DM und Sonja Primus 157 500,00 DM.

Rechenweg

① Stellen Sie die Verteilungstabelle auf!

② Ermitteln Sie die Summe der Anteile!

③ Ermitteln Sie den Wert je Anteil, indem Sie die Verteilungssumme durch die Summe der Anteile dividieren!

④ Ermitteln Sie die Verteilungsanteile, indem Sie die Anteile mit dem Wert je Anteil multiplizieren!

⑤ Machen Sie die Probe, indem Sie die Verteilungsanteile in DM addieren. Das Ergebnis muss mit der Verteilungssumme übereinstimmen!

▶ **ohne vorgegebenen Verteilungsschlüssel:** Wenn **kein Verteilungsschlüssel vorgegeben ist,** dann **muss das Verhältnis der Anteile (= Verteilungsschlüssel) ermittelt werden.** Daraus ist dann der Wert eines Anteils zu berechnen, damit die einzelnen Verteilungsanteile bestimmt werden können.

Beispiel Drei Mitarbeiter der Primus GmbH erhalten zusammen eine Umsatzprovision von 1 200,00 DM, die sie untereinander entsprechend den Monatsumsätzen verteilen sollen.
Der Umsatz des A betrug 120 000,00 DM, des B 180 000,00 DM und des C 300 000,00 DM. Wie viel DM erhält jeder Mitarbeiter von der Umsatzprovision?

Lösung

① Mitarbeiter	Umsatz (Vertei- lungsgrundlage)	Anteile (Vertei- lungsschlüssel)	Wert je Anteil in DM	Verteilungsan- ⑤ teile in DM
A	120 000,00	② 2	120,00	240,00
B	180 000,00	3	120,00	360,00
C	300 000,00	5	120,00	600,00

$$③ \quad \frac{10}{1} \qquad \begin{matrix} = \\ = \end{matrix} \qquad \begin{matrix} 1\,200,00 \;⑥ \\ x \end{matrix}$$

$$④ \quad x = \frac{1\,200}{10}$$

$$x = 120,00 \text{ DM}$$

Mitarbeiter A erhält 240,00 DM, B 360,00 DM und C 600,00 DM.

Rechenweg

① Stellen Sie die Verteilungstabelle auf!
② Ermitteln Sie den Verteilungsschlüssel durch weitestgehende Kürzung der Verteilungsgrundlage
   z.B. $120\,000 : 60\,000 = 2$
   $180\,000 : 60\,000 = 3$
   $300\,000 : 60\,000 = 5$
③ Ermitteln Sie die Summe der Anteile!
④ Ermitteln Sie den Wert je Anteil, indem Sie die Verteilungssumme durch die Summe der Anteile dividieren!
⑤ Ermitteln Sie die Verteilungsanteile, indem Sie die Anteile mit dem Wert je Anteil multiplizieren!
⑥ Machen Sie die Probe, indem Sie die Verteilungsanteile in DM addieren. Das Ergebnis muss mit der Verteilungssumme übereinstimmen!

● Verteilung nach Bruchteilen

Ist das **Verteilungsverhältnis in Brüchen angegeben**, muss der **Hauptnenner** ermittelt werden, wobei die dazugehörigen **Zähler** das **Verteilungsverhältnis (= Verteilungsschlüssel)** ergeben.

Beispiel Von der Provision über 60 000,00 DM erhalten Mitarbeiter A $^1/_6$, Mitarbeiter B $^1/_3$, Mitarbeiter C $^1/_5$ und Mitarbeiter D $^3/_{10}$.
Wie viel DM erhalten die einzelnen Mitarbeiter von dieser Provision?

Lösung

① Mitarbeiter	Bruchteil② (Verteilungsgrundlage)	Anteile (Verteilungsschlüssel)	Wert je Anteil in DM	Verteilungsanteile in DM ⑤
A	$^1/_6 = ^5/_{30}$	5	2 000,00	10 040,00
B	$^1/_3 = ^{10}/_{30}$	10	2 000,00	20 000,00
C	$^1/_5 = ^6/_{30}$	6	2 000,00	12 000,00
D	$^3/_{10} = ^9/_{30}$	9	2 000,00	18 000,00

$$^{30}/_{30} \qquad ③\ \frac{30}{1} \qquad = \qquad 60\,000,00\ ⑥$$
$$= \qquad x$$
$$④\ x = \frac{60\,000}{30}$$
$$x = \underline{2\,000,00\,\text{DM}}$$

Mitarbeiter A erhält 10 000,00 DM, B 20 000,00 DM, C 12 000,00 DM und D 18 000,00 DM.

Rechenweg

① Stellen Sie die Verteilungstabelle auf!
② Ermitteln Sie den Hauptnenner der Brüche; die Zähler der in den Hauptnenner verwandelten Brüche ergeben die Anteile. (Der gemeinsame Nenner ist zu streichen.)
③ Ermitteln Sie die Summe der Anteile!
④ Ermitteln Sie den Wert je Anteil, indem Sie die Verteilungssumme durch die Summe der Anteile dividieren!
⑤ Ermitteln Sie die Verteilungsanteile, indem Sie die Anteile mit dem Wert je Anteil multiplizieren!
⑥ Machen Sie die Probe, indem Sie die Verteilungsanteile in DM addieren! Das Ergebnis muss mit der Verteilungssumme übereinstimmen.

Verteilungsrechnen

Mithilfe des Verteilungsrechnens werden Prämien, Kosten, Gewinne usw. auf einzelne Personen, Betriebe, Waren, Abteilungen usw. verteilt.

Verteilung nach ganzen Anteilen	Verteilung nach Bruchteilen
● mit vorgegebenem Verteilungsschlüssel **Anteil =** $\dfrac{\text{Verteilungssumme} \cdot \text{Anteile}}{\text{Anteile insgesamt}}$ ● ohne vorgegebenen Verteilungsschlüssel **Anteil =** $\dfrac{\text{Verteilungssumme} \cdot \text{Anteile}}{\text{ermittelte Anteile}}$	**Anteil =** $\dfrac{\text{Verteilungssumme} \cdot \text{Anteil je Einheit}}{\text{ermittelte Anteile}}$

1 Zum 50-jährigen Geschäftsjubiläum setzt der Inhaber eine Prämie in Höhe von 4000,00 DM aus. Die Prämie soll unter den Mitarbeitern nach der Dauer der Betriebszugehörigkeit verteilt werden.
Wie viel DM erhält jeder Mitarbeiter, wenn folgender Verteilungsschlüssel gilt:
A vier Jahre, B drei Jahre, C sieben Jahre, D sechs Jahre?

2 An einem Unternehmen sind die Kaufleute A, B und C im Verhältnis 4 : 2 : 1 beteiligt. Der Gewinn macht 40 % des Kapitaleinsatzes aus, er wird im Verhältnis der Einlagen verteilt. B erhält einen Gewinnanteil von 80000,00 DM.
Berechnen Sie
a) den Gesamtgewinn in Tausend DM,
b) den gesamten Kapitaleinsatz in Tausend DM!

3 Drei Großhandelskaufleute beteiligen sich an einem Gelegenheitsgeschäft im Verhältnis 3 : 4 : 5. Der Gewinn aus diesem Geschäft beträgt 7200,00 DM.
Welchen Gewinnanteil erhält jeder der drei Kaufleute?

4 Eine Umsatzprämie in Höhe von 24000,00 DM wird an drei Handlungsreisende im Verhältnis 2 : 3 : 5 verteilt.
Wie viel DM erhält jeder?

5 In einem Bürohaus sind fünf Abteilungen mit einer Bürofläche von 625 m², 525 m², 475 m², 450 m² und 300 m².
Die raumbedingten Kosten eines Geschäftsjahres belaufen sich auf 19475,00 DM und sind im Verhältnis zu den Büroflächen auf die fünf Abteilungen umzulegen.
Wie viel DM entfallen auf jede Abteilung?

6 Ein Großhandelsbetrieb hat drei Filialen. Die Jahresbetriebskosten der Filialen betragen 60060,00 DM. Folgende Filialumsätze sind gegeben:
Filiale I 560000,00 DM, Filiale II 840000,00 DM, Filiale III 280000,00 DM
Verteilen Sie die Betriebskosten im Verhältnis der Umsatzziffern auf die Filialen!

7 An einem Gelegenheitsgeschäft beteiligen sich vier Großhandelskaufleute: A mit 120000,00 DM, B mit 144000,00 DM, C mit 72000,00 DM und D mit 84000,00 DM. Der Gewinn beträgt insgesamt 120050,00 DM.
Wie viel Gewinn erhält jeder anteilig?

8   Ein Großhandelsunternehmen wird von den drei Kaufleuten A, B und C gegründet, und zwar werden von A 10 250,00 DM, von B $\frac{1}{4}$ und von C $\frac{1}{3}$ des Eigenkapitals aufgebracht.

a) Wie hoch sind die Einlagen von B und C?

b) Wie wird der Gewinn in Höhe von 17 904,00 DM verteilt, wenn sich die Gewinnverteilung nach der Höhe der Einlage richtet?

9   Durch den gemeinsamen Einkauf von Waren erhalten drei Lebensmittelgroßhändler einen Bonus von 85 000,00 DM auf der Grundlage folgender Umsätze: A bezog für 945 000,00 DM, B für 445 000,00 DM und C für 735 000,00 DM Ware.

Wie viel DM Bonus erhält jeder Großhändler?

10   Ein Großhändler verteilt eine Treueprämie von 3 465,00 DM an seine Mitarbeiter. Berechnungsgrundlage ist die jeweilige Dauer der Betriebszugehörigkeit. Betriebszugehörigkeit der Mitarbeiter: A 18 Jahre, B 4 Jahre, C 6 Jahre.

a) In welchem Verhältnis (kleinste ganze Zahlen) wird die Summe aufgeteilt?

b) Wie viel DM erhalten die Mitarbeiter A, B und C?

11   An einer OHG sind drei Gesellschafter wie folgt beteiligt:

Gesellschafter	Einlage in DM
A	300 000,00
B	120 000,00
C	80 000,00

Der Jahresgewinn von 280 000,00 DM soll in der Weise verteilt werden, dass zunächst jeder Gesellschafter 5 % seiner Einlage erhält. Der restliche Gewinn ist nach Köpfen auf die Gesellschafter A, B und C zu verteilen. Ermitteln Sie

a) 5 % der Einlage von Gesellschafter A,

b) den Gesamtgewinnanteil des Gesellschafters A!

12   Drei Großhändler betreiben gemeinsam einen Messestand. Die anfallenden Kosten werden folgendermaßen verteilt:

A zahlt $\frac{1}{3}$, B $\frac{2}{5}$ und C den Rest in Höhe von 7 480,00 DM. Ermitteln Sie

a) die Gesamtkosten für die Messe,

b) die Anteile von A und B an den Gesamtkosten!

13   Eine Unternehmung, an der die Kaufleute A, B und C beteiligt sind, wird aufgelöst. Am Kapital waren A mit $\frac{2}{5}$, B mit $\frac{3}{8}$ und C mit dem Rest, und zwar mit 27 000,00 DM beteiligt. Das zu verteilende Kapital beträgt 46 200,00 DM.

Wie viel DM erhält jeder Gesellschafter?

14   Ein Textilgroßhändler verteilt eine bestimmte Summe an seine vier Mitarbeiter. A erhält $\frac{1}{6}$, B $\frac{2}{5}$, C $\frac{1}{4}$ und D den Rest über 1 122,00 DM.

Wie viel DM erhielten die Mitarbeiter A, B und C?

15   An dem Bau eines Geschäftshauses sind vier Kaufleute finanziell beteiligt: A mit $\frac{1}{2}$, B mit $\frac{1}{4}$, C mit $\frac{1}{5}$ und D mit dem Rest der Bausumme, und zwar mit 140 000,00 DM.

a) Mit wie viel Tausend DM ist B beteiligt?

b) Mit wie viel Tausend DM sind alle vier zusammen beteiligt?

16   Beim Kauf eines Geschäftshauses zahlte der Käufer die Hälfte des Kaufpreises bar, $\frac{1}{3}$ überwies er von seinem Bankkonto. Den Restkaufpreis, und zwar 75 000,00 DM, erhielt er von seiner Bank gegen Eintragung einer Hypothek.

a) Über wie viel Tausend DM Eigenkapital verfügte der Käufer?

b) Wie viel Tausend DM kostete das Geschäftshaus?

2.6 Umsatzsteuer

2.6.1 Umsatzsteuersystem und Umsatzsteuerbuchungen

Nicole Höver soll folgende Rechnung buchen:

PRIMUS GmbH
Großhandel für Bürobedarf

Primus GmbH, Koloniestraße 2–4, 47057 Duisburg

Bürofachgeschäft
Herbert Blank
Cäcilienstraße 86

46147 Oberhausen

Anschrift: Koloniestraße 2–4
47057 Duisburg
Telefon: (02 03) 4 45 36-90
Telefax: (02 03) 4 45 36-98
Banken: Stadtsparkasse Duisburg
(BLZ 350 500 00) 360 058 796
Postbank Essen
(BLZ 360 100 43) 286 778-431

KOPIE

Rechnung

Ihr Auftrag vom 19. - 06 - 15

Kunden-Nr.	Rechnungs-Nr.	Rechnungstag
8671	12396	19. - 06 - 02

Bei Zahlung bitte angeben

Pos.	Artikel-Nr.	Artikelbezeichnung	Menge	Einzelpreis DM	Gesamtpreis DM
1	312B561	Seminarmarker Primus 270	300	22,50	6 750,00
2	159B574	Schreibtisch „Primo"	10	425,00	4 250,00

Warenwert netto	Verpackung	Fracht	Entgelt netto	USt-%	USt-DM	Gesamtbetrag
11 000,00			11 000,00	15	1 650,00	12 650,00

Zahlbar bis 2. Juli 19.. ohne Abzug

Giesen & Co. OHG
Herstellung von Kleingeräten für Schulungsbedarf

Giesen & Co. OHG, Quartzstraße 98, 51371 Leverkusen

Primus GmbH
Koloniestraße 2–4

47087 Duisburg

Rechnung

Kunden-Nr.	Rechnungs-Nr.	Datum	Blatt
53427	1742	19. - 06 - 19	1

Pos.	Artikel-Nr.	Artikelbezeichnung	Menge	Einzelpreis DM	Gesamtpreis DM
1	420110	Seminarmarker „Primus 270"	480	12,50	6 000,00

Warenwert netto	Verpackung	Fracht	Entgelt netto	USt-%	USt-DM	Gesamtbetrag
6 000,00			6 000,00	15	900,00	6 900,00

Giesen & Co. OHG
Quartzstraße 98
51371 Leverkusen

Telefon (02 14) 76 67-54
Telefax (02 14) 76 67-34

Bank für Gemeinwirtschaft
(BLZ 375 114 11)
Kto-Nr. 674 563 870

Erfüllungsort und Gerichtsstand: Leverkusen

Zahlung: 20 Tage Ziel, netto, oder innerhalb von 7 Tagen mit 2 % Skonto
Lieferung: ab Werk Leverkusen per Lkw

„Das ist aber komisch", brummt sie vor sich hin, „das Finanzamt verlangt sowohl auf Einkäufe als auch auf Verkäufe Umsatzsteuer. Das wird den Gewinn der Primus GmbH aber ganz schön schmälern.

Arbeitsauftrag Überprüfen Sie die Aussage von Nicole Höver auf ihre Richtigkeit!

● Umsatz und Umsatzsteuer

Der Gesetzgeber erhebt auf die **Umsätze der Unternehmungen** Umsatzsteuer. **Umsätze im Sinne des Umsatzsteuergesetzes sind Lieferungen und sonstige Leistungen.**

Beispiele Verkauf von Bürobedarf, Verkauf von gebrauchten Maschinen, Verkauf von Plänen zur Bürogestaltung, Reparaturen an verkauften Büromöbeln, Vermittlung von Vertragsabschlüssen

Die Höhe des Umsatzes bemisst sich nach dem **vereinbarten Entgelt (= Bemessungsgrundlage).** Entgelt ist alles, was der Unternehmer als Gegenleistung für seine Lieferungen oder sonstigen Leistungen mit seinem Vertragspartner lt. Vertrag vereinbart hat.

Der Regelsteuersatz beträgt z. Z. 15 % des Umsatzes, also der Bemessungsgrundlage. Für verschiedene Umsätze, z. B. Grundnahrungsmittel (wie Milch, Milcherzeugnisse, Mehl, Brot u. a.), Bücher, Zeitungen, Blumen und Kunstgegenstände gilt der ermäßigte Satz von 7 %.

Beispiel Die Primus GmbH schuldet dem Finanzamt aufgrund der ausgeführten Lieferung an den Kunden Bürofachgeschäft Herbert Blank, Oberhausen, lt. AR 12 396 1 650,00 DM Umsatzsteuer.

Die **Umsatzsteuer laut Ausgangsrechnung** ist somit eine **Verbindlichkeit gegenüber dem Finanzamt.** Jeder Unternehmer wälzt die abzuführende Umsatzsteuer auf den Kunden ab. Daher schreibt der Gesetzgeber vor, dass die **Umsatzsteuer** offen in der **Ausgangsrechnung** ausgewiesen werden muss.

● Vorumsatz und Vorsteuer

Um den Umsatz erbringen zu können, muss eine Großhandelsunternehmung Lieferungen und Leistungen anderer Unternehmungen in Anspruch nehmen, die für den Lieferer Umsatz sind.

Beispiel Die Primus GmbH kauft Artikel der Bürotechnik, Büroeinrichtung und -organisation sowie des Verbrauchs ein oder nimmt Dienstleistungen anderer Unternehmungen in Anspruch (Fremdinstandsetzung, Strom, Transport durch Spediteure und Frachtführer, Geschäftsvermittlung durch Handelsvertreter).

Die Eingangsrechnungen weisen daher neben dem vereinbarten Entgelt für die Waren oder Dienstleistungen die Umsatzsteuer aus. Aus der Sicht der beschaffenden Unternehmung wird die **Umsatzsteuer auf Eingangsbelegen** als **Vorsteuer** bezeichnet.

Die Vorsteuer ist **eine Forderung gegenüber dem Finanzamt,** weil sie eine Vorleistung auf die zu zahlende Umsatzsteuer darstellt. Sie kann bei der Umsatzsteueranmeldung mit der geschuldeten Umsatzsteuer verrechnet werden.

Die **Erstattung der Vorsteuer** ist an **zwei Voraussetzungen** gebunden:

Die Unternehmung muss
❑ eine Lieferung oder sonstige Leistung empfangen,
❑ eine Rechnung mit gesondertem Ausweis der Umsatzsteuer erhalten
haben.

● Mehrwert und Mehrwertsteuer

Der wertmäßige Unterschied zwischen dem Umsatz mit den Kunden und der Summe der Vorumsätze mit den Lieferern stellt den **Mehrwert** oder die **Wertschöpfung** dar, die die Großhandelsunternehmung zum Wert der verkauften Waren oder Dienstleistungen selbst beigetragen hat.

Umsatz	Ausgangsrechnung Nr. 12396: Bürobedarf	11 000,00 DM	Lieferung an einen Kunden
Vorumsatz	Eingangsrechnung Nr. 1742: Marker	6 000,00 DM	Lieferung von einem Lieferer
Mehrwert		5 000,00 DM	Wertschöpfung der Unternehmung

Die Unternehmungen der einzelnen Wirtschaftsstufen erzeugen einen Mehrwert, der mit 15 % besteuert wird. Dies wird dadurch erreicht, dass die einzelnen Unternehmen von der geschuldeten Umsatzsteuer die zu fordernde Vorsteuer abziehen.

Die zu zahlende Restschuld wird als **Umsatzsteuer-Zahllast** bezeichnet.

Wirtschafts-stufen	Umsatz (Entgelt)	Vor-umsatz	Mehrwert	Umsatz-steuer = Vb geg. FA	Vor-steuer = Fo an FA	Zahllast
I. Sägewerk	6 000,00	–	6 000,00	900,00	–	900,00
II. Möbelfabrik	11 000,00	6 000,00	5 000,00	1 650,00	900,00	750,00
III. Möbelgroßhandel	18 700,00	11 000,00	7 700,00	2 805,00	1 650,00	1 155,00
IV. Möbeleinzelhandel	28 000,00	18 700,00	9 300,00	4 200,00	2 805,00	1 395,00
Private Haushalte (Konsumenten)				15 % des privaten Verbrauchs		
	28 000,00	←→	28 000,00	←→		4 200,00

Wie die Tabelle zeigt, bekommt der Verbraucher vom letzten Unternehmen der Handelskette die Summe aller Mehrwerte und die gesamte Umsatzsteuer aller Wirtschaftsstufen in Rechnung gestellt. Er trägt also die gesamte Umsatzsteuer. Dies ist vom Gesetzgeber so gewollt, weil die Umsatzsteuer eine Verbrauchsteuer ist.

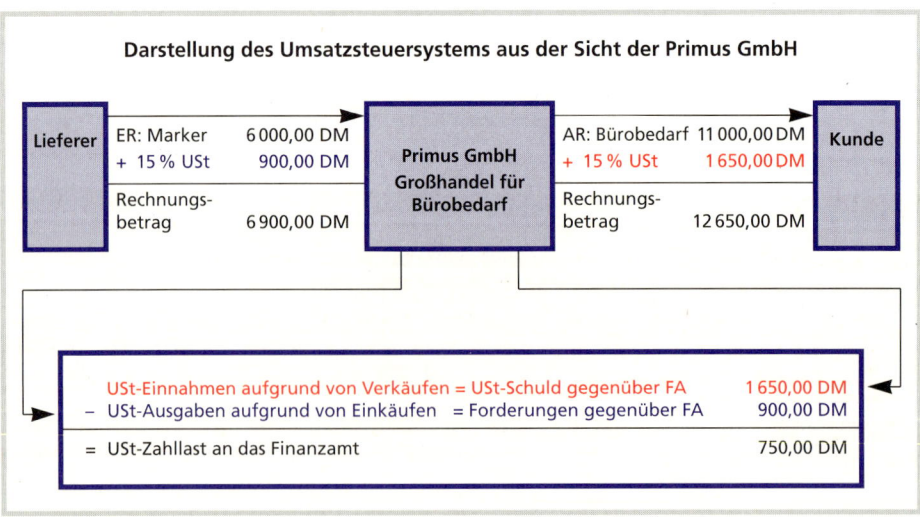

Diese Rechnung und die obige Darstellung zeigen, daß die Umsatzsteuer keinen Einfluss auf den Erfolg der Unternehmung hat. Vorsteuer und Umsatzsteuer sind **durchlaufende Posten**.

Umsatzsteuerbuchungen

▶ **Buchung der Umsatzsteuer:** Die Umsatzsteuer lt. Ausgangsrechnung stellt eine Verbindlichkeit gegenüber dem Finanzamt dar. Sie wird deshalb auf dem **passiven Bestandskonto „Umsatzsteuer"** gebucht.

Buchung der Ausgangsrechnung S. 98

Forderungen a. LL	11 500,00	an	Umsatzerlöse für Waren/WV	11 000,00
		an	Umsatzsteuer	1 650,00

▶ **Buchung der Vorsteuer:** Die bei Beschaffungsvorgängen zu zahlende Vorsteuer laut Eingangsrechnung ist eine Forderung an das Finanzamt. Sie wird auf dem **aktiven Bestandskonto „Vorsteuer"** gebucht.

Buchung der Eingangsrechnung S. 98

Aufwendungen für Waren/WE	6 000,00			
Vorsteuer	900,00	an	Verbindlichkeiten a. LL	6 900,00

Ermittlung und Zahlung der Umsatzsteuer-Zahllast

Um die **Umsatzsteuer-Zahllast** zu ermitteln muss der Saldo des Kontos „Vorsteuer" mit der Umsatzsteuer verrechnet werden. Buchungstechnisch wird diese Verrechnung durch Übertragung **oder Umbuchung** der Vorsteuer auf das Konto „Umsatzsteuer" durchgeführt. Die für den vergangenen Monat ermittelte Umsatzsteuer-Zahllast ist jeweils bis zum 10. eines Monats an das Finanzamt zu überweisen.

Umbuchung der Vorsteuer zum Monatsende:

Umsatzsteuer	900,00	an	Vorsteuer	900,00

Buchung der Banküberweisung der USt-Zahllast am 10. d. f. Monats:

Umsatzsteuer	750,00	an	Bank	750,00

Darstellung auf Konten:

S	Aufwendungen für Waren/WE	H		S	Umsatzerlöse für Waren/WV	H
Vrb	6 000,00				Fo	11 000,00

S	Vorsteuer	H		S	Umsatzsteuer	H
Verb 900,00	USt	900,00 ⟶		VSt 900,00	Fo	1 650,00
				Bank 750,00		

S	Verbindlichkeiten a. LL	H		S	Forderungen a. LL	H
	WE, VSt	6 900,00		WV, USt 12 650,00		

© Verlag Gehlen

▶ **Passivierung der Umsatzsteuer-Zahllast:** Wird die Umsatzsteuer-Zahllast für den letzten Monat des Geschäftsjahres ermittelt, dann ist die ermittelte Zahllast über das „Schlußbilanzkonto" abzuschließen (**Passivierung der Zahllast**).

Darstellung auf Konten:

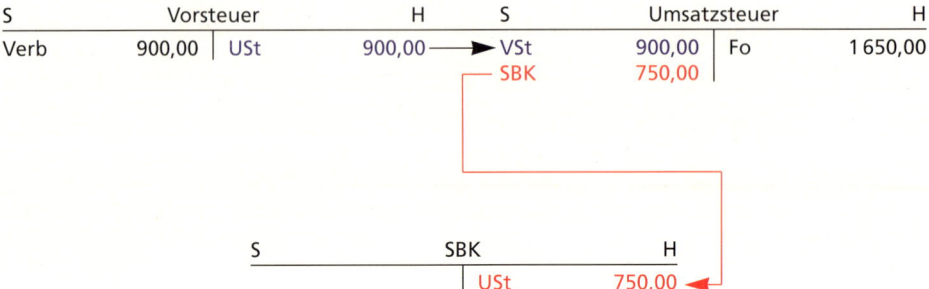

● **Vorsteuerüberhang**

Ein Vorsteuerüberhang entsteht, wenn die Vorsteuer eines Monats größer ist als die Umsatzsteuer. Ursachen für einen Vorsteuerüberhang können sein:
- ❏ große Vorratskäufe aufgrund von Sonderangeboten oder wegen erwarteter Preissteigerungen
- ❏ Geschäftseröffnung
- ❏ Investitionskäufe
- ❏ umsatzsteuerfreie Exporte

Im Falle eines Vorsteuerüberhanges besteht ein **Erstattungsanspruch** gegenüber dem Finanzamt. Dieser wird im Rahmen der Umsatzsteuererklärung geltend gemacht. Ergibt sich im letzten Monat des Geschäftsjahres der Vorsteuerüberhang, ist dieser über SBK abzuschließen (**Aktivierung des Vorsteuerüberhangs**).

Beispiel Stand der Konten VSt und USt zum 31. Dezember:

S	Vorsteuer		H	S	Umsatzsteuer		H
Su	290 000,00	Su	250 000,00	Su	462 000,00	Su	480 000,00
		USt	18 000,00	VSt	18 000,00		
		SBK	32 000,00		480 000,00		480 000,00
	290 000,00		290 000,00				

Umbuchung: Ermittlung des Vorsteuerüberhangs

Umsatzsteuer	18 000,00	an	Vorsteuer	18 000,00

Abschlussbuchung: Aktivierung des Vorsteuerüberhangs

SBK	32 000,00	an	Vorsteuer	32 000,00

Eröffnung des Kontos Vorsteuer im folgenden Jahr:

Vorsteuer	32 000,00	an	EBK	32 000,00

Buchung der Banküberweisung des Vorsteuerüberhangs durch das Finanzamt:

Bank	32 000,00	an	Vorsteuer	32 000,00

● Besonderheiten des Umsatzsteuerrechts

▶ **Steuerfreie Umsätze:** Der Gesetzgeber hat verschiedene steuerbare Umsätze aus **sozialen, kulturellen** oder **wirtschaftspolitischen Gründen** von der **Umsatzsteuer befreit.**

Beispiele für steuerfreie Umsätze
- ❑ Vermietung und Verpachtung von Grundstücken
- ❑ Bestimmte Umsätze im Geld- und Kreditverkehr (z. B. Zinsen für Kredite)
- ❑ Gewährung von Versicherungsschutz
- ❑ Umsätze der Ärzte, Zahnärzte, Heilpraktiker, Krankengymnasten

▶ **Kleinbetragsrechnungen:** Bei Rechnungen, deren Gesamtbetrag **200,00 DM nicht übersteigt**, dürfen das Entgelt und der Umsatzsteuerbetrag in **einer Summe** angegeben sein. Es muss nur der **Umsatzsteuersatz** angegeben werden.

Beispiel

Zum goldenen Hirsch, Grunaer Straße 18, 01069 Dresden

HOTEL · RESTAURANT

Primus GmbH
z. Hd. Herrn Müller
Koloniestraße 2–4

47057 Duisburg

Eigentümer M. und H. A. Porschke

Grunaer Straße 18
01069 Dresden
Telefon (03 51) 29 02 11

Rechnung

Rechnungs-Nr.	Tisch-Nr.	Kellner	Personen	Datum
3001	TW020	07	1	19.. - 06 - 15

1 Einzelzimmer mit Frühstück	164,00 DM
1 Abendessen	34,95 DM
	198,95 DM

Vielen Dank für Ihren Besuch!

Im Rechnungsbetrag sind 15% USt = 25,95 DM enthalten.

Zum Zwecke der Buchung muss die Umsatzsteuer aus dem Bruttorechnungsbetrag herausgerechnet werden (vgl. S. 107f.).

$$\text{Umsatzsteuerbetrag} = \frac{\text{Bruttorechnungsbetrag} \cdot \text{Umsatzsteuersatz}}{100 + \text{Umsatzsteuersatz}} = \frac{198{,}95 \cdot 15}{115} = 25{,}95 \text{ DM}$$

Buchung:

Reisekosten	173,00 DM			
Vorsteuer	25,95 DM	an	Bank	198,95 DM

Umsatzsteuersystem und Umsatzsteuerbuchungen

Umsatzsteuer	–	Vorsteuer	=	Umsatzsteuer-Zahllast
❑ Steuer vom Umsatz laut Ausgangsrechnungen		❑ Steuer vom Umsatz laut Eingangsrechnungen		❑ Steuer vom Mehrwert
❑ **Verbindlichkeiten** gegenüber dem Finanzamt		❑ **Forderung** an das Finanzamt		❑ **Restschuld** gegenüber dem Finanzamt
❑ Buchung auf dem **passiven Bestandskonto** Umsatzsteuer		❑ Buchung auf dem **aktiven Bestandskonto** Vorsteuer		❑ Ermittlung: Umsatzsteuer – Vorsteuer
				❑ **Passivierung der USt-Zahllast**

● Ist die **Vorsteuer größer** als die **Umsatzsteuer**, entsteht ein **Vorsteuerüberhang**, der zu aktivieren ist.

1 Entscheiden Sie bei den folgenden Geschäftsfällen einer Möbelgroßhandlung, ob es sich um Vorumsätze, Umsätze oder Elemente des Mehrwertes handelt!

    1. **ER:** Einkauf von Tischen und Stühlen auf Ziel

    2. **AR:** Verkauf von Büromöbeln auf Ziel

    3. **BA:** Zahlung der Gehälter an die Angestellten

    4. **ER:** Forderung des Spediteurs für Warenlieferungen an Kunden

    5. **AR:** Rechnung über Arbeitsleistungen für die Aufstellung einer verkauften Küche

    6. **PBA:** Postüberweisung der Gewerbesteuer an die Stadt

    7. **ER:** Zieleinkauf eines Gabelstablers für das Lager

    8. **ER:** Abrechnung des Handelsvertreters über Provisionsansprüche für abgeschlossene Kaufverträge

    9. **BA:** Zahlung der Ausbildungsvergütung an die Auszubildenden

    10. **ER, KB:** Barzahlung der Fracht an den Frachtführer für die Anlieferung von Möbeln

2 Bilden Sie zu den folgenden Geschäftsfällen eines Werkzeugmaschinengroßhändlers die Buchungssätze!

Kontenplan: Geschäftsausstattung, Forderung a. LL, Vorsteuer, Bank, Kasse, Verbindlichkeiten a. LL, Umsatzsteuer, Umsatzerlöse für Waren, Aufwendungen für Waren, Aufwendungen für Energie, Fremdinstandsetzung, Büromaterial

Geschäftsfälle:	DM	DM
1. **ER, BA:** Einkauf von Werkzeugmaschinen gegen		
Bankscheck, netto..................................	60 000,00	
+ 15 % Umsatzsteuer	9 000,00	69 000,00
2. **ER, KB:** Bareinkauf von Büromaterial einschl. 15 %		
Umsatzsteuer...................................		161,00
3. **AR, BA:** Eine verkaufte Werkzeugmaschine wurde beim Kunden installiert. Der Kunde bezahlte die Anschlusskosten mit		
Bankscheck, netto..................................	1 400,00	
+ 15 % Umsatzsteuer	210,00	1 610,00
4. **AR:** Zielverkauf einer Werkzeugmaschine, netto	34 000,00	
+ 15 % Umsatzsteuer	5 100,00	39 100,00
5. **ER, BA:** Lkw-Inspektion wird mit Bankscheck bezahlt,		
netto	1 400,00	
+ 15 % Umsatzsteuer	210,00	1 610,00

6. **ER, KB:** Ausgaben bar	DM	DM
a) Diesel für Lkw, brutto einschl. 15 % Umsatzsteuer .	207,00	
b) Bezahlung einer fälligen Liefererrechnung	1 840,00	
c) Kauf eines Schreibtisches, netto	2 100,00	
+ 15 % Umsatzsteuer	315,00	4 462,00

3 Bilden Sie zu folgenden Geschäftsfällen einer Maschinengroßhandlung die Buchungssätze und ermitteln Sie
a) die Umsatzsteuer,
b) die Vorsteuer,
c) die Umsatzsteuerzahllast!

Geschäftsfälle:	DM	DM
1. **ER:** Zieleinkauf von Schlagbohrmaschinen		
netto	65 000,00	
+ 15 % Umsatzsteuer	9 750,00	74 750,00
2. **ER, BA:** Banküberweisung an eine Werbeagentur für die		
Durchführung einer Werbeaktion, netto	4 000,00	
+ 15 % Umsatzsteuer	600,00	4 600,00
3. **AR, KB:** Barverkauf einer Schlagbohrmaschine, netto .	520,00	
+ 15 % Umsatzsteuer	78,00	598,00
4. **ER, KB:** Kauf von Diesel für den Lkw einschl. 15 % USt.		195,50
5. **AR:** Zielverkauf einer Werkzeugmaschine, netto	130 000,00	
+ 15 % Umsatzsteuer	19 500,00	149 500,00
6. **ER:** Einkauf von Ständerbohrmaschinen,		
netto	25 600,00	
+ 15 % Umsatzsteuer	3 840,00	29 440,00

4 Auf den Konten „Vorsteuer" und „Umsatzsteuer" wurden bis zum Jahresabschluss folgende Werte erfasst:

S	Vorsteuer	H	S	Umsatzsteuer	H
Summe 240 000,00		Summe 200 000,00	Summe 350 000,00		Summe 420 000,00

a) Erläutern Sie die betrieblichen Hintergründe für die Werte auf den beiden Konten!
b) Erläutern Sie, wie Sie einen Vorsteuerüberhang oder eine Zahllast vor Abschluss der Konten feststellen können!
c) Schließen Sie die Konten unter Angabe der erforderlichen Buchungssätze ab!

5 Auf den Konten „Vorsteuer" und „Umsatzsteuer" wurden bis einschließlich Dezember folgende Werte erfasst:

S	Vorsteuer	H	S	Umsatzsteuer	H
Summe 320 000,00		Summe 220 000,00	Summe 560 000,00		Summe 600 000,00

a) Schließen Sie die Konten unter Angabe der erforderlichen Buchungssätze ab!
b) Erläutern Sie zwei betriebliche Gründe, die den Saldo im Dezember verursacht haben!

6 Bilden Sie zu den folgenden Geschäftsvorfällen einer Großhandlung die Buchungssätze.
Konten: Geschäftsausstattung, Forderung a. LL, Vorsteuer, Bank, Kasse, Eigenkapital, Verbindlichkeiten a. LL, Umsatzsteuer, Umsatzerlöse für Waren, Aufwendungen für Waren/WE, Aufwendungen für Energie, Löhne, Gehälter, Mieten, Büromaterial, Steuern, EBK, GuV, SBK

Anfangsbestände:	DM		DM
Geschäftsaustattung	600 000,00	Eigenkapital	1 039 900,00
Forderungen a. LL	66 700,00	Verbindlichkeiten a. LL . .	71 300,00
Bank	460 000,00	Umsatzsteuer	18 700,00
Kasse	3 200,00		

Geschäftsfälle:	DM	DM
1. ER vom 01.12.: Zieleinkäufe von Waren, netto	220 000,00	
+ 15 % Umsatzsteuer	33 000,00	253 000,00
2. BA vom 10.12.: Banküberweisungen für		
a) Umsatzsteuer an das Finanzamt	18 700,00	
b) Miete für vermietete Gebäude	24 000,00	
c) Ausgleich einer Liefererrechnung für Waren	62 100,00	104 800,00
3. AR vom 23.12.: Zielverkauf von Waren, netto	560 000,00	
+ 15 % Umsatzsteuer	84 000,00	644 000,00
4. ER, BA vom 15.12.: Einkauf von Waren gegen		
Bankscheck, netto.	42 800,00	
+ 15 % Umsatzsteuer	6 420,00	49 220,00
5. AR, BA vom 17.12.: Verkauf von Waren gegen		
Bankscheck, netto.	360 000,00	
+ 15 % Umsatzsteuer	54 000,00	414 000,00
6. BA vom 21.12.: Banklastschriften		
a) Lohnzahlung an die Lagerarbeiter	147 000,00	
b) Gehaltszahlung an die Angestellten.	101 000,00	
c) Gewerbesteuer an die Stadt	18 000,00	266 000,00
7. ER, KB vom 22.12.: Barkauf von Büromaterial, brutto		
einschl. 15 % Umsatzsteuer		207,00
8. AR, KB vom 12.12.: Barverkauf von Waren		
netto	1 200,00	
+ 15 % Umsatzsteuer	180,00	1 380,00
9. BA vom 29.12.:		
Lastschriften		
a) Abbuchung durch das Energiewerk für Stromver-		
brauch, netto	18 600,00	
+ 15 % Umsatzsteuer	2 790,00	
b) Kauf von Gabelstaplern für das Lager, netto	84 000,00	
+ 15 % Umsatzsteuer	12 600,00	
c) Ausgleich einer fälligen Liefererrechnung	52 900,00	170 890,00
Gutschrift		
Banküberweisungen von Kunden	437 000,00	

Führen Sie die Buchungen von der Eröffnung bis zum Abschluss im Grundbuch und im Hauptbuch durch!

7 Auf den Konten „Vorsteuer" und „Umsatzsteuer" wurden folgende Werte erfasst:

S	Vorsteuer	H	S	Umsatzsteuer	H
Summe 275 000,00		Summe 232 000,00	Summe 437 000,00		Summe 560 000,00

Führen Sie die Buchungen durch

a) bei Ermittlung der Umsatzsteuerzahllast,

b) bei der Banküberweisung der Umsatzsteuerzahllast an das Finanzamt!

8 Entscheiden Sie, ob folgende Aussagen zutreffen auf

a) die Vorsteuer   b) die Umsatzsteuer   c) die Zahllast

2.6.2 Prozentrechnung (vermehrter Grundwert) bei Eingangs- und Ausgangsrechnungen

Frau Primus erscheint in der Rechnungswesenabteilung und übergibt Frau Lapp die Rechnung von einer Tankstelle, die über einen Rechnungsbetrag von 81,65 DM für Dieselkraftstoff ihres Geschäftswagens lautet. Frau Lapp gibt diesen Beleg an Georgios Paros weiter, der momentan im Rechnungswesen ausgebildet wird. „Buchen Sie bitte diese Rechnung. Bedenken Sie dabei, dass Frau Primus den Rechnungsbetrag mit einem Bankscheck des Unternehmens bezahlt hat und rechnen Sie den entsprechenden Umsatzsteueranteil aus", sagt Frau Lapp zum Auszubildenden Georgios Paros. „Das ist doch kein Problem, da ziehe ich einfach 15 % von 81,65 DM ab und schon habe ich den Umsatzsteueranteil", denkt Georgios. Als Frau Lapp den Buchungsvorgang von Georgios kontrolliert, ist diese mit dessen Arbeit unzufrieden. Georgios hat einen Umsatzsteueranteil von 12,25 DM ermittelt.

Arbeitsauftrag

❑ Ermitteln Sie den Umsatzsteueranteil für den Rechnungsbetrag von 81,65 DM!
❑ Buchen Sie den Geschäftsfall!

Bemessungsgrundlage für die Berechnung der Umsatzsteuer von 7 % oder 15 % ist der Nettowert der Ein- bzw. Ausgangsrechnung. Dieser Wert (= reiner Grundwert) entspricht 100 %. Im Bruttorechnungsbetrag sind immer 7 % oder 15 % Umsatzsteuer (= Prozentwert) enthalten, dieser Wert entspricht somit 107 % bzw. 115 % (= vermehrter Grundwert). Der vermehrte Grundwert ist stets größer als der reine Grundwert. Er liegt dann vor, wenn der reine Grundwert und der Prozentwert in einem Gesamtwert zusammengefasst werden.

Der Vorsteuerbetrag darf grundsätzlich nur als Forderung gegenüber dem Finanzamt geltend gemacht werden, wenn in der Rechnung das Nettoentgelt und der Umsatzsteuerbetrag gesondert ausgewiesen sind. Bei Rechnungen, deren Gesamtbetrag 200,00 DM nicht übersteigt (Kleinbetragsrechnungen), dürfen das Entgelt und der Steuerbetrag in einer Summe angegeben werden. Dann muß aber der Steuersatz angegeben werden, damit zum Zwecke der Buchung die Umsatzsteuer aus dem Bruttorechnungsbetrag herausgerechnet werden kann.

Beispiel Die Primus GmbH erhält eine Eingangsrechnung der Otto Klein Werbeagentur. Der Rechnungsbetrag beträgt einschließlich 15 % USt. 198,95 DM. Ermitteln Sie den Rechnungsbetrag netto und die Umsatzsteuer!

Lösung

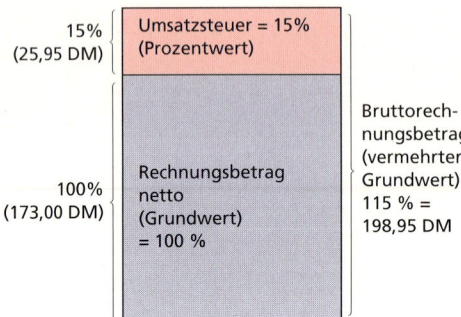

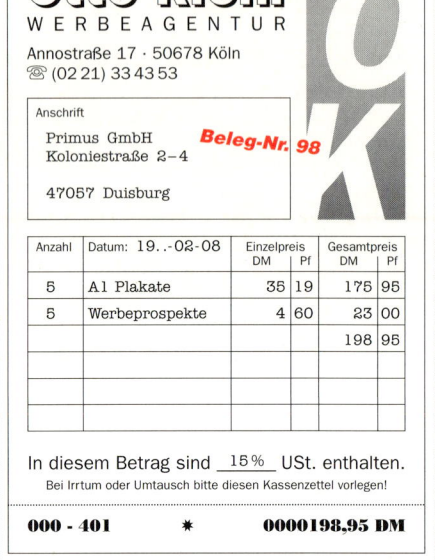

● **Ermittlung des Rechnungsbetrages netto mithilfe des Dreisatzes**

Rechenweg

① Bedingungssatz: 115 % = 198,95 DM

② Fragesatz: 100 % =   x

③ Bruchsatz: $x = \dfrac{198,95 \cdot 100}{115}$ x = 173,00 DM

$$\text{Rechnungsbetrag netto} = \frac{\text{Bruttorechnungsbetrag} \cdot 100}{(100 + \text{USt. Satz})}$$

● **Ermittlung des Umsatzsteuerbetrages mithilfe der Formel:**

Beispiel

$$\text{Umsatzsteuerbetrag} = \frac{\text{Bruttorechnungsbetrag} \cdot \text{Umsatzsteuersatz}}{(100 + \text{USt. Satz})} \quad \frac{198,25 \cdot 15}{115} = 25,95 \text{ DM}$$

Der Rechnungsbetrag netto beträgt 173,00 DM und die Umsatzsteuer 25,95 DM.

Buchung:

Werbeaufwendungen	173,00 DM		
Vorsteuer	25,95 DM	an Kasse	198,95 DM

Hieraus lässt sich folgende Formel für die Berechnung des reinen Grundwertes aus dem vermehrten Grundwert ableiten:

$$\text{Reiner Grundwert} = \frac{\text{Vermehrter Grundwert} \cdot 100}{\text{Prozentsatz} + 100}$$

In der Promillerechnung lautet die Formel:

$$\text{Reiner Grundwert} = \frac{\text{Vermehrter Grundwert} \cdot 1\,000}{1\,000 + \text{Promillesatz}}$$

Rechenweg

① Stellen Sie den Bedingungssatz so auf, dass der vermehrte Grundwert rechts steht!

② Bilden Sie den Fragesatz, wobei der gesuchte reine Grundwert (x) rechts steht!

③ Stellen Sie den Bruchsatz auf, wobei Sie oben stehende Formeln anwenden können!

Prozentrechnung (vermehrter Grundwert) bei Eingangs- und Ausgangsrechnungen

- Prozentrechnen vom vermehrten Grundwert
- Reiner Grundwert und Prozentwert sind in einem Gesamtwert zusammengefasst.

$$\text{Grundwert} = \frac{\text{Vermehrter Grundwert} \cdot 100}{100 + \text{Prozentsatz}}$$

1 Der Rechnungsbetrag für einen Wareneinkauf beträgt einschließlich 7 % Umsatzsteuer 192,60 DM. Ermitteln Sie den Nettowarenwert und die Umsatzsteuer in DM und bilden Sie den Buchungssatz!

2 Ermitteln Sie den Nettowert folgender Ausgangsrechnungen und die Umsatzsteuer in DM und bilden Sie die Buchungssätze!

	Bruttorechnungsbetrag	Umsatzsteuer
a)	25 300,00 DM	15 %
b)	102,35 DM	15 %
c)	9 142,08 DM	7 %
d)	70,62 DM	7 %

3 In einem Einzelhandelsbetrieb erhält ein Kunde einen Kassenzettel über 166,75 DM mit dem Vermerk: „In diesem Betrag sind 15 % USt. enthalten." Der Kunde bittet darum, dass die im Rechnungsbetrag enthaltene Umsatzsteuer gesondert ausgewiesen wird. Berechnen Sie den Nettobetrag und die Umsatzsteuer in DM!

4 In einem Einzelhandelsbetrieb betragen die gesamten Warenverkäufe eines Tages 20 700,00 DM. Der Umsatzsteuersatz beträgt 15 %. Ermitteln Sie die anteilige Umsatzsteuer!

5 In einem Großhandelsbetrieb sind die allgemeinen Geschäftskosten um 8 % auf 68 040,00 DM gestiegen. Wie hoch waren die Geschäftskosten vorher?

6 Die Buchhaltungsabteilung hat einen Beleg über den Kauf von Fachbüchern zum Gesamtpreis von 215,00 DM einschließlich 7 % Umsatzsteuer zu buchen. Wie viel DM beträgt die Umsatzsteuer?

7 Bei einem Artikel betrug die während eines Monats beim Verkauf angelaufene Umsatzsteuer 15 % = 12 000,00 DM.
   a) Wie viel Tausend DM (TDM) betrug der Nettoumsatz dieses Artikels?
   b) Wie viel TDM betrug der Bruttoumsatz?

8 Nach einer 4%igen Gehaltserhöhung beträgt das Bruttogehalt einer Angestellten 3 328,00 DM. Hiervon werden 902,40 DM an Abzügen einbehalten.
   a) Wie viel DM betrug das Bruttogehalt vor der Erhöhung?
   b) Wie viel Prozent des Bruttogehaltes werden einbehalten?

2.7 Privatkonto in Einzelunternehmen und Personengesellschaften

Herr Blank, Inhaber eines Bürofachgeschäftes in Oberhausen, ein Kunde der Primus GmbH, entnimmt monatlich 2 500,00 DM Haushaltsgeld aus der Geschäftskasse.

Herbert Blank · Bürofachgeschäft

Auszahlungsbeleg

Die Kasse zahlte   zweitausendfünfhundert _____ DM

an   Herrn Herbert Blank _____

für   Haushaltsgeld _____

Betrag erhalten   Zur Zahlung angewiesen

19..-02-05   gez. _Herbert Blank_   _Isabel Schmitt_

Arbeitsauftrag Erläutern Sie die Auswirkungen dieser Entnahme und machen Sie Buchungsvorschläge!

● Betriebs- und Privatvermögen

Das Gesamtvermögen eines Unternehmers setzt sich aus dem **Betriebsvermögen** und dem **Privatvermögen** zusammen.

Betriebsvermögen	Privatvermögen
Der Unternehmer ist als Kaufmann verpflichtet die Vermögenslage des Unternehmens mithilfe der Bilanz darzustellen (§ 238 ff. HGB).	Der Unternehmer ist nicht verpflichtet die Lage seines Privatvermögens darzustellen. Vorgänge im außerbetrieblichen Bereich müssen somit nicht aufgezeichnet werden.

Nur **Einzelunternehmer** und **Gesellschafter von Personengesellschaften** (OHG, KG) haben Betriebs- und Privatvermögen.
Kapitalgesellschaften (AG, GmbH) als künstlich geschaffene oder juristische Personen **haben kein Privatleben und damit auch kein Privatvermögen.**

● Privatentnahmen und Privateinlagen

▶ **Geldentnahmen:** Zu seinem Lebensunterhalt entnimmt der Unternehmer Geld aus seinem Betrieb. **Geldentnahmen** sind auch Zahlungen an Dritte, wie Vermieter, Finanzamt, Ärzte usw., soweit sie vom Unternehmer für die persönliche Lebensführung zu leisten sind:

Beispiele für Geldentnahmen

Beleg	Geschäftsfall
KB	Entnahme von Bargeld für den Haushalt
BA	Banküberweisung der Miete für die gemietete Wohnung des Unternehmers
BA	Abbuchung der Telefongebühren für den Privatanschluss
BA	Gehaltszahlung an die Hausangestellte
BA	Banküberweisung der Einkommensteuer und Kirchensteuer für den Inhaber an das Finanzamt
KB	der Kirchengemeinde St. Peter wird eine Spende von 500,00 DM überreicht
BA	Banküberweisung der Lebensversicherungsprämie für den Inhaber
KB/BA	Ausgleich von Eingangsrechnungen des Haushaltes einschl. 15 % Umsatzsteuer

Diese **Geldentnahmen** des Unternehmers für seinen Privatbereich **mindern** das **Eigenkapital** des Unternehmens. Es sind jedoch **keine Aufwendungen,** da diese Eigenkapitalminderungen im Privatbereich des Unternehmers ihre Ursache haben.

Die Geldentnahmen könnten als Eigenkapitalminderungen auf dem Eigenkapitalkonto im Soll erfasst werden. Zur besseren Übersicht wird für diese Eigenkapitalminderungen das **Unterkonto „Privat"** eingerichtet, auf dem die Privatentnahmen als Eigenkapitalminderungen im Soll gebucht werden.

Beispiel Entnahme von Bargeld für den Haushalt (siehe Beleg S. 110)
Buchung:
Privat   2 500,00 an Kasse   2 500,00

▶ **Privateinlagen: Sie sind Wertzuführungen** aus dem privaten Bereich in das Betriebsvermögen, die das **Eigenkapital erhöhen.** Sie stellen **keine Erträge** dar, da sich das Eigenkapital nicht aufgrund der Unternehmenstätigkeit erhöht. Sie werden wie alle Privatvorgänge auf dem Unterkonto „Privat" erfasst. Da sie eine **Mehrung des Eigenkapitals** bewirken, müssen sie im **Haben des Kontos „Privat"** gebucht werden.

Beispiel 1 Überweisung aus dem privaten Sparkonto von Frau Blank auf das Bankkonto des Bürofachgeschäfts Herbert Blank in Höhe von 10 000,00 DM.
Buchung:
Bank   10 000,00 an Privat   10 000,00

Beispiel 2 Vertrag: Einbringung eines privaten Grundstücks in das Betriebsvermögen

---

Buchungsbeleg-Nr. 243   Herbert Blank · Bürofachgeschäft

		SOLL		HABEN	
Datum	Buchungstext	Konto	DM	Konto	DM
19..-06-22	Das unbebaute Grundstück Querstraße 23 von Herrn Herbert Blank ist in das Betriebsvermögen zu übernehmen Wert: 150 000,00	0500	150 000,00	3001	150 000,00

Geprüft: 19..-06-22   Gebucht: 19..-06-25

● Abschluss des Privatkontos

Zum Endes des Geschäftsjahres muss das Konto „Privat" abgeschlossen werden. Dazu muss der Saldo aus den **Sollbuchungen (Privatentnahmen)** und den **Habenbuchungen (Privateinlagen)** ermittelt werden. Da die Privatentnahmen und -einlagen zwar Eigenkapitalveränderungen bewirken, jedoch keine Aufwendungen und Erträge darstellen, **dürfen sie sich nicht auf den Gewinn und Verlust der Unternehmung auswirken. Daher muss das Konto „Privat" unmittelbar über das Konto „Eigenkapital"** abgeschlossen werden.

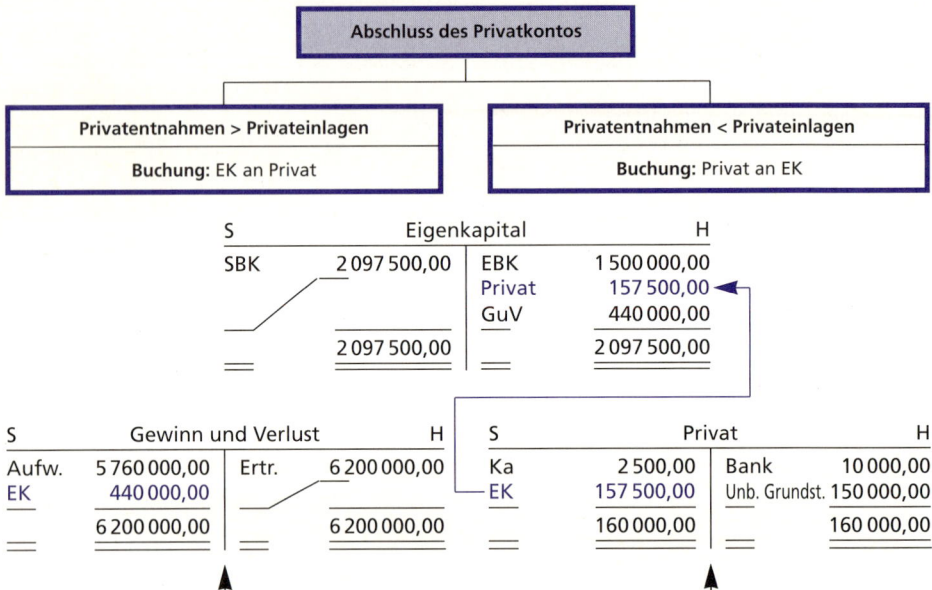

Eigenkapitalveränderungen durch Aufwendungen und Erträge der Unternehmung

Eigenkapitalveränderungen durch Privatentnahmen und Privateinlagen

- ❏ **Nur Einzelunternehmer** und **Gesellschafter von Personengesellschaften** (OHG, KG) haben **Betriebs-** und **Privatvermögen.**
- ❏ **Kapitalgesellschaften** (AG, GmbH) als künstlich geschaffene, juristische Personen haben **kein Privatleben** und somit auch **kein Privatvermögen.**

Beispiel Primus GmbH

● Eigenverbrauch

Außer Geld können auch **Gegenstände** (Waren, Fahrzeuge), **Leistungen** (Leistung eines Facharbeiters, wie Schlosser, Schreiner, Monteur, im Privathaushalt), **Nutzungen** betrieblicher Anlagen (Fahrzeuge) entnommen werden.

Privatentnahmen

- ❏ von Gegenständen werden als **Sachentnahmen,**
- ❏ von Leistungen und Nutzungen als **Leistungsentnahmen** bezeichnet.

Bei **Sachentnahmen** tritt der Unternehmer als Endverbraucher der Gegenstände auf. Daher verlangt der Gesetzgeber von dem Unternehmer wie von jedem anderen Endverbraucher die Zahlung der Umsatzsteuer für die Privatentnahme von Gegenständen.

Zur besseren Unterscheidung dieser „Umsätze des Unternehmens an den Inhaber des Unternehmens", die als **Eigenverbrauch** bezeichnet werden, von den „Verkäufen des Unternehmens" an die Kunden wird der **Eigenverbrauch** gesondert auf dem Ertragskonto **„Eigenverbrauch"** erfasst.

Über alle Eigenverbrauchsvorgänge sind Belege auszustellen. Darin werden bei Sachentnahmen als Nettowerte die Buchwerte der entnommenen Gegenstände angegeben.

Das Konto **Eigenverbrauch** wird wie das Konto Umsatzerlöse für Waren über das Konto Gewinn und Verlust abgeschlossen.

Buchung:

Eigenverbrauch   an   GuV

Beispiel

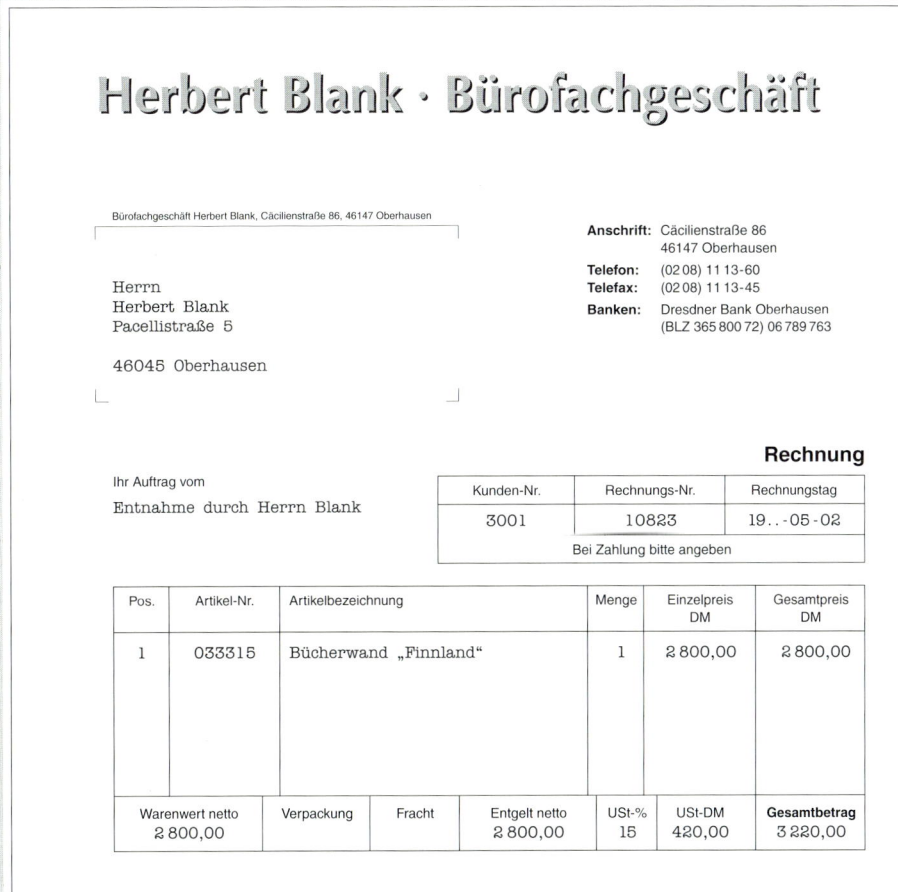

Buchung des Eigenverbrauchs:

Privat   3 220,00 an Eigenverbrauch   2 800,00
                      an Umsatzsteuer   420,00

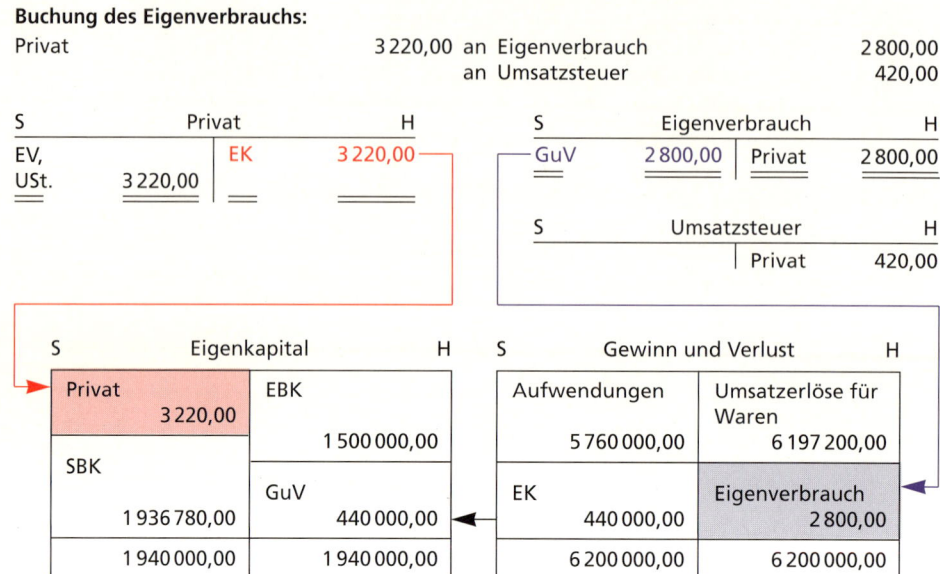

Ein Eigenverbrauch wirkt sich auf den Erfolg des Unternehmens rechnerisch nicht aus, weil auf dem Konto „Gewinn und Verlust" den Erträgen aus dem Konto „Eigenverbrauch" in derselben Höhe Aufwendungen gegenüberstehen, die beim Einkauf der Waren gebucht wurden.

● Erfolgsermittlung durch Betriebsvermögensvergleich

Die Betriebsvermögens- oder Eigenkapitalveränderung wurde durch **betriebliche** Vorgänge (Aufwendungen, Erträge) und **außerbetriebliche** Vorgänge (Privatentnahmen, Privateinlagen) verursacht. Will der Unternehmer den **Gewinn oder Verlust,** also die Auswirkung ausschließlich betrieblicher Vorgänge, **durch Betriebsvermögensvergleich** ermitteln, muss er die Auswirkungen, die sich durch Privatentnahmen und Privateinlagen auf das Betriebsvermögen zum Schluss des Geschäftsjahres ergaben, wieder rückgängig machen, indem er zum Unterschiedsbetrag die **Privatentnahmen hinzuzählt** und die **Privateinlagen abzieht.**

Beispiel   (vgl. Konten zum Abschluss des Privatkontos S. 112)

Erfolgsermittlung durch Betriebsvermögensvergleich	
Betriebsvermögen zum Schluss des Geschäftsjahres	2 097 500,00 DM
– Betriebsvermögen zum Schluss des vorangegangenen Geschäftsjahres	1 500 000,00 DM
= Betriebsvermögensveränderung	597 500,00 DM
+ **Privatentnahmen**	
Barentnahme	2 500,00 DM
– **Privateinlagen**	
Überweisung vom Sparkonto auf das betriebliche Bankkonto	10 000,00 DM
Einbringung eines unbebauten Grundstücks aus dem Privat- in das Betriebsvermögen	150 000,00 DM
= **Gewinn des Geschäftsjahres**	440 000,00 DM

Privatkonto

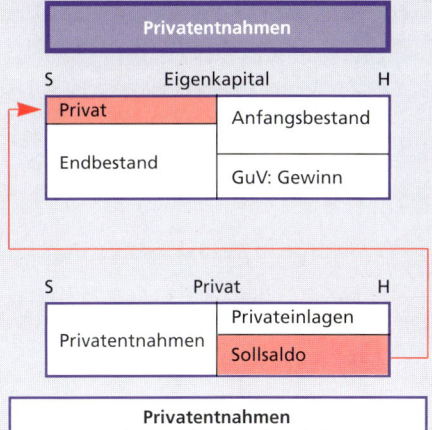

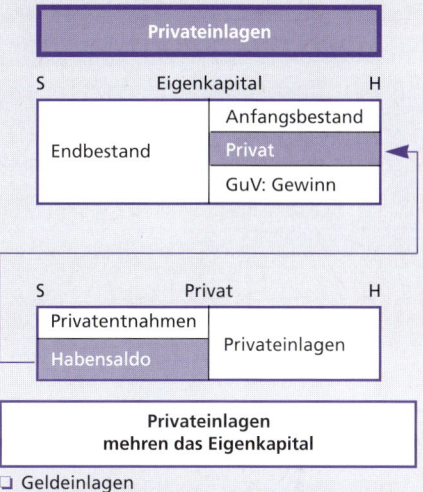

Privatentnahmen

S	Eigenkapital	H
Privat	Anfangsbestand	
Endbestand	GuV: Gewinn	

S	Privat	H
Privatentnahmen	Privateinlagen	
	Sollsaldo	

**Privatentnahmen
mindern das Eigenkapital**

Privateinlagen

S	Eigenkapital	H
Endbestand	Anfangsbestand	
	Privat	
	GuV: Gewinn	

S	Privat	H
Privatentnahmen	Privateinlagen	
Habensaldo		

**Privateinlagen
mehren das Eigenkapital**

- ❏ Geldentnahmen
  - – Bargeld für den Haushalt
  - – Wohnungsmiete
  - – Zahlungen an Ärzte, Geschäfte
  - – ESt., KiSt. u. a.
- ❏ Eigenverbrauch
  - – Sachentnahmen
  - – Leistungsentnahmen

- ❏ Geldeinlagen
  - – Einzahlungen vom Spar- oder Privatbank-konto
  - – Rückzahlung von ESt., KiSt. vom Finanzamt
- ❏ Sacheinlagen
  - – Einbringen eines Grundstücks aus dem Privatvermögen in das Betriebsvermögen

1 Bilden Sie die Buchungssätze zu folgenden Geschäftsfällen der Möbelgroßhandlung Frank Rebert!

Sachkonten: Vorsteuer, Bank, Postbank, Kasse, Privat, Umsatzsteuer, Aufwendungen für Energie, Mieten, Postgebühren, Versicherungsbeiträge, Beiträge zu Wirtschaftsverbänden und Berufsvertretungen, Gewerbesteuer

		DM	DM
1. **KB:** Kassenausgaben			
	a) Haushaltsgeld für die Familie Rebert	2 000,00	
	b) Einzahlung auf das Bankkonto des Unternehmens .	5 000,00	7 000,00
2. **BA:** Banküberweisungen			
	a) Umsatzsteuer an das Finanzamt	16 000,00	
	b) Einkommen- und Kirchensteuer für Herrn Rebert an das Finanzamt.	7 500,00	
	c) Gewerbesteuer an die Stadtkasse	10 700,00	34 200,00
3. **PBA:** Postüberweisungen			
	a) Jahresbeitrag von Herrn Rebert an den Sportverein SV 05	140,00	

	DM	DM
b) Spende an das Kinderhilfswerk	4 000,00	
c) Prämie der Diebstahlversicherung des Betriebes an die Versicherungsgesellschaft	2 800,00	
d) Beitrag an die Industrie- und Handelskammer.	800,00	
e) Lebensversicherungsprämie von Herrn Rebert an die Versicherungsgesellschaft.	2 500,00	10 240,00

4. **BA:** Lastschriften . . . .

	DM	DM
a) Abbuchung der Telefongebühren für den Betrieb 15 % USt.-Anteil	1 725,00	
b) Abbuchung der Telefongebühren für die Familie Rebert 15 % USt.-Anteil	282,50	2 007,50

5. **BA:** Lastschriften

	DM	DM
a) Abbuchung der Stadtwerke für den betrieblichen Strom- und Gasverbrauch, netto	13 000,00	
+ 15 % Umsatzsteuer	1 950,00	
b) Abbuchung der Stadtwerke für Strom, Wasser und Gas für das Wohnhaus der Familie Rebert einschl. 15% USt.	320,00	
c) Miete für das Zimmer von Tochter Anika (Studentin)	380,00	
d) Miete für gemietete Lagerhalle	16 000,00	31 650,00

2 Bilden Sie die Buchungssätze zu folgenden Geschäftsfällen der Textilgroßhandlung Peter Vogel!

Sachkonten: Forderungen a. LL, Vorsteuer, Kasse, Privat, Umsatzsteuer, Umsatzerlöse für Waren, Eigenverbrauch, Aufwendungen für Energie, Postgebühren

	DM	DM
1. **AR – Eigenbeleg:** Entnahme eines Mantels für Frau Vogel, netto	400,00	
+ 15 % Umsatzsteuer	60,00	460,00
2. **AR:** Zielverkauf von 25 Wollkleidern à 160,00 DM	4 000,00	
+ 15 % Umsatzsteuer	600,00	4 600,00
3. **AR – Eigenbeleg:** Entnahme eines Abendkleides für die Tochter Marianne (Studentin), netto	840,00	
+ 15 % Umsatzsteuer	126,00	966,00
4. **BA:**		
a) Scheck von Frau Vogel: Benzin für den Privat-Pkw, einschl. 15 % Umsatzsteuer	92,00	
b) Ausgleich der Zahnarztrechnung für Herrn Vogel durch Banküberweisung	1 800,00	1 892,00
5. **AR – Eigenbeleg:** Entnahme von 5 m Wollstoff für Tochter Marianne, netto	180,00	
+ 15 % Umsatzsteuer	27,00	207,00
6. **KB – Kassenausgabe:** Haushaltsgeld für Frau Vogel. . .		1 400,00
7. **AR – Eigenbeleg:** Entnahme eines Kostüms für Frau Vogel, netto	800,00	
+ 15 % Umsatzsteuer	120,00	920,00

8. **KB – Kassenausgaben** . . . .

	DM	DM
a) Benzinrechnung von Marianne Vogel (Studentin) einschl. 15 % Umsatzsteuer	103,50	
b) Briefmarken für den Betrieb	400,00	503,50

3 Die Großhandelsunternehmung Georg Lechner ermittelte nach Durchführung eines vorläufigen Abschlusses einen Gewinn von 260 000,00 DM.

a) Bilden Sie die Buchungssätze zu nachstehenden Geschäftsfällen!

b) Prüfen Sie, ob die Geschäftsfälle diesen vorläufigen Gewinn (1) mindern, (2) erhöhen oder (3) unverändert lassen!

c) Begründen Sie die Notwendigkeit der Besteuerung des Eigenverbrauchs!

	DM	DM
1. **AR**: Zielverkauf von Waren, netto	40 000,00	
+ 15 % Umsatzsteuer	6 000,00	46 000,00
2. **AR – Eigenbeleg**: Entnahme von Waren für den Haushalt von Herrn Lechner, netto	8 000,00	
+ 15 % Umsatzsteuer	1 200,00	9 200,00
3. **BA**: Banküberweisung der Kfz-Steuer für den Lkw . . .		2 900,00
4. **PBA**: Postüberweisung der Einkommensteuer für Herrn Lechner		5 100,00
5. **KB**: Barzahlung des Gehalts für die Hausangestellte . .		2 800,00
6. **Eigenbeleg**: Frau Lechner überträgt ein geerbtes Grundstück auf das Unternehmen ihres Mannes		100 000,00
7. **KB**: Haushaltsgeld für Frau Lechner.		2 000,00
8. **BA**: Banküberweisung der Gehälter an die Angestellten		84 000,00

4 Das Eigenkapital einer Unternehmung betrug am Anfang des Geschäftsjahres 500 000,00 DM, am Ende des Geschäftsjahres 540 000,00 DM. Im Laufe des Geschäftsjahres tätigte der Unternehmer 60 000,00 DM Privatentnahmen und eine Einlage von 20 000,00 DM.

Welchen Erfolg erzielte der Unternehmer im Geschäftsjahr?

5 Am Ende des Geschäftsjahres hat ein Unternehmen 680 000,00 DM Vermögen, 270 000,00 DM Schulden. Im Laufe des Geschäftsjahres wurde ein Gewinn von 75 000,00 DM erwirtschaftet. Der Unternehmer tätigte 50 000,00 DM Privatentnahmen und machte eine Einlage von 10 000,00 DM.

Wie hoch war das Eigenkapital am Anfang des Geschäftsjahres?

6 Die Finanzbuchhaltung eines Unternehmens ermittelt zum Ende des Geschäftsjahres folgende Daten:

Vermögen	2 900 000,00 DM	Gewinn	400 000,00 DM
Schulden	600 000,00 DM	Privateinlagen.	50 000,00 DM
Privatentnahmen	150 000,00 DM		

Ermitteln Sie das Eigenkapital

a) zum Ende des Geschäftsjahres,

b) zum Anfang des Geschäftsjahres!

7 Die Lebensmittelgroßhandlung Martin Scherer ermittelte kurz vor Ende des Geschäftsjahres (01.01.–31.12.) folgende Summen auf den Sachkonten:

Summenbilanz:	Soll DM	Haben DM
Vorsteuer	46 100,00	27 000,00
Bank	1 023 400,00	512 600,00
Eigenkapital		300 000,00
Privat	42 100,00	16 000,00
Umsatzsteuer	66 900,00	156 200,00
Umsatzerlöse für Waren		806 000,00
Eigenverbrauch		8 100,00
Aufwand für Waren	261 400,00	
Löhne/Gehälter	350 000,00	
Mieten	36 000,00	
	1 825 900,00	1 825 900,00

Geschäftsfälle:	DM	DM
1. **AR – Eigenbeleg:** Entnahme von Lebensmitteln, netto	1 200,00	
+ 15 % Umsatzsteuer	180,00	1 380,00
2. **BA:** Banküberweisungen		
a) Miete für gemietete betriebliche Anlagen	5 000,00	
b) Miete für Ferienwohnung der Familie Scherer	3 500,00	8 500,00
3. **BA:** Gutschriften		
a) Einzahlung vom Sparbuch des Inhabers Martin Scherer	16 000,00	
b) Verkauf von Lebensmitteln gegen		
Scheckzahlung, netto	61 000,00	
+ 15 % Umsatzsteuer	9 150,00	86 150,00
4. **BA:** Lastschriften		
a) Miete für gemietetes Einfamilienhaus der Famile		
Scherer	2 100,00	
b) Einkauf von Lebensmitteln gegen Bankscheck, netto	46 000,00	
+ 15 % Umsatzsteuer	6 900,00	
c) Gehaltszahlung an Hausangestellte	2 300,00	57 300,00
5. **BA:** Lastschriften		
a) Haushaltsgeld für die Familie Scherer	2 500,00	
b) Gehaltszahlung an Angestellte	36 000,00	38 500,00

1. Tragen Sie die Summen auf Konten vor!
2. Buchen Sie die Geschäftsfälle und alle vorbereitenden Abschlussbuchungen!
3. Führen Sie den Abschluss durch!

8 Die Zahlen der Buchhaltung vier verschiedener Großhandelsunternehmungen zeigen für das Geschäftsjahr 19.. folgende Werte in DM:

Betrieb	Betrieb I	Betrieb II	Betrieb III	Betrieb IV
Eigenkapital am Jahresanfang	3 000 000,00	2 000 000,00	1 000 000,00	500 000,00
Gewinn	96 000,00	60 000,00	–	–
Verlust	–	–	12 000,00	40 000,00
Privateinlagen	–	5 000,00	–	24 000,00
Privatentnahmen	72 000,00	36 000,00	40 000,00	50 000,00

Ermitteln Sie das Eigenkapital der Unternehmen zum Ende des Geschäftsjahres!

2.8 Organisation der Buchführung

2.8.1 Grundsätze ordnungsmäßiger Buchführung (GoB)

Die ganze Abteilung steht Kopf. Der Betriebsprüfer des Finanzamtes Duisburg, der seit Tagen im Hause ist, verlangt bei mehreren Buchungen die Vorlage der Belege. Sogar Vorgänge, die bereits Jahre zurückliegen, will er nachgewiesen haben. Umgekehrt will er bei einigen Belegen wissen, ob sie gebucht sind. Bei Belegen in Englisch und Französisch macht er die Bemerkung: „Wo sind wir denn hier?" Nicole Höver sagt zu Frau Lapp: „Sind die vom Finanzamt immer so und muss man sich das bieten lassen?"

Arbeitsauftrag Stellen Sie Gründe zusammen, weshalb der Betriebsprüfer Belege für einzelne Buchungen verlangt!

● **Interessenten an einer ordnungsmäßigen Buchführung**

An einer ordnungsmäßigen Buchführung sind der **Unternehmer** selbst, **Gläubiger** und der **Staat** interessiert.

> ❑ Dem **Unternehmer** liefert sie Informationen über das Ergebnis seiner Entscheidungen in der Vergangenheit und Grundlagen für künftige Entscheidungen.
>
> ❑ Die Buchführung dient dem **Gläubigerschutz.** Nach einheitlichen Grundsätzen festgestellte Ergebnisse sind vergleichbar.
>
> ❑ Gewinn, Umsatz und Vermögen sind wichtige Besteuerungsgegenstände. Im Sinne gerechter **Steuererhebung** ist der **Staat** somit an einer einheitlichen Feststellung dieser Besteuerungsgrößen interessiert.

● **Oberster Grundsatz einer ordnungsmäßigen Buchführung**

Die **Grundsätze ordnungsmäßiger Buchführung** sind eine **Zusammenfassung von Kriterien** zur Beurteilung der Frage, ob die Buchführung nach Form und Inhalt den Anforderungen entspricht, die ein **gewissenhafter Kaufmann** im Allgemeinen als ordnungsgemäß bezeichnen würde. Einige Gesetzesvorschriften, die zu den Grundsätzen ordnungsmäßiger Buchführung rechnen, sind im HGB enthalten. Andere Grundsätze ergeben sich aufgrund der Erfahrungen der kaufmännischen Praxis und der Entscheidungen der Gerichte. Sie sind jedoch **nicht zusammengefasst gesetzlich festgelegt** worden.

Für die Ordnungsmäßigkeit der Buchführung gilt folgender **grundlegender Beurteilungsmaßstab:** Die Buchführung muss so gestaltet und geordnet sein, dass **sowohl** der **Unternehmer** als auch ein **sachverständiger Dritter** sich ohne große Schwierigkeiten und in angemessener Zeit einen Überblick über die Geschäftsfälle und über die Vermögenslage des Unternehmens verschaffen können (vgl. § 238 Abs. I HGB).

Dazu sind die in § 257 Abs. I HGB genannten Unterlagen aufzubewahren und bei Anforderung der Finanzverwaltung vorzulegen:

> **§ 257 Abs. I HGB:** Jeder Kaufmann ist verpflichtet die folgenden Unterlagen geordnet aufzubewahren:
>
> 1. Handelsbücher, Inventare, Eröffnungsbilanzen, Jahresabschlüsse [...],
> 2. die empfangenen Handelsbriefe,
> 3. Wiedergaben der abgesandten Handelsbriefe,
> 4. Belege für die Buchungen in den von ihm nach § 238 Abs. 1 HGB zu führenden Büchern (Buchungsbelege).
>
> **Abs. IV:** Die im Absatz I Nr. 1 aufgeführten Unterlagen sind zehn Jahre und die sonstigen in Absatz I aufgeführten Unterlagen sechs Jahre aufzubewahren.

● Weitere Grundsätze

Weitere **wichtige Grundsätze,** die bei der Führung der Handelsbücher und bei der Aufstellung des Jahresabschlusses beachtet werden müssen, zeigt die folgende Übersicht:

Grundsätze	Erklärung
❏ Die Buchführung muss **wahr** und **vollständig** sein.	Alle Geschäftsfälle müssen erfasst werden. Die Beleginhalte und Buchungen müssen die tatsächlichen Vorgänge widerspiegeln.
❏ Buchungen müssen **zeitnah** durchgeführt werden	Kasseneinnahmen und -ausgaben sollen täglich aufgeschrieben werden. Kreditgeschäfte eines Monats sollten bis zum Ablauf des folgenden Monats grundbuchmäßig erfasst werden. Die dazu vorliegenden Belege sollten fortlaufend nummeriert werden.
❏ **Sprache** und **Schriftzeichen**	Die Bücher können in jeder lebenden Sprache, die ins Deutsche übertragen werden kann, geführt werden. Die Verwendung von Abkürzungen, Ziffern, Buchstaben oder Symbolen ist statthaft, wenn deren Bedeutung festgelegt worden ist.
❏ **Änderungen, Berichtigungen**	Änderungen und Berichtigungen sind so durchzuführen, dass der ursprüngliche Inhalt und die späteren Änderungen erkennbar bleiben. Das gilt auch für die computerunterstützte Buchführung. Das Radieren geschriebener bzw. das Löschen oder Überschreiben aufgezeichneter Daten ist daher nicht zulässig.
❏ **Aufbewahrung** von Buchungsbelegen und Handelsbüchern	**Zehn Jahre:** Handelsbücher (z. B. Grund- und Hauptbuch), Jahresabschlüsse (Bilanz, Gewinn- und Verlustrechnung, Anhang), Arbeits- und Organisationsunterlagen zur Buchführung (Programme, Ablaufpläne). **Sechs Jahre:** Buchungsbelege (ER, AR-Kopien, Zahlungsbelege) sowie empfangene Geschäftsbriefe und Wiedergaben abgesandter Geschäftsbriefe.

Weist eine Buchhaltung **schwerwiegende Mängel** auf, kann vom Finanzamt eine Schätzung des Ergebnisses vorgenommen werden.

Grundsätze ordnungsmäßiger Buchführung (GoB)

● Die Buchführung muss so gestaltet und geordnet sein, dass sich ein sachverständiger Dritter in angemessener Zeit einen Einblick in die **tatsächliche** Vermögenslage verschaffen kann. Deshalb gelten folgende **Grundsätze:**

❑ Wahrheit und Vollständigkeit

❑ Zeitnähe

❑ lebende Sprache
   Erklärung von
   – Symbolen
   – Abkürzungen

❑ Änderungen und Berichtigungen müssen erkennbar bleiben

❑ Aufbewahrung
   – der Handelsbücher: zehn Jahre
   – der Buchungsbelege: sechs Jahre

---

1 Erläutern Sie die folgenden Grundsätze einer ordnungsmäßigen Buchführung:
   a) Wahrheit
   b) Vollständigkeit
   c) Zeitnähe
   d) Belegzwang
   e) Aufbewahrungspflicht
   f) Klarheit

2 Begründen Sie die Verpflichtung zur ordnungsmäßigen Buchführung aus der Sicht
   a) des Unternehmers,
   b) des Gläubigers,
   c) des Staates.

3 Stellen Sie einen Katalog von Forderungen zusammen, die Sie an eine ordnungsmäßige Buchführung stellen!

2.8.2   Kontenrahmen und Kontenplan

Die Geschäftsführung der Primus GmbH will ihren Betrieb von Zeit zu Zeit mit anderen Betrieben vergleichen. Hierzu erhält sie vom Landesverband der Holzindustrie Vergleichszahlen über den Anteil einzelner Aufwandsarten am Gesamtaufwand, einzelner Ertragsarten am Gesamtertrag, über den Anteil einzelner Vermögenspositionen am Gesamtvermögen und einzelner Kapitalpositionen am Gesamtkapital.

Vergleiche dieser Art setzen aber voraus, dass die Buchhaltung der Primus GmbH die Konteninhalte so festlegt wie die Vergleichsbetriebe.

Arbeitsauftrag   Stellen Sie Anforderungen an die Buchführung der Primus GmbH für eine Vergleichbarkeit mit anderen Betrieben der Branche zusammen!

● Kontenrahmen

Ein wichtiges Ordnungsmittel zur Herbeiführung der **Ordnungsmäßigkeit der Buchführung** ist der Kontenrahmen mit der **Gliederung der Konten und der Abgrenzung der Konteninhalte.** Er gibt den Unternehmen eine **Übersicht sämtlicher Konten**, die in der Finanzbuchhaltung dieser Unternehmen notwendig sein könnten.

▶ **Aufbau des Kontenrahmens:** Der Kontenrahmen ist nach dem **Zehnersystem** (Dezimalklassensystem, dekadisches System) aufgebaut. Jedes Konto (z. B. Betriebs- und Geschäftsausstattung) ist durch eine Ziffernfolge (z. B. 08) gekennzeichnet. Aufgrund der zehn Ziffern von 0 bis 9 wurden zehn **Kontenklassen** eingerichtet. Jede Kontenklasse wird in zehn **Kontengruppen** eingeteilt. Jede Kontengruppe kann wiederum zehn **Kontenarten** aufnehmen. Im Bedarfsfalle können die Kontenarten jeweils in zehn **Kontenunterarten** aufgeteilt werden.

Beispiel

Kontennummer			Stellenwert	Bedeutung	Konteninhalt
6			**ein**stellig	Konten**klasse**	Betriebliche Aufwendungen
6	8		**zwei**stellig	Konten**gruppe**	Aufwendungen für Kommunikation
6	8	1	**drei**stellig	Konten**art**	Zeitungen und Fachliteratur

Für EDV-Zwecke übliche Kontenrahmen sehen eine gleichbleibende Länge der Kontennummern vor. Durch Auffüllen der leeren Stellen mit Nullen wird die konstante Länge der Kontennummern erreicht.

Inhaltlich sind die Konten den Kontenklassen nach dem **Abschlussgliederungsprinzip** zugeordnet:

❑ Die **Kontenklassen 0 bis 4** enthalten die **Bestandskonten**. Sie sind über das Schlussbilanzkonto abzuschließen.

❑ Die **Kontenklassen 5 bis 7** beinhalten die **Erfolgskonten**. Sie sind über das Gewinn- und Verlustkonto abzuschließen.

❑ Die **Kontenklasse 8 schließt** den nach dem Abschlussgliederungsprinzip geordneten **Rechnungskreis I** mit den zur **Eröffnung** und zum **Abschluss** notwendigen Konten.

❑ Die **Kontenklasse 9** kann für eine buchhalterische Ausgestaltung der **Kosten- und Leistungsrechnung** (Betriebsbuchhaltung) – **Rechnungskreis II** – genutzt werden.

Der Kontenrahmen sieht zwei Rechnungskreise – **Zweikreissystem** – vor, zwischen denen ein ständiger Datenaustausch besteht. Der **Rechnungskreis I** umfasst mit den Kontenklassen 0 bis 8 die **Finanzbuchhaltung**. Der **Rechnungskreis II**, die **Kosten- und Leistungsrechnung**, kann kontenmäßig oder statistisch in Tabellen (Abgrenzungsrechnung, Betriebsabrechnung, Kostenträgerblatt) durchgeführt werden.

Aufbau des Kontenrahmens

Rechnungskreis I – Finanzbuchhaltung –										Rechnungs-kreis II
Konten-bereich	**Bestandskonten**				**Erfolgskonten**					
	aktive			passive		Ertrags-konten	Aufwandskonten			
Klasse	0	1	2	3	4	5	6	7	8	9
	Immate-rielle Ver-mögens-gegen-stände u. Sach-anlagen	Finanz-anlagen	Umlauf-vermögen und aktive Rechnungs-abgrenzung	Eigen-kapital und Rück-stellungen	Verbind-lichkeiten u. passive Rechnungs-abgrenzung	Erträge	Betrieb-liche Aufwen-dungen	Weitere Aufwen-dungen	Ergebnis-rechnung	Daten-aus-tausch $\rightarrow$ $\leftarrow$	Kosten-und Leistungs-rechnung KLR

S	8010 Schlussbilanzkonto	H	S	8020 Gewinn- und Verlustkonto	H
aktive Bestandskonten	passive Bestandskonten		Aufwandskonten	Ertragskonten	

Abschluss der Bestandskonten		Abschluss: Erfolgskonten (Kl. 5 – 7)	
aktive (Kl. 0, 1, 2)	passive (Kl. 3, 4)	Aufwand (Kl. 6, 7)	Erträge (Kl. 5)
8010 Schlussbilanzkonto an Kontenklassen 0, 1, 2	Kontenklasse 3, 4 an 8010 SBK	8020 GuV an Kl. 6, 7	Kontenkl. 5 an 8020 GuV

Aufbau und Gliederung der **Bilanz gemäß § 266 HGB** und der **Gewinn- und Verlustrechnung gemäß § 275 HGB** für Kapitalgesellschaften bestimmen Inhalte, Reihenfolge und Unterteilung einzelner Kontenklassen.

▶ **Bestandskonten:** Die Kontenklassen 0, 1 und 2 enthalten die aktiven Bestandskonten, die Kontenklassen 3 und 4 die passiven. Diese Konten der Klassen 0 bis 4 werden über das SBK abgeschlossen. Die Inhalte des SBK werden dann für die Bilanzerstellung nach § 266 HGB abgerufen (vgl. S. 153 f.).

▶ **Erfolgskonten:** Die **Reihenfolge der Erfolgskonten** der Kontenklassen 5, 6 und 7 richtet sich weitgehend nach dem **Aufbau der Gewinn- und Verlustrechnung in Staffelform** gemäß § 275 HGB bei Kapitalgesellschaften. Die Gewinn- und Verlustrechnung in Staffelform ist nur für Kapitalgesellschaften zwecks Veröffentlichung des Jahresabschlusses zwingend vorgeschrieben (vgl. S. 149 f.).

● Kontenplan

Jedes Unternehmen stellt sich bei Beachtung der Besonderheiten seiner **Branche**, seiner **Rechtsform**, seiner **Informationsbedürfnisse** sowie der Größe und Struktur des Unternehmens seinen individuellen Kontenplan auf. Er wird in Anlehnung an den Kontenrahmen, dessen Anwendung nicht verbindlich vorgeschrieben wird, erstellt. Der Kontenplan enthält nur die **Konten, die in der Finanzbuchhaltung** dieser Unternehmung tatsächlich **erforderlich** sind. Andererseits kann aufgrund des dekadischen Gliederungssystems eine tiefere Gliederung einzelner Kontengruppen vorgenommen werden, wenn ein entsprechendes Informationsbedürfnis gegeben ist.

Kontenplan (Auszug) der Primus GmbH, Koloniestr. 2–4, 47057 Duisburg

05	Grundstücke und Gebäude
050	Unbebaute Grundstücke
0501	Grundstück: Koloniestr. 2–4, 47057 Duisburg
0502	Grundstück: Diemelstr. 10, 45136 Essen
051	Bebaute Grundstücke
0511	Grundstück: Koloniestr. 2–4, 47057 Duisburg
053	Betriebsgebäude
0531	Verwaltungsgebäude: Koloniestr. 2–4, 47057 Duisburg
0532	Lagerhalle I: Koloniestr. 2–4, 47057 Duisburg
0533	Lagerhalle II: Koloniestr. 2–4, 47057 Duisburg

.
.
.

▶ **Sach- und Personenkonten:** Aus den Konten des Hauptbuches, den sogenannten **Sach-konten**, kann der Unternehmer beispielsweise nicht ersehen, wie hoch seine Schulden gegen-über einzelnen Lieferern (**Kreditoren**) oder seine Forderungen gegenüber einzelnen Kunden (**Debitoren**) sind. Daher werden in der sogenannten **Kontokorrentbuchhaltung** die Haupt-buchkonten 2 400 Forderungen a. LL durch **Personenkonten** für die einzelnen Kunden (**Debitorenkonten**) und 4 400 Verbindlichkeiten a. LL durch Personenkonten für die einzelnen Lieferer (**Kreditorenkonten**) erläutert (vgl. S. 128 ff.).

Beispiel Die Geschäftsleitung will wissen, ob, wie weit und wann der Kunde Herstadt Waren-haus GmbH, die AR 520 aufgrund einer Warenlieferung beglichen hat.

Die für die Vermögensgegenstände und Schulden eingerichteten Sachkonten und die für die Kunden und Lieferer eingerichteten Personenkonten bilden gemeinsam die Konten des Kontenplans einer Unternehmung.

Kontenrahmen und Kontenplan

- Der Kontenrahmen **unterstützt** die **Übersichtlichkeit** und **Einheitlichkeit** der Finanzbuchhal-tung.
- Der Kontenrahmen ist aufgeteilt in die beiden selbständigen **Rechnungskreise Finanz-buchhaltung** sowie **Kosten- und Leistungsrechnung**.
- Der Kontenrahmen ist nach dem **Dezimalklassifikationssystem** aufgebaut. Er enthält Kon-ten**klassen**, Konten**gruppen** und Konten**arten**.
- Die Anordnung sowie die Bezeichnung der Konten orientieren sich am **Abschlussgliede-rungsprinzip**, sodass sich ohne großen Aufwand aufgrund des Kontenrahmens aus den Konten die Angaben für die Bilanz, die Gewinn- und Verlustrechnung sowie den Anhang ergeben.
- Die **Bestandskonten** der **Kontenklassen 0 bis 4** sind über das Konto **8010 Schlussbilanz-konto**, die **Erfolgskonten** der **Kontenklassen 5 bis 7** über das Konto **8020 Gewinn- und Ver-lust** abzuschließen.
- **Grundlage** zur Aufstellung des **Kontenplans** ist der **Kontenrahmen**.
- Der Kontenplan enthält die Konten, die ein bestimmtes Unternehmen aufgrund seiner **Rechtsform**, seines **Informationsbedürfnisses**, seiner **Branche** sowie seiner **Größe** und **Struktur** benötigt.

1 Erstellen Sie folgendes Einteilungsschema und ordnen Sie untenstehende Kontenbezeichnungen den Kontenklassen zu:

Kl. 0 und 1 Anlage-vermögen	Kl. 2 Umlauf-vermögen	Kl. 3 Eigen-kapital	Kl. 4 Schulden	Kl. 5 Erträge	Kl. 6 und 7 Aufwen-dungen	Kl. 8 Eröffnung und Abschluss

Kontenbezeichnungen:
Umsatzerlöse für Waren, EBK, Unbebaute Grundstücke, Energie, Postbank, Fuhrpark, Aufwand für Waren, Forderungen a. LL, Verbindlichkeiten a. LL, SBK, Maschinen, GuV-Konto, Eigenkapital, Geschäftsausstattung, Löhne, Gehälter, Bebaute Grundstücke, Büromaterial, Langfristige Verbindlichkeiten gegenüber Kreditinstituten, Sonstige Finanzanlagen/Darlehensforderungen, Kasse, Bankguthaben.

2 Geben Sie die EDV-gerechten Kontennummern für folgende Kontenarten an: Mieten/Pachten, Umsatzerlöse für Waren, EBK, Eigenkapital, Maschinen, Sonstige Finanzanlagen (Darlehensforderungen), Energie, Aufwand für Waren, GuV-Konto, Bankguthaben, Unbebaute Grundstücke, Darlehensschuld gegenüber der Bank, Gehälter, Gewerbesteuer, Mieterträge, Fuhrpark, Postgebühren, Forderungen a. LL, Büromaterial, SBK, Fremdinstandhaltung, Verbindlichkeiten a. LL, Postbank, Provisionserträge, Kasse.

3 Bilden Sie unter Verwendung der Kontennummern die Buchungssätze zu den nachstehenden Geschäftsfällen eines Großhandelsunternehmens:

	DM
1. **ER, BA:** Einkauf von Waren gegen Zahlung mit Bankscheck, netto . . .	24 000,00
+ 15 % USt.	3 600,00
2. **AR, BA:** Verkauf von Waren gegen Zahlung mit Bankscheck, netto . .	30 000,00
+ 15 % USt.	4 500,00
3. **BA:** Banküberweisung der Gehälter an die Angestellten	80 000,00
4. **KB:** Barzahlung des Beitrages zur Industrie- und Handelskammer. . . .	500,00
5. **PBA:** Postüberweisung der Tilgungsrate für ein Bankdarlehen	10 000,00
6. **AR, KB:** Barverkauf von Waren, netto	500,00
+ 15 % USt.	75,00
7. **BA:** Banküberweisung der Gewerbesteuer an die Stadt	4 000,00
8. **PBA:** Abbuchung der Kfz-Versicherung für den betrieblichen Pkw . . .	600,00
9. **Abschlussbuchungen:**	
a) Abschluss des Kontos Forderungen a. LL	95 000,00
b) Abschluss des Kontos Aufwendungen für Waren	310 000,00
c) Abschluss des Kontos Umsatzerlöse für Waren	650 000,00
d) Verlust des Geschäftsjahres	75 000,00
e) Abschluss des Kontos Eigenkapital	420 000,00

4 a) Geben Sie mithilfe des Kontenrahmens zu folgenden Buchungssätzen die Kontenbezeichnung an!

	DM			DM	DM
1. 2 800 an 2 880	6 000,00		7. 6 060	32 000,00	
2. 4 400 an 2 850	8 050,00		2 600	4 800,00 an 4 400	36 800,00
3. 7 000 an 2 800	5 000,00		8. 6 160	900,00	
4. 6 900 an 2 800	1 200,00		2 600	135,00 an 4 400	1 035,00
5. 6 200 an 2 800	11 000,00		9. 6 800	1 100,00	
6. 2 800 an 2 400	2 070,00		2 600	165,00 an 4 400	1 265,00
			10. 6 050	3 800,00	
			2 600	570,00 an 2 800	4 370,00
			11. 3 001	an 2 880	500,00
			12. 3 001	4 600,00 an 5 420	4 000,00
				an 4 000	600,00

b) Nennen Sie den Geschäftsfall, der den einzelnen Buchungssätzen zugrunde liegt!

5 **Kontenplan einer Großhandelsunternehmung:** 0510, 0800, 1600, 2400, 2600, 2800, 2850, 2880, 3000, 4250, 4400, 4800, 5100, 5400, 5710, 6050, 6060, 6160, 6200, 6710, 6800, 6870, 6920, 7000, 7510, 8000, 8010, 8020.

Anfangsbestände:	DM			DM
0510 Grundstücke		0800 Betriebs- und Geschäfts-		
mit Gebäude	870 000,00	ausstattung		220 000,00
1600 Darlehensforderung	50 000,00	2800 Bank		315 000,00
2400 Forderungen a. LL	89 600,00	2880 Kasse		5 100,00
2850 Postbank	75 000,00	4250 Darlehensschulden		320 000,00
3000 Eigenkapital	1 203 700,00	4400 Verbindlichkeiten a. LL		101 000,00

Geschäftsfälle:	DM	DM
1. BA vom 01.12.: Lastschriften		
a) Abbuchung durch das Energiewerk: Strom- und Gasverbrauch einschl. 15 % USt	42 550,00	
b) Überweisung für Dachreparaturen am Gebäude einschl. 15 % USt	25 300,00	67 850,00
2. PBA vom 02.12.: Verkäufe von Waren mit Postscheck, netto	85 200,00	
+ 15 % USt	12 780,00	97 980,00
3. ER vom 03.12.: Zieleinkauf von Waren netto	382 000,00	
+ 15 % USt	57 300,00	439 300,00
4. KB vom 10.12.:		
a) Barkauf von Büromaterialien einschl. 15 % USt ..	431,25	
b) Beitrag zur Industrie- und Handelskammer	400,00	831,25
5. AR vom 11.12.: Verkäufe von Waren		
a) gegen Bankscheck, netto	270 000,00	
+ 15 % USt	40 500,00	310 500,00
b) auf Ziel, netto	680 000,00	
+ 15 % USt	102 000,00	782 000,00
6. PBA vom 14.12.: Gutschriften		
a) Mieter zahlten Mieten durch Postüberweisungen	24 700,00	
b) Kunden bezahlten fällige AR durch Postüber- weisungen	498 100,00	522 800,00
7. BA vom 15.12.: Banküberweisungen		
a) Zinsen für das aufgenommene Darlehen	25 600,00	
b) Gewerbesteuer an die Stadtkasse	32 000,00	57 600,00
8. PBA vom 24.12.: Lastschriften		
a) Lohnzahlungen...............................	203 000,00	
b) Leasingzahlungen für gemietete Maschinen und Lkw	28 000,00	
c) Postüberweisung an die Werbeagentur, netto....	18 000,00	
+ 15 % USt	2 700,00	251 700,00
9. BA vom 29.12.: Gutschriften		
a) Darlehensnehmer zahlte 8 % Jahreszinsen.......	4 000,00	
b) Darlehensnehmer überwies Tilgungsrate	10 000,00	
c) Verkauf eines Grundstücks gegen Bankscheck....	222 000,00	236 000,00
10. BA vom 30.12.: Lastschriften		
a) Banküberweisung an Lieferer für fällige ER......	402 000,00	
b) Kauf eines Personalcomputers gegen Scheckzahlung, netto........................	16 700,00	
+ 15 % USt	2 505,00	421 205,00

Führen Sie die Buchungen des Geschäftsganges im Grund- und Hauptbuch durch!
Um die Bearbeitung der Aufgabe mit einer computerunterstützten Finanzbuchhaltung durchzuführen wurde zu jedem Geschäftsfall jeweils das Datum angegeben.

6 Nennen Sie die Geschäftsfälle, die den Buchungen auf folgendem Bankkonto zugrunde liegen!

S		2800 Bank		H
1. 8000	69 000,00	3. 4400		14 720,00
2. 2400	30 360,00	4. 6700		3 910,00
6. 2880	19 665,00	5. 0860, 2600		1 426,00
9. 5100, 4800	48 300,00	7. 6800, 2600		276,00
10. 0840, 4800	4 025,00	8. 6300		14 200,00
		11. 8010		136 818,00
	171 350,00			171 350,00

2.8.3 Bücher der Buchführung

Aufgrund größerer Aufträge der Kunden Herstadt Warenhaus GmbH, Gelsenkirchen, und Bürofachgeschäft Herbert Blank, Oberhausen, bittet Herr Müller Herrn Schubert um eine Aufstellung über bisherige Umsätze, Zahlungen und offene Posten dieser Kunden. Ebenfalls möchte er eine Übersicht über Umsätze einzelner Artikel (vgl. S. 14) haben.

Frau König bittet Nicole Höver, Grundbuch und Hauptbuch hierfür auszuwerten. Nicole Höver ist sehr enttäuscht über den Informationswert der beiden Bücher.

Arbeitsauftrag Sammeln Sie Gründe, warum Nicole enttäuscht über die Aussagekraft der beiden Bücher ist!

Buchführungsbücher sind Geschäftsbücher, in denen die Geschäftsfälle erfasst werden. Gebundene Bücher können durch eine fortlaufend nummerierte **Loseblattsammlung** oder die **geordnete Ablage von Belegen** ersetzt werden. Die Bücher und die sonst erforderlichen Aufzeichnungen können auf Datenträgern geführt werden, sofern sichergestellt ist, dass die Daten während der Dauer der Aufbewahrungsfrist verfügbar sind und jederzeit innerhalb angemessener Frist lesbar gemacht werden können.

● Grundbuch

In **Grundbüchern,** auch Journale oder Primanota genannt, werden alle **Geschäftsfälle** anhand der Belege in **zeitlicher Reihenfolge** (siehe S. 68) eingetragen.

Grundbücher können nach Sachgebieten oder Abteilungen gegliedert und somit arbeitsteilig geführt werden: Kassenbuch, Eingangsrechnungen, Ausgangsrechnungen, Bank- und Postbankauszüge. Grundbücher erfassen anhand der Belege **alle Geschäftsfälle in zeitlicher Reihenfolge**.

● Hauptbuch

Im Hauptbuch werden die **Geschäftsfälle** nach ihrer **Auswirkung** auf einzelne Vermögens- oder Kapitalposten (= sachliche Gliederung) **gegliedert** und auf den entsprechenden Sachkonten gebucht (siehe S. 68 f.). Im **Hauptbuch** werden für die Bilanzposten **Bestandskonten** und für die Erfolgsquellen **Erfolgskonten** eingerichtet.

Auf diesen **Sachkonten** werden anhand von Belegen alle Wertveränderungen ordnungsgemäß festgehalten.

● Nebenbücher

Die Übersicht, die das Hauptbuch über die Vermögens- und Kapitalveränderungen vermittelt, genügt bei einigen Posten nicht.

Aus den Konten des Hauptbuches ist nicht ersichtlich, wie hoch die Schulden gegenüber einzelnen Lieferern oder die Forderungen gegenüber einzelnen Kunden sind. Aus dem Konto Umsatzerlöse für Waren geht nicht hervor, mit welchen Artikeln die Umsätze erreicht wurden.

Daher werden verschiedene **Nebenbücher** – meistens in Dateiform – geführt, in denen die **Buchungen einzelner Hauptbuchkonten** näher **erläutert** werden:

❏ Kunden- oder Debitorenbuchhaltung
❏ Lieferer- oder Kreditorenbuchhaltung
❏ Lagerbuchhaltung

In den Nebenbüchern werden **keine Buchungen mit Gegenbuchungen** vorgenommen, sondern lediglich Übertragungen. Der Inhalt der Eintragungen in den Nebenbüchern muss jedoch mit dem Inhalt der Buchungen auf den entsprechenden Sachkonten übereinstimmen.

▶ **Kontokorrentbuch: Kundenforderungen** und **Liefererschulden** werden im **Hauptbuch** auf den **Sachkonten „2400 Forderungen a. LL"** und **„4400 Verbindlichkeiten a. LL"** mit den entsprechenden Gegenbuchungen erfasst.

Aus dem Konto „2400 Forderungen a. LL" kann der Unternehmer nicht ersehen, wie hoch seine Forderungen gegenüber einzelnen Kunden sind.

Aus dem Konto „4400 Verbindlichkeiten a. LL" geht nicht hervor, wie hoch die Schulden gegenüber einzelnen Lieferern sind.

Daher wird für jeden einzelnen Kunden und Lieferer im **Kontokorrentbuch** ein eigenes Konto (Datei) geführt.

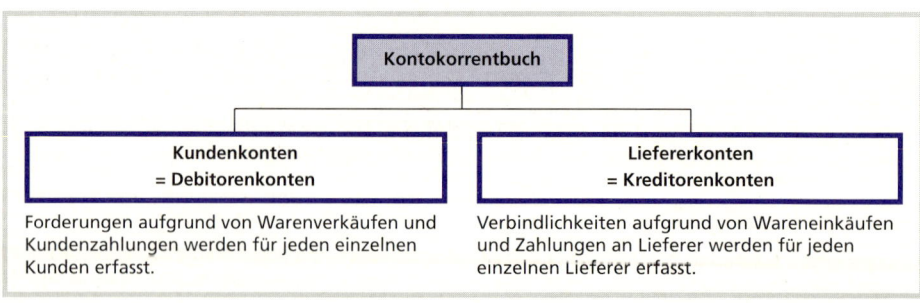

© Verlag Gehlen

Beispiel Buchungen auf dem Hauptbuchkonto (Sachkonto) „2400 Forderungen a. LL"

Soll		2400 Forderungen a. LL		H
02.01. 8000	50 100,00	10.01. 2800		22 500,00
16.03. 5100, 4800	23 500,00	14.01. 2800		27 600,00
18.04. 5100, 4800	46 000,00	30.03. 2800		23 500,00
02.06. 5100, 4800	12 650,00	18.05. 2800		46 000,00
18.12. 5100, 4800	69 000,00	01.07. 2800		12 650,00
27.12. 5100, 4800	92 000,00	31.12. 8010		161 000,00
	293 250,00			293 250,00

Eintragungen auf den Kundenkonten (Personenkonten) „D24001 Herstadt Warenhaus GmbH"
und „D24002 Bürofachgeschäft Herbert Blank"

D24001 Herstadt Warenhaus GmbH, Brunostr. 45, 45889 Gelsenkirchen				
Datum	**Beleg**	**Text**	**Soll**	**Haben**
02.01.		Saldovortrag: AR 7352	27 600,00	
14.01.	BA 012	Überweisung AR 7352		27 600,00
18.04.	AR 9893	Zielverkauf	46 000,00	
18.05.	BA 115	Überweisung AR 9893		46 000,00
02.06.	AR 12396	Zielverkauf	12 650,00	
01.07.	BA 125	Überweisung AR 12396		12 650,00
27.12.	AR 39893	Zielverkauf	92 000,00	
31.12.		Saldo: AR 39893		92 000,00
			178 250,00	178 250,00
02.01.		Saldovortrag: AR 39893	92 000,00	

D24002 Bürofachgeschäft Herbert Blank, Cäcilienstr. 86, 46147 Oberhausen				
Datum	**Beleg**	**Text**	**Soll**	**Haben**
02.01.		Saldovortrag: AR 7531	10 350,00	
10.01.	BA 009	Überweisung AR 7531		10 350,00
16.03.	AR 8428	Zielverkauf	35 650,00	
30.03.	BA 92	Überweisung AR 8428		35 650,00
18.12.	AR 32375	Zielverkauf	69 000,00	
31.12.		Saldo: AR 32375		69 000,00
			115 000,00	115 000,00
02.01.		Saldovortrag: AR 32375	69 000,00	

Beim monatlichen, vierteljährlichen oder jährlichen Abschluss der Kontokorrentkonten werden alle Salden in einer **Saldenliste** gesammelt.

Beispiel einer Saldenliste

Konto	Bezeichnung	Saldo-vortrag	Jahres-soll	Jahres-haben	Saldo
D24001	Herstadt Warenhaus GmbH, Brunostr. 45, 45889 Gelsenkirchen	27 600,00	150 650,00	86 250,00	92 000,00
D24002	Bürofachgeschäft Herbert Blank Cäcilienstr. 86, 46147 Oberhausen	10 350,00	104 650,00	46 000,00	69 000,00
					161 000,00

Lagerbuchhaltung: Die Lagerdatei enthält für **jeden Artikel** ein **Konto.** Die Lagerdatei dient insbesondere der **mengenmäßigen Kontrolle** der Lagerbestände und wird daher zumeist nur zur Erfassung mengenmäßiger Bestandsveränderungen geführt. Im Rahmen einer **permanenten Inventur** (vgl. S. 24 ff.) wird durch körperliche Inventur mindestens einmal während des Geschäftsjahres der laut Lagerdatei ausgewiesene **Sollbestand** überprüft. Der dann durch Inventur festgestellte **Istbestand** wird in die Lagerdatei als Bestand übernommen. Dieser Bestand wird dann unter Berücksichtigung der weiteren **Zugänge** und **Abgänge** bis zum Jahresabschluss fortgeschrieben. In das Inventar kann dann der zu diesem Stichtag ausgewiesene Bestand als Istbestand laut permanenter Inventur übernommen werden (vgl. S. 25 f.).

Bücher der Buchführung

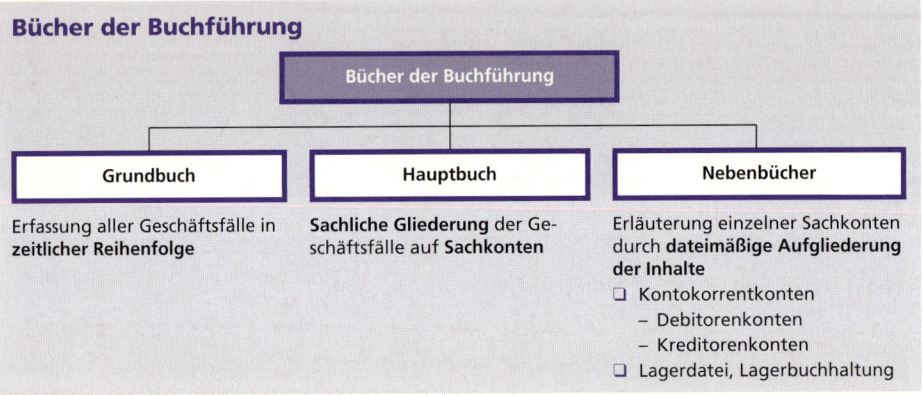

Grundbuch	Hauptbuch	Nebenbücher

Erfassung aller Geschäftsfälle in **zeitlicher Reihenfolge**	**Sachliche Gliederung** der Geschäftsfälle auf **Sachkonten**	Erläuterung einzelner Sachkonten durch **dateimäßige Aufgliederung der Inhalte**
		❏ Kontokorrentkonten
		   – Debitorenkonten
		   – Kreditorenkonten
		❏ Lagerdatei, Lagerbuchhaltung

1   Ordnen Sie folgende Begriffe 1 bis 6 nebenstehenden Erklärungen a) bis f) zu!

	Begriffe	Erklärungen
1	Hauptbuch	a) Wertbewegung in einer Unternehmung, die buchhalterisch erfasst wird.
2	Journal (Grundbuch)	b) Kürzeste Anweisung für die Durchführung einer Buchung aufgrund eines Beleges.
3	Kontenrahmen	c) Erfassung der Geschäftsfälle in zeitlicher Reihenfolge.
4	Kontenplan	d) Teil der Buchhaltung, in dem die Geschäftsfälle sachlich geordnet erfasst werden.
5	Buchungssatz	e) Systematische Gliederung der Konten, die in der Buchhaltung einer bestimmten Unternehmung geführt werden.
6	Geschäftsfall	f) Systematische Ordnung aller Konten, die in den Betrieben eines bestimmten Wirtschaftszweiges möglich sind.

2   Die vierten Buchstaben der 21 Wörter, deren Definitionen oder Synonyme unten angegeben sind, ergeben in der Reihenfolge von oben nach unten einen Grundsatz der ordnungsmäßigen Buchführung:

1. Eintragung des Buchungssatzes im Buchungsstempel
2. Verzeichnis aller Vermögensteile und Schulden
3. Passiva
4. Betriebsvermögen des Unternehmers
5. Bestandsaufnahme
6. Verpflichtungen aus Zielkäufen

2.8.4 Buchungen anhand von Belegen

Frau Lapp legt Nicole Höver etwa 100 Belege mit der Bitte vor, sie möge sie

❏ ordnen und
❏ für die Buchführung vorbereiten.

Als Nicole den Berg von Belegen vor sich sieht, stellt sie sich die Frage, wie sie diese Arbeit am besten bewältigen kann.

Arbeitsauftrag Machen Sie mithilfe des nachfolgenden Textes Vorschläge für die Schritte der Belegbearbeitung und erläutern Sie die einzelnen Schritte!

● Keine Buchung ohne Beleg

Ein Kriterium für die Ordnungsmäßigkeit der Buchführung besteht darin, dass sich Geschäftsfälle in ihrer Entstehung und Abwicklung verfolgen lassen. Die **Unterlage, aus der sich die Übereinstimmung der Daten** des eingetretenen Geschäftsfalls **mit den Buchungsergebnissen ableiten lässt,** wird als **Beleg** bezeichnet. Daher gilt der **Grundsatz:** „Keine Buchung ohne Beleg" **(Belegzwang).**

§ 238 Abs. 2 HGB: Der Kaufmann ist verpflichtet, eine mit der Urschrift übereinstimmende Wiedergabe der abgesandten Handelsbriefe (Kopie, Abdruck, Abschrift oder sonstige Wiedergabe des Wortlautes auf einem Schrift-, Bild- oder anderen Datenträger) zurückzubehalten.

● Anforderungen an Belege

Damit der Beleg die obengenannte Funktion erfüllen kann, muss er

❏ einen **Belegtext** aufweisen, **der den Geschäftsfall** hinreichend **verdeutlicht,**

❏ **fortlaufend nummeriert** und **vollständig aufbewahrt** werden,

❏ **Verweise** zur Erkennbarkeit der Zusammengehörigkeit von Buchung und Beleg (z. B. Kontierungsstempel mit Eintragung) aufweisen.

● Belegarten

Die folgende Übersicht zeigt eine Möglichkeit der **Gliederung der Belege:**

Belegarten	Erläuterungen
natürliche Belege	entstehen durch den Geschäftsablauf
❏ externe Belege	entstehen aus dem Geschäftsverkehr des Unternehmens mit Außen-stehenden, wie Lieferern, Kunden, Banken, Post, Versicherungen, Finanzamt usw.
	Beispiele – Eingangsrechnungen für Waren oder Dienstleistungen – Durchschriften von Ausgangsrechnungen für Waren und Dienst-leistungen – Bankauszüge der Kreditinstitute
❏ interne Belege	entstehen aus innerbetrieblichen Vorgängen **Beispiele** – Lohn- und Gehaltslisten – Quittung des Unternehmers über Barentnahme
künstliche Belege	Da nicht automatisch ein Beleg anfällt, werden sie als Buchungs-grundlage erstellt.
	Beispiele – Anweisungen für eine Rückbuchung (Stornierung) – Anweisung für eine vorbereitende Abschlussbuchung

● Belegbearbeitung

Die Belege werden in drei Schritten bearbeitet:

> (1) Belegvorbereitung (2) Belegbuchung (3) Belegablage und -aufbewahrung

(1) Belegvorbereitung: Die Belege müssen zuerst für die Buchung aufbereitet werden.

▶ **Prüfung der sachlichen und rechnerischen Richtigkeit:** Diese Überprüfung erfolgt in der Praxis vielfach in den Abteilungen, die die Belege durchlaufen haben, bevor sie in die Buchhaltung gelangen.

Eingangsrechnungen von Warenlieferern werden bereits im Rahmen der Eingangskontrolle der Waren sachlich und rechnerisch geprüft.

▶ **Sortieren der Belege:** Die Belege werden nach Belegarten sortiert. Dadurch wird es möglich, mehrere Belege in einer Buchung zu erfassen (**Sammelbuchungen**).
Beispiel Ausgangsrechnungen 448–482

▶ **Nummerieren der Belege:** Innerhalb jeder Belegart werden die Belege nummeriert.

▶ **Vorkontierung der Belege** (vgl. S. 64 f., 133): Unter Vorkontierung ist die Buchungsan-weisung in Form des Buchungssatzes gemeint. Noch häufig wird die Vorkontierung in einen **Buchungsstempel auf dem Beleg** (vgl. S. 64 f., 133), aber zunehmend auf einen besonderen Vordruck (Kontierungsbeleg) von dem fachkompetenten Hauptbuchhalter vorgenommen.

(2) Belegbuchung

Aufgrund der Vorkontierung werden die Buchungen im Grund- und Hauptbuch vorgenommen (vgl. S. 44 ff. unten). Dabei werden bei jeder Buchung Belegart und -nummer vermerkt. So kann jederzeit von der Buchung auf den Beleg geschlossen werden.

Umgekehrt wird im Buchungsstempel auf dem Beleg oder im Kontierungsbeleg ein Buchungsvermerk (vgl. ER unten) mit Seite des Grundbuchs, Zeile (Buchungsnummer) und Buchungsdatum gemacht.

(3) Belegablage und -aufbewahrung

▶ **Aufbewahrungsfrist.** Empfangene Handelsbriefe sowie Durchschriften abgesandter Handelsbriefe und Buchungsbelege, wie Rechnungen, Quittungen, Debitoren- und Kreditorenlisten, Kassenberichte, Bankbelege, Auftragsbücher usw., sind **sechs Jahre** aufzubewahren.

▶ **Beginn des Aufbewahrungszeitraums.** Der Aufbewahrungszeitraum beginnt mit dem **Schluss des Kalenderjahres,** in dem der Beleg anfiel (vgl. auch S. 136).

Beispiel ER mit Buchungsstempel

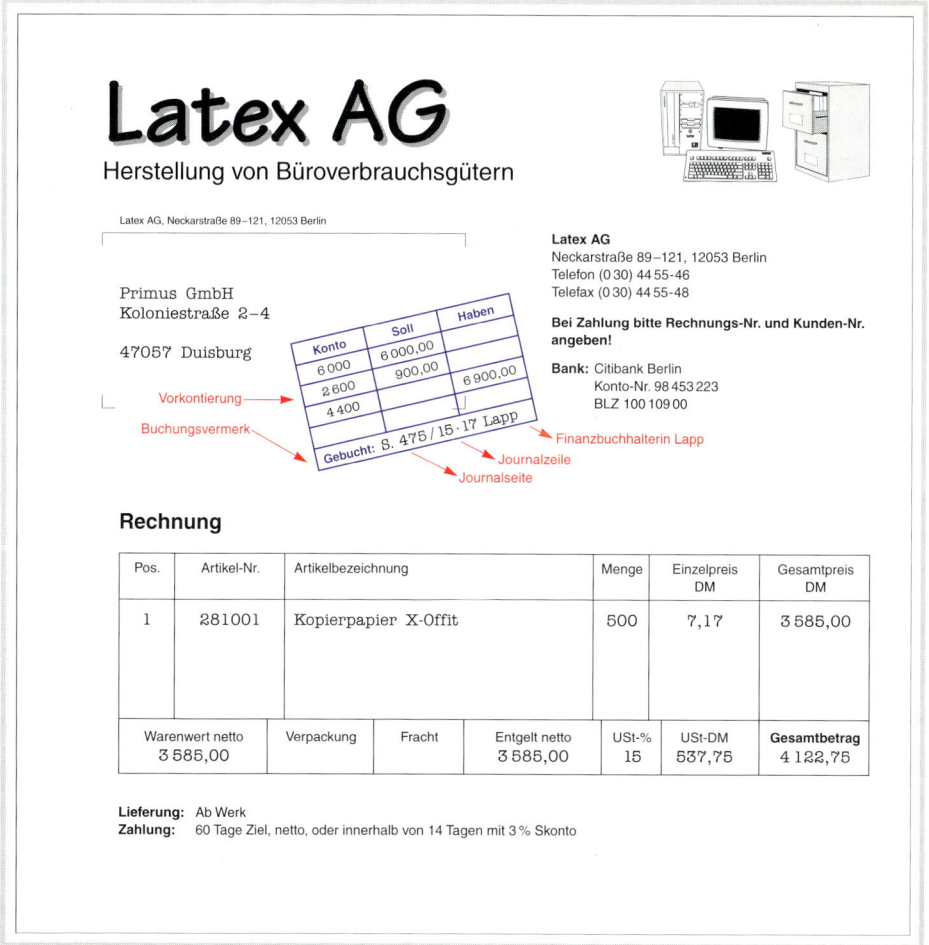

▶ **Belegablage:** Die Belegablage muss nach einheitlichen Kriterien in der Unternehmung durchgeführt werden, so dass eine **übersichtliche Belegregistratur** entsteht. Mit Ausnahme der Eröffnungsbilanz und der Jahresabschlüsse können alle Buchführungsunterlagen auf einem **Bildträger** (z. B. Mikrofilm) oder auf **anderen Datenträgern** (maschinenlesbare Belege) gespeichert werden. Innerhalb angemessener Frist muss jedoch die Reproduktion oder der Ausdruck der Buchungsunterlagen möglich sein.

● **Computergestützte Belegverarbeitung – EDV-Buchhaltung**

▶ **Merkmale und Arbeitsweise der EDV-Buchführung:** Jede **manuell durchgeführte Buchführung** weist u. a. folgende **Nachteile** auf:

❑ zeitaufwendige Buchung der Geschäftsfälle,

❑ zahlreiche Fehlerquellen wegen menschlicher Unzulänglichkeiten,

❑ mangelhafte bzw. langsame Auswertbarkeit, da die Ergebnisse nur durch zeitraubende Abschlüsse tagfertig gemacht werden können.

Die EDV-Buchführung ist dagegen eine Form der maschinellen Buchführung, bei der bestimmte Schreib- und Rechenarbeiten von der EDV-Anlage durchgeführt werden.

Merkmale der EDV-gestützten Buchführung sind die

❑ automatische Verarbeitung wiederkehrender Vorgänge,

❑ Speicherung aller Vorgänge,

❑ Auswertungs- und Abrufungsmöglichkeit der Ergebnisse zu jeder Zeit.

Bei der Buchung mit EDV-Anlagen sind **Eingabe, Verarbeitung** und **Ausgabe der Daten** zu unterscheiden.

▶ **Dateneingabe:** Sie kann direkt über **Eingabetastatur** erfolgen und gleichzeitig am Bildschirm kontrolliert werden. Auch können die Daten mittels **Datenträger** (Magnetband, Magnetplatte, Diskette) eingegeben oder mittels **Belegleser** direkt von **Klarschriftbelegen** oder von **Markierungsbelegen** in den Speicher der Zentraleinheit eingelesen werden.

Eine Beschleunigung der laufenden Dateneingabe ergibt sich dadurch, dass gleichbleibend wiederkehrende Daten einmalig als **Stammdaten** eingegeben und bei Bedarf abgerufen werden können: Kunden (Name, Anschrift, Bankverbindung), Lieferer (Name, Anschrift, Bankverbindung), Kontennummern und Kontenbezeichnungen lt. Kontenplan (= Festkonten- oder Sachkontenstamm), Umsatzsteuersätze zur automatischen Berechnung und Buchung der Vor- und Umsatzsteuer, Buchungstexte, die mithilfe bestimmter Schlüsselzahlen abgerufen werden, Auswertungstexte, wie z. B. Aufbau und Gliederung der Bilanz und GuV-Rechnung.

Von den Stammdaten sind die **Bewegungsdaten,** die sich mit jedem Geschäftsfall ändern, zu unterscheiden: Art des Buchungsbelegs, Beleg-Nummer, Beleg-Datum, Buchungsdatum, Betrag.

Die Bewegungsdaten ergeben sich aus den vorkontierten Belegen oder werden gesondert auf externen Speichern (Diskette, Magnetband) erfasst und meistens als „Stapel" zu verarbeitender Vorgänge in die Zentraleinheit eingegeben.

▶ **Datenverarbeitung:** Die fortlaufend eingegebenen Daten werden dann aufgrund der eingegebenen Buchungsanweisungen des Anwenders und der Systematik des Buchführungsprogramms untereinander verkettet, so dass die Buchungen im Grundbuch und auf den Konten der Haupt- und Nebenbücher automatisch vorgenommen werden.

Die Zentraleinheit umfasst

❏ den **Arbeitsspeicher,** in den Buchführungsprogramm und Daten zur Verarbeitung geladen werden,

❏ das **Rechenwerk** für Rechenvorgänge,

❏ das **Steuerwerk** für Leitung und Koordination programmgemäßer Abläufe.

▶ **Datenausgabe:** Über **Bildschirm** und **Drucker** erfolgt die Datenausgabe:

❏ Erfassungsprotokoll   ❏ Bilanz, Gewinn- und Verlustrechnung

❏ Buchungsjournal (Grundbuch)   ❏ Umsatzsteuererklärung

❏ Sach- und Personenkonten   ❏ Umsatzstatistiken

❏ Saldenlisten   ❏ Kostenvergleich

● **Wesentliche Anforderungen an die EDV-Buchführung.**

▶ **Grundsätze der Klarheit und Wahrheit:** Um den Grundsätzen der Klarheit und Wahrheit entsprechen zu können, muss eine **EDV-Dokumentation** vorliegen.
In ihr wird z.B. **grafisch über Ablaufpläne der gesamte Buchungsvorgang** von der Buchungsdatenerfassung in den Unternehmungsabteilungen über die Eingabe der Buchungsdaten, deren Verarbeitung in der Zentraleinheit und der möglichen Ausgaben der Ergebnisse **verdeutlicht.** Die einzelnen wesentlichen Schritte in diesem Erfassungs- und Verarbeitsprozess von Buchungsdaten werden in der EDV-Dokumentation sorgfältig erklärt.

▶ **Buchungen müssen wahr, vollständig und zeitnah sein:** Bei der EDV-Buchführung muss nachgewiesen werden, daß bereits in den Abteilungen der Unternehmung die **Buchungsdaten unverfälscht** und **ohne zeitliche Verzögerung erfasst werden.** Es muss dargestellt werden, dass die **Übernahme der Daten** auf maschinell lesbare Datenträger **aufgrund sorgfältig gewarteter Anlagen und eingebauter Kontrollen** sicher und vollständig erfolgt. Die **Verarbeitung** der Daten durch das Programm **muss** sich **nachprüfen lassen.** Automatische **Plausibilitätskontrollen** des Programms müssen Fehler verhindern (z. B. unlogische Buchungen, wie Anfangsbestände bei Erfolgskonten, Abweichungen von Soll- und Habensummen).

▶ **Keine Buchung ohne Beleg:** Der **Beleg muss die Übereinstimmung zwischen** der **Buchung und** dem **Geschäftsfall** nachweisen.
In der EDV-Buchführung gibt es zahlreiche **automatisch ablaufende Buchungen,** wie z. B. die Skontibuchungen mit der Korrektur der VSt und USt, die Bonibuchungen mit den Korrekturen usw. Hier ist **kein Einzelbeleg** als Buchungsunterlage notwendig, sondern es **genügt** eine **vorliegende Dokumentation** über den Ablauf dieser Buchung und der Nachprüfbarkeit der Ergebnisse an einem konkreten Geschäftsfall. Hier ist die EDV-Dokumentation der **Dauerbeleg** für alle Buchungen dieser Art.
Aufgrund der **Datenfernübertragung** ist es heute vielfach üblich, auf einen „papierenen Beleg" zu verzichten. Hier genügt der **Nachweis der Vollständigkeit der** abgesandten und empfangenen **Daten** als Belegfunktion.

▶ **Grundbuch- und Hauptbuchfunktion der EDV-Buchführung:** Die **EDV-Buchführung muss gewährleisten,** dass die Bücher der Buchführung (Grund-, Haupt- und Nebenbücher) ausgedruckt oder sorgfältig gespeichert und bei Bedarf ausgedruckt werden können. Daher ist eine ständige **Datensicherung,** eine sorgfältige **Wartung der Hardware und** eine **Bereitstellung geschulter Arbeitskräfte** nachzuweisen.

▶ **Aufbewahrung von Buchungsbelegen und Handelsbüchern:** Die **Datenträger,** auf denen digitale Informationen gespeichert sind, **müssen** vor Beeinträchtigung und Verlust der Daten **sorgfältig geschützt werden.** Ihre **Vollständigkeit und Funktionsfähigkeit** ist in bestimmten Abständen zu **prüfen** und zu protokollieren.

Aufbewahrungsfristen	
Zehn Jahre	– Handelsbücher: Datenträger, auf denen die Buchungen gespeichert sind.
	– Dokumentation über das EDV-Buchhaltungssystem sowie über die Arbeitsabläufe der EDV-Buchungsdatenerfassung, -verarbeitung und -ausgabe.
Sechs Jahre	– Datenträger, die ausschließlich die Funktion von Belegen haben.

Die Grundsätze ordnungsmäßiger Datenverarbeitung sind wegen des technischen Fortschritts der Hard- und Software einer ständigen Veränderung und Entwicklung unterworfen. Der **Kaufmann** und **Steuerpflichtige trägt die Verantwortung, dass sein Buchführungssystem den handels- und steuerrechtlichen Vorschriften entspricht.**

Buchungen anhand von Belegen

● Keine Buchung ohne Beleg **(Belegzwang)**
● Belege werden in **natürliche** und **künstliche** unterteilt.
  ❏ Die natürlichen Belege entstehen aus dem Geschäftsverkehr mit der Außenwelt (Kunden, Lieferer, Banken usw.) oder aus innerbetrieblichen Vorgängen (Privatentnahmen des Inhabers, Lohnabrechnungen).
  ❏ Künstliche Belege werden für Buchungen erstellt, für die kein Beleg im Geschäftsverkehr anfällt (Stornierung einer Falschbuchung, Abschlussbuchung).
● Die Belege werden in drei Schritten verarbeitet:
  ❏ **Belegvorbereitung** (Sortieren, Nummerieren, Vorkontieren)
  ❏ **Belegbuchung** im Grund- und Hauptbuch
  ❏ **Belegablage** und **-aufbewahrung** (sechs Jahre)
● Bei EDV-Buchführung muss bei automatisch ablaufenden Buchungen die Dokumentation über den Ablauf dieser Buchung an einem Beispiel als **„Dauerbeleg"** aufbewahrt werden.

1 Die Belege werden insgesamt in natürliche und künstliche, die natürlichen in externe und interne Belege unterteilt. Nennen Sie zu jeder Belegart zwei Beispiele!
2 Erläutern Sie die Belegbearbeitung in der Buchhaltung!
3 Warum müssen zu jeder Buchung Belegart und -nummer angegeben werden?
4 Wie lange sind a) Buchungsbelege, b) Buchführungsbücher aufzubewahren?
5 Erklären Sie a) Sammelbeleg, b) Vorkontierung!

6 **Beleggeschäftsgang** der Primus GmbH, Koloniestr. 2, 47057 Duisburg. Die Sach- und Personenkonten weisen zum 01.12.19.. folgende Summen im Soll und im Haben auf:

Summenbilanz		Soll DM	Haben DM
0500	Grundstücke mit Gebäuden	1 235 000,00	145 000,00
0840	Fuhrpark	320 000,00	70 000,00
0860	Büroausstattung	160 000,00	32 000,00
2400	Forderungen a. LL	7 176 115,00	7 038 115,00
	D 24001 Kunde Herstadt Warenhaus GmbH, Brunostr. 45, 45889 Gelsenkirchen	5 543 000,00	5 451 000,00
	D 24002 Kunde Bürofachgeschäft Herbert Blank, Cäcilienstr. 86, 46147 Oberhausen	1 633 115,00	1 587 115,00
2600	Vorsteuer	602 205,00	548 805,00
2800	Bank	5 903 930,00	5 325 162,00
2880	Kasse	82 602,00	77 905,00
3000	Eigenkapital		1 500 000,00
4400	Verbindlichkeiten a. LL	3 583 400,00	3 703 000,00
	44001 Lieferer Bürodesign GmbH, Stolberger Str. 188, 50933 Köln	1 040 520,00	1 092 500,00
	44002 Lieferer Computec GmbH & Co KG, Volksparkstr. 12–20, 22525 Hamburg	2 542 880,00	2 610 500,00
4800	Umsatzsteuer	922 175,00	1 015 640,00
5100	Umsatzerlöse für Waren		6 134 300,00
6060	Aufwand für Waren/WV	3 576 500,00	
6050	Aufwendungen für Energie und Wasser	41 600,00	
6200	Löhne	823 000,00	
6300	Gehälter	800 000,00	
6800	Büromaterial	82 100,00	
6820	Postgebühren.	26 900,00	
6870	Werbung	164 500,00	
6900	Versicherungsbeiträge.	28 900,00	
7000	Gewerbesteuer.	61 000,00	
		25 589 927,00	25 589 927,00

a) Richten Sie die obigen Konten im Haupt- und Kontokorrentbuch ein!

b) Übernehmen Sie die Summen mit der Abkürzung SU auf die Konten!

c) Kontieren Sie die nachfolgenden Belege vor! Beachten Sie, dass Überweisungsträger immer zusammen mit den entsprechenden Kontoauszügen gebucht werden.

d) Führen Sie die Buchungen im Grundbuch, Hauptbuch und Kontokorrentbuch durch!

e) Schließen Sie die Sachkonten unter Beachtung der vorbereitenden Abschlussbuchungen (Abschluss des Kontos Vorsteuer) ab!

f) Stimmen Sie Debitoren- und Kreditorenkonten mit den entsprechenden Sachkonten jeweils in einer Saldenliste ab!

Hinweise zur EDV-gestützten Bearbeitung des Beleggeschäftsganges:

1. Eingabe der Stammdaten
   - ❑ Mandantenstamm
   - ❑ Debitoren- und Kreditorenstamm

2. Festlegung der Konstanten
   - ❑ Einrichtung bestimmter Festkonten (Forderungen, Verbindlichkeiten, Vorsteuer, Umsatzsteuer)
   - ❑ Festlegung der anzuwendenden USt-Sätze
   - ❑ Kodierung häufig vorkommender Buchungstexte über eine Ziffer

3. Auswertungstexte
   - ❑ Vorgaben zur Gestaltung der Bilanz
   - ❑ Vorgaben zur Gestaltung der GuV-Rechnung

4. Sachkontenstamm
   - ❑ Anlegen der Sachkonten unter Berücksichtigung der Auswertungstextposition

5. Buchungserfassung
   - ❑ Übernahmebuchungen der Anfangsbestände bzw. Summen
   - ❑ Buchungserfassung der laufenden Geschäftsfälle
   - ❑ Sicherung der Erfassungsdatei
   - ❑ Ausdruck des Erfassungsprotokolls zur Kontrolle und eventuelle Korrektur

6. Verarbeitung der erfassten Buchungen

7. Erfassung von Umbuchungen

8. Verarbeitung von Umbuchungen

9. Ausdruck: Buchungsjournal, Kontenblätter, Saldenliste, Bilanz, GuV-Rechnung

Folgende Geschäftsfälle (vergleiche dazu die Belege) sind noch zu buchen:

1.	Beleg-Nr. 800 vom 04.12.:	Rechnung des Lieferers Bürodesign GmbH
2.	Beleg-Nr. 801 vom 11.12.:	Bankkontoauszug – vergleiche dazu:
	Beleg-Nr. 801 a:	Banküberweisung an Lieferer Computec GmbH & Co KG
	Beleg-Nr. 801 b:	Banküberweisung an das Finanzamt Duisburg
3.	Beleg-Nr. 802 vom 12.12.:	Ausgangsrechnung an den Kunden Herstadt Warenhaus GmbH
4.	Beleg-Nr. 803 vom 13.12.:	Kassenbeleg – Super bleifrei für Pkw
5.	Beleg-Nr. 804 vom 17.12.:	Kassenbeleg – Barkauf von Postwertzeichen
6.	Beleg-Nr. 805 vom 17.12.:	Kassenbeleg – Barkauf von Büromaterial
7.	Beleg-Nr. 806 vom 18.12.:	Ausgangsrechnung an den Kunden Bürofachgeschäft Herbert Blank
8.	Beleg-Nr. 807 vom 21.12.:	Kontoauszug – vergleiche dazu:
	Beleg-Nr. 807a:	Wasserwerkrechnung
	Beleg-Nr. 807b:	Gutschrift der Bank für AR an Herstadt Warenhaus GmbH
9.	Beleg-Nr. 808 vom 27.12.:	Bankkontoauszug – vergleiche dazu:
	Beleg-Nr. 808a:	Kunde Herbert Blank zahlt mit Scheck fällige AR, der Scheck wird der Stadtsparkasse Duisburg am selben Tag eingereicht.
	Beleg-Nr. 808b:	Quittung über die Scheckeinreichung
	Beleg-Nr. 808c:	Fernmelderechnung der Telekom
10.	Beleg-Nr. 809 vom 24.12.:	Eingangsrechnung des Lieferers Computec GmbH & Co KG

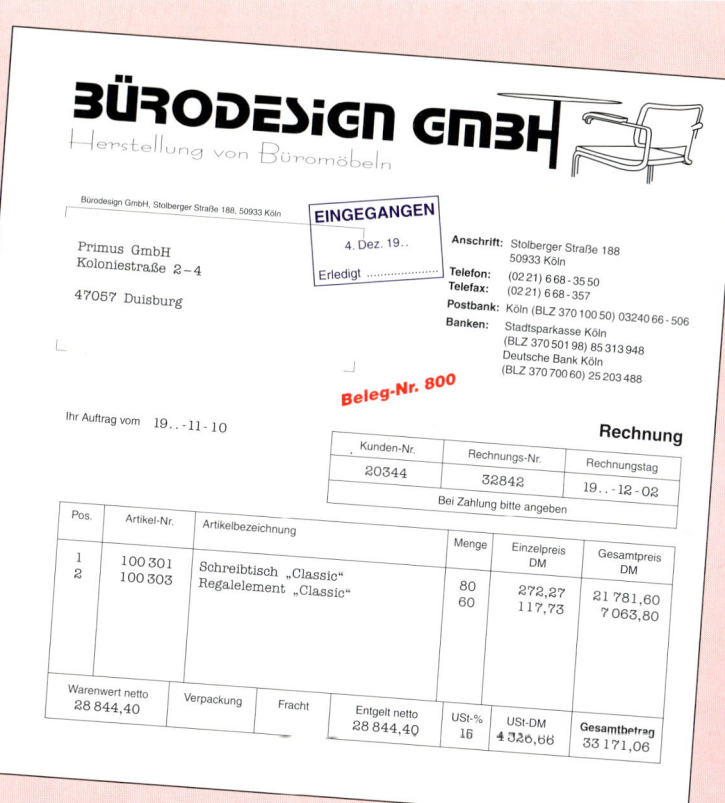

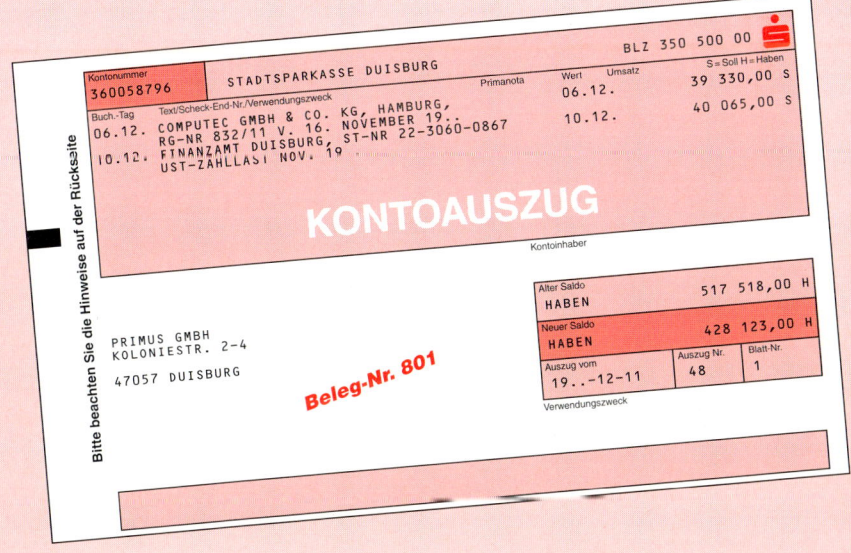

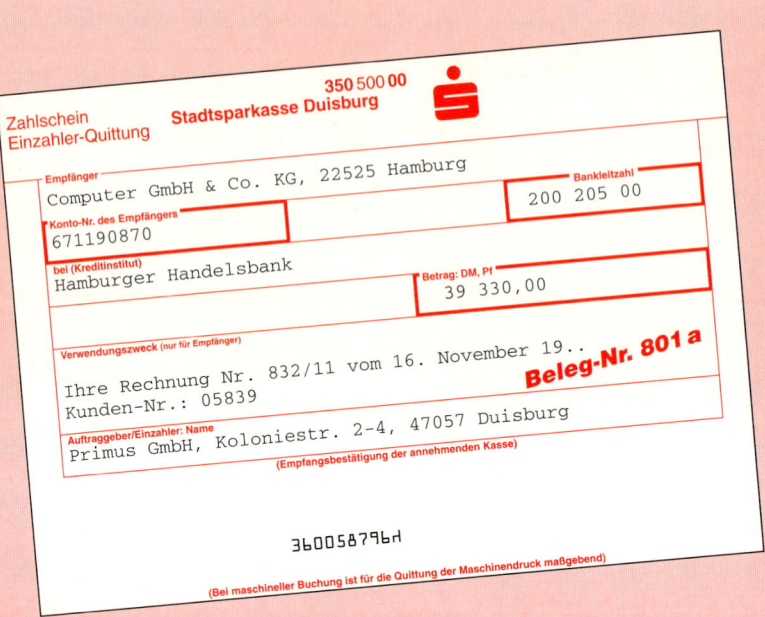

Zahlschein
Einzahler-Quittung

350 500 00

Stadtsparkasse Duisburg

Empfänger

Computer GmbH & Co. KG, 22525 Hamburg

Bankleitzahl

200 205 00

Konto-Nr. des Empfängers

671190870

bei (Kreditinstitut)

Hamburger Handelsbank

Betrag: DM, Pf

39 330,00

Verwendungszweck (nur für Empfänger)

Ihre Rechnung Nr. 832/11 vom 16. November 19..

Kunden-Nr.: 05839

Beleg-Nr. 801 a

Auftraggeber/Einzahler: Name

Primus GmbH, Koloniestr. 2-4, 47057 Duisburg

(Empfangsbestätigung der annehmenden Kasse)

360058796A

(Bei maschineller Buchung ist für die Quittung der Maschinendruck maßgebend)

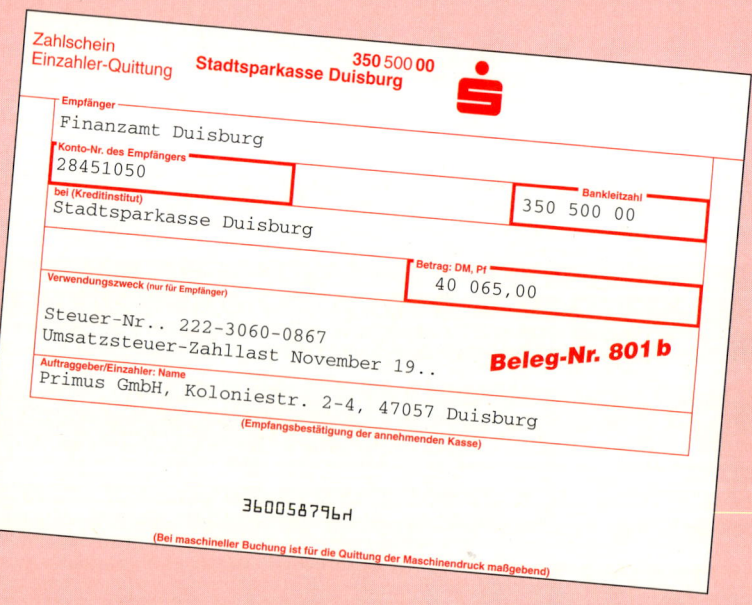

Zahlschein
Einzahler-Quittung

Stadtsparkasse Duisburg **350 500 00**

Empfänger

Finanzamt Duisburg

Konto-Nr. des Empfängers

28451050

bei (Kreditinstitut)

Stadtsparkasse Duisburg

Bankleitzahl

350 500 00

Verwendungszweck (nur für Empfänger)

Betrag: DM, Pf

40 065,00

Steuer-Nr.. 222-3060-0867
Umsatzsteuer-Zahllast November 19..

Beleg-Nr. 801 b

Auftraggeber/Einzahler: Name

Primus GmbH, Koloniestr. 2-4, 47057 Duisburg

(Empfangsbestätigung der annehmenden Kasse)

360058796A

(Bei maschineller Buchung ist für die Quittung der Maschinendruck maßgebend)

140

 **PRIMUS** GmbH

Großhandel für Bürobedarf

Primus GmbH, Koloniestraße 2–4, 47057 Duisburg

Herstadt Warenhaus GmbH
Brunostraße 45

45889 Gelsenkirchen

Anschrift:	Koloniestraße 2–4
	47057 Duisburg
Telefon:	(02 03) 4 45 36-90
Telefax:	(02 03) 4 45 36-98
Banken:	Stadtsparkasse Duisburg
	(BLZ 350 500 00) 360 058 796
	Postbank Essen
	(BLZ 360 100 43) 286 778-431

Beleg-Nr. 802

Ihr Auftrag vom   19..-12-01

 **KOPIE**

Rechnung

Kunden-Nr.	Rechnungs-Nr.	Rechnungstag
8155	31010	19..-12-12
	Bei Zahlung bitte angeben	

Pos.	Artikel-Nr.	Artikelbezeichnung	Menge	Einzelpreis DM	Gesamtpreis DM
1	155B440	Taschenrechner TI-5028	320	39,00	12 480,00
2	228B684	Aktenvernichter Fellowes PS 50	55	149,00	8 195,00
3	138B859	Karteikasten aus Kunststoff	200	23,50	4 700,00

Warenwert netto	Verpackung	Fracht	Entgelt netto	USt-%	USt-DM	Gesamtbetrag
25 375,00			25 375,00	15	3 806,25	29 181,25

CITY-TANKSTELLE
Inh. Britte Huber
Bahnhofstraße 34
47138 Duisburg
Tel. (02 03) 5 43 464

Beleg-Nr. 803

SUPER BLEIFREI	119,92 DM
ZP 5	80,00 LTR
MWST-BRUTTOUMS	119,92 DM
15,00 % MWST	15,64 DM
TOTAL	119,92 DM

69022   19..-12-13   13:53
VIELEN DANK UND GUTE FAHRT

Beleg-Nr. 804

Deutsche Post AG

22100027   0806   19..-12-17

47051 Duisburg

* 100,00 DM

Postwertzeichen ohne Zuschlag

Beleg-Nr. 805

J. F. CASPERS

GmbH & Co.
Am Deichtor 1, 47059 Duisburg

seit über 135 Jahren

Fachgeschäft
für Büroausstattung,
Buch- und
Offsetdruckerei,
Adreßbuch- und
Telefonbuchverlag

Primus GmbH
Koloniestr. 2–4, 47057 Duisburg

			DM	Pf
	Datum 19.. - 12 - 17			
30	Versandtaschen	0,69	20	70
3	Alleskleber	5,75	17	25
12	Register	3,45	41	40
			79	35

Betrag dankend erhalten
Duisburg, den 17. Dez. 19..
J. F. CASPERS

Vielen Dank für Ihren Einkauf.		**Bitte kommen Sie bald wieder!**	

Verk.			Bei Irrtümen oder Umtausch bitte diesen Zettel vorlegen.
3	4557-8		

Betrag einschl. 15 % Mehrwertsteuer

PRIMUS GmbH
Großhandel für Bürobedarf

Primus GmbH, Koloniestraße 2–4, 47057 Duisburg

Bürofachgeschäft
Herbert Blank
Cäcilienstraße 86

46147 Oberhausen

Anschrift: Koloniestraße 2–4
47057 Duisburg
Telefon: (02 03) 4 45 36-90
Telefax: (02 03) 4 45 36-98
Banken: Stadtsparkasse Duisburg
(BLZ 350 500 00) 360 058 796
Postbank Essen
(BLZ 360 100 43) 286 778-431

Beleg-Nr. 806

Rechnung

Ihr Auftrag vom   19.. - 12 - 06

Kunden-Nr.	Rechnungs-Nr.	Rechnungstag
8671	31912	19.. - 12 - 18
	Bei Zahlung bitte angeben	

Pos.	Artikel-Nr.	Artikelbezeichnung	Menge	Einzelpreis DM	Gesamtpreis DM
1	150B391	Tischkopierer Primus Z-52	48	1 399,00	67 152,00
2	381B814	Bürodrehstuhl Modell 1640	32	429,00	13 728,00

Warenwert netto	Verpackung	Fracht	Entgelt netto	USt-%	USt-DM	Gesamtbetrag
80 880,00			80 880,00	15	12 132,00	93 012,00

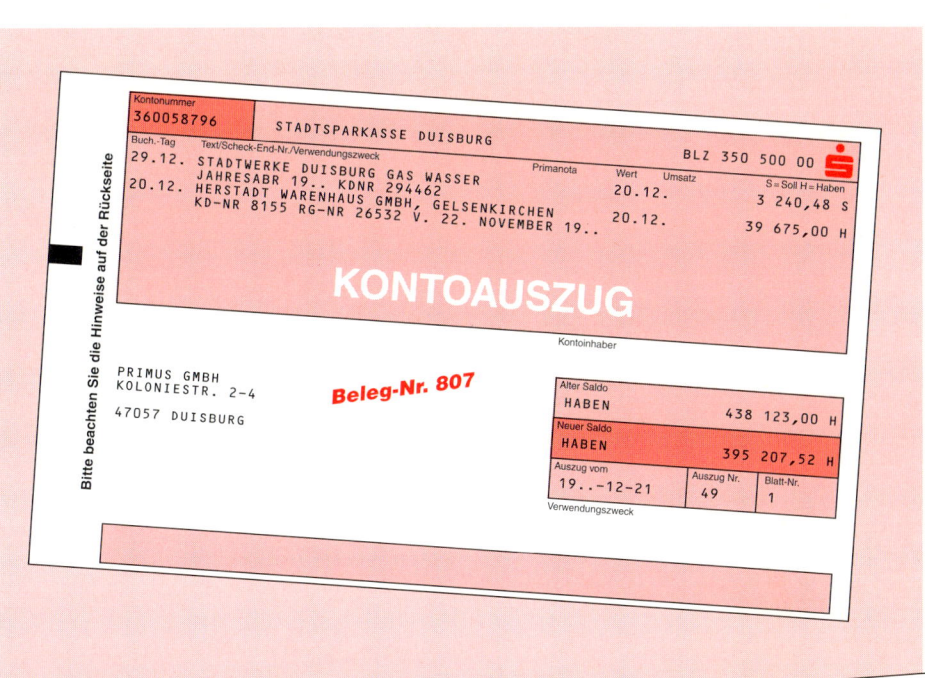

Kontonummer 360058796 — STADTSPARKASSE DUISBURG — BLZ 350 500 00

Buch.-Tag — Text/Scheck-End-Nr./Verwendungszweck

29.12. STADTWERKE DUISBURG GAS WASSER — Primanota — Wert — Umsatz — S=Soll H=Haben
JAHRESABR 19.. KDNR 294462 — 20.12. — 3 240,48 S
20.12. HERSTADT WARENHAUS GMBH, GELSENKIRCHEN
KD-NR 8155 RG-NR 26532 V. 22. NOVEMBER 19.. — 20.12. — 39 675,00 H

KONTOAUSZUG

Kontoinhaber

PRIMUS GMBH
KOLONIESTR. 2-4
47057 DUISBURG

Beleg-Nr. 807

Alter Saldo	
HABEN	438 123,00 H
Neuer Saldo	
HABEN	395 207,52 H

Auszug vom	Auszug Nr.	Blatt-Nr.
19..-12-21	49	1

Verwendungszweck

Bitte beachten Sie die Hinweise auf der Rückseite

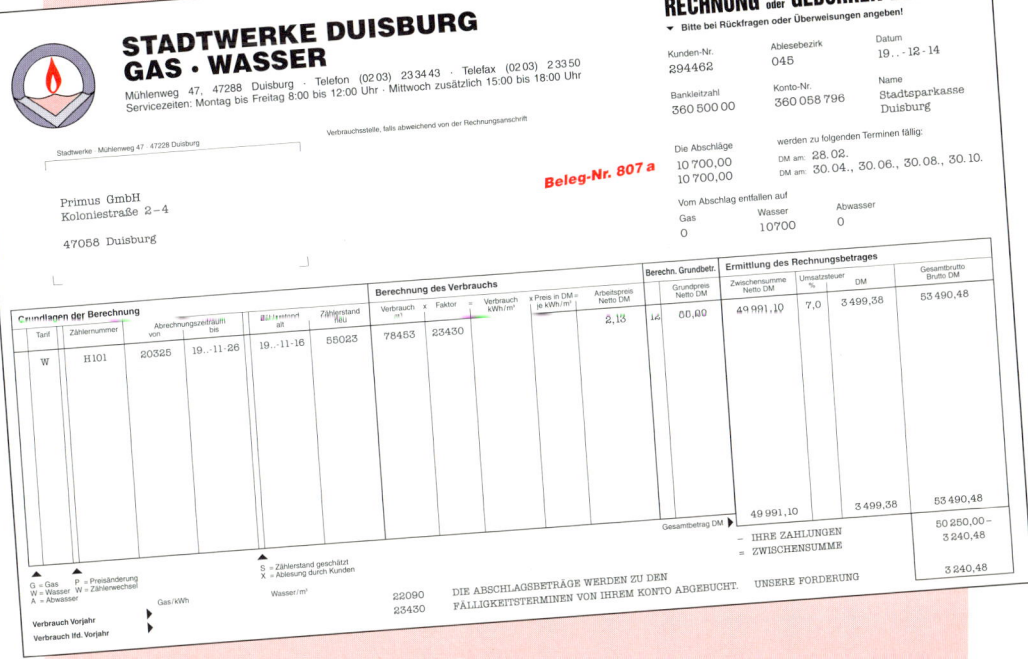

STADTWERKE DUISBURG
GAS · WASSER

Mühlenweg 47, 47288 Duisburg · Telefon (0203) 23 34 43 · Telefax (0203) 2 33 50
Servicezeiten: Montag bis Freitag 8:00 bis 12:00 Uhr · Mittwoch zusätzlich 15:00 bis 18:00 Uhr

RECHNUNG und/oder GEBÜHREN-BESCHEID

► Bitte bei Rückfragen oder Überweisungen angeben!

Kunden-Nr.	Ablesebezirk	Datum
294462	045	19..-12-14

Bankleitzahl	Konto-Nr.	Name
360 500 00	360 058 796	Stadtsparkasse Duisburg

Stadtwerke · Mühlenweg 47 · 47228 Duisburg

Verbrauchsstelle, falls abweichend von der Rechnungsanschrift

Primus GmbH
Koloniestraße 2-4
47058 Duisburg

Beleg-Nr. 807 a

Die Abschläge: 10 700,00 / 10 700,00 — werden zu folgenden Terminen fällig:
DM am: 28.02.
DM am: 30.04., 30.06., 30.08., 30.10.

Vom Abschlag entfallen auf
Gas — Wasser 10700 — Abwasser 0

Grundlagen der Berechnung					Berechnung des Verbrauchs				Berechn. Grundbetr.	Ermittlung des Rechnungsbetrages			
Tarif	Zählernummer	Abrechnungszeitraum von — bis	Zählerstand alt	Zählerstand neu	Verbrauch m³ x Faktor		Verbrauch kWh/m³	x Preis in DM je kWh/m³	Arbeitspreis Netto DM	Grundpreis Netto DM	Zwischensumme Netto DM — Umsatzsteuer %	DM	Gesamtbrutto Brutto DM
								2,13		80,00	49 991,10 — 7,0	3 499,38	53 490,48
W	H101	20325 / 19..-11-26 — 19..-11-16	55023	78453	23430								

Gesamtbetrag DM — 49 991,10 — 3 499,38 — 53 490,48
− IHRE ZAHLUNGEN — 50 250,00 −
= ZWISCHENSUMME — 3 240,48

G = Gas — P = Preisänderung
W = Wasser — W = Zählerwechsel
A = Abwasser
S = Zählerstand geschätzt
X = Ablesung durch Kunden

Verbrauch Vorjahr — Gas/kWh — Wasser/m³ — 22090
Verbrauch lfd. Vorjahr — 23430

DIE ABSCHLAGSBETRÄGE WERDEN ZU DEN FÄLLIGKEITSTERMINEN VON IHREM KONTO ABGEBUCHT. — UNSERE FORDERUNG — 3 240,48

143

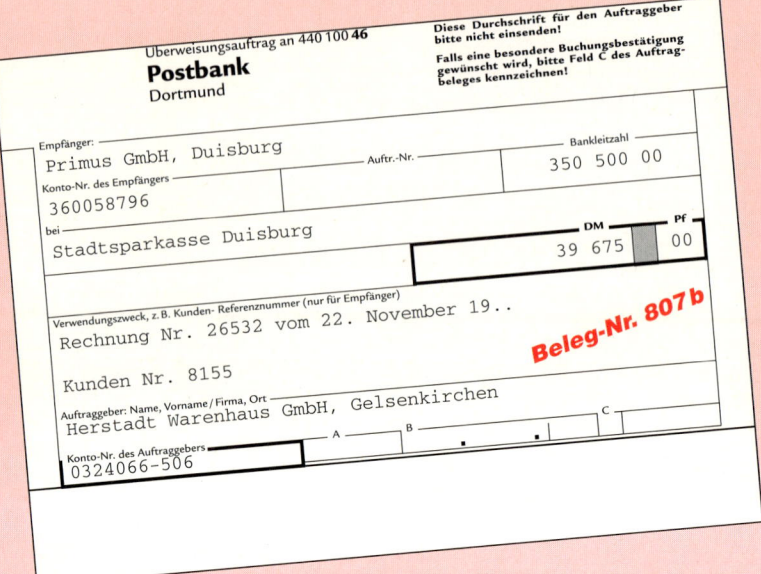

Überweisungsauftrag an 440 100 **46**

Postbank
Dortmund

Diese Durchschrift für den Auftraggeber bitte nicht einsenden!

Falls eine besondere Buchungsbestätigung gewünscht wird, bitte Feld C des Auftragbeleges kennzeichnen!

Empfänger:
Primus GmbH, Duisburg

Auftr.-Nr.

Bankleitzahl
350 500 00

Konto-Nr. des Empfängers
360058796

bei
Stadtsparkasse Duisburg

DM 39 675 Pf 00

Verwendungszweck, z. B. Kunden- Referenznummer (nur für Empfänger)
Rechnung Nr. 26532 vom 22. November 19..

Kunden Nr. 8155

Beleg-Nr. 807 b

Auftraggeber: Name, Vorname / Firma, Ort
Herstadt Warenhaus GmbH, Gelsenkirchen

A   B   .   .   C

Konto-Nr. des Auftraggebers
0324066-506

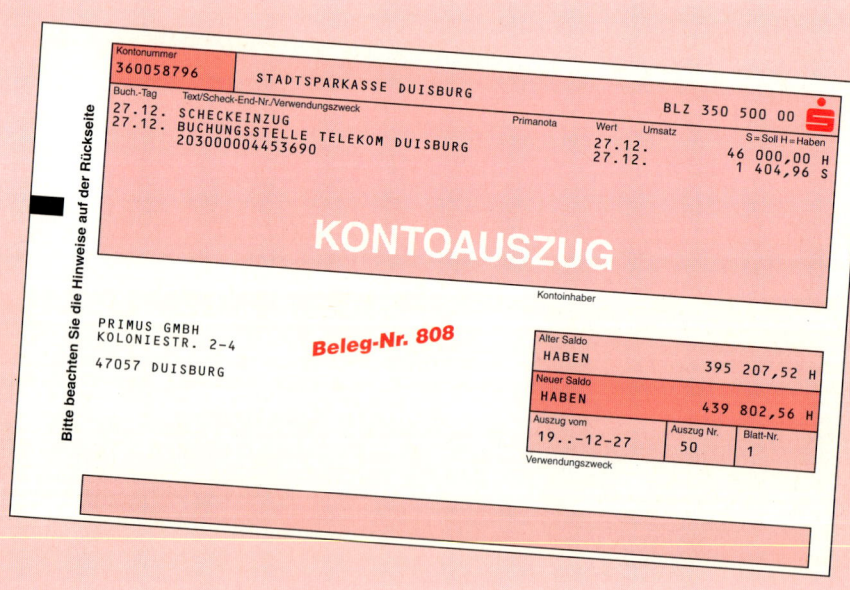

Kontonummer
360058796

STADTSPARKASSE DUISBURG

BLZ 350 500 00

Buch.-Tag | Text/Scheck-End-Nr./Verwendungszweck
27.12. SCHECKEINZUG
27.12. BUCHUNGSSTELLE TELEKOM DUISBURG
203000004453690

Primanota   Wert   Umsatz   S = Soll H = Haben
27.12.   46 000,00 H
27.12.   1 404,96 S

KONTOAUSZUG

Kontoinhaber

PRIMUS GMBH
KOLONIESTR. 2-4
47057 DUISBURG

Beleg-Nr. 808

Alter Saldo
HABEN   395 207,52 H
Neuer Saldo
HABEN   439 802,56 H

Auszug vom   Auszug Nr.   Blatt-Nr.
19..-12-27   50   1

Verwendungszweck

Bitte beachten Sie die Hinweise auf der Rückseite

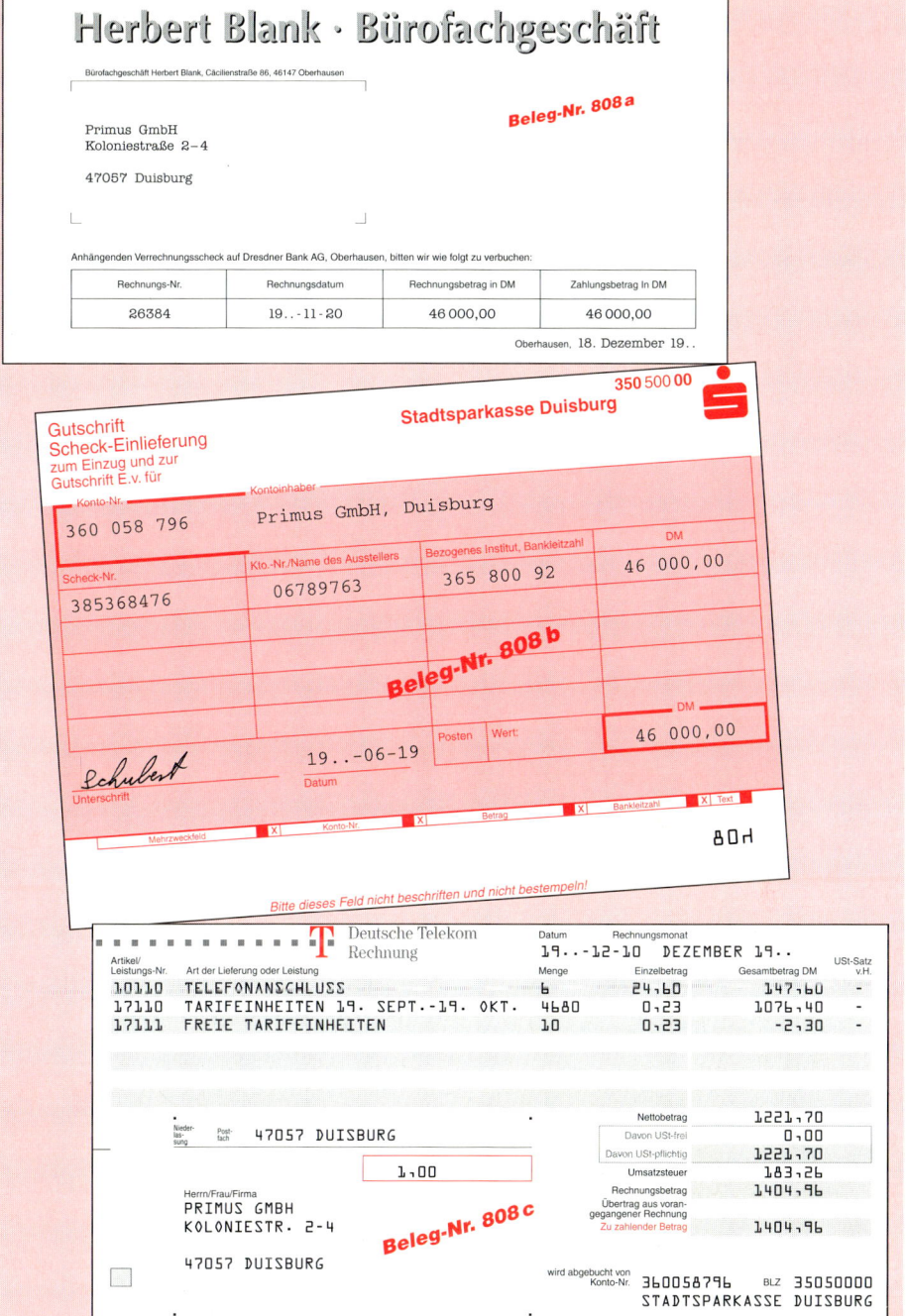

Herbert Blank · Bürofachgeschäft

Bürofachgeschäft Herbert Blank, Cäcilienstraße 86, 46147 Oberhausen

Primus GmbH
Koloniestraße 2–4

47057 Duisburg

Beleg-Nr. 808 a

Anhängenden Verrechnungsscheck auf Dresdner Bank AG, Oberhausen, bitten wir wie folgt zu verbuchen:

Rechnungs-Nr.	Rechnungsdatum	Rechnungsbetrag in DM	Zahlungsbetrag in DM
26384	19..-11-20	46 000,00	46 000,00

Oberhausen, 18. Dezember 19..

---

350 500 00

Stadtsparkasse Duisburg

Gutschrift
Scheck-Einlieferung
zum Einzug und zur
Gutschrift E.v. für

Konto-Nr.
360 058 796

Kontoinhaber
Primus GmbH, Duisburg

Scheck-Nr.	Kto.-Nr./Name des Ausstellers	Bezogenes Institut, Bankleitzahl	DM
385368476	06789763	365 800 92	46 000,00

Beleg-Nr. 808 b

		DM
	Posten Wert:	46 000,00

Schubert
Unterschrift

19..-06-19
Datum

| Mehrzweckfeld | X | Konto-Nr. | X | Betrag | X | Bankleitzahl | X | Text |

80h

Bitte dieses Feld nicht beschriften und nicht bestempeln!

T Deutsche Telekom
Rechnung

Datum Rechnungsmonat
19..-12-10 DEZEMBER 19..

Artikel/ Leistungs-Nr.	Art der Lieferung oder Leistung	Menge	Einzelbetrag	Gesamtbetrag DM	USt-Satz v.H.
10110	TELEFONANSCHLUSS	6	24,60	147,60	-
17110	TARIFEINHEITEN 19. SEPT.–19. OKT.	4680	0,23	1076,40	-
17111	FREIE TARIFEINHEITEN	10	0,23	-2,30	-

Nettobetrag		1221,70
Davon USt-frei		0,00
Davon USt-pflichtig		1221,70
Umsatzsteuer		183,26
Rechnungsbetrag		1404,96
Übertrag aus vorangegangener Rechnung		
Zu zahlender Betrag		1404,96

Niederlassung Postfach 47057 DUISBURG

1,00

Herrn/Frau/Firma
PRIMUS GMBH
KOLONIESTR. 2–4

47057 DUISBURG

Beleg-Nr. 808 c

wird abgebucht von
Konto-Nr. 360058796 BLZ 35050000
STADTSPARKASSE DUISBURG

Hausanschrift FLORSTR. 90 47057 DUISBURG
Telekontakte Telefon: (0203) 13-333 Fax: (0203) 135873

Kundennummer 7114312 Bitte immer angeben
Fernmeldekonto 2030000044353690◀

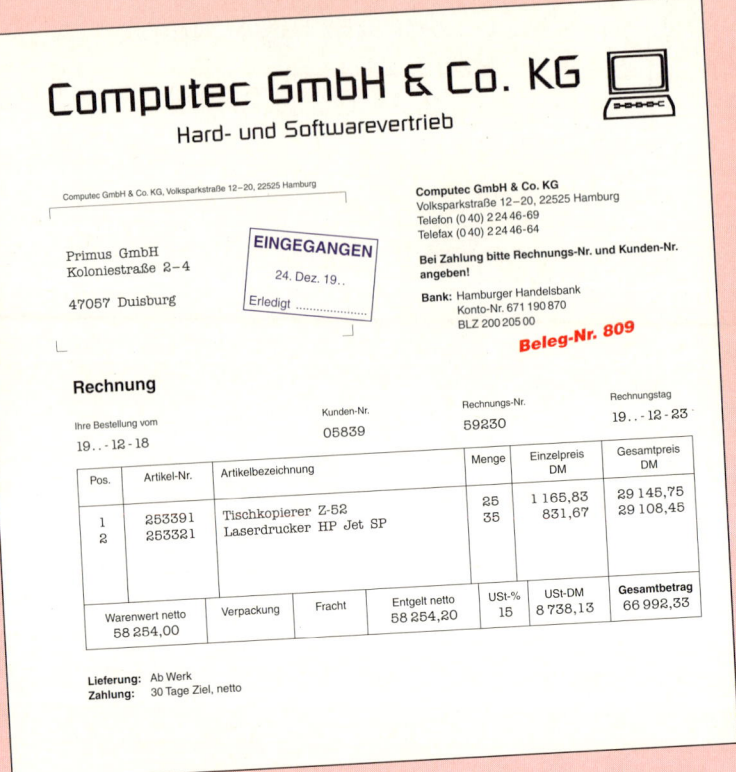

7 Kontieren Sie die Belege Nr. 101, 102 und 103 des Bürofachgeschäftes Herbert Blank vor:

Herbert Blank · Bürofachgeschäft

Auszahlungsbeleg

Beleg-Nr. 102

Die Kasse zahlte   zweitausendfünfhundert _____ DM

an   Herrn Herbert Blank _____

für   Haushaltsgeld _____

Betrag erhalten   Zur Zahlung angewiesen

19..-02-05   gez. _Herbert Blank_   _Isabel Schmitt_

Herbert Blank · Bürofachgeschäft

Bürofachgeschäft Herbert Blank, Cäcilienstraße 86, 46147 Oberhausen

Herrn
Herbert Blank
Pacellistraße 5

46045 Oberhausen

Beleg-Nr. 103

Anschrift:	Cäcilienstraße 86
	46147 Oberhausen
Telefon:	(02 08) 11 13-60
Telefax:	(02 08) 11 13-45
Banken:	Dresdner Bank Oberhausen
	(BLZ 365 800 72) 06 789 763

KOPIE

Ihr Auftrag vom

Entnahme durch Herrn Blank

Rechnung

Kunden-Nr.	Rechnungs-Nr.	Rechnungstag
3001	1257	19..-03-02
	Bei Zahlung bitte angeben	

Pos.	Artikel-Nr.	Artikelbezeichnung	Menge	Einzelpreis DM	Gesamtpreis DM
1	005524	Bandscheiben-Drehstuhl „Super-Star"	1	399,00	399,00

Warenwert netto	Verpackung	Fracht	Entgelt netto	USt-%	USt-DM	Gesamtbetrag
399,00			399,00	15	59,85	458,85

2.9 Jahresabschluss und Lagebericht der Kapitalgesellschaft

Herr Müller hat, nachdem Frau Lapp den vorläufigen Jahresabschluss erstellt hat, den Steuerberater der Primus GmbH aufgesucht. Wichtigstes Ergebnis ist, dass im Rahmen der Offenlegung des Jahresabschlusses die Vorschriften des HGB für kleine Kapitalgesellschaften zu beachten sind.

Arbeitsauftrag Stellen Sie fest, welche Konsequenzen sich für die Primus GmbH hinsichtlich des Jahresabschlusses und Lageberichtes ergeben!

● Jahresabschluss der Kapitalgesellschaften

Nach § 242 HGB müssen **alle Vollkaufleute** zum Ende des Geschäftsjahres zur Darstellung ihrer **Vermögens-, Kapital-** und **Ertragslage** einen Jahresabschluss erstellen.

Bei Einzelunternehmen und **Personengesellschaften** (OHG, KG) besteht der Jahresabschluss aus der **Bilanz** zum Ausweis der **Vermögenslage** und der **Gewinn- und Verlustrechnung** zur Darstellung der **Ertragslage.**

Nach § 264 Abs. 1 HGB müssen **Kapitalgesellschaften** (AG, GmbH) einen Jahresabschluss erstellen, der aus der **Bilanz,** der **Gewinn- und Verlustrechnung** und dem **Anhang** besteht. Sie haben neben der **Vermögens-** und **Ertragslage** ihre **Finanzlage** darzustellen. Außerdem haben sie den Jahresabschluss durch einen **Lagebericht** zu ergänzen.

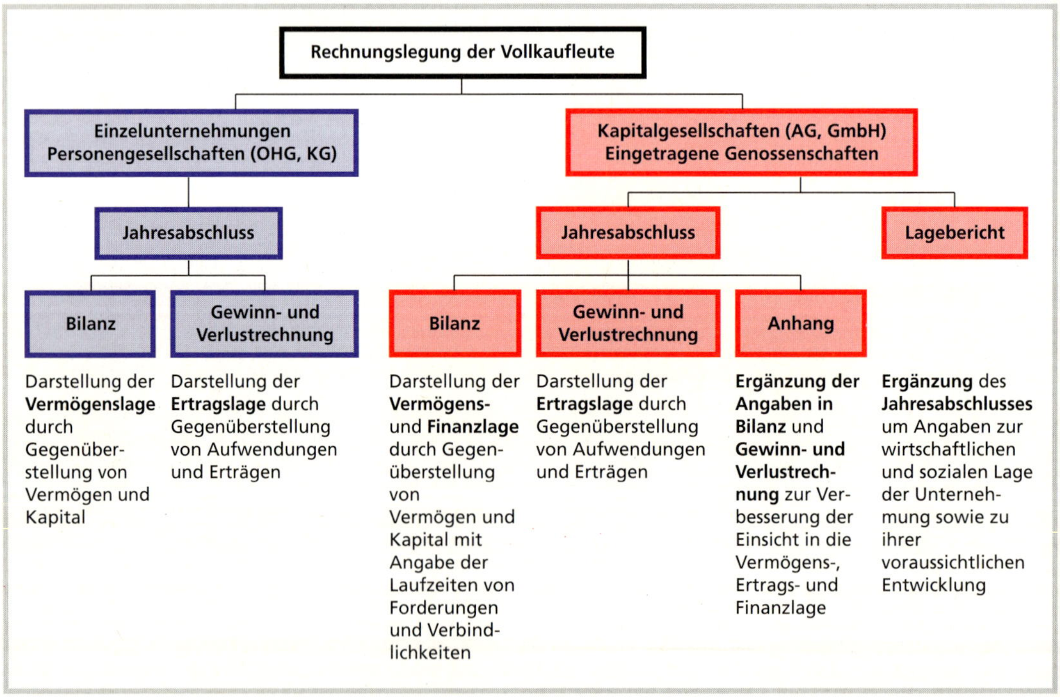

Rechnungslegung der Vollkaufleute				
Einzelunternehmungen Personengesellschaften (OHG, KG)		**Kapitalgesellschaften (AG, GmbH) Eingetragene Genossenschaften**		
Jahresabschluss		**Jahresabschluss**		**Lagebericht**
Bilanz	**Gewinn- und Verlustrechnung**	**Bilanz**	**Gewinn- und Verlustrechnung**	**Anhang**
Darstellung der **Vermögenslage** durch Gegenüberstellung von Vermögen und Kapital	Darstellung der **Ertragslage** durch Gegenüberstellung von Aufwendungen und Erträgen	Darstellung der **Vermögens-** und **Finanzlage** durch Gegenüberstellung von Vermögen und Kapital mit Angabe der Laufzeiten von Forderungen und Verbindlichkeiten	Darstellung der **Ertragslage** durch Gegenüberstellung von Aufwendungen und Erträgen	**Ergänzung der Angaben in Bilanz** und **Gewinn- und Verlustrechnung** zur Verbesserung der Einsicht in die Vermögens-, Ertrags- und Finanzlage	**Ergänzung** des **Jahresabschlusses** um Angaben zur wirtschaftlichen und sozialen Lage der Unternehmung sowie zu ihrer voraussichtlichen Entwicklung

● Gliederungsvorschriften für den Jahresabschluss

▶ **Einzelunternehmungen und Personengesellschaften:** Das HGB enthält für **Einzelunternehmen und Personengesellschaften** nur **grobe Hinweise zur Gliederung** der Bilanz und der Gewinn- und Verlustrechnung. So müssen gemäß § 247 HGB in der Bilanz das **Anlage- und das Umlaufvermögen, das Eigenkapital, die Schulden** sowie die **Rechnungsabgrenzungsposten** gesondert ausgewiesen und hinreichend gegliedert werden. Da jedoch für solche Unternehmen auch der Grundsatz der Klarheit und Übersichtlichkeit gilt, sollten sich auch Einzelunternehmen und Personengesellschaften an den **Gliederungsvorschriften der Kapitalgesellschaften orientieren.**

▶ **Kapitalgesellschaften:** Im Unterschied zu Einzelunternehmen und Personengesellschaften haben große und mittelgroße **Kapitalgesellschaften** die Positionen in der Bilanz und in der Gewinn- und Verlustrechnung nach den **Vorschriften des Handelsgesetzbuches** (§ 266, 275 HGB) zu bezeichnen und anzuordnen. Diesbezüglich sieht der Gesetzgeber für kleine Kapitalgesellschaften wesentliche Erleichterungen vor.

Kleine Kapitalgesellschaften müssen nur eine verkürzte Bilanz, die die mit Großbuchstaben und römischen Ziffern bezeichneten Posten des Gliederungsschemas gemäß § 266 HGB enthält, aufstellen und veröffentlichen. Für mittelgroße Kapitalgesellschaften gilt zwar auch die ausführliche Bilanzgliederung, sie können aber bei Offenlegung ihre Bilanz verkürzen.

Aktiva	Bilanzschema einer kleinen Kapitalgesellschaft	Passiva

A. Anlagevermögen
  I. Immaterielle Vermögensgegenstände
  II. Sachanlagen
  III. Finanzanlagen
B. Umlaufvermögen
  I. Vorräte
  II. Forderungen und sonstige
     Vermögensgegenstände
  III. Wertpapiere
  IV. Flüssige Mittel
C. Rechnungsabgrenzungsposten
	A. Eigenkapital
	  I. Gezeichnetes Kapital
	  II. Kapitalrücklage
	  III. Gewinnrücklagen
	  IV. Gewinnvortrag/Verlustvortrag
	  V. Jahresüberschuss/Jahresfehlbetrag
	B. Rückstellungen
	C. Verbindlichkeiten
	D. Rechnungsabgrenzungsposten	

● Größenabgrenzung der Kapitalgesellschaften

Merkmale der Größenabgrenzung der Kapitalgesellschaften sind die **Bilanzsumme,** die **Umsatzerlöse** und die **Zahl der im Jahresdurchschnitt beschäftigten Arbeitnehmer** (§ 267 HGB).

Kapital- gesellschaft	Bilanzsumme Mio. DM	Umsatzerlöse Mio. DM	Zahl der Arbeitnehmer	Erläuterung
kleine	bis 5,31	bis 10,62	bis 50	zwei der drei Merkmale dürfen an den Abschlussstichtagen von zwei aufeinanderfolgenden Geschäftsjahren nicht überschritten werden
mittelgroße	bis 21,24	bis 42,48	bis 250	
große	über 21,24	über 42,48	über 250	zwei der drei Merkmale werden an den obigen Abschlussstichtagen überschritten

Während die Bilanz der Darstellung der Vermögens- und Finanzlage dient, ist es Aufgabe der **GuV-Rechnung,** die **Ertragslage** darzustellen. Kleine und mittelgroße Kapitalgesellschaften **dürfen** die Posten 1 bis 5 gem. § 275 Abs. 2 zu einem Posten unter der Bezeichnung „**Rohergebnis**" zusammenfassen (§ 276 HGB).

Das **Gliederungsschema gemäß § 275 Abs. 2 HGB** verdeutlicht die untereinander angeordneten unterschiedlichen **Erfolgsquellen** und die Zuordnung der Aufwandsarten und Ertragsarten zu den Positionen der Gewinn- und Verlustrechnung.

Positionen der Gewinn- und Verlustrechnung		Kontenarten des Kontenrahmens
1. Umsatzerlöse	+	5000, 5100
2. Erhöhung oder Verminderung des Bestandes an fertigen und unfertigen Erzeugnissen[1]	+/−	5200
3. andere aktivierte Eigenleistungen	+	5300
4. sonstige betriebliche Erträge	+	5400, 5410, 5460, 5490
= als Zwischensumme kann zur Erleichterung der Erfolgsanalyse die „Gesamtleistung" ausgewiesen werden		
5. Materialaufwand:		
a) Aufwendungen für Roh-, Hilfs- und Betriebsstoffe, Energie[2]	−	6000, 6020, 6030, 6040, 6050, 6060
b) Aufwendungen für bezogene Leistungen	−	6100 bis 6170
= als Zwischenergebnis kann der Saldo aus der Gesamtleistung und dem Materialaufwand vermerkt werden, der als „Rohergebnis" bezeichnet wird		
6. Personalaufwand		
a) Löhne und Gehälter	−	6200, 6300
b) soziale Abgaben	−	6400, 6420, 6440, 6490
7. Abschreibungen auf		
a) immaterielle Vermögensgegenstände und Sachanlagen	−	6520
b) Umlaufvermögen	−	6570, 7460
8. sonstige betriebliche Aufwendungen	−	6600 bis 6990
= als Zwischensumme kann der Saldo aus den Erträgen und den Aufwendungen als „Betriebsergebnis" ausgewiesen werden		
9. Erträge aus Beteiligungen	+	5500
10. Erträge aus anderen Wertpapieren und Ausleihungen des Finanzanlagevermögens	+	5500
11. sonstige Zinsen und ähnliche Erträge	+	5710
12. Abschreibungen auf Finanzanlagen und auf Wertpapiere des Umlaufvermögens	−	7400
13. Zinsen und ähnliche Aufwendungen	−	7510
= als Zwischensumme kann der Saldo aus den Finanzierungserträgen und -aufwendungen, das sogenannte „Finanzergebnis", ausgewiesen werden		
14. Ergebnis der gewöhnlichen Geschäftstätigkeit		
15. außerordentliche Erträge	+	5800
16. außerordentliche Aufwendungen	−	7600
17. außerordentliches Ergebnis		
18. Steuern vom Einkommen und vom Ertrag	−	7710, 7720
19. sonstige Steuern	−	7000, 7010, 7020, 7030
20. Jahresüberschuss/ Jahresfehlbetrag		

[1] Im Handelsbetrieb werden die Warenbestandsveränderungen mit dem Aufwand für Waren verrechnet (vgl. Pos. 5).

[2] Im Handelsbetrieb enthält diese Position den Aufwand für Waren (Wareneinsatz) nach Verrechnung der Bestandsveränderungen.

● Prüfung und Offenlegung des Jahresabschlusses

Die **Vermögens- und Ertragslage** von Kapitalgesellschaften ist von großem **Interesse** insbesondere **für**

❏ die Kapitalgeber – Aktionäre, GmbH-Gesellschafter – sowie

❏ die Gläubiger, denen als Haftungskapital das Gesellschaftsvermögen zur Verfügung steht.

Kapitalgeber und Gläubiger wollen informiert werden, über

❏ die wirtschaftliche Lage und ihre Entwicklung,

❏ die Leistung der Geschäftsführung,

❏ Planungsvorhaben, wie Sortimentsgestaltung, Erschließung neuer Märkte, Forschung und Entwicklung.

Zur Information und zum Schutz dieser Personenkreise verpflichtet der Gesetzgeber die Kapitalgesellschaften zur **Veröffentlichung** (Publizierung) des Jahresabschlusses und des Lageberichtes **im Bundesanzeiger** sowie zur **Einreichung beim** zuständigen **Handelsregister.** Vorher müssen Jahresabschluss und Lagebericht durch unabhängige Abschlussprüfer geprüft werden. Dabei räumt der Gesetzgeber mittelgroßen und kleinen Kapitalgesellschaften (vgl. § 267 HGB) erhebliche Erleichterungen ein.

❏ Große Kapitalgesellschaften sind zur Veröffentlichung des Jahresabschlusses und des Lageberichtes im Bundesanzeiger sowie zur Einreichung der Unterlagen beim Handelsregister verpflichtet.

❏ Für mittelgroße und kleine Kapitalgesellschaften bestehen hinsichtlich der Publizierung erhebliche Erleichterungen (z. B. eine geringere Gliederungstiefe der Bilanz).

● Abschluss des GuV-Kontos und Erstellung der Gewinn- und Verlustrechnung in Kapitalgesellschaften

▶ **Abschluss des GuV-Kontos bei Kapitalgesellschaften: Kapitalgesellschaften** ermitteln wie Einzelunternehmen und Personengesellschaften ihren Erfolg auf dem Konto „**8020 Gewinn und Verlust**" durch Gegenüberstellung der Aufwendungen und Erträge. Der **Gewinn** der Kapitalgesellschaften wird als **Jahresüberschuss,** der Verlust als **Jahresfehlbetrag** bezeichnet. Beim Abschluss des GuV-Kontos der Kapitalgesellschaften ergeben sich wegen der besonderen Haftungsverhältnisse Unterschiede zur Einzelunternehmung.

So muss das Haftungskapital der Kapitalgesellschaft, in der **Aktiengesellschaft** (AG) das **Grundkapital**, in der **Gesellschaft mit beschränkter Haftung** (GmbH) das **Stammkapital** (vgl. S. 152), getrennt ausgewiesen werden. Dies geschieht auf dem Konto „**3000 Gezeichnetes Kapital**".

Da die Haftung auf das gezeichnete Kapital beschränkt ist, darf das **Gewinn- und Verlustkonto** nicht über das Konto „**3000 Gezeichnetes Kapital" abgeschlossen werden.**

Das Konto 3000 gezeichnetes Kapital weist also grundsätzlich das Haftungskapital der Kapitalgesellschaft in gleichbleibender Höhe aus. Der Jahresüberschuss oder -fehlbetrag darf deshalb nicht mit dem gezeichneten Kapital verrechnet, sondern muss getrennt von diesem in der Bilanz ausgewiesen werden.

Der Saldo des Kontos „8020 Gewinn und Verlust" ist daher getrennt vom gezeichneten Kapital als **Jahresüberschuss/-fehlbetrag** unter der Position „Eigenkapital" in der Bilanz auszuweisen.

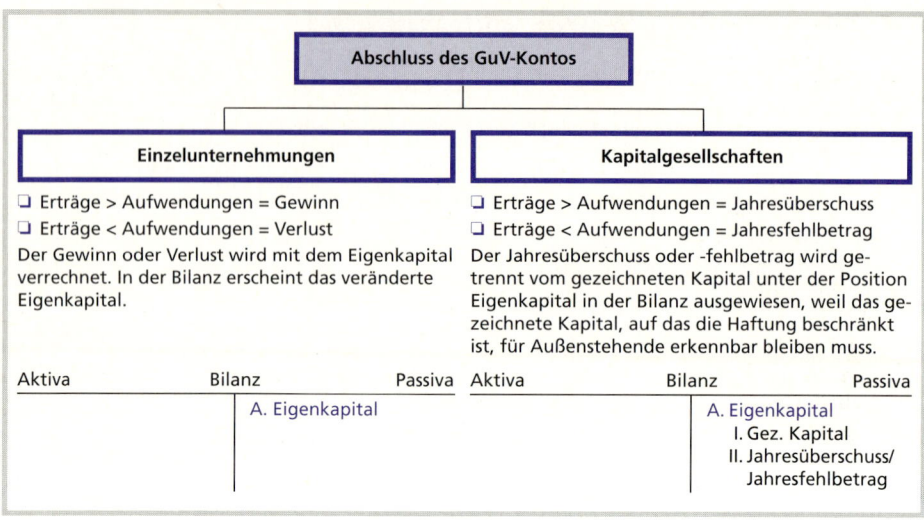

Abschluss des GuV-Kontos	
Einzelunternehmungen	**Kapitalgesellschaften**
❏ Erträge > Aufwendungen = Gewinn ❏ Erträge < Aufwendungen = Verlust Der Gewinn oder Verlust wird mit dem Eigenkapital verrechnet. In der Bilanz erscheint das veränderte Eigenkapital.	❏ Erträge > Aufwendungen = Jahresüberschuss ❏ Erträge < Aufwendungen = Jahresfehlbetrag Der Jahresüberschuss oder -fehlbetrag wird getrennt vom gezeichneten Kapital unter der Position Eigenkapital in der Bilanz ausgewiesen, weil das gezeichnete Kapital, auf das die Haftung beschränkt ist, für Außenstehende erkennbar bleiben muss.

Aktiva	Bilanz	Passiva	Aktiva	Bilanz	Passiva
	A. Eigenkapital			A. Eigenkapital I. Gez. Kapital II. Jahresüberschuss/ Jahresfehlbetrag	

● GuV-Rechnung für kleine Kapitalgesellschaften

Für Zwecke der **Darstellung der Ertragslage Dritten gegenüber** werden Aufwendungen und Erträge des **GuV-Kontos der Finanzbuchhaltung** sinnvoll gegliedert und in der **GuV-Rechnung** gemäß § 275 HGB dargestellt.

So werden die **Aufwendungen nach der Art der eingesetzten Produktionsfaktoren** (Aufwand für Waren, Personalaufwand, Abschreibungen, Sonstige betriebliche Aufwendungen) zusammengefasst und angeordnet.

Erträge des Handelsbetriebes werden artgemäß in **Umsatzerlöse** (Absatzleistungen) und **Sonstige betriebliche Erträge** (Mieterträge, Provisionserträge) unterteilt.

Nach **§ 275 Abs. 2 HGB** müssen die Kapitalgesellschaften die Gewinn- und Verlustrechnung in **Staffelform** aufstellen.

Beispiel Ableitung der GuV-Rechnung der Primus GmbH aus dem GuV-Konto der Finanzbuchhaltung

Soll	8020 Gewinn- und Verlustkonto			Haben
6060 Aufwendungen für		5100 Umsatzerlöse		7 600 000,00
bezogene Waren	3 952 00,00	5710 Zinserträge		4 800,00
6050 Aufwendungen für		5800 Außerordentliche		
Energie	152 000,00	Erträge		15 200,00
6160 Fremdinstandsetzung	178 700,00			
6200 Löhne	323 000,00			
6300 Gehälter	1 763 000,00			
6700 Mieten	43 000,00			
6800 Büromaterial, Post,				
Werbung	234 300,00			
7000 Betriebliche Steuern	61 000,00			
7510 Zinsaufwendungen	62 000,00			
7600 Außerordentliche				
Aufwendungen	184 000,00			
7700 Körperschaftsteuer	325 000,00			
3400 Jahresüberschuss	342 000,00			
	7 620 000,00			7 620 000,00

Berechnung des Rohergebnisses (siehe S. 150):	DM
Umsatzerlöse	7 600 000,00
− Aufwendungen für bezogene Waren	3 952 000,00
= Rohergebnis	3 648 000,00

Gewinn- und Verlustrechnung für die Zeit vom 01.01.19.. bis zum 31.12.19..:

	DM	DM
1. Rohergebnis		3 648 000,00
2. Personalaufwand (Löhne und Gehälter)		2 086 000,00
3. Sonstige betriebliche Aufwendungen		669 000,00
Betriebsergebnis		893 000,00
4. Zinsen und ähnliche Erträge	4 800,00	
5. Zinsen und ähnliche Aufwendungen	62 000,00	
Finanzergebnis		−57 200,00
6. **Ergebnis der gewöhnlichen Geschäftstätigkeit**		835 800,00
7. Außerordentliche Erträge	15 200,00	
8. Außerordentliche Aufwendungen	184 000,00	
Außerordentliches Ergebnis		−168 800,00
Ergebnis vor Steuern		667 000,00
9. Steuern vom Einkommen und vom Ertrag		325 000,00
10. **Jahresüberschuss**		342 000,00

Die Gewinn- und Verlustrechnung legt mit der Darstellung

❏ des Betriebsergebnisses,

❏ des Finanzergebnisses,

❏ des außerordentlichen Ergebnisses und

❏ der Steuern

die Quellen des Gesamtergebnisses offen.

● Erstellung der Bilanz gemäß HGB

Kapitalgesellschaften haben die **Bilanz in Kontenform** aufzustellen. Das **Bilanzschema** nach § 266 Abs. 2 HGB ist **verpflichtend für große und mittelgroße Kapitalgesellschaften.** Bezeichnungen des Bilanzgliederungsschemas, die für die bilanzierende Kapitalgesellschaft unzutreffend sind, können abgeändert werden. Bilanzpositionen des Schemas, die nicht benötigt werden, sollten nicht aufgeführt werden. Die frei werdende Ziffer des Schemas wird dann der nächsten Bilanzposition zugewiesen.

Kleine Kapitalgesellschaften (vgl. S. 149) brauchen nach § 266 Abs. 1 Satz 3 HGB nur eine **verkürzte Bilanz** zu erstellen, in die lediglich die mit Großbuchstaben und römischen Ziffern bezeichneten Posten gesondert und in der vorgeschriebenen Reihenfolge aufgeführt werden müssen.

Für **Einzelunternehmen und Personengesellschaften** bestehen **keine strengen Gliederungsvorschriften.** Da sie jedoch auch das Gebot der **Klarheit** und **Übersichtlichkeit** sowie der **Vollständigkeit** beachten müssen, sollten sie sich an den Gliederungsvorschriften der Kapitalgesellschaften orientieren.

Das folgende **vereinfachte Bilanzgliederungsschema** der **kleinen Kapitalgesellschaft** zeigt die Zuordnung der im Kontenrahmen aufgeführten Bestandskonten zu den Bilanzpositionen:

Aktiva	Vereinfachte Bilanzgliederung und Zuordnung der Bestandskonten	Passiva

A. Anlagevermögen:	**A. Eigenkapital:**
I. Sachanlagen 0500–0890	I. Gezeichnetes Kapital 3000
II. Finanzanlagen 1300–1600	II. Jahresüberschuss/ 3400
B. Umlaufvermögen:	Jahresfehlbetrag 3400
I. Vorräte 2000–2300	**B. Verbindlichkeiten:**
II. Forderungen und sonstige	I. Verbindlichkeiten
Vermögensgegenstände 2400–2690	gegenüber Kreditinstituten 4250
III. Schecks, Kassenbestand,	II. Verbindlichkeiten a. LL 4400
Bank- und Postbank-	III. Sonstige Verbindlichkeiten 4800
guthaben 2800–2880	

Beispiel Die Finanzbuchhaltung der Primus GmbH erstellte zum Ende des Geschäftsjahres folgendes Schlussbilanzkonto:

Soll	8010 Schlussbilanzkonto	Haben

0510 Bebaute Grundstücke	800 000,00	3000 Gezeichnetes Kapital	1 200 000,00
0511 Gebäude	972 000,00	3400 Jahresüberschuss	342 000,00
0840 Fuhrpark	250 000,00	4250 Verbindlichkeiten	
0860 Geschäftsausstattung	220 000,00	gegenüber Kreditinstituten	1 000 000,00
2280 Warenbestand	260 000,00	4400 Verbindlichkeiten a. LL	200 000,00
2400 Forderungen a. LL	140 000,00	4800 Umsatzsteuer	100 000,00
2800 Bankguthaben	160 000,00		
2850 Postbankguthaben	37 600,00		
2880 Kasse	2 400,00		
	2 842 000,00		2 842 000,00

Aktiva	Bilanz der Primus GmbH 31.12.19..	Passiva

A. Anlagevermögen		**A. Eigenkapital**	
I. Sachanlagen	2 242 000,00	I. Gezeichnetes Kapital	1 200 000,00
B. Umlaufvermögen		II. Jahresüberschuss	342 000,00
I. Vorräte	260 000,00	**C. Verbindlichkeiten**	
II. Forderungen und sonstige		I. Verbindlichkeiten gegenüber	
Vermögensgegenstände	140 000,00	Kreditinstituten	1 000 000,00
III. Kassenbestand,		II. Verbindlichkeiten a. LL	200 000,00
Bank- und Postbank-		III. Sonstige Verbindlichkeiten	100 000,00
guthaben	200 000,00		
	2 842 000,00		2 842 000,00

Die Mitglieder des Vorstands bei der AG bzw. die Geschäftsführer bei der GmbH haben den **Jahresabschluss unter Angabe des Datums zu unterzeichnen.**

Bei **Einzelunternehmen und Personengesellschaften** müssen der Einzelunternehmer bzw. die persönlich haftenden Gesellschafter (OHG-Gesellschafter, Komplementäre der KG) persönlich unterzeichnen.

Der Jahresabschluss und der Lagebericht sind **zehn Jahre** aufzubewahren.

● Anhang

Gleichrangiger Bestandteil des Jahresabschlusses der Kapitalgesellschaften ist neben Bilanz und Gewinn- und Verlustrechnung der Anhang. Seine Hauptaufgabe ist es, Angaben in der Bilanz und GuV-Rechnung insgesamt und zu Einzelpositionen zu erläutern. Die Inhalte des Anhangs sind in den §§ 284–288 HGB festgelegt:

▶ **Allgemeine Angaben zur Darstellung, Bilanzierung und Bewertung:**

Beispiele
❏ Abweichungen vom Gliederungsschema
❏ Änderung und Begründung von Bewertungsmethoden
❏ Nicht mit dem Vorjahr vergleichbare Beträge

▶ **Angaben und Erläuterungen zu Einzelpositionen der Bilanz:**

Beispiele
❏ Entwicklung der einzelnen Positionen des Anlagevermögens im Anlagenspiegel (vgl. S. 312 ff.)
❏ Abschreibungen des Geschäftsjahres, insbesondere außerplanmäßige Abschreibungen
❏ Einstellungen in freie Rücklagen
❏ Verbindlichkeitenspiegel (vgl. S. 31 und S. 33)

▶ **Angaben und Erläuterungen zur Gewinn- und Verlustrechnung:**

Beispiele
❏ Aufgliederung der Umsätze nach Märkten und Tätigkeitsbereichen
❏ Erläuterung der außerordentlichen Aufwendungen und Erträge (z. B. durch Produktions- und Vertriebsverbot notwendige Sortimentsbereinigungen)

▶ **Sonstige Angaben:**

Beispiele
❏ Angaben zu Haftungsverhältnissen (Pfandrechte und sonstige Sicherheiten – Eventualverbindlichkeiten, z. B. mögliche Verbindlichkeiten aus der Übernahme von Bürgschaften)
❏ durchschnittliche Beschäftigtenzahl
❏ Namen aller Vorstandsmitglieder in der AG oder aller Geschäftsführer in der GmbH und der Mitglieder des Aufsichtsrates

Mit diesen Angaben soll der Einblick in die tatsächliche Vermögens-, Finanz- und Ertragslage verbessert werden.

● **Lagebericht**

Der Lagebericht ergänzt den Jahresabschluss durch Informationen über Stand und Entwicklung der Unternehmung, insbesondere durch solche, die die künftige Vermögens-, Finanz- und Ertragslage beeinflussen:

Beispiele
❏ Marktstellung
❏ Auftragslage
❏ Beschäftigungsgrad
❏ Kapazitätserweiterungen
❏ Besondere Forschungsfelder
❏ Ausbildung (z. B. Schwerpunkte der Ausbildung, Zahl der Auszubildenden)
❏ Umstellung, Erweiterung/Einengung des Sortiments
❏ Entwicklung von Kosten, Erlösen, Rentabilität, Liquidität
❏ Besondere Ereignisse zwischen dem Ende des Geschäftsjahres und der Abschlusserstellung
❏ Voraussichtliche Entwicklung der Unternehmung

Jahresabschluss und Lagebericht der Kapitalgesellschaft

Gewinn- und Verlustrechnung	❏ in **Staffelform** ❏ nach dem **Gliederungsschema** gemäß § 275 HGB ❏ Zusammenfassung der Aufwands- und Ertragsarten nach **Erfolgsquellen** ❏ **Kleine Kapitalgesellschaften** dürfen die Posten Umsatzerlöse, sonstige betriebliche Erträge und Aufwand für Waren zum **Rohergebnis** zusammenfassen ❏ Ausweis des Gewinnes in der Bilanz als **Jahresüberschuss,** des Verlustes als **Jahresfehlbetrag,** getrennt vom **gezeichneten Kapital,** dem Haftungskapital
Bilanz	❏ in **Kontenform** ❏ nach dem **Gliederungsschema** gemäß § 266 Abs. 2 und 3 HGB ❏ **Kleine Kapitalgesellschaften** brauchen nur eine verkürzte Bilanz aufzustellen, in die nur die mit Großbuchstaben und römischen Ziffern bezeichneten Posten aufgenommen werden
Anhang	❏ gleichrangiger Bestandteil des Jahresabschlusses neben Bilanz und Gewinn- und Verlustrechnung ❏ Erläuterungen zur Bilanz und GuV-Rechnung insgesamt und zu Einzelpositionen
Lagebericht	❏ ergänzt den Jahresabschluss ❏ informiert über Stand und Entwicklung der Unternehmung ❏ informiert über Ereignisse und Maßnahmen, die die künftige Vermögens-, Finanz- und Ertragslage beeinflussen.

- Vorstand (AG) oder Geschäftsführer (GmbH) haben den Jahresabschluss (Bilanz, GuV-Rechnung, Anhang) unter Angabe des Datums der Fertigstellung zu unterzeichnen.
- Jahresabschluss und Lagebericht sind offen zu legen und 10 Jahre aufzubewahren.

1 Erstellen Sie für eine kleine Kapitalgesellschaft die Gewinn- und Verlustrechnung in Staffelform gemäß den Vorschriften des § 275 HGB aufgrund der Salden der Erfolgskonten:

Konto	Kontenbezeichnung	Soll	Haben
5100	Umsatzerlöse für Waren		6 497 800,00
5400	Mieterträge		24 000,00
5710	Zinserträge		38 150,00
6050	Aufwendungen für Energie	46 550,00	
6060	Aufwendungen für Waren	2 398 100,00	
6160	Fremdinstandsetzung	141 400,00	
6200	Löhne	1 550 800,00	
6300	Gehälter	1 267 500,00	
6700	Mieten	65 200,00	
6770	Rechts- und Beratungskosten	8 200,00	
6800	Büromaterial	6 900,00	
6820	Postgebühren	4 500,00	
6870	Werbung	35 600,00	
6900	Versicherungsbeiträge	24 850,00	

Konto	Kontenbezeichnung	Soll	Haben
7000	Gewerbesteuer	28 850,00	
7030	Kraftfahrzeugsteuer	36 000,00	
7510	Zinsaufwendungen	27 400,00	
7710	Körperschaftsteuer	168 600,00	
		5 810 450,00	6 559 950,00

2 Erstellen Sie für eine kleine Kapitalgesellschaft (GmbH) die Gewinn- und Verlustrechnung in Staffelform gemäß dem Gliederungsschema S. 153!

Konto	Kontenbezeichnung	Soll	Haben
5100	Umsatzerlöse für Waren		3 450 000,00
5400	Mieterträge		60 000,00
5710	Zinserträge		16 100,00
6050	Aufwendungen für Energie	47 200,00	
6060	Aufwendungen für Waren	1 008 000,00	
6200	Löhne	872 000,00	
6300	Gehälter	580 000,00	
6710	Leasing	248 000,00	
6770	Rechts- und Beratungskosten	54 000,00	
6800	Büromaterial	64 000,00	
6900	Versicherungsbeiträge	38 000,00	
7000	Gewerbesteuer	92 000,00	
7510	Zinsaufwendungen	19 800,00	
7710	Körperschaftsteuer	188 000,00	
		3 211 000,00	3 526 100,00

3 Erstellen Sie aufgrund der folgenden Kontensalden die Bilanz einer kleinen Kapitalgesellschaft gemäß den Gliederungsvorschriften des § 266 HGB (vgl. auch S. 154 oben)!

Konto	Kontenbezeichnung	Soll	Haben
0510	Bebaute Grundstücke	432 000,00	
0530	Betriebsgebäude	1 565 000,00	
0830	Lager- und Transporteinrichtungen	181 000,00	
0840	Fuhrpark	253 000,00	
0860	Geschäftsausstattung	239 000,00	
2280	Warenbestand	143 500,00	
2400	Forderungen a. LL	87 500,00	
2800	Bankguthaben	198 350,00	
2850	Postbankguthaben	31 200,00	
2880	Kasse	3 250,00	
3000	Gezeichnetes Kapital		1 880 000,00
3400	Jahresüberschuss/Jahresfehlbetrag		165 000,00
4100	Anleihen/Hypothekendarlehen		800 000,00
4200	Verbindlichkeiten gegenüber Kreditinstituten		107 000,00
4400	Verbindlichkeiten a. LL		150 200,00
4800	Umsatzsteuer		31 600,00
		3 133 800,00	3 133 800,00

4 a) Erläutern Sie die Bestandteile des Jahresabschlusses in Einzelunternehmen und in Kapitalgesellschaften!
b) Stellen Sie wesentliche Inhalte und Dokumentationsaufgaben der Bilanz, der GuV-Rechnung, des Anhangs und des Lageberichts zusammen!

3 Funktion eines Betriebes in der Praxis der Buchführung

 3.1.1 Buchungen bei der Beschaffung von Waren

Die Primus GmbH hat von der Computec GmbH & Co KG folgende Rechnung erhalten:

Computec GmbH & Co. KG
Hard- und Softwarevertrieb

Computec GmbH & Co. KG, Volksparkstraße 12–20, 22525 Hamburg

Primus GmbH
Koloniestraße 2–4

47057 Duisburg

Computec GmbH & Co. KG
Volksparkstraße 12–20, 22525 Hamburg
Telefon (0 40) 2 24 46-69
Telefax (0 40) 2 24 46-64

Bei Zahlung bitte Rechnungs-Nr. und Kunden-Nr. angeben!

Bank: Hamburger Handelsbank
Konto-Nr. 671 190 870
BLZ 200 205 00

Rechnung

Ihre Bestellung vom		Kunden-Nr.	Rechnungs-Nr.	Rechnungtag
		05839	13521	19. . -03-05

Pos.	Artikel-Nr.	Artikelbezeichnung	Menge	Einzelpreis DM	Gesamtpreis DM
1	253391	Tischkopierer „Primus Z-52" – 5 % Mengenrabatt	80	1 165,83	93 266,40 4 663,32

Warenwert netto	Verpackung	Fracht	Entgelt netto	USt-%	USt-DM	Gesamtbetrag
88 603,00		2 560,00	91 163,08	15	13 674,46	104 837,54

Lieferung: Ab Werk
Zahlung: 14 Tage Ziel, netto

Frau Lapp gibt den Beleg an die Auszubildende Nicole Höver zur Bearbeitung weiter.

Arbeitsauftrag Erläutern Sie die Auswirkung von Rabatt und Fracht auf die Anschaffungskosten und machen Sie Vorschläge für die Buchung des Belegs!

● Anschaffungskosten

Waren werden beim Einkauf mit ihren **Anschaffungskosten** (Bezugs- oder Einstandspreisen) erfasst (vgl. S. 164 ff.). Es ist also zu beachten, dass

❏ **Sofortrabatte,** die bereits auf der Eingangsrechnung ausgewiesen sind, die Anschaffungskosten mindern und nicht gesondert gebucht werden,

❏ **Bezugskosten**, wie Fracht, Transportverpackung, Transportversicherung u. a., als Anschaffungsnebenkosten zu den Anschaffungskosten zählen,

❏ **Vorsteuer** lt. Eingangsrechnung kein Bestandteil der Anschaffungskosten ist, weil sie durch Verrechnung mit der Umsatzsteuer praktisch vom Finanzamt zurückerstattet wird.

Beispiel (siehe Beleg S. 158)

Eingangsrechnung: Zieleinkauf von Waren

Listen(einkaufs)preis	Gesamtpreis, netto	93 266,40
– Sofortrabatt	5 % Mengenrabatt	4 663,32
		88 603,08
+ Anschaffungskosten	+ Fracht	2 560,00
		91 163,08
= Anschaffungskosten	+ 15 % Umsatzsteuer	13 674,46
	Rechnungsbetrag, brutto.	104 837,54

● Buchung der Anschaffungsnebenkosten

Damit der Unternehmer genaue Informationen über die Zusammensetzung der Bezugspreise (Preis der Waren, Bezugskosten) bekommt, empfiehlt sich eine getrennte Erfassung der Anschaffungsnebenkosten auf einem besonderen Bezugskostenkonto (6061). Dieses ist ein Unterkonto des Kontos 6060 Aufwendungen für Waren/Wareneingang.

Beispiel

Buchung (siehe Beleg S. 158):

6060	Aufwendungen für Waren	88 603,08
6061	Bezugskosten	2 560,00
2600	Vorsteuer	13 674,46
	an 4400 Verbindlichkeiten a. LL	104 837,54

S	6060 Aufw. für Waren/WE	H		S	6061 Bezugskosten	H
4400	88 603,08			4400	2 560,00	6060	2 560,00
► 6061	2 560,00					

Umbuchung:

| 6060 | Aufw. für Waren/WE | 2 560,00 an 6061 Bezugskosten | 2 560,00 |

Zum Abschluss des Geschäftsjahres wird das Konto 6061 Bezugskosten im Rahmen der Umbuchungen über das Konto 6060 Aufw. für Waren/WE abgeschlossen.

Diese Information benötigt die Unternehmensleitung, um beispielsweise die Frachtkosten zu mindern.

Beispiel Der Primus GmbH wird von der Computec & Co KG der Tischkopierer Primus Z-52 zu folgenden Bedingungen angeboten:

Preis je Stück ab Werk 1 165,83 DM, Transportkosten bei Zustellung mit werkseigenem Lkw 32,00 DM je Stück (vgl. Beleg S. 158).

Im Rahmen ihrer Beschaffungspolitik kann die Primus GmbH versuchen, die Frachtkosten zu senken, beispielsweise durch Auswahl eines preiswerteren Spediteurs, durch Selbstabholung u. a.

Buchung bei der Beschaffung von Waren

- Alle Vermögensgegenstände sind bei ihrer Anschaffung mit den Anschaffungskosten (Bezugs- oder Einstandspreis) zu erfassen.
- Anschaffungskosten sind alle Aufwendungen, die beim Erwerb entstehen.

Anschaffungskosten				
Listenpreis	–	Anschaffungspreis-minderungen	+ Anschaffungs-nebenkosten	keine Anschaffungskosten
Preis lt. Angebots-liste		❏ **Sofortrabatte** (Mengen-, Wieder-verkäufer-, Sonder-rabatte), die bei Rechnungserteilung abgezogen werden. ❏ nachträglich gewährte Rabatte	Bezugskosten bei Warenbeschaf-fung: Verpackungs-kosten, Rollgeld, Fracht, Transport-versicherung	absetzbare Vorsteuer

- Sofortrabatte werden nicht gesondert gebucht.
- Anschaffungsnebenkosten werden zur besseren Übersicht über die Bezugskosten, auf einem Unterkonto des Kontos 6060 Aufw. für Waren/WE, dem Konto 6061 Bezugskosten, gebucht.
- Das Konto 6061 Bezugskosten wird im Rahmen der Umbuchungen über das Konto 6060 Aufw. für Waren/WE abgeschlossen.

1 **ER 208:**
	DM
Waren, Listenpreis	150 000,00
– 33 $\frac{1}{3}$ % Wiederverkäuferrabatt	50 000,00
	100 000,00
– 4 % Sonderrabatt	4 000,00
	96 000,00
+ 15 % Umsatzsteuer	14 400,00
	110 400,00

Buchen Sie diese Eingangsrechnung!

2 Geben Sie die Buchungssätze für folgende Geschäftsfälle einer Stoffgroßhandlung für Damenoberbekleidung an!

1. **ER:** Zieleinkauf von Mantelstoffen ....
	DM	DM
Listenpreis, netto	80 000,00	
– 6 % Mengenrabatt	4 800,00	75 200,00
+ 15 % Umsatzsteuer		11 280,00
		86 480,00

2. **ER, BA:** Kauf von Nähseide gegen Zahlung mit Bankscheck
Listenpreis, netto	6 000,00	
– 4 % Treuerabatt	240,00	5 760,00
+ 15 % Umsatzsteuer		864,00
		6 624,00

3. **ER, KB:** Barkauf von Reinigungsmaterial für die Lagerräume
Listenpreis, netto	800,00	
– 5 % Treuerabatt	40,00	760,00
+ 15 % Umsatzsteuer		114,00
		874,00

4. **ER:** Zieleinkauf von Kleiderstoffen, Seide	DM	DM
Listenpreis: 40 Ballen à 2 400,00 DM	96 000,00	
− 8 % Messerabatt	7 680,00	88 320,00
+ 15 % Umsatzsteuer		13 248,00
		101 568,00

3 Die Primus GmbH erhält eine Ab-Werk-Lieferung von 5 000 Paketen Computerpapier A4 weiß 60 g 2 000 Blatt zum Listenpreis von 28,89 DM je Paket. Die Papierwerke Iserlohn GmbH gewähren 20 % Wiederverkäuferrabatt. Für die Zustellung berechnet sie 2 440,00 DM Fracht.

a) Ermitteln Sie den Rechnungsbetrag unter Berücksichtigung von 15 % Umsatzsteuer!

b) Ermitteln Sie die Anschaffungskosten je Paket!

c) Bilden Sie den Buchungssatz zur Erfassung dieser Sendung!

4 Im Zusammenhang mit dem Einkauf von 2 000 Motorblöcken sind Spezialgroßhandlung „Motor GmbH" folgende Belege einer Gießerei zu buchen:

1. **ER 730:**	DM
2 000 Motorblöcke zum Listenpreis von je 340,00 DM	680 000,00
− 10 % Rabatt	68 000,00
	612 000,00
+ Transportverpackung	8 000,00
	620 000,00
+ 15 % Umsatzsteuer	93 000,00
	713 000,00

2. **ER 731** des Spediteurs Rolf Klein für Anlieferung der 2 000 Motorblöcke (Fall a)	DM	DM
Fracht	14 200,00	
Transportversicherung	280,00	14 480,00
+ 15 % Umsatzsteuer		2 172,00
		16 652,00

a) Bilden Sie die Buchungssätze!

b) Ermitteln Sie die Anschaffungskosten der Motorblöcke insgesamt und je Motorblock!

5 **Kontenplan:** 0700, 2400, 2600, 2800, 2880, 3000, 4400, 4800, 5100, 6060, 6061, 6200/6300, 6700, 6800, 8000, 8010, 8020.

Anfangsbestände	DM		DM
Fuhrpark	250 000,00	Eigenkapital	300 000,00
Forderungen a. LL . . .	46 000,00	Verbindlichkeiten a. LL .	69 000,00
Bankguthaben	68 000,00		
Kasse	5 000,00		

Geschäftsfälle:		DM	DM
1. **AR 47 – 55:** Verkauf von Waren auf Ziel		135 000,00	
+ 15 % Umsatzsteuer		20 250,00	155 250,00
	DM		
2. **ER 17:** Einkauf von Waren auf Ziel .	67 000,00		
+ Verpackung	820,00		
+ Fracht	280,00	68 100,00	
+ 15 % Umsatzsteuer		10 215,00	78 315,00

	DM	DM
3. **AR 56–59:** Verkauf von Waren auf Ziel	48 000,00	
+ 15 % Umsatzsteuer	7 200,00	55 200,00
4. **ER 18, BA 13:** Wareneinkauf gegen Verrechnungsscheck	44 000,00	
– 10 % Rabatt	4 400,00	
	39 600,00	
+ Leihverpackung	1 200,00	40 800,00
+ 15 % Umsatzsteuer		6 120,00
		46 920,00
5. **Kassenbeleg:** Zustellentgelt hierfür (Fall 4)		161,00
15 % Umsatzsteueranteil	21,00	
6. **BA 14: Lastschriften / Gutschriften** für		
a) Löhne und Gehälter	18 000,00	
b) Miete für gemietete Geschäftsräume	15 000,00	
c) Büromaterial einschl. 15 % USt	207,00	33 207,00
d) **Gutschrift** für Kundenzahlungen (AR 38 und 41) . .		114 210,00

a) Nach der Kontoeröffnung sind die Geschäftsfälle zu buchen!

b) Führen Sie den Abschluss durch!

c) Ermitteln Sie
   1. den Wareneinsatz,
   2. den Umsatz,
   3. den Reingewinn!

6   In der Primus GmbH sind folgende Belege zu buchen und auszuwerten:

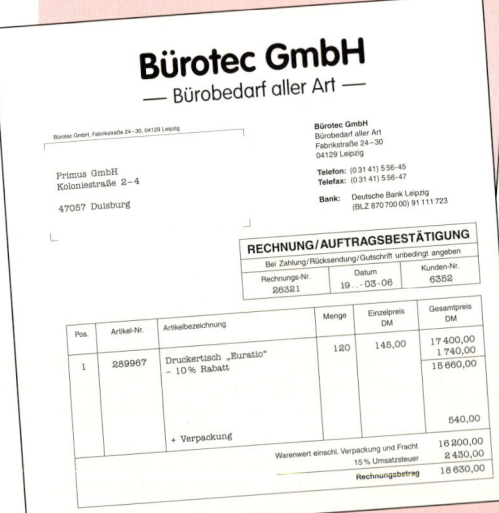

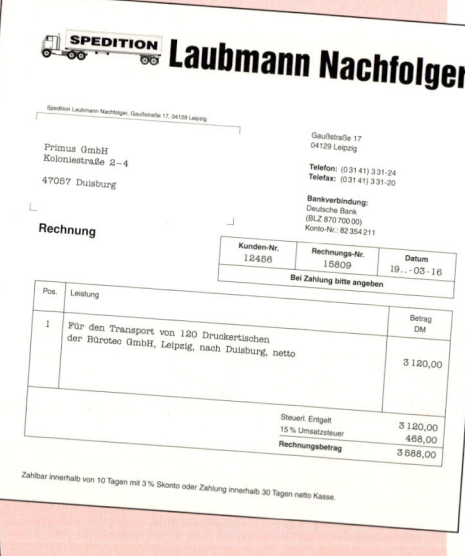

a)   Bilden Sie die Buchungssätze zur Erfassung der beiden Belege!

b)   Ermitteln Sie die Anschaffungskosten für einen Druckertisch!

3.1.2 Bezugskalkulation

Die Primus GmbH hat von der Giesen & Co OHG folgende Rechnung erhalten:

Giesen & Co. OHG
Herstellung von Kleingeräten für Schulungsbedarf

Giesen & Co. OHG, Quartzstraße 98, 51371 Leverkusen

Primus GmbH
Koloniestraße 2–4

47057 Duisburg

Rechnung

Kunden-Nr.	Rechnungs-Nr.	Datum	Blatt
53427	6781/97	19..-08-20	1

Pos.	Artikel-Nr.	Artikelbezeichnung	Menge	Bruttogew. in kg	Einzelpreis DM	Gesamtpreis DM
1	420115	Primus Heftzange B 36	300	150	7,40	2 244,00
2	420108	Primus Textmarker 6 St.	1 400	270	2,30	3 220,00
3	420100	Primus Bleistifte 12 St.	2 000	210	2,75	5 500,00
						10 964,00
		– 10 % Rabatt				– 1 096,40

Warenwert netto	Verpack.	Fracht	Versicher.	Entgelt netto	USt-%	USt-DM	Gesamtbetrag
9 867,60	21,00	84,00	493,38	10 465,98	15	1 569,90	12 035,88

Giesen & Co. OHG	Telefon (02 14) 76 67-54	Bank für Gemeinwirtschaft	Erfüllungsort und Gerichtsstand:
Quartzstraße 98	Telefax (02 14) 76 67-34	(BLZ 375 114 11)	Leverkusen
51371 Leverkusen		Kto-Nr. 674 563 870	

Zahlung: 7 Tage mit 2 % Skonto oder in 20 Tagen netto Kasse
Lieferung: ab Werk Leverkusen per Lkw

Herr Schubert, Gruppenleiter Rechnungswesen, beauftragt den Auszubildenden Andreas Dick festzustellen, was jeweils eine Heftzange, ein Paket Textmarker und ein Paket Bleistifte die Primus GmbH tatsächlich gekostet hat. Andreas denkt: „Was soll ich denn noch rechnen, es steht doch auf der Rechnung, was ein Stück jeweils kostet!" Überprüfen Sie, ob Andreas mit seiner Ansicht recht hat!

Arbeitsauftrag
❏ Ermitteln Sie den Zieleinkaufspreis für die gesamte Warenlieferung!
❏ Ermitteln Sie den Zieleinkaufspreis für eine Heftzange, ein Paket Textmarker und ein Paket Bleistifte!
❏ Ermitteln Sie den Bezugspreis für eine Heftzange, ein Paket Textmarker und ein Paket Bleistifte!

Kalkulieren heißt Preise berechnen. Unternehmen müssen wissen, zu welchem **Bezugspreis (Einstandspreis)** sie ihre Waren einkaufen **(Bezugskalkulation)** und zu welchem Preis die Waren an die Kunden verkauft werden sollen **(Verkaufskalkulation).**

Zur Ermittlung des **Listenverkaufspreises** von Handelswaren benutzt man folgendes **Kalkulationsschema.**

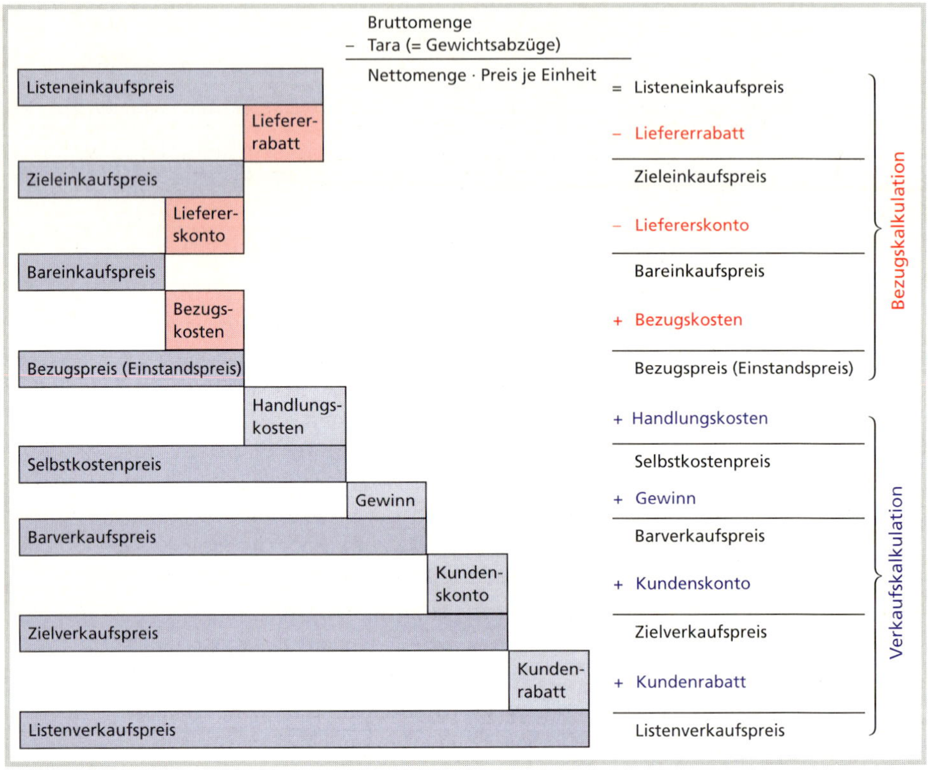

	Bruttomenge	
	− Tara (= Gewichtsabzüge)	
	Nettomenge · Preis je Einheit	= Listeneinkaufspreis
Listeneinkaufspreis		
	Liefererrabatt	− Liefererrabatt
Zieleinkaufspreis		Zieleinkaufspreis
	Liefererskonto	− Liefererskonto
Bareinkaufspreis		Bareinkaufspreis
	Bezugskosten	+ Bezugskosten
Bezugspreis (Einstandspreis)		Bezugspreis (Einstandspreis)
	Handlungskosten	+ Handlungskosten
Selbstkostenpreis		Selbstkostenpreis
	Gewinn	+ Gewinn
Barverkaufspreis		Barverkaufspreis
	Kundenskonto	+ Kundenskonto
Zielverkaufspreis		Zielverkaufspreis
	Kundenrabatt	+ Kundenrabatt
Listenverkaufspreis		Listenverkaufspreis

Bezugskalkulation umfasst: Listeneinkaufspreis bis Bezugspreis (Einstandspreis)
Verkaufskalkulation umfasst: Handlungskosten bis Listenverkaufspreis

Die für den Bezug von Ware in Frage kommenden Lieferer haben in der Regel unterschiedliche Preise. Um Angebote miteinander vergleichen zu können, müssen ihre Preise vergleichbar gemacht werden. Es muss der Bezugs- oder Einstandspreis für jede Ware ermittelt werden.

In der **Bezugskalkulation** geht man vom **Listeneinkaufspreis** (= Preis, den der Lieferer lt. Preisliste verlangt) aus. Bei der Bezugskalkulation werden die einzelnen Mengen- und Wertabzüge stufenweise berechnet.

Die **Umsatzsteuer,** die der Lieferer in Rechnung stellt, geht nicht in die Kalkulation ein, weil sie vom Unternehmen als absetzbare Vorsteuer gegenüber dem Finanzamt geltend gemacht werden kann. Sie kann somit kein Kostenbestandteil sein.

● Die einfache Bezugskalkulation

Bei der einfachen Bezugskalkulation wird nur eine Ware bezogen. Die Bezugskosten fallen nur für diese Ware an.

▶ **Kalkulation des Bareinkaufspreises:** Um den Bareinkaufspreis ermitteln zu können, muss ein Unternehmen die Nettomenge (Bruttomenge – Tara) und den Listeneinkaufspreis errechnen, aus dem man durch Abzug von Liefererrabatt und Liefererskonto den Bareinkaufspreis ermittelt. Zur Ermittlung des Bareinkaufspreises sind je nach Vereinbarung mit dem Lieferer **Gewichts-** und **Preisabzüge** zu berücksichtigen.

❏ **Gewichtsabzüge:** Bei der Gewichtsermittlung ist zwischen dem **Brutto-** oder **Rohgewicht** (Ware mit Verpackung), **Tara** oder **Verpackungsgewicht** und **Netto-** oder **Reingewicht** (Ware ohne Verpackung) zu unterscheiden.

Das Bruttogewicht setzt sich folgendermaßen zusammen:

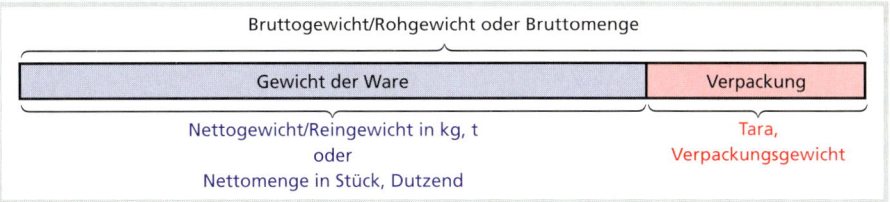

❏ **Nachlässe:** Bei den Nachlässen unterscheidet man zwischen **Rabatt (Preisnachlass)** und **Skonto (Nachlass auf den Rechnungsbetrag für vorzeitige Zahlung).**

❏ **Ermittlung des Bareinkaufspreises:** Ziel dieser Einkaufskalkulation ist die Ermittlung des Bareinkaufspreises, also des Preises, den der Käufer am Ort des Verkäufers tatsächlich zu zahlen hat. Der Bareinkaufspreis ergibt sich aus dem Listeneinkaufspreis, vermindert um Rabatt und Skonto.

Bei der Ermittlung des Bareinkaufspreises ist zuerst der Rabatt vom Listeneinkaufspreis zu subtrahieren, denn der vom Lieferer gewährte Rabatt beeinflusst den Einkaufspreis. Danach wird vom Zieleinkaufspreis der Skonto berechnet, den das Unternehmen dann abziehen kann, wenn es den Rechnungsbetrag vorzeitig ausgleicht.

▶ **Kalkulation des Bezugspreises (Einstandspreis):** Grundsätzlich sind Warenschulden Holschulden, d. h., der Käufer hat neben dem Transportrisiko auch noch die Kosten des Transports zu tragen. Daher entstehen dem Unternehmen beim Einkauf der meisten Waren Bezugskosten. Die zu tragenden Bezugskosten sind aus den Rechnungs- und Versandpapieren zu ersehen. Vielfach sind jedoch die Bezugskosten vom Lieferer in den Verkaufspreis einkalkuliert; dann bekommt der Käufer die Ware frei Haus angeboten.

Zu den **Bezugskosten** zählen im Einzelnen:

Verpackungskosten, Verlade- und Wiegekosten, Rollgeld, Fracht, Transportversicherung, Zölle.

Der Bezugspreis wird berechnet, indem man zum Bareinkaufspreis die Bezugskosten addiert. Hieraus ergibt sich folgendes Kalkulationsschema zur Ermittlung des Bezugspreises:

	Bruttomenge
	−Tara (= Gewichtsabzüge)
Listeneinkaufspreis	Nettomenge · Preis je Einheit = Listeneinkaufspreis
Liefererrabatt	− Liefererrabatt
Zieleinkaufspreis	Zieleinkaufspreis
Liefererskonto	− Liefererskonto
Bareinkaufspreis	Bareinkaufspreis
Bezugskosten	+ Bezugskosten
Bezugspreis (Einstandspreis)	Bezugspreis (Einstandspreis)

Beispiel Die Primus GmbH bezieht eine Warensendung im Bruttogewicht von 320 kg. Die Tara beträgt 2,5%, der Listeneinkaufspreis 7,32 DM je kg. Der Lieferer gewährt 5% Rabatt und 2% Skonto. Die Fracht beträgt 91,20 DM, das Rollgeld 11,20 DM. Für Verpackung werden 26,74 DM berechnet. Berechnen Sie den Bezugspreis (Einstandspreis) für die gesamte Lieferung und je kg!

Lösung

①   Bruttogewicht 320 kg

− Tara 2,5 %   8 kg

     Nettogewicht   312 kg · 7,32 DM = 2 283,84 DM

Listeneinkaufspreis	2 283,84 DM
− Liefererrabatt 5 %	114,19 DM
Zieleinkaufspreis	2 169,65 DM
− Liefererskonto 2 %	43,39 DM
② Bareinkaufspreis	2 126,26 DM
+ Bezugskosten	
Fracht 91,20 DM	
Rollgeld 11,20 DM	
Verpackung 26,74 DM	129,14 DM
③ Bezugspreis der Lieferung (Einstandspreis)	2 255,40 DM

④ 2 255,40 DM : 312 kg = 7,23 DM

Der Bezugspreis beträgt 7,23 DM je kg.

Rechenweg

① Stellen Sie das Kalkulationsschema auf!

   Berechnen Sie

② das Nettogewicht, indem Sie vom Bruttogewicht die Tara abziehen,

③ den Listeneinkaufspreis: Nettogewicht · Preis je Einheit,

④ den Zieleinkaufspreis, indem Sie den Liefererrabatt vom Listeneinkaufspreis abziehen,

⑤ den Bareinkaufspreis der Lieferung, indem Sie den Liefererskonto vom Zieleinkaufspreis abziehen.

⑥ Berechnen Sie den Bezugspreis (Einstandspreis) der Lieferung, indem Sie die Bezugskosten ermitteln und zum Bareinkaufspreis addieren!

⑦ Berechnen Sie den Bezugspreis (Einstandspreis) je Einheit, indem Sie den Bezugspreis der Lieferung durch die Nettomenge dividieren!

	A	B	C	D	E	F	G
1	**Bezugskalkulation (Angebotsvergleich)**						
2	Beim Angebotsvergleich werden die Daten verschiedener Lieferer verglichen, um das preisgünstigste Angebot						
3	zu ermitteln.						
4			Moser AG		Gerhard GmbH		Wilms OHG
5	Kalkulationsschema						
6		%	DM	%	DM	%	DM
7	Listenpreis		2567,89		2689,00		2677,00
8	- Liefererrabatt	12,50	320,99	13,00	349,57	10,00	267,70
9	= Zieleinkaufspreis		2246,90		2339,43		2409,30
10	- Liefererskonto	2,00	44,94	3,00	70,18	2,00	48,19
11	= Bareinkaufspreis		2201,97		2269,25		2361,11
12	+ Bezugskosten		126,00		196,00		0,00
13	= Bezugspreis		2327,97		2465,25		2361,11
14							
15	Der Block B6:C13 wurde mit Eingaben und Formeln erstellt und anschließend auf die Blocks D6:E13 bzw.						
16	F6:G13 kopiert. Bei Bedarf sind weitere Lieferer durch Kopieren in zusätzliche Spalten zu berücksichtigen.						
17	Eingaben in C6, E6, G6, B7, D7, F7, B10, D10, F10, C12, E12, G12						
18	Ausgabe in C8 durch die Formel C7*B8/100, … in C9 durch die Formel C7-C8, … in C10 durch C9*B10/100						
19	Ausgabe in C11 durch die Formel C9-C10, … in C13 durch die Formel C11+C12						

Die zusammengesetzte Bezugskalkulation (Verteilung von Wert- und Gewichtsspesen)

Bei der zusammengesetzten Bezugskalkulation werden mehrere Waren in einer Sendung bezogen.

Beim Bezug mehrerer Waren in einer Sendung werden dem Unternehmen **Bezugskosten** in Rechnung gestellt, die dann auf die einzelnen Waren zu verteilen sind, um den Bezugspreis je Ware zu ermitteln.

Die Bezugskosten unterteilt man hierbei in **Gewichtsspesen** (Fracht, Verladekosten, Rollgeld) und **Wertspesen** (Versicherungen, Bankspesen, Wertzölle, Provisionen).

> Unter den **Gewichtsspesen** versteht man alle Bezugskosten, die nach dem Bruttogewicht der einzelnen Waren aufgeteilt werden.
>
> Zu den **Wertspesen** zählt man solche Bezugskosten, die nach dem Wert (= Zieleinkaufspreis) der einzelnen Waren verteilt werden.
>
> Grundlage für die **Verteilung der Gewichtsspesen** ist das **Bruttogewicht**, während die **Wertspesen nach dem Wert der einzelnen Waren verteilt** werden.

Beispiel Die Primus GmbH bezieht in einer Lieferung von den Papierwerke Iserlohn GmbH zwei verschiedene Waren in einer Sendung:

Ware I, Bruttogewicht 160 kg, 5% Tara, Listeneinkaufspreis 420,00 DM

Ware II, Bruttogewicht 140 kg, 5% Tara, Listeneinkaufspreis 360,00 DM

Die Papierwerke Iserlohn GmbH gewähren 10% Rabatt und 3% Skonto. An Bezugskosten für diese Warenlieferung entstehen für Fracht 22,00 DM, Rollgeld 8,00 DM und Transportversicherung 13,00 DM.

Berechnen Sie den Bezugspreis für jede Ware und je kg.
a) Wie viel Bezugsspesen entfallen auf jede Ware?
b) Wie viel DM kostet 1 kg von jeder Ware einschließlich Bezugsspesen?

Lösung a) Verteilung der Wert- und Gewichtsspesen

①	Gewichtsspesen				Wertspesen			
	Brutto-gewicht in kg	Anteile (Vertei-lungs-schlüssel) ②	Wert je Anteil in DM	Anteil insge-samt in DM ⑤	Zielein-kaufs-preis in DM	Anteile (Vertei-lungs-schlüssel) ②	Wert je Anteil in DM	Anteil ins-gesamt in DM ⑤
I	160	8	2,00	16,00	378,00	7	1,00	7,00
II	140	7	2,00	14,00	324,00	6	1,00	6,00
		③ 15	=	⑥ 30,00		③ 13	=	⑥ 13,00
		1	–	x		1	▪	x
		④ x	=	2,00 DM		④ x	=	1,00 DM

Rechenweg   Verteilung der Wert- und Gewichtsspesen

Gewichtsspesen	Lösungsweg	Wertspesen
Verteilungsgrundlage: die Gesamtgewichte (Bruttogewichte) der Waren	① Stellen Sie die Verteilungs-tabelle auf!	Verteilungsgrundlage: die Zieleinkaufspreise der Waren (Listeneinkaufs-preis – Rabatt)
Kürzung der Gewichte, z. B. 160 : 20 = 8 140 : 20 = 7	② Ermitteln Sie den Verteilungs-schlüssel!	Kürzung der Zielein-kaufspreise der Waren-gruppe, z. B. 378 : 54 = 7 324 : 54 = 6
	③ Ermitteln Sie die Summe der Anteile!	
	④ Ermitteln Sie den Wert je Anteil, indem Sie die Verteilungssumme durch die Summe der Anteile dividieren!	
	⑤ Ermitteln Sie den Spesenanteil von jeder Ware, indem Sie die Anteile mit dem Wert je Anteil multiplizieren!	
	⑥ Führen Sie die Kontrolle durch, indem Sie die Spesenanteile von jeder Ware addieren!	

Lösung b)   Berechnung der Bezugspreise (Einstandspreise)

①		Waren I	Waren II
	Listeneinkaufspreis – Rabatt 10 %	420,00 DM 42,00 DM	360,00 DM 36,00 DM
	Zieleinkaufspreis – Skonto 3 %	378,00 DM 11,34 DM	324,00 DM 9,72 DM
②	Bareinkaufspreis + Gewichtsspesen + Wertspesen	366,66 DM 16,00 DM 7,00 DM	314,28 DM 14,00 DM 6,00 DM
③	Bezugspreis (Einstandspreis) der Rohstoffe insgesamt	389,66 DM	334,28 DM
④	Bezugspreis (Einstandspreis) je kg	389,66 : 152 = 2,56 DM	334,28 : 133 = 2,51 DM

Der Bezugspreis (Einstandspreis) je kg der Ware I beträgt 2,56 DM und der Ware II 2,51 DM.

© Verlag Gehlen

Rechenweg Berechnung der Bezugs-/Einstandspreise

① Stellen Sie das Kalkulationsschema auf!

② Berechnen Sie den Bareinkaufspreis mit den angegebenen Prozentsätzen!

③ Berechnen Sie den Bezugspreis (Einstandspreis) der Lieferung, indem Sie die anteiligen Bezugskosten zum Bareinkaufspreis addieren!

④ Berechnen Sie den Bezugspreis je Einheit, indem Sie den Bezugspreis der Lieferung durch die Nettomenge dividieren!

Bezugskalkulation

Einfache Bezugskalkulation	Schema zur Ermittlung des Bezugs- oder Einstandspreises	Zusammengesetzte Bezugskalkulation
• Bezugskosten entfallen auf einen Artikel. • Bezugskosten: Verpackungs-, Verlade-, Wiegekosten, Rollgeld, Fracht, Transportversicherung, Zölle	Listeneinkaufspreis – Rabatt _____ Zieleinkaufspreis – Skonto _____ Bareinkaufspreis + Bezugskosten _____ Bezugs-/Einstandspreis	• Bezugskosten entfallen auf mehrere Artikel. • Nach der Kostenverursachung sind die Bezugskosten in Wert- und Gewichtsspesen zu unterteilen. • Wertspesen werden entsprechend dem Wert der Ware verteilt. • Gewichtsspesen werden nach dem Gewicht der Ware verteilt.

1 Eine Warensendung hat ein Rohgewicht von 2500 kg. Die Tara beträgt 246 kg. Der Listeneinkaufspreis beträgt 0,70 DM je kg des Nettogewichtes. Der Lieferer gewährt 12,5 % Rabatt und 2 % Skonto. Die Bezugskosten betragen 5,00 DM je 100 kg.
Berechnen Sie den Bezugspreis für die gesamte Lieferung und je kg!

2 Ein Großhändler bezieht eine Ware im Bruttogewicht von 1060 kg. Die Verpackung wiegt 75 kg. Der Lieferer berechnet 2,85 DM je kg Nettogewicht und gewährt 10 % Rabatt und 3 % Skonto. Die Fracht beträgt 5,20 DM für 100 kg.
Berechnen Sie den Bezugspreis für die Warensendung und je kg!

3 Der Listeneinkaufspreis einer Ware beträgt 700,00 DM, der Zieleinkaufspreis 560,00 DM, der Bezugspreis einschließlich 30,00 DM Bezugskosten 578,80 DM.
Berechnen Sie
a) den Rabatt in Prozent,   c) den Skonto in Prozent!
b) den Bareinkaufspreis in DM,

4 Der Zieleinkaufspreis einer Ware beträgt nach Abzug von 5 %, Rabatt 13 300,00 DM. Ausserdem werden dem Großhändler 4 % Skonto gewährt und 1 766,00 DM Bezugskosten berechnet.
Berechnen Sie
a) den Listeneinkaufspreis,   c) den Bezugspreis!
b) den Bareinkaufspreis,

5 Beim Einkauf einer Ware erhielt ein Großhändler 12,5 % Mengenrabatt; das entsprach 17,50 DM. Darüber hinaus zog der Großhändler 2,5 % Skonto ab.
Ermitteln Sie
a) den Listeneinkaufspreis,   c) den Bareinkaufspreis!
b) den Zieleinkaufspreis,

6 Ein Großhändler bezieht 320 Stück einer Ware zum Listeneinkaufspreis von 5,00 DM je Stück. Der Lieferer gewährt 20 % Rabatt. Da der Großhändler innerhalb von zehn Tagen zahlt, zieht er $2^1/_2$ % Skonto ab. Der Bezugspreis (Einstandspreis) für die gesamte Sendung beträgt 1 300,00 DM.
a) Wie viel DM beträgt der Zieleinkaufspreis für die Sendung?
b) Wie viel DM beträgt der Bareinkaufspreis für die Sendung?
c) Wie viel Pfennig Bezugskosten entfallen auf ein Stück der Ware?

7 Ein Großhändler erhält von seinem Lieferer 200,00 DM Rabatt und außerdem für vorzeitige Zahlung 3 % Skonto, und zwar 18,00 DM. Die Bezugskosten betragen 18,60 DM.
Ermitteln Sie
a) den Zieleinkaufspreis,   c) den Rabatt des Lieferers in Prozent,
b) den Listeneinkaufspreis,   d) den Bezugspreis!

8 Ein Großhändler will 150 Stück eines Artikels einkaufen. Er erhält folgende Angebote:

Angebot	Preis je Stück	Zahlungsbedingungen	Rabatt	Frachtkosten
1	260,00 DM	2 % Skonto bei Zahlung innerhalb von zehn Tagen, 30 Tage ohne Abzug	–	frei Haus
2	268,00 DM	30 Tage Ziel	4 % bei Abnahme von mindestens 100 Stück	frei Haus
3	256,00 DM	2,5 % Skonto bei Zahlung innerhalb von zehn Tagen, 30 Tage ohne Abzug	–	2,00 DM je Stück

Ermitteln Sie den Bezugspreis je Stück netto unter Ausnutzung des Skontos für diese drei Angebote!

9 Die Schneider Bauwaren OHG bezieht in einer Warensendung:
Ware I, brutto 3 500 kg, Tara 4 %, zu 700,00 DM je 100 kg netto
Ware II, brutto 1 500 kg, Tara 4 %, zu 900,00 DM je 100 kg netto
Der Lieferer gewährt 25 % Sonderrabatt und 2,5 % Skonto. Die Gewichtsspesen betragen 250,00 DM und die Wertspesen 266,00 DM.
Über wie viel DM lautet der Bezugspreis für ein kg jeder Ware?

10 Ein Gemüsegroßhändler erhält in einer Warenlieferung zwei Sorten Obst:
Sorte I 300 kg, Kilopreis 1,50 DM
Sorte II 225 kg, Kilopreis 1,20 DM
Die Frachtkosten betragen 300,00 DM, das Rollgeld 109,50 DM, die Einkaufsprovision 57,60 DM. Der Lieferer gewährt 2 % Skonto.
Berechnen Sie den Bezugspreis jeder Sorte insgesamt und je kg!

11 Ein Großhändler erhält drei Sorten Waren in einer Warenlieferung:

Sorte I 250 Stück zu 13,00 DM/Stück, brutto 600 kg

Sorte II 400 Stück zu 22,00 DM/Stück, brutto 1 500 kg

Sorte III 600 Stück zu 30,00 DM/Stück, brutto 5 400 kg

Der Lieferer gewährt 20 % Treuerabatt und 2,5 % Skonto. Die Transportversicherung beträgt 404,00 DM, die Maklerprovision 197,00 DM, die Frachtkosten belaufen sich auf 225,00 DM.

Berechnen Sie den Bezugspreis für jede Sorte insgesamt und je Stück!

12 Eine Unternehmung bezieht vier verschiedene Artikel in einer Lieferung, und zwar

Artikel A 260 kg zu 12,50 DM je kg

Artikel B 340 kg zu 14,50 DM je kg

Artikel C 460 kg zu 11,00 DM je kg

Artikel D 480 kg zu 9,50 DM je kg

Die Bezugskosten betragen:

Fracht 150,00 DM

Rollgeld 36,34 DM

Transportversicherung 890,00 DM

Der Lieferer gewährt 20 % Rabatt und 2,5 % Skonto.

a) Ermitteln Sie den Warenwert der gesamten Lieferung.

b) Wie viel DM der Gewichtsspesen entfallen auf Artikel C?

c) Wie viel DM der Versicherungsprämie entfallen auf Artikel D?

d) Ermitteln Sie den Bezugspreis für ein kg des Artikels B!

3.1.3 Warenbestandsveränderungen

Die Primus GmbH kaufte im Laufe des Geschäftsjahres 4 500 Druckertische „Euratio" à 145,00 DM ein. Die Auszubildende Nicole Höver erfasste diese Einkäufe auf dem Konto 6060 Wareneingang. Sie ging davon aus, dass die Druckertische auch im Abrechnungsjahr verkauft und somit zu Aufwand für Waren (Wareneinsatz) würden. „Da stimmt doch etwas mit unserem Bestandskonto nicht", stellt sie fest, als sie bei der Inventur zum 31. Dezember 19.. am Lager 420 Druckertische zählt. Auf dem Warenbestandskonto steht jedoch nur der Anfangsbestand von 240 Druckertischen à 145,00 DM = 34 800,00 DM.

Arbeitsauftrag Geben Sie Gründe an, warum sich zum Jahresende mehr Druckertische auf Lager befanden als zu Beginn des Geschäftsjahres, und machen Sie Vorschläge für die Berichtigung des Lagerbestandes in der Buchhaltung!

● Warenbestandsmehrungen

Bisher wurde bei der Buchung von Wareneinkäufen **unterstellt** (vgl. S. 82 ff.), dass alle eingekauften Waren in demselben Geschäftsjahr verkauft wurden. Daher erfolgte die Buchung der eingekauften Waren als Aufwand auf dem Konto „Aufwand für Waren (Wareneingang)". Es ist jedoch in der Praxis die Regel, dass nicht alle eingekauften Waren im selben Geschäftsjahr verkauft werden.

Dieser Sachverhalt ist eingetreten, wenn der Warenbestand lt. Inventur am Ende des Geschäftsjahres größer als am Anfang des Geschäftsjahres ist.

Der tatsächliche Wareneinsatz ist also kleiner als der gebuchte Aufwand für Waren. Es entstand zusätzliches Vermögen in Form eines Lagerbestandes an Waren. Der im Laufe des Geschäftsjahres beim Eingang gebuchte Aufwand für Waren muss daher vor dem Abschluss der Konten um diesen Lagerbestandszugang berichtigt werden.

Die **Bestandsmehrung** wird auf dem **Bestandskonto „2280 Warenbestand"** zur Anpassung des Sollbestandes an den Istbestand als Zugang erfasst. Die Gegenbuchung nimmt das Konto „Aufwand für Waren" im Haben auf. Der hier zu hoch angesetzte Aufwand für Waren wird dadurch korrigiert.

Mit dieser Buchung wird der Abschluss des Bestandskontos „Warenbestand" und des Erfolgskontos „Aufwand für Waren" vorbereitet. Diese Buchung wird als **vorbereitende Abschlussbuchung** oder **Umbuchung** bezeichnet.

Durch folgende Gegenüberstellung wird der Unterschied von Umbuchung und Abschlußbuchung verdeutlicht.

Umbuchung	Abschlussbuchung
❏ Bei einer Bestandsmehrung werden die Eintragungen in den Konten – Warenbestand und – Aufwendungen für Waren berichtigt. ❏ Diese beiden Konten müssen also noch für den Abschluss vorbereitet werden.	❏ Nach der Erfassung der Bestandsmehrung werden die Konten Warenbestand und Aufwand für Waren abgeschlossen, d.h., die Salden werden auf ein Sammelkonto (GuV oder SBK) übertragen. ❏ Abschlussbuchungen müssen somit das GuV-Konto oder das SBK anrufen.

Beispiel Warenbestandsmehrung
1. Anfangsbestand   240 Druckertische à 145,00 =   34 800,00 DM
2. Einkäufe auf Ziel   4 500 Druckertische à 145,00 = 652 500,00 DM
3. Endbestand lt. Inventur   420 Druckertische à 145,00 =   60 900,00 DM

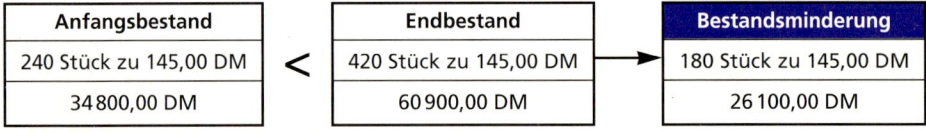

Anfangsbestand		Endbestand		Bestandsminderung
240 Stück zu 145,00 DM	<	420 Stück zu 145,00 DM	→	180 Stück zu 145,00 DM
34 800,00 DM		60 900,00 DM		26 100,00 DM

Umbuchung:

2280 Warenbestand   26 100,00   an   6060 Aufwendungen für Waren   26 100,00

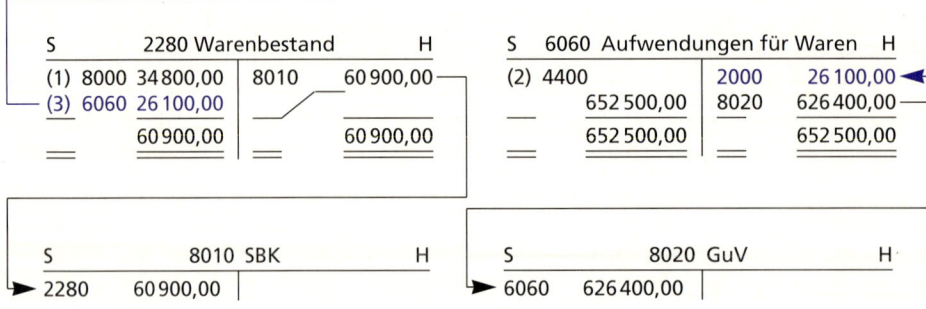

- Auf dem Konto Waren wird nach Erfassung der Bestandsmehrung der Bestand laut Inventur (Istbestand) ausgewiesen.
- Warenbestand = Sollbestand + Bestandsmehrung
- Auf dem Konto Aufwand für Waren ergibt sich der Aufwand für Waren (Wareneinsatz) erst nach Ausbuchung des Lagerzugangs.
- Aufwand für Waren (Wareneinsatz) = Wareneingänge – Bestandsmehrung

● Warenbestandsminderungen

Neben den Wareneinkäufen einer Rechnungsperiode können Bestände aus dem Vorjahr während der laufenden Rechnungsperiode verkauft werden. Es ist also denkbar, dass der Wareneinsatz einer Rechnungsperiode größer ist als der Wert der Wareneinkäufe. Dieser Sachverhalt ist eingetreten, wenn der Warenbestand lt. Inventur am Ende des Geschäftsjahres kleiner ist als am Anfang des Geschäftsjahres. Die **Warenbestandsminderung** stellt eine Vermögens- und Eigenkapitalminderung dar, die als zusätzlicher Aufwand auf dem entsprechenden Aufwandskonto – Aufwand für Waren – erfasst wird. Warenbestand und Aufwand für Waren sind also zu berichtigen.

Beispiel **Warenbestandsminderung (Fortsetzung des Beispiels S. 172)**
1. Anfangsbestand   420 Druckertische Euratio à 145,00 =   60 900,00 DM
2. Einkäufe auf Ziel   4 500 Druckertische Euratio à 145,00 = 652 500,00 DM
3. Endbestand lt. Inventur   160 Druckertische Euratio à 145,00 =   23 200,00 DM

Anfangsbestand		Endbestand		Bestandsminderung
420 Stück zu 145,00 DM	>	160 Stück zu 145,00 DM	→	260 Stück zu 145,00 DM
60 900,00 DM		23 200,00 DM		37 700,00 DM

Umbuchung:
6060 Aufwendungen für Waren   37 700,00 an 2280 Warenbestand   37 700,00

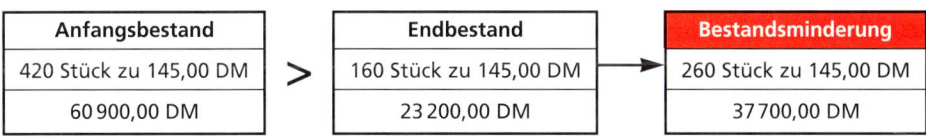

- Auf dem Konto Warenbestand wird nach Erfassung der Bestandsminderung der Bestand lt. Inventur (Istbestand) ausgewiesen.
- Warenbestand = Sollbestand – Bestandsminderung
- Auf dem Konto Aufwand für Waren ergibt sich der Wareneinsatz erst nach Ausbuchung der Bestandsminderung.
- Aufwand für Waren (Wareneinsatz) = Wareneingänge + Bestandsminderung

Warenbestandsveränderungen

Mögliche Warenbestandsveränderungen

AB = EB	keine Warenbestands-veränderungen	wertmäßiger Warenein-kauf = Wareneinsatz	keine Umbuchung
AB < EB	Warenbestands-mehrung	wertmäßiger Warenein-kauf > Wareneinsatz	2280 Warenbestand an 6060 Aufw. f. Waren/WE
AB > EB	Warenbestands-minderung	wertmäßiger Warenein-kauf < Wareneinsatz	6060 Aufw. f. Waren/WE an 2280 Warenbestand

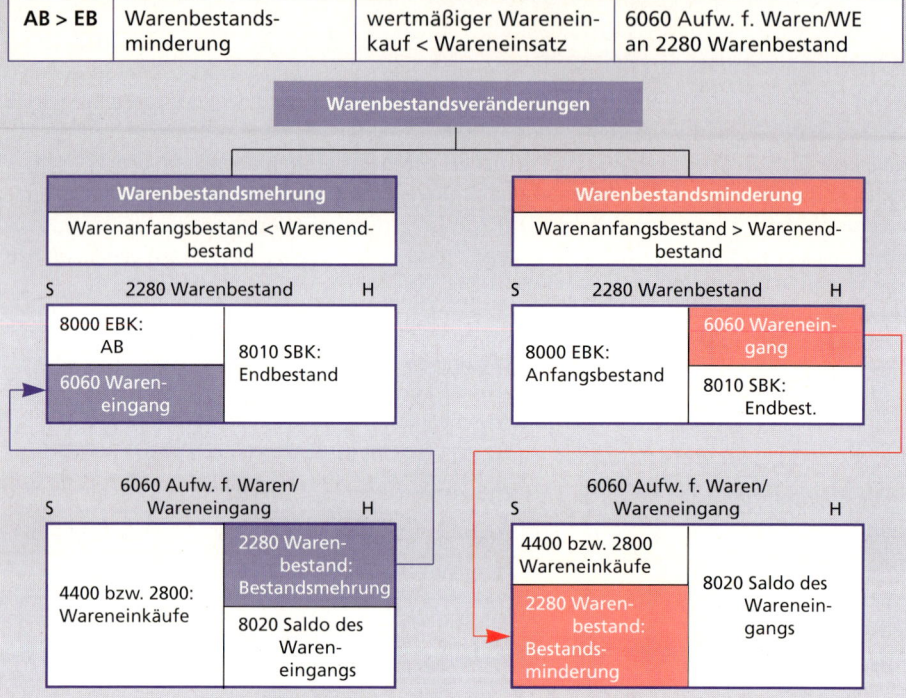

1 Ein Maschinengroßhandelsbetrieb erfasste auf den Sachkonten folgende Werte:

Konto Nr.	Bezeichnung	Erläuterung	Soll DM	Haben DM
2280	Warenbestand	AB: 20 Masch.	144 000,00	
2400	Forderungen a. LL		2 260 440,00	1 970 640,00
2600	Vorsteuer		314 480,00	183 600,00
2800	Bank		7 878 556,00	3 160 320,00
3000	Eigenkapital	Anfangsbestand		6 000 000,00
4400	Verbindlichkeiten a. LL		2 318 400,00	2 656 500,00
4800	Umsatzsteuer		253 600,00	324 016,00
5100	Umsatzerl. f. Waren/WV			1 814 400,00
6060	Aufw. f. Waren/WE	300 Maschinen	2 160 000,00	
61/77	versch. Aufwendungen		780 000,00	
8010	Schlussbilanzkonto			
8020	Gewinn und Verlust			
			16 109 476,00	16 109 476,00

Folgende Geschäftsfälle sind noch zu buchen:

	DM	DM
1. ER: Zieleinkäufe: 200 Maschinen zu je 7 200,00 DM . .	1 440 000,00	
+ 15 % Umsatzsteuer	216 000,00	1 656 000,00
2. AR: Zielverkäufe: 270 Maschinen zu je 10 080,00 DM	2 721 600,00	
+ 15 % Umsatzsteuer	408 240,00	3 129 840,00
3. ER, BA: Einkäufe gegen Bankscheck		
430 Maschinen zu je 7 200,00 DM	3 096 000,00	
+ 15 % Umsatzsteuer	464 400,00	3 560 400,00
4. AR, BA: Verkäufe gegen Bankscheck		
400 Maschinen zu je 10 080,00 DM	4 032 000,00	
+ 15 % Umsatzsteuer	604 800,00	4 636 800,00

Abschlussangabe:

Endbestand an Maschinen lt. Inventur: 35 Maschinen à 7 200,00 DM   252 000,00

a) Richten Sie die angegebenen Konten ein, buchen Sie die Geschäftsfälle auf den Konten und schließen Sie die Konten unter Berücksichtigung der vorbereitenden Abschlussbuchungen ab!

b) Berechnen Sie den Wareneinsatz mengen- und wertmäßig! Der Einstandspreis der Maschinen betrug jeweils 7 200,00 DM.

2 Ein Maschinengroßhandelsbetrieb erfasste auf den Sachkonten folgende Werte:

Konto Nr.	Bezeichnung	Erläuterung	Soll DM	Haben DM
2280	Warenbestand	AB: 35 Masch.	14 000,00	
2400	Forderungen a. LL		20 700,00	8 280,00
2600	Vorsteuer		19 080,00	8 960,00
2800	Bank		910 960,00	262 760,00
3000	Eigenkapital	Anfangsbestand		672 000,00
4400	Verbindlichkeiten a. LL		59 800,00	126 500,00
4800	Umsatzsteuer		38 960,00	65 000,00
5100	Umsatzerl. f. Waren/WV			120 000,00
6060	Aufw. f. Waren/WE	200 Maschinen	80 000,00	
61/77	versch. Aufwendungen		120 000,00	
8010	Schlussbilanzkonto			
8020	Gewinn und Verlust			
			1 263 500,00	1 263 500,00

Folgende Geschäftsfälle sind noch zu buchen:

	DM	DM
1. ER: Zieleinkäufe, 500 Maschinen zu je 400,00 DM . . .	200 000,00	
+ 15 % Umsatzsteuer	30 000,00	230 000,00
2. AR: Zielverkäufe, 450 Maschinen zu je 600,00 DM . . .	270 000,00	
+ 15 % Umsatzsteuer	40 500,00	310 500,00
3. ER, BA: Einkäufe gegen Bankscheck		
300 Maschinen zu je 400,00 DM	120 000,00	
+ 15 % Umsatzsteuer	18 000,00	138 000,00
4. AR, BA: Verkäufe gegen Bankscheck		
370 Maschinen zu je 600,00 DM	222 000,00	
+ 15 % Umsatzsteuer	33 300,00	255 300,00

Abschlussangabe:

Endbestand an Maschinen lt. Inventur: 15 Maschinen à 400,00 DM   6 000,00

a) Richten Sie die angegebenen Konten ein, buchen Sie die Geschäftsfälle auf den Konten und schließen Sie die Konten unter Berücksichtigung der vorbereitenden Abschlussbuchungen ab!

b) Berechnen Sie den Wareneinsatz mengen- und wertmäßig! Der Einstandspreis der Maschinen betrug jeweils 400,00 DM.

3
4

Zusammenstellung der Summen auf den Sachkonten eines Großhandelsunternehmens	Aufgabe 3		Aufgabe 4	
	Soll DM	Haben DM	Soll DM	Haben DM
2280 Warenbestand: AB	160 000,00		70 000,00	
2600 Vorsteuer	94 800,00	84 800,00	63 750,00	55 750,00
2800 Bank	1 133 125,00	828 125,00	1 136 950,00	646 950,00
3000 Eigenkapital: AB		330 000,00		410 000,00
4800 Umsatzsteuer	100 625,00	125 625,00	83 950,00	103 950,00
5100 Ums.-Erl. f. Waren/WV		837 500,00		693 000,00
6060 Aufw. f. Waren/WE	432 000,00		355 000,00	
61/77 versch. Aufw.	285 500,00		200 000,00	
8010 Schlussbilanzkonto				
8020 Gewinn und Verlust				
Summe	2 206 050,00	2 206 050,00	1 909 650,00	1 909 650,00
Warenendbestand lt. Inventur	172 000,00		55 000,00	

Richten Sie die obigen Konten ein, schließen Sie die Bestands- und Erfolgskonten ab und erstellen Sie das GuV-Konto und das SBK!

5 Welche der folgenden Aussagen treffen zu
a) nur auf Warenbestandsmehrungen,
b) nur auf Warenbestandsminderungen,
c) sowohl auf Warenbestandsmehrungen als auch auf Warenbestandsminderungen?

Aussagen:
1. Der Warenendbestand ist größer als der Warenanfangsbestand.
2. Der Warenendbestand ist kleiner als der Warenanfangsbestand.
3. Sie stellen zusätzlich zum Wareneinkauf einen Aufwand dar.
4. Sie werden mit der Umbuchung „6060 an 2280" erfasst.
5. Sie rufen eine Berichtigung der gebuchten „Aufwendungen für Waren/WE" hervor.
6. Im Rahmen der Umbuchungen sind sie als betrieblicher Ertrag oder als Minderung der bisher gebuchten „Aufwendungen für Waren/WE" zu erfassen.

6 Welche der folgenden Aussagen treffen auf die Buchung a) eines Mehrbestandes an Waren, b) eines Minderbestandes an Waren, c) eines Mehr- und eines Minderbestandes an Waren zu?

Aussagen:
1. Aufwendungen für Waren werden zu Beständen.
2. Aufwendungen werden vermehrt und das Umlaufvermögen wird vermindert.
3. Der Erfolg wird verändert.
4. Es handelt sich um eine Aktiv-Passiv-Mehrung.
5. Es wurde mehr eingekauft als verkauft.
6. Wareneingang und Wareneinsatz unterscheiden sich um den gebuchten Betrag.
7. Der Gewinn wird vergrößert.
8. Die Lagerbestände wurden teilweise abgebaut.

3.1.4 Rücksendungen an Lieferer und Gutschriften

Ein Lkw der Spedition Müller GmbH, Köln, liefert am 15. September 19.. Schreibtische und Drehstühle der Bürodesign GmbH, Köln, an. Die in Kartons und Rollcontainern verpackten Büromöbel werden von dem Laageristen der Primus GmbH noch in Anwesenheit des Lkw-Fahrers auf äußere Beschädigungen überprüft und dann angenommen.

Am selben Tag geht die Rechnung der Bürodesign GmbH, Köln, ein:

BÜRODESIGN GMBH
Herstellung von Büromöbeln

Bürodesign GmbH, Stolberger Straße 188, 50933 Köln

Primus GmbH
Koloniestraße 2–4

47057 Duisburg

Anschrift:	Stolberger Straße 188
	50933 Köln
Telefon:	(0221) 668-3550
Telefax:	(0221) 668-357
Postbank:	Köln (BLZ 370 100 50) 0324066-506
Banken:	Stadtsparkasse Köln
	(BLZ 370 501 98) 85313948
	Deutsche Bank Köln
	(BLZ 370 700 60) 25 203 488

Rechnung

Ihr Auftrag vom

Kunden-Nr.	Rechnungs-Nr.	Rechnungstag
20344	1238	19..-04-02
Bei Zahlung bitte angeben		

Pos.	Artikel-Nr.	Artikelbezeichnung	Menge	Einzelpreis DM	Gesamtpreis DM
1	100 301	Schreibtisch „Classic"	25	272,27	6 806,75
2	100 303	Regalelement „Classic"	20	117,73	2 354,60
3	100 310	Bandscheiben-Drehstuhl „Super-Star"	20	181,36	3 627,20

Warenwert netto	Verpackung	Fracht	Entgelt netto	USt-%	USt-DM	**Gesamtbetrag**
12 788,55	1 800,00	1 301,45	15 890,00	15	2 383,50	18 273,50

Bei näherer Prüfung der Sendung und der Eingangsrechnung wird festgestellt, dass fünf Regalelemte Classic zu viel geliefert und berechnet wurden (Pos. 2 der ER). Nach telefonischer Vereinbarung mit Herrn Stam, dem zuständigen Ansprechpartner in der Bürodesign GmbH, wurden die Verpackung, fünf Regalelemente Classic und die Rollcontainer zurückgesandt.

Nach der Rücksendung erhielt die Primus GmbH die nachfolgende Gutschrift.

BÜRODESIGN GMBH

Herstellung von Büromöbeln

Bürodesign GmbH, Stolberger Straße 188, 50933 Köln

Primus GmbH
Koloniestraße 2–4

47057 Duisburg

Anschrift:	Stolberger Straße 188
	50933 Köln
Telefon:	(02 21) 6 68 - 35 50
Telefax:	(02 21) 6 68 - 357
Postbank:	Köln (BLZ 370 100 50) 03240 66 - 506
Banken:	Stadtsparkasse Köln
	(BLZ 370 501 98) 85 313 948
	Deutsche Bank Köln
	(BLZ 370 700 60) 25 203 488

GUTSCHRIFT

Ihre Beanstandung vom:	19 . . - 04 - 07
Unsere Lieferung vom:	19 . . - 04 - 02
Unsere Rechnung Nr:	1238
vom:	19 . . - 04 - 02

Begründung der Gutschrift	Menge	Einzelpreis DM	Gesamtpreis DM
Rücksendung			
Regalelement „Classic"	5	117,73	588,65
Rollcontainer			1 800,00
	Wert der Gutschrift, netto		2 388,65
	15 % Umsatzsteuer		358,30
	Wert der Gutschrift		**2 746,95**

Um gleichlautende Buchung wird gebeten.

Köln, 11. April 19..

Arbeitsauftrag Erläutern Sie die buchhalterische Auswirkung der Rücksendung der Regalelemente und der Rollcontainer!

● Rücksendungen von Waren und Leihverpackungen

▶ **Rücksendungen von Waren: Die Rücksendung von Waren** wegen Falschlieferung oder mangelhafter Lieferung bewirkt eine **Gutschrift des Lieferers,** die mit eventuellen Zahlungsansprüchen des Lieferers (Verbindlichkeiten a. LL) verrechnet werden kann. Die zurückgesandten falschen oder mangelhaften Waren werden unmittelbar auf dem Konto Aufwendungen für Waren gutgeschrieben, da sich der laut Eingangsrechnung ursprünglich erfasste Aufwand für Waren verringert. Es handelt sich um eine **Korrektur- oder Stornobuchung.** Sie führt **umsatzsteuerrechtlich** gleichzeitig zu einer **Minderung des Vorsteueranspruchs** gegenüber dem Finanzamt. Die **Vorsteuer** ist entsprechend zu **berichtigen.**

▶ **Rücksendung von Verpackung:** Der Lieferer belastet im Allgemeinen den Käufer mit dem Verpackungsmaterial für die gelieferten Materialien. Die **Rücksendung von Verpackung,** die der Lieferer in Rechnung gestellt hat, führt ebenfalls zu einer **Korrektur-** oder **Stornobuchung.** Die Gutschrift für das zurückgesandte Verpackungsmaterial erfolgt **unmittelbar auf dem Konto „6060 Aufw. für Waren" bzw. auf dem speziellen Unterkonto „6061 Bezugskosten".** Die ursprünglich gebuchte Vorsteuer ist entsprechend zu korrigieren.

Beispiel

ER: Zieleinkauf von Schreibtischen,
Regalelementen und Drehstühlen,

netto	12 788,55
Verpackung	1 800,00
Fracht	1 301,45
	15 890,00
+ 15 % Umsatzsteuer	2 383,50
	18 273,50

Buchung der Eingangsrechnung:

6060	Aufwendungen für Waren	12 788,55
6061	Bezugskosten	3 101,45
2600	Vorsteuer	2 383,50
an 4400	Verbindlichkeiten a. LL	18 273,50

Gutschrift der Bürodesign GmbH

Regalelemente Classic,	
netto	588,65
8 Rollencontainer, netto . .	1 800,00
	2 388,65
+ 15 % Umsatzsteuer	358,30
	2 746,95

Buchung der Rücksendung:

4400	Verbindlichkeiten a. LL	2 746,95
an 6060	Aufwendungen für Waren	588,65
an 6061	Bezugskosten	1 800,00
an 2600	Vorsteuer	358,30

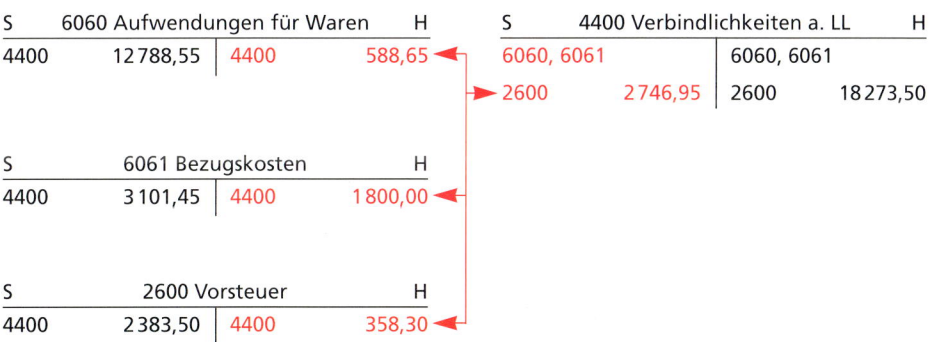

● **Gutschriften durch Lieferer**

▶ **Minderungen:** Wegen eines **Mangels** an Waren, den der Lieferer zu vertreten hat, kann das Unternehmen als Kunde das **Recht auf Minderung** oder Herabsetzung des Kaufpreises verlangen. Dieser Rechtsanspruch ist dann sinnvoll, wenn die Waren trotz des Mangels noch verkauft werden können.

Bürotec GmbH
— Bürobedarf aller Art —

Bürotec GmbH, Fabrikstraße 24–30, 04129 Leipzig

Primus GmbH
Koloniestraße 2–4

47057 Duisburg

Bürotec GmbH
Bürobedarf aller Art
Fabrikstraße 24–30
04129 Leipzig

Telefon: (0 31 41) 55 46 45
Telefax: (0 31 41) 55 48 49

Bank: Deutsche Bank Leipzig
(BLZ 870 700 00) 91 111 723

GUTSCHRIFT

Ihre Beanstandung vom:	19..-04-25
Unsere Lieferung vom:	19..-04-10
Unsere Rechnung Nr:	352965
vom:	19..-04-08

Begründung der Gutschrift	Menge	Einzelpreis DM	Gesamtpreis DM
Preisnachlaß wegen Webfehler im Bezug von Bürodrehstühlen Modell 1640: 30 % vom Listenpreis	4	58,50	234,00
Wert der Gutschrift, netto			234,00
15 % Umsatzsteuer			35,10
Wert der Gutschrift			269,10

Um gleichlautende Buchung wird gebeten.

Leipzig, 2. Mai 19..

Buchung der Minderung:

4400 Verbindlichkeiten a. LL	269,10		
		an 6062 Nachlässe	234,00
		an 2600 Vorsteuer	35,10

▶ **Boni:** Der **nachträglich gewährte Preisnachlass,** auch **Bonus** oder **Umsatzrückvergütung** genannt, soll den Kunden stärker an den Lieferer binden und ihn zu höheren Einkäufen innerhalb eines Zeitraums veranlassen.

Beispiel Die Bürodesign GmbH, die der Primus GmbH bei Umsätzen über 150 000,00 DM 5 % Bonus gewährt, erteilt der Primus GmbH folgende Gutschrift:

Bonus: Lieferungen 19..		**Buchung:**	
5 % von netto 171 000,00 .	8 550,00	4400 Verbindlichkeiten a. LL	9 832,50
+ 15 % Umsatzsteuer	1 282,50	an 6064 Liefererboni	8 550,00
	9 832,50	an 2600 Vorsteuer	1 282,50

▶ **Buchung der Nachlässe:** Beide Vorgänge führen zu **Lieferergutschriften**, die

❑ die **Verbindlichkeiten a. LL** gegenüber dem Lieferer **vermindern,**

❑ die **Anschaffungskosten** der eingekauften Waren **nachträglich mindern** und

❑ folglich eine **Korrektur der Vorsteuer** notwendig machen.

Die **Anschaffungskostenminderungen** durch nachträgliche **Preisnachlässe und Boni** (Wertkorrekturen) werden im Unterschied zu Rücksendungen (Mengen- und Wertkorrekturen) auf den Unterkonten **„6062 Nachlässe"** und 6064 Liefererboni gebucht.

▶ **Abschluss der Unterkonten:** Zum **Jahresabschluss** sind die **Unterkonten „6062 Nachlässe"** und 6064 Liefererboni im Rahmen der vorbereitenden Abschlussbuchungen **über** das Konto **„6060 Aufwendungen für Waren"** abzuschließen.

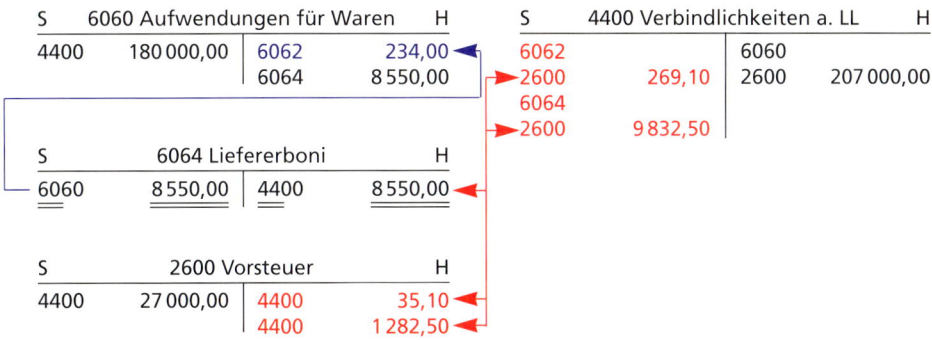

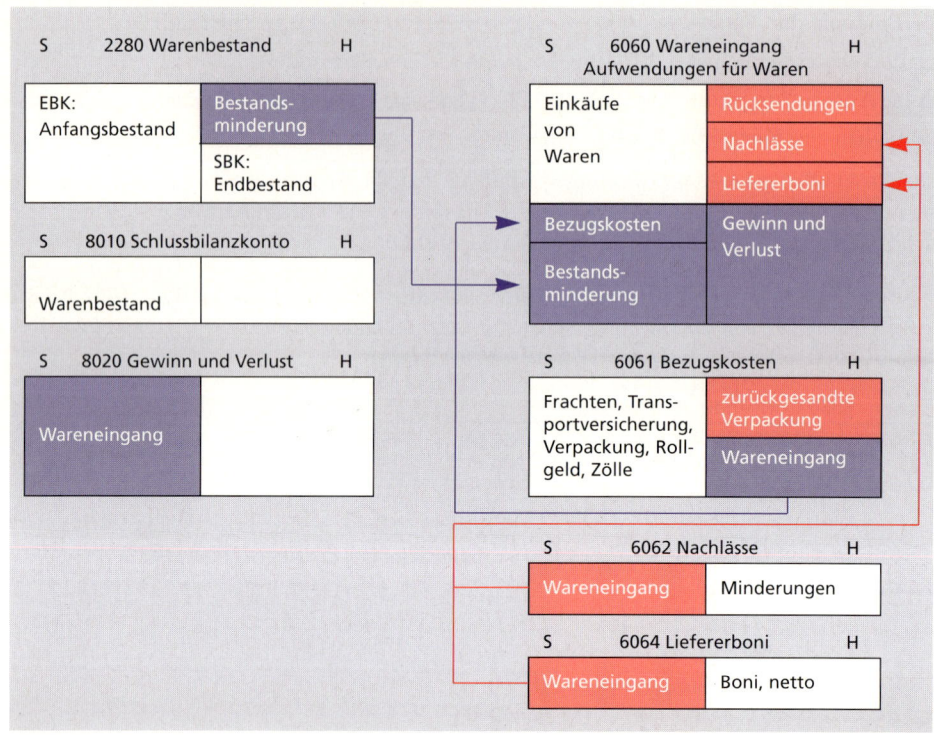

S	2280 Warenbestand	H
EBK: Anfangsbestand	Bestands- minderung	
	SBK: Endbestand	

S	8010 Schlussbilanzkonto	H
Warenbestand		

S	8020 Gewinn und Verlust	H
Wareneingang		

S	6060 Wareneingang Aufwendungen für Waren	H
Einkäufe von Waren	Rücksendungen	
	Nachlässe	
	Liefererboni	
Bezugskosten	Gewinn und Verlust	
Bestands- minderung		

S	6061 Bezugskosten	H
Frachten, Trans- portversicherung, Verpackung, Roll- geld, Zölle	zurückgesandte Verpackung	
	Wareneingang	

S	6062 Nachlässe	H
Wareneingang	Minderungen	

S	6064 Liefererboni	H
Wareneingang	Boni, netto	

1 Geben Sie die Buchungssätze für die folgenden Geschäftsfälle eines Großhandelsunternehmens an!

	DM	DM
1. ER: Zieleinkauf von Waren, netto	53 000,00	
– Mengenrabatt	4 240,00	48 760,00
+ Fracht		1 291,24
+ Transportversicherung		48,76
+ Verpackungsmaterial (Leihemballagen)		900,00
		51 000,00
+ 15 % Umsatzsteuer		7 650,00
		58 650,00
2. ER, BA: Einkauf von Waren gegen sofortige Zahlung mit Bankscheck, netto	18 000,00	
– Treuerabatt 5 %	900,00	17 100,00
+ 15 % Umsatzsteuer		2 565,00
		19 665,00
3. Schreiben des Warenlieferers (Fall 1) Gutschrift für zurückgesandte Waren, netto	2 400,00	
+ 15 % Umsatzsteuer	360,00	2 760,00
4. ER, KB: Barzahlung der Fracht für die Rücksendung von Verpackungsmaterial an den Warenlieferer (vgl. Fall 1) Fracht einschließlich 15 % Umsatzsteuer		62,10

	DM	DM
5. **ER:** Zieleinkauf von Waren	3 700,00	
+ 15 % Umsatzsteuer.............................	555,00	4 255,00
6. **Schreiben des Warenlieferers** (vgl. Fälle 1 und 4)		
Gutschrift für die zurückgesandte Verpackung, netto ...	765,00	
+ 15 % Umsatzsteuer.............................	114,75	879,75
7. **Schreiben des Warenlieferers** (Fall 5): Lastschrift		
Fracht	70,00	
Transportversicherung............................	10,50	80,50
+ 15 % USt......................................		12,08
		92,58
8. **Schreiben des Warenlieferers** (Fall 5) Gutschrift für		
fehlerhafte Waren................................		851,00
Umsatzsteueranteil		111,00
9. **Schreiben des Warenlieferers:** Bonusgutschrift von 6‰		
vom Halbjahresumsatz von brutto 391 000,00 DM		2 346,00
Umsatzsteueranteil		306,00

a) Warum werden Gutschriftanzeigen der Warenlieferer für Warenrücksendungen anders gebucht als Gutschriftanzeigen für Preisherabsetzungen wegen mangelhafter Lieferung?

b) Warum ist in den Gutschriftanzeigen auch die Umsatzsteuer ausgewiesen?

c) Was versteht man unter den Anschaffungsnebenkosten und den Anschaffungskostenminderungen?

d) Warum zählt die Umsatzsteuer nicht zu den Anschaffungskosten eines Wirtschaftsgutes?

2 Gegen Ende des Geschäftsjahres (01.01. – 31.12.) weisen die Konten der Finanzbuchhaltung folgende Summen aus:

		Soll DM	Haben DM
2280	Warenbestand.................................	80 000,00	–
2400	Forderungen a. LL.............................		
2600	Vorsteuer	30 445,50	14 800,00
2800	Bank	1 102 000,00	597 615,00
2880	Kasse	62 169,50	56 200,00
3000	Eigenkapital		163 000,00
4400	Verbindlichkeiten a. LL	230 000,00	345 000,00
4800	Umsatzsteuer	74 800,00	179 000,00
5100	Umsatzerlöse für Waren.......................		850 000,00
6060	Aufwendungen für Waren......................	210 000,00	
6061	Bezugskosten für Waren		
6300	Gehälter.....................................	356 200,00	
6700	Mieten.......................................	60 000,00	
		2 205 615,00	2 205 615,00

Geschäftsfälle:

1. **ER vom 12.12.:** Zieleinkauf von Waren, netto	200 000,00	
– 6 % Mengenrabatt	12 000,00	188 000,00
+ 15 % Umsatzsteuer.........................		28 200,00
		216 200,00

2. **ER, BA vom 16.12.:** Einkauf von Waren gegen.........	DM	DM
Bankscheck, netto	4 000,00	
– 4 % Mengenrabatt	160,00	3 840,00
+ Fracht		60,00
		3 900,00
+ 15 % Umsatzsteuer.............................		585,00
		4 485,00
3. **Brief des Warenlieferers vom 18.12.:**		
Lastschrift: Fracht für gelieferte Waren (Fall 1)	800,00	
Verpackung der Waren (Fall 1)	1 200,00	2 000,00
+ 15 % Umsatzsteuer.............................		300,00
		2 300,00
4. **ER, BA vom 19.12.:** Einkauf von Waren gegen		
Zahlung mit Bankscheck, netto....................	30 000,00	
+ Fracht	600,00	
+ Transportversicherung	30,00	30 630,00
+ 15 % Umsatzsteuer.............................		4 594,50
		35 224,50
5. **Brief des Warenlieferers vom 20.12.:** Gutschrift für		
zurückgesandte Verpackung (Fall 3)		
80 % des Rechnungsbetrages, netto................	960,00	
+ 15 % Umsatzsteuer.............................	144,00	1 104,00
6. **ER, KB vom 23.12.:** Barzahlung der Fracht für die Rück-		
sendung der Verpackung an den Warenlieferer ein-		
schließlich 15 % Umsatzsteuer....................		50,60
7. **ER vom 24.12.:** Zieleinkauf von Waren, netto	6 000,00	
– 8 % Mengenrabatt	480,00	5 520,00
+ Fracht		180,00
		5 700,00
+ 15 % Umsatzsteuer.............................		855,00
		6 555,00
8. **AR vom 27.12.:** Verkauf von Waren auf Ziel,		
netto	172 000,00	
+ 15 % Umsatzsteuer.............................	25 800,00	197 800,00

Abschlussangabe

Warenendbestand lt. Inventur 100 000,00

a) Richten Sie die oben genannten Konten mit den entsprechenden Werten ein. Bei computergestützter Buchhaltung können Sie die Summen mit dem Datum 11. Dezember 19.. auf die eingegebenen Konten übertragen.

b) Buchen Sie die Geschäftsfälle und führen Sie die vorbereitenden Abschlussbuchungen durch!

c) Erstellen Sie den Jahresabschluss!

3 Eine Großhandelsunternehmung ermittelte gegen Ende des Geschäftsjahres (01.01.–31.12.) auf den Konten der Finanzbuchhaltung folgende Summen:

	Soll	Haben
Summenbilanz:	DM	DM
2280 Warenbestand	160 000,00	
2600 Vorsteuer	89 876,00	24 800,00
2800 Bank	958 000,00	570 576,00

	DM	DM
2880 Kasse	65 000,00	57 200,00
3000 Eigenkapital		334 700,00
4400 Verbindlichkeiten a. LL	238 000,00	308 680,00
4800 Umsatzsteuer	75 700,00	148 220,00
5100 Umsatzerlöse für Waren		1 280 000,00
6060 Wareneingang	460 000,00	
6061 Bezugskosten	25 500,00	
6062 Nachlässe		12 000,00
6064 Liefererboni		9 200,00
6300 Gehälter	519 300,00	
6700 Mieten	154 000,00	
	2 745 376,00	2 745 376,00

Geschäftsfälle:

1. **14.12.:** ER: Zieleinkauf von Waren
   Listenpreis, netto 25 000,00
   – 4 % Mengenrabatt 1 000,00
   24 000,00
   + Leihverpackung 800,00   24 800,00
   + 15 % USt 3 720,00   28 520,00

2. **15.12.: ER, KB:** Barzahlung der Fracht (vgl. Fall 1)
   einschl. 15 % USt   287,50

3. **17.12.: Brief eines Warenlieferers:** Gutschrift für
   anerkannte Mängelrüge, netto 2 000,00
   + 15 USt 300,00   2 300,00

4. **19.12.: KB.** Barzahlung der Fracht für Rücksendung des
   Verpackungsmaterials (Fall 1) einschl. 15 % USt   28,75

5. **19.12.: KB:** Brief des Warenlieferers: Gutschrift für Rücksendung des Verpackungsmaterials (Fall 1), netto 800,00
   + 15 % USt 120,00   920,00

6. **31.12.: Brief eines Warenlieferers:** Gutschrift des Bonus
   für bezogene Waren: 4 % vom Jahresumsatz von
   netto 180 000,00 . . . . 7 200,00
   + 15 % USt 1 080,00   8 280,00

Abschlussangabe zum 31.12.:
Warenendbestand lt. Inventur 166 200,00

a) Buchen Sie die Geschäftsfälle auf den Konten lt. Summenbilanz!
b) Führen Sie die Umbuchungen zum Geschäftsjahresende durch!
c) Führen Sie den Abschluss der Finanzbuchhaltung durch!

4 Folgende Konten sind unter Berücksichtigung eines Warenendbestandes lt. Inventur
von 267 400,00 DM abzuschließen und auszuwerten:

S	2280 Warenbestand	H	S	6060 Aufw. für Waren/WE	H
8000	122 000,00		4400	726 000,00	

S	6061 Warenbezugskosten	H	S	6062 Nachlässe	H
4400	290 400,00			4400	205 000,00

1. Ermitteln Sie
   a) den Prozentsatz der in der Rechnungsperiode durch die Warenlieferer durchschnittlich berechneten Nebenkosten.
   b) den Anschaffungswert der in der Rechnungsperiode bezogenen Waren,
   c) den Aufwand für Waren (Wareneinsatz) der Rechnungsperiode!

2. Bilden Sie die Buchungssätze
   a) zum Abschluss des Kontos 6061 Bezugskosten,
   b) zum Abschluss des Kontos 6062 Nachlässe,
   c) zur Erfassung der Warenbestandsveränderungen,
   d) zum Abschluss des Kontos Warenbestand!

5 In der Primus GmbH sind folgende Belege zu buchen:

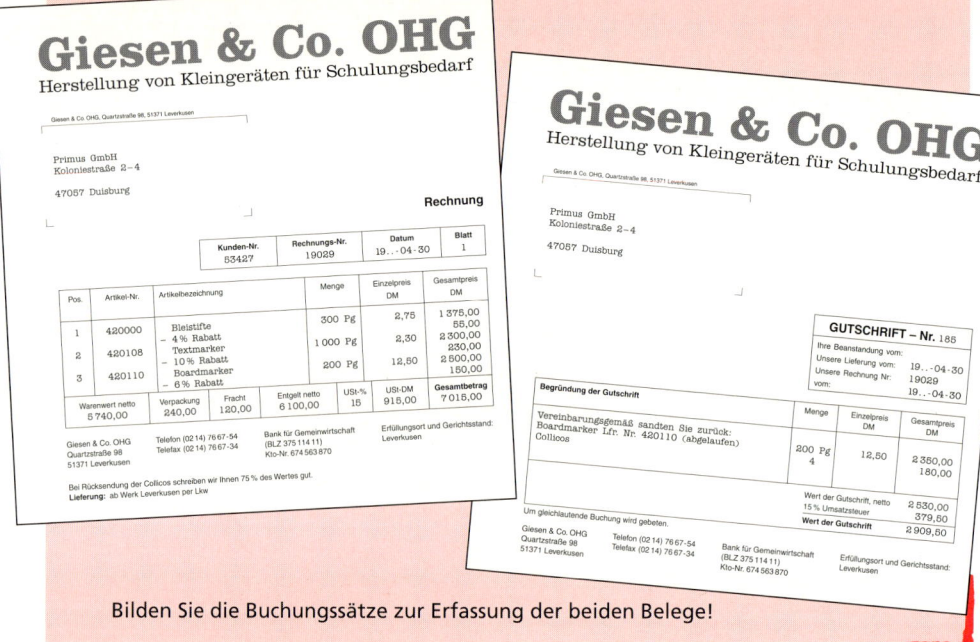

Bilden Sie die Buchungssätze zur Erfassung der beiden Belege!

 ## 3.2 Absatzwirtschaft

3.2.1 Verkaufskalkulation

 #### 3.2.1.1 Vorwärtskalkulation

Die Geschäftsführer der Primus GmbH haben beschlossen, neben den Warengruppen Bürotechnik, -einrichtung, Verbrauch und Organisation eine weitere Warengruppe „Werbegeschenke" aufzunehmen. Frau Svenja Braun, die Assistentin der Geschäftsleitung der Primus GmbH, wird damit beauftragt, die Verkaufspreise für diese neue Warengruppe zu kalkulieren. U. a. hat sie folgende Zahlen vorliegen:

Warengruppe 5: Werbegeschenke						
Artikel-bezeichnung	Art.-Nr.	Bezugspreis in DM	Handlungskosten-zuschlagssatz	Gewinnzu-schlagssatz	Kunden-skonto in %	Kunden-rabatt in %
Discman D-245	387B654	111,57	30%	40%	2%	20%
Armbanduhr „Bahnhof"	154B369	9,80	40%	50%	2%	25%
Citroen 2CV „Ente"	374B132	16,21	50%	30%	2%	15%

Da Frau Braun arbeitsmäßig überlastet ist, bittet sie den Auszubildenden Andreas Dick darum, für sie die Berechnungen vorzunehmen.

Arbeitsauftrag
❏ Stellen Sie das Kalkulationsschema zur Ermittlung der Verkaufspreise auf!
❏ Berechnen Sie die Listenverkaufspreise für den Discman, die Armbanduhr und den Citroen 2CV mit den angegebenen Zuschlagssätzen!

Alle Handelsbetriebe sind bestrebt, die von ihnen eingekauften Waren abzusetzen.
Dabei versuchen sie ihre Handlungskosten zu decken und darüber hinaus einen Gewinn zu erzielen. In den Fällen, in denen dem Kunden ein längeres Zahlungsziel eingeräumt oder ein Nachlass wegen größerer Mengenabnahme gewährt wird, muss der Großhändler Kundenskonto und Kundenrabatt einkalkulieren.

Da alle Umsätze umsatzsteuerpflichtig sind, muss er, um den Rechnungsbetrag zu ermitteln, auch die Umsatzsteuer auf den Nettorechnungsbetrag zuschlagen. Wegen der Konkurrenzsituation jedes Großhandelsunternehmens muss bei der Verkaufskalkulation darauf geachtet werden, dass der übliche Marktpreis nicht überschritten wird.

Ausgangspunkt für die **Berechnung des Listenverkaufspreises** ist der Bezugspreis (Einstandspreis). Auf den Bezugspreis werden die **Handlungskosten** zugeschlagen. Auf den sich daraus ergebenden **Selbstkostenpreis** rechnet der Großhändler den **Gewinn** und erhält den **Barverkaufspreis**. Wenn ein Händler seinen **Kunden Skonto** und **Rabatt** gewährt, dann berücksichtigt er diese in seiner Kalkulation. Daraus ergeben sich der **Zielverkaufspreis** und der **Listenverkaufspreis**. Auf den Listenverkaufspreis muss der Händler bei Rechnungsertei-lung noch 15 % Umsatzsteuer hinzurechnen.

Hieraus ergibt sich folgendes Kalkulationsschema für die Berechnung des Listenverkaufspreises:

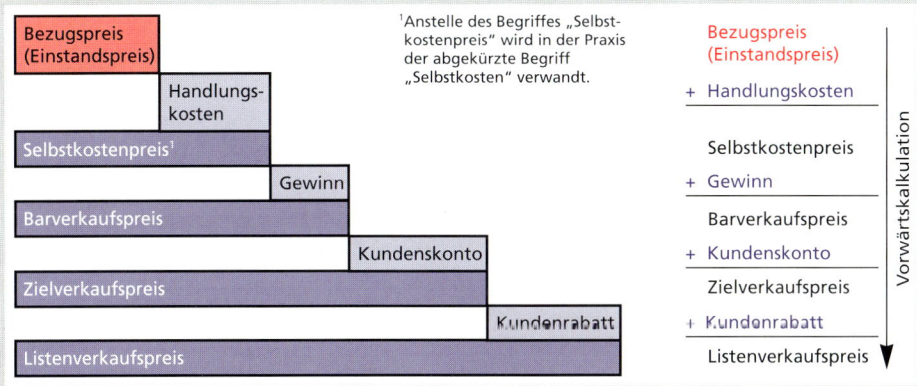

● Vom Bezugspreis zum Barverkaufspreis

▶ **Handlungskostenzuschlag und Selbstkostenpreis:** Durch die Lagerung, die Verwaltung und den Verkauf der Waren entstehen in jeder Unternehmung betriebliche Aufwendungen, die in der Kalkulation als **Geschäftskosten** oder **allgemeine Handlungskosten** bezeichnet werden. Hierzu zählen u. a. Miete, Steuern, Personalkosten, Büromaterial, Werbung, Postgebühren usw.

Diese Kosten werden in der Regel durch alle Waren gemeinsam verursacht (**Gemeinkosten**). Eine verursachungsgemäße Zurechnung auf jeden einzelnen Artikel ist somit nicht exakt möglich. Daher werden die Geschäfts- oder Handlungskosten in einem Prozentsatz ausgedrückt, dem **Geschäfts- oder Handlungskostenzuschlagssatz.** Dieser Zuschlag wird dann bei der Kalkulation des Selbstkostenpreises einzelner Artikel zugrunde gelegt. Je nach Größe und Sortiment des Unternehmens sind diese Kosten in ihrer Höhe unterschiedlich.

❑ **Berechnung des Handlungskostensatzes/-zuschlagssatzes:** Mithilfe der Unterlagen aus der Buchführung kann der prozentuale Anteil der Handlungskosten am Wareneinsatz (Umsatz zu Einstands- oder Bezugspreisen) festgestellt werden.

Beispiel   Die Primus GmbH entnimmt ihrer Buchführung folgende Zahlenwerte:

S		8020 GuV	H
Aufwendungen für bezogene Waren	3 952 000,00		
Personalaufwand	2 086 000,00		
Abschreibungen	144 000,00	Summe der	①
Steuern	386 000,00	Handlungskosten = 3 326 000,00 DM	
Sonstige betriebliche Aufwendungen	710 000,00		

Wie viel Prozent beträgt der Handlungskostensatz/-zuschlagssatz?

Lösung ② 3 952 000,00 DM (Wareneinsatz)[1] = 100 %
3 326 000,00 DM (Handlungskosten) =   x

Der Handlungskostensatz beträgt 84,16 %.

③ $x = \dfrac{3\,326\,000 \cdot 100}{3\,952\,000}$

$x = 84,16\,\%$

Hieraus ergibt sich für die Berechnung des Handlungskostensatzes/-zuschlagssatzes folgende Formel:

$$\text{Handlungskostensatz/-zuschlagssatz} = \frac{\text{Handlungskosten in DM} \cdot 100}{\text{Wareneinsatz}}$$

[1] **Wareneinsatz** = verkaufte Waren bewertet zum Bezugs- oder Einstandspreis

Rechenweg

① Ermitteln Sie die Summe der Handlungskosten durch Addition aller Kosten!
② Ermitteln Sie den Wareneinsatz! Wenn der Wareneinsatz nicht angegeben ist, ist er aus dem Wareneingangskonto (6060) zu ermitteln (vgl. S. 182).
③ Berechnen Sie den Handlungskostensatz/-zuschlagssatz mithilfe des Dreisatzes oder obiger Formel!

❑ **Berechnung des Selbstkostenpreises:** Der Selbstkostenpreis wird ermittelt, indem man zum Bezugspreis die Geschäfts- oder Handlungskosten addiert, wobei die Geschäfts- oder Handlungskosten vom Bezugspreis berechnet werden.

▶ **Gewinnzuschlag und Barverkaufspreis:** Jeder Großhändler will einen Gewinn erzielen, also muss er ihn einkalkulieren. Dies geschieht durch Zuschlag auf den Selbstkostenpreis mithilfe eines Prozentsatzes (Gewinnzuschlagssatz).

Der Gewinnzuschlag enthält:

1. eine **Eigenkapitalverzinsung** für das im Unternehmen angelegte Eigenkapital; sie ist normalerweise so hoch wie die Zinsen für bei der Bank langfristig angelegtes Kapital;
2. einen **Unternehmerlohn** für die Arbeitsleistung des Unternehmers in seinem Unternehmen[1];
3. eine **Risikoprämie** als Vergütung für die Übernahme des unternehmerischen Risikos durch den Unternehmer; sie ist abhängig von der Größe des Risikos in der jeweiligen Branche.

Der Gewinn wird in der Kalkulation prozentual von den Selbstkosten errechnet (Gewinnzuschlag) und dem Selbstkostenpreis zugeschlagen.

Somit ergibt sich folgendes Kalkulationsschema:

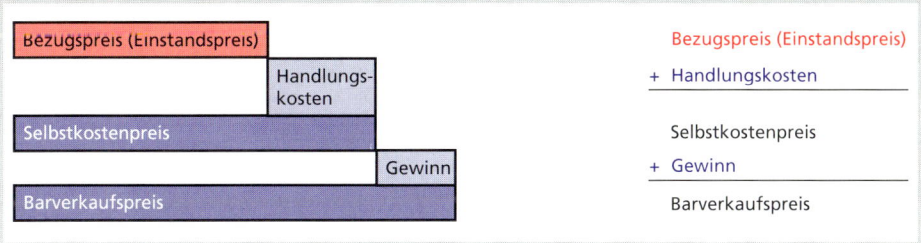

❑ **Berechnung des Barverkaufspreises:** Durch Addition des Gewinns zum Selbstkostenpreis ergibt sich der Barverkaufspreis.

Beispiel Wie viel DM beträgt der Barverkaufspreis für einen Artikel, dessen Bezugspreis 350,00 DM beträgt, wenn die Primus GmbH mit seinem Handlungskostenzuschlagssatz von 84,16 % und einem Gewinnzuschlagssatz von 15 % rechnet?

Lösung

①	Bezugspreis	100 %		350,00 DM
	+ Handlungskosten	84,16 %		294,56 DM
②	Selbstkostenpreis	184,16%	100 %	644,56 DM
	+ Gewinn		15 %	96,68 DM
③	Barverkaufspreis		115 %	741,24 DM

Der Barverkaufspreis beträgt 741,24 DM.

---

[1] In Kapitalgesellschaften ist der Unternehmerlohn hier nicht anzusetzen, weil er dort bereits in den Handlungskosten (Gehälter) enthalten ist.

Rechenweg

① Stellen Sie das Kalkulationsschema vom Bezugs- zum Barverkaufspreis auf!
② Ermitteln Sie den Selbstkostenpreis!
③ Ermitteln Sie mithilfe des Dreisatzes den Barverkaufspreis! Der Selbstkostenpreis beträgt 100 %!

● Vom Barverkaufspreis zum Listenverkaufspreis

Großhändler können ihren Kunden Skonto und Rabatt gewähren. Ferner können beim Verkauf von Waren Provisionen anfallen, z. B. für die Umsätze des Verkaufspersonals.

Kundenskonto, Provision und Kundenrabatt werden in den Verkaufspreis eingerechnet. Daraus ergibt sich der Listenverkaufspreis.

▶ **Kundenskonto:** Wird dem Kunden ein längeres Zahlungsziel eingeräumt, kalkuliert der Unternehmer für diesen Kredit Zinsen in Form des Skontos ein. Nimmt der Kunde den angebotenen Kreditzeitraum nicht in Anspruch, weil er früher zahlt, kann er wegen vorzeitiger Zahlung den eingerechneten Zins (Skonto) wieder abziehen. **Skonto** wird daher vom Rechnungsbetrag oder Zielverkaufspreis berechnet. In der Kalkulation muss er jedoch, da der Zielverkaufspreis noch unbekannt ist, im Hundert vom Barverkaufspeis ermittelt werden.

▶ **Prozentrechnen im Hundert (vom verminderten Grundwert):** Der verminderte Grundwert ist stets kleiner als der reine Grundwert. Der verminderte Grundwert liegt vor, wenn der Prozentwert vom Grundwert abgezogen worden ist, z. B. bei der Gewährung von Rabatten, Skonto usw.

Beispiel Der Barverkaufspreis für eine Ware der Primus GmbH beträgt 145,50 DM. Dem Kunden werden 3 % Skonto gewährt. Wie viel DM beträgt der Zielverkaufspreis?

Lösung

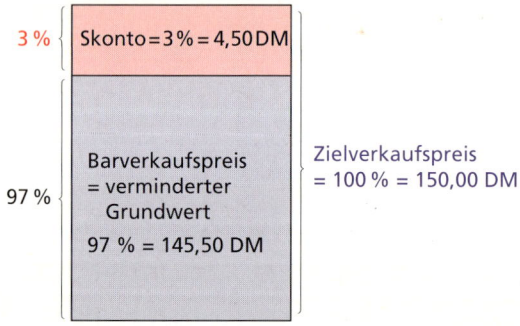

① Bedingungssatz: 97 % = 145,50 DM
② Fragesatz: 100 % =   x
③ Bruchsatz: $x = \dfrac{145{,}50 \cdot 100}{97}$ $x = \underline{\underline{150{,}00\ \text{DM}}}$

Der Zielverkaufspreis beträgt 150,00 DM.

Hieraus lässt sich folgende Formel für die Berechnung des reinen Grundwertes aus dem verminderten Grundwert ableiten:

$$\textbf{Reiner Grundwert} = \frac{\text{Verminderter Grundwert} \cdot 100}{100 - \text{Prozentsatz}}$$

In der Promillerechnung lautet die Formel:

$$\text{Reiner Grundwert} = \frac{\text{Verminderter Grundwert} \cdot 1\,000}{1\,000 - \text{Prozentsatz}}$$

Rechenweg

① Stellen Sie den Bedingungssatz so auf, dass der verminderte Grundwert rechts steht!
② Bilden Sie den Fragesatz, wobei der gesuchte reine Grundwert (x) rechts steht!
③ Stellen Sie den Bruchsatz auf, wobei Sie oben stehende Formel anwenden können!

▶ **Die Vertreterprovision wird ebenfalls vom Zielverkaufspreis berechnet.**

Beispiel Wie viel DM beträgt der Zielverkaufspreis einer Ware, deren Barverkaufspreis 40,00 DM beträgt, wenn die Primus GmbH ihren Kunden 2 % Skonto und den Handelsvertretern 3 % Verkaufsprovision gewährt?

Lösung

Barverkaufspreis	95 %		38,00 DM
+ Kundenskonto	2 %	} 5 %	0,80 DM
+ Verkaufsprovision	3 %		1,20 DM
Zielverkaufspreis	100 %		40,00 DM

Kundenskonto und Verkaufsprovision können zu einem Prozentsatz addiert werden.

Der Zielverkaufspreis beträgt 40,00 DM.

▶ **Kundenrabatt:** Wenn ein Unternehmer seinem Kunden Rabatt gewährt (z. B. nimmt der Kunde eine größere Menge ab), dann berechnet der Unternehmer diesen **Rabatt** vom Listenverkaufspreis. In der Kalkulation muss er jedoch, da der Listenverkaufspreis noch unbekannt ist, im Hundert vom Zielverkaufspreis ermittelt werden.

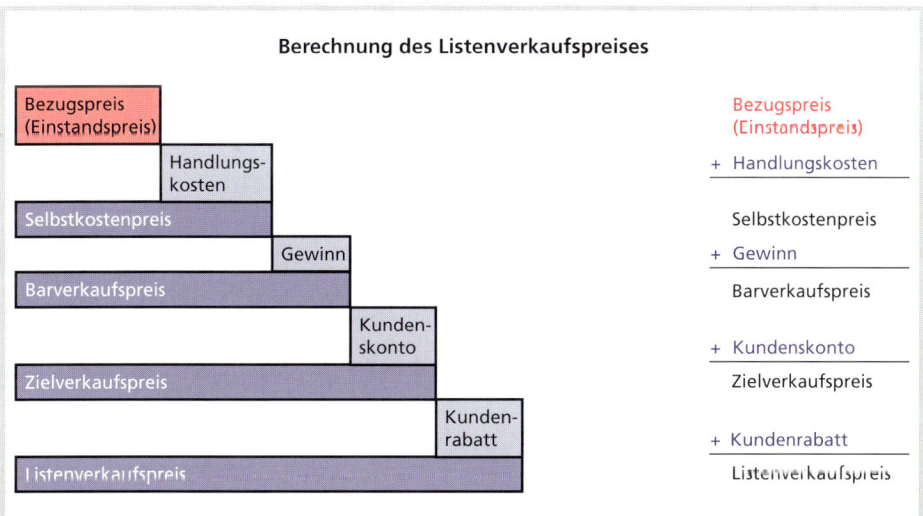

Berechnung des Listenverkaufspreises

Bezugspreis (Einstandspreis)
+ Handlungskosten

Selbstkostenpreis
+ Gewinn

Barverkaufspreis

+ Kundenskonto

Zielverkaufspreis

+ Kundenrabatt

Listenverkaufspreis

Beispiel Wie viel DM beträgt der Listenverkaufspreis einer Ware, deren Barverkaufspreis 573,30 DM beträgt, wenn die Primus GmbH ihren Kunden 10 % Rabatt und 2 % Skonto gewährt?

Lösung

①	Barverkaufspreis	98 %		573,30 DM
	+ Kundenskonto	2 %		11,70 DM
②	Zielverkaufspreis	100 %	90 %	585,00 DM
	+ Kundenrabatt		10 %	65,00 DM
③	Listenverkaufspreis		100 %	650,00 DM

Der Listenverkaufspreis beträgt 650,00 DM.

Rechenweg

① Stellen Sie das Kalkulationsschema vom Barverkaufs- bis zum Listenverkaufspreis auf!

② Berechnen Sie mithilfe des Dreisatzes den Zielverkaufspreis! Beachten Sie, dass der Zielverkaufspreis immer 100 % beträgt, wenn Sie vom Barverkaufspreis ausgehen!

Barverkaufspreis   98 % = 573,30 DM
Zielverkaufspreis 100 % =   x

$$x = \frac{573,30 \cdot 100}{98}$$

$$x = \underline{585,00\ DM}$$

③ Berechnen Sie mihilfe des Dreisatzes den Listenverkaufspreis!

Beachten Sie ebenfalls, dass der Listenverkaufspreis immer 100 % beträgt, wenn Sie vom Zielverkaufspreis ausgehen!

Zielverkaufspreis   90 % = 585,00 DM
Listenverkaufspreis 100 % =   x

$$x = \frac{585 \cdot 100}{90}$$

$$x = \underline{650,00\ DM}$$

Wenn außer Skonto und Rabatt noch Verkaufsprovision berechnet werden soll, wird zuerst der Skonto mit der Verkaufsprovision zusammengefasst, um den Zielverkaufspreis zu errechnen. Dann wird der Rabatt berücksichtigt, um den Listenverkaufspreis zu berechnen.

	A	B	C	D	E
1	**Preiskalkulation (Vorwärtskalkulation)**				
2	Die Preiskalkulation für den Verkauf kann vom Listeneinkaufspreis oder vom Bezugspreis ausge-				
3	hen. Ziel ist, den Listenverkaufspreis zu ermitteln.				
4	**Kalkulationsschema**	**%**	**DM**		Eingaben C5,B6,B8,C10,B12,B14,B16,B18
5	Listeneinkaufspreis		1250,00		Formeln:
6	- Liefererrabatt	12,00	150,00	◄	C5*B6/100
7	= Zieleinkaufspreis		1100,00	◄	C5-C6
8	- Liefererskonto	3,00	33,00	◄	C7*B8/100
9	= Bareinkaufspreis		1067,00	◄	C7-C8
10	+ Bezugskosten		250,00	◄	Eingabe !
11	= Bezugspreis		1317,00	◄	C9+C10
12	+ Handlungskosten	78,00	1027,26	◄	C11*B12/100
13	= Selbstkostenpreis		2344,26	◄	C11+C12
14	+ Gewinn	9,00	210,98	◄	C13*B14/100
15	= Barverkaufspreis		2555,24	◄	C13+C14
16	+ Kundenskonto (i.H.)	2,00	52,15	◄	C15/(100-B16)*B16
17	= Zielverkaufspreis		2607,39	◄	C15+C16
18	+ Kundenrabatt (i.H.)	8,00	226,73	◄	C17/(100-B18)*B18
19	= Listenverkaufspreis		2834.12	◄	C17+C18

● Rohgewinn und Reingewinn

Ein Kaufmann muss in der Lage sein für jeden einzelnen Artikel festzustellen, wie viel er auf jeden Bezugspreis insgesamt aufschlagen kann und welchen Gewinn ihm ein Artikel erbringt. Daher muss er den Roh- und den Reingewinn für seine Waren errechnen können.

Den Unterschied zwischen dem Barverkaufspreis und dem Bezugspreis (Einstandspreis) nennt man Rohgewinn. Den Reingewinn ermittelt man, indem man vom Rohgewinn die Handlungskosten abzieht. Hieraus ergibt sich für die Berechnung des Roh- und Reingewinnes folgendes Kalkulationsschema:

Beispiel Die Primus GmbH bezieht einen Artikel zu einem Bezugspreis (Einstandspreis) von 30,00 DM. Sie kalkuliert mit 80 % Handlungskosten und 15 % Gewinn.

Wie hoch sind der Rohgewinn und der Reingewinn für diesen Artikel?

Lösung

①	Bezugspreis (Einstandspreis)		100 %	30,00 DM
	+ Handlungskosten		80 %	24,00 DM
	Selbstkostenpreis	100 %	120 %	54,00 DM
	+ Gewinn	10 %		5,40 DM
②	Barverkaufspreis	110 %		59,40 DM

③ **Berechnung des Rohgewinns**

Barverkaufspreis – Bezugspreis (Einstandspreis)
  59,40 DM – 30,00 DM = <u>29,40 DM</u>

Der Rohgewinn beträgt 29,40 DM.

④ **Berechnung des Reingewinns**

Barverkaufspreis – Selbstkostenpreis oder Rohgewinn – Handlungskosten
  59,40 DM – 54,00 DM = <u>5,40 DM</u>   29,40 DM – 24,00 DM = <u>5,40 DM</u>

Der Reingewinn beträgt 5,40 DM.

Rechenweg

① Stellen Sie das Kalkulationsschema auf!
② Berechnen Sie die einzelnen Zuschläge stufenweise mithilfe von Dreisätzen!
③ Berechnen Sie den Rohgewinn:

> Barverkaufspreis – Bezugspreis (Einstandspreis)

④ Berechnen Sie den Reingewinn:

> Barverkaufspreis – Selbstkostenpreis

oder

> Rohgewinn – Handlungskosten

Verkaufskalkulation

Schema zur Ermittlung des Listenverkaufspreises:

Bezugspreis	100 %
+ Handlungskosten	(vom Hundert)
Selbstkostenpreis	100 %
+ Gewinn	(vom Hundert)
Barverkaufspreis	<100%
+ Kundenskonto	(im Hundert)
+ Verkaufsprovision	(im Hundert)
Zielverkaufspreis	<100%
+ Kundenrabatt	(im Hundert)
Listenverkaufspreis	= 100 %

Rohgewinn und Reingewinn

Rohgewinn	Reingewinn
Berechnung: Barverkaufspreis – Bezugspreis	Berechnung: Barverkaufspreis – Selbstkostenpreis oder Rohgewinn – Handlungskosten

1 Berechnen Sie für folgende Artikel den Barverkaufspreis!

	Bezugs-/Einstandspreis in DM	Handlungskosten-zuschlagssatz in %	Gewinnzuschlagssatz in %
a)	2,60	25	12,5
b)	86,00	15	$8^1/_3$
c)	136,00	10	10
d)	422,00	$16^2/_3$	15

2 Berechnen Sie unter Berücksichtigung folgender Angaben den Handlungskostensatz:

	Bezugspreis (Einstandspreis) der verkauften Ware in DM = Wareneinsatz	Handlungskosten in DM
a)	200 800,00	50 000,00
b)	460 000,00	115 000,00
c)	733 000,00	165 000,00
d)	930 000,00	215 500,00

3 Berechnen Sie den Selbstkostenpreis nachfolgender Artikel:

	Listeneinkaufspreis in DM	Liefererrabatt in %	Liefererskonto in %	Fracht in DM	Handlungskosten-zuschlagssatz in %
a)	8,60	10	2	0,30	12,5
b)	68,00	20	2,5	5,60	15
c)	388,00	25	3	25,00	20
d)	645,00	12,5	2	45,00	10

4 Ein Artikel wird mit einem Barverkaufspeis von 17,25 DM verkauft. Der Selbstkosten-preis betrug 15,00 DM.
Wie viel Prozent betrug der Gewinnzuschlagssatz?

5 Ein Großhändler verkauft einen ursprünglich mit 25 % Gewinnaufschlag kalkulierten Artikel nach einer Preiserhöhung von 10 % für 24,75 DM netto.
Errechnen Sie
a) den bisherigen Verkaufspreis der Ware,
b) den bisherigen Selbstkostenpreis des Artikels,
c) den prozentualen Gewinnzuschlagssatz unter Berücksichtigung der Preiserhöhung!

6 Über wie viel DM lautet der Listenverkaufspreis einer Ware, deren Barverkaufspreis 139,65 DM beträgt, wenn das Großhandelsunternehmen seinen Kunden 5 % Rabatt und 2 % Skonto gewährt?

7 Berechnen Sie den Listenverkaufspreis einer Ware, deren Barverkaufspreis 51,30 DM beträgt, wenn folgende Verkaufszuschlagssätze einkalkuliert werden: 3 % Verkaufsprovision, 2 % Kundenskonto und 10 % Kundenrabatt.

8 Ein deutscher Exporteur kalkuliert das Angebot von Elektromotoren auf dem amerikanischen Markt mit 16 % Gewinn. Der Gewinn je Motor beträgt 480,00 DM.
a) Berechnen Sie den Barverkaufspreis in DM.
b) Wie viel DM würde der Gewinn je Motor betragen, wenn der Exporteur mit einem Währungsverlust von 3 % auf den Barverkaufspreis rechnet?

9 Der Bareinkaufspreis für eine Sendung mit 480 Flaschen Apfelsaft beträgt 384,00 DM. An Bezugskosten fallen insgesamt 36,00 DM an. Die Handlungskosten betragen 30 % und der Gewinn wird mit 12,5 % berücksichtigt. Der Kundenrabatt soll mit 2 % angesetzt werden.
Berechnen Sie den Listenverkaufspreis für eine Flasche Apfelsaft!

10 Kalkulieren Sie den Listenverkaufspreis:

	Bezugspreis/ Einstandspreis in DM	Handlungskosten- zuschlagssatz in %	Gewinnzuschlags- satz in %	Kunden- skonto in %	Kunden- rabatt in %
a)	16,00	20	10	2	8
b)	44,00	25	15	2,5	10
c)	112,00	25	$16^2/_3$	3	5
d)	388,00	$33^1/_3$	25	2	12,5

11 Berechnen Sie den Listenverkaufspreis sowie den Rohgewinn für nachfolgende Waren:

	Listenein- kaufspreis in DM	Lieferer- rabatt in %	Bezugs- kosten in DM	Handlungskosten- zuschlagssatz in %	Gewinnzu- schlagssatz in %
a)	310,00	10	12,00	20	15
b)	680,00	20	25,00	15	25
c)	6,80	5	0,30	25	30
d)	1,20	25	0,10	$16^2/_3$	20

12 Einem Großhändler liegen drei Angebote für eine neue Ware vor:

Angebot	Listenein- kaufspreis in DM	Lieferer- rabatt in %	Bezugs- kosten in DM	Handlungskosten- zuschlagssatz in %	Gewinnzu- schlagssatz in %
A	420,00	10	12,00	20	25
B	450,00	15	7,50	20	25
C	400,00	5	10,00	20	25

a) Berechnen Sie den Rohgewinn und den Reingewinn für jedes Angebot!
b) Ermitteln Sie den Listenverkaufspreis für jedes Angebot!

3.2.1.2 Rückwärts- und Differenzkalkulation

Nach zwei Stunden erscheint Frau Braun und betrachtet die bisher vom Auszubildenden Dick kalkulierten Verkaufspreise. „Beim ‚Discman D-245' müssen wir uns etwas einfallen lassen. Unser Konkurrent, die Schneider & Co KG, bieten einen ähnlichen Discman zu einem Verkaufspreis von 229,00 DM an. Überprüfen Sie bitte einmal, ob wir unseren Verkaufspreis für diesen Artikel bei 228,00 DM festlegen können!"

Arbeitsauftrag

❏ Überprüfen Sie, wie weit der Verkaufspreis für den Discman gesenkt werden kann!

❏ Ermitteln Sie den verbleibenden Gewinn für den Discman, wenn der Verkaufspreis auf 228,00 DM festgelegt wird!

❏ Ermitteln Sie die Handelsspanne bei einem Verkaufspreis von 228,00 DM!

BWL

● Rückwärtskalkulation

Oft kann im Wettbewerb mit Konkurrenzunternehmen ein bestimmter Marktpreis nicht überschritten werden. Der Großhändler muss in diesem Fall den aufwendbaren Bezugspreis (Einstandspreis) ermitteln, um einen angestrebten Gewinn, die Handlungskosten und sonstige Zuschläge gedeckt zu bekommen (= Rückwärtskalkulation).

In der **kalkulatorischen Rückrechnung** stellt sich für den Großhändler die Aufgabe, von einem gegebenen Listenverkaufspreis aus den aufwendbaren Bezugspreis (der Preis, zu dem er höchstens einkaufen darf) zu kalkulieren.

Beispiel Aus Konkurrenzgründen darf in der Primus GmbH der Listenverkaufspreis von 79,00 DM für den Artikel Nr. 239B632 Kopierpapier Primus nicht überschritten werden. Die Primus GmbH kalkuliert mit 40 % Handlungskosten, 20 % Gewinn, 2 % Kundenskonto und 5 % Kundenrabatt.

Zu welchem Bezugspreis (Einstandspreis) darf die GmbH den Artikel höchstens einkaufen?

Lösung

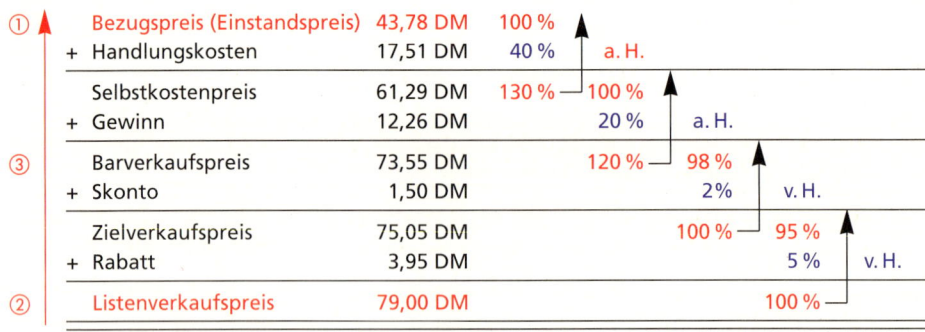

①	Bezugspreis (Einstandspreis)	43,78 DM	100 %			
	+ Handlungskosten	17,51 DM	40 %	a. H.		
	Selbstkostenpreis	61,29 DM	130 %	100 %		
	+ Gewinn	12,26 DM		20 %	a. H.	
③	Barverkaufspreis	73,55 DM		120 %	98 %	
	+ Skonto	1,50 DM			2 %	v. H.
	Zielverkaufspreis	75,05 DM			100 %	95 %
	+ Rabatt	3,95 DM				5 %
②	Listenverkaufspreis	79,00 DM				100 %

Der Bezugspreis darf höchstens 43,78 DM betragen.

Rechenweg

① Stellen Sie das Kalkulationsschema auf und geben Sie durch einen Pfeil die Richtung der Rechnung an!

② Rechnen Sie vom Listenverkaufspreis auf den Barverkaufspreis zurück. Dabei ist der Kundenrabatt vom Listenverkaufspreis und der Kundenskonto vom Zielverkaufspreis zu berechnen **(Vom-Hundert-Rechnung)**.

③ Rechnen Sie vom Barverkaufspreis unter Berücksichtigung von Gewinn und Handlungskosten auf den Bezugspreis (Einstandspreis) zurück!

Achten Sie darauf, dass hier in beiden Fällen eine **Auf-Hundert-Rechnung** vorliegt, weil die Handlungskosten auf den Bezugspreis (Einstandspreis) und der Gewinn auf den Selbstkostenpreis aufgerechnet wurden.

Schema zur Ermittlung bei der Rückwärtskalkulation

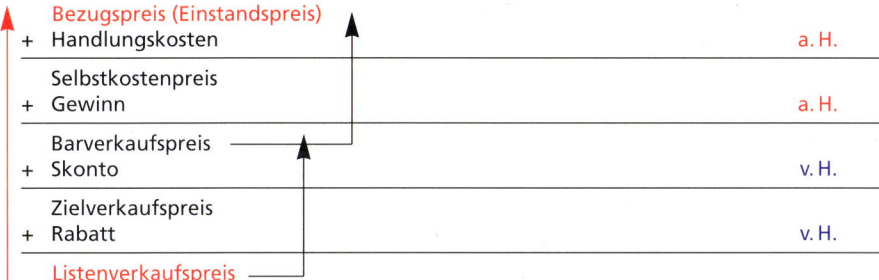

	Bezugspreis (Einstandspreis)	
+	Handlungskosten	a. H.
	Selbstkostenpreis	
+	Gewinn	a. H.
	Barverkaufspreis	
+	Skonto	v. H.
	Zielverkaufspreis	
+	Rabatt	v. H.
	Listenverkaufspreis	

● Differenzkalkulation

Wenn sowohl der Listenverkaufspreis als auch der Bezugspreis (Einstandspreis) vorgegeben sind, prüft der Großhändler, ob ihm noch **ein angemessener Gewinn** bleibt. Dies geschieht, indem mithilfe der Differenzkalkulation, einer Kombination aus Vorwärts- und Rückwärtskalkulation, der verbleibende Gewinn errechnet wird.

Beispiel   Die Primus GmbH erhält für einen Artikel folgendes Angebot:

Listeneinkaufspreis 200,00 DM, 25 % Liefererrabatt, Bezugskosten 10,00 DM, empfohlener Listenverkaufspreis 230,00 DM.

Die Primus GmbH kalkuliert mit 25 % Handlungskosten und 5 % Kundenrabatt.

Welchen Gewinn kann die Primus GmbH in DM und in Prozent erzielen?

Lösung

①		Listeneinkaufspreis	200,00 DM	100 %		
	−	Liefererrabatt	50,00 DM	25 %		
Vorwärts-kalkulation		Zieleinkaufspreis	150,00 DM	75 %		
	+	Bezugskosten	10,00 DM			
		Bezugspreis (Einstandspreis)	160,00 DM	100 %		
	+	Handlungskosten	40,00 DM	25 %		
		Selbstkostenpreis	② 200,00 DM	125 %	100	%
	+	Gewinn ④ ↕	18,50 DM			9,25 %
Rückwärts-kalkulation		Barverkaufspreis	③ 218,50 DM	95 %	109,25 %	
	+	Kundenrabatt	11,50 DM	5 %		
		Listenverkaufspreis	230,00 DM	100 %		

⑤   200,00 DM (Selbstkostenpreis) = 100 %

18,50 DM (Gewinn)   =   x

$$x = \frac{100 \cdot 18,5}{200} \qquad x = \underline{9,25\,\%}$$

Rechenweg

① Stellen Sie das Kalkulationsschema auf und setzen Sie die Pfeile so ein, dass die Richtung der Rechnung angegeben wird!

② Ermitteln Sie, ausgehend vom Listeneinkaufspreis, den Selbstkostenpreis → Vorwärtskalkulation!

③ Ermitteln Sie, ausgehend vom Listenverkaufspreis, den Barverkaufspreis → Rückwärtskalkulation!

④ Ermitteln Sie den Gewinn in DM als Differenz zwischen dem Barverkaufspreis und dem Selbstkostenpreis!

⑤ Ermitteln Sie den Gewinn in Prozent, wobei der Selbstkostenpreis 100 % entspricht.

	A	B	C	D	E
1	**Preiskalkulation (Differenzkalkulation)**				
2	Wenn Listeneinkaufs- bzw. Bezugspreis und der Listenverkaufspreis durch Marktbedingungen vorge-				
3	geben sind, so muss untersucht werden, ob der verbleibende Gewinn ausreicht.				
4	**Kalkulationsschema**	**%**	**DM**		
5	Listeneinkaufspreis		200,00	Eingabe!	Eingaben C5, B6, C8,B10,B14,C15
6	- Liefererrabatt	25,00	50,00	◀	=C5*B6/100
7	= Zieleinkaufspreis		150,00	◀	=C5-C6
8	+ Bezugskosten		10,00	Eingabe!	
9	= Bezugspreis (Einstandspreis)		160,00	◀	=C7+C8
10	+ Handlungskosten	25,00	40,00	◀	=C9*B10/100
11	= Selbstkostenpreis		200,00	◀	=C9+C10
12	+ Gewinn	9,25	18,50		C12:=C13-C11 und B12:=C12*100/C11
13	= Barverkaufspreis		218,50	◀	=C15-C14
14	+ Kundenrabatt (i. H.)	5,00	11,50	◀	=C15*B14/100
15	= Listenverkaufspreis		230,00	Eingabe!	

Rückwärts- und Differenzkalkulation

Rückwärtskalkulation	Differenzkalkulation
❏ durch Markt vorgegebener Listenverkaufspreis	❏ durch Markt vorgegebener BP (EP) und LVP
❏ Ermittlung des aufwendbaren BP (EP)	❏ Ermittlung des verbleibenden Gewinns

Schema zur Ermittlung des BP (vgl. S.197f.)   Schema zur Ermittlung des verbleibenden Gewinns (vgl. S.197)

1 Ein Großhändler möchte einen Artikel neu in sein Sortiment aufnehmen. Aus Konkurrenzgründen soll dieser Artikel zu einem Listenverkaufspreis von 1 700,00 DM verkauft werden. Der Einzelhändler kalkuliert mit folgenden Sätzen: 30 % Handlungskosten, 20 % Gewinn, 3 % Kundenskonto und 5 % Kundenrabatt.

Zu welchem Bezugspreis (Einstandspreis) muss der Großhändler diesen Artikel einkaufen?

2 Um einen Artikel auf den Markt bringen zu können empfiehlt ein Hersteller dem Großhändler einen Listenverkaufspreis von 76,00 DM.

Welchen Bezugspreis (Einstandspreis) kann der Großhändler höchstens anlegen, wenn er mit 25 % Handlungskostenzuschlagssatz, $16^2/_3$ % Gewinnzuschlagssatz, 5 % Verkaufsprovision und 10 % Kundenrabatt kalkuliert?

3 Ein Großhändler kalkuliert mit folgenden Zuschlägen: 5 % Kundenrabatt, 2 % Kundenskonto, 40 % Handlungskosten, 22 % Gewinn, 4 % Verkaufsprovision.

Eine Ware, die neu in das Sortiment aufgenommen werden soll, darf aus Konkurrenzgründen höchstens zu einem Listenverkaufspreis von 307,02 DM verkauft werden.

Ermitteln Sie den aufwendbaren Bezugspreis!

4 Errechnen Sie die höchstens aufwendbaren Bezugspreise:

	Listenver-kaufspreis in DM	Kunden-skonto in %	Kunden-rabatt in %	Handlungs-kosten in %	Gewinn-zuschlags-satz in %
a)	1 105,26	2	10	25	15
b)	750,88	3	5	20	12,5
c)	113,16	2	$8^1/_3$	30	25
d)	69,30	2	5	15	10
e)	2,79	–	–	20	25

5 Zu welchem Bezugspreis kann ein Großhändler einen Artikel höchstens einkaufen, wenn der Listenverkaufspreis aus Konkurrenzgründen auf höchstens 349,13 DM festgesetzt werden muß?

Der Großhändler rechnet mit folgenden Zuschlägen: 12,5 % Gewinn, 25 % Handlungskosten und 2 % Kundenskonto.

6 Ermitteln Sie den Gewinn in DM und in Prozent, den man bei nachfolgenden Kalkulationswerten erzielen kann:

	Bezugspreis (Einstands-preis) in DM	Handlungs-kostenzu-schlagssatz in %	Kunden-skonto in %	Kunden-rabatt in %	Listenver-kaufspreis in DM
a)	40,00	25	3	5	77,98
b)	298,00	20	2	10	463,86
c)	6,40	15	2	–	9,63
d)	430,00	$16^2/_3$	2	$8^1/_3$	788,60

7 Ein Elektrogerät wird in einem Großhandelsbetrieb zum Listenverkaufspreis von 59,65 DM angeboten. Der Großhändler kalkuliert mit 8 % Handlungskosten und 5 % Kundenrabatt. Der Listeneinkaufspreis beträgt 44,00 DM. Der Lieferer gewährt 20 % Liefererrabatt.

Berechnen Sie den Gewinn in DM und in Prozent!

8 Ein Hersteller empfiehlt für einen Artikel einen Listenverkaufspreis von 560,00 DM. Ein Großhändler kann diesen Artikel zu einem Bezugspreis von 360,00 DM beziehen. Er kalkuliert mit $33^1/_3$ % Handlungskosten.

Berechnen Sie den Gewinn in DM und in Prozent!

3.2.1.3 Kalkulationsvereinfachungsverfahren

Nachdem Andreas Dick etwa 60 Verkaufspreise für verschiedene Werbegeschenke kalkuliert hat, beginnt er laut zu schimpfen. „Das ist ja eine Arbeit für Sträflinge. Immer wieder muss ich die gleichen Berechnungen vornehmen. Ich habe bereits zum vierten Mal bei einem Artikel 30 % Handlungskosten, 40 % Gewinnzuschlag, 2 % Kundenskonto und 20 % Kundenrabatt ausrechnen müssen, um den Verkaufspreis zu ermitteln. Vor lauter Zahlen sehe ich schon nichts mehr." Herr Müller, der zufällig vorbeikommt und die Äußerungen von Andreas mitbekommen hat, lächelt und sagt: „Überlegen Sie doch einmal, wie Sie sich die Arbeit vereinfachen können."

Arbeitsauftrag

❑ Überlegen Sie, welche Vereinfachungen Andreas bei der Kalkulation der Verkaufspreise vornehmen kann!
❑ Ermitteln Sie den Kalkulationszuschlagssatz!
❑ Ermitteln Sie den Kalkulationsfaktor!

● Vereinfachungsverfahren bei der Vorwärtskalkulation

Das Kalkulieren von Verkaufspreisen ist normalerweise sehr zeitraubend. Deshalb wird in der Praxis nicht jeder einzelne Artikel in der bisher dargestellten Weise kalkuliert. Da für die einzelnen Warengruppen über gewisse Zeiträume die allgemeinen Geschäftskosten (Handlungskosten), der Gewinnzuschlag, der Kundenskonto und der Kundenrabatt konstant bleiben, kann die Kalkulation vereinfacht werden, indem man die einzelnen prozentualen Zuschläge zu einem Gesamtprozentsatz, dem **Kalkulationszuschlagssatz** zusammenfasst[1]. Der Kalkulationszuschlag kann auch als Kalkulationsfaktor ausgedrückt werden.

▶ **Kalkulationszuschlagssatz:** Ausgangspunkt für die Errechnung des Kalkulationszuschlagssatzes ist der Bezugspreis (Einstandspreis), der immer 100 % entspricht.

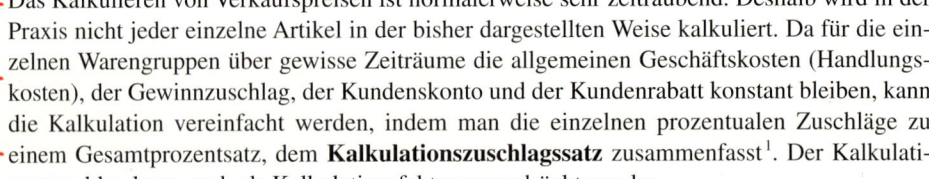

Der Kalkulationszuschlagssatz ist die Differenz zwischen Bezugspreis und Listenverkaufspreis, ausgedrückt in Prozent des Bezugspreises.

Viele gebräuchliche Kalkulationszuschläge sind in Tabellen erfasst, aus denen die Listenverkaufspreise einfach abgelesen werden können.

Um den Kalkulationszuschlagssatz berechnen zu können, müssen entweder die einzelnen Prozentsätze für die Handlungskosten, den Gewinn, den Skonto und den Rabatt bekannt sein oder Bezugspreis (Einstandspreis) und Listenverkaufspreis einer Ware müssen gegeben sein.

▶ **Prozentsätze für die einzelnen Zuschläge sind bekannt.**

Beispiel Die Primus GmbH kalkuliert mit 75 % Handlungskosten, 8 % Gewinn, 2 % Kundenskonto, 15 % Kundenrabatt.

---

[1] Im Einzelhandel wird die Umsatzsteuer zusätzlich im Kalkulationszuschlagssatz berücksichtigt, weil die Preisangabenverordnung die Angabe des vergleichbaren Bruttoverkaufspreises für den Konsumenten verlangt.

Wie viel DM beträgt der Kalkulationszuschlag und wie viel Prozent der Kalkulationszuschlagssatz?

In diesem Fall ist der Bezugspreis (Einstandspreis) nicht bekannt. Er wird daher mit 100 angesetzt.

Lösung

①	Bezugspreis	100,00 DM	② 100 %	
	+ Handlungskosten	75,00 DM	75 %	
	Selbstkostenpreis	175,00 DM	175 %	100 %
	+ Gewinn	14,00 DM		8 %
	Barverkaufspreis	189,00 DM	98 %	108 %
	+ Kundenskonto	3,86 DM	2 %	
	Zielverkaufspreis	192,86 DM	100 %	85 %
	+ Kundenrabatt	34,03 DM		15 %
③	Listenverkaufspreis	226,89 DM		100 %
	Listenverkaufspreis			226,89 DM
④	− Bezugspreis (Einstandspreis)			100,00 DM
	Kalkulationszuschlag in DM			126,89 DM
⑤	Kalkulationszuschlagssatz			126,89 %

In diesem Fall entspricht der Kalkulationszuschlag in DM (126,89 DM) dem Kalkulationszuschlagssatz in Prozent (126,89 %).

Rechenweg

① Stellen Sie das Kalkulationsschema auf!

② Setzen Sie den Bezugspreis gleich 100,00 DM oder 100 %!

③ Ermitteln Sie den Listenverkaufspreis!

④ Ermitteln Sie die Differenz zwischen dem Bezugspreis (Einstandspreis) und dem Listenverkaufspreis und Sie erhalten dann den Kalkulationszuschlag!

⑤ Kalkulationszuschlag in DM = Kalkulationszuschlag in %.

▶ **Bezugspreis (Einstandspreis) und Listenverkaufspreis sind bekannt.**

Beispiel Der Bezugspreis (Einstandspreis) eines Artikels beträgt 130,00 DM. Der Artikel wird zu einem Listenverkaufspreis von 249,00 DM verkauft.

Wie hoch ist der Kalkulationszuschlagssatz?

In diesem Fall sind der Bezugspreis (Einstandspreis) und der Listenverkaufspreis bekannt. Der Kalkulationszuschlag in DM kann somit durch Subtraktion des Bezugspreises (Einstandspreisen) vom Listenverkaufspreis ermittelt werden. Mit Hilfe des Dreisatzes wird der Kalkulationszuschlagssatz berechnet.

Lösung

	Listenverkaufspreis	249,00 DM	
①	− Bezugspreis (Einstandspreis)	130,00 DM	
	Kalkulationszuschlag in DM	119,00 DM	
②	Bezugspreis	130,00 DM	= 100 %
③	Kalkulationszuschlag	119,00 DM	= x

$$x = \frac{119 \cdot 100}{130} \qquad x = \underline{\underline{91,54\,\%}}$$

Der Kalkulationszuschlagssatz beträgt 91,54 %.

Hieraus lässt sich für die Berechnung des Kalkulationszuschagssatzes folgende Formel ableiten.

$$\text{Kalkulationszuschlagssatz} = \frac{(\text{Listenverkaufspreis} - \text{Bezugspreis}) \cdot 100}{\text{Bezugspreis}}$$

Rechenweg

① Ermitteln Sie die Differenz zwischen Listenverkaufspreis und Bezugspreis (Einstandspreis)!

② Setzen Sie den Bezugspreis (Einstandspreis) gleich 100 %!

③ Bilden Sie den Fragesatz, indem Sie den Kalkulationszuschlag in DM als gesuchte Größe (x) einsetzen!

④ Berechnen Sie den Kalkulationszuschlagssatz mithilfe des Dreisatzes oder benutzen Sie obige Formel!

▶ **Kalkulationsfaktor:**[1] In der Praxis des Handels wird zur Vereinfachung der Ermittlung des Listenverkaufspreises nicht nur der Kalkulationszuschlag verwendet, sondern auch der Kalkulationsfaktor. Während der Kalkulationszuschlag zum Bezugspreis addiert wurde, um den Listenverkaufspreis zu erhalten, wird der Kalkulationsfaktor mit dem Bezugspreis multipliziert.

> Da der Kalkulationsfaktor den Listenverkaufspreis für 1,00 DM Bezugspreis (Einstandspreis) darstellt, kann seine Berechnung erfolgen
>
> 1. mithilfe des Dreisatzes, wenn der Bezugspreis (Einstandspreis) und der Listenverkaufspreis gegeben sind,
> 2. mithilfe des Kalkulationsschemas von 1,00 DM ausgehend, wenn die Einzelzuschläge gegeben sind und der Bezugspreis nicht bekannt ist.

▶ **Bezugspreis und Listenverkaufspreis sind gegeben.**

Beispiel Die Primus GmbH verkauft einen Artikel für 249,00 DM, der Bezugspreis beträgt 130,00 DM.

Berechnen Sie den Kalkulationsfaktor!

Lösung Wenn man die Berechnung des Kalkulationszuschlages nicht auf 100,00 DM, sondern auf 1,00 DM bezieht, dann entspricht 1,00 DM Bezugspreis (Einstandspreis) $\frac{249}{130}$ = 1,9154 DM Listenverkaufspreis, denn

130,00 DM (Bezugspreis) = 249,00 DM (Listenverkaufspreis)

$\underline{\text{1,00 DM} \qquad\qquad = \quad x}$

$x = \dfrac{249 \cdot 1}{130}$ $x = \underline{1,9154}$ Der Kalkulationsfaktor beträgt 1,9154.

Hieraus lässt sich folgende Formel für die Berechnung des Kalkulationsfaktors ableiten.

$$\text{Kalkulationsfaktor} = \frac{\text{Listenverkaufspreis}}{\text{Bezugspreis (Einstandspreis)}}$$

Der Kalkulationsfaktor sollte immer auf vier Stellen hinter dem Komma errechnet werden, da sonst Abweichungen auftreten können.

---

[1] Im Einzelhandel wird die Umsatzsteuer zusätzlich im Kalkulationsfaktor berücksichtigt.

▶ **Der Kalkulationszuschlagssatz ist gegeben.** Wenn der Kalkulationszuschlagssatz bekannt ist, kann man den Kalkulationsfaktor folgendermaßen errechnen:

$$\text{Kalkulationsfaktor} = \frac{\text{Kalkulationszuschlagssatz} + 100}{100}$$

Beispiel Der Kalkulationszuschlagssatz eines Artikels beträgt 80 %.
Berechnen Sie den Kalkulationsfaktor!

Lösung
$\text{Kalkulationsfaktor} = \dfrac{80 + 100}{100} = 1{,}8$ Der Kalkulationsfaktor beträgt 1,8.

Weitere Beispiele

Kalkulationszuschlag	Kalkulationsfaktor	Kalkulationszuschlag	Kalkulationsfaktor
20　%	1,2	200 %	3
55,5 %	1,555	260 %	3,6
100　%	2	300 %	4
143,5 %	2,435	350 %	4,5

▶ **Berechnung des Listenverkaufspreises mithilfe des Kalkulationsfaktors:** Wenn der Bezugspreis (Einstandspreis) und der Kalkulationsfaktor bekannt sind, kann man den Listenverkaufspreis errechnen, indem man den Bezugspreis mit dem Kalkulationsfaktor multipliziert.

$$\text{Listenverkaufspreis} = \text{Bezugspreis} \cdot \text{Kalkulationsfaktor}$$

Beispiel Der Bezugspreis (Einstandspreis) einer Ware beträgt 130,00 DM. Der Kalkulationsfaktor ist angegeben mit 1,9154. Berechnen Sie den Listenverkaufspreis!

Lösung
Listenverkaufspreis = 130 · 1,9154 = 249,00 DM

Der Listenverkaufspreis beträgt 249,00 DM.

● **Vereinfachung der Rückwärtskalkulation mithilfe der Handelsspanne**

Die Differenz zwischen dem Listenverkaufspreis und dem Bezugspreis kann auf den Listenverkaufspreis bezogen, ebenfalls als Gesamtprozentsatz, der **Handelsspanne,** zusammengefasst werden.

Mithilfe der Handelsspanne errechnet man den Bezugspreis (Einstandspreis) einer Ware. Die Handelsspanne spielt insbesondere dann eine Rolle, wenn die Ware zu Richtpreisen (vom Hersteller für Markenartikel unverbindlich vorgeschlagen = **Preisempfehlung**) überall zu einem fest vorgegebenen Listenverkaufspreis verkauft werden soll.

Während beim Kalkulationszuschlag als Bezugsgröße der Bezugspreis zugrunde gelegt wird, geht man bei der Handelsspanne vom Listenverkaufspreis aus.

Die Handelsspanne ist somit ein Prozentsatz, bezogen auf den Listenverkaufspreis, der die DM-Differenz zwischen Bezugspreis (Einstandspreis) und Listenverkaufspreis in Prozent des Listenverkaufspreises angibt.

▶ **Listenverkaufspreis und Bezugspreis (Einstandspreis) sind bekannt.** Wenn sowohl der Listenverkaufspreis als auch der Bezugspreis bekannt sind, dann lässt sich die Handelsspanne mithilfe des Dreisatzes berechnen, da der Listenverkaufspreis 100 % entspricht und die Differenz zwischen Listenverkaufspreis und Bezugspreis in DM die gesuchte Größe darstellt.

Beispiel Aus Konkurrenzgründen bietet die Primus GmbH einem Großabnehmer einen Artikel zu einem Listenverkaufspreis von 40,00 DM an. Der Bezugspreis für diesen Artikel beträgt 24,36 DM.

Lösung

Listenverkaufspreis	40,00 DM	
− Bezugspreis (Einstandspreis)	24,36 DM	Differenz = 15,64 DM

$$40,00 \text{ DM} = 100 \%$$
$$15,64 \text{ DM} = x$$

$$x = \frac{15,64 \cdot 100}{40} \qquad x = \underline{\underline{39,1 \%}}$$

Die Handelsspanne beträgt 39,1 %.

Daraus lässt sich folgende Formel für die Berechnung der Handelsspanne ableiten:

$$\text{Handelsspanne} = \frac{(\text{Listenverkaufspreis} - \text{Bezugspreis}) \cdot 100}{\text{Listenverkaufspreis}}$$

Rechenweg

❏ Berechnen Sie die Handelsspanne in Prozent, indem Sie obige Formel benutzen!
❏ Die Handelsspanne ist immer kleiner als der Kalkulationszuschlag.

▶ **Kalkulationszuschlag und -faktor sind bekannt.**

Beispiel Der Kalkulationszuschlag für einen Artikel beträgt 30 %.
Wie viel Prozent beträgt die Handelsspanne?

Lösung
$$\text{Handelsspanne} = \frac{\text{Kalkulationszuschlag}}{\text{Kalkulationsfaktor}} = \frac{30}{1,3} = \underline{\underline{23,08 \%}}$$

Die Handelsspanne ist immer kleiner als der Kalkulationszuschlag.

	A	B	C	D	E	F
1	**Kalkulationszuschlag, Kalkulationsfaktor, Handelsspanne**					
2	Sind Listenverkaufspreis (LVP) und Bezugspreis bekannt, so kann die vereinfachte					
3	Verkaufskalkulation durchgeführt werden.					
4	**Bezugspreis (BP)**		100,00	DM		
5	**Listenverkaufspreis (LVP)**		196,00	DM		
6						
7	**Kalkulationszuschlag:**		96,00	%		
8	**Kalkulationsfaktor:**		1,96			
9	**Handelsspanne:**		48,98	%		
10	Eingaben in C4, C5					
11	Ausgabe in C7 durch die Formel (C5-C4)*100/C4					
12	Ausgabe in C8 durch die Formel C5/C4					
13	Ausgabe in C9 durch die Formel (C5-C4)*100/C5					

Kalkulationsvereinfachungsverfahren

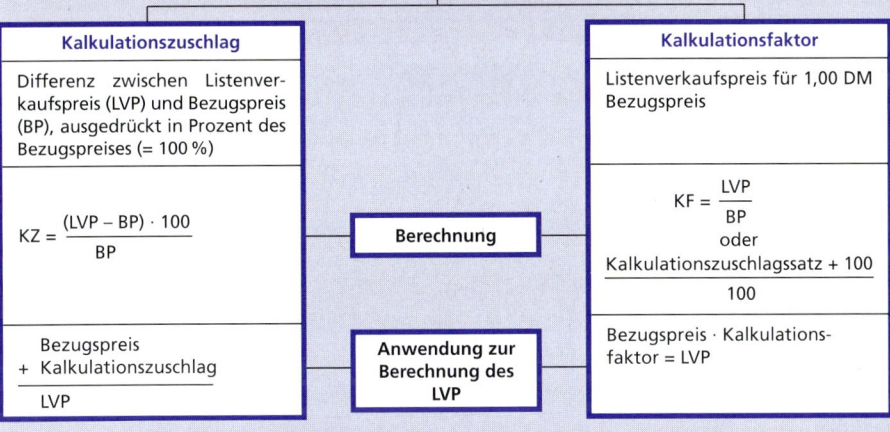

Vereinfachte Verkaufskalkulation

Kalkulationszuschlag

Differenz zwischen Listenverkaufspreis (LVP) und Bezugspreis (BP), ausgedrückt in Prozent des Bezugspreises (= 100 %)

$$KZ = \frac{(LVP - BP) \cdot 100}{BP}$$

Bezugspreis
+ Kalkulationszuschlag
_____
LVP

Berechnung

Anwendung zur Berechnung des LVP

Kalkulationsfaktor

Listenverkaufspreis für 1,00 DM Bezugspreis

$$KF = \frac{LVP}{BP}$$

oder

$$\frac{Kalkulationszuschlagssatz + 100}{100}$$

Bezugspreis · Kalkulationsfaktor = LVP

Vereinfachung der Rückwärtskalkulation mit der Handelsspanne

Berechnung:

$$Handelsspanne = \frac{(LVP - BP) \cdot 100}{LVP}$$

Anwendung zur Berechnung des BP:

$$BP = LVP - \frac{LVP \cdot Hsp.}{100}$$

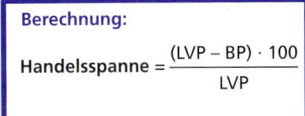

1 Berechnen Sie Kalkulationszuschlagssatz und Kalkulationsfaktor für eine Großhandlung, die mit 20 % Handlungskosten, $16^2/_3$ % Gewinn, 2 % Kundenskonto und 15 % Kundenrabatt kalkuliert!

Berechnen Sie den Listenverkaufspreis einer Ware, die für 226,80 DM eingekauft wurde a) mithilfe des Kalkulationszuschlagssatzes, b) mithilfe des Kalkulationsfaktors!

2 Berechnen Sie den Kalkulationszuschlagssatz und den Kalkulationsfaktor folgender Artikel:

Artikel	Bezugspreis in DM	Listenverkaufspreis in DM
I	278,00	619,00
II	24,80	68,19
III	846,60	1 299,00
VI	0,96	3,89

3 Berechnen Sie für folgende Artikel den Listenverkaufspreis und den Kalkulationsfaktor!

Artikel	Bezugspreis in DM	Kalkulationszuschlagssatz in %
I	154,50	80,9
II	6,30	165,08
III	38,60	310
VI	2,20	33

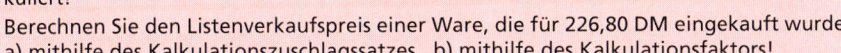

4 Aufgrund nachfolgender Angaben sind der Kalkulationszuschlag, der Kalkulationsfaktor und die Handelsspanne zu berechnen:

	Bezugspreis (Einstandspreis) in DM	Handlungs-kosten in %	Gewinn-zuschlags-satz in %	Kunden-rabatt in %	Kunden-skonto in %
a)	196,00	20	25	5	2
b)	2,80	15	10	–	3
c)	876,00	25	20	10	2
d)	1,58	22	$16^2/_3$	–	–
e)	26,80	25	20	–	3

5 Welchem Kalkulationszuschlag und Kalkulationsfaktor entsprechen folgende Handels-spannen:
20 %; $33^1/_3$ %; 40 %; 50 %; 66,48 %?

6 Welcher Handelsspanne entsprechen folgende Kalkulationsfaktoren:
1,2; 1,75; 1,936; 2,0; 2,45; 3,1; 4,2?

7 Ermitteln Sie den Kalkulationszuschlag, den Kalkulationsfaktor und die Handelsspanne!

	Bezugspreis (Einstandspreis) in DM	Listenverkaufspreis
a)	2,60	4,29
b)	12,40	25,90
c)	72,00	180,90
d)	125,70	199,00
e)	396,00	798,00

8 Vervollständigen Sie nebenstehendes Kalkulationsschema für einen Artikel, dessen Listenverkaufspreis und Listeneinkaufspreis vorgegeben sind.

Berechnen Sie
a) den Zieleinkaufspreis,
b) den Bareinkaufspreis,
c) den Bezugspreis (Einstandspreis),
d) die Selbstkosten,
e) den Reingewinn in DM,
f) den Kalkulationsfaktor,
g) die Handelsspanne,
h) den Kalkulationszuschlag!

Listeneinkaufspreis	480,00 DM
5 % Rabatt	? DM
Zieleinkaufspreis	? DM
3 % Skonto	? DM
Bareinkaufspreis	? DM
Bezugskosten	57,68 DM
Bezugspreis (Einstandspreis)	? DM
20 % Handlungskosten	? DM
Selbstkosten	? DM
Gewinn	? DM
Listenverkaufspreis	700,00 DM

9 Ein Großhändler kalkuliert mit folgenden Zuschlägen: Handlungskosten 25 %, Gewinn 12,5 %, Rabatt 14 %.
a) Wie viel Prozent beträgt der Kalkulationszuschlag?
b) Wie viel Prozent beträgt die Handelsspanne?

10 Der Bareinkaufspreis einer Ware beträgt 217,50 DM, die Bezugskosten betragen 7,50 DM, der Listenverkaufspreis beträgt 450,00 DM.
Ermitteln Sie a) den Bezugspreis, b) den Kalkulationsfaktor, c) die Handelsspanne!

11 Der Bezugspreis einer Ware beträgt 150,00 DM, der Listenverkaufspreis 240,00 DM.
Ermitteln Sie a) den Kalkulationszuschlag in Prozent, b) den Kalkulationsfaktor, c) die Handelsspanne!

3.2.2.1   Sofortrabatte, Verpackungskosten, Frachten, Vertriebs-provisionen

Frau Lapp reicht Nicole Höver die Kopie der Ausgangsrechnung an die Klöckner-Müller Elektronik AG, Offenbach, hinüber. „Eigentlich müssten Sie sie schon erfassen können. Fragen Sie einfach, was Sie über Rabatte und Verpackung beim Einkauf schon gelernt haben."

PRIMUS GmbH
Großhandel für Bürobedarf

Primus GmbH, Koloniestraße 2–4, 47057 Duisburg

Klöckner-Müller Elektronik AG
Taunusring 16–34

63069 Offenbach

Anschrift:	Koloniestraße 2–4
	47057 Duisburg
Telefon:	(02 03) 4 45 36-90
Telefax:	(02 03) 4 45 36-98
Banken:	Stadtsparkasse Duisburg
	(BLZ 350 500 00) 360 058 796
	Postbank Essen
	(BLZ 360 100 43) 286 778-431

Rechnung

Ihr Auftrag vom   19..-05-02   KOPIE

Kunden-Nr.	Rechnungs-Nr.	Rechnungstag
8142	163820	19..-05-19
Bei Zahlung bitte angeben		

Pos.	Artikel-Nr.	Artikelbezeichnung	Menge	Einzelpreis DM	Gesamtpreis DM
1	335B927	Faxgerät TA Inkjet-Fax FX 640TI	20	999,00	19 980,00
2	235B614	Faxgerät Primus Fax T 30	30	599,00	17 970,00
		– 8 % Rabatt			3 036,00

Warenwert netto	Verpackung	Fracht	Entgelt netto	USt-%	USt-DM	**Gesamtbetrag**
34 914,00	1 200,00		36 114,00	15	5 417,00	**41 531,00**

Bei Rücksendung der Leihverpackung schreiben wir Ihnen 75 % des Wertes gut.

Arbeitsauftrag
❏ Erläutern Sie Gründe für die Rabattgewährung und deren Auswirkung!
❏ Erarbeiten Sie einen Buchungsvorschlag zur Erfassung des Beleges!

● **Sofortrabatte**

Sofortrabatte werden in Form von Mengen-, Treue- oder Messerabatt auf die Listenverkaufspreise gewährt. Insbesondere Mengenrabatte sollen zu größeren Bestellmengen veranlassen und damit zu verminderten Auftragsabwicklungs- und Frachtkosten führen. Sofortrabatte werden wie beim Einkauf nicht gebucht.

● Verpackungskosten

Das verkaufende Unternehmen hat als Vertragspartner die Waren so zu verpacken, dass sie vom Käufer mangelfrei übernommen werden können. Die **Kosten für** solche **Verpackungen hat** der **Verkäufer zu tragen.** Die **Kosten für die Verpackungen,** die zum Versand der Erzeugnisse notwendig werden, sind in der Regel **vom Käufer zu übernehmen.** Vielfach besorgt jedoch der Verkäufer auch diese Verpackungen. Solche Verpackungsmaterialien werden beim Einkauf als Aufwand auf dem Konto **6040 Verpackungsmaterial** erfasst.

Beispiel

Buchung:

6040 Verpackungsmaterial	4 000,00		
2600 Vorsteuer	600,00	an 4400 Verbindlichkeiten a. LL	4 600,00

Versandverpackung, die beim Verkauf von Waren anfällt, wird dem Kunden getrennt in Rechnung gestellt. Die in Rechnung gestellte Verpackung stellt aus der Sicht der Großhandelsunternehmung Umsatz dar.

Beispiel   (Siehe AR Seite 207)
Buchung:

2400 Forderungen a. LL	41 531,10	an	5100 Umsatzerlöse für Waren	36 114,00
		an	4800 Umsatzsteuer	5 417,10

● **Transportkosten**

In der Regel hat der Käufer die **Frachten** für die Zusendung seiner Waren zu tragen. Der Verkäufer führt die Auslieferung vielfach mit eigenem Werksverkehr durch oder beauftragt fremde Frachtführer mit der Zusendung. Die **Frachtkosten** werden dann **vom verkaufenden Unternehmen gezahlt** und später **dem Kunden belastet.** Dann wird die berechnete Fracht wie die berechnete Verpackung Bestandteil des Umsatzes.

Beispiel

Theodor Bühler Internationale Speditions- und Transport GmbH

Theodor Bühler GmbH, Rotdornstraße 126, 47269 Duisburg

Primus GmbH
Koloniestraße 2–4

47057 Duisburg

Rechnung

Kunden-Nr.	Rechnungs-Nr.	Datum	Blatt
297430	10328	19..-05-28	1

Art der Leistung	Betrag
Transport von Schreibtischen „Classic" zu Ihrem Kunden Bürofachgeschäft Herbert Blank Cäcilienstraße 86 46147 Oberhausen Fracht T 3/9500 kg	1 160,00
+ 15% Umsatzsteuer	174,00
	1 334,00

Zahlbar sofort ohne Abzug

Raiffeisenbank Duisburg
(BLZ 354 600 89)
Konto-Nr. 775 328

PRIMUS GmbH
Großhandel für Bürobedarf

Primus GmbH, Koloniestraße 2–4, 47057 Duisburg

Herstadt Warenhaus GmbH
Brunostraße 45

45889 Gelsenkirchen

Anschrift:	Koloniestraße 2–4
	47057 Duisburg
Telefon:	(02 03) 4 45 36-90
Telefax:	(02 03) 4 45 36-98
Banken:	Stadtsparkasse Duisburg
	(BLZ 350 500 00) 360 058 796
	Postbank Essen
	(BLZ 360 100 43) 286 778-431

Rechnung

Ihr Auftrag vom 19..-04-30

KOPIE

Kunden-Nr.	Rechnungs-Nr.	Rechnungstag
8155	164311	19..-05-23
Bei Zahlung bitte angeben		

Pos.	Artikel-Nr.	Artikelbezeichnung	Menge	Einzelpreis DM	Gesamtpreis DM
1	705B251	Computerpapier A4 weiß 80 g	1000	52,00	52 000,00
2	239B632	Kopierpapier Primus XERO-Copy	500	79,00	39 500,00
3	251B926	Kopierpapier X-Offit	2000	12,90	25 800,00
		– 20 % Rabatt			23 460,00

Warenwert netto	Verpackung	Fracht	Entgelt netto	USt-%	USt-DM	Gesamtbetrag
93 840,00		1 160,00	95 000,00	15	14 250,00	109 250,00

Zahlbar bis 23. Juni 19.. ohne Abzug

Buchungen:

1. Buchung der Fracht

6140	Frachten und Fremdlager	1 160,00		
2600	Vorsteuer	174,00	an 4400 Verbindlichkeiten a. LL	1 334,00

2. Buchung des Zielverkaufs an die Herstadt Warenhaus GmbH, Gelsenkirchen

2400	Forderungen a. LL	109 250,00	an 5100 Umsatzerlöse für Waren	95 000,00
			an 4800 Umsatzsteuer	14 250,00

● **Vertriebsprovisionen**

Großhandelsunternehmen setzen als **Maßnahme ihrer Absatzpolitik Handelsvertreter** ein, um ihre Waren zu verkaufen. Die Handelsvertreter erhalten für ihre Dienstleistungen eine **Handelsvertreterprovision,** die für das Großhandelsunternehmen Aufwand darstellt.

Beispiel

Peter Kraukel
Handelsvertreter

Peter Kraukel, Novalisstraße 35, 90491 Nürnberg

Novalisstraße 35
90491 Nürnberg
Telefon (09 11) 5 34 93 51

Bankverbindung:
Stadtsparkasse Nürnberg
BLZ 950 501 98
Konto-Nr. 20 883 237

Primus GmbH
Koloniestraße 2–4

47057 Duisburg

Datum: 19.. - 06 - 10

Provisionsabrechnung

Als Provision für den Monat Mai 19..
erlaube ich mir zu berechnen:

5 % Umsatzprovision von 172 000,00 DM Umsatz lt. besonderer Aufstellung	
Provision, netto	8 600,00
+ 15 % Umsatzsteuer	1 290,00
	9 890,00

Buchung:

6150	Vertriebsprovision	8 600,00			
2600	Vorsteuer	1 290,00	an	2800 Bank	9 890,00

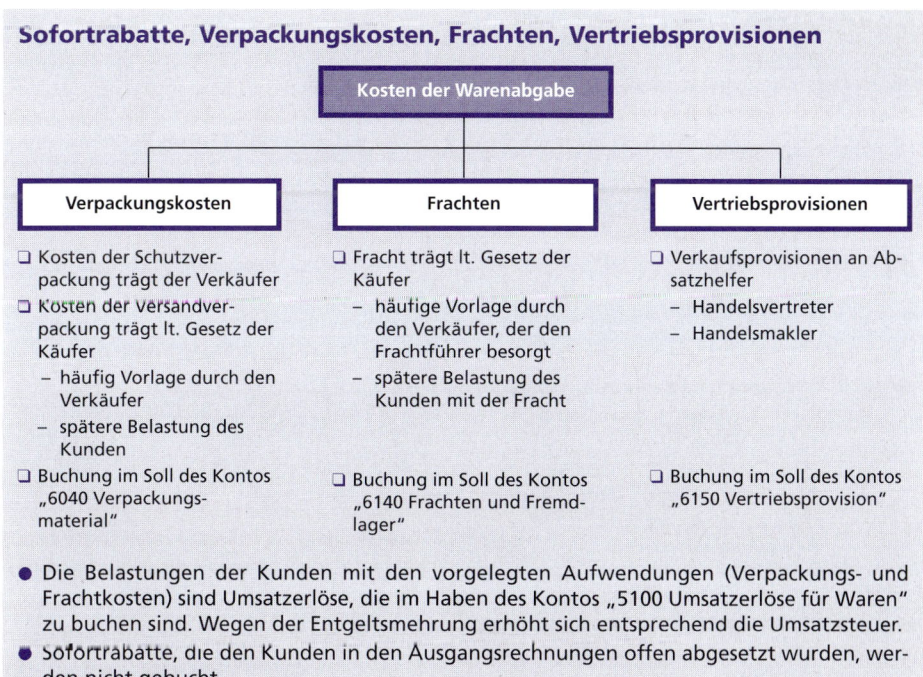

Sofortrabatte, Verpackungskosten, Frachten, Vertriebsprovisionen

Kosten der Warenabgabe

Verpackungskosten	Frachten	Vertriebsprovisionen
❏ Kosten der Schutzver-packung trägt der Verkäufer	❏ Fracht trägt lt. Gesetz der Käufer	❏ Verkaufsprovisionen an Ab-satzhelfer
❏ Kosten der Versandver-packung trägt lt. Gesetz der Käufer	– häufige Vorlage durch den Verkäufer, der den Frachtführer besorgt	– Handelsvertreter – Handelsmakler
– häufig Vorlage durch den Verkäufer	– spätere Belastung des Kunden mit der Fracht	
– spätere Belastung des Kunden		
❏ Buchung im Soll des Kontos „6040 Verpackungs-material"	❏ Buchung im Soll des Kontos „6140 Frachten und Fremd-lager"	❏ Buchung im Soll des Kontos „6150 Vertriebsprovision"

● Die Belastungen der Kunden mit den vorgelegten Aufwendungen (Verpackungs- und Frachtkosten) sind Umsatzerlöse, die im Haben des Kontos „5100 Umsatzerlöse für Waren" zu buchen sind. Wegen der Entgeltsmehrung erhöht sich entsprechend die Umsatzsteuer.

● Sofortrabatte, die den Kunden in den Ausgangsrechnungen offen abgesetzt wurden, werden nicht gebucht.

1 Bilden Sie zu folgenden Geschäftsfällen die Buchungssätze:

	DM	DM
1. **AR:** Verkauf von Waren auf Ziel,		
frei Haus, netto	4 950,00	
+ 15 % USt	742,50	5 692,00
2. **KB:** Barzahlung der Fracht für die ausgelieferten		
Waren (Fall 1), brutto einschl. 15 % USt		184,00
3. **AR:** Verkauf von Waren auf Ziel, ab Werk, netto	19 780,00	
+ 15 % USt	2 967,00	22 747,00
4. **ER des Spediteurs** für Warentransport		
zum Kunden (Fall 3), netto	1 800,00	
+ 15 % USt	270,00	2 070,00
5. **AR:** Lastschrift an Kunden für Fracht		
(Fall 4), netto	1 800,00	
+ 15 % USt	270,00	2 070,00

2 Geben Sie die Buchungssätze für folgende Vorgänge eines Großhandelsunternehmens (Büromöbel, Arbeitstische, Computertische) an!

	DM	DM
1. **AR:** Zielverkauf von 60 Arbeitstischen, netto..........	78 000,00	
– 10 % Mengenrabatt	7 800,00	70 200,00
+ 15 % USt		10 530,00
		80 730,00
2. **ER, KB:** Barzahlung der Fracht an den Frachtführer für die		
Auslieferung der Arbeitstische an den Kunden (Fall 1),		
Fracht, netto................................	1 640,00	
+ 15 % USt	246,00	1 886,00
3. **ER:** Zieleinkauf von 20 Arbeitstischen................	16 000,00	
– 4 % Mengenrabatt	640,00	15 360,00
+ Fracht		224,00
+ Transportversicherung		16,00
		15 600,00
+ 15 % USt		2 340,00
		17 940,00
4. **Briefkopie:** Lastschrift an Kunden		
Fracht für die Lieferung der Arbeitstische (Fall 1)	1 640,00	
+ 15 % USt	246,00	1 886,00
5. **Brief des Lieferers:** Gutschrift wegen Kratzern an zwei		
Arbeitstischen (Fall 3): Minderung brutto einschl. 15 % USt		161,00
6. **AR:** Zielverkäufe von zehn Computertischen à 560,00 DM	5 600,00	
+ Frachtkosten................................	260,00	5 860,00
+ 15 % USt		879,00
		6 739,00
7. **ER, BA:** Abrechnung eines Handelsvertreters wurde sofort		
mit Bankscheck bezahlt:		
Zielverkäufe, netto 154 000,00 DM; davon 5 % Provision	7 700,00	
+ 15 % USt	1 155,00	8 855,00
8. **ER, BA:** Einkauf von Versandkartons gegen Bankscheck,		
netto	12 400,00	
+ 15 % USt	1 860,00	14 260,00

9. **AR:** Zielverkauf von Büromöbeln 42 200,00
+ Aufstellungs- und Einbaukosten, netto 3 600,00   45 800,00
+ 15 % USt 6 870,00

  52 670,00

10. **ER, BA:** Zahlung der Fracht durch Bankscheck (Fall 9),
netto 1 200,00
+ 15 % USt 180,00   1 380,00

11. **Briefkopie:** Lastschrift für Fracht (Fälle 9 und 10)
an Kunden, netto 1 200,00
+ 15 % USt 180,00   1 380,00

3 Buchen Sie auf den Konten 2400, 2600, 2800, 2880, 3000, 4400, 4800, 5100, 6060, 6061, 6040, 6140, 8000, 8010 und 8020 und ermitteln Sie
a) den Wareneinsatz,
b) den Umsatz zu Verkaufspreisen,
c) die Umsatzsteuerzahllast!

Anfangsbestände:	DM		DM
Forderungen a. LL	17 250,00	Eigenkapital	56 500,00
Bankguthaben	99 790,00	Verbindlichkeiten a. LL	62 100,00
Kasse	4 060,00	Umsatzsteuer	2 500,00

Geschäftsfälle: DM   DM

1. **ER:** Wareneinkauf auf Ziel, netto 14 000,00
+ 15 % USt 2 100,00   16 100,00

2. **KB:** Fracht und Rollgeld für diesen Einkauf
(vgl. Fall 1) bar, netto 420,00
+ 15 % USt 63,00   483,00

3. **AR, BA:** Verkauf von Waren gegen Bankscheck 16 600,00
+ Verpackung 120,00
+ Fracht 280,00   17 000,00
+ 15 % USt 2 550,00

  19 550,00

4. **BA:** Banküberweisung der Umsatzsteuer des Vormonats .   2 500,00

5. **KB:** Bareinkauf von Versandkartons, netto 600,00
+ 15 % USt 90,00   690,00

6. **AR:** Verkauf von Waren auf Ziel
Listenpreis, netto . . . . 50 000,00 DM
− 20 % Einführungsrabatt . . . . 10 000,00 DM   40 000,00
+ 15 % USt 6 000,00   46 000,00

7. **ER:** Lastschriftanzeige des Spediteurs für die Lieferung der
Waren (Fall 6) an den Kunden, netto 2 400,00
+ 15 % USt 360,00   2 760,00

8. **ER, BA:** Wareneinkauf gegen Bankscheck,
netto . . . . 4 400,00 DM
+ Verpackung . . . . 300,00 DM
+ Fracht . . . . 200,00 DM   4 900,00
+ 15 % USt 735,00   5 635,00

9. **AR:** Einem Kunden wird die vorgelegte Fracht in Rechnung
gestellt, netto................................... 620,00
+ 15 % USt 93,00   713,00

Führen Sie den Abschluss der Konten durch!

4 Untersuchen Sie, ob unten stehende Geschäftsfälle in einer Einzelunternehmung
   a) zu einer Sollbuchung auf „2600 Vorsteuer",
   b) zu einer Habenbuchung auf „2600 Vorsteuer",
   c) zu einer Sollbuchung auf „4800 Umsatzsteuer",
   d) zu einer Habenbuchung auf „4800 Umsatzsteuer" führen oder
   e) weder auf dem Konto „2600 Vorsteuer" noch auf dem Konto „4800 Umsatzsteuer"
   zu buchen sind!

Geschäftsfälle:
1. Zielverkauf von Waren
2. Überweisung der Zahllast des Vormonats an das Finanzamt
3. Kauf von Waren auf Ziel
4. Zahlung von Ausgangsfrachten (Deutsche Bahn AG) für „frei" gelieferte Sendung
5. Dem Kunden wird Fracht für eine Warenlieferung nachträglich in Rechnung gestellt
6. Rücksendung von Waren wegen mangelhafter Lieferung
7. Ausgleich einer fälligen Eingangsrechnung durch Banküberweisung
8. Das Finanzamt überwies einen Vorsteuerüberhang

5 Untersuchen Sie, ob folgende Geschäftsfälle
   a) die Anschaffungskosten erhöhen,
   b) die Anschaffungskosten mindern,
   c) die Aufwendungen erhöhen,
   d) die Aufwendungen mindern,
   e) die Erträge erhöhen,
   f) die Erträge mindern,
   g) keine Auswirkung auf Anschaffungskosten, Aufwendungen oder Erträge haben!

Geschäftsfälle:
1. **ER:** Frachtrechnung eines Spediteurs für Warentransporte an Kunden
2. **KB:** Barzahlung von Rollgeld an den Zusteller gekaufter Waren
3. **ER, KB:** Versandkartons werden gegen sofortige Barzahlung gekauft
4. **AR:** Reparaturarbeiten an verkauften Waren innerhalb der Gewährleistungsfrist
5. **AR:** Verkauf eines gebrauchten Pkw zum Buchwert auf Ziel
6. **AR:** Verkauf von Waren auf Ziel
7. **Gutschriftanzeige:** Warenlieferer gewährt wegen Mängelrüge einen Preisnachlass
8. **ER:** Wareneinkauf auf Ziel

3.2.2.2 Rücksendungen durch Kunden und Gutschriften

Von der Verkaufsabteilung wurde heute eine Gutschrift (Kopie) der Primus GmbH für das
Bürofachgeschäft Herbert Blank, Oberhausen, an die Buchhaltung weitergeleitet: Fünf Dreh-
säulen für Aktenordner wurden wegen starker Qualitätsmängel zusammen mit der Leihverpackung lt. AR vom 3. Juni 19.. zurückgeschickt.

PRIMUS
GmbH

PRIMUS GmbH
Großhandel für Bürobedarf

Primus GmbH, Koloniestraße 2–4, 47057 Duisburg

Bürofachgeschäft
Herbert Blank
Cäcilienstraße 86

46147 Oberhausen

Anschrift:	Koloniestraße 2–4
	47057 Duisburg
Telefon:	(02 03) 4 45 36-90
Telefax:	(02 03) 4 45 36-98
Banken:	Stadtsparkasse Duisburg
	(BLZ 350 500 00) 360 058 796
	Postbank Essen
	(BLZ 360 100 43) 286 778-431

KOPIE

GUTSCHRIFT

Ihre Beanstandung vom:	19. . - 06 - 03
Unsere Lieferung vom:	19. . - 06 - 02
Unsere Rechnung Nr:	165421
vom:	19. . - 06 - 03

Begründung der Gutschrift	Menge	Einzelpreis DM	Gesamtpreis DM
Rücksendung			
Drehsäulen für Aktenordner drei Etagen	5	769,00	3 845,00
Paletten: 80 % vom Einzelpreis	8	20,00	128,00
		Wert der Gutschrift, netto	3 973,00
		15 % Umsatzsteuer	595,95
		Wert der Gutschrift	4 568,95

Um gleichlautende Buchung wird gebeten.

Duisburg, 6. Juni 19..

Arbeitsauftrag Erläutern Sie die Auswirkungen der Rücksendungen und des Preisnachlasses und schlagen Sie die Buchung vor!

● Rücksendungen von Waren und Verpackungsmaterial

Die **Zurücknahme falsch gelieferter** bzw. **mangelhafter Waren verursacht** eine Rückbuchung (**Stornierung**) der ursprünglich gebuchten Umsatzerlöse, der gebuchten Umsatzsteuer und der entstandenen Forderung a. LL gegenüber diesem Kunden.

Ebenfalls führt die **Rücknahme von Verpackungsmaterial,** das dem Kunden in Rechnung gestellt wurde, zu dieser Buchung. Dabei wird dem Kunden häufig nicht der insgesamt berechnete Wert an Verpackungsmaterial gutgeschrieben, um für die Abnutzung der Verpackung ein angemessenes Entgelt zu erzielen.

Beispiel

Buchung der Gutschrift:

5100 Umsatzerlöse für Waren	3 973,00			
4800 Umsatzsteuer	595,95	an	2400 Forderungen a. LL	4 568,95

● Gutschriften für Minderungen bei mangelhafter Lieferung und Umsatzrückvergütungen (Boni)

Erhält der Kunde wegen berechtigter Mängelrüge eine **Gutschrift für Minderungen oder** nach Ablauf eines Rechnungszeitraums für seine erzielten Umsätze einen **nachträglichen Rabatt (Bonus)**, werden ebenfalls **Korrekturbuchungen** der ursprünglich gebuchten **Umsatzerlöse, Umsatzsteuern** und **Forderungen** notwendig.

Um jedoch eine **Kontrolle** über zurückgegebene Waren und Verpackungen einerseits und Minderungen ursprünglich vereinbarter Umsatzerlöse durch Gutschriften andererseits zu ermöglichen, sind die **Vorgänge, bei denen Waren zurückgegeben werden**, von den **Vorgängen** zu trennen, **bei denen die** ursprünglich vereinbarten **Umsatzerlöse lediglich gemindert werden**.

Das Großhandelsunternehmen bucht **die Gutschriften an Kunden wegen Minderungen** auf dem Konto **„5101 Erlösberichtigungen"** und die Gutschriften für Boni auf dem Konto **„5103 Kundenboni"**. Es sind Unterkonten des Kontos „5100 Umsatzerlöse für Waren" und werden daher im Rahmen der vorbereitenden Abschlussbuchungen **über** das Konto **„5100 Umsatzerlöse für Waren" abgeschlossen**.

Beispiele   Gutschriften für Minderungen und Boni im Großhandelsunternehmen

PRIMUS GmbH
Großhandel für Bürobedarf

Primus GmbH, Koloniestraße 2–4, 47057 Duisburg

Modellux GmbH & Co. KG
Hofstraße 55–67

46147 Oberhausen

Anschrift: Koloniestraße 2–4
47057 Duisburg
Telefon: (02 03) 4 45 36–90
Telefax: (02 03) 4 45 36–98
Banken: Stadtsparkasse Duisburg
(BLZ 350 500 00) 360 058 796
Postbank Essen
(BLZ 360 100 43) 286 778-431

KOPIE

GUTSCHRIFT

Ihre Beanstandung vom:	19.. -06 -05
Unsere Lieferung vom:	19.. -06 -04
	165422
Unsere Rechnung vom:	19.. -06 -03

Begründung der Gutschrift	Menge	Einzelpreis DM	Gesamtpreis DM
Rücksendung 20% Preisnachlaß an Schreibtisch „Primo"	8	42,80	340,00
		340,00
	Wert der Gutschrift, netto	340,00
	15% Umsatzsteuer	51,00
	Wert der Gutschrift	**391,00**

Um gleichlautende Buchung wird gebeten.

Duisburg, 7. Juni 19..

PRIMUS GmbH
Großhandel für Bürobedarf

Primus GmbH, Koloniestraße 2–4, 47057 Duisburg

Herstadt Warenhaus GmbH
Brunostraße 45

45889 Gelsenkirchen

Anschrift: Koloniestraße 2–4
47057 Duisburg
Telefon: (02 03) 4 45 36–90
Telefax: (02 03) 4 45 36–98
Banken: Stadtsparkasse Duisburg
(BLZ 350 500 00) 360 058 796
Postbank Essen
(BLZ 360 100 43) 286 778-431

KOPIE

GUTSCHRIFT

Ihre Beanstandung vom:	
Unsere Lieferung vom:	
Unsere Rechnung Nr:	
vom:	

Begründung der Gutschrift	Menge	Einzelpreis DM	Gesamtpreis DM
Bonusgutschrift 2% vom Umsatz 19.. über 245 000,00 DM lt. anliegender Aufstellung, netto			
			4 900,00
	Wert der Gutschrift, netto	4 900,00
	15% Umsatzsteuer	735,00
	Wert der Gutschrift	**5 635,00**

Um gleichlautende Buchung wird gebeten.

Duisburg, 6. Juni 19..

Buchung der Gutschrift aufgrund der Mängelrüge:

5101 Erlösberichtigungen	340,00			
4800 Umsatzsteuer	51,00	an 2400	Forderungen a. LL	391,00

Buchung der Gutschrift wegen Bonus:

5103 Kundenboni	4 900,00			
4800 Umsatzsteuer	735,00	an	2400 Forderungen a. LL	5 635,00

Vorbereitende Abschlussbuchungen:

5100 Umsatzerlöse für Waren	an	5101 Erlösberichtigungen	340,00
5100 Umsatzerlöse für Waren	an	5103 Kundenboni	4 900,00

Es handelt sich in beiden Fällen um reine **Wertgutschriften.** Die Waren werden nicht vom Kunden zurückgegeben. Dem Unternehmen enstehen im Unterschied zu Rücksendungen keine Folgekosten (Rücksendung, Einordnung, Pflege, Inventarisierung der Waren).

Daher empfiehlt sich die getrennte Erfassung auf Unterkonten.

Rücksendungen durch Kunden und Gutschriften

Rücksendungen	Gutschriften
Wert- und Mengenkorrekturen	**Wertkorrekturen**
❏ **Waren und Leihverpackungen** Minderung der ursprünglich gebuchten – Umsatzerlöse für Waren – Umsatzsteuer – Forderungen a. LL	❏ **Minderungen, Boni/Umsatzvergütung** – Nachträgliche Herabsetzung des Kaufpreises – Getrennte Erfassung der Wertkorrektur auf den Unterkonten 5101 Erlösberichtigungen 5103 Kundenboni

❏ **Korrekturbuchung:**
 5100 Umsatzerlöse für Waren
 4800 Umsatzsteuer
     an 2400 Forderungen a. LL
	❏ **Buchung:**
	 5101 Erlösberichtigungen oder
	     5103 Kundenboni
	 4800 Umsatzsteuer
	     an 2400 Forderungen a. LL
	 Abschluss der Unterkonten 5101 Erlös-
	 berichtigungen und 5103 Kundenboni
	 im Rahmen der vorbereitenden Abschluss-
	 buchungen über das Konto 5100 Umsatz-
	 erlöse für Waren

1 Geben Sie die Buchungssätze für folgende Geschäftsfälle eines Möbelgroßhändlers an:

	DM	DM
1. AR: Zielverkauf von 50 Bürotischen		
à 1 200,00 .... 60 000,00		
– 8 % Mengenrabatt................... 4 800,00	55 200,00	
+ 15 % USt.....................................	8 280,00	63 480,00
2. ER, KB: Barzahlung der Fracht an den Frachtführer für die Auslieferung der Bürotische (Fall 1), netto		
Bankscheck, netto	1 450,00	
+ 15 % USt.....................................	217,50	1 667,50
3. Briefkopie, Lastschrift an den Kunden: Fracht für die Bürotische (Fall 2), netto	1 450,00	
+ 15 % USt.	217,50	1 667,50
4. Briefkopie: Gutschrift an Kunden wegen Minderung (Fall1), netto................................	2 400,00	
+ 15 % USt.....................................	360,00	2 760,00

5. **Briefkopie:** Gutschrift an einen Kunden: Bonus, 1,5 %
vom Halbjahresumsatz, netto, von 140 000,00 . . . . 2 100,00
+ 15 % USt. 315,00   2 415,00

6. **AR:** Zielverkauf von 40 Büroschränken
à 1 600,00 . . . . 64 000,00
– 12$^{1}/_{2}$ % Mengenrabatt. 8 000,00
                 56 000,00
+ Fracht. 1 600,00   57 600,00
+ 15 % USt. 8 640,00   66 240,00

7. **Briefkopie:** Gutschrift an Kunden für Rückgabe eines
Büroschrankes (Fall 6), netto. . . . .   ?
+ 15 % USt. . . . .   ?

2   Buchen Sie untenstehende Geschäftsfälle auf folgende Konten nach Übernahme der Anfangsbestände:
Kontenplan: 2280, 2400, 2600, 2800, 2880, 3000, 3001, 4400, 4800, 5100, 5101, 5420, 6060, 6061, 6062, 6140, 6300, 6700, 8010, 8020.

Anfangsbestände:

	DM		DM
Warenbestände	68 200,00	Kasse	7 400,00
Forderungen a. LL	49 450,00	Eigenkapital	122 800,00
Bank	54 950,00	Verbindlichkeiten a. LL . . .	44 850,00
		Umsatzsteuer	12 350,00

Geschäftsfälle:

1. **AR:** Warenverkauf auf Ziel, netto, frei Haus .   74 500,00   DM   DM
+ Leihemballagen 2 600,00   77 100,00
+ 15 % USt. 11 565,00   88 665,00

2. **KB:** Frachtzahlung an die Deutsche Bahn AG für den Warentransport (Fall 1) an den Kunden bar, netto 1 200,00
+ 15 % USt. 180,00   1 380,00

3. **ER:** Einkauf von Waren auf Ziel, netto 53 500,00
+ Leihemballagen 1 600,00   55 100,00
+ 15 % USt. 8 265,00   63 365,00

4. **Schreiben eines Warenlieferers:** Gutschrift für mangelhafte Ware (Minderung) einschl. 15 % USt., brutto   184,00

5. **Briefkopie:** Gutschrift an Kunden (Fall 1)
a) für zurückgesandte Leihverpackung
80 % des berechneten Wertes,
netto. 2 080,00
b) für anerkannte Mängelrüge (Minderung),
netto. 1 220,00   3 300,00
+ 15 % USt. 495,00   3 795,00

6. **Eigenbeleg:** Entnahme von Waren, netto   800,00
+ 15 % USt. 120,00   920,00

7. **Schreiben des Warenlieferers** (Fall 3)
a) Gutschrift für Rücksendung der Leihemballagen, 75 % des Wertes, netto 1 200,00
b) Gutschrift wegen Minderung. 700,00   1 900,00
+ 15 % USt. 285,00   2 185,00

8. **BA:** Lastschriften
a) Gehaltszahlung 5 700,00
b) Umsatzsteuer an das Finanzamt. 12 350,00
c) Miete für Lager mit Büroraum 2 760,00   20 810,00

Abschlussangaben:
Warenendbestand lt. Inventur. 87 000,00

Aufgabe:
Schließen Sie die Konten ab!

3 Tragen Sie folgende umsatzsteuerpflichtigen Geschäftsfälle in eine Tabelle mit folgendem Kopf ein. Bilden Sie die Buchungssätze und kennzeichnen Sie ihre umsatzsteuerliche Auswirkung!

Geschäfts-fälle	Bu-chungs-sätze	Umsatzsteuerliche Auswirkung					
		Mehrung der Vor-steuer	Minde-rung der Vorsteuer	Mehrung der USt.	Minde-rung der USt.	Mehrung der Zahl-last	Minde-rung der Zahllast
1. usw.							

Geschäftsfälle:
1. Wareneinkauf auf Ziel
2. Warenrücksendung an Lieferer
3. Kauf eines Büroautomaten gegen Bankscheck
4. Gutschrift an Kunden wegen Minderung
5. Verkauf von Waren auf Ziel
6. Kauf von Büromaterial bar
7. Bonusgutschrift an einen Kunden
8. Gutschrift eines Warenlieferers für Minderung
9. Privatentnahme von Waren
10. Gutschriftanzeige an Kunden für Rücksendung der berechneten Leihverpackung
11. Belastung des Kunden für Fracht
12. Gutschrift des Lieferers wegen zurückgesandter Verpackung
13. Bonusgutschrift eines Warenlieferers

4 Untersuchen Sie, ob folgende Geschäftsfälle
a) die Anschaffungskosten erhöhen,
b) die Anschaffungskosten mindern,
c) die Aufwendungen erhöhen,
d) die Aufwendungen mindern,
e) die Erträge erhöhen,
f) die Erträge mindern,
g) keine Auswirkung auf Anschaffungskosten, Aufwendungen oder Erträge haben!

Geschäftsfälle:
1. **ER:** Frachtrechnung eines Spediteurs für Warentransporte an Kunden
2. **KB:** Barzahlung von Rollgeld an den Zusteller gekaufter Waren
3. **ER, KB:** Versandkartons werden gegen sofortige Barzahlung gekauft
4. **AR:** Reparaturarbeiten an verkauften Waren
5. **AR:** Verkauf eines gebrauchten Pkw zum Buchwert auf Ziel
6. **AR:** Warenverkauf auf Ziel
7. **Eigenbeleg, AR:** Privatentnahme von Waren
8. **ER:** Wareneinkauf auf Ziel

5 Folgende Konten sind unter Berücksichtigung eines Warenendbestandes lt. Inventur von 620 000,00 DM abzuschließen:

S	2280 Warenbestand	H
8000	580 000,00	

S	5100 Umsatzerlöse für Waren		H
2400	304 000,00	2400	44 294 000,00

S	6060 Aufw. für Waren/WE	H
4400	23 843 00,00	

S	5101 Erlösberichtigungen	H
2400	276 000,00	

S	6061 Warenbezugskosten	H
4400	632 000,00	

S	5103 Kundenboni	H
2400	514 000,00	

S	6062 Nachlässe	H
		4400	435 000,00

1. Ermitteln Sie in TDM
   a) den Wareneinsatz,
   b) den Nettoumsatz,
   c) den Rohgewinn,
   d) den Kalkulationszuschlagsatz,
   e) den durchschnittlichen Lagerbestand,
   f) die Umschlagshäufigkeit,
   g) die durchschnittliche Lagerdauer!

2. Bilden Sie die Buchungssätze
   a) zum Abschluss des Kontos 6061 Warenbezugskosten,
   b) zum Abschluss des Kontos 6062 Nachlässe,
   c) zum Abschluss des Kontos 5101 Erlösberichtigungen,
   d) zum Abschluss des Kontos 5103 Kundenboni,
   e) zur Erfassung der Bestandsveränderungen,
   f) zum Abschluss des Kontos 6060 Aufwendungen für Waren/WE,
   g) zum Abschluss des Kontos 2280 Warenbestand,
   h) zum Abschluss des Kontos 5100 Umsatzerlöse für Waren!

6 Bei der Primus GmbH sind nachstehende Belege vorzukontiern:

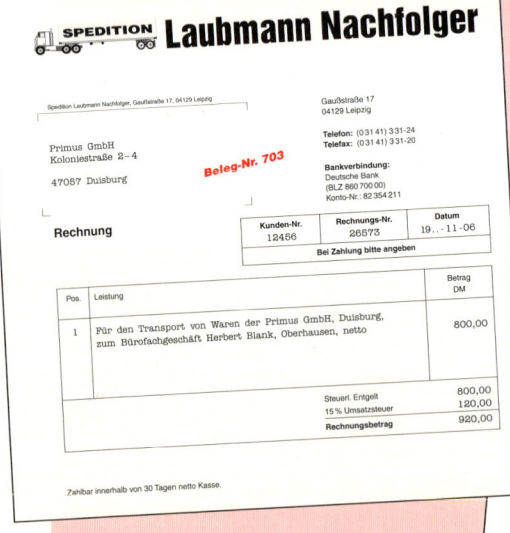

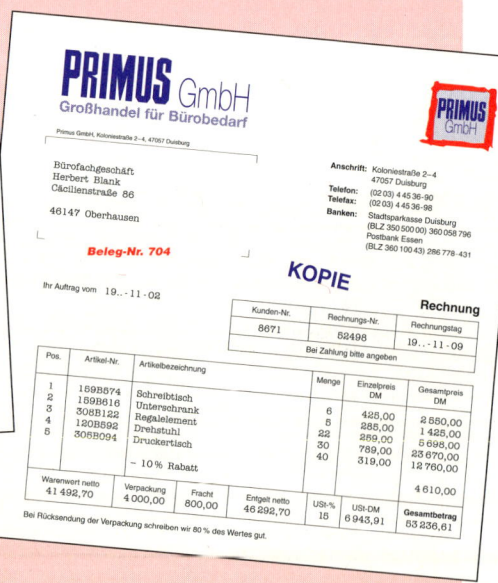

Beleg-Nr. 705 (Gutschrift)

PRIMUS GmbH
Großhandel für Bürobedarf

Primus GmbH, Koloniestraße 2–4, 47057 Duisburg

Bürofachgeschäft
Herbert Blank
Cäcilienstraße 86

46147 Oberhausen

Beleg-Nr. 705

Anschrift: Koloniestraße 2–4
47057 Duisburg
Telefon: (02 03) 4 45 36–90
Telefax: (02 03) 4 45 36–98
Banken: Stadtsparkasse Duisburg
(BLZ 350 500 00) 360 058 796
Postbank Essen
(BLZ 360 100 43) 286 778–431

KOPIE

GUTSCHRIFT

Ihre Beanstandung vom: 19.. - 11 - 08
Unsere Lieferung vom:
Unsere Rechnung Nr.: 52498
vom: 19.. - 11 - 09

Begründung der Gutschrift	Menge	Einzelpreis DM	Gesamtpreis DM
Rücksendung von Rollcontainern	5	640,00	3 200,00
	Wert der Gutschrift, netto		3 200,00
	15 % Umsatzsteuer		480,00
	Wert der Gutschrift		**3 680,00**

Um gleichlautende Buchung wird gebeten.

Duisburg, 17. November 19..

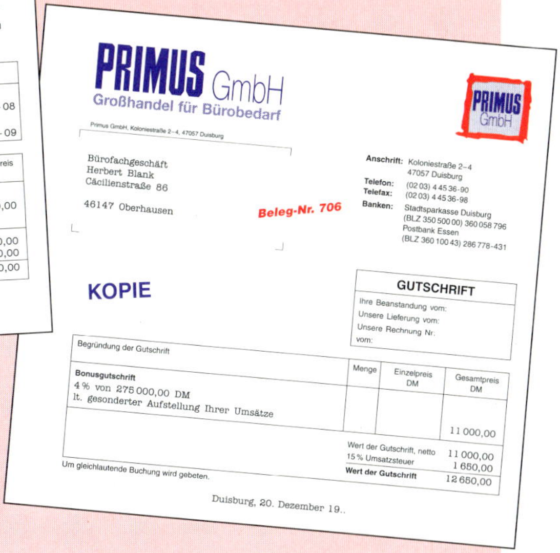

Beleg-Nr. 706 (Gutschrift)

PRIMUS GmbH
Großhandel für Bürobedarf

Primus GmbH, Koloniestraße 2–4, 47057 Duisburg

Bürofachgeschäft
Herbert Blank
Cäcilienstraße 86

46147 Oberhausen

Beleg-Nr. 706

Anschrift: Koloniestraße 2–4
47057 Duisburg
Telefon: (02 03) 4 45 36–90
Telefax: (02 03) 4 45 36–98
Banken: Stadtsparkasse Duisburg
(BLZ 350 500 00) 360 058 796
Postbank Essen
(BLZ 360 100 43) 286 778–431

KOPIE

GUTSCHRIFT

Ihre Beanstandung vom:
Unsere Lieferung vom:
Unsere Rechnung Nr.:
vom:

Begründung der Gutschrift	Menge	Einzelpreis DM	Gesamtpreis DM
Bonusgutschrift 4 % von 275 000,00 DM lt. gesonderter Aufstellung Ihrer Umsätze			11 000,00
	Wert der Gutschrift, netto		11 000,00
	15 % Umsatzsteuer		1 650,00
	Wert der Gutschrift		**12 650,00**

Um gleichlautende Buchung wird gebeten.

Duisburg, 20. Dezember 19..

3.3 Umrechnung von Währungen beim Ein- und Verkauf

Die Beschaffungsabteilung der Primus GmbH hat für vergleichbare Faxgeräte zwei Angebote von ausländischen Importeuren vorliegen:

Lieferer	Listenpreis je Stück	Kurs
Jansen, Niederlande	947,10 niederländische Gulden	87,90
Dumont, Frankreich	2786,89 französische Francs	30,50

Helga Konski, die Abteilungsleiterin Einkauf, bittet die Abteilung Bürotechnik/-einrichtung ihr das günstigste Angebot mitzuteilen. Da der Gruppenleiter Bürotechnik/-einrichtung, Jörg Nolte, erkrankt ist, soll die Auszubildende Nicole Höver die notwendige Berechnung vornehmen. Nicole ist erschrocken, als sie den Auftrag erhält, da sie bisher noch nichts mit der Umrechnung von Auslandswährung zu tun hatte.

Arbeitsauftrag Ermitteln Sie den günstigsten Lieferer für Faxgeräte!

Im internationalen Zahlungsverkehr unterscheidet man die einzelnen Währungen nach den **Währungseinheiten** (z. B. Franc, Pfund-Sterling, Schilling, Dollar) und nach dem **Geltungsbereich**.

Jede Währung eines Landes hat einen Wert im Vergleich zu anderen Währungen. Den **Wert einer Währung im Vergleich zu anderen** bezeichnet man als ihren **Außenwert (Währungsparität)**. Die Währungsparität wird ausgedrückt durch Devisen- oder Wechselkurse.

Die **ausländischen Zahlungsmittel** lassen sich unterscheiden in **Sorten (Münzen, Banknoten)** und **Devisen (Schecks, Wechsel, Überweisungen)**.

Die Notwendigkeit Deutsche Mark in Auslandswährung umzurechnen ergibt sich bei Auslandsreisen und durch Geschäftsbeziehungen im Außenhandel. Für diese Umrechnung benötigt der Kaufmann den Kurs (= Preis) für die ausländische Währung.

Im Inland ist der **Kurs der Preis in Inlandswährung für eine bestimmte Menge ausländischer Währungseinheiten**, in der Regel für 100 Einheiten ausländischen Geldes; so bedeutet in der Bundesrepublik Deutschland der Kurs 126 für Schweizer Franken, dass 100 Schweizer Franken 126,00 DM kosten.

Kurs = Preis in Inlandswährung für 100 Einheiten ausländischer Währung.

Bei einigen Währungen gilt der Kurs für **eine Einheit**, so z. B. für US-Dollar, kanadische Dollar, Pfund-Sterling; bei der italienischen Lira gilt der Kurs für **1000 Einheiten**.

Kurstabelle für			Schecks, Wechsel, Überweisungen (halbbarer u. bargeld-) loser Zahlungsverkehr)		Banknoten, Münzen (Bargeldzahlung)	
	Kurzform der Währung		Devisen		Sorten	
Land	deutsch	international	Geld	Brief	Ankauf	Verkauf
Australien	1 A$	AUD	1,0220	1,1340	0,99	1,16
Belgien	100 bfrs	BEF	4,563	4,583	4,40	4,70
Dänemark	100 dKr	DKK	26,0050	26,1250	25,15	26,95
Finnland	100 Fmk	FIM	28,760	28,960	27,35	29,60
Frankreich	100 FF	FRF	29,4000	29,5600	28,70	30,50
Griechenland	100 Dr	GRD	–	–	0,49	0,84
Großbritannien	1 £	GBP	2,434	2,448	2,35	2,55
Irland	1 ir. £	IEP	2,336	2,350	2,27	2,44
Italien	1000 Lit	ITL	1,0200	1,0300	0,955	1,085
Japan	100 Yen	JPY	1,5300	1,5330	1,46	1,54
Kanada	1 Kan$	CAD	1,2337	1,2417	1,17	1,29
Niederlande	100 hfl	NLG	88,9550	88,1750	87,90	90,15
Norwegen	100 nKr	NOK	22,745	22,865	21,40	23,65
Österreich	100 öS	ATS	14,2060	14,2460	14,095	14,395
Portugal	100 Esc	PTE	0,954	0,974	0,80	1,10
Schweden	100 sKr	SEK	20,600	20,760	19,20	21,70
Schweiz	100 sfrs	CHF	113,330	113,530	111,55	114,80
Spanien	100 Ptas	ESP	1,236	1,246	1,18	1,31
USA	1 $	USD	1,6553	1,6633	1,61	1,71

Die Kurshöhe für den Ankauf und Verkauf ist unterschiedlich. Man unterscheidet:

Geldkurs (Ankauf)	Briefkurs (Verkauf)
= **Ankaufspreis** der Bank	= **Verkaufspreis** der Bank
Beispiel Ankaufspreis von 100 sfrs für 111,55 DM	**Beispiel** Verkaufspreis von 100 sfrs für 114,80 DM

● Umrechnung von DM in Auslandswährung

Die Notwendigkeit der Umrechnung von DM in Auslandswährung ergibt sich bei Auslandsreisen und bei Geschäften mit ausländischen Kunden. Beim Umrechnen von DM in Auslandswährung kann der einfache Dreisatz mit geradem (direktem) Verhältnis verwendet werden.

Beispiel Die Primus GmbH überweist ihrem holländischen Lieferanten, der Jansen BV Bürotechnik, den Betrag von 62 860,00 DM. Über wie viel holländische Gulden lautet die Rechnung? Kurs für hfl 89,80.

Lösung

① Bedingungssatz: 89,80 DM = 100 hfl
② Fragesatz: 62 860,00 DM =   x hfl

③ Bruchsatz: $x = \dfrac{62\,860,00 \cdot 100}{89,80}$

     $x = 70\,000,00\,\text{hfl}$

Lösungshinweis: Mehr DM sind mehr hfl, also liegt ein einfacher Dreisatz mit geradem Verhältnis vor.

Allgemein kann für die Umrechnung von DM in ausländische Währung folgende Formel aus dem Bruchsatz abgeleitet werden:

Einheiten, auf die sich der Kurs bezieht	100 Einheiten	1000 Einheiten	eine Einheit
Ausländischer Geldbetrag (x)	$\dfrac{DM \cdot 100}{Kurs}$	$\dfrac{DM \cdot 1000}{Kurs}$	$\dfrac{DM \cdot 1}{Kurs}$
Beispiele	Francs, Gulden, Schilling, Pesetas, Franken	Lira	Pfund-Sterling, Dollar

Rechenweg

Wenden Sie die Dreisatzrechnung an, indem sie den Bedingungs-, Frage- und Bruchsatz aufstellen – beim Währungsrechnen liegt immer ein einfacher Dreisatz mit geradem (direktem) Verhältnis vor – oder benutzen Sie die Formel:

$$\text{Ausländischer Geldbetrag} = \frac{DM \cdot 100\ (\text{bzw. } 1000 \text{ oder } 1)}{Kurs}$$

● Umrechnung von Auslandswährungen in DM

Die Notwendigkeit der Umrechnung von Auslandswährung in DM ergibt sich bei der Rückkehr von Auslandsreisen und bei Geschäften mit ausländischen Lieferern. Beim Umrechnen von ausländischen Währungen in Inlandswährung kann ebenfalls der einfache Dreisatz mit geradem (direktem) Verhältnis angewandt werden.

Beispiel Die Primus GmbH bezieht 50 Anrufbeantworter aus Frankreich zu je 295 FF. Wie teuer ist die Lieferung bei einem Kurs von 29,8 für FF?

Lösung

Rechnungsbetrag in FF: $50 \cdot 295 = 14\,750$ FF

① Bedingungssatz: 100 FF $= 29{,}80$ DM

② Fragesatz: $14\,750$ FF $= \quad x \quad$ DM

③ Bruchsatz: $x = \dfrac{14\,750 \cdot 29{,}80}{100}$

$x = \underline{4\,395{,}50\,\text{DM}}$

Lösungshinweis: Mehr FF sind mehr DM = einfacher Dreisatz mit geradem (direktem) Verhältnis.

Für die Umrechnung von Auslandswährung in DM kann folgende Formel aus dem Bruchsatz abgeleitet werden:

Einheiten, auf die sich der Kurs bezieht	100 Einheiten	1 000 Einheiten	eine Einheit
DM-Betrag (x)	$\dfrac{\text{Ausl.Geldbetrag} \cdot \text{Kurs}}{100}$	$\dfrac{\text{Ausl.Geldbetrag} \cdot \text{Kurs}}{1000}$	$\dfrac{\text{Ausl.Geldbetrag} \cdot \text{Kurs}}{1}$
Beispiele	Francs, Gulden, Schilling, Pesetas, Franken	Lira	Pfund-Sterling, Dollar

Rechenweg

Wenden Sie die Dreisatzrechnung an, indem Sie den Bedingungs-, Frage- und Bruchsatz aufstellen oder benutzen Sie die Formel:

$$\text{DM-Betrag} = \frac{\text{Ausländischer Geldbetrag} \cdot \text{Kurs}}{100 \ (\text{bzw. } 1\,000 \text{ oder } 1)}$$

Währungsrechnen

- **Währung** ist die Geldordnung eines Landes.
- Die **Währungsparität** wird ausgedrückt durch Devisen- oder Wechselkurse.
- Mithilfe der **Kurse** werden
  - ❑ Inlandswährungen in Auslandswährungen
  - ❑ Auslandswährungen in Inlandswährungen umgerechnet.

- **Kurs:** Preis für 100, in Ausnahmefällen für eine ($, £) oder 1 000 (Lit) ausländische Währungseinheiten, ausgedrückt in Inlandswährung:
  - **Sortenkurse** für Banknoten und Münzen
  - **Devisenkurse** für Schecks, Wechsel und Überweisungen
- **Umtauschkurse der Banken:**
  - **Geldkurs:** niedriger Ankaufskurs der Banken
  - **Briefkurs:** höherer Verkaufspreis der Banken
- **Umrechnung**
  - von DM in Auslandswährung:

    $$\textbf{Ausländischer Geldbetrag} = \frac{\text{DM} \cdot 100 \text{ (bzw. 1 000 oder 1)}}{\text{Kurs}}$$

  - von Auslandswährung in DM:

    $$\textbf{DM-Betrag} = \frac{\text{Ausländischer Geldbetrag} \cdot \text{Kurs}}{100 \text{ (bzw. 1 000 oder 1)}}$$

Anmerkung: Verwenden Sie für alle Aufgaben zum Währungsrechnen, die keine Kursangaben enthalten, die Wechselkurse aus der Tabelle S. 222.

1 Ein Großhändler verkauft acht Maschinen nach Norwegen. Der Listenverkaufspreis beträgt je Maschine 8 000,00 DM. Dem Kunden werden 20 % Rabatt und 2 % Skonto gewährt.
a) Ermitteln Sie den Listenverkaufspreis in DM!
b) Ermitteln Sie, zu welchem Listenverkaufspreis in Norwegischen Kronen eine Maschine angeboten wird (Kurs 22,40)!
c) Ermitteln Sie den Rechnungsbetrag in DM!

2 Für eine Reise nach Dänemark tauscht ein Kaufmann in Deutschland 1 500,00 DM in Dänische Kronen um. Wie viel Kronen zahlt seine Bank aus?

3 Eine Rechnung aus den Niederlanden über 6 860,00 hfl soll durch kostenfreie Banküberweisung beglichen werden.
Kurse: Geld 89,145   Brief: 89,345
a) Welchen Kurs legt das Geldinstitut der Abrechnung zugrunde?
b) Mit welchem Betrag wird das Bankkonto des Zahlers belastet?

4 Ein Textilgroßhändler berechnet einem Schweizer Kunden 42 000,00 DM. Der Kunde will die Rechnung in Schweizer Währung begleichen. Wie viel sfr wird er bezahlen müssen?

5 Ein Mitarbeiter der Primus GmbH benötigt für eine Geschäftsreise nach Österreich 26 000,00 öS, die er zum Kurs 14,4 in Deutschland kauft. Ermitteln Sie
a) den Betrag, der zum Ankauf der öS benötigt wird,
b) den Kurs, den die Bank nach Rückkehr des Mitarbeiters für den Rücktausch von 2500,00 öS zugrunde legte, wenn der Mitarbeiter 357,30 DM erhielt?

6 Ein österreichischer Lieferer bietet einem deutschen Großhändler 60 Stück einer Ware für 120 000 öS an. Der Lieferer gewährt 20 % Rabatt, die Lieferung erfolgt über einen deutschen Spediteur, der für den Transport 750,00 DM berechnet. Kurs für öS 14,2. Berechnen Sie
a) den Zieleinkaufspreis in öS für die gesamte Warenlieferung,
b) den Zieleinkaufspreis in DM für die gesamte Warenlieferung,
c) den Bezugspreis je Stück in DM!

7 Ermitteln Sie aus nachfolgenden Angaben den günstigsten Lieferer für die Bestellmenge von 5 000 kg:

Anbieter	Listenein-kaufspeis	Lieferer-rabatt	Lieferer-skonto	Fracht	Verpackung
Meuter Deutschland	22,00 DM/kg	10 %	2 %	300,00 DM	180,00 DM
Huber Österreich	160,00 öS/kg Kurs 14,4	15 %	2 %	2 500,00 öS	1 000,00 öS
Dupont Frankreich	70,00 FF/kg Kurs 30,5	20 %	–	1 200,00 FF	500,00 FF
Smith Großbritannien	8,20 £/kg Kurs 2,6	15 %	–	100,00 £	70,00 £
Lopez Spanien	1 800,00 Ptas/kg Kurs 1,25	10 %	2 %	20 000,00 Ptas	5 000,00 Ptas

8 Der Einkäufer eines Großhandelsbetriebes, der von einer längeren Auslandsreise nach Deutschland zurückkehrt, hat folgende Auslandswährung übrig, die er in DM umtauscht
a) 34,80 £, b) 140 FF, c) 805 bfrs.
Welchen Gesamtbetrag in DM schreibt ihm die Bank gut?

9 Ein deutscher Importeur bezieht Computer aus dem Ausland, die er in US-$ bezahlen muss. Der US-$ notierte zum Zeitpunkt der Bestellung mit 1,7119, zum Zeitpunkt der Lieferung und Rechnungserteilung mit 1,7324. Der Importeur hatte keine Kurssicherung vorgenommen. Die Rechnung für einen Computer lautet über 4 500 US-$. Der Lieferer gewährt 20 % Rabatt und 3 % Skonto. Die Transportkosten betragen je Computer 120,00 DM. Ermitteln Sie
a) den Bareinkaufspreis für einen Computer in DM,
b) den Bezugspreis für einen Computer in DM,
c) die Preiserhöhung für einen Computer aufgrund der Kursdifferenz in DM,
d) die Preiserhöhung für einen Computer aufgrund der Kursdifferenz in Prozent!

10 Die Kursnotierung für Schweizer Franken beträgt in Frankfurt 119,00. Welchem Kurs für DM würde das in Zürich entsprechen?

11 Ein Unternehmen bezieht eine Ware aus dem Ausland:
aus Frankreich   8 000 Stück zu   1,05 FF   je Stück (Kurs 30,55)
aus Italien   9 000 Stück zu   215,00 Lit   je Stück (Kurs 1,20)
Wie viel DM kostet die gesamte Lieferung?

12 Ein amerikanischer Geschäftsmann tauscht in München 2 800,00 US-Dollar in Norwegische Kronen (nKr) um. In München gelten zur Zeit folgende Kurse:

	Geld	Brief
US-Dollar	1,63	1,69
nKr	30,50	32,00

Wie viel nKr erhält er?

13 Ein Großhändler benötigt 10 Tonnen Kakao und hat von einem niederländischen Kakaoproduzenten folgendes Angebot vorliegen:
Listenpreis 2 800,00 hfl/Tonne
Mengenrabatt bei Mindestabnahme von 5 Tonnen 20 %
Skonto 3 % bei Zahlung innerhalb von 30 Tagen
Bezugskosten: 100 hfl je Tonne

Ermitteln Sie
a) den Bezugspreis für ein kg in hfl,
b) den Bezugspreis für ein kg in DM,
c) den Übrweisungsbetrag in DM (Kurs für hfl 88,8)!

14 Ein deutscher Importeur bezieht Ware aus dem Ausland, die er in US-Dollar bezahlen muss.

Kurs zum Zeitpunkt der Bestellung: 1,6432
Kurs zum Zeitpunkt der Lieferung und Rechnungserstellung: 1,6628

Die Rechnung lautet über 27 500,00 US-Dollar. Ermitteln Sie in DM
a) den vom Importeur zu zahlenden Betrag,
b) den Mehrpreis durch die Kursdifferenz!

3.4 Zahlungsverkehr mit Lieferern und Kunden

3.4.1 Zahlungsformen zur Erfüllung der Zahlungsverpflichtungen

Nach der Buchung muss Nicole Höver die Eingangs- und Ausgangsrechnungen weiterbearbeiten. Sie soll den Rechnungsausgleich überwachen, vorbereiten und anschließend die Rechnungen ablegen.

Arbeitsauftrag
❑ Entwickeln Sie ein Einordnungssystem in die Terminmappen!
❑ Erläutern Sie die Möglichkeiten des Rechnungsausgleichs!

● Das Großhandelsunternehmen als Gläubiger oder Schuldner

Das Großhandelsunternehmen erhält **Eingangsrechnungen** als Belege von Beschaffungsvorgängen. Der Rechnungsbetrag wird als **„Verbindlichkeit aus Lieferungen und Leistungen"** erfasst, weil das Großhandelsunternehmen **Schuldner** ist.

Umgekehrt sind Kopien der **Ausgangsrechnungen** Belege von Absatzvorgängen. Das Großhandelsunternehmen ist **Gläubiger** des Rechnungsbetrages, der als **„Forderung aus Lieferungen und Leistungen"** gebucht wird.

Die vorübergehende Ablage der Ausgangs- bzw. Eingangsrechnungen in Terminmappen richtet sich nach den Zahlungsterminen, die aus den Zahlungsbedingungen lt. Vertrag abgeleitet werden. Dabei ist größte Sorgfalt geboten, weil verspätete Bezahlungen von Eingangsrechnungen den Lieferer verärgern, verschlechterte Zahlungsbedingungen und mit Kosten verbundene Rechtsfolgen nach sich ziehen können.

Verspätete Kundenzahlungen verschlechtern die eigene Liquidität, rufen Folgekosten (Zinsen, Mahngebühren) und Auseinandersetzungen mit den Kunden hervor.

Der **Geldschuldner** hat seine Zahlungsverpflichtungen erst **erfüllt,** wenn das Geld dem **Gläubiger zugegangen** oder dessen **Konto gutgeschrieben** ist.

● Zahlungsformen zur Erfüllung der Zahlungsverpflichtungen

▶ **Barzahlung:** Bezahlt der **Zahlungspflichtige** bar, so **benutzt** er zur Erfüllung seiner Geldschuld **Bargeld** und der Empfänger erhält Bargeld ausgehändigt. Dabei kann die Übergabe des Bargeldes **unmittelbar** durch den Zahlungspflichtigen vorgenommen werden oder **mittelbar** durch Einschaltung einer weiteren Person (Bevollmächtigter) oder eines Institutes (Deutsche Post AG).

Wegen der hohen Kosten und Risiken spielt die Barzahlung bei Zahlungen unter Kaufleuten keine Rolle mehr.

▶ **Halbbare Zahlung:** Benutzt der **Zahlungspflichtige** zur Erfüllung seiner Geldschuld **Bargeld** und erhält der **Zahlungsempfänger** in der Form der Gutschrift auf seinem Bank- oder Postbankkonto **Buchgeld**, so liegt eine **halbbare Zahlung** vor. Viele Zahlungsempfänger, insbesondere Handwerks- und Versandhandelsbetriebe, legen den Rechnungen einen **Zahlschein/Überweisung** bei, auf dem bereits Name, Kontonummer, Bankleitzahl, Geldinstitut des Empfängers und Überweisungsbetrag eingetragen sind. Unter Verwendung des Zahlscheins zahlt der Schuldner den Geldbetrag (Bargeld) bei einem Kreditinstitut oder bei einer Postvertriebsstelle ein. Der Gläubiger erhält von seiner Bank oder von der Postbank den Kontoauszug mit der Gutschrift über die Zahlung. Die Kosten der Zahlung (Gebühren) sind auf dem Konto **6750 Kosten des Geldverkehrs** zu buchen.

Ebenso ist denkbar, dass der Zahlungspflichtige einen **Barscheck** ausstellt und diesen dem Zahlungsempfänger zahlungshalber übergibt. Dieser **kann** den **Scheckbetrag in bar** bei dem bezogenen Kreditinstitut, also der Bank des Zahlungspflichtigen, **ausgehändigt bekommen.** Das bezogene Kreditinstitut belastet das Konto des Zahlungspflichtigen mit dem Scheckbetrag. Die halbbare Zahlungsform ist im Geschäftsverkehr Großhandelsbetrieben jedoch bedeutungslos.

▶ **Bargeldlose Zahlung:** Wird der Zahlungsvorgang **ohne Benutzung von Bargeld** durchgeführt, liegt eine bargeldlose Zahlung vor. In diesem Falle müssen sowohl Schuldner als auch Gläubiger über ein Girokonto bei einem Kreditinstitut verfügen.

● Überweisung

Im Prinzip kann jede Rechnung per Bank- oder Postüberweisung bargeldlos bezahlt werden. Mit dem Überweisungsvordruck, der am Bankschalter abgegeben, in den Hausbriefkasten der Bank eingeworfen oder der Bank per Post zugeschickt werden kann, wird die Bank des Zahlungspflichtigen beauftragt, den angegebenen Betrag vom eigenen Konto abzubuchen und dem Konto des Empfängers gutzuschreiben. Der Zahlungspflichtige erhält den Durchschlag der Auftragserteilung und später den Kontoauszug mit entsprechender Lastschrift als Beleg für die Zahlung und Buchung.

Beispiele

Bank-/Postbankauszug

1. **BA:** Überweisung zum Ausgleich einer fälligen Eingangsrechnung   21 160,00 DM
2. **PBA:** Postüberweisung eines Kunden zum Ausgleich einer
    fälligen Ausgangsrechnung   18 630,00 DM

Buchungen:

1. 4400 Verbindlichkeiten a. LL	an	2800 Bank	21 160,00
2. 2850 Postbank	an	2400 Forderungen a. LL	18 630,00

Die Überweisung empfiehlt sich besonders bei Bezahlungen von Rechnungen, die einmalig anfallen. Bei regelmäßig anfallenden Zahlungen sind **Dauerauftrag** oder **Lastschriftverfahren** vorzuziehen.

● Dauerauftrag

Der Zahlungspflichtige erteilt seiner Bank oder der Postbank ein einziges Mal einen Dauerauftrag, **zu bestimmten, regelmäßig wiederkehrenden Terminen** gleich hohe Beträge an den angegebenen Zahlungsempfänger **zu überweisen.** Solche Daueraufträge sind üblich bei Zahlungen der Miete, der Tilgungsraten von Darlehen, der Versicherungsprämien, Zeitschriftenabonnements, Beiträge an Verbände und an die IHK. Mithilfe von Daueraufträgen entfällt das jeweilige Ausfüllen von Überweisungsaufträgen für die Großhandelsunternehmung. Zudem bietet diese Zahlungsform Schutz davor wichtige Fälligkeitstermine zu übersehen.

Beispiele

Bankauszug vom 30.09.
1. **Lastschrift** wegen Dauerauftrag
    a) Oktobermiete für Lagerraum . . . .   2 500,00 DM
    b) IHK-Beitrag . . . .   380,00 DM
2. **Gutschrift** aufgrund des Dauerauftrages eines Darlehensnehmers an seine
    Bank: Tilgungsrate . . . .   2 400,00 DM

Buchungen:

1. a)	6700	Mieten	2 500,00			
	b) 6920	Beiträge	380,00	an	2800 Bank	2 880,00
2.	2800	Bank		an	1600 Darlehensforderung	2 400,00

● Lastschriftverkehr – Einzugsermächtigung

Der Schuldner erteilt dem Gläubiger einmalig eine schriftliche, jederzeit widerrufbare **Ermächtigung** Zahlungen bei Fälligkeit **mittels Lastschrift** von seinem Konto einzuziehen **(Einzugsermächtigung).** Auf dem Kontoauszug werden die Lastschriften inhaltlich gekennzeichnet. Der Beleg über die Leistung wird dem Geldschuldner direkt vom Gläubiger zugesandt. Bei den Zahlungen kann es sich um **Beträge unterschiedlicher oder gleichbleibender** Höhe handeln: Zahlungen von Abonnements, Steuerzahlungen an das Finanzamt oder an die Stadtkasse, Zahlungen von Telefon-, Wasser-, Gas-, Stromgebühren oder zum Ausgleich von Liefererrechnungen aufgrund von Kaufverträgen.

Beispiele

Bankauszug
1. **Lastschrift** wegen Abbuchung:
    a) Kfz-Steuer durch das Finanzamt . . . .   420,00 DM
    b) Telefonentgelt durch die Telekom . . . .   2 700,00 DM
    + 15 % Umsatzsteuer . . . . · · ·   405,00 DM
2. **Gutschrift** wegen eingereichter Lastschrift zum Einzug eines fälligen
    Rechnungsbetrages – schriftliche Einzugsermächtigung des zahlungs-
    pflichtigen Kunden liegt vor – . . . .   3 726,00 DM

Buchungen:

1. a)	7030	Kfz-Steuer .	420,00			
	b) 6820	Postgebühren	2 700,00			
	2600	Vorsteuer	405,00	an	2800 Bank	3 525,00
2.	2800	Bank		an	2400 Forderungen a. LL	3 726,00

● Verrechnungsscheck

Bank oder Postschecks, die den Vermerk „Nur zur Verrechnung" tragen, werden nur im Wege der Gutschrift eingelöst. Es lässt sich also feststellen, welcher Kontoinhaber den Scheckbetrag erhielt. Dadurch wird ein solcher Scheck sicherer als ein Barscheck.

Beispiel

1. Brief eines Kunden, Verrechnungsscheck
Ein Kunde schickt zum Ausgleich einer fälligen AR zahlungshalber einen Verrechnungsscheck über 26 645,00 DM.

2. Bankauszug
a) **Gutschrift** des eingereichten Verrechnungsschecks . . . . 25 645,00 DM
b) **Lastschrift:** Bezahlung einer fälligen ER mit Verrechnungsscheck . . . . 46 000,00 DM

Buchungen:

1.	2860 Schecks	an	2400	Forderungen a. LL	25 645,00
2. a)	2800 Bank	an	2860	Schecks	25 645,00
b)	4400 Verbindlichkeiten a. LL	an	2800	Bank	46 000,00

Zahlungsverkehr mit Lieferern und Kunden

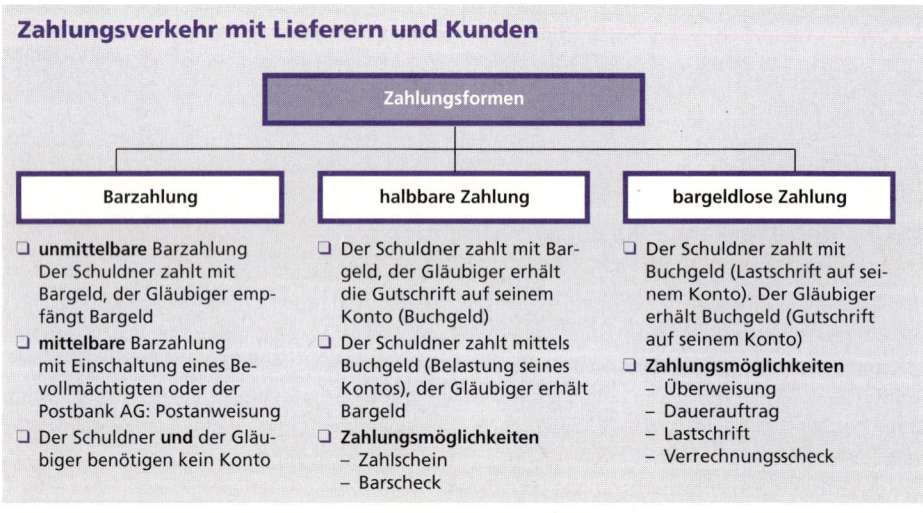

1 **Konten:** 2400, 2600, 2800, 2850, 2860, 2880, 3001, 6700, 6820, 7000

Geben Sie die Buchungssätze für die folgenden Geschäftsfälle des Textilgroßhändlers Alfons Schiller an:

Geschäftsfälle:	DM
1. **BA:** Ein Kunde bezahlte fällige Ausgangsrechnung durch Überweisung	16 905,00
2. **BA:** Abbuchung der Telefongebühren durch die Telekom	3 020,00
+ 15 % Umsatzsteuer	453,00
3. **BA:** Zahlung der Miete an das Studentenwerk für Tochter Julia (Studentin) durch Banküberweisung	450,00

4. **Brief eines Kunden, Scheck:** Ein Kunde schickt einen Verrechnungsscheck zum Ausgleich einer fälligen AR . . . .

    DM
27 600,00

5. **BA, Scheckeinlieferung:** Der Verrechnungsscheck des Kunden (Fall 4) wurde der Hausbank eingereicht . . . .

    27 600,00

6. **BA:** Dauerauftrag der Miete für November 19.. für das gemietete Lager . . . .

    8 000,00

7. **KB:** Büromaterialeinkauf . . . .
einschließlich 15 % Umsatzsteuer

    163,30

8. **PBA:** Überweisungen an

    DM

  a) das Finanzamt – Einkommensteuer 12 100,00
               – Umsatzsteuerzahllast 27 600,00
  b) die Stadtkasse: Gewerbesteuer 25 000,00   64 700,00

9. **BA:** Ausgleich einer fälligen Liefererrechnung mit Bankscheck . . . .

    1 380,00

10. **Quittierte AR/Verrechnungsscheck:** Verkauf von Anzugsstoffen gegen Verrechnungsscheck, netto . . .

    8 200,00
+ 15 % Umsatzsteuer 1 230,00   9 430,00

11. **BA/Scheckeinlieferung:** Verrechnungsscheck (Fall 10) wurde der Hausbank eingereicht . . . .

    9 430,00

2 Ordnen Sie die folgenden Zahlungsmöglichkeiten den unten stehenden Geschäftsfällen der Primus GmbH zu!

a) Verrechnungsscheck   d) Barscheck
b) Überweisung   e) Dauerauftrag
c) Zahlschein   f) Lastschrifteinzugsverfahren

Geschäftsfälle:

1. Die Krankenhaus GmbH, Duisburg, schickt zum Ausgleich einer AR einen Verrechnungsscheck, der nach Einreichung bei der Hausbank dem Bankkonto der Primus GmbH unter Vorbehalt gutgeschrieben wird.

2. Die Primus GmbH erhält eine Bankgutschrift zum Ausgleich der fälligen AR des Kunden Herbert Blank auf ihrem Bankkonto. Das Konto des Kunden wurde von seiner Hausbank entsprechend belastet.

3. Die Primus GmbH hat der Telekom eine Ermächtigung erteilt, jeweils offen stehende Forderungen durch Abbuchung vom Bankkonto der GmbH auszugleichen.

4. Der Kunde Klöckner-Müller-Elektronik AG überreicht zum Ausgleich einer AR einen Scheck, dessen Betrag Frau Sonja Primus bei der Hausbank der Klöckner-Müller-Elektronik AG ausgezahlt wird.

5. Frau Sonja Primus zahlte bei der Deutschen Bank die Miete für das Zimmer ihrer Tochter im Studentenwohnheim bar ein. Das Studentenwerk erhält die Miete als Bankgutschrift.

3 Stellen Sie fest, ob bei unten stehenden Zahlungsmöglichkeiten

a)   nur der Zahlungspflichtige ein Konto haben muss,
b)   nur der Zahlungsempfänger ein Konto haben muss,
c)   der Zahlungspflichtige und der Zahlungsempfänger ein Konto haben müssen.

Zahlungsmöglichkeiten:

a) Zahlschein   d) Überweisung
b) Verrechnungsscheck   e) Dauerauftrag
c) Barscheck   f) Lastschrifteinzugsverfahren

Summen auf den Sachkonten eines Industrieunternehmens	Soll DM	Haben DM
2280 Warenbestand	166 500,00	
2400 Forderungen a. LL	2 277 000,00	1 840 000,00
2600 Vorsteuer	195 620,00	113 170,00
2800 Bank	2 562 850,00	2 096 425,00
2850 Postbank	612 650,00	504 600,00
2860 Schecks	510 600,00	509 000,00
2880 Kasse	38 500,00	34 800,00
3000 Eigenkapital		483 500,00
4400 Verbindlichkeiten a. LL	517 500,00	784 300,00
4800 Umsatzsteuer	230 660,00	291 000,00
5100 Umsatzerlöse für Waren		1 940 000,00
6060 Aufwendungen für Waren	1 040 000,00	
6061 Bezugskosten/Waren	26 200,00	
62-69 Verschiedene Aufwendungen	416 900,00	
6750 Kosten des Geldverkehrs	1 815,00	
8010 Schlussbilanzkonto		
8020 Gewinn und Verlust		
Summe	8 596 795,00	8 596 795,00

Geschäftsfälle:

	DM	DM
1. **AR, Scheck:** Verkauf von Waren gegen Barscheck netto	2 400,00	
+ 15 % Umsatzsteuer	360,00	2 760,00
2. **KB:** Einlösung des Barschecks durch die bezogene Bank (Fall 1)		2 760,00
3. **KB:** Quittierte ER: Barkauf von Büromaterial, netto. .	620,00	
+ 15 % Umsatzsteuer	93,00	713,00
4. **BA:** Überweisungen an		
a) das Finanzamt wegen fälliger Umsatzsteuer	26 430,00	
b) einen Warenlieferer zum Ausgleich einer fälligen ER	48 415,00	74 845,00
5. **BA:** Lastschrift der Bank für Kontoführungsgebühren		78,00
6. **PBA:** Gutschrift der Postbank: Ein Kunde bezahlte eine fällige AR mit Zahlschein		3 335,00
7. **ER, BA:** Lastschrift der Bank Wareneinkauf gegen Verrechnungsscheck, netto . . .	14 200,00	
+ 15 % Umsatzsteuer	2 130,00	16 330,00
8. **ER, BA:** Frachtzahlung (Fall 7) mit Bankscheck, netto	280,00	
+ 15 % Umsatzsteuer	42,00	322,00
9. **KB:** Einzahlerquittung der Volksbank: Die Vergütung für eine Aushilfskraft wurde mit Zahlschein bezahlt .		480,00
Zahlscheingebühr		15,00
10. **AR, Scheck:** Verkauf von Waren gegen Verrechnungsscheck, netto.	62 000,00	
+ 15 % Umsatzsteuer	9 300,00	71 300,00
11. **BA, Scheineinreichungsquittung:** Gutschrift der Bank für eingereichten Verrechnungsscheck (Fall 10)		71 300,00

Abschlussangaben:

Warenendbestand laut Inventur: . . . . 150 800,00 DM

Richten Sie die Konten ein, buchen Sie die Geschäftsfälle und führen Sie den Abschluss durch!

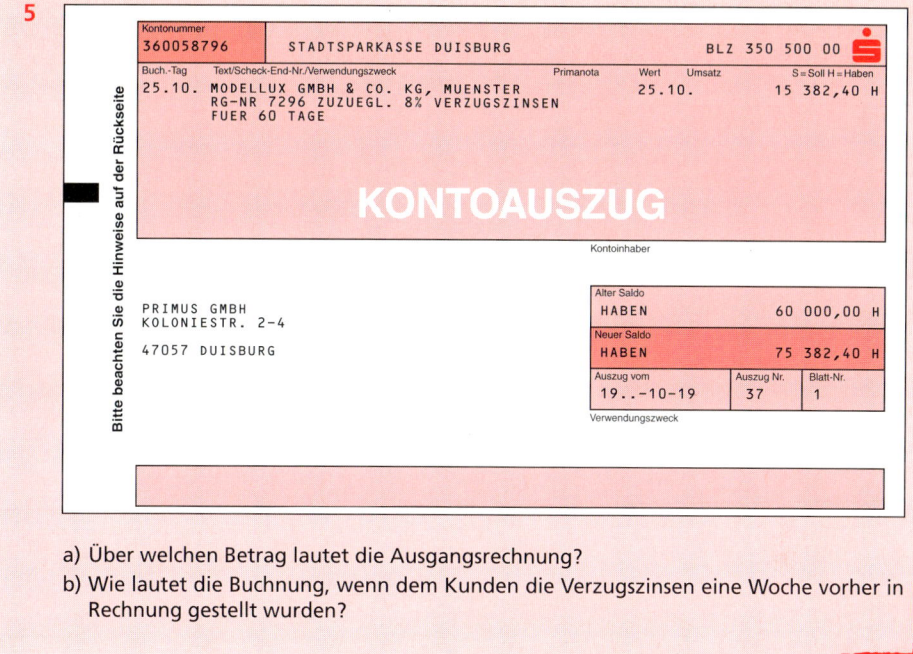

5

Kontonummer
360058796   STADTSPARKASSE DUISBURG   BLZ 350 500 00

Buch.-Tag	Text/Scheck-End-Nr./Verwendungszweck	Primanota	Wert	Umsatz	S = Soll H = Haben
25.10.	MODELLUX GMBH & CO. KG, MUENSTER		25.10.	15 382,40 H	
	RG-NR 7296 ZUZUEGL. 8% VERZUGSZINSEN				
	FUER 60 TAGE				

Bitte beachten Sie die Hinweise auf der Rückseite

KONTOAUSZUG

Kontoinhaber

PRIMUS GMBH
KOLONIESTR. 2–4

47057 DUISBURG

Alter Saldo	
HABEN	60 000,00 H

Neuer Saldo	
HABEN	75 382,40 H

Auszug vom	Auszug Nr.	Blatt-Nr.
19..–10–19	37	1

Verwendungszweck

a) Über welchen Betrag lautet die Ausgangsrechnung?
b) Wie lautet die Buchung, wenn dem Kunden die Verzugszinsen eine Woche vorher in Rechnung gestellt wurden?

3.4.2   Berechnung von Zinsen im Rahmen des Zahlungsverkehrs

3.4.2.1   Zinsrechnung mit der allgemeinen Zinsformel

Aufgrund einer unerwarteten Lieferverzögerung eines Lkw-Herstellers stehen der Primus GmbH 70 000,00 DM Barmittel drei Monate zur Verfügung. Die Geschäftsführerin Frau Primus erhält von der Stadtsparkasse Duisburg ein Angebot den Geldbetrag für 90 Tage zu 8 % als Termingeld anzulegen. Eine Konkurrenzbank bietet für den gleichen Zeitraum für den Geldbetrag einen Festzinsbetrag von 1 450,00 DM an. Frau Primus überlegt, welches Angebot sie annehmen soll.

Arbeitsauftrag

❏ Ermitteln Sie die Zinsen, die bei der Anlage des Geldbetrages bei der Stadtsparkasse Duisburg anfallen!

❏ Ermitteln Sie den Zinssatz, den die Konkurrenzbank zugrunde gelegt hat!

❏ Begründen Sie, welches Angebot Frau Primus annehmen sollte!

Zinsen stellen eine Vergütung für die zeitweilige Überlassung von Kapital dar. Zinsrechnen ist angewandtes Prozentrechnen. Während beim Prozentrechnen mit drei Größen (Prozentwert, Prozentsatz, Grundwert) gearbeitet wurde, beschäftigt sich die Zinsrechnung mit vier Größen, nämlich dem **Kapital (= Grundwert in der Prozentrechnung)**, dem **Zinssatz[1] (= Prozentsatz in der Prozentrechnung)**, den **Zinsen (= Prozentwert in der Prozentrechnung)** und der **Zeit** (fehlt in der Prozentrechnung).

Beispiel   100,00 DM Kapital bringen zu 6 % in einem Jahr angelegt 6,00 DM Zinsen.

Beim Zinsrechnen arbeitet man mit folgenden Begriffen:

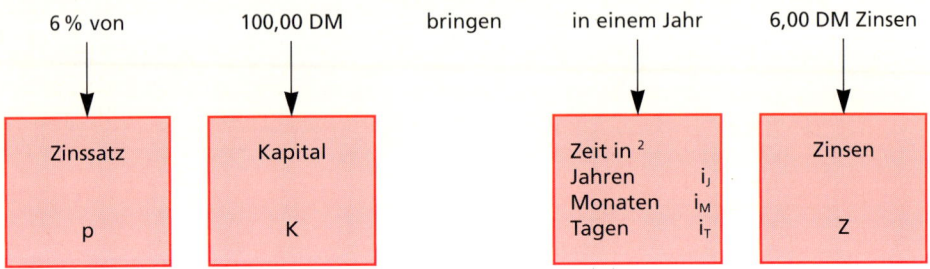

● Berechnung von Jahreszinsen

Um die Jahreszinsen berechnen zu können müssen das Kapital (K), der Zinssatz (p) und die Zeit (i_J) angegeben sein.

Beispiel   Die Primus GmbH legt bei der Bank ein Kapital über 12 000,00 DM für vier Jahre zu einem Zinssatz von 6 % an.

Berechnen Sie die Zinsen, die die Primus GmbH für die vier Jahre erhält!

Lösung   Ein Zinssatz von 6 % bedeutet, dass man in einem Jahr 6,00 DM Zinsen für 100,00 DM Kapital bekommt.

Im Fragesatz wird die Frage gestellt, wie viel DM Zinsen (x) bringen in vier Jahren 12 000,00 DM Kapital.

① Bedingungssatz: 100,00 DM in einem Jahr   6,00 DM Zinsen

② Fragesatz: 12 000,00 DM in vier Jahren x   DM Zinsen

③ Bruchsatz: $x = \dfrac{12\,000 \cdot 4 \cdot 6}{100}$

$x = \underline{2\,880,00 \text{ DM}}$

Die Zinsen betragen 2 880,00 DM.

---

[1] Der inhaltlich gleiche Begriff Zinsfuß ist heute veraltet.

[2] Vielfach wird die allgemeine Abkürzung t (lateinisch tempus = Zeit) für alle Zeitangaben verwendet.

Hieraus lässt sich folgende Formel für die Berechnung der Jahreszinsen ableiten:

$$\text{Jahreszinsen} = \frac{\text{Kapital} \cdot \text{Jahre} \cdot \text{Zinssatz}}{100} \quad \text{oder} \quad Z_J = \frac{K \cdot i_J \cdot p}{100}$$

Rechenweg Berechnen Sie die Jahreszinsen mithilfe des zusammengesetzten Dreisatzes oder mithilfe obiger Formel!

● Berechnung von Monatszinsen

Um die Monatszinsen berechnen zu können müssen das Kapital (K), der Zinssatz (p) und die Zeit in Monaten (i_M) angegeben sein.

Beispiel Ein Kapital von 6 600,00 DM wird mit 5 % verzinst.

Wieviel Zinsen bringt das Kapital in acht Monaten?

Lösung 5 % Zinsen bedeuten, dass für 100,00 DM Kapital in einem Jahr, also in zwölf Monaten, 5,00 DM Zinsen zu zahlen sind.

① Bedingungssatz: 100,00 DM bringen in zwölf Monaten 5,00 DM Zinsen
② Fragesatz: 6 600,00 DM bringen in acht Monaten x DM Zinsen
③ Bruchsatz: $x = \dfrac{6\,600 \cdot 8 \cdot 5}{100 \cdot 12}$

  $x = \underline{\underline{220,00 \text{ DM}}}$

Die Zinsen betragen 220,00 DM.

Hieraus lässt sich folgende Formel für die Berechnung der Monatszinsen ableiten:

$$\text{Monatszinsen} = \frac{\text{Kapital} \cdot \text{Monate} \cdot \text{Zinssatz}}{100 \cdot 12} \quad \text{oder} \quad Z_M = \frac{K \cdot i_M \cdot p}{100 \cdot 12}$$

Rechenweg Berechnen Sie die Monatszinsen mithilfe des zusammengesetzten Dreisatzes oder mithilfe obiger Formel!

● Berechnung von Tageszinsen

Bei der Berechnung der Tageszinsen wird in Deutschland **in der kaufmännischen Zinsrechnung** das Jahr mit 360 Tagen gerechnet und der Monat mit 30 Tagen, auch der Februar. Geht die Verzinsung jedoch nur bis zum 28. oder 29. Februar, dann rechnet man mit 28 bzw. 29 Tagen. Der 31. eines Monats wird nicht berücksichtigt, auch wenn der Zeitraum bis zum 31. eines Monats läuft. Bei der Berechnung des Zinszeitraumes wird der 1. Tag der Laufzeit nicht mitgezählt, der letzte Tag wird mitgezählt.

Im Ausland ist die Berechnung der Zinstage unterschiedlich.

Beispiele	Ermittlung der Tage	
16. April bis 20. Juni	April	14 Tage
	Mai	30 Tage
	Juni	20 Tage
		64 Tage
10. Januar bis 17. März	Januar	20 Tage
	Februar	30 Tage
	März	17 Tage
		67 Tage
15. Januar bis 29. Februar	Januar	15 Tage
	Februar	29 Tage
		44 Tage
1. Juli bis 31. Juli	Juli	29 Tage

In der kaufmännischen Zinsrechnung

1. wird der 31. eines Monats nicht berücksichtigt,
2. hat der Februar wie alle anderen Monate 30 Tage, bei Verzinsung bis zum 28. oder 29. Februar nur 28 bzw. 29 Tage,
3. wird der 1. Tag nicht gezählt,
4. wird der Tag, bis zu dem gerechnet wird, mitgezählt.

Um die Tageszinsen berechnen zu können müssen das Kapital (K), der Zinssatz (p) und die Zeit in Tagen (i_T) angegeben sein.

Beispiel Berechnen Sie die Zinsen, die ein Kapital von 5 000,00 DM bei einem Zinssatz von 6 % in 45 Tagen bringt!

Lösung 6 % Zinsen bedeuten, dass für 100,00 DM Kapital in einem Jahr, also in 360 Tagen, 6,00 DM Zinsen zu zahlen sind.

Im Fragesatz wird die Frage gestellt, wieviel DM Zinsen (x) bringen 5 000,00 DM in 45 Tagen.

① Bedingungssatz: 100,00 DM bringen in 360 Tagen 6,00 DM Zinsen

② Fragesatz: 5 000,00 DM bringen in 45 Tagen x   DM Zinsen

③ Bruchsatz: $x = \dfrac{5\,000 \cdot 45 \cdot 6}{100 \cdot 360}$

$x = \underline{37,50\ DM}$

Die Zinsen betragen 37,50 DM.

Hieraus lässt sich folgende kaufmännische Formel für die Berechnung der Tageszinsen ableiten:

$$\text{Tageszinsen} = \frac{\text{Kapital} \cdot \text{Tage} \cdot \text{Zinssatz}}{100 \cdot 360} \quad \text{oder} \quad \frac{K \cdot i_T \cdot p}{100 \cdot 360}$$

Rechenweg Berechnen Sie die Tageszinsen mithilfe des zusammengesetzten Dreisatzes oder mithilfe obiger Formel!

	A	B	C	D	E	F	G
1	**Zinsrechnen**						
2	Beim Zinsrechnen wird mit vier Größen gerechnet: Kapital, Zinssatz, Zinsdauer (Tage, Monate,						
3	Jahre), Zinsen. Sind drei Größen bekannt, so kann die vierte berechnet werden.						
4	Berechnung der Jahreszinsen				Kapital	Zinssatz	Zinsdauer
5	Kapital	12 000,00	DM		12 000,00	5,6	7
6	Zinssatz	5,6	%	Zinsen =			
7	Zinsdauer	7	Jahre			100	
8	**Zinsen**	**4 704,00**	DM ◄				
9	**Neues Kapital**	**16 704,00**	DM ◄				
10	Eingaben in B6, B7, B8						
11	Ausgabe in B9 durch die Formel B6*B7*B8/100						
12	Ausgabe in B10 durch die Formel B6+B9						
13	Berechnung der Monatszinsen				Kapital	Zinssatz	Zinsdauer
14	Kapital	4 578,35	DM		4 578,35	4,85	7
15	Zinssatz	4,85	%	Zinsen =			
16	Zinsdauer	7	Monate		100	*	12
17	**Zinsen**	**129,53**	DM				
18	**Neues Kapital**	**4 707,88**	DM				
19	Eingaben in B14, B15, B16						
20	Ausgabe in B17 durch die Formel B14*B15*B16/(100*12)						
21	Ausgabe in B18 durch die Formel B14+B17						
22	Berechnung von Tageszinsen				Kapital	Zinssatz	Zinsdauer
23	Kapital	936	DM		936,00	7,4	62
24	Zinssatz	7,4	%	Zinsen =			
25	Zinsdauer	62	Tage		100	*	360
26	**Zinsen**	**11,93**	DM ◄				
27	**Neues Kapital**	**947,93**	DM ◄				
28	Eingaben in B23, B24, B25						
29	Ausgabe in B26 durch die Formel B23*B24*B25/(100*360)						
30	Ausgabe in B27 durch die Formel B23+B26						

● **Berechnung des Zinssatzes**

Um den Zinssatz berechnen zu können müssen die Zinsen, das Kapital und die Zeit gegeben sein.

Beispiel Die Primus GmbH hat bei der Stadtsparkasse Duisburg 14 300,00 DM für 90 Tage angelegt. Die Primus GmbH bekommt nach 90 Tagen 178,75 DM Zinsen gutgeschrieben.
Zu welchem Zinssatz wurde das Kapital angelegt?

Lösung Es ist angegeben, dass die Primus GmbH in 90 Tagen für 14 300,00 DM Kapital 178,75 DM Zinsen erhält.

Es wird die Frage gestellt, wie viel Zinsen man in 360 Tagen für ein Kapital von 100,00 DM erhält.

① Bedingungssatz: In 90 Tagen erhält man für 14 300,00 DM Kapital 178,75 DM Zinsen

② Fragesatz: In 360 Tagen erhält man für 100,00 DM Kapital x DM Zinsen

③ Bruchsatz: $x = \dfrac{178,75 \cdot 100 \cdot 360}{90 \cdot 14\,300}$

$x = \underline{\underline{5,00 \text{ DM}}}$

Der Zinssatz beträgt somit 5 %.

Hieraus lässt sich folgende Formel für die Berechnung des Zinssatzes ableiten:

$$\text{Zinssatz} = \frac{\text{Zinsen} \cdot 100 \cdot 360}{\text{Zeit} \cdot \text{Kapital}} \quad \text{oder} \quad p = \frac{Z \cdot 100 \cdot 360}{i_T \cdot K}$$

Rechenweg Berechnen Sie den Zinssatz mithilfe des zusammengesetzten Dreisatzes oder mithilfe obiger Formel.

Zinsrechnung mit der allgemeinen Zinsformel

Zinsrechnung: Anwendung der Prozentrechnung unter Berücksichtigung der Zeit

Größen der Zinsrechnung

Zinsen (Z)	Kapital (K)	Zinssatz (p)	Zeit (i)[1]
= Prozentwert ergeben sich durch Bezug des Zinssatzes auf das Kapital unter Berücksichtigung der Zeit	= Grundwert Ist immer 100 %	= Prozentsatz Gibt die Anzahl der Anteile von 100 auf ein Jahr bezogen an	Sie kann als Anzahl von Jahren, Monaten oder Tagen angegeben sein.
$Z = \dfrac{K \cdot i \cdot p}{100 \cdot 360}$	$K = \dfrac{Z \cdot 100 \cdot 360}{p \cdot i}$	$p = \dfrac{Z \cdot 100 \cdot 360}{K \cdot i}$	$i = \dfrac{Z \cdot 100 \cdot 360}{K \cdot p}$

1 Berechnen Sie die Jahreszinsen für ein Darlehen über 12 000,00 DM zu folgenden Zinssätzen: a) 3 %; b) 4,5 %; c) 5 %; d) 6 %; e) $8^1/_3$ %; f) 9,5 %!

2 Ermitteln Sie die Rückzahlungen einschließlich Zinsen, die Großhandelsbetriebe zu leisten haben, wenn folgende Beträge ausgeliehen wurden:
a)   780,00 DM für zwei Jahre zum Zinssatz von 5 %
b) 2 780,00 DM für vier Jahre zum Zinssatz von 7,25 %
c) 8 800,00 DM für fünf Jahre zum Zinssatz von 5,5 %
d) 22 000,00 DM für acht Jahre zum Zinssatz von $6^2/_3$ %

3 Es sind die Zinsen zu berechnen:

	Kapital in DM	Zinssatz in %	Jahre
a)	3 260,00	5,5	2
b)	9 150,00	7	5
c)	12 120,00	6,5	4
d)	22 300,00	$8^2/_3$	6
e)	51 250,00	6	8

4 Berechnen Sie die Zinsen für folgende Darlehen:

	Darlehen in DM	Zinssatz in %	Zeit in Monaten
a)	876,00	5,5	4
b)	1 250,00	6	6
c)	4 750,00	8	9
d)	10 489,00	7,5	11
e)	22 120,00	$8^2/_3$	7

[1] Statt i kann auch die Abkürzung t verwendet werden.

5 Ein Großhändler erhält von seiner Bank einen Überbrückungskredit von 34 000,00 DM für die Dauer von sieben Monaten; die Bank berechnet 12 % Zinsen. Welcher Betrag muss zurückgezahlt werden?

6 Ein Großhändler nimmt bei seiner Bank ein Darlehen von 12 000,00 DM für acht Monate zu 6,5 % Zinsen auf. Aus unvorhergesehenen Gründen kann der Großhändler das Darlehen am vereinbarten Termin nicht zurückzahlen. Die Bank gewährt ihm über den Gesamtbetrag (Darlehen und Zinsen) über vier weitere Monate einen Zahlungsaufschub und verlagt für diesen Zeitraum für den Gesamtbetrag 8 % Zinsen. Welchen Betrag muss der Großhändler nach Ablauf des Zahlungsaufschubes zahlen?

7 Ermitteln Sie die Zinstage:
a) 1. Febr.–31. Juli; b) 5. Juni–1. Dez.; c) 31. Juli–6. Nov.; d) 15. Nov.–3. März d. n. J.; e) 1. Nov.–29. April d. n. J.; f) 29. Febr.–31. Aug., g) 28. Febr.–1. April; h) 10. Dez.–31. März d. n. J.; i) 17. Juni–3. Sept.!

8 Berechnen Sie die Zinsen für folgende Darlehen:

	Darlehen in DM	Zinssatz in %	Zeit
a)	880,00	6	01.08.–15.12.
b)	2 450,00	8	31.01.–10.05.
c)	4 620,00	5	01.01.–01.03.
d)	5 980,00	7,5	04.06.–10.12.
e)	10 700,00	7	01.03.–31.08.

9 Ermitteln Sie die Rückzahlungen einschließlich der Zinsen für folgende Darlehen:

	Darlehen in DM	Zinssatz in %	Zeit
a)	12 600,00	4,5	03.01.–31.08.
b)	60 900,00	6,25	10.06.–15.03. d. n. J.
c)	4 210,00	8	17.05.–31.10.
d)	9 190,00	7	10.04.–22.11.
e)	2 665,00	5	15.02.–30.07.

10 Eine Bank gewährt einem Großhändler einen Kredit über 16 500,00 DM zu einem Jahreszinssatz von 8 % für die Zeit vom 20. April–20. November. Ermitteln Sie die Zinsen!

11 Ein Kaufmann erhält am 12. Februar von seiner Bank einen Kredit über 35 000,00 DM zu einem Zinssatz von 7,5 %. Wie viel DM Zinsen hat der Kaufmann am 28. April an die Bank zu zahlen?

12 Einem Kunden wird ein Kredit von 4 800,00 DM für die Zeit vom 20. Mai bis zum 2. November eingeräumt. Der Zinssatz beträgt 8,5 %. a) Ermitteln Sie die Zinstage! b) Wie viel DM betragen die Zinsen?

13 Berechnen Sie den Zinssatz aufgrund nachfolgender Angaben:

	Kapital in DM	Zeit	Zinsen in DM
a)	75 000,00	23. April – 29. Juli	700,00
b)	14 000,00	1. Februar – 1. April	93,33
c)	2 800,00	20. Juni – 30. September	62,22
d)	1 750,00	sechs Monate	70,00
e)	960,00	3. April – 27. Mai	5,40
f)	11 570,00	15. Juni – 5. September	231,40
g)	6 900,00	27. September – 11. Oktober	53,66

14 Bei welchem Zinssatz hat ein Kapital von 56 000,00 DM in der Zeit vom 10. September bis zum 28. Dezember 604,80 DM Zinsen erbracht?

15 Der Großhändler Klein hat bei seiner Bank ein Hypothekendarlehen über 96 600,00 DM aufgenommen. An Zinsen muss er halbjährlich 3 220,00 DM zahlen.
Zu welchem Zinssatz hat er das Hypothekendarlehen aufgenommen?

16 Ein Großhändler legt bei seiner Bank einen Geldbetrag über 66 000,00 DM als Termingeld für sechs Monate fest an. Die Bank überweist ihm nach Ablauf der sechs Monate 68 887,50 DM inklusive Zinsen.
Zu welchem Zinssatz wurde das Termingeld verzinst?

17 Ein Großhändler kauft ein Haus für 480 000,00 DM. Die jährlichen Kosten für Steuern, Abschreibungen, Reparaturen usw. betragen 13 600,00 DM. Monatlich nimmt er 2 160,00 DM Miete ein, seine eigene Miete setzt er mit 1 440,00 DM an.
Wie hoch verzinst sich sein angelegtes Kapital?

18 Ein Kaufmann hat seine Ehefrau, seinen Sohn und seine Tochter als stille Gesellschafter an seiner Unternehmung beteiligt. Im Einzelnen haben eingelegt:
die Ehefrau   100 000,00 DM
der Sohn   60 000,00 DM
die Tochter   40 000,00 DM
Alle Einlagen werden zum gleichen Zinssatz verzinst. Der Sohn erhält für seine Einlage 3 600,00 DM Zinsen. Insgesamt erhalten die stillen Gesellschafter 15 % des Jahresgewinns.
a) Zu wie viel Prozent werden die Einlagen verzinst?
b) Wie viel DM Zinsen werden insgesamt an die stillen Gesellschafter ausgezahlt?
c) Wie viel DM Gewinn erzielte das Unternehmen insgesamt?

3.4.2.2   Zinsrechnung mit Zinszahl und Zinsteiler

Die Primus GmbH hat gegen den Kunden Computerfachhandel Martina van den Bosch mehrere offen stehende Forderungen:

Kundendatei

Name: Computerfachhandel Martina van den Bosch   Kundennummer: 8564
Straße: Vinckenhofstraat 45
Ort: NL 5900 AA Venlo

Buchungsdatum	Fälligkeit	Text	Soll	Haben
24.01.	03.02.	AR 7869	34 500,00	
02.03.	10.03.	AR 8146	11 500,00	
10.04.	18.04.	AR 8654	23 000,00	

Aufgrund von momentanen Zahlungsschwierigkeiten bittet der Computerfachhandel Martina van den Bosch um einen Zahlungsaufschub bis zum 30. Juni. Frau van den Bosch möchte die Gesamtschuld zuzüglich 7,5 % Verzugszinsen zu diesem Termin in einer Summe begleichen!

Arbeitsauftrag
❑ Ermitteln Sie die Zinsen für die einzelnen Rechnungsbeträge, die bis zum 30. Juni anfallen!
❑ Überlegen Sie, wie man die Berechnung der Zinsen vereinfachen könnte!
❑ Ermitteln Sie die Zinsen mithilfe der summarischen Zinsrechnung!

Wenn mehrere Beträge zum gleichen Zinssatz verzinst werden, bringt es Vorteile, wenn man die „kaufmännische Zinsformel" in zwei Teile, nämlich **Zinszahl** und **Zinsteiler**, zerlegt.

Bei der Verwendung der kaufmännischen Zinsformel muss jeder einzelne Betrag mit dem gleichen Zinssatz multipliziert und auch durch 360 und 100 dividiert werden. Die kaufmännische Zinsformel lässt sich jedoch durch Zerlegen für solche Fälle umgestalten.

● Zerlegung der „kaufmännischen Zinsformel"

Die Zinsen können auch mit Zinszahl (#) und Zinsteiler errechnet werden.

Beispiel Wie viel Zinsen erhält die Primus GmbH in 60 Tagen bei einem Zinssatz von 5 % für ein Kapital in Höhe von 9 000,00 DM?

Lösung

Allgemeine Lösung	Beispiel
① $\text{Zinsen} = \dfrac{\text{Kapital} \cdot \text{Tage}}{100} \cdot \dfrac{\text{Zinssatz}}{360}$	$Z = \dfrac{9\,000 \cdot 60}{100} \cdot \dfrac{5}{360}$
② $\text{Zinsen} = \dfrac{\text{Kapital} \cdot \text{Tage}}{100} : \dfrac{360}{\text{Zinssatz}}$	$Z = \dfrac{9\,000 \cdot 60}{100} : \dfrac{360}{5}$
③ $\text{Zinsen} = 1\,\% \text{ vom Kapital} \cdot \text{Tage} : \dfrac{360}{\text{Zinssatz}}$ $\text{Zinsen} = \quad \text{Zinszahl (\#)} \qquad : \text{Zinsteiler}$	$Z = 90 \cdot 60 : 72$ $Z = 5\,400 : 72$
④ $\boxed{\text{Zinsen} = \dfrac{\text{Zinszahl (\#)}}{\text{Zinsteiler}}}$	$Z = \dfrac{5\,400}{72} = \underline{\underline{75{,}00 \text{ DM}}}$

Die Zerlegung der kaufmännischen Zinsformel in Zinszahl und Zinsteiler ist vorteilhaft bei der Berechnung von Zinsen von mehreren Kapitalien zum gleichen Zinssatz (vgl. S. 243*).*

Rechenweg

① Zerlegen Sie die allgemeine Zinsformel in zwei Brüche:

$$\frac{\text{Kapital} \cdot \text{Tage}}{100} \cdot \frac{\text{Zinssatz}}{360}$$

② Da zwei Brüche miteinander multipliziert werden, kann man auch den ersten Bruch durch den Kehrwert des zweiten Bruches dividieren:

$$\frac{\text{Kapital} \cdot \text{Tage}}{100} : \frac{360}{\text{Zinssatz}}$$

③ Kapital dividiert durch 100 entspricht 1 % vom Kapital, das mit den Tagen multipliziert wird. Das Produkt aus 1 % vom Kapital · Tage wird **Zinszahl (#)** genannt.

Der Quotient aus 360 : Zinssatz wird **Zinsteiler** oder **Zinsdivisor** genannt.

④ Hieraus lässt sich folgende Formel für die Berechnung der Zinsen mit der vereinfachten „kaufmännischen Formel" ableiten:

$$\text{Zinsen} = \frac{\text{Zinszahl (\#)}}{\text{Zinsteiler}}$$

Diese Formel wendet man insbesondere an, wenn die Zinssätze bequeme Teiler sind.

● Besonderheiten der Zinsrechnung mit Zinszahl und Zinsteiler

Viele Zinssätze sind in 360 glatt enthalten und ergeben bequeme Zinsteiler:

Zinssatz in %	Zinsteiler	Zinssatz in %	Zinsteiler
$^3/_8$	960	$4^2/_7$	84
$^1/_2$	720	$4^1/_2$	80
1	360	$4^4/_5$	75
$1^1/_4$	288	5	72
$1^1/_3$	270	6	60
$1^1/_2$	240	$6^2/_3$	54
2	180	$7^1/_5$	50
$2^1/_4$	160	$7^1/_2$	48
$2^2/_5$	150	8	45
$2^1/_2$	144	9	40
$2^2/_3$	135	10	36
3	120	12	30
$3^1/_3$	108	15	24
$3^3/_5$	100	18	20
$3^3/_4$	96	20	18
4	90	24	15

Folgende **Besonderheiten** sind aber bei der Berechnung von Zinsen mit der vereinfachten „kaufmännischen Zinsformel" zu berücksichtigen:

1. Bei der Berechnung der Zinszahlen (#) sind die Pfennige beim Kapital nicht zu berücksichtigen.

   Beispiel   Kapital 2 681,40 DM, 30 Tage

   Lösung   Zinszahl = 26,81 · 30 = 804 #

2. Errechnete Zinszahlen sind immer auf ganze Zahlen auf- oder abzurunden (bis 0,49 abrunden, ab 0,50 aufrunden).

3. Ist der Zinssatz kein bequemer Teiler von 360, z. B. 3,5 %, 5,5 %, 7 %, 8,5 % usw., dann gibt es zwei Möglichkeiten:

   a) Berechnung mit der Formel

   $$\text{Zinsen} = \frac{\text{Zinszahl} \cdot \text{Zinssatz}}{360}$$

   b) Man zerlegt den Zinssatz so, dass mehrere bequeme Teiler entstehen.

   Beispiel   Wie viel Zinsen bringen 2 000,00 DM Kapital bei 6,5 % Zinsen in 60 Tagen?

   Lösung a)   Man rechnet mit der Formel

   $$\text{Zinsen} = \frac{1\,200 \cdot 6,5}{360} \qquad \text{Zinsen} = \underline{\underline{21,67 \text{ DM}}}$$

   Lösung b)   6,5 % werden in zwei bequeme Zinssätze zerlegt (bequem heißt, 360 muss durch diesen Zinssatz dividiert eine ganze Zahl ergeben).

① Zinssatz 6 %	Zinsteiler 360 : 6 = 60	Zinsen 1 200 : 60 = 20,00 DM
Zinssatz 0,5 %	Zinsteiler 360 : 0,5 = 720	Zinsen 1 200 : 720 = 1,67 DM
6,5 %	②	Zinsen insgesamt 21,67 DM ③

Rechenweg

① Zerlegen Sie den Zinssatz in zwei oder mehrere Zinssätze, sodass sie glatt in 360 enthalten sind!

② Ermitteln Sie für jeden einzelnen zerlegten Zinssatz den Zinsteiler!

③ Dividieren Sie die Zinszahlen (#) durch jeden Zinsteiler und addieren Sie diese Ergebnisse!

● Summarische Zinsrechnung

Häufig werden mehrere Kapitalbeträge mit verschiedener Laufzeit zum gleichen Zinssatz verzinst. Mit der summarischen Zinsrechnung werden die Zinsen in einer Rechnung, d. h. summarisch ermittelt. Dabei erweist sich die Anwendung der in Zinszahl und Zinsteiler zerlegten kaufmännischen Zinsformel als vorteilhaft.

Beispiel   Die Primus GmbH zahlt folgende Beträge auf ein Termingeldkonto bei der Stadtsparkasse Duisburg ein:

2 625,00 DM am 03.03.
1 440,00 DM am 25.03.
3 210,00 DM am 20.04.

Berechnen Sie das gesamte Guthaben am 30.06. einschließlich 6 % Zinsen!

Lösung

① Betrag in DM	Wert/Verfall 30.06.	② Tage	③ Zinszahlen (#)	⑤ Zinsteiler
2 625,00 1 440,00 3 210,00	03.03. 25.03. 20.04.	117 95 70	3 071 ① 1 368 2 247	$\dfrac{360}{p} = \dfrac{360}{6}$ $= \underline{60}$ ②
7 275,00 + 111,43 6 % Zinsen		④ 6 686 : 60 = 111,43 DM ⑥		
+ 7 386,43 ⑦ Guthaben am 30.06.				

Rechenweg

① Stellen Sie die Tabelle auf und tragen Sie die Beträge und die Wertstellung bzw. die Verfalldaten ein!

② Ermitteln Sie die Tage!

③ Ermitteln Sie die Zinszahlen (#):
   1 % des Kapitals · Tage

④ Ermitteln Sie die Summe der Zinszahlen (#)!

⑤ Ermitteln Sie den Zinsteiler: $\dfrac{360}{p}$

⑥ Ermitteln Sie Zinsen: $\dfrac{\text{Summe der Zinszahlen}}{\text{Zinsteiler}}$

Ermitteln Sie die Summe aus Kapital und Zinsen!

Zinsrechnen mit Zinszahl und Zinsteiler

Vereinfachte kaufmännische Zinsformel	Summarisches Zinsrechnen
$\text{Zinsen} = \dfrac{1\,\% \text{ vom Kapital} \cdot \text{Tage}}{\dfrac{360}{p}} = \dfrac{\text{Zinszahl (\#)}}{\text{Zinsteiler}}$	$\text{Zinsen} = \dfrac{\text{Summe der Zinszahlen mehrerer Beträge zum gleichen Zinssatz}}{\text{Zinsteiler}}$

1 Errechnen Sie die Zinszahlen!

	Kapital in DM	Zeit		Kapital in DM	Zeit
a)	2 480,00	13.09.–31.12.	e)	4 657,80	01.01.–29.02.
b)	820,00	31.07.–01.09.	f)	196,56	28.02.–25.05.
c)	12 134,60	01.01.–31.12.	g)	9 333,99	05.11.–13.10. d.n.J.
d)	68 345,67	01.10.–20.12.	h)	7 400,80	01.07.–30.09.

2 Ermitteln Sie die Zinsteiler aufgrund folgender Zinssätze!

a) $\frac{1}{2}$ % c) $1\frac{1}{2}$ % e) 2,5 % g) 4 % i) 5 % k) 7,5 % m) 9 % o) 12 %
b) 1 % d) 2 % f) 3 % h) 4,5 % j) 6 % l) 8 % n) 10 % p) 15 %

3 Ermitteln Sie die Zinsen mithilfe der vereinfachten kaufmännischen Zinsformel!

	Kapital in DM	Zeit	Zinssatz in %
a)	4 567,00	10.03.–20.08.	4
b)	12 122,80	17.09.–20.12.	5
c)	21 200,00	01.06.–30.09.	7,5
d)	6 778,55	28.02.–30.06.	6
e)	888,49	30.07.–01.11.	8
f)	7 122,98	03.04.–31.12.	7

4 Ermitteln Sie die Zinsen aus 39 000 Zinszahlen bei einem Zinssatz von 12,5 %!

5 Aus 72 000 Zinszahlen werden 1 800,00 DM Zinsen ermittelt.
Welcher Zinssatz liegt dieser Rechnung zugrunde?

6 Ein Einzelhändler schuldet einem Großhändler folgende Beträge:
4 156,98 DM, fällig am 28. Februar   4 120,46 DM, fällig am 17. April
1 988,00 DM, fällig am 13. März   2 198,00 DM, fällig am 2. Mai
Der Einzelhändler möchte den Gesamtbetrag einschließlich 8 % Verzugszinsen am 30. Juni bezahlen.
a) Ermitteln Sie die Verzugszinsen!
b) Ermitteln Sie den Gesamtbetrag, den der Einzelhändler einschließlich 8 % Verzugszinsen zahlen muss.

7 Ein Auszubildender nimmt am 14. Mai bei seiner Bank ein Darlehen über 5 000,00 DM auf und zahlt es in Teilbeträgen zurück:
1 000,00 DM am 20. Juli   1 000,00 DM am 30. Oktober
1 000,00 DM am 21. September   1 000,00 DM am 19. November
Den Restbetrag zahlt der Auszubildende am 31. Dezember zurück. Die Bank berechnet 7 % Zinsen.
a) Berechnen Sie die Zinsen, die der Auszubildende bis zum 31. Dezember zahlen muss!
b) Wie viel DM muss der Auszubildende noch am 31. Dezember einschließlich Zinsen zahlen?

8 Ein Warenhaus schuldet einem Lieferer für gelieferte Waren folgende Beträge:
2 990,00 DM, fällig am 26. Mai   3 290,00 DM, fällig am 17. August
4 280,00 DM, fällig am 30. Juni   5 110,90 DM, fällig am 20. Oktober
Die offenen Rechnungen sollen am 30. November in einer Summe beglichen werden.
Welchen Betrag hat das Warenhaus einschließlich 5 % Zinsen am 30. November an den Lieferer zu überweisen?

9 Ein Großhandelsbetrieb lieferte einem Einzelhandelsbetrieb Ware für
3 280,00 DM am 4. März, Ziel zwei Monate
5 180,00 DM am 5. Mai, Ziel 50 Tage
3 390,00 DM am 17. Juni, zahlbar sofort ohne Abzug
a) Wann werden die einzelnen Beträge fällig?
b) Welchen Betrag muss der Einzelhändler am 30. Oktober insgesamt einschließlich 4,5 % Verzugszinsen an den Großhändler zahlen?

10 Ein Großhändler begleicht am 31. Dezember zwei Rechnungen:
3 500,00 DM, fällig am 14. Oktober   8 000,00 DM, fällig am 7. Dezember
Der Lieferer berechnet 4 % Verzugszinsen.
a) Wie lautet die Summe der Zinszahlen`   b) Wie lautet der Zinsteiler?
c) Wie viel DM Verzugszinsen sind zu zahlen?

11 Berechnen Sie die Gesamtschuld einschließlich 7,5 % Verzugszinsen am 31. Juli für folgende Rechnungsbeträge:
2 400,20 DM, fällig am 16. Mai   6 380,00 DM, fällig am 1. Juli
970,00 DM, fällig am 19. Juli
a) Für wie viel Tage müssen für den 2. Betrag Verzugszinsen berechnet werden?
b) Welche Zinszahlen werden ermittelt (Summe der Zinszahlen)?
c) Wie viel DM Verzugszinsen sind zu zahlen?
d) Wie viel DM beträgt die Gesamtschuld zum 31. Juli einschließlich Verzugszinsen?

3.4.3 Vorzeitige Zahlung mit Skontoabzug

23. August 19..: Frau Lapp nimmt die Rechnung der Bürodesign GmbH vom 14. August19.. aus der Terminmappe:

PRIMUS
GmbH

BÜRODESIGN GMBH

Herstellung von Büromöbeln

Bürodesign GmbH, Stolberger Straße 188, 50933 Köln

Primus GmbH
Koloniestraße 2–4

47057 Duisburg

Anschrift: Stolberger Straße 188
50933 Köln

Telefon: (02 21) 6 68 - 35 50
Telefax: (02 21) 6 68 - 357
Postbank: Köln (BLZ 370 100 50) 0324 0 66 - 506
Banken: Stadtsparkasse Köln
(BLZ 370 501 98) 85 313 948
Deutsche Bank Köln
(BLZ 370 700 60) 25 203 488

Rechnung

Ihr Auftrag vom   19.. - 08 - 08

Kunden-Nr.	Rechnungs-Nr.	Rechnungstag
20344	1238	19.. - 08 - 14
Bei Zahlung bitte angeben		

Pos.	Artikel-Nr.	Artikelbezeichnung	Menge	Einzelpreis DM	Gesamtpreis DM
1	100 301	Schreibtisch „Classic"	100	272,27	27 227,00
2	100 303	Regalelement „Classic"	80	117,73	9 418,40
3	100 310	Bandscheiben-Drehstuhl „Super-Star"	35	181,36	6 347,60

Warenwert netto	Verpackung	Fracht	Entgelt netto	USt-%	USt-DM	Gesamtbetrag
42 993,00			42 993,00	15	6 448,95	49 441,95

Zahlbar innerhalb von 14 Tagen mit 2 % Skonto oder innerhalb von 50 Tagen netto Kasse.

Sie überlegt, ob die Rechnung heute beglichen werden soll. Auch Nicole Höver wird in dieses Problem einbezogen. Nach kurzer Überlegung meint diese: „Wir haben doch bis zum 14. September 19.. Zeit."

Arbeitsauftrag

❏ Überprüfen Sie, ob Nicole mit ihrer Aussage Recht hat!

❏ Bilden Sie den Buchungssatz, wenn die Primus GmbH den Rechnungsbetrag unter Abzug von Skonto begleicht.

● Liefererskonti

▶ **Vorzeitige Zahlung mit Skontoabzug:**

Beispiel **Buchung aufgrund der Eingangsrechnung:**
Die Eingangsrechnung wird nach Überprüfung durch Frau Lapp in der Buchhaltung erfasst.

6000	Aufwendungen für Waren	42 993,00			
2600	Vorsteuer	6 448,95	an	4400 Verbindlichkeiten a. LL	49 441,95

Der Lieferer kann sofortige Zahlung verlangen, falls über den Zahlungszeitpunkt keine vertragliche Vereinbarung vorliegt. Wird für die Zahlung ein **bestimmtes Ziel** – z. B. zahlbar innerhalb 50 Tagen ab Rechnungsdatum – vereinbart, dann **gewährt** der **Lieferer einen Kredit**, den er sich **verzinsen** lässt und in seiner Kalkulation berücksichtigt hat.

Will der Lieferer **vorzeitige Zahlung** erreichen, gewährt er bei **Verzicht auf den Kredit** einen **Nachlass auf den Rechnungsbetrag**, der als **Skonto** bezeichnet wird – z. B. 2 % Skonto bei Zahlung innerhalb von 14 Tagen.

Um wirtschaftlich begründet zwischen den Möglichkeiten der **Skontoausnutzung** und der **Kreditinanspruchnahme** entscheiden zu können wird der **Skontosatz** unter Verwendung der **Zinsformel** in einen **Zinssatz** umgerechnet (vgl. S. 237 f.).

▶ **Effektiver Zinssatz des Lieferkredits:** Bei der Berechnung des effektiven Zinssatzes für den Liefererkredit sind die **Überschlagsmethode** und **genaue Berechnung mithilfe der Zinssatzformel** zu unterscheiden.

Beispiel

Kapital einschließlich **Zinsen** für den Liefererkredit	**Rechnungsbetrag,** zahlbar bis 04.10. 49 441,95
Zinsen	2 % Skonto 988,84
Zeit (Kreditzeitraum)	Kreditzeitraum von 36 Tagen
Kapital ausschließlich Zinsen	Überweisungsbetrag bis 28.08. 48 453,11

	Termin bei		Termin bei Ziel-
Rechnungsdatum	Skontofrist	Skontoabzug	inanspruchnahme
14.08. ◀— 14 Tage —▶		28.08. ◀— 36 Tage —▶	04.10.
	48 453,11 DM		49 441,95 DM

▶ **Überschlagsmethode**

Beispiel Nimmt die Primus GmbH den Liefererkredit in Anspruch, verzichtet sie bei Zahlung am 4. Oktober statt am 28. August auf den Skontobetrag von 988,84 DM. Sie zahlt also für den Liefererkredit von 36 Tagen 988,84 DM Zinsen in der Form des Skontoverzichts. Der Liefererkredit kostet also für 36 Tage 2 %. Da sich ein Zinssatz auf 360 Tage bezieht, sind die 2 % für 36 Tage in den Zinssatz für 360 Tage umzurechnen:

© Verlag Gehlen

$$36 \text{ Tage entsprechen } 2\,\% \text{ Zinsen}$$
$$360 \text{ Tage entsprechen } x\,\% \text{ Zinsen}$$

$$x = \frac{2 \cdot 360}{36} \qquad x = 20\,\%$$

$$\boxed{\textbf{Zinssatz des Liefererkredits} = \frac{\text{Skontosatz} \cdot 360}{\text{Kreditdauer}}}$$

Bei der Überschlagsmethode wird das Kapital nicht in die Rechnung einbezogen. Es bleibt unbeachtet, dass im Rechnungsbetrag von 49 441,95 DM schon die Zinsen für 36 Tage enthalten sind, der eingeräumte Kredit somit dem Überweisungsbetrag entspricht.

▶ Berechnung nach der Zinssatzformel:

Fortsetzung des Beispiels

K = 48 453,11 DM = Überweisungsbetrag (Rechnungsbetrag – 2 % Skonto)

Z = 988,84 DM = Skontobetrag

t = 36 Tage = Kreditdauer: Ziel – Skontofrist

p = x

$$p = \frac{\text{Zinsen} \cdot 100 \cdot 360}{\text{Kapital} \cdot \text{Tage}}$$

$$\textbf{Zinssatz (p)} = \frac{\text{Skontobetrag} \cdot 100 \cdot 360}{\text{verminderter Betrag} \cdot \text{Kreditdauer}} \qquad \frac{988{,}84 \cdot 100 \cdot 360}{48\,453{,}11 \cdot 36} = 20{,}41\,\%$$

Diese Berechnung kann auch mit **relativen Werten** aufgrund der Zahlungsbedingung erfolgen:

K = 98,00 DM = verminderter Grundwert (100,00 DM Grundwert – 2,00 DM Skonto)

Z = 2,00 DM = 2 % Skontobetrag von 100,00 DM

t = 36 Tage = Kreditdauer: 50 Tage Ziel – 14 Tage Skontofrist

$$p = \frac{2 \cdot 100 \cdot 360}{98 \cdot 36} = 20{,}41\,\%$$

Der Liefererkredit kostet also 20,41 % Zinsen pro Jahr. Der Vergleich dieses Zinssatzes mit dem Zinssatz von 12 % für einen kurzfristigen Bankkredit zeigt, dass es wirtschaftlich sinnvoller ist auf den angebotenen Liefererkredit zu verzichten. Dies bringt selbst dann noch einen Finanzierungserfolg, wenn zur vorzeitigen Zahlung der Rechnung mit Skontoabzug ein kurzfristiger Bankkredit aufgenommen werden müsste.

Zinsen für einen Bankkredit	Finanzierungserfolg
Überweisungs- oder Kreditbetrag (Kapital) 48 453,11 DM Kreditdauer 36 Tage Zinssatz p. a. für einen Bankkredit 12 %	Skontobetrag bei Verzicht auf Liefererkredit – Zinsen für beanspruchten Bankkredit = Finanzierungserfolg (Gewinn oder Verlust)
$\dfrac{48\,453{,}11 \cdot 12 \cdot 36}{100 \cdot 360} = 581{,}44 \text{ DM Zinsen}$	988,84 DM Skontoertrag – 581,44 DM Zinsen für Bankkredit = 407,70 DM Finanzierungsgewinn

▶ **Buchung beim Ausgleich von Liefererrechnungen mit Skontoabzug:**

Der Skontoabzug war bei vorzeitiger Zahlung vereinbart. Daher wird mit der Überweisung des Überweisungsbetrages die **gesamte Schuld** auf dem Konto „44 Verbindlichkeiten a. LL" (Rechnungsbetrag, brutto) **getilgt.**

Die **Anschaffungskosten der Waren** werden durch den **Skontoabzug** gemindert.

> **§ 255 HGB Abs. I:** Anschaffungskosten sind die Aufwendungen, die geleistet werden, um einen Vermögensgegenstand zu erwerben [...]. Anschaffungspreisminderungen sind abzusetzen.

Die nachträglichen Minderungen der Anschaffungskosten eingekaufter Waren **beim Skontoabzug auf Eingangsrechnungen** werden auf dem Unterkonto „6063 Liefererskonti" gebucht.

Beispiel

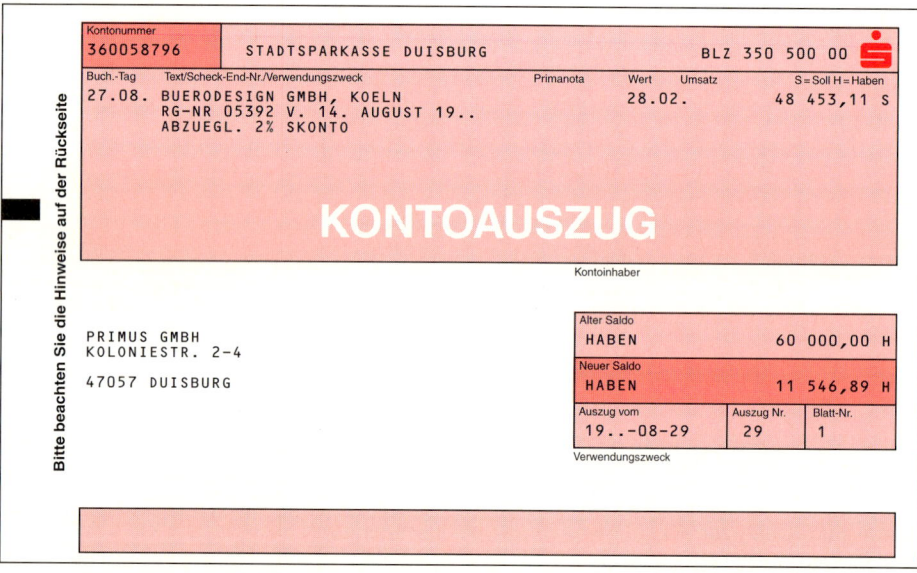

Umsatzsteuerrechtlich bewirkt der Skontoabzug eine **Änderung** der ursprünglich gebuchten **Vorsteuer;** denn das Finanzamt erstattet letztlich nur die tatsächlich bezahlte Vorsteuer. Die **Herausrechnung des Vorsteuerbetrages** aus dem Skontobetrag kann wie folgt durchgeführt werden:

$$\frac{\text{Liefererskonto} \cdot \text{USt-Satz}}{100 + \text{Umsatzsteuersatz}} = \text{VSt-Anteil} \quad \frac{988{,}84 \cdot 15}{115} = 128{,}98 \text{ DM}$$

Durch **Skontoabzug** werden **Anschaffungskosten** und **Vorsteuer korrigiert.**

Auswirkung des Liefererskontos	auf die Anschaffungs- kosten der Waren	auf die Vorsteuer	insgesamt
Rechnungsbetrag lt. ER – 2 % Skonto	42 993,00 DM 859,86 DM	6 448,95 DM 128,98 DM	49 441,95 DM 988,84 DM
= Überweisungsbetrag	42 133,14 DM	6 319,97 DM	48 453,11 DM

Fortsetzung des Beispiels (S. 245)

Buchungssätze:

4400 Verbindlichkeiten a. LL   49 441,95

BA: Banküberweisung an Warenlieferer nach Abzug von 3 % Skonto 47 958,69

an 6063 Liefererskonti   859,86
an 2600 Vorsteuer   128,98
an 2800 Bank   48 453,11

vorbereitende Abschlussbuchung:

Das Konto „Nachlässe" ist zum Jahresabschluss über das Konto „Aufwendungen für Waren" abzuschließen.

6062 Nachlässe   1 289,79
an 6060 Aufw. für Rohstoffe   1 289,79

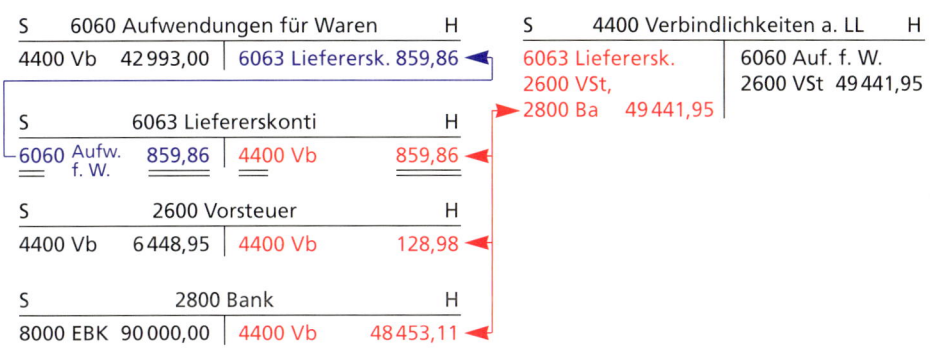

● Kundenskonti

Nimmt der Kunde ein gewährtes Zahlungsziel nicht in Anspruch, weil er vorher über die nötigen Zahlungsmittel verfügt, kann er den in den Zahlungsbedingungen angegebenen Skonto vom Rechnungsbetrag abziehen.

Mit der Zahlung des verminderten Rechnungsbetrages hat der Kunde seine **Schuld insgesamt beglichen.** Mit dem **Skontoabzug** ist eine **nachträgliche Minderung der Umsatzerlöse und** damit der ursprünglichen **Bemessungsgrundlage für die Umsatzsteuer** verbunden. Der Kundenskonto führt daher zu einer **Berichtigung der Umsatzsteuer,** die aufgrund des ursprünglich vereinbarten Entgelts für die Lieferung zu zahlen war. Die nachträgliche Minderung der Umsatzerlöse durch Skonto wird in der Finanzbuchhaltung als Erlösberichtigung bezeichnet, die auf dem Unterkonto **„5102 Kundenskonti"** zu buchen ist.

Beispiel Banküberweisung vom Kunden für fällige AR über 34 500,00 DM abzüglich 2 % Skonto

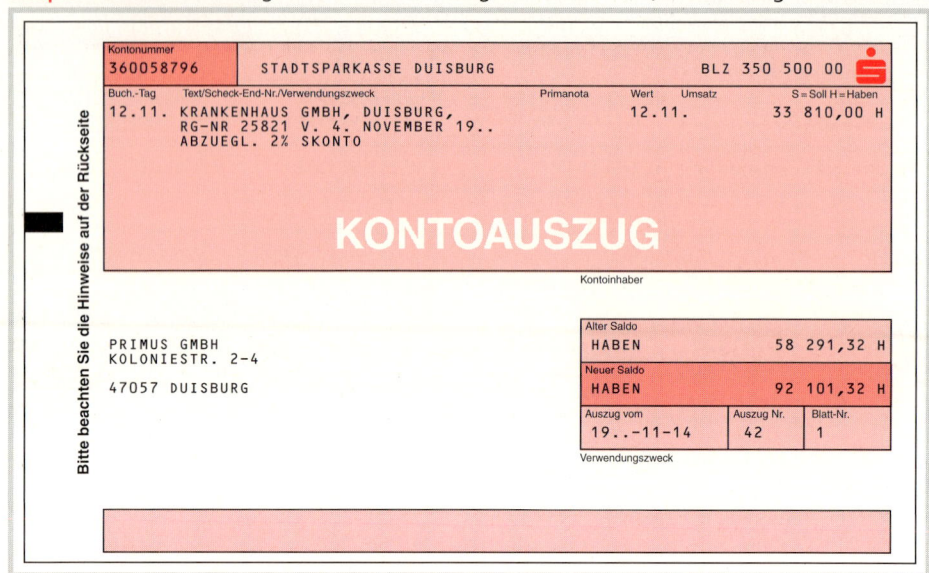

Auswirkung des Kundenskontos	auf die Umsatzerlöse	auf die Umsatzsteuer	insgesamt
Rechnungsbetrag lt. AR	30 000,00 DM	4 500,00 DM	34 500,00 DM
− 2 % Skonto	600,00 DM	90,00 DM	690,00 DM
= Überweisungsbetrag	29 400,00 DM	4 410,00 DM	33 810,00 DM

AR: Zielverkauf von Waren
Buchung:
2400 Forderungen a. LL   34 500,00   an   5100 Umsatzerlöse für Waren   30 000,00
                                           an   4800 Umsatzsteuer   4 500,00

BA: Banküberweisung durch den Kunden
Buchung:
2800 Bank   33 810,00
5102 Kundenskonti   600,00
4800 Umsatzsteuer   90,00   an   2400   Forderungen a. LL   34 500,00
Das Konto „5102 Kundenskonti" ist zum Jahresabschluss über das Konto „Umsatzerlöse für Waren" abzuschließen.

Eigenbeleg: vorbereitende Abschlussbuchung
5100 Umsatzerlöse für Waren   an   5102 Kundenskonti   600,00

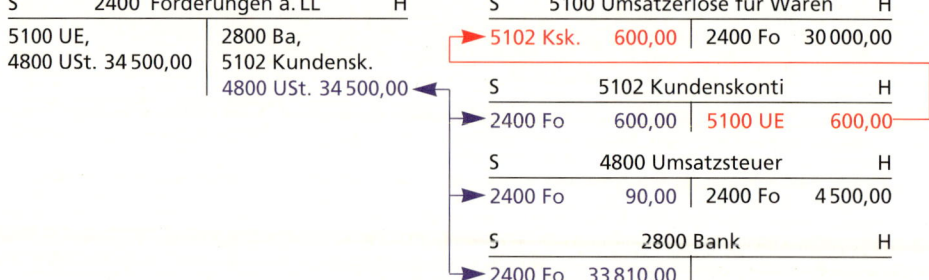

250   © Verlag Gehlen

● Effektivverzinsung beim Bankkredit

▶ **Aufnahme eines kurzfristigen Bankkredits zum vorzeitigen Rechnungsausgleich:** Verfügt die Großhandelsunternehmung nicht über die liquiden Mittel zum vorzeitigen Rechnungsausgleich, so kann sie sich diese durch Aufnahme eines kurzfristigen Bankkredits beschaffen. Dies ist empfehlenswert, wenn die Kosten für den Bankkredit niedriger sind als der Skontobetrag, der bei Verzicht auf den Liefererkredit gespart wird.

Fortsetzung des Beispiels S. 245 ff.

Der Liefererkredit kostet also 20,41 % Zinsen im Jahr (per anno = p. a.). Der Vergleich dieses Zinssatzes mit dem Zinssatz von 8 % für einen kurzfristigen Bankkredit zeigt, dass es wirtschaftlich sinnvoller ist, auf den angebotenen Liefererkredit zu verzichten.

Zinsen für einen Bankkredit	Finanzierungserfolg
Überweisungs- oder Kreditbetrag (Kapital) 48 453,11 DM Kreditdauer (Tage) 36 Tage Zinssatz p. a. für Bankkredit 8 %	Skontobetrag bei Verzicht auf Liefererkredit − Zinsen für beanspruchten Bankkredit = Finanzierungserfolg (Gewinn oder Verlust)
$\dfrac{48\,453,11 \cdot 8 \cdot 36}{100 \cdot 360}$ = 387,62 DM Zinsen	988,84 DM Skontoertrag − 387,62 DM Zinsen für Bankkredit = 601,22 DM Finanzierungsgewinn

▶ **Effektivverzinsung bei Bankkrediten unter Berücksichtigung von Bearbeitungsgebühren und Spesen:** Vielfach verlangen die Kreditinstitute **neben den Zinsen noch Bearbeitungsgebühren und** zu erstattende **Spesen.** Zinsen und diese zusätzlichen Kosten sind die für den Kreditzeitraum anfallenden **Kreditkosten.** Durch diese einmalig zu zahlenden Spesen und Bearbeitungskosten erhöht sich der tatsächlich für den Kredit zu zahlende Zinssatz, wenn man die Kreditkosten auf ein Jahr bezieht. Dieser vom vereinbarten Zinssatz abweichende tatsächliche Zinssatz wird als **effektiver Zinssatz** bezeichnet.

Fortsetzung des Beispiels

Die Primus GmbH nimmt für die Zeit vom 28. August bis zum 04. Oktober einen kurzfristigen Bankkredit über 48 453,11 DM zum Zinssatz von 8 % auf. Bei Auszahlung berechnet die Bank 0,5 % Bearbeitungsgebühren vom Darlehensbetrag und 32,00 DM Spesen.

Berechnung der Kreditkosten und der Effektivverzinsung:

a) **Zinsen** $= \dfrac{K \cdot p \cdot t}{100 \cdot 360}$ $\qquad \dfrac{48\,453,11 \cdot 8 \cdot 36}{100 \cdot 360} = 387,62 \text{ DM}$

b) **Kreditkosten** = Zinsen + Bearbeitungsgebühr + Spesen

$\qquad 387,62 + 242,27 + 32,00 = 661,89 \text{ DM}$

c) **Effektivzinssatz** $= \dfrac{\text{Kreditkosten} \cdot 100 \cdot 360}{K \cdot t}$ $\qquad \dfrac{661,89 \cdot 100 \cdot 360}{48\,453,11 \cdot 36} = 13,66 \text{ %}$

Bei einem Effektivzinssatz von 13,66 % lohnt sich die Kreditaufnahme, um den Liefererskonto auszunutzen. Immerhin ergibt sich ein Finanzierungsgewinn von 326,95 DM (988,84 − 661,89).

Bearbeitungsgebühren und Spesen sind wie die Zinsen Aufwendungen für das Unternehmen. Im Gegensatz zu den Zinsen sind jedoch Bearbeitungsgebühren und Spesen auf dem Konto „6750 Kosten des Geldverkehrs" zu buchen.

Fortsetzung des Beispiels S. 251

Buchungen:

a) **bei Darlehensaufnahme**

2800	Bank	an 4200	Kurzfristige Verbindlichkeiten	
			gegenüber Kreditinstituten	48 453,11

b) **bei Belastung des Bankkontos mit Bearbeitungsgebühr und Spesen**

6750	Nebenkosten des Geldverkehrs	an 2800	Bank	274,27

c) **Zinsen und Darlehenstilgung** zum 31. Dezember des Geschäftsjahres

7500	Zinsaufwendungen	387,62		
4200	Verbindlichkeiten gegenüber Kredit- institutuen	48 453,11	an 2800	Bank	48 840,73

Vorzeitige Zahlung mit Skontoabzug

Begriff	Auswirkungen	Buchung

❏ Nachlass für vorzeitigen Ausgleich von Eingangsrechnungen (Liefererskonto) und Ausgangsrechnungen (Kundenskonto)
❏ Verzicht auf den angebotenen Kredit
	Liefererskonti
	❏ Minderung der Anschaffungskosten
	❏ nachträgliche Minderung des Entgelts lt. ER
	❏ Korrektur der Vorsteuer im Haben
	Kundenskonti
	❏ Minderung der Umsatzerlöse
	❏ nachträgliche Minderung des Entgelts lt. AR
	❏ Korrektur der Umsatzsteuer im Soll
		Ausgleich von ER abzüglich Skonto
		❏ 4400 Verbindlichkeiten a. LL
		    an 6063 Liefererskonti
		    an 2600 Vorsteuer
		    an 2800 Bank
		❏ **Abschluss des Unterkontos (Umbuchung)**
		  6063 Liefererskonti
		    an 6060 Aufwendungen für Waren
		Ausgleich von AR abzüglich Skonto
		❏ 2800 Bank
		  5102 Kundenskonti
		  4800 Umsatzsteuer
		    an 2400 Forderungen a. LL
		❏ **Abschluss des Kontos 5102 Kundenskonti (Umbuchung)**
		  5100 Umsatzerlöse
		    an 5102 Kundenskonti

Umrechnung des Skontosatzes in einen Zinssatz für den gewährten Kredit

Überschlagsmethode	genaue Berechnung
$$\text{Zinssatz} = \frac{\text{Skontosatz} \cdot 360}{\text{Kreditdauer}}$$	$$\text{Zinssatz} = \frac{\text{Skontobetrag} \cdot 100 \cdot 360}{\text{Überweisungsbetrag} \cdot \text{Kreditdauer}}$$

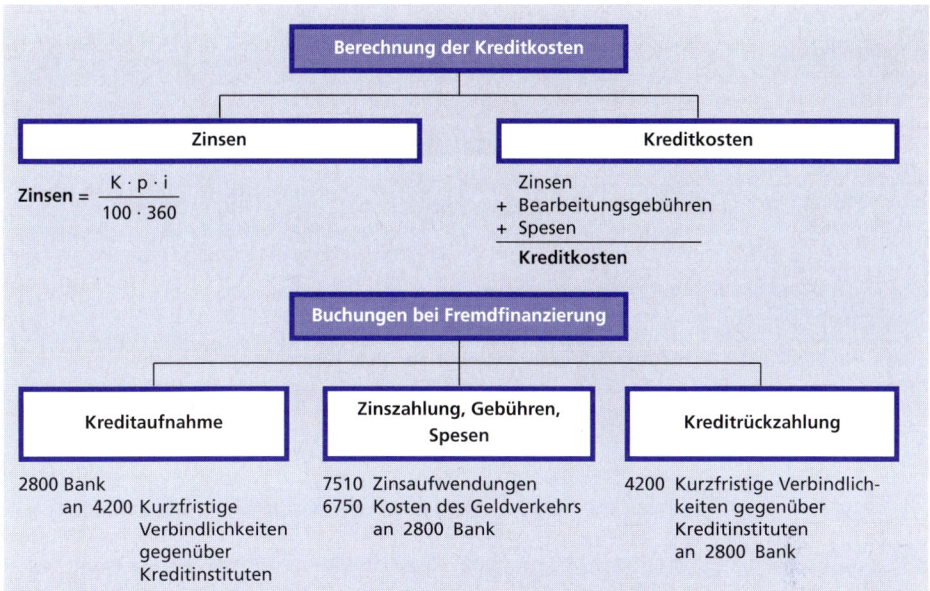

Berechnung der Kreditkosten

Zinsen	Kreditkosten
$\text{Zinsen} = \dfrac{K \cdot p \cdot i}{100 \cdot 360}$	Zinsen + Bearbeitungsgebühren + Spesen <u>**Kreditkosten**</u>

Buchungen bei Fremdfinanzierung

Kreditaufnahme	Zinszahlung, Gebühren, Spesen	Kreditrückzahlung

2800 Bank
   an 4200 Kurzfristige
       Verbindlichkeiten
       gegenüber
       Kreditinstituten
	7510 Zinsaufwendungen
	6750 Kosten des Geldverkehrs
	   an 2800 Bank
		4200 Kurzfristige Verbindlich-
		      keiten gegenüber
		      Kreditinstituten
		   an 2800 Bank

1 Folgende Eingangsrechnungen verschiedener Warenlieferer sollen unter Abzug von Skonto durch Banküberweisung ausgeglichen werden:

	Rechnungsbeträge einschl. 15 % USt in DM	Zahlungsbedingungen
1.	36 800,00	14 Tage abzügl. 1 % Skonto oder in 30 Tagen netto
2.	52 900,00	10 Tage abzügl. 3 % Skonto oder in 50 Tagen netto
3.	100 050,00	8 Tage abzügl. 2 % Skonto oder in 30 Tagen netto
4.	62 100,00	8 Tage abzügl. 1,5 % Skonto oder in 30 Tagen netto

a) Ermitteln Sie jeweils den Skonto- und Überweisungsbetrag und bilden Sie den Buchungssatz zur Erfassung des Rechnungsausgleichs!

b) Ermitteln Sie den Zinssatz der jeweiligen Lieferkredite nach der Überschlagsmethode und nach der Zinsformel!

2 In der Primus GmbH werden verschiedene Eingangsrechnungen von Warenlieferern nach Abzug von Skonto durch Banküberweisung beglichen. Diese Zahlungen sind aufgrund der Information aus den Bankkontenauszügen und der Lastschriftzettel zu buchen:

	Überweisungs-beträge lt. Bank-kontenauszüge	Skontoabzug lt. Lastschriftzettel	Zahlungsbedingungen
1.	29 302,00	2 %	8 Tage abzügl. Skonto, 30 Tage netto
2.	38 150,10	3 %	10 Tage abzügl. Skonto, 60 Tage netto
3.	94 857,75	2,5 %	14 Tage abzügl. Skonto, 50 Tage netto
4.	50 549,40	1 %	10 Tage abzügl. Skonto, 30 Tage netto

a) Zu den Fällen 1 bis 4 sind Rechnungs- und Skontobeträge zu ermitteln und die Buchungssätze zu bilden!

b) Ermitteln Sie den Zinssatz der jeweiligen Liefererkredite nach der Überschlagsmethode und nach der Zinssatzformel!

3 Die Primus GmbH hat folgende Eingangsrechnung für Computerpapier vorliegen:

	DM	DM
ER vom 01.12.: Zieleinkauf von Waren, netto	70 000,00	
+ 15% USt	10 500,00	80 500,00

Die Zahlungsbedingung des Lieferers lautet:
„Zahlbar innerhalb von 8 Tagen mit 2% Skonto oder 30 Tage Ziel"

a) Geben Sie den Buchungssatz für die Eingangsrechnung vom 1. Dezember 19.. an!

b) Berechnen Sie den Skonto- und Überweisungsbetrag, falls bis zum 9. Dezember 19.. mit Skontoabzug gezahlt wird!

c) Wie lautet die Buchung beim Ausgleich der Eingangsrechnung durch Banküberweisung nach Abzug von Skonto?

4 Geben Sie die Buchungssätze für folgende Geschäftsfälle einer Großhandlung an!
Kontenplan: 2400, 2600, 2800, 2850, 2880, 4400, 4800, 5100, 5102, 6061, 6063.

	DM	DM
1. **BA:** Kunde zahlte fällige AR mit einem Verrechnungsscheck	20 930,00	
– 3% Skonto	627,90	
2. **BA:** Lastschriften		
a) Scheckeinlösung:		
Fracht für eingekaufte Waren, netto	420,00	
+ 15% Umsatzsteuer	63,00	483,00
b) Überweisung an Warenlieferer nach Abzug von 2%		
Skonto		46 207,00
3. **PBA:** Gutschriften		
Überweisung für fällige AR nach Abzug von 2% Skonto		27 048,00
4. **BA:** Ausgleich einer fälligen Eingangsrechnung durch		
Banküberweisung	1 035,00	
– 3% Skonto	31,05	1 003,95
5. **BA:** Kunde bezahlte fällige AR mit Verrechnungsscheck:		16 732,50
Von der AR wurden 3% Skonto abgezogen		
6. **AR:** Zielverkauf, netto	12 000,00	
– Mengenrabatt 8%	960,00	11 040,00
+ 15% Umsatzsteuer		1 656,00
		12 696,00
7. **Lastschrift an Kunden:**		
Kunde wird wegen „unfreier" Lieferung mit Fracht belastet	200,00	
+ 15% Umsatzsteuer	30,00	230,00
8. **PBA:** Überweisung vom Kunden		
a) fällige Ausgangsrechnung (Fall 6) nach Abzug von 3%		
Skonto	?	
b) fällige Lastschrift (Fall 7)	230,00	?

5 In der Möbelgroßhandlung Karl Krämer ist folgender Geschäftsvorgang zu bearbeiten:

1. **Eingangsrechnung vom 03.04.:**	DM	DM
40 Gestellsessel, verchromt, Lederbezug, à 120,00 DM.	4 800,00	
– Messerabatt: 5 %	240,00	4 560,00
+ Fracht:.		140,00
		4 700,00
+ 15 % Umsatzsteuer:		705,00
		5 405,00

Zahlungsbedingungen: Innerhalb von 14 Tagen mit
3 % Skonto, 50 Tage netto Kasse

2. **BA:** Banküberweisung an Lieferer nach Abzug von 3 %
Skonto 5 242,85

3. Die Möbelgroßhandlung kalkuliert Gestellsessel mit
folgenden Werten:
Handlungskostenzuschlagssatz:. . . . . 120 %
Gewinnzuschlagssatz: . . . . 12,5 %
Kundenskonto: . . . . 2 %

a) Geben Sie den Buchungssatz für die Wareneingangsrechnung an!

b) Geben Sie den Buchungssatz für die Banklastschrift an!

c) Ermitteln Sie den Listenverkaufspreis, netto, der Möbelgroßhandlung für einen
Gestellsessel!

6

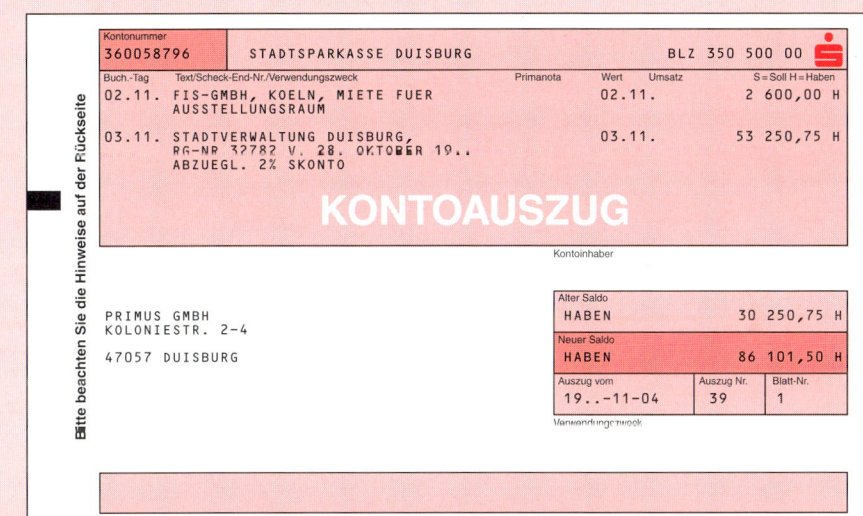

a) Wie hoch war der Rechnungsbetrag an die Stadtverwaltung Duisburg?

b) Um welchen Betrag ist die Umsatzsteuer aufgrund der Skontoausnutzung zu berichtigen?

c) Wie lautet die Buchung der Überweisungen
1. durch die Stadtverwaltung Duisburg (Nettobuchung), 2. durch die FiS-GmbH?

d) Welchem Effektivzinssatz entspricht der Skontosatz, wenn die Zahlungsbedingung
lautete: Binnen acht Tagen abzügl. 2 % Skonto, binnen 30 Tagen netto Kasse?

7 Ein Großhandelsunternehmen kaufte 20 Stück einer Ware zum Listeneinkaufspreis von
1 800,00 DM je Stück ein. Vom Lieferer wurden 10 % Mengenrabatt und wegen Zahlung
binnen zehn Tagen 2 % Skonto gewährt.

a) Über welchen Betrag lautete die Eingangsrechnung unter Berücksichtigung von 15 % Umsatzsteuer?

b) Über welchen Betrag lautet die Überweisung unter Ausnutzung des Skontos?

c) Ermitteln Sie den Bezugspreis je Stück!

d) Mit welchem Listenverkaufspreis wird die Ware angeboten, wenn das Großhandelsunternehmen

    1. mit einem Kalkulationsfaktor von 1,8,

    2. mit einer Handelsspanne von 50 % kalkuliert?

8 Die Primus GmbH hat von ihrem Lieferer Bürotec GmbH eine Rechnung über 92 000,00 DM erhalten, zahlbar binnen zehn Tagen abzüglich 3 % Skonto oder binnen 30 Tagen netto Kasse. Um den Skonto ausnutzen zu können, muss die Primus GmbH einen kurzfristigen Bankkredit zu folgenden Bedingungen aufnehmen: 9 % Zinsen, 0,5 % Bearbeitungsgebühr, 108,00 DM Spesen.

a) Ermitteln Sie

    1. den Skonto- und Überweisungsbetrag,

    2. den Effektivzinssatz, der dem Skontosatz entspricht,

    3. die Kosten des Bankkredits,

    4. den Effektivzinssatz des Bankkredits.

b) Bilden Sie die Buchungssätze

    1. zum Ausgleich der Eingangsrechnung durch Banküberweisung nach Abzug von Skonto,

    2. bei Aufnahme und Gutschrift des Kredits auf Bankkonto abzüglich Bearbeitungsgebühr und Spesen,

    3. bei Zahlung der Zinsen durch Banküberweisung zusammen mit der Darlehenstilgung.

9 Wegen Zahlungsverzug sind einzelne Kunden mit Verzugszinsen zu belasten:

Kunden	A	B	C
Rechnungsbetrag	8 970,00 DM	18 860,00 DM	55 200,00 DM
Verzugszinsen			
vom …	14.11..	18.12..	20.12..
bis …	05.02. d. f. J.	03.03. d. f. J.	04.02. d. f. J.
Zinssatz	6 %	8 %	10 %
Verzugszinsen	? DM	? DM	? DM

a) Ermitteln Sie die Verzugszinsen, die den Kunden A, B und C jeweils zu belasten sind!

b) Wie lautet die Buchung zur Erfassung der Lastschriftanzeigen an die Kunden?

10

Informationen	a)	b)	c)
Bankkredit	20 000,00 DM	38 000,00 DM	54 000,00 DM
Laufzeit	14.01. bis	28.02. bis	31.03. bis
	zum 06.03. d. f. J.	zum 01.03. d. f. J.	zum 01.09. d. f. J.
Zinssatz	6 %	7 %	8 %
Zinsen	? DM	? DM	? DM

a) Ermitteln Sie jeweils den Rückzahlungsbetrag einschließlich Zinsen!

b) Bilden Sie die Buchungssätze bei Aufnahme und Rückzahlung (einschließlich Zinsen) der Kredite!

11 a) Berechnen Sie die Kreditkosten für folgende beanspruchte Bankkredite:

Informationen	a)	b)	c)
Bankkredit	24 000,00 DM	30 000,00 DM	45 000,00 DM
Laufzeit	06.04. bis	19.02. bis	27.05. bis
	zum 31.12. d. f. J.	zum 05.10. d. f. J.	zum 28.02. d. f. J.
Bearbeitungs-			
gebühr	5‰	7,5‰	10‰
Spesen	16,00 DM	28,00 DM	48,00 DM
Zinssatz	8 %	$7^1/_2$ %	9 %
Kreditkosten	? DM	? DM	? DM

b) Wie lauten die Buchungen
  1. bei Auszahlung der Kredite auf Geschäftsbankkonto
  2. bei Rückzahlung einschließlich Kreditkosten durch Banküberweisung?

3.4.4 Wechsel im Zahlungsverkehr
3.4.4.1 Diskontrechnen

Die Primus GmbH hat dem Bürofachgeschäft Herbert Blank folgende Rechnung zusammen mit einer Wechseltratte (vgl. S. 258) zugesandt:

PRIMUS GmbH
Großhandel für Bürobedarf

Primus GmbH, Koloniestraße 2–4, 47057 Duisburg

Bürofachgeschäft
Herbert Blank
Cäcilienstraße 86

46147 Oberhausen

Anschrift: Koloniestraße 2–4
47057 Duisburg
Telefon: (02 03) 4 45 36-90
Telefax: (02 03) 4 45 36-98
Banken: Stadtsparkasse Duisburg
(BLZ 350 500 00) 360 058 796
Postbank Essen
(BLZ 360 100 43) 286 778-431

Rechnung

Ihr Auftrag vom 19.. - 07 - 06

Kunden-Nr.	Rechnungs-Nr.	Rechnungstag
8671	15732	19.. - 07 - 13
Bei Zahlung bitte angeben		

Pos.	Artikel-Nr.	Artikelbezeichnung	Menge	Einzelpreis DM	Gesamtpreis DM
1	159B574	Schreibtisch „Primo"	10	425,00	4 250,00
2	159B590	Bildschirm-Arbeitstische „Primo"	20	399,00	7 980,00
3	120B592	Bandscheiben-Drehstuhl „Steifensand"	30	789,00	23 670,00
					35 900,00
		– 10 % Rabatt			3 590,00

Warenwert netto	Verpackung	Fracht	Entgelt netto	USt-%	USt-DM	Gesamtbetrag
32 310,00	300,00	390,00	33 000,00	15	4 950,00	37 950,00

Zahlbar 30 Tage netto Kasse

❏ Erläutern Sie den Grund, den das Büromöbelfachgeschäft haben könnte den Rechnungsbetrag mit einem Wechsel zu finanzieren!

❏ Ermitteln Sie die Diskontzahl für den Wechsel bei Laufzeit von 90 Tagen!

❏ Ermitteln Sie den Diskontteiler bei einem Diskontsatz von 8 %.

❏ Ermitteln Sie den Diskont, den die Primus GmbH dem Büromöbelfachgeschäft für den
Wechsel in Rechnung stellt!

Die Diskontrechnung stellt eine spezielle Form der kaufmännischen Zinsrechnung dar. Unter
Diskont versteht man die Zinsen für einen Wechselkredit. Sie werden bereits bei Auszahlung
des Kredits von der Wechselsumme einbehalten.

Die Wechsel sind heute ein viel verwendetes Zahlungs- und Kreditmittel:

❏ Es sind **auf den Kunden gezogene** oder **vom Kunden erhaltene Wechsel**.

❏ Sie verbriefen eine **Geldforderung gegenüber dem Bezogenen**.

Da ein Wechselschuldner (Bezogener) die Wechselsumme erst am Verfalltag zahlt, gewährt
ihm der Wechselinhaber einen Kredit bis zum Verfalltag. Mithilfe der Diskontrechnung berechnet man den **Barwert von Wechselforderungen zu einem bestimmten Zeitpunkt vor
deren Fälligkeit.**

Beispiel Die Primus GmbH erhält einen vom Bürofachgeschäft Herbert Blank akzeptierten
Wechsel über 37 950,00 DM, der am 13. August ausgestellt wurde und am 11. November fällig ist.
Daher stellt die Primus GmbH dem Kunden Blank Diskont in Rechnung.

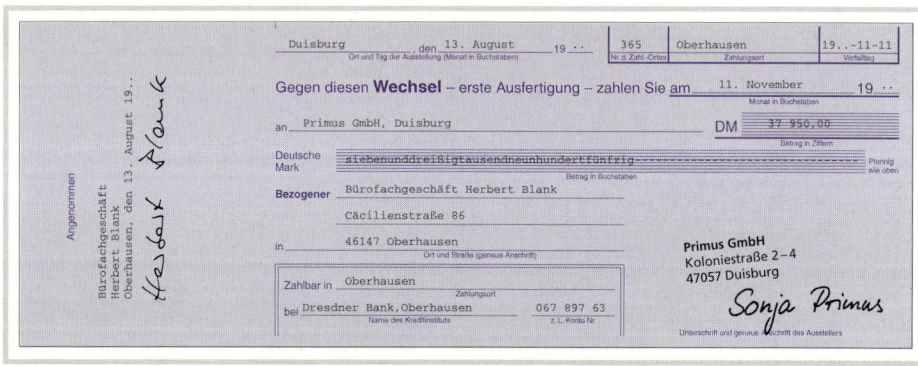

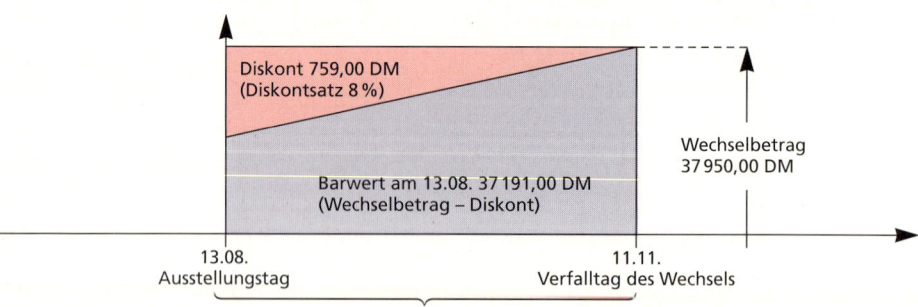

Da die Diskontierung eine Sonderform der Zinsrechnung darstellt, sind auch die Begriffe aus der kaufmännischen Zinsrechnung auf die Diskontrechnung übertragbar:

Zinsrechnung	Diskontrechnung
Kapital	**Wechselbetrag** (Wechselsumme)
Zinssatz	**Diskontsatz**
Zeit	**Zeit** (vom Tag der Diskontierung bis zum Verfalltag)[1] Besonderheit: Die Berechnung der Diskonttage erfolgt monatsgenau, d. h. z. B. April 30, Mai 31, Juni 30 Tage usw. Das Jahr wird mit 360 Tagen angesetzt.
Zinszahl (#)	**Diskontzahl (#)** = 1 % Wechselbetrag · Tage
Zinsteiler (Zinsdivisor)	$\text{Diskontteiler} = \dfrac{360}{\text{Diskontsatz}}$
Zinsen	**Diskont** = Diskontzahl : Diskontteiler
	Barwert = Wechselsumme – Diskont (Wert des Wechsels am Ankaufstag)

● Diskontierung einzelner Wechsel

Wenn ein Kaufmann Wechsel an die Bank verkauft (zum Diskont einreicht), gewährt ihm die Bank einen Kredit bis zum Verfalltag des Wechsels. Für diesen Zeitraum berechnet ihm die Bank **Diskont** (= Zinsen). Die Bank verlangt zudem Bearbeitungsgebühren und Spesen.

Bei der Höhe des **Diskontsatzes** orientiert sich die Geschäftsbank am Diskontsatz der Deutschen Bundesbank.

Folgende **Besonderheiten** sind bei der Diskontrechnung zu berücksichtigen:

❑ Fällt der Verfalltag auf einen Samstag, Sonntag oder gesetzlichen Feiertag, dann verschiebt sich der Verfalltag auf den nächsten Werktag.

❑ Monate werden taggenau gerechnet, d. h. Januar 31 Tage, Februar 28 Tage, März 31 Tage usw. In einem Schaltjahr wird der Februar mit 29 Tagen berücksichtigt.

❑ Einige Banken erheben für Wechsel, die nicht auf einen Bankplatz zahlbar gestellt sind, etwa 1‰ Inkassoprovision vom Wechselbetrag oder eine feststehende Nebenplatzgebühr, weil sie diese Wechsel nicht an die Bundesbank und deren Filialen weitergeben können.

❑ Um den Barwert zu berechnen, sind vom Wechselbetrag neben dem Diskont auch noch Provision und Gebühren abzuziehen.

Beispiel Die Primus GmbH reicht der Stadtsparkasse Duisburg am 13. August den vom Büromöbelfachgeschäft Herbert Blank akzeptierten Wechsel über 37 950,00 DM, fällig am 11. November, zur Diskontierung ein.

a) Wie viel DM beträgt der Diskont, wenn der Diskontsatz 8 % beträgt?

b) Wie viel DM beträgt die Gutschrift der Bank?

[1] Seit 1. November 1994 erfolgt die Berechnung der Diskonttage nach der französischen Berechnungsmethode.

Lösung

①	Diskonttag: 13. 08.					
	Wechsel-betrag in DM	Verfall-tag	② Tage	③ Diskont-zahl (#)	④ Diskont-teiler	Diskont in DM ⑤
	37 950,00	11. 11.	90	34 155	$\dfrac{360}{8} = 45$	$\dfrac{34\,155}{45} = 759,00$

a) – 759,00 Diskont (90 Tage/8 %)

b) 37 191,00 Barwert/Gutschrift am 13.08. ⑥

Rechenweg

① Stellen Sie die Abrechnungstabelle auf!

② Ermitteln Sie die Tage, für die Diskont zu berechnen ist (Diskonttag bis Verfalltag)!

③ Ermitteln Sie die Diskontzahl (# = 1 % des Wechselbetrages · Tage)!

④ Ermitteln Sie den Diskontteiler $\left(\dfrac{360}{\text{Diskontsatz}} \right)$!

⑤ Ermitteln Sie den Diskont $\left(\dfrac{\text{Diskontzahlen}}{\text{Diskontteiler}} \right)$!

⑥ Ermitteln Sie den Barwert des Wechsels bzw. die Gutschrift der Bank (Wechselbetrag – Diskont)!

● **Diskontierung mehrerer Wechsel (Summarische Diskontrechnung)**

Wenn mehrere Wechsel diskontiert werden sollen, wird analog der summarischen Zinsrechnung (vgl. S. 243) verfahren.

Beispiel Berechnen Sie den Barwert folgender Wechsel, die am 20. Juni bei der Bank zu 6 % diskontiert werden:

1. Wechsel 3 120,00 DM, fällig am 10. Juli
2. Wechsel 2 890,00 DM, fällig am 30. Juli
3. Wechsel 4 000,00 DM, fällig am 14. August

Lösung

①	Diskonttag: 20.06.				
	Wechselbetrag in DM	Verfalltag	② Tage	③ Diskont-zahlen (#)	④ Diskont-teiler
	3 120,00	10.07.	20	624	
	2 890,00	30.07.	40	1 156	$\dfrac{360}{6} = 60$
	4 000,00	15.08.	55	2 200	
	10 010,00			3 980 : 60 = 66,33 DM ⑤	
	– 66,33 Diskont 6 %			Der Barwert der drei Wechsel	
	9 943,67 Barwert am 20.06. ⑥			beträgt 9 943,67 DM	

Rechenweg

① Stellen Sie die Abrechnungstabelle auf!

② Ermitteln Sie die Diskonttage!

③ Ermitteln Sie die Diskontzahlen (1 % des Wechselbetrages · Tage = #)!

④ Ermitteln Sie den Diskontteiler $\left(\dfrac{360}{p}\right)$!

⑤ Ermitteln Sie den Diskont $\left(\dfrac{\text{Summe der Diskontzahlen}}{\text{Diskontteiler}}\right)$!

⑥ Ermitteln Sie den Barwert der Wechsel (Summe der Wechselbeträge – Diskont)!

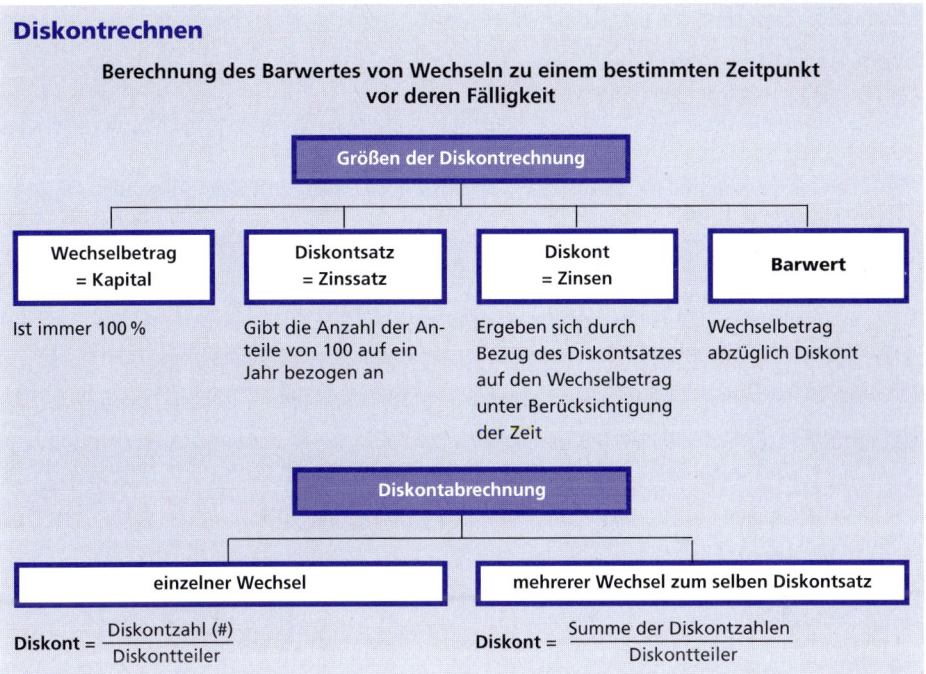

Diskontrechnen

Berechnung des Barwertes von Wechseln zu einem bestimmten Zeitpunkt vor deren Fälligkeit

Größen der Diskontrechnung

Wechselbetrag = Kapital	Diskontsatz = Zinssatz	Diskont = Zinsen	Barwert
Ist immer 100 %	Gibt die Anzahl der Anteile von 100 auf ein Jahr bezogen an	Ergeben sich durch Bezug des Diskontsatzes auf den Wechselbetrag unter Berücksichtigung der Zeit	Wechselbetrag abzüglich Diskont

Diskontabrechnung

einzelner Wechsel	mehrerer Wechsel zum selben Diskontsatz
$\text{Diskont} = \dfrac{\text{Diskontzahl (#)}}{\text{Diskontteiler}}$	$\text{Diskont} = \dfrac{\text{Summe der Diskontzahlen}}{\text{Diskontteiler}}$

1 Berechnen Sie 1‰ Inkassoprovision von folgenden Wechseln:
  a) 877,00 DM; b) 1130,00 DM; c) 2910,60 DM; d) 4299,70 DM;
  e) 9800,20 DM; f) 17988,95 DM; g) 610,00 DM; h) 48100,90 DM!

2 Berechnen Sie die Diskontzahlen folgender Wechsel!

	Wechselbetrag in DM	Diskonttag	Verfalltag
a)	2140,70	10.01.	10.04.
b)	7450,00	23.04.	21.07. (Sonntag)
c)	12777,90	25.08.	25.12. (Donnerstag)
d)	23400,00	08.06.	25.09.

3 Folgende Wechsel werden bei der Bank diskontiert.
Berechnen Sie die Gutschrift der Bank!

	Wechselbetrag in DM	Diskonttag	Verfalltag	Diskontsatz
a)	455,80	22.01.	22.04.	6 %
b)	2 199,00	15.09.	17.12. (Sonntag)	8 %
c)	13 144,50	13.06.	10.09.	7 %
d)	24 999,90	27.02.	01.05.	5,5 %
e)	4 000,30	02.01.	29.02. (Samstag)	4 %

4 Bei der Diskontierung eines Wechsels betrugen
die Diskontzahl   2 400 #
die Laufzeit   20 Tage
der Diskont   80,00 DM
Berechnen Sie
a)   den Diskontsatz,
b)   die Wechselsumme!

5 Ein Großhändler reicht am 11. August folgende Wechsel seiner Bank zum Diskont ein,
die die Bank zum 11. August abrechnet:
1. Wechsel 2 050,00 DM, fällig am 20. September
2. Wechsel 3 040,00 DM, fällig am 30. September
Die Bank berechnet 10 % Diskont
a) Ermitteln Sie die Summe der Diskontzahlen!
b) Wie viel DM beträgt die Gutschrift der Bank?

6 Ein Großhändler reicht seiner Bank folgende Wechsel zum Diskont ein, die die Bank am
16. Januar zu 9 % Diskont abrechnet:
1. Wechsel 10 000,00 DM, fällig am 6. März
2. Wechsel 4 000,00 DM, fällig am 15. April
a) Ermitteln Sie die Summe der Diskontzahlen!
b) Wie viel DM beträgt der Diskont?
c) Wie viel DM lautet die Gutschrift der Bank?

7 Ein Großhändler lässt am 10. April folgende Wechsel diskontieren:
3 600,00 DM, fällig am 24. Mai
6 400,00 DM, fällig am 15. Juni
Die Bank berechnet 10 % Diskont.
Berechnen Sie
a) die Diskontzahl für den 1. Wechsel,
b) die Diskontzahl für den 2. Wechsel,
c) den Diskontteiler,
d) den Diskont,
e) die Bankgutschrift!

8 Drei Wechsel werden zu 6,5 % Diskont abgerechnet:
Wechsel 1 über 3 000,00 DM, 25 Tage
Wechsel 2 über 2 800,00 DM, Zinszahlen 980
Wechsel 3 über 6 000,00 DM, 40 Tage
Berechnen Sie
a) die Diskontzahl für den 1. Wechsel,   d) den Diskontteiler,
b) die Diskonttage für den 2. Wechsel,   e) den Diskont in DM,
c) die Summe der Diskontzahlen,   f) den Barwert der drei Wechsel!

9 Die Bank rechnet drei Wechsel zu 8,5 % Diskont ab:

Wechsel-Nr.	Betrag in DM	Diskonttage	Diskontzahlen
1	...	40	720
2	2 500,00	..	1 050
3	4 000,00	45	...

Berechnen Sie

a) den Betrag des 1. Wechsels,
b) die Diskonttage für den 2. Wechsel,
c) die Diskontzahl für den 3. Wechsel,
d) die Summe der Diskontzahlen,

e) den Diskontteiler,
f) den Diskont,
g) den Barwert der drei Wechsel!

3.4.4.2 Buchungen im Wechselverkehr

Die Primus GmbH erhält am 13. August 19.. vom Kunden Bürofachgeschäft Herbert Blank einen Wechsel über 37 950,00 DM, fällig am 11. November 19.., mit einem Anschreiben des Kunden. (vgl. S. 258)

Schreiben des Kunden vom 13. August 19.. (Auszug):

Zum Ausgleich Ihrer Ausgangsrechnung über 37 950,00 DM, fällig am 13. August 19.., überreichen wir Ihnen vereinbarungsgemäß ein 90-Tageakzept über den gleichen Betrag.

Frau Lapp ist der Meinung, dass damit die Rechnung nicht voll ausgeglichen ist!

Arbeitsauftrag

❏ Begründen Sie, warum Frau Lapp mit der Aussage des Kunden nicht einverstanden ist!
❏ Buchen Sie den eingegangenen Wechsel!

Der Wechsel ist ein viel verwendetes Zahlungs- und Kreditmittel.

In der Finanzbuchhaltung sind **Wechselforderungen (Besitzwechsel)** und **Wechselverbindlichkeiten (Schuldwechsel)** zu unterscheiden:

Wechselforderungen (Besitzwechsel)	Wechselverbindlichkeiten (Schuldwechsel)
Es sind auf den Kunden gezogene oder vom Kunden erhaltene Wechsel.	Es sind vom Gläubiger auf uns gezogene und von uns akzeptierte Wechsel.
Sie verbriefen (Wertpapier) eine **Geldforderung gegenüber dem Bezogenen**.	Sie verbriefen (Wertpapier) eine **Geldschuld gegenüber dem Aussteller**.
Sie werden auf Konto **„2450 Wechselforderungen"** gebucht.	Sie werden auf Konto **„4500 Wechselverbindlichkeiten"** gebucht.

Die buchtechnische Behandlung des Wechsels ergibt sich aus seinen vielfältigen Verwendungsmöglichkeiten.

● Wechselforderungen

2450 Wechselforderungen (Besitzwechsel)	
Zugänge	**Abgänge**
Wechsel, die von Kunden eingehen ❏ vom Kunden akzeptierte Wechsel (Kundenakzepte) ❏ vom Kunden indossierte (weitergegebene) Wechsel	❏ Einzug des Wechselbetrages **(Inkasso)** durch Vorlage des fälligen Wechsels beim **Bezogenen** ❏ **Inkasso** des Wechselbetrages **durch unsere Bank** ❏ **Verkauf** des Wechsels **abzüglich Diskont** an unsere Bank ❏ **Weitergabe** (Indossierung) **an** einen **Lieferer** zum Rechnungsausgleich

▶ **Kunde zahlt fällige Ausgangsrechnung mit Akzept:** Der Kunde akzeptiert zahlungshalber einen Wechsel. Die Forderung aus der Warenlieferung an den Kunden wird dadurch bis zum Verfalltag gestundet. Aus der Warenforderung wird eine Wechselforderung. Die Geldforderung an den Kunden erlischt endgültig mit der Einlösung des Wechsels durch den Kunden.

Buchung: 2450 Wechselforderungen an 2400 Forderungen a. LL 37 950,00

▶ **Einreichung des Besitzwechsels zum Diskont:** Durch die Entgegennahme des Kundenakzepts wird dem Kunden ein **kurzfristiger Kredit** bis zum Fälligkeitstermin gewährt. Da dem Wechsel erst in 90 Tagen ein Gegenwert in voller Höhe entspricht, ist der Wert am Tage der Entgegennahme des Wechsels geringer. Der **Wechselbetrag** muss auf seinen Ausstellungstag **abgezinst** oder **diskontiert** werden (vgl. S. 257 ff.).

Beispiel

Wechselsumme, fällig am 11.11. . .   37 950,00 DM

8 % Diskont: 13.08. bis 11.11. . . . . .   759,00 DM

Barwert . . . .   37 191,00 DM

$$\frac{37950 \cdot 8 \cdot 90}{100 \cdot 360} = 759{,}00 \text{ DM Diskont}$$

Die Bank ist im Rahmen des mit ihr abgeschlossenen **Diskontkreditvertrages** bereit gute Handelswechsel anzukaufen. Sie verlangt für die Zeit vom Tag des Ankaufs bis zum Fälligkeitstag **Diskont,** da sie am Tag der Einreichung Bar- oder Buchgeld zur Verfügung stellt. Das Kreditinstitut erhält erst zu einem späteren Termin, am Verfalltag, den Betrag einschließlich der Zinsen zurück. Die Diskontierung von Besitzwechseln bei einem Kreditinstitut ist eine **Maßnahme zur Beschaffung liquider Mittel.**

Im Falle der Diskontierung legt das Kreditinstitut dem Bezogenen den Wechsel am Verfalltag vor.

Beispiel Die Primus GmbH lässt am 13. August 19.. den Besitzwechsel bei der Stadtsparkasse Duisburg diskontieren.

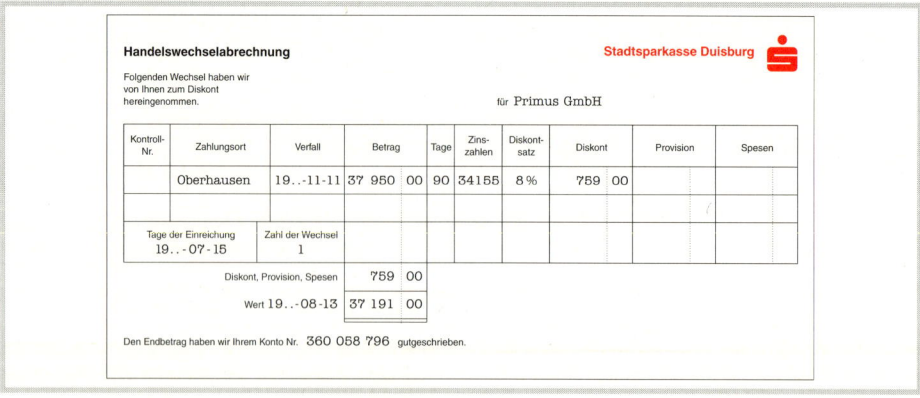

© Verlag Gehlen

Buchung:

2800 Bank	37 191,00			
7530 Diskontaufwendungen	759,00	an	2450 Wechselforderungen	37 950,00

▶ **Belastung des Kunden mit Diskont:** Da der Wechselinhaber am Fälligkeitstag der Ausgangsrechnung über deren Gegenwert verfügen möchte, lässt er sich **vom Kunden** den **Diskont** als Differenzbetrag zwischen der Wechselsumme und dem Barwert des Wechsels **erstatten.**

Beispiel Die Primus GmbH belastet mit Schreiben vom 13. August 19.. ihren Kunden, das Bürofachgeschäft Herbert Blank, mit Diskont

---

PRIMUS GmbH
Großhandel für Bürobedarf

Primus GmbH, Koloniestraße 2–4, 47057 Duisburg

Bürofachgeschäft
Herbert Blank
Cäcilienstraße 86

46147 Oberhausen

Anschrift: Koloniestraße 2–4
47057 Duisburg
Telefon: (02 03) 4 45 36-90
Telefax: (02 03) 4 45 36-98
Banken: Stadtsparkasse Duisburg
(BLZ 350 500 00) 360 058 796
Postbank Essen
(BLZ 360 100 43) 286 778-431

Diskontabrechnung

KOPIE

Kunden-Nr.	Rechnungs-Nr.	Rechnungstag
8671	15732	19..-08-13
Bei Zahlung bitte angeben		

Wechselbetrag DM	Verfalldatum	Zahlungsort	Zins-tage	Zins-zahlen	Diskont %	Diskont DM
37 950,00	19..-11-11	Oberhausen	90	34155	8	759,00

Wir bitten um Überweisung des Diskontbetrages.

Buchung:

2400 Forderungen a. LL		an	5730 Diskonterträge	759,00

▶ **Wechselvorlage am Verfalltag:** Wurde der **Besitzwechsel** vor seinem Verfalltag **nicht an ein Kreditinstitut** zur Beschaffung liquider Mittel **verkauft** (diskontiert), **dann** muss er **dem Bezogenen wegen der Zahlung** der Wechselsumme zum Verfalltag **vorgelegt werden.**

265

Der Wechselinhaber kann den Wechsel am Verfalltag entweder am Zahlungsort beim **Bezoge-nen** zur Zahlung **vorlegen oder** seine **Bank bevollmächtigen,** den Wechsel am Zahlungsort beim Bezogenen oder bei der von ihm beauftragten Zahlstelle (Bank des Bezogenen) zur Zahlung vorzulegen. Für das Inkasso des Wechsels berechnet die Bank Inkassoprovision, die als Aufwand auf dem Konto „**6750 Kosten des Geldverkehrs**" zu buchen ist.

Beispiel Ein Kundenakzept über 34 500,00 DM wird dem Bezogenen am Verfalltag zur Einlösung vorgelegt. Der Kunde überreicht einen Verrechnungsscheck über diesen Betrag.

Buchung:

2800 Bank		an 2450 Wechselforderungen	34 500,00

Bei Inkasso der Wechselsumme bei einem Kreditinstitut lautet die Buchung unter Berücksichtigung einer Inkassoprovision von 1,5‰:

2800 Bank	34 448,25		
6750 Kosten des Geldverkehrs	51,75	an 2450 Wechselforderungen	34 500,00

▶ **Weitergabe (Indossierung) eines Kundenwechsels an einen Lieferer:**

Beispiel Kopie eines Schreibens vom 17. Juli 19.. an den Lieferer: Indossierung eines Wechsels, fällig am 15. September 19.. über 8 050,00 DM

Buchung:

4400 Verbindlichkeiten a. LL	an 2450 Wechselforderungen	8 050,00

Der Lieferer, dem der Wechsel zahlungshalber indossiert wurde, belastet den Kunden mit Diskont.

Beispiel Schreiben des Lieferers: Diskontlastschrift 8 % Diskont: 17.07. bis 15.09., 107,33 DM

Buchung:

7530 Diskontaufwendungen	an 4400 Verbindlichkeiten a. LL	107,33

● **Wechselverbindlichkeiten**

Ziehen Lieferanten Wechsel auf die Großhandelsunternehmung und akzeptiert die Großhandelsunternehmung diese Wechsel zahlungshalber, entstehen Wechselverbindlichkeiten. Die akzeptierten Wechsel verbriefen eine Geldschuld (Schuldwechsel).

4500 Wechselverbindlichkeiten (Schuldwechsel)	
Abgänge	**Zugänge**
❏ Einlösung von uns akzeptierter Wechsel am Verfalltag ❏ Einlösung von uns akzeptierter Wechsel am Verfalltag durch unsere Bank (Zahlstelle)	❏ Von uns gegebene Akzepte

▶ **Bezahlung einer fälligen ER mit Akzept:**

Beispiel Kopie eines Schreibens an den Lieferer: Bezahlung einer fälligen ER mit einem auf den Kunden gezogenen und vom Kunden akzeptierten Wechsel, fällig am 20. September 19.. über 11 500,00 DM.

Buchung:

4400 Verbindlichkeiten a. LL	an 4500 Wechselverbindlichkeiten	11 500,00

Stellt der Lieferer wegen seiner Kreditgewährung Diskont in Rechnung, lautet die Buchung wie oben.

▶ **Wechseleinlösung am Verfalltag:** Wie bei der Wechselforderung gibt es auch bei der Einlösung der Wechselverbindlichkeit zwei Möglichkeiten:

Beispiele

1. **Kontoauszug vom 20. September 19..:** Einlösung des vorgelegten Wechsels
   gegen Verrechnungsscheck   11 500,00 DM
   Buchung:
   4500 Wechselverbindlichkeiten   an   2800 Bank   11 500,00 DM

2. **Kontoauszug: Lastschrift** – Einlösung des Akzepts durch die Bank   11 500,00 DM
   Die Bank berechnet 1,5‰ Inkassoprovision = 17,25 DM
   Buchung:
   4500 Wechselverbindlichkeiten 11 500,00 DM
   6750 Kosten des Geldverkehrs   17,25 DM an   2800 Bank   11 517,25

Buchungen im Wechselverkehr

Wechselbuchungen

Wechselforderungen	**Wechselverbindlichkeiten**

❑ **Verkauf von Waren einschließl. USt. gegen Akzept**
2450 Wechselforderungen
    an 5100 Umsatzerlöse für Waren
    an 4800 Umsatzsteuer

❑ **Zahlung fälliger AR mit Akzept oder mit indossiertem Wechsel**
2450 Wechselforderungen
    an 2400 Forderungen a. LL

❑ **Belastung des Kunden mit Diskont**
2400 Forderungen a. LL
    an 5730 Diskonterträge

❑ **Diskontierung des Wechsels bei der Bank**
2800 Bank
7530 Diskontaufwendungen
    an 2450 Wechselforderungen

❑ **Indossierung eines Wechsels an den Lieferer**
4400 Verbindlichkeiten a. LL
2450 Wechselforderungen

❑ **Gutschriften der Bank wegen Wechselinkasso abzügl. Inkassoprovision**
2800 Bank
6750 Kosten des Geldverkehrs
    an 2450 Wechselforderungen

❑ **Einkauf von Waren einschließl. USt. gegen Akzept**
6060 Aufwendungen für Waren
2600 Vorsteuer
    an 4500 Wechselverbindlichkeiten

❑ **Bezahlung einer fälligen ER mit Akzept**
4400 Verbindlichkeiten a. LL
    an 4500 Wechselverbindlichkeiten

❑ **Lastschrift des Lieferers für Diskont**
7530 Diskontaufwendungen
    an 4400 Verbindlichkeiten a. LL

❑ **Lastschrift der Bank wegen der Einlösung eines Akzepts**
4500 Wechselverbindlichkeiten
6750 Kosten des Geldverkehrs
    an 2800 Bank

Abschluss der Bestandskonten für Handelswechsel

8010 Schlussbilanzkonto
    an 2450 Wechselforderungen
Bilanzposition bei Einzelunternehmen und Personengesellschaften
Wechselforderungen
Bilanzposition bei Kapitalgesellschaften
Forderungen a. LL
(enthält auch die Besitzwechsel)

4500 Wechselverbindlichkeiten
    an 8010 Schlussbilanzkonto
Bilanzposition bei Einzelunternehmen und Personengesellschaften
Wechselverbindlichkeiten
Bilanzposition bei Kapitalgesellschaften
Verbindlichkeiten aus der Annahme gezogener Wechsel

1 Bilden Sie die Buchungssätze zu folgenden Geschäftsfällen:

	DM	DM
1. **AR vom 14.03.:** Verkauf von Waren		
Ziel 30 Tage, Listenpreis	60 000,00	
– 8 % Mengenrabatt	4 800,00	55 200,00
+ 15 % Umsatzsteuer		8 280,00
		63 480,00
2. **Schreiben des Kunden/Akzept** (Fall 1)		
fällig am 13.06.		63 480,00
3. **BA:** Gutschrift des Wechsels (Fall 2) per Verfall abzügl.		
72,00 DM Inkassoprovision.		63 408,00

2 Die Primus GmbH erhält am 15. März von einem Kunden zum Ausgleich einer AR über 50 600,00 DM, fällig am 15. März, einen 90-Tage-Wechsel über denselben Betrag.
a) Berechnen Sie den Diskont (8 %), der dem Kunden in Rechnung gestellt wird!
b) Bilden Sie die Buchungssätze zur Erfassung des Wechseleingangs und der Diskontlastschrift an den Kunden!

3 Bilden Sie die Buchungssätze zu folgenden Geschäftsfällen:
Konten: 2400, 2450, 2600, 2800, 2860, 4400, 4800, 5730, 6750, 7530.

	DM	DM
1. **Schreiben eines Kunden vom 30.05.:** Ein Kunde schickt zum Ausgleich fälliger AR folgende Akzepte im Gesamtwert von		65 550,00
a) Wechsel, fällig am 30.06., für AR 320, fällig am 29.05.	14 605,00	
b) Wechsel, fällig am 10.07., für AR 375, fällig am 04.06.	13 915,00	
c) Wechsel, fällig am 20.07., für AR 407, fällig am 10.06.	16 330,00	
d) Wechsel, fällig am 24.07., für AR 462, fällig am 15.06.	20 700,00	
2. **Briefkopie vom 01.06.:** Lastschrift an Kunden (Fall 1) – 8 % Diskont.		533,24
3. **Wechselabrechnung von der Bank vom 05.06.:**		
Wechsel, fällig am 29.06.	14 605,00	
– 8 % Diskont für 25 Tage	81,14	
Barwert – Gutschrift am 05.06.		14 523,86
4. **Briefkopie vom 05.06.:** Weitergabe des 2. Wechsels (Fall 1) an einen Warenlieferer für ER 112, fällig am 05.06.		13 915,00
5. **Lastschriftanzeige des Lieferers vom 09.06.:** 8 % Diskont 05.06.–10.07.		77,31
6. Verrechnungsscheck/Inkasso: Vorlage des 3. Wechsels (Fall 1) beim Kunden		16 330,00
7. **BA vom 26.07.:** Gutschrift/Inkasso des 4. Wechsels (Fall 1) abzügl. 1‰ Inkassoprovision		20 679,30
8. **BA:** Gutschrift für eingereichten Scheck (Fall 6)		16 330,00

4 Bilden Sie die Buchungssätze zu folgenden Geschäftsfällen!
Konten: 2400, 2450, 2600, 2800, 2880, 4400, 4500, 5100, 5730, 6060, 6750, 7530.

1. **KB:** Inkasso eines fälligen Wechsels durch Vorlage beim Kunden. . . . .

	DM	DM
		1 840,00

2. **AR, Akzept:** Verkauf von Waren gegen Kundenakzept. 26 450,00
Umsatzsteueranteil (15 %) 3 450,00

3. **Schreiben des Kunden, Wechsel:** Ein Kunde zahlt mit indossiertem Wechsel 9 430,00

4. **ER, Briefkopie:** Wareneinkauf gegen Zahlung mit Akzept, netto 26 000,00
+ 15 % Umsatzsteuer. 3 900,00   29 900,00

5. **Wechselabrechnung von der Bank:** Wechsel, fällig am 01.03. . . . . 34 500,00
– 9 % Diskont für 34 Tage 293,25   34 206,75

6. **BA:** Weitergabe eines Wechsels an die Bank zum Inkasso (Fall 2). 26 450,00

7. **BA:** Lastschrift, 1‰ Inkassospesen (Fall 6). 52,90

8. **Briefkopie:** Indossierung eines Wechsels an einen Warenlieferer (Fall 3) 9 430,00

9. **Belastungsanzeige des Warenlieferers:** 9 % Diskont für 60 Tage (Fall 8) 141,45

10. **PBA:** Überweisung des Diskonts an den Warenlieferer (Fall 9). 141,45

5 **Konten:** 2000, 2400, 2450, 2600, 2800, 2880, 3000, 4400, 4500, 4800, 5100, 5730, 6060, 6061, 6300, 6700, 6750, 6820, 6870, 7000, 7530, 8000, 8010, 8020

Anfangsbestände:

	DM			DM
2280 Warenbestand	110 000,00	2880 Kasse		4 150,00
2400 Forderungen a. LL . . .	33 005,00	3000 Eigenkapital		423 190,00
2450 Wechselforderungen	16 330,00	4400 Verbindlichkeiten a. LL . .		50 600,00
2800 Bank.	352 000,00	4500 Wechselverbindlichkeiten		17 595,00
		4800 Umsatzsteuer		24 100,00

Geschäftsfälle:

	DM	DM
1. **ER:** Wareneinkauf gegen Akzept, netto	42 000,00	
+ 15 % Umsatzsteuer.	6 300,00	48 300,00
2. **BA:** Banküberweisungen an		
a) Vermieter für gemietetes Betriebsgebäude	36 000,00	
b) Finanzamt für die Umsatzsteuer des Vormonats . . .	24 100,00	
c) Telekom für Telefongebühren einschl. 15 % USt . . .	4 278,00	64 378,00
3. **AR:** Verkäufe von Waren		
a) auf Ziel, netto	260 000,00	
+ 15 % Umsatzsteuer.	39 000,00	299 000,00
b) gegen Kundenakzept, netto	42 000,00	
+ 15 % Umsatzsteuer.	6 300,00	48 300,00
c) gegen Verrechnungsscheck, netto	122 000,00	
+ 15 % Umsatzsteuer.	18 300,00	140 300,00

4. **BA:** Gutschriften	DM	DM
a) Inkasso eines Wechsels: Wechselsumme abzügl. 32,20 DM Inkassoprovision.	16 067,80	
b) Überweisungen von Kunden für fällige AR	197 800,00	213 867,80

5. **KB:**		
a) Einlösung eines vorgelegten Akzepts	2 990,00	
b) Barzahlung für eine Werbeanzeige, brutto	197,80	3 187,80
Umsatzsteueranteil (15 %)		?

6. **BA:** Überweisungen		
a) der Gehälter an die Angestellten	122 000,00	
b) der Gewerbesteuer an die Stadtkasse	25 000,00	147 000,00

7. **ER:** Wareneinkauf auf Ziel, Listeneinkaufspreis, netto.	90 000,00	
− 10 % Mengenrabatt	9 000,00	81 000,00
+ Fracht.	1 600,00	
+ Transportversicherung	162,00	1 762,00
		82 762,00
+ 15 % Umsatzsteuer		12 414,30
		95 176,30

8. **Wechselabrechnung von der Bank:**		
Wechsel, fällig am 18.12.		34 500,00
− 8 % Diskont für 90 Tage		690,00
Barwert und Gutschrift zum 19.09.		33 810,00

9. **Belastungsanzeige an einen Kunden:** 9 % Diskont		
(Fall 8) – 90 Tage		690,00

Abschlussangaben:

Warenendbestand lt. Inventur		122 000,00

Buchen Sie die Geschäftsfälle und führen Sie den Abschluss durch!

6 Ordnen Sie folgenden Geschäftsfällen die unten stehenden Buchungssätze zu!

Geschäftsfälle:
1. Eine Lieferertratte wird akzeptiert.
2. Ein Kunde schickt zum Ausgleich einer Rechnung einen Wechsel.
3. Weitergabe eines Kundenakzeptes an einen Lieferer.
4. Ein Kundenakzept wird durch die Bank diskontiert. Gutschrift abzüglich Diskont und Spesen.
5. Kauf eines Lkw gegen unser Akzept.
6. Lastschriftanzeige an einen Kunden für Diskont.

Buchungssätze:

a) 2450 an 240	c) 0830	f) 4400 an 2450
b) 2800	2600 an 4500	g) 7530 an 4400
7530	d) 2400 an 5730	h) 2800 an 2400
6750 an 2450	e) 4400 an 4500	i) 0840
		2600 an 4500

7 Entscheiden Sie bei unten stehenden Geschäftsfällen, ob die Buchungen jeweils

a) einen Aktivtausch,   c) eine Aktiv-Passivmehrung,
b) einen Passivtausch,   d) eine Aktiv-Passivminderung
bewirken.

Geschäftsfälle:
1. Ein Besitzwechsel wird zahlungshalber an einen Lieferer weitergegeben.
2. Ein bei der Hausbank eingereichter Kundenscheck wird unter Vorbehalt gutgeschrieben.
3. Eine Liefererratte wird von uns akzeptiert.
4. Ein von uns akzeptierter Wechsel wird von uns bar eingelöst.
5. Die Bank gewährt ein Darlehen. Der Betrag wird auf dem Girokonto bereitgestellt.
6. Ein Schuldner zahlt ein ihm gewährtes Darlehen zurück.
7. Ein Warenlieferer wandelt seine Forderungen a. LL in eine Darlehensschuld um.

8 Prüfen Sie, ob unten stehende Sachverhalte
a) ein vorläufiges positives Unternehmungsergebnis mindern,
b) ein vorläufiges positives Unternehmungsergebnis mehren,
c) ein vorläufiges positives Unternehmungsergebnis unverändert lassen!

Sachverhalte:
1. Aufnahme eines kurzfristigen Darlehens bei der Bank
2. Privatentnahme von Haushaltsgeld
3. Lastschrift eines Warenlieferers für Diskont
4. Banküberweisung von einem Kunden nach Abzug von Skonto
5. Ausgleich einer fälligen ER mit Akzept
6. Lastschrift an einen Kunden wegen Verzugszinsen

3.4.5 Forderungsausfälle – Bewertung von Forderungen

Die Primus GmbH hatte dem Neukunden Karl Heller, Burgstr. 3, 47137 Duisburg, zur Geschäftseröffnung Waren im Werte von 11500,00 DM einschl. 15 % Umsatzsteuer geliefert. Trotz mehrmaliger Mahnung nach Fälligkeit der Rechnung blieb die Zahlung aus. Am 19. März 19.. erfährt die Primus GmbH, dass über das Vermögen der Fa. Heller das Konkursverfahren eröffnet wurde.

Arbeitsauftrag
❑ Erläutern Sie mögliche Folgen für die Primus GmbH!
❑ Machen Sie Vorschläge für die Erfassung dieser Forderung in der Buchhaltung!

● Zweifelhafte und uneinbringliche Forderungen

Kann der Unternehmer aufgrund ihm vorliegender Informationen (Mahnverfahren, Eröffnung von Vergleichs- und Konkursverfahren) annehmen, dass eine Forderung nicht in vollem Umfang beglichen wird, sollte eine solche **zweifelhafte Forderung von den übrigen wahrscheinlich einwandfreien Forderungen getrennt** werden.

Buchung:

2470 Zweifelhafte Forderungen		an	2400 Forderungen a. LL	11 500,00

S	2400 Forderungen a. LL	H	S	2470 Zweifelhafte Forderungen	H
SU	172 500,00	2470 11 500,00 ➞	2400	11 500,00	

Ist damit zu rechnen, dass eine zweifelhafte Forderung **ganz ausfällt** (z. B. bei Einstellung des Konkursverfahrens mangels Masse), dann ist diese **uneinbringliche Forderung** abzuschreiben (§§ 252 f. HGB) und damit auszubuchen.

▶ **Umsatzsteuerberichtigung:** Die **Abschreibung der uneinbringlichen Forderungen** bedeutet umsatzsteuerrechtlich, dass auch das Entgelt uneinbringlich geworden ist. Weil die Entgeltsminderung in diesem Falle feststeht, muss nach § 17 Abs. 2 UStG die Umsatzsteuer entsprechend berichtigt werden. Die Umsatzsteuer kann daher für den Unternehmer nie Verlust verursachen und darf somit nicht zum Bestandteil des Abschreibungsaufwandes werden.

❑ Die **uneinbringliche Forderung** wird **mit ihrem Nettowert direkt abgeschrieben** (6950).

❑ Die in der Forderung enthaltene **Umsatzsteuer** ist gleichzeitig **in voller Höhe zu berichtigen.**

Beispiel **Schreiben des Konkursverwalters:** Das Konkursverfahren gegen Karl Heller, Möbelhandlung, wird mangels Masse eingestellt.

Buchung:

6950 Abschreibung auf Forderungen 10 000,00
4800 Umsatzsteuer   1 500,00 an 2470 Zweifelhafte Forderungen 11 500,00

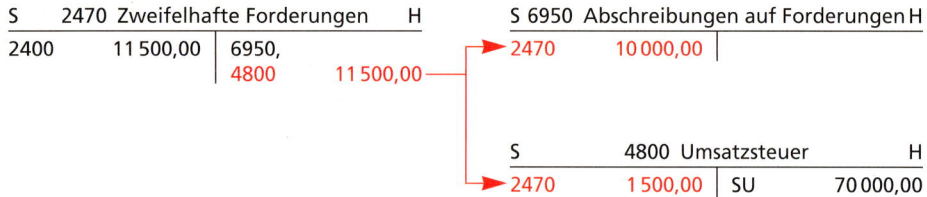

 ● **Teilweiser Zahlungseingang zweifelhafter Forderungen.**

Wird von einer zweifelhaften Forderung des Geschäftsjahres wegen Konkurs oder Vergleich nur ein Teilbetrag beglichen, dann muss der nicht ausgeglichene Forderungsanteil als Forderungsverlust über das Konto **„6950 Abschreibungen auf Forderungen"** abgeschrieben werden. Die auf den Forderungsausfall entfallende Umsatzsteuer wird vom Finanzamt zurückgefordert. Daher werden die auf dem Konto „4800 Umsatzsteuer" erfassten Umsatzsteuerschulden um diesen Rückforderungsanspruch korrigiert.

Beispiel Am 18. Oktober 19.. wurde die Forderung an einen Kunden über 5 750,00 DM einschl. 15 % USt wegen der Eröffnung des Vergleichverfahrens als zweifelhaft umgebucht. Am 30. November 19.. wurden nach Abschluß des Vergleichverfahrens 2 300,00 DM einschl. 15 % USt (40 % Vergleichsquote) auf das Bankkonto überwiesen.

1. Buchung des Zahlungseingangs:

2800 Bank   an 2470 Zweifelhafte Forderungen   2 300,00

2. Buchung des Forderungsverlustes:
Der Forderungsverlust beträgt 3 000,00 DM, also 60 % der Nettoforderung.

6950 Abschreibungen auf Forderungen   an 2470 Zweifelhafte Forderungen   3 000,00

3. Buchung der USt-Korrektur:
Der Umsatzsteuerrückforderungsanspruch an das Finanzamt beträgt 450,00 DM, also 60 % der ursprünglich gezahlten USt.

4800 Umsatzsteuer   an 2470 Zweifelhafte Forderungen   450,00

❑ Forderungen des Geschäftsjahres, deren Ausfall ganz oder teilweise bis zum Ende des Geschäftsjahres feststeht, sind als Forderungsverluste über das Konto „6950 Abschreibungen auf Forderungen" abzuschreiben.

❑ Der auf den Forderungsverlust entfallende Umsatzsteueranteil ist zu berichtigen.

● Bewertung zweifelhafter Forderungen beim Jahresabschluss

Abschreibungen und Wertberichtigung wegen spezieller Kreditrisiken: Bei den übrigen zweifelhaften Forderungen muss der Unternehmer zum Bilanzstichtag den in der Bilanz anzusetzenden **niedrigeren Wert schätzen.** Der damit **geschätzte Ausfall** (spezielles Kreditrisiko) ist **abzuschreiben;** weil der **Forderungsausfall nicht exakt feststeht,** darf die **Umsatzsteuer noch nicht korrigiert werden.**

Forderungsausfälle – Bewertung von Forderungen

- Zum Jahresabschluss sind **zweifelhafte Forderungen einzeln zu bewerten** – Bewertungsgrundsatz der Einzelbewertung –.
- Liegt der erwartete Wert unter dem ursprünglichen Forderungsbetrag, muss aus Gründen des Gläubigerschutzes der **niedrigere Wert** angesetzt werden – **strenges Niederstwertprinzip** –.
- Der geschätzte Forderungsverlust wird mit seinem Nettowert abgeschrieben: 6950 Abschreibungen auf Forderungen an 2470 Zweifelhafte Forderungen
- Die Umsatzsteuer wird erst korrigiert, wenn der Forderungsverlust endgültig feststeht.

---

1 Geben Sie die Buchungssätze für die folgenden Geschäftsfälle in der Stahlhandel Robust GmbH an!
Auszug aus dem Kontenplan: 2400, 2470, 2800, 4800, 5490, 6950

    1. Eigenbeleg vom 15.10.:
    Der Kunde Robert Rhein erhielt die dritte Mahnung ohne Erfolg.
    Unsere Forderung lt. AR v. 15. 06. beträgt einschl. 15 % USt . . . .   48 300,00 DM

    2. Eigenbeleg vom 02.11.:
    Zweifelhafte Forderung einschl. USt gegenüber dem Kunden
    Sorge . . . .   27 600,00 DM
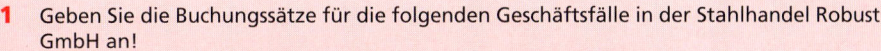
    Der Kunde widersprach dem Forderungseinzug erfolgreich mit dem
    Hinweis auf die Verjährung. Die Forderung ist uneinbringlich!

2 **Kontenplan einer Großhandlung:** 2400, 2470, 6950, 8010, 8020

    1. Der Kunde Emil Eiche wurde von uns bereits mehrmals gemahnt.
    Unsere Forderung einschl. 15 % USt . . . .   4 600,00 DM

    2. Der Kunde Fritz Fichte beantragte das Konkursverfahren.
    Unsere Forderung beträgt einschl. 15 % USt . . . .   5 750,00 DM

    3. Zum 31. Dezember des Geschäftsjahres sind die Forderungen zu bewerten:
      1. Beim Kunden Eiche wird die Ausfallquote auf 75 % geschätzt.
      2. Beim Kunden Fichte wird die Ausfallquote auf 90 % geschätzt.

    a) Geben Sie die Buchungssätze für die Folgerungen an, die sich aus den Informationen über die Kunden Eiche und Fichte ergeben!
    b) Bewerten Sie die Forderungen gegenüber Eiche und Fichte gem. § 253 HGB und geben Sie die damit verbundenen Buchungssätze an!
    c) Geben Sie die Buchungssätze zum Abschluss der Konten 2470 und 6950 an!

3 4	Kontenplan 2400, 2470, 6950, 8010, 8020	Aufgabe 3 DM	Aufgabe 4 DM
	Forderungen a. LL.	230 000,00	276 000,00
	Geschäftsfälle 1. Am 15. September 19.. wurde über das Vermögen eines Kunden das Konkursverfahren eröffnet. Unsere Forderungen beträgt einschl. 15 % USt	27 600,00	28 750,00
	2. Zum 31. Dezember 19.. ist die Forderung zu bewerten. Es wird mit einer Konkursquote gerechnet von	10 %	18 %

a) Buchen Sie auf den obigen Konten den Fall 1!

b) Bewerten Sie die Forderungen gem. HGB und buchen Sie diese vorbereitende Abschlussbuchung auf den entsprechenden Konten!

c) Schließen Sie die Konten 6950 und 2470 unter Angabe der Gegenkonten ab!

5 **Kontenplan einer Großhandlung:** 2800, 2470, 4800, 6950
Auf eine zweifelhafte Forderung in Höhe von 2 300,00 DM einschl. 15 % USt wurde zum Ende des Geschäftsjahres eine Abschreibung von 1 600,00 DM durchgeführt.
Mit welcher Konkursquote wurde zum Bilanzstichtag gerechnet?

6 Über das Vermögen der Kunden Klein und Wirtz wurde am **12. Oktober 19..** das **Konkursverfahren eröffnet**.
Unsere Forderungen gegenüber den Unternehmen:
Klein: . . . . 6 900,00 DM; Wirtz: . . . . 9 200,00 DM
Zum **Bilanzstichtag 31. Dezember** des Geschäftsjahres erfahren wir vom Konkursverwalter, dass mit einem Forderungsausfall von 70 % gegenüber der Firma Klein und von 90 % gegenüber der Firma Wirtz zu rechnen ist.
1. Geben Sie den Buchungssatz an, der bei Erhalt der Information über die Eröffnung der Konkursverfahren durchzuführen ist!
2. Geben Sie die Buchungssätze zur Bewertung der Forderungen zum 31. Dezember an!
3. Geben Sie die Buchungssätze zum Abschluss der Konten 2470 und 6950 an!

7 In der Finanzbuchhaltung einer Großhandelsunternehmung sind folgende Vorgänge zu erfassen:
Kontenplan: 2400, 2470, 4800, 6950, 8000, 8010, 8020
1. Im **Oktober des Geschäftsjahres** (1. Jan.–31. Dez.) wird das Konkursverfahren gegen den Kunden Abel eröffnet. Die Forderung gegenüber dem Kunden Abel beträgt einschließlich 15 % USt . . . . 28 175,00 DM
2. Im **November des Geschäftsjahres** beantragt der Kunde Bube die Eröffnung des gerichtlichen Vergleichsverfahrens. Die Forderung gegenüber dem Kunden Bube beträgt einschl. 15 % USt . . . . 41 400,00 DM
3. **Zum 31. Dezember des Geschäftsjahres** sind beide Forderungen zu bewerten. Beim Kunden Abel ist mit einer Konkursquote von 15 %, beim Kunden Bube mit einer Vergleichsquote von 48 % zu rechnen.

   a) Geben Sie die Buchungen an, die aufgrund der Informationen im Oktober und November notwendig werden!

   b) Führen Sie die Bewertung der beiden Forderungen zum 31. Dezember des Geschäftsjahres durch. Geben Sie die dazu erforderlichen Buchungen an und berechnen Sie die Buchwerte der beiden Forderungen! Geben Sie außerdem die Buchungssätze zum Abschluss der Konten 2470 und 6950 an!

8 Finanzbuchhaltung der Farbengroßhandel Gold-Lack GmbH
Kontenplan: 2400, 2470, 2800, 4800, 6950

1. **Am 1. November des Geschäftsjahres** stellte der Kunde Plus GmbH den Antrag auf Eröffnung des Vergleichsverfahrens.
   Unsere Forderung an den Kunden beträgt 17 710,00 DM einschl. 15 % USt.
2. **Zum Jahresabschluss des Geschäftsjahres** erhalten wir die Information, dass mit einer möglichen Vergleichsquote von 40 % zu rechnen ist.
   a) Geben Sie die Buchung an, die sich aufgrund der Information vom 1. November des Geschäftsjahres ergibt!
   b) Bewerten Sie die Forderung zum 31. Dezember des Geschäftsjahres!
   Geben Sie den dazu notwendigen Buchungssatz an!
   Erläutern Sie die Zusammensetzung des Buchwertes bzw. niedrigeren Wertes der Forderung!

9 Finanzbuchhaltung der Möbelgroßhandel Bequem GmbH
Kontenplan: 2400, 2470, 2800, 4800, 6950

1. **Am 15. Oktober des Geschäftsjahres** stellte der Kunde Karl Säumig den Antrag auf Eröffnung des gerichtlichen Vergleichsverfahrens. Unsere Forderung gegenüber dem Kunden beträgt 276 000,00 DM einschließlich 15 % USt.
2. **Zum Jahresabschluss des Geschäftsjahres** erhalten wir die Information, dass mit einer möglichen Vergleichsquote von 45 % zu rechnen ist.
   a) Geben Sie die Buchung an, die sich aufgrund der Information vom 15. Oktober des Geschäftsjahres ergibt!
   Begründen Sie den Sinn dieser Buchung!
   b) Bewerten Sie die Forderung zum 31. Dezember des Geschäftsjahres!
   Geben Sie den dazu notwendigen Buchungssatz an!

3.5 Personalwirtschaft

3.5.1 Löhne, Gehälter und Lohnnebenkosten

Nun arbeitet Frau Schiffer schon fast einen Monat in der Primus GmbH. In den nächsten Tagen erwartet sie die erste Gehaltszahlung auf ihrem Bankkonto. Im Arbeitsvertrag hatte sie nach etwas längerer Verhandlung für das erste Dienstjahr einem angebotenen Bruttogehalt von 4 225,00 DM monatlich zugestimmt. Bei ihrer ersten Gehaltszahlung ist sie jedoch geschockt: nur 2 417,96 DM. Frau Schiffer ist nicht verheiratet und kinderlos.

Arbeitsauftrag

❏ Stellen Sie Argumente für die unterschiedliche Auffassung beider Verhandlungspartner zur Höhe des Entgelts gegenüber!

❏ Führen Sie die Gehaltsabrechnung durch, der Beitragssatz zur Krankenversicherung beträgt 14 %!

● Aufwand der Unternehmung – Einkommen der Arbeitnehmer

Die Arbeitnehmer stellen dem Unternehmen ihre Arbeitskraft zur Verfügung. Als Vergütung (Arbeitsentgelt) erhalten die **Arbeiter Löhne,** die **Angestellten Gehälter.**

Löhne und Gehälter sind für den Arbeitnehmer **Einkommen,** für das Untenehmen (Arbeitgeber) **Aufwand.**

● Steuerpflichtiger oder steuerfreier Arbeitslohn

▶ **Steuerpflichtige Einkünfte:** Mit dem Bezug von Lohn bzw. Gehalt wird der Arbeitnehmer **lohnsteuerpflichtig.** Gegenstand des Lohnsteuerabzugs ist der **Arbeitslohn.** Dazu zählen grundsätzlich alle Einnahmen, die dem Arbeitnehmer aus seinem Dienstverhältnis zufließen. Es ist gleichgültig,

- ❑ ob es sich um einmalige oder regelmäßige Einnahmen oder
- ❑ ob es sich um Geld-, Sachbezüge oder geldwerte Vorteile handelt.

Laufende und einmalige Geldzahlungen	Sachbezüge und andere geldwerten Vorteile
❑ Löhne und Gehälter zuzüglich etwaiger Zulagen und Zuschläge ❑ Provisionen ❑ 13. Monatsgehalt ❑ Einmalige Abfindungen und Entschädigungen ❑ Urlaubsgeld ❑ Erfindervergütung	❑ verbilligte oder freie Wohnung ❑ verbilligte oder freie Verpflegung ❑ kostenlose oder verbilligte Überlassung von Waren ❑ kostenlose oder verbilligte Überlassung von Kraftfahrzeugen für Privatzwecke ❑ Fahrtkostenzuschüsse

▶ **Zulagen und Zuschläge:** Diese werden wegen der Besonderheit der Arbeit regelmäßig gewährt:

Zulagen/Zuschläge	Begründung
❑ Mehrarbeitszuschläge ❑ Zuschläge für besondere Arbeitszeiten ❑ Gefahren- und Erschwerniszuschläge	❑ Überstunden ❑ Nachts-, Sonn- und Feiertagsarbeit, Wechselschicht ❑ Schmutz, Hitze, Explosionsgefahr, Staub, Giftdämpfe, starke Geräusche, hohe Feuchtigkeit am Arbeitsplatz

▶ **Steuerfreie Einkünfte:** Für bestimmte Einkünfte, die der Arbeitnehmer aus besonderen Anlässen erhält, hat der Gesetzgeber bis zu einer Höchstgrenze Steuerfreiheit vorgesehen.

Beispiel Heirats- und Geburtsbeihilfen jeweils bis 700,00 DM

● Vom Brutto- zum Nettoentgelt

▶ **Lohnsteuer:** Die **Lohnsteuer** ist eine besondere **Erhebungsform der Einkommensteuer.** Bei **Einkünften aus nichtselbständiger Arbeit** wird die Einkommensteuer als sogenannte Lohnsteuer vom Arbeitslohn erhoben.

§ 38 Abs. 3 EStG: Der Arbeitgeber hat die Lohnsteuer für Rechnung des Arbeitnehmers bei jeder Lohnzahlung vom Arbeitslohn einzubehalten.

Die einbehaltene Lohnsteuer richtet sich nach

- der **Höhe des Arbeitslohnes,**
- der **Steuerklasse** (Familienstand, Kinder des Arbeitnehmers, Zahl der Arbeitsverträge) und möglichen Freibeträgen lt. Lohnsteuerkarte (z.B. wegen erhöhter Werbungskosten).

Außerdem können im Rahmen des Lohnsteuerjahresausgleichs Sonderausgaben und außergewöhnliche Belastungen geltend gemacht werden (vgl. S. 278).

▶ **Lohnsteuerklassen:** Die Lohnsteuerklassen, denen die Arbeitnehmer zugeordnet werden, spiegeln gesellschaftspolitische Zielsetzungen wider (Förderung von Ehe und Familie).

Klasse	Zuordnungskriterien
I	Arbeitnehmer, die ledig sind oder Verheiratete, die verwitwet oder geschieden sind.
II	Die in der Steuerklasse I genannten Personen, in deren inländischer Wohnung mindestens ein Kind gemeldet ist.
III	Verheiratete Arbeitnehmer, wenn der Ehegatte keinen Arbeitslohn bezieht oder wenn der Ehegatte in die Steuerklasse V eingereiht wird.
IV	Verheiratete Arbeitnehmer, wenn beide Ehegatten Arbeitslohn beziehen.
V	Verheiratete Arbeitnehmer, wenn der Ehegatte ebenfalls Arbeitslohn bezieht und die Einreihung des einen Ehegatten in die Steuerklasse III auf Antrag beider Ehegatten erfolgt.
VI	Arbeitnehmer, die gleichzeitig Arbeitslohn von mehreren Arbeitgebern beziehen; Eintragung auf der zweiten oder jeder weiteren Steuerkarte.

▶ **Höhe der Lohnsteuer:** Der **viergeteilte Einkommensteuer-Tarif** veranschaulicht die Höhe der Lohnsteuer:

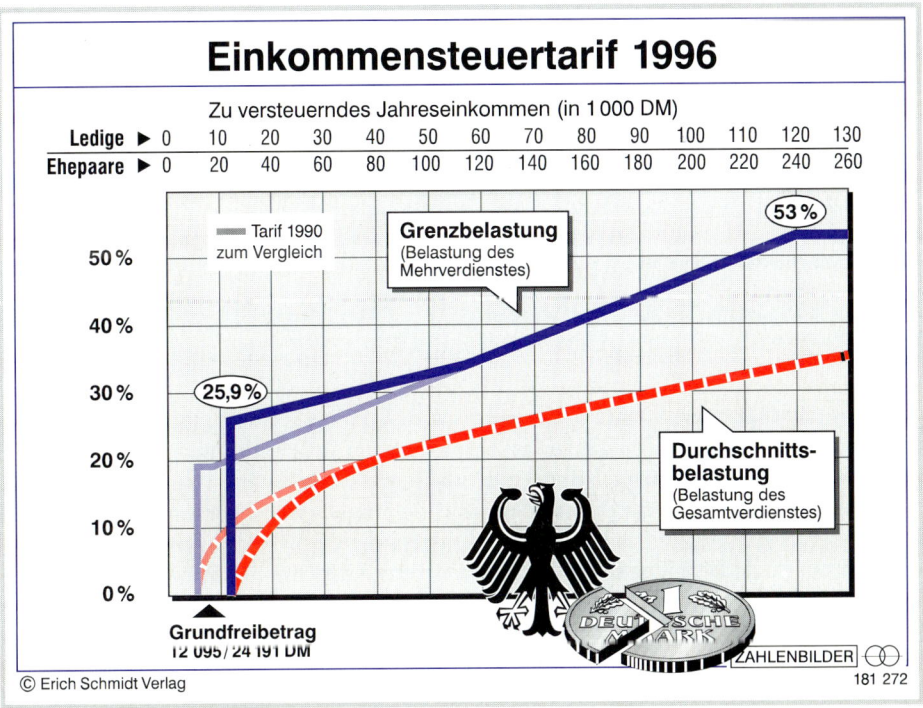

© Verlag Gehlen

Zu versteuerndes Einkommen	Steuersatz

Grundfreibetrag (Existenzminimum)
  12 095,00 DM bei Ledigen
  24 191,00 DM bei Ehepaaren
	Freizone: Keine Lohnsteuer

von 12 096,00 DM bis 55 730,00 DM bei Ledigen von 24 192,00 DM bis 111 460,00 DM bei Ehepaaren	**Untere Progressionszone:** geradlinige Steigerung vom Eingangssteuersatz von 25,9 %
von 55 731,00 DM bis 120 000,00 DM bei Ledigen von 111 461,00 DM bis 240 000,00 DM bei Ehepaaren	**Obere Progressionszone:** geradliniger aber steilerer Anstieg bis auf 53 %
ab 120 000,00 DM bei Ledigen ab 240 000,00 DM bei Ehepaaren	**Proportionalzone:** gleichbleibender Steuersatz von 53 %

Schuldner der Lohnsteuer ist der **Arbeitnehmer.** Der **Arbeitgeber haftet** für die Einbehaltung und Abführung der Lohnsteuer.

▶ **Lohnsteuerfreibeträge:** Mögliche Freibeträge (z. B. erhöhte Sonderausgaben, Werbungskosten und außergewöhnliche Belastungen) werden auf Antrag des Arbeitnehmers **vom Finanzamt** auf der LSt-Karte **eingetragen.**

Beispiel Frau Braun, Mitarbeiterin im Rechnungswesen der Primus GmbH, die ein Bruttogehalt von 4 200,00 DM erhält, hat sich auf Antrag einen Steuerfreibetrag wegen erhöhter Werbungskosten von 400,00 DM in die Steuerkarte eintragen lassen. In diesem Fall wird die Lohnsteuer von 3 800,00 DM ermittelt.

Werbungskosten = berufsbedingte Ausgaben	Sonderausgaben	Außergewöhnliche Belastungen

❏ Fahrten zwischen Wohnung
  und Arbeitsstätte
❏ Berufskleidung
❏ Arbeitszimmer
❏ Fachbücher, Fachzeitschriften
❏ Beiträge zu Berufsverbänden und Gewerkschaften
❏ Fortbildungskosten im ausgeübten Beruf
	❏ Unterhaltsleistungen an
	  den geschiedenen oder
	  dauernd getrennt lebenden Ehegatten
	❏ Kosten der eigenen Berufsausbildung
	❏ Kirchensteuer
	❏ Steuerberatungskosten
	❏ Spenden
		❏ Beerdigungskosten
		❏ außergewöhnliche Krankheitskosten

▶ **Lohnsteuerkarte:**

Die Besteuerungsmerkmale entnimmt der Arbeitgeber der Lohnsteuerkarte, die die **Gemeinden** dem Arbeitnehmer für jedes Kalenderjahr **unentgeltlich ausstellen.** Die Gemeinde hat auf der Lohnsteuerkarte insbesondere die **persönlichen Daten,** die **Steuerklasse** und die **Zahl der Kinderfreibeträge** für Kinder des Arbeitnehmers, die das 18. Lebensjahr noch nicht vollendet haben, einzutragen. Die Zahl der Kinderfreibeträge wird mit dem Zähler 0,5 angegeben, wenn sich die Ehegatten den Kinderfreibetrag von 6 912,00 DM (im Jahre 1997) teilen. Wenn beide Ehegatten Arbeitslohn beziehen, stellt der Gesetzgeber **zwei Steuerklassenkombinationen** zur Wahl. Die **Kombination IV/IV** bei gleich hohem Arbeitslohn, die **Steuerklassenkombination III/V** bei erheblich höherem Lohn eines Ehegatten.

Lohnsteuerkarte 19..   3912018

Ordnungsmerkmale des Arbeitgebers

Gemeinde und AGS
45478 Mülheim   06434001

Finanzamt und Nr.
45478 Mülheim   2603

Geburtsdatum
15. Mai 19..

Der Magistrat – Einwohnermeldeamt
45478 Mülheim

I. Allgemeine Besteuerungsmerkmale

Steuer-klasse	Kinder unter 18 Jahren: Zahl der Kinderfreibeträge
eins	---

Schiffer, Claudia
Lutherstraße 10

45478 Mülheim

Kirchensteuerabzug
rk

(Datum)
20. September 19..

(Gemeindebehörde)
Stadt Mülheim

II. Änderungen der Eintragungen im Abschnitt I

Steuerklasse	Zahl der Kinder-freibeträge	Kirchensteuerabzug	Diese Eintragung gilt, wenn sie nicht widerrufen wird:	Datum, Stempel und Unterschrift der Behörde
			vom 19.. an	
			bis zum 31. Dezember 19..	i. A.
			vom 19.. an	
			bis zum 31. Dezember 19..	i. A.
			vom 19.. an	
			bis zum 31. Dezember 19..	i. A.

III. Für die Berechnung der Lohnsteuer sind vom Arbeitslohn als steuerfrei abzuziehen:

Jahresbetrag DM	monatlich DM	wöchentlich DM	täglich DM	Diese Eintragung gilt, wenn sie nicht widerrufen wird:	Datum, Stempel und Unterschrift der Behörde
In Buch-staben	-tausend	Zehner und Einer wie oben -hundert		vom 19.. an	
				bis zum 31. Dezember 19..	i. A.
In Buch-staben	-tausend	Zehner und Einer wie oben -hundert		vom 19.. an	
				bis zum 31. Dezember 19..	i. A.
Ggf. zusätzlich zum s. a. Freibetrag In Buch-staben	-hundert (Zehner und Einer wie oben)			vom 19.. an	
bei der Tätigkeit als					i. A.

IV. Lohnsteuerbescheinigung für das Kalenderjahr 19.. und besondere Angaben

		vom - bis			vom - bis			vom - bis	
1. Dauer des Dienstverhältnisses		01.01.-31.12.							
		Anzahl „U"	DM	Pf	Anzahl „U"	DM	Pf	Anzahl „U"	DM	Pf
2. Zeiträume ohne Anspruch auf Arbeitslohn									
3. Bruttoarbeitslohn einschl. Sachbezüge ohne 9. bis 11.			54 925	00					
4. Einbehaltene Lohnsteuer von 3.			10 149	75					
5. Einbehaltener Solidaritätszuschlag von 3.			761	15					
6. Einbehaltene Kirchensteuer des Arbeitnehmers von 3.			913	38					
7. Einbehaltene Kirchensteuer des Ehegatten von 3. (nur bei konfessionsverschiedener Ehe)									
8. In 3. enthaltene steuerbegünstigte Versorgungsansprüche									
9. Steuerbegünstigte Versorgungsbezüge für mehrere Kalenderjahre									
10. Arbeitslohn für mehrere Kalenderjahre									
11. Ermäßigt besteuerte Entschädigungen									
12. Einbehaltene Lohnsteuer von 9. bis 11.									
13. Einbehaltener Solidaritätszuschlag von 9. bis 11.									
14. Einbehaltene Kirchensteuer des Arbeitnehmers von 9. bis 11.									
15. Einbehaltene Kirchensteuer des Ehegatten von 9. bis 11. (nur bei konfessionsverschiedener Ehe)									
16. Kurzarbeiter- u. Schlechtwettergeld, Zuschuß z. Mutterschaftsgeld, Verdienstausfallentschädigung (Bundesseuchengesetz), Aufstockungsbetrag (Altersteilzeit)*									
17. Steuerfreier Arbeitslohn nach	Doppelbesteuerungsabkommen								
	Auslands-tätigkeitserlaß								
18. Steuerfreie Arbeitgeberleistungen für Fahrten zwischen Wohnung und Arbeitsstätte									
19. Pauschalbesteuerte Arbeitgeberleistungen für Fahrten zwischen Wohnung und Arbeitsstätte									
20. Steuerfreie Vergütungszuschüsse bei Auswärtstätigkeit									
21. Steuerfreie Arbeitgeberleistungen bei doppelter Haushaltsführung									
22. Steuerfreie Arbeitgeberzuschüsse zur freiwilligen Krankenversicherung und zur Pflegeversicherung									
23. Arbeitnehmeranteil am Gesamt-sozialversicherungsbeitrag									
24.			10 623	99					

Anschrift des Arbeitgebers (lohnsteuerliche Betriebsstätte) Firmenstempel; Unterschrift:

Finanzamt, an das der Arbeitgeber die Lohnsteuer abgeführt hat

---

▶ **Lohnsteuertabellen:** Lohnsteuertabellen dienen der schnellen Durchführung des Lohn-steuerabzugs. In ihnen werden die **Abzüge** für die einzelnen Steuerklassen **unter Berücksich-tigung allgemeiner Freibeträge** (Arbeitnehmerpauschbetrag von 2 000,00 DM, eine Vorsor-gepauschale, ein Sonderausgabenpauschbetrag von 108,00 DM in den Steuerklassen I, II und IV, von 216,00 DM in der Steuerklasse III) ausgewiesen. Aus der Lohnsteuertabelle kann häu-fig auch die Kirchensteuer, die Rentenversicherung (K = Rentenversicherung der Arbeiter, L = Rentenversicherung der Angestellten), die Arbeitslosenversicherung (Beitragsgruppe M) und die Pflegeversicherung (P) entnommen werden.

▶ **Kindergeld:** Ab 1997 beträgt das Kindergeld monatlich
❑ für das erste und zweite Kind je   220,00 DM
❑ für das dritte Kind   300,00 DM
❑ für jedes weitere Kind   350,00 DM

Arbeitnehmer erhalten das Kindergeld grundsätzlich von ihrem Arbeitgeber zusammen mit dem Arbeitslohn ausgezahlt. Voraussetzung hierfür ist allerdings, dass sie dem Arbeitgeber eine Bescheinigung der Familienkasse des zuständigen Arbeitsamtes über die Höhe des mo-natlich auszuzahlenden Kindergeldes vorlegen.

Der Kinderfreibetrag von 6912,00 DM je Kind kann ab 1997 nur noch im Lohnsteuerjahresausgleich auf dem Formular für die Einkommensteuererklärung geltend gemacht werden.

Auf die Höhe der Lohnsteuer hat die in der Lohnsteuerkarte bescheinigte Zahl der Kinderfreibeträge keinen Einfluss mehr. Der Arbeitgeber verrechnet das ausgezahlte Kindergeld mit der einbehaltenen Lohnsteuer.

▶ **Solidaritätszuschlag:** Seit dem 31. Dezember 1994 wird ein Solidaritätszuschlag erhoben. Er beträgt 7,5 % der Lohnsteuer. Er wird in der Lohnsteuertabelle getrennt ausgewiesen. Am 10. des auf die Lohnzahlung folgenden Monats ist er zusammen mit der Lohn- und Kirchensteuer an das Finanzamt abzuführen.

▶ **Kirchensteuer:** Neben der Lohnsteuer muss der Arbeitgeber bei der Lohn- und Gehaltsabrechnung an Mitarbeiter, die einer steuererhebenden Religionsgemeinschaft angehören, Kirchensteuer abziehen und an das Finanzamt abführen. Die **Kirchensteuer** ist **nicht** in allen Bundesländern **gleich hoch**. Sie beträgt in Bayern, Baden-Württemberg, Bremen und Hamburg 8 % und in den übrigen Bundesländern 9 % der Lohnsteuer. Ein eventueller Kinderfreibetrag ist in die Lohnsteuertabelle eingearbeitet.

▶ **Lohnabzugstabellen:** Sie werden von den verschiedenen Krankenversicherungsträgern herausgegeben und dienen der beschleunigten **Ermittlung der Krankenversicherungsbeiträge.** Die Buchstaben G/H/F sind Beitragsgruppenbezeichnungen. Die **Beitragsgruppe G (allgemeine Krankenversicherung)** gilt für alle Arbeitnehmer, die im Krankheitsfalle Anspruch auf Fortzahlung ihres Arbeitsentgelts für mindestens sechs Wochen haben. Die Beitragsgruppe H (erhöhte Krankenversicherung) betrifft Arbeitnehmer, die keinen entsprechenden Entgeltfortzahlungsanspruch im Krankenheitsfalle haben. Die Beitragsgruppe F (ermäßigte Krankenversicherung) gilt für Arbeitnehmer, die keinen Anspruch auf Krankengeld haben (z.B. Altersruhegeldempfänger).

▶ **Einbehaltene Sozialversicherungsbeiträge:** Die Sozialversicherungsbeiträge werden bis **zu einer Höchstgrenze** der jeweiligen Beitragsbemessungsgrenze **vom Bruttoentgelt berechnet.** Die eine Hälfte davon wird vom Gehalt des Arbeitnehmers einbehalten, die andere Hälfte trägt der Arbeitgeber.

Den Beitrag für die **Unfallversicherung** trägt der Arbeitgeber allein.

Löhne, Gehälter und Lohnnebenkosten
- Löhne, Gehälter und Nebenkosten sind für den Arbeitgeber Aufwand, für den Arbeitnehmer Einkommen.
- Grundlage für die Bestimmung der Arbeitsentgelte bilden Tarifverträge.
- Entgeltsformen sind Zeit-, Leistungs- und Prämienlohn.
- Das steuerpflichtige Bruttoentgelt setzt sich aus dem Grundbetrag und möglichen Zuschlägen zusammen.
- Vom Bruttoentgelt behält der Arbeitgeber
  - ❑ Lohn- und Kirchensteuer für das Finanzamt,
  - ❑ die Beiträge des Arbeitnehmers zur Kranken-, Renten-, Pflege- und Arbeitslosenversicherung für die Krankenkasse ein.
- Die Sozialversicherungsbeiträge zur Kranken-, Renten-, Pflege- und Arbeitslosenversicherung werden je zur Hälfte vom Arbeitgeber und Arbeitnehmer (Betriebsanteil oder Arbeitgeberanteil) getragen. Die Unfallversicherungsprämie trägt der Arbeitgeber allein.

▶ Lohnabzugstabellen (Stand 1997):

Abzüge an Krankenversicherung bei einem Beitragssatz (in %) von

Beitragssätze (obere Zeile = erster Satz, mittlere Zeile, untere Zeile je Spalte):

Linke Spalten: 11,4 / 13,3 / 15,2 – 11,5 / 13,4 / 15,3 – 11,6 / 13,5 / 15,4 – 11,7 / 13,6 / 15,5 – 11,8 / 13,7 / 15,6 – 11,9 / 13,8 / 15,7 – 12,0 / 13,9 / 15,8 – 12,1 / 14,0 / 15,9 – 12,2 / 14,1 / 16,0

Mitte: **Arbeitsentgelt bis DM**

Rechte Spalten: 12,3 / 14,2 / 16,1 – 12,4 / 14,3 / 16,2 – 12,5 / 14,4 / 16,3 – 12,6 / 14,5 / 16,4 – 12,7 / 14,6 / 16,5 – 12,8 / 14,7 / 16,6 – 12,9 / 14,8 / 16,7 – 13,0 / 14,9 / 16,8 – 13,1 / 15,0 / 16,9 – 13,2 / 15,1 / 17,0

Jede Spalte: Gruppe G/H/F

11,4/13,3/15,2	11,5/13,4/15,3	11,6/13,5/15,4	11,7/13,6/15,5	11,8/13,7/15,6	11,9/13,8/15,7	12,0/13,9/15,8	12,1/14,0/15,9	12,2/14,1/16,0	bis DM	12,3/14,2/16,1	12,4/14,3/16,2	12,5/14,4/16,3	12,6/14,5/16,4	12,7/14,6/16,5	12,8/14,7/16,6	12,9/14,8/16,7	13,0/14,9/16,8	13,1/15,0/16,9	13,2/15,1/17,0
121,97	123,04	124,11	125,18	126,25	127,32	128,39	129,46	130,53	**2 142,15**	131,60	132,67	133,74	134,81	135,88	136,95	138,02	139,09	140,16	141,23
142,30	143,37	144,44	145,51	146,58	147,65	148,72	149,79	150,86		151,93	153,00	154,07	155,14	156,21	157,28	158,35	159,42	160,49	161,56
162,63	163,70	164,77	165,84	166,91	167,98	169,05	170,12	171,19		172,26	173,33	174,40	175,47	176,54	177,61	178,68	179,75	180,82	181,89
140,96	142,19	143,43	144,66	145,90	147,14	148,37	149,61	150,85	**2 475,15**	152,08	153,32	154,56	155,79	157,03	158,27	159,50	160,74	161,97	163,21
164,45	165,68	166,92	168,16	169,39	170,63	171,87	173,10	174,34		175,58	176,81	178,05	179,29	180,52	181,76	182,99	184,23	185,47	186,70
187,94	189,18	190,41	191,65	192,89	194,12	195,36	196,60	197,83		199,07	200,30	201,54	202,78	204,01	205,25	206,49	207,72	208,96	210,20
144,03	145,30	146,56	147,82	149,09	150,35	151,61	152,88	154,14	**2 529,15**	155,40	156,67	157,93	159,19	160,46	161,72	162,99	164,25	165,51	166,78
168,04	169,30	170,57	171,83	173,09	174,36	175,62	176,88	178,15		179,41	180,67	181,94	183,20	184,46	185,73	186,99	188,25	189,52	190,78
192,04	193,31	194,57	195,83	197,10	198,36	199,63	200,89	202,15		203,42	204,68	205,94	207,21	208,47	209,73	211,00	212,26	213,52	214,79
154,29	155,65	157,00	158,35	159,71	161,06	162,41	163,77	165,12	**2 709,15**	166,47	167,83	169,18	170,53	171,89	173,24	174,60	175,95	177,30	178,66
180,01	181,36	182,72	184,07	185,42	186,78	188,13	189,48	190,84		192,19	193,54	194,90	196,25	197,60	198,96	200,31	201,66	203,02	204,37
205,72	207,08	208,43	209,78	211,14	212,49	213,85	215,20	216,55		217,91	219,26	220,61	221,97	223,32	224,67	226,03	227,38	228,73	230,09
156,35	157,72	159,09	160,46	161,83	163,20	164,57	165,95	167,32	**2 745,15**	168,69	170,06	171,43	172,80	174,17	175,55	176,92	178,29	179,66	181,03
182,40	183,77	185,15	186,52	187,89	189,26	190,63	192,00	193,37		194,75	196,12	197,49	198,86	200,23	201,60	202,97	204,35	205,72	207,09
208,46	209,83	211,20	212,57	213,95	215,32	216,69	218,06	219,43		220,80	222,17	223,55	224,92	226,29	227,66	229,03	230,40	231,78	233,15
156,86	158,23	159,61	160,99	162,36	163,74	165,11	166,49	167,87	**2 754,15**	169,24	170,62	171,99	173,37	174,75	176,12	177,50	178,87	180,25	181,63
183,00	184,38	185,75	187,13	188,51	189,88	191,26	192,63	194,01		195,38	196,76	198,14	199,51	200,89	202,26	203,64	205,02	206,39	207,77
209,14	210,52	211,90	213,27	214,65	216,02	217,40	218,78	220,15		221,53	222,90	224,28	225,66	227,03	228,41	229,78	231,16	232,54	233,91
165,32	166,77	168,22	169,67	171,12	172,57	174,02	175,47	176,92	**2 902,65**	178,37	179,82	181,28	182,73	184,18	185,63	187,08	188,53	189,98	191,43
192,88	194,33	195,78	197,23	198,68	200,13	201,58	203,03	204,48		205,93	207,38	208,83	210,28	211,73	213,18	214,63	216,08	217,53	218,98
220,43	221,88	223,33	224,78	226,23	227,68	229,13	230,58	232,03		233,48	234,93	236,38	237,83	239,28	240,73	242,18	243,63	245,08	246,53
169,94	171,43	172,92	174,41	175,90	177,39	178,88	180,37	181,87	**2 983,65**	183,36	184,85	186,34	187,83	189,32	190,81	192,30	193,79	195,28	196,77
198,26	199,75	201,24	202,74	204,23	205,72	207,21	208,70	210,19		211,68	213,17	214,66	216,15	217,64	219,13	220,62	222,11	223,61	225,10
226,59	228,08	229,57	231,06	232,55	234,04	235,53	237,02	238,51		240,00	241,49	242,98	244,47	245,97	247,46	248,95	250,44	251,93	253,42
248,43	250,61	252,79	254,97	257,15	259,32	261,50	263,68	265,86	**4 360,65**	268,04	270,22	272,40	274,58	276,76	278,94	281,12	283,30	285,48	287,65
289,83	292,01	294,19	296,37	298,55	300,73	302,91	305,09	307,27		309,45	311,63	313,80	315,98	318,16	320,34	322,52	324,70	326,88	329,06
331,24	333,42	335,60	337,78	339,96	342,13	344,31	346,49	348,67		350,85	353,03	355,21	357,39	359,57	361,75	363,93	366,11	368,28	370,46
335,13	338,07	341,01	343,94	346,88	349,82	352,76	355,70	358,64	**5 881,65**	361,58	364,52	367,46	370,40	373,34	376,28	379,22	382,16	385,10	388,04
390,00	393,92	396,86	399,80	402,74	405,68	408,62	411,56	414,50		417,44	420,38	423,32	426,32	429,20	432,14	435,08	438,02	440,96	443,89
446,83	449,77	452,71	455,65	458,59	461,53	464,47	467,41	470,35		473,29	476,23	479,17	482,11	485,05	487,99	490,93	493,87	496,81	499,75
350,55	353,63	356,70	359,78	362,85	365,93	369,00	372,08	375,15	**6 150,00**	378,23	381,30	384,38	387,45	390,53	393,60	396,68	399,75	402,83	405,90
408,98	412,05	415,13	418,20	421,28	424,35	427,43	430,50	433,58		436,65	439,73	442,80	445,88	448,95	452,03	455,10	458,18	461,25	464,33
467,40	470,48	473,55	476,63	479,70	482,78	485,85	488,93	492,00		495,08	498,15	501,23	504,30	507,38	510,45	513,53	516,60	519,68	522,75

Für **krankenversicherungspflichtige Arbeiter und Angestellte** mit einem Arbeitsentgelt von mehr als 6 150,00 DM monatlich sind Beiträge aus Stufe 6 150,00 DM nach Beitragsgruppe **G** und **P** und aus dem tatsächlichen Arbeitsentgelt (höchstens aus Stufe 8 200,00 DM) nach Beitragsgruppen **K/L** und **M** zu entrichten. Besteht Arbeitslosenversicherungsfreiheit, tritt bei **Arbeitern** an die Stelle der Beitragsgruppen K und M die Beitragsgruppe **K** und bei **Angestellten** an die Stelle der Beitragsgruppe L und M die Beitragsgruppe **L**.

Für **krankenversicherungsfreie Arbeiter und Angestellte** sind Beiträge aus dem tatsächlichen Arbeitsentgelt (höchstens aus Stufe 8 200,00 DM) nach Beitragsgruppen **K/L** und **M** zu entrichten. Besteht Arbeitslosenversicherungsfreiheit, tritt bei **Arbeitern** an die Stelle der Beitragsgruppen K und M die Beitragsgruppe **K** und bei **Angestellten** an die Stelle der Beitragsgruppen L und M die Beitragsgruppe **L**.

Abzüge an Lohnsteuer, Solidaritätszuschlag (SolZ) und Kirchensteuer (9 %) in den Steuerklassen

SV-Gruppe K/L M P	Lohn/Gehalt Versorgungsbezug bis DM	StKl (I–VI)	LSt	SolZ	KiSt	StKl	LSt	SolZ 0,5	KiSt 0,5	SolZ 1	KiSt 1	SolZ 1,5	KiSt 1,5	SolZ 2	KiSt 2	SolZ 2,5	KiSt 2,5	SolZ 3	KiSt 3	SolZ 3,5	KiSt 3,5	SolZ 4	KiSt 4
217,20 / 69,55 / 18,19	2 142,15	I, IV	147,75	7,35	13,29	I	147,75	—	6,35														
		II	23,33	—	2,09	II	23,33																
		III				III	—																
	2 642,15	V	550,16	41,26	49,51	IV	147,75	—	9,81	—	6,35	—	2,94										
		VI	604,00	45,30	54,36																		
251,00 / 80,37 / 21,02	2 475,15	I, IV	237,75	17,83	21,39	I	237,75	9,53	14,27	—	7,32	—	0,51										
		II	110,16	—	9,91	II	110,16	—	3,05														
		III				III	—																
	2 975,15	V	659,00	49,42	59,31	IV	237,75	14,85	17,82	9,53	14,27	1,76	10,78	—	7,32	—	3,89	—	0,51				
		VI	715,33	53,65	64,37																		
256,48 / 82,12 / 21,48	2 529,15	I, IV	252,75	18,95	22,74	I	252,75	12,48	15,60	—	8,61	—	1,78										
		II	124,66	2,73	11,21	II	124,66	—	4,32														
		III				III	—																
	3 029,15	V	677,16	50,78	60,94	IV	252,75	15,96	19,15	12,48	15,60	4,66	12,08	—	8,61	—	5,18	—	1,78				
		VI	733,66	55,02	66,02																		
274,51 / 87,97 / 23,01	2 709,15	I, IV	307,00	23,02	27,63	I	307,00	16,98	20,38	7,35	13,29	—	6,35										
		II	177,08	13,21	15,93	II	177,08	—	8,93	—	2,09												
		III				III	—																
	3 209,15	V	738,33	55,37	66,44	IV	307,00	19,99	23,99	16,98	20,38	14,01	16,82	7,35	13,29	—	9,81	—	6,35	—	2,94		
		VI	796,16	59,71	71,65																		
278,40 / 89,14 / 23,31	2 745,15	I, IV	318,50	23,88	28,66	I	318,50	17,83	21,39	9,53	14,27	—	7,32	—	0,51								
		II	188,16	14,11	16,93	II	188,16	—	9,91	—	3,05												
		III				III	—																
	3 245,15	V	750,66	56,30	67,55	IV	318,50	20,84	25,01	17,83	21,39	14,85	17,82	9,53	14,27	1,76	10,78	—	7,32	—	3,89	—	0,51
		VI	808,66	60,65	72,77																		
279,32 / 89,44 / 23,39	2 754,15	I, IV	322,33	24,17	29,00	I	322,33	18,11	21,73	10,26	14,60	—	7,65	—	0,83								
		II	191,83	14,38	17,26	II	191,83	0,55	10,23	—	3,37												
		III	2,16	—	0,19	III	2,16																
	3 254,15	V	753,83	56,53	67,84	IV	322,33	21,12	25,34	18,11	21,73	15,12	18,14	10,26	14,60	2,48	11,10	—	7,65	—	4,22	—	0,83
		VI	811,83	60,88	73,06																		
294,39 / 94,26 / 24,65	2 902,65	I, IV	371,16	27,83	33,40	I	371,16	21,69	26,03	15,68	18,82	3,95	11,76	—	4,86								
		II	239,00	17,92	21,51	II	239,00	9,78	14,39	—	7,43	—	0,63										
		III	32,66	—	2,93	III	32,66																
	3 402,65	V	805,66	60,42	72,50	IV	371,16	24,75	29,70	21,69	26,03	18,67	22,41	15,68	18,82	11,73	15,26	3,95	11,76	—	8,29	—	4,86
		VI	864,66	64,85	77,81																		
302,61 / 96,90 / 25,34	2 983,65	I, IV	398,41	29,88	35,85	I	398,41	23,69	28,43	17,64	21,17	9,05	14,06	—	7,11	—	0,30						
		II	265,33	19,90	23,87	II	265,33	13,92	16,70	—	9,69	—	2,84										
		III	49,00	—	4,41	III	49,00																
	3 483,65	V	834,16	62,56	75,07	IV	398,41	26,76	32,12	23,69	28,43	20,65	24,77	17,64	21,17	14,66	17,59	9,05	14,06	1,28	10,56	—	7,11
		VI	893,83	67,03	80,44																		
442,38 / 141,65 / 37,05	4 360,65	I, IV	823,50	61,76	74,11	I	823,50	54,95	65,93	48,26	57,92	41,71	50,06	35,29	42,35	29,00	34,79	22,83	27,40	16,80	20,16	6,85	13,07
		II	676,83	50,76	60,91	II	676,83	44,16	52,99	37,68	45,22	31,34	37,61	25,13	30,15	19,05	22,86	12,71	15,71	—	8,72	—	1,89
		III	361,50	27,11	32,53	III	361,50	12,26	25,49	—	18,52	—	11,63	—	4,84								
	4 860,65	V	1368,00	102,60	123,12	IV	823,50	58,34	70,01	54,95	65,93	51,59	61,91	48,26	57,92	44,97	53,96	41,71	50,06	38,48	46,18	35,29	42,35
		VI	1441,83	108,13	129,76																		
596,76 / 191,08 / 49,97	5 881,65	I, IV	1335,91	100,19	120,23	I	1335,91	92,50	110,99	85,03	102,03	77,78	93,33	70,68	84,81	63,70	76,43	56,85	68,22	50,13	60,16	43,55	52,25
		II	1170,75	87,80	105,36	II	1170,75	80,48	96,57	73,32	87,98	66,30	79,56	59,40	71,28	52,63	63,16	46,00	55,19	39,49	47,39	33,11	39,74
		III	815,00	61,12	73,35	III	815,00	54,90	65,88	48,73	58,48	42,63	51,16	36,60	43,92	30,62	36,74	24,66	29,60	18,54	22,64	—	15,73
	6 381,65	V	2125,08	159,38	191,25	IV	1335,91	96,31	115,58	92,50	110,99	88,73	106,48	85,03	102,03	81,38	97,65	77,78	93,33	74,21	89,05	70,68	84,81
		VI	2213,33	166,00	199,19																		
624,23 / 199,88 / 52,28	6 150,00	I, IV	1434,83	107,61	129,13	I	1434,83	99,70	119,64	92,02	110,43	84,56	101,48	77,33	92,80	70,23	84,28	63,26	75,92	56,43	67,71	49,71	59,66
		II	1265,00	94,87	113,85	II	1265,00	87,33	104,80	80,03	96,03	72,88	87,46	65,86	79,04	58,98	70,77	52,21	62,66	45,59	54,71	39,09	46,91
		III	906,83	68,01	81,61	III	906,83	61,71	74,05	55,47	66,56	49,31	59,17	43,20	51,84	37,16	44,59	31,18	37,42	23,00	30,33	7,40	23,31
	6 650,00	V	2268,16	170,11	204,13	IV	1434,83	103,63	124,35	99,70	119,64	95,83	115,00	92,02	110,43	88,26	105,92	84,56	101,48	80,93	97,11	77,33	92,80
		VI	2356,41	176,73	212,07																		
628,27 / 201,17	6 192,15	I, IV	1449,91	108,74	130,49	I	1449,91	100,80	120,96	93,09	111,71	85,60	102,72	78,34	94,01	71,23	85,47	64,24	77,09	57,38	68,86	50,65	60,78
		II	1279,41	95,95	115,14	II	1279,41	88,38	106,06	81,04	97,25	73,88	88,65	66,84	80,21	59,94	71,93	53,16	63,79	46,51	55,82	40,00	47,99
		III	920,00	69,00	82,80	III	920,00	62,68	75,22	56,45	67,73	50,26	60,31	44,15	52,97	38,10	45,72	32,11	38,53	25,43	31,42	9,83	24,40
	6 692,15	V	2289,58	171,71	206,06	IV	1449,91	104,74	125,69	100,80	120,96	96,91	116,30	93,09	111,71	89,31	107,18	85,60	102,72	81,94	98,33	78,34	94,01
		VI	2377,83	178,33	214,00																		
629,19 / 201,46	6 201,15	I, IV	1453,25	108,99	130,79	I	1453,25	101,05	121,25	93,33	111,99	85,83	103,00	78,56	94,28	71,45	85,73	64,45	77,34	57,59	69,11	50,86	61,03
		II	1282,58	96,19	115,43	II	1282,58	88,61	106,34	81,26	97,52	74,10	88,92	67,06	80,47	60,15	72,18	53,37	64,04	46,72	56,07	40,20	48,24
		III	925,33	69,40	83,27	III	925,33	63,08	75,70	56,83	68,20	50,65	60,77	44,52	53,42	38,47	46,17	32,48	38,98	26,43	31,87	10,80	24,84
	6 701,15	V	2294,41	172,08	206,49	IV	1453,25	104,99	125,99	101,05	121,25	97,16	116,59	93,33	111,99	89,55	107,46	85,83	103,00	82,17	98,60	78,56	94,28
		VI	2382,66	178,70	214,43																		
647,46 / 207,31	6 381,15	I, IV	1521,00	114,07	136,89	I	1521,00	105,98	127,18	98,12	117,74	90,49	108,59	83,08	99,69	75,88	91,05	68,81	82,57	61,86	74,24	55,05	66,06
		II	1347,33	101,05	121,25	II	1347,33	93,33	111,99	85,83	103,00	78,56	94,28	71,45	85,73	64,45	77,34	57,59	69,11	50,86	61,03	44,26	53,11
		III	978,33	73,37	88,04	III	978,33	67,02	80,42	60,73	72,88	54,51	65,41	48,35	58,01	42,25	50,69	36,22	43,47	30,25	36,29	20,53	29,21
	6 881,15	V	2389,75	179,23	215,07	IV	1521,00	110,00	132,00	105,98	127,18	102,03	122,43	98,12	117,74	94,28	113,13	90,49	108,59	86,76	104,11	83,08	99,69
		VI	2478,00	185,85	223,02																		
662,99 / 212,29	6 534,15	I, IV	1579,58	118,46	142,16	I	1579,58	110,25	132,30	102,27	122,72	94,51	113,42	86,99	104,39	79,69	95,63	72,55	87,05	65,54	78,65	58,66	70,39
		II	1403,25	105,24	126,29	II	1403,25	97,40	116,87	89,78	107,74	82,40	98,87	75,21	90,25	68,15	81,78	61,22	73,46	54,42	65,30	47,75	57,30
		III	1023,66	76,77	92,12	III	1023,66	70,38	84,46	64,06	76,87	57,81	69,37	51,61	61,93	45,48	54,58	39,41	47,29	33,41	40,09	27,47	32,96
	7 034,15	V	2470,91	185,31	222,38	IV	1579,58	114,33	137,19	110,25	132,30	106,23	127,48	102,27	122,72	98,36	118,04	94,51	113,42	90,72	108,86	86,99	104,39
		VI	2559,08	191,93	230,31																		

1 Erstellen Sie mithilfe der Lohnabzugstabelle S. 281 f. eine Lohnliste nach dem Beispiel auf S. 284 unter Berücksichtigung folgender Daten:

Name	Steuer-klasse	Arbeits-zeit im Monat in Stunden	davon Über-stunden	Stunden-lohn in DM	Über-stunden-zuschlag	Beitrags-satz zur Kranken-versicherung
Arndt, Bernd	III,2	167	5	16,30	25 %	13 %
Gram, Guido	I,0	158	–	18,35	–	13 %
Hartung,Udo	IV,1	167	6	16,20	50 %	13 %

2 Stellen Sie die Lohn- bzw. Gehaltsabrechnung für folgende Arbeitnehmer im April mithilfe der Lohnabzugstabellen S. 281 f. auf:

a) Name: H. Stohlmann, Abteilungsleiter Lager
   Familienstand: vh., zwei Kinder, Alleinverdiener
   Lohn: 4 360,00 DM
   Abzüge: Krankenversicherung (KV) 12,5 %

b) Name: O. Sieker, Sachbearbeiter Verkauf
   Familienstand: vh., ein Kind, Ehefrau verdient etwa gleich viel
   Lohn: 2 900,00 DM
   Abzüge: KV 12 %
   Sonstiges: S. spart nach 936-DM-Gesetz, AG gibt keinen Zuschuss

c) Name: W. Balzar, Abteilungsleiter
   Familienstand: vh., keine Kinder, Alleinverdiener
   Gehalt: 6 380,00 DM
   Abzüge: KV 12,5 %
   Sonstiges: Steuerfreibetrag: 500,00 DM

d) Name: D. Walter, Revisor
   Familienstand: vh., ein Kind, Alleinverdiener
   Lohn: 6 200,00 DM
   Abzüge: KV 12,2 %

e) Name: M. Hoppe, Kontoristin
   Familienstand: led., ein Kind
   Lohn: 2 750,00 DM
   Abzüge: KV 12,8 %

f) Name: W. Beckmann, Sachbearbeiter Einkauf
   Familienstand: led., Steuerkarte liegt nicht vor
   Lohn: 2 100,00 DM
   Abzüge: KV 13 %
   Sonstiges: B. spart nach 936-DM-Gesetz, AG zahlt 50 % dazu

g) Name: M. Rose, Maschinenführer
   Familienstand: vh., keine Kinder, Ehefrau verdient wesentlich mehr
   Lohn: 2 450,00 DM
   Abzüge: KV 12 %
   Sonstiges: R. spart nach 936-DM-Gesetz, AG zahlt Sparbeitrag voll!

3 Erstellen Sie die Gehaltsliste (nach Beispiel S. 284) mithilfe der Lohnabzugstabelle S. 281 f. unter Berücksichtigung folgender Angaben:

Name	Beitragssatz zur Krankenversicherung	Bruttogehalt	Steuerklasse
Klein, Paula	13,2 %	2 902,00	I,0
Kleiner, Georg	13,2 %	6 190,00	III,3
Manz, Gerd	13,2 %	4 358,00	IV,1

3.5.2 Buchung der Löhne und Gehälter

Arbeitsauftrag Frau Lapp hat die Gehaltsabrechnung für Frau Schiffer überprüft. Sie hat Frau Höver ein großes Lob ausgesprochen. „Damit Sie den großen Zusammenhang erkennen, legen Sie jetzt ein Gehaltskonto für Frau Schiffer an und nehmen Sie die ersten Eintragungen aufgrund der Gehaltsabrechnung vor. Abschließend wird dann die Buchung im Hauptbuch als Sammelbuchung für alle Arbeitnehmer durchgeführt. Ich habe dafür bereits diese Gehaltsliste erstellt."

Name, Vorname	Familienstand	Steuerklasse	Bruttogehalt	Lohnsteuer	SolZ	Kirchensteuer	Sozialversicherungen	Gesamtabzüge	Nettogehalt	Kindergeld	Sonst. Abz.	Auszahlungsbetrag	Arbeitgeberanteil
Alt, Siegfried	ledig	I	2950,00	388,00	29,10	34,92	626,84	1078,86	1871,14	0,00	–	1871,14	626,84
Berg, Sabine	verh.	III/2	4360,00	361,50	0,00	4,84	926,17	1292,51	3067,49	440,00	–	3507,49	926,17
Berg, Rene	verh.	IV,1	2840,00	351,83	20,27	24,32	603,90	1000,32	1839,68	220,00	–	2059,68	603,90
...	...	...	...	...	...	...	...	...	...	...	...	...	...
Schiffer, Claudia	ledig	I	4225,00	780,75	58,55	70,26	897,48	1807,04	2417,96	0,00	–	2417,96	897,48
			175200,00	26300,00	1840,00	2150,00	35650,00	65940,00	109260,00	4200,00		113460,00	35650,00

Arbeitsauftrag Machen Sie einen Vorschlag für die Buchungen!

● Lohn- und Gehaltskonten der Arbeitnehmer

Lohn, Gehalt sowie die vom Unternehmer zu übernehmenden **Arbeitgeberanteile zur Sozialversicherung** des Arbeitnehmers sind als **Gesamtentgelt für die Nutzung der menschlichen Arbeitskraft** im betrieblichen Leistungsprozess **Aufwendungen.** Die vom Unternehmer einbehaltenen **Lohn-** und **Kirchensteuern sowie die Sozialversicherungsbeiträge** stellen eine **Schuld der Unternehmung** gegenüber dem Finanzamt bzw. der Krankenkasse dar. Umgekehrt ist das vom Arbeitgeber ausgezahlte Kindergeld eine Forderung gegenüber dem Finanzamt, die durch Verrechnung mit der abzuführenden Lohnsteuer ausgeglichen wird. Die **Auszahlung des** nach Einbehaltung der Abzüge verbleibenden **Nettolohnes oder Nettogehalts** führt je nach Art der Auszahlung zu einer **Minderung des Bank- oder Postbankguthabens bzw. des Kassenbestandes.**

Der Arbeitgeber hat für jeden Arbeitnehmer ein **Lohn- oder Gehaltskonto** zu führen. **Bei jeder Lohnabrechnung** sind im Lohnkonto u. a. **aufzuzeichnen:** Tag der Lohnzahlung und der Lohnzahlungszeitraum, der Bruttoarbeitslohn sowie eventuelle steuerfreie Bezüge, die einzelnen Abzüge und der Auszahlungsbetrag.

▶ **Lohn- und Gehaltslisten als Sammelbelege:** Die Beträge der einzelnen Lohn- und Gehaltskonten werden in einer **Lohn- und Gehaltsliste** zusammengestellt. Sie ist **Sammelbeleg** für die zusammengefasste Buchung aller Löhne bzw. Gehälter.

Beispiel (siehe Gehaltsliste S. 284)

Buchungen:

1. **30.04.: bei Auszahlung der Gehälter durch die Bank**

6300 Gehälter	175 200,00 DM	an 4830 Verbindlichkeiten gegenüber Finanzbehörden	30 290,00 DM
		an 4830 Verbindlichkeiten gegenüber Finanzbehörden	4 200,00 DM
		an 4840 Verbindlichkeiten gegenüber Sozialversicherungsträgern	35 650,00 DM
		an 2800 Bank	113 460,00 DM

2. **30.04.: des Betriebsanteils zur Sozialversicherung**

6400 Arbeitgeberanteil zur Sozialversicherung	35 650,00 DM	an 4840 Verbindlichkeiten gegenüber Sozialversicherungsträgern	35 650,00 DM

3. **10.05.: bei Banküberweisung der LSt nach Verrechnung des ausgezahlten Kindergeldes, des Solidaritätszuschlags und der KiSt. an das Finanzamt**

4830 Verbindlichkeiten gegenüber Finanzbehörden	26 090,00 DM	an 2800 Bank	26 090,00 DM

4. **15.05.: bei Banküberweisung der Sozialversicherungsbeiträge an die zuständige Krankenkasse**

4840 Verbindlichkeiten gegenüber Sozialversicherungsträgern	71 300,00 DM	an 2800 Bank	71 300,00 DM

S	6300 Gehälter	H	S	4830 Verbindlichkeiten gegenüber Finanzbehörden	H
(1) 4830 4840 2800	175 200,00		(1) 2800 4 200,00 (3) 2800 26 090,00	(1) 6300	30 290,00

S	6400 Arbeitgeberanteil zur Sozialversicherung	H	S	4840 Verbindlichkeiten gegenüber Sozialversicherungsträgern	H
(2) 4840	35 650,00		(4) 2800 71 300,00	(1) 6300 (2) 6400	35 650,00 35 650,00

S	2800 Bank	H
8000	250 000,00	(1) 6300 113 460,00 (3) 4830 26 090,00 (4) 4840 71 300,00

Da die einbehaltenen **Steuern** regelmäßig bis zum **10., Sozialversicherungsbeiträge spätestens bis zum 15.** Tag nach Ablauf eines jeden Anmeldezeitraumes abgeführt werden müssen, haben die Konten 4830 und 4840 den Charakter von **Durchgangskonten**. Die hier gebuchten einbehaltenen Abzüge werden auch als **durchlaufende Posten** bezeichnet.

> **§ 41a Abs. 1 EStG:** Der Arbeitgeber hat spätestens am zehnten Tag nach Ablauf eines jeden Lohn-Anmeldungszeitraumes
> 1. dem Finanzamt, in dessen Bezirk sich die Betriebsstätte befindet, eine Steuererklärung einzureichen, ...
> 2. die im Lohnsteuer-Anmeldungszeitraum insgesamt einbehaltene ... Lohnsteuer ... abzuführen.

Wurden bis zum Bilanzstichtag noch nicht alle einbehaltenen Abzüge abgeführt, sind die Salden der passiven Bestandskonten 4830 und 4840 über das Schlussbilanzkonto abzuschließen und auf der Passivaseite der Bilanz aufzuführen (**Passivierung**).

● Lohn- und Gehaltsvorschüsse

Vorschüsse auf den Lohn oder das Gehalt haben den **Charakter eines kurzfristigen Kredits** des Unternehmens an den Arbeitnehmer, der seine Arbeitsleistung noch nicht erbracht hat. Vorschüsse werden daher als **Sonstige Forderungen** auf dem Konto „**2650 Forderungen an Mitarbeiter**" erfasst. Die ratenweise **Rückzahlung** des Vorschusses durch **Einbehaltung** und **Verrechnung** bei der monatlichen Lohn- und Gehaltszahlung führt zur Minderung der „Forderungen an Mitarbeiter".

Ähnlich wie die Vorschüsse in Geldform können andere Vorleistungen des Arbeitgebers (z. B. **Personalkäufe**) behandelt werden.

Beispiel

BA vom 19.04.: Banküberweisung eines zinslosen Gehaltsvorschusses von 2 000,00 DM an einen Angestellten.
Der Vorschuss soll monatlich mit 250,00 DM durch Verrechnung mit dem Gehalt zurückgezahlt werden.

Gehaltsabrechnung vom 30.04. nach Abzugstabelle 1997:

Bruttogehalt				3 905,00 DM
Lohnsteuer	III/1,0	244,50 DM		
Solidaritätszuschlag		– DM		
Kirchensteuer		8,23 DM	252,73 DM	
Krankenversicherung	14 %	273,27 DM		
Rentenversicherung	20,3 %	396,25 DM		
Arbeitslosenversicherung	6,5 %	126,88 DM		
Pflegeversicherung	1,7 %	33,18 DM	829,58 DM	1 082,31 DM
Nettogehalt				2 822,69 DM
– einbehaltener Vorschuss				250,00 DM
+ Kindergeld				220,00 DM
Auszahlungsbetrag				2 792,69 DM
Arbeitgeberanteil zur Sozialversicherung				829,58 DM

Buchung der Banküberweisung des Gehaltsvorschusses am 19.04.:

2650 Forderungen an Mitarbeiter	an	2800 Bank	2 000,00

Buchung bei Auszahlung des Gehalts durch die Bank am 30.04.:

6300 Gehälter	3 905,00	an	4830 Verbindlichkeiten gegenüber Finanzbehörden	252,73
4830 Verbindlichkeiten gegenüber Finanzbehörden	220,00	an	4840 Verbindlichkeiten gegenüber Sozialversicherungsträgern	829,58
		an	2650 Forderungen an Mitarbeiter	250,00
		an	2800 Bank	2 792,69
6400 Arbeitgeberanteil zur Sozialversicherung		an	4840 Verbindlichkeiten gegenüber Sozialversicherungsträgern	829,58

● Vermögenswirksame Leistungen

Nach dem 5. Vermögensbildungsgesetz können ab 1990 Arbeitnehmer **jährlich bis zu 936,00 DM (monatlich 78,00) begünstigt** vermögenswirksam anlegen, und zwar zugunsten

❑ **von Vermögensbeteiligungen**
  – Sparvertrag mit einem Kreditinstitut über Wertpapiere (Aktien, Anteilscheine an Aktienfonds) oder andere Vermögensbeteiligungen (GmbH-Anteil, stille Beteiligung),
  – Wertpapierkaufvertrag zwischen Arbeitnehmer und Arbeitgeber zum Zwecke des Erwerbs von Wertpapieren vom Arbeitgeber (z. B. Belegschaftsaktien),
  – Beteiligungskaufvertrag über den Erwerb nicht verbriefter Anteile (Genossenschafts-, GmbH-Anteile, stille Beteiligungen, Arbeitnehmerdarlehen);
❑ **von Anlagen nach dem Wohnungsbauprämiengesetz**
  (z. B. Bausparvertrag mit einer Bausparkasse, Verträge über den Erwerb von Anteilen an einer Baugenossenschaft);
❑ **von Anlagen zum Wohnungsbau**
  – Erwerb eines Grundstücks,
  – Bau, Erwerb, Ausbau von Wohngebäuden und Eigentumswohnungen

Vermögenswirksame Leistungen werden häufig im Rahmen einzelvertraglicher, tariflicher oder betrieblicher Vereinbarungen **zusätzlich zum Arbeitsentgelt** gewährt. In diesem Falle sind sie zusätzlich zum Gehalt **steuer-** und **sozialversicherungspflichtig.** Soweit dies nicht der Fall ist, kann jeder Arbeitnehmer bei seinem Arbeitgeber beantragen, dass Teile seines Arbeitslohnes einbehalten und vermögenswirksam angelegt werden.

Der Arbeitgeber hat die Sparbeiträge entweder an die entsprechenden Institute zugunsten der berechtigten Arbeitnehmer oder – im 3. Fall – direkt an den Arbeitnehmer zu leisten, der dann den Nachweis über die vorgeschriebene Verwendung erbringen muss.

❑ Für vermögenswirksame Leistungen bis zu jährlich 936,00 DM zahlt der Staat im Rahmen von Verträgen eine Arbeitnehmersparzulage.

❑ Die Festsetzung und Auszahlung der **Arbeitnehmersparzulage** erfolgt durch das Finanzamt auf Antrag des Arbeitnehmers nach Ablauf des Anlagejahres auf dem Vordruck der Einkommensteuerveranlagung. Bei Anlageformen mit Sperrfristen (z. B. Bausparvertrag) sammelt das Finanzamt die jährlich festgelegten Beträge und zahlt sie nach Ablauf der Sperrfrist in einer Summe aus.

Die Arbeitnehmersparzulage wird auf höchstens 936,00 DM vermögenswirksame Leistungen bei einer Einkommensgrenze von 27 000,00 DM (Verheiratete 54 000,00 DM) gewährt.

Die Sparrate, die vermögenswirksam angelegt werden soll, wird vom Arbeitgeber vom Nettogehalt einbehalten und an die entsprechenden Sparinstitute zugunsten der Arbeitnehmer abgeführt.

Beispiel Helmut Holl, Sachbearbeiter im Verkauf der Primus GmbH, erhält
nachfolgende Abrechnung:

	DM
Gehalt (I, 0)	2 840,00
Arbeitgeberzuschuss zur vermögenswirksamen Leistung	39,00
steuer- und sozialversichungspflichtig	2 879,00
Lohn-, Kirchensteuer und Solidaritätszuschlag	423,36
Sozialversicherungsbeiträge	585,65
Nettogehalt	1 869,99
vermögenswirksame Leistung (VwL) – Bausparkasse	78,00
Auszahlungsbetrag	1 791,99
Arbeitgeberanteil	585,65

Buchung:

6300 Gehälter	2 879,00	an	2800 Bank	1 791,99
		an	4830 Verbindlichkeiten gegenüber dem Finanzamt	423,36
		an	4840 Verbindlichkeiten gegenüber Sozialversicherungsträgern	585,65
		an	4860 Verbindlichkeiten aus VwL	78,00
6400 Arbeitgeberanteil zur Sozialversicherung		an	4840 Verbindlichkeiten gegenüber Sozialversicherungsträgern	585,65

● Personalnebenkosten (gesetzliche, freiwillige, tarifliche)

Gesetze und tarifliche Vereinbarungen verpflichten den Arbeitgeber zur Weiterzahlung des Arbeitsentgelts, auch wenn der Arbeitnehmer keine Leistung erbringt.

Beispiele der Entgeltweiterzahlung   Krankheit, Mutterschutz, Urlaub, Feiertage

Darüber hinaus trägt der Arbeitgeber 50 % der gesetzlichen Kranken-, Renten-, Pflege- und Arbeitslosenversicherung und 100 % der Unfallversicherung. Außerdem erbringt der Arbeitgeber freiwillig Sozialleistungen in finanzieller oder anderer Form: Zuschüsse zum Mittagessen, zu den Fahrtkosten, zu Umzugskosten, verbilligte Darlehen, Werkswohnungen, Überlassung von Geschäftsfahrzeugen für den Privatgebrauch, Personalrabatte beim Kauf von Erzeugnissen, kostenlose Nutzung betriebseigener Sport- und Erholungseinrichtungen usw. In den Industrie- und Handwerksbetrieben der Bundesrepublik Deutschland betragen die Personalnebenkosten, oft auch als **Zweitlohn** bezeichnet, über 80 % und in Handelsbetrieben fast 70 %.

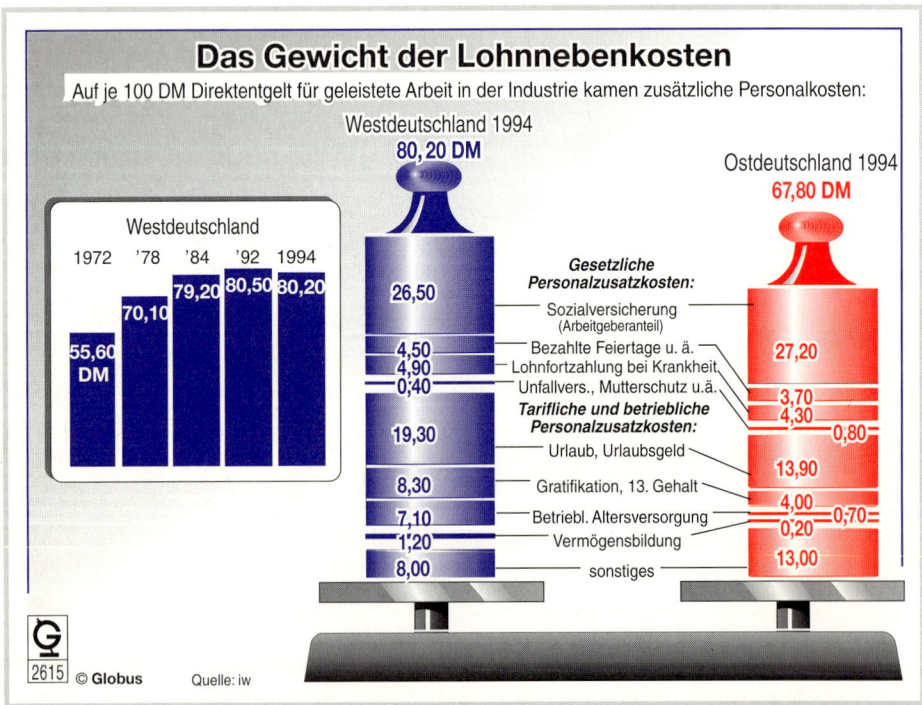

Das Gewicht der Lohnnebenkosten

Auf je 100 DM Direktentgelt für geleistete Arbeit in der Industrie kamen zusätzliche Personalkosten:

Westdeutschland 1994
80, 20 DM

Ostdeutschland 1994
67,80 DM

Westdeutschland

1972	'78	'84	'92	1994
55,60 DM	70,10	79,20	80,50	80,20

Gesetzliche Personalzusatzkosten:

26,50 — Sozialversicherung (Arbeitgeberanteil) — 27,20
4,50 — Bezahlte Feiertage u. ä.
4,90 — Lohnfortzahlung bei Krankheit — 3,70
0,40 — Unfallvers., Mutterschutz u.ä. — 4,30

Tarifliche und betriebliche Personalzusatzkosten:

19,30 — Urlaub, Urlaubsgeld — 0,80
8,30 — Gratifikation, 13. Gehalt — 13,90
7,10 — Betriebl. Altersversorgung — 4,00
1,20 — Vermögensbildung — 0,20   0,70
8,00 — sonstiges — 13,00

2615 © Globus   Quelle: iw

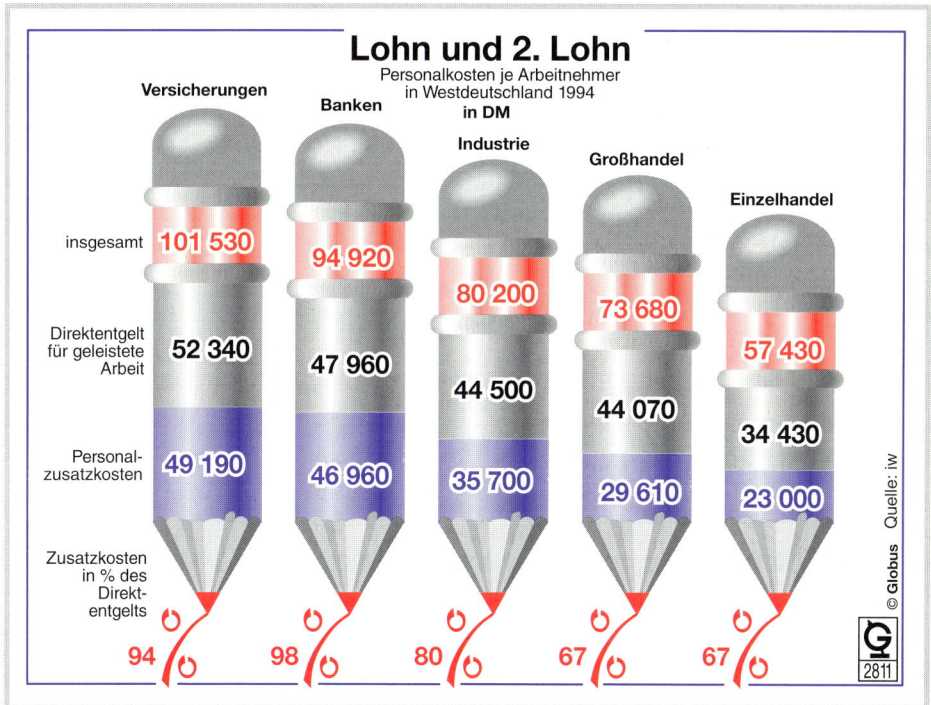

Lohn und 2. Lohn

Personalkosten je Arbeitnehmer
in Westdeutschland 1994
in DM

	Versicherungen	Banken	Industrie	Großhandel	Einzelhandel
insgesamt	101 530	94 920	80 200	73 680	
Direktentgelt für geleistete Arbeit	52 340	47 960	44 500	44 070	57 430
Personal-zusatzkosten	49 190	46 960	35 700	29 610	34 430 / 23 000
Zusatzkosten in % des Direktentgelts	94	98	80	67	67

© Globus Quelle: iw

2811

Personalnebenkosten werden in den Kontengruppen 64 Soziale Abgaben und Aufwendungen für Altersversorgung und Unterstützung und 66 Sonstige Personalaufwendungen erfasst. Da die Unternehmen die gesamten Personalkosten in die Preise ihrer Produkte einkalkulieren, kann das gegenüber Ländern mit geringeren Lohnkosten und Sozialleistungen zu Wettbewerbsnachteilen führen.

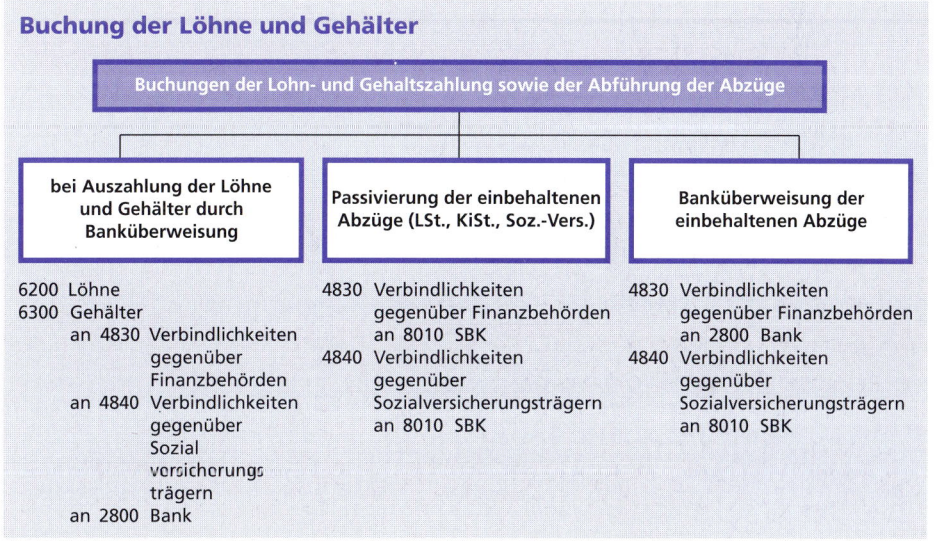

Buchung der Löhne und Gehälter

Buchungen der Lohn- und Gehaltszahlung sowie der Abführung der Abzüge		
bei Auszahlung der Löhne und Gehälter durch Banküberweisung	**Passivierung der einbehaltenen Abzüge (LSt., KiSt., Soz.-Vers.)**	**Banküberweisung der einbehaltenen Abzüge**
6200 Löhne 6300 Gehälter an 4830 Verbindlichkeiten gegenüber Finanzbehörden an 4840 Verbindlichkeiten gegenüber Sozial versicherungs trägern an 2800 Bank	4830 Verbindlichkeiten gegenüber Finanzbehörden an 8010 SBK 4840 Verbindlichkeiten gegenüber Sozialversicherungsträgern an 8010 SBK	4830 Verbindlichkeiten gegenüber Finanzbehörden an 2800 Bank 4840 Verbindlichkeiten gegenüber Sozialversicherungsträgern an 8010 SBK

1 Der Lagerarbeiter Rudolf Vetter – verheiratet, zwei Kinder, rk., die Ehefrau bezieht keinen Arbeitslohn – arbeitet im Abrechnungsmonat 172 Stunden. Darin sind enthalten:

15 Überstunden	Überstundenzuschlag: 25 %
4 Sonntagsstunden	Sonntagszuschlag: 50 %
8 Nachtarbeitsstunden	Nachtarbeitszuschlag: 20 %

Der Krankenversicherungssatz beträgt 13,4 %, der Stundenlohn 13,80 DM. Ermitteln Sie den steuer- und sozialversicherungspflichtigen Lohn und erstellen Sie die Lohnabrechnung unter Berücksichtigung der Lohnsteuer- und Sozialversicherungstabelle S. 281 f.!

2 Ein Lagerarbeiter, Steuerklasse I/0, ev., hat im Abrechnungsmonat insgesamt 172 Stunden gearbeitet. Er erhält einen Stundenlohn von 15,20 DM. Im Rahmen der 172 Stunden hatte der Lagerarbeiter einen Auftrag durchzuführen, für dessen Erledigung zwölf Überstunden mit einem Zuschlag von 50 % des Zeitlohns geleistet wurden.

Der Beitragssatz für die Krankenversicherung beträgt 13,5 %. Erstellen Sie die Lohnabrechnung unter Berücksichtigung der Lohnsteuer- und Sozialversicherungstabelle S. 281 f.!

3 Eine Großhandelsunternehmung beschäftigt in der Finanzbuchhaltung folgende Angestellten:

Name	Familienstand	Steuer-klasse	Konfession KiSt-S. 9 %	Bruttogehalt DM	Kranken vers.-S.
Alden, Adam	verh., 1 Kind	IV/1,0	evang.	2 900,00 DM	12,4 %
Gerz, Rudolf	ledig	I	röm.-kath.	2 750,00 DM	12,4 %
Hirt, Helga	verh.	V	röm.-kath.	2 140,00 DM	12,4 %
Solz, Peter	verh., 2 Kinder	III/2,0	evang.	6 530,00 DM	12,4 %
Tandler, Karl	ledig	I	röm.-kath.	4 360,00 DM	12,4 %

a) Erstellen Sie nach dem Beispiel auf S. 284 mithilfe der Lohnabzugstabellen S. 281 f. eine Gehaltsliste für den Monat Mai 19..!

b) Geben Sie den gesamten Personalaufwand an, der für die Abteilung Finanzbuchhaltung anfällt.

c) Bilden Sie die Buchungssätze
  - ❑ bei Gehaltszahlung durch Banküberweisung,
  - ❑ bei Banküberweisung der einbehaltenen Lohn- und Kirchensteuer und Solidaritätszuschläge an das Finanzamt,
  - ❑ bei Banküberweisung der Sozialversicherungsbeiträge an die Krankenkasse!

d) Wann sind die Zahlungen an das Finanzamt und die Krankenkasse spätestens durchzuführen?

4 Die Lohnliste der Maschinenbau Guder GmbH weist für den Monat September folgende Summen aus:

Familien-name Vorname	Familien-stand	Steuer-klasse	Brutto-lohn	Lohn-steuer	Sol.-zuschl.	Kirchen-steuer
			172 600,00	25 700,00	1 800,00	2 100,00

Sozial-versiche-rung	Gesamt-abzüge	Netto-gehalt	Sonstige Abzüge	Kinder-geld	Auszah-lung	AG-Anteil
35 200,00	64 800,00	107 800,00	–	4 400,00	112 200,00	35 200,00

a) Ermitteln Sie die gesamten Personalaufwendungen!

b) Bilden Sie die Buchungssätze

- ❏ bei Lohnzahlung durch Banküberweisung,
- ❏ für den Betriebsanteil zur Sozialversicherung,
- ❏ bei Banküberweisung der einbehaltenen Lohn- und Kirchensteuer,
- ❏ bei Banküberweisung der einbehaltenen Sozialversicherungsbeiträge!

5 **BA vom 30.04.:** Banküberweisung des Gehalts an die Angestellte Anja Wendt, ev. (9 %), unverheiratet, kein Kind. Sie erhält ein Monatsgehalt von 2 475,00 DM brutto. Der Krankenversicherungssatz beträgt 12,4 %. Es wird ein Gehaltsvorschuss von 100,00 DM verrechnet.

PBA vom 10.05.: Postüberweisung der LSt. und KiSt. und des SolZ . . . . ? DM
PBA vom 15.05.: Postüberweisung der Sozialversicherungsbeiträge . . . . . . ? DM

a) Stellen Sie unter Verwendung der Lohnabzugstabelle (S. 281 f.) die Gehaltsabrechnung auf!

b) Bilden Sie die Buchungssätze für die obigen Belege!

6 Der Lagerarbeiter Sven Kircher arbeitete im Monat Juni 148 Stunden. Er erhält einen Stundenlohn von 19,60 DM. Herr Kircher ist evangelisch (9 %). Auf seiner LSt.-Karte ist die Steuerklasse V eingetragen. Der Krankenversicherungssatz beträgt 13,2 %. Mit seinem Junilohn wird Herrn Kircher ein Vorschuss von 1 200,00 DM ausgezahlt, der in den folgenden Monaten mit je 200,00 DM verrechnet wird.

BA vom 30.06.: Banküberweisung des Lohnes . . . . ? DM
Buchungen aufgrund der Lohnabrechnung
PBA vom 10.07.: Postüberweisung der LSt., KiSt. und des SolZ . . . . ? DM
PBA vom 15.07.: Postüberweisung der Sozialversicherungsbeiträge . . . . . . ? DM
BA vom 31.07.: Banküberweisung des Lohnes (im Juli arbeitete
Herr Kircher 152 Stunden) . . . . ? DM

a) Stellen Sie unter Verwendung der Lohnabzugstabellen (S. 281 f.) die Lohnabrechnungen für den 30. Juni 19.. und den 31. Juli 19.. auf!

b) Bilden Sie die Buchungssätze für die obigen Belege!

7 Geben Sie unter Verwendung der Konten des Kontenplans die Buchungssätze für die folgenden Geschäftsfälle an:
Kontenplan: 2650, 2800, 4830, 4840, 6300, 6400, 8010, 8020

Geschäftsfälle:

a) Zahlung eines Gehaltsvorschusses mit Bankscheck.

b) Gehaltsabrechnung: Banküberweisung unter Einbehaltung der Abzüge (Lohnsteuer, Solz, Kirchensteuer, Sozialversicherungsanteil) und des Gehaltsvorschusses.

c) Arbeitgeberanteil zur Sozialversicherung (noch nicht abgeführt).

d) Die einbehaltenen Lohn- und Kirchensteuern und SolZ werden per Banküberweisung bezahlt.

e) Die einbehaltenen Sozialversicherungsbeiträge werden mit Banküberweisung bezahlt.

f) Das Konto „2650 Forderungen an Mitarbeiter" ist zum Jahresabschluss abzuschließen.

g) Das Konto „6400 Arbeitgeberanteil zur Sozialversicherung" ist zum Jahresabschluss abzuschließen.

8 Entwickeln Sie eine Tabelle zur Kalkulation einer Arbeitsminute für beliebige Monatsgehälter nach dem Vorbild der folgenden Tabelle!

a) Stellen Sie fest, welche Auswirkungen sich zeigen, wenn ein Urlaubstag zusätzlich gewährt wird!

b) Welche Auswirkungen hat eine gleichzeitige Erhöhung der Rentenversicherung um 0,5 Prozentpunkte, der Krankenversicherung um 0,2 Prozentpunkte und eine Verdoppelung des Urlaubsgeldes?

	A	B	C	D	E	F
1	Personalkosten: (Kalkulation einer Arbeitsminute)					
2		Tage	%	DM/Monat	DM/Jahr	
3	Gehalt			3 000,00	36 000,00	
4	Weihnachtsgeld				3 000,00	
5	Urlaubsgeld				500,00	
6	Krankenversicherung (AG)		13,60	204,00	2 448,00	
7	Rentenversicherung		18,60	279,00	3 348,00	
8	Arbeitslosenversicherung		6,50	97,50	1 170,00	
9	Pflegeversicherung		1,00	15,00	180,00	
10	Fahrgeldzuschuss			45,00	540,00	
11	Sonstige Leistungen		45,00	1 350,00	16 200,00	
12	Personalzusatzkosten		76,07	1 990,50	27 386,00	
13	Personalgesamtkosten				63 386,00	
14						
15	Jahrestage	365		Arbeitsstd. je Woche		38,00
16	Urlaub	28		Arbeitsstd. je Tag		7,60
17	Krankheit	9		Arbeitsstd. je Jahr		1558,00
18	Bildungsurlaub	5				
19	Fortbildung	3		Kosten einer	Arbeitsstunde	40,68
20	Sonderurlaub	1		Kosten einer	Arbeitsminute	0,68
21	Sonntage	51				
22	Samstage	51				
23	Feiertage	12				
24	Arbeitstage im Jahr	205				
25	Nichtarbeitstage im Jahr	160				

3.6 Anlagenwirtschaft

3.6.1 Berechnung der Anschaffungskosten von Anlagen und ihre Buchung

Die Primus GmbH hat am 26. Juni des Geschäftsjahres einen neuen Lkw angeschafft und die Eingangsrechnung hierfür an die Buchhaltung weitergegeben.

Lkw-Handel

Lkw-Handel, A. Joost, Falkstraße 82, 47058 Duisburg

Primus GmbH
Koloniestraße 2–4

47057 Duisburg

Lkw-Handel
Andreas JOOST
Falkstraße 82
47058 Duisburg
Telefon (02 03) 29 83-72
Telefon (02 03) 29 83-72

Betriebs-Nr.:	13246833
Auftrags-Nr.:	47326
Datum:	19..-06-26
Kunden-Nr.:	32788

Rechnung

Amtl. Kennzeichen	Typ/Modell	Fahrzeug.Ident-Nr.	Zulassungstag	Annahmetag	km-Stand	KD-Meister
	443 PH 5	44FA053238	19..-06-26	19..-05-15	0	

Für Ihre Bestellung danken wir Ihnen. Wir werden sie zu den Verkaufsbedingungen, die wir Ihnen mit der Bestellung aushändigten und zu den besonderen Vereinbarungen ausführen.

443 PH 5	Lkw Condor GKAT 3000	125 000,00
	– 5 % Messerabatt	6 250,00
		118 750,00
	– 1 % Skonto	1 187,50
		117 562,50
	+ Überführungskosten	2 100,00
	+ Zulassungsgebühren	337,50
		120 000,00

Arbeitspreis	Material/Fahrzeug	Nettoentgelt	Umsatzsteuer	Rechnungsbetrag
	125 000,00	120 000,00	18 000,00	138 000,00

Bankverbindung: Raiffeisenbank Duisburg (BLZ 320 604 45) 1 352 831

Bitte geben Sie bei Zahlung Ihre Kunden- und Rechnungsnummer an. Vielen Dank!

Nicole Höver weiß, dass sie den Wert für den Lkw auf dem Konto „Fuhrpark" buchen muss. „Aber was mache ich mit dem Rabatt, dem Skonto und den Überführungs- und Zulassungskosten?"

Arbeitsauftrag Bilden Sie den Buchungssatz für die Eingangsrechnung!

Anlagegüter gehören zum Anlagevermögen. Sie werden im Unternehmen längerfristig genutzt.

Beispiele Grundstücke, Gebäude, Maschinen, Pkw, Lkw, Computer

Bei der Anschaffung sind diese Anlagegüter auf dem jeweiligen Bestandskonto mit ihren **Anschaffungskosten** zu erfassen (aktivieren).

Die Anschaffungskosten werden wie folgt ermittelt:

Listenpreis	Listenpreis ohne Umsatzsteuer
− Anschaffungspreisminderungen	Rabatte, Skonti, Boni
+ Anschaffungsnebenkosten Montagekosten, Fundamentierungskosten, Notariatsgebühren, Gerichtskosten, Grunderwerbsteuer beim Kauf von Grundstücken und Gebäuden	Fracht, Rollgeld, Transportversicherung,
= Anschaffungskosten	zu aktivierender Wert

Die bei der Beschaffung des Anlagegutes gezahlte **Umsatzsteuer** ist als abzugsfähige Vorsteuer **kein Bestandteil der Anschaffungskosten** des Anlagegutes. Ebenfalls zählen **Finanzierungsaufwendungen**, wie z. B. Zinsen, nicht zu den Anschaffungskosten.

Beispiel **Kauf des Lkw lt. ER**

ER 43726 vom 26.06.:
Kauf eines Lkw gegen Bankscheck

Berechnung der Anschaffungskosten

Listeneinkaufspreis	125 000,00 DM	Listeneinkaufspreis	125 000,00 DM
− 5 % Messerabatt	6 250,00 DM	− Anschaffungspreismind.	
	118 750,00 DM	Rabatt	6 250,00 DM
− 1 % Skonto	1 187,50 DM	Skonto	1 187,50 DM
	117 562,50 DM		117 562,50 DM
+ Überführungskosten	2 100,00 DM	+ Anschaffungsnebenkosten	2 437,50 DM
+ Zulassungsgebühren	337,50 DM		
= Anschaffungskosten	120 000,00 DM	= Anschaffungskosten	120 000,00 DM
+ 15 % Umsatzsteuer	18 000,00 DM		
= Rechnungsbetrag	138 000,00 DM		

Anlagegüter müssen laut HGB mit den Anschaffungskosten aktiviert werden. Es sind *„die Aufwendungen, die geleistet werden, um einen Vermögensgegenstand zu erwerben und ihn in einen betriebsbereiten Zustand zu versetzen"* (**§ 255 Abs. 1 HGB**).

Fortsetzung des Beispiels

Buchungen beim Kauf des Lkw:

BA vom 28.06., ER 43726 vom 26.06.:

0840 Fuhrpark	120 000,00
2600 Vorsteuer	18 000,00
an 4400 Verbindlichkeiten a. LL	138 000,00

S	0840 Fuhrpark	H		S	4400 Verbindlichkeiten a. LL	H
4400	120 000,00				0840,	
					2600	138 000,00

S	2600 Vorsteuer	H
4400	18 000,00	

Berechnung der Anschaffungskosten von Anlagen und ihre Buchung

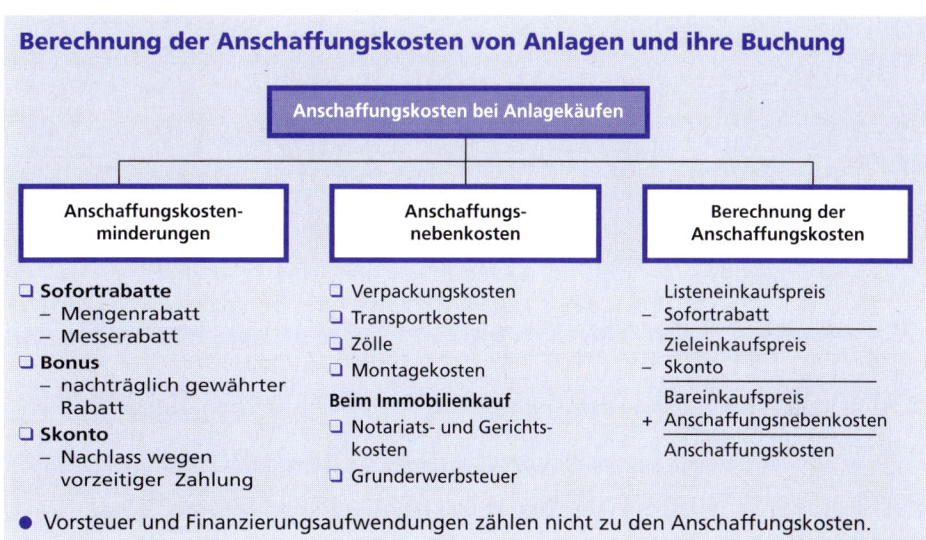

Anschaffungskosten bei Anlagekäufen

Anschaffungskosten-minderungen	Anschaffungs-nebenkosten	Berechnung der Anschaffungskosten
❑ **Sofortrabatte** – Mengenrabatt – Messerabatt ❑ **Bonus** – nachträglich gewährter Rabatt ❑ **Skonto** – Nachlass wegen vorzeitiger Zahlung	❑ Verpackungskosten ❑ Transportkosten ❑ Zölle ❑ Montagekosten **Beim Immobilienkauf** ❑ Notariats- und Gerichts-kosten ❑ Grunderwerbsteuer	Listeneinkaufspreis – Sofortrabatt Zieleinkaufspreis – Skonto Bareinkaufspreis + Anschaffungsnebenkosten Anschaffungskosten

● Vorsteuer und Finanzierungsaufwendungen zählen nicht zu den Anschaffungskosten.

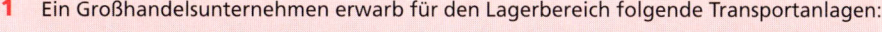

1 Ein Großhandelsunternehmen erwarb für den Lagerbereich folgende Transportanlagen:

	A		B		C	
1. Eingangs-rechnung Listenpreis, netto		135 170,41 DM		142 191,65 DM		86 093,44 DM
– Rabatt	12,5 %	16 896,30 DM	8 %	11 375,33 DM	6 %	5 165,61 DM
		118 274,11 DM		130 816,32 DM		80 927,83 DM
+ USt	15 %	17 741,12 DM	15 %	19 622,45 DM	15 %	12 139,17 DM
		136 015,23 DM		150 438,77 DM		93 067,00 DM
2. ER, BA: (Fall 1) Zahlung der Fracht mit Bankscheck Fracht, netto		1 725,89 DM		1 183,68 DM		1 072,17 DM
+ USt	15 %	258,88 DM	15 %	177,55 DM	15 %	160,83 DM
		1 984,77 DM		1 361,23 DM		1 233,00 DM

a) Geben Sie die Buchungssätze für die obigen Geschäftsfälle an!
b) Berechnen Sie die Anschaffungskosten der Transportanlagen A, B und C!

2 Die Großhandelsunternehmung Vaga GmbH erwarb am 1. April 19.. ein unbebautes Grundstück:

1. **BA vom 05.04.:** Grundstückskaufvertrag vom 1. April 19.. DM
   Überweisung des Kaufpreises 400 000,00
2. **PBA vom 07.04.:** Das Grundstück wurde über einen Makler vermittelt
   Überweisung der Maklerprovision über 3 % 12 000,00
   + 15 % Umsatzsteuer 1 800,00
   _____
   13 800,00
3. **BA vom 10.04.:** Zahlung der Grunderwerbsteuer (3,5 %)
   an das Finanzamt.. 14 000,00
4. **BA vom 10.04.:** Notariatskosten einschl. 15 % USt. werden mit Bankscheck bezahlt 2 300,00
5. **KB vom 15.05.:** Barzahlung der Gerichtskosten für die Umschreibung im Grundbuch 520,00
   a) Geben Sie die Buchungssätze für die Geschäftsfälle an!
   b) Ermitteln Sie die Anschaffungskosten des unbebauten Grundstücks!

3 Kauf eines Lkw zum Listenpreis von 154 000,00 DM. Der Vertragshändler berechnet dazu 2 400,00 DM Überführungskosten, 480,00 DM Zulassungsgebühren und 15% Umsatzsteuer. Auf den Listenpreis gewährt er 5% Rabatt.
   a) Ermitteln Sie die Anschaffungskosten des Lkw!
   b) Bilden Sie den Buchungssatz zur Erfassung der Eingangsrechnung!

4 Beim Kauf eines Grundstücks zum Preis von 140 000,00 DM fallen folgende Kosten an: Grunderwerbsteuer 4 900,00 DM, Maklergebühren 4 200,00 DM + 15 % Umsatzsteuer, Notariatskosten 2 300,00 DM + 15 % Umsatzsteuer, Grundbucheintragung 380,00 DM, Kanalanschlusskosten 2 200,00 DM + 15 % Umsatzsteuer.
Ermitteln Sie die Anschaffungskosten des Grundstücks!

3.6.2 Abschreibungen auf Sachanlagen

Bei Durchsicht der Bücher zur Vorbereitung des Jahresabschlusses ist Nicole Höver erstaunt darüber, dass der Lkw noch mit dem Anschaffungswert von 120 000,00 DM auf dem Konto Fuhrpark steht, obwohl der Lkw bereits 45 000 km gefahren wurde. „Das ist wohl nicht mehr mit dem Grundsatz der Bilanzwahrheit zu vereinbaren", denkt sie.

Arbeitsauftrag

❏ Begründen Sie, warum der Lkw keine 120 000,00 DM mehr wert ist!
❏ Suchen Sie nach Möglichkeiten den wirklichen Wert des Lkw festzustellen!
❏ Bilden Sie den Buchungssatz für die Abschreibung!

● Notwendigkeit der Abschreibungen

Gegenstände des Anlagevermögens sind dazu bestimmt dem Unternehmen **dauernd** zu dienen. Die Nutzung der meisten Anlagegüter ist jedoch zeitlich begrenzt, da sie abgenutzt werden (**abnutzbares Anlagevermögen**).

Sie unterliegen einem ständigen Werteverfall und müssen von Zeit zu Zeit durch neue Anlagegüter ersetzt werden. Die häufigsten Ursachen des Werteverfalls sind:

- **technischer Verschleiß** durch den Gebrauch des Anlagegutes
- **ruhender Verschleiß,** der durch Umwelteinflüsse entsteht, wie Verwitterung, Zersetzung, Rostschäden usw.
- **wirtschaftliche Abnutzung,** die eine Wertminderung aufgrund des vermuteten technischen Fortschritts berücksichtigt.

Dieser **Werteverfall** mindert das Anlagevermögen. Weil er **Aufwand** für das Unternehmen darstellt, mindert er auch das Eigenkapital. Der Werteverfall ist jährlich mittels Abschreibungen zu erfassen.

- Die **buchmäßige Erfassung der Wertminderung** des Anlagevermögens wird als **Abschreibung** bezeichnet. Das **Steuerrecht** nennt diese Abschreibung **Absetzung für Abnutzung (AfA).**
- Über die Buchung der Abschreibung werden die **Anschaffungskosten** nach und nach als **Aufwand** auf die Jahre der Nutzung **verteilt.** Das **Handelsrecht** nennt diesen Aufwand **planmäßige Abschreibung.**

---

§ 253 Abs. 2 HGB: Bei Vermögensgegenständen des Anlagevermögens, deren Nutzung zeitlich begrenzt ist, sind die Anschaffungs- oder Herstellungskosten um planmäßige Abschreibungen zu vermindern. Der Plan muss die Anschaffungs- oder Herstellungskosten auf die Geschäftsjahre verteilen, in denen der Vermögensgegenstand voraussichtlich genutzt werden kann.

● Abschreibungsplan

Für jeden Gegenstand des abnutzbaren Anlagevermögens sollte ein Abschreibungsplan aufgestellt werden, der alle Daten über das Anlagegut enthält.

Daten des Abschreibungsplanes	
Bezeichnung des Anlagegutes:	Lkw Condor GKAT 3000-443 PH 5
Tag der Anschaffung des Anlagegutes:	26. Juni 19..
Höhe der Anschaffungskosten:	120 000,00 DM
voraussichtliche Nutzungsdauer:	fünf Jahre
Abschreibungsmethode:	lineare Abschreibung

Bereits im Jahre der Anschaffung des Anlagegutes ist die Zeit der betrieblichen Nutzung des Anlagegutes (**Nutzungsdauer**) zu schätzen. Der Bundesfinanzminister hat im Einvernehmen mit den Finanzverwaltungen der Bundesländer **AfA-Tabellen** für bewegliche Anlagegüter der einzelnen Wirtschaftszweige herausgegeben, die bei der Festlegung der Nutzungsdauer durch das Unternehmen berücksichtigt werden sollten.

Auszug aus der allgemeinen AfA-Tabelle

Anlagegüter	Nutzungsdauer in Jahren
Gebäude	40 – 50
Maschinen zur Be- und Verarbeitung	10
Büromaschinen – Schreibmaschinen	5
Computer	3
Last- und Personenkraftwagen	5

Alle wesentlichen Daten über das Anlagegut für den Abschreibungsplan ergeben sich in der Regel aus der **Anlagendatei** der Anlagenbuchhaltung, die eine Nebenbuchhaltung (vgl. S. 128 ff.) darstellt.

Anlagendatei				Primus GmbH	
Gegenstand: Lkw Condor		Fahrzeug-Nr. 45 KN 84 300			
Fabrikat: GKAT 3000		Lieferer: Lkw-Handel Andreas Joost, Duisburg			
Nutzungsdauer: fünf Jahre		Anschaffungskosten: 120 000,00 DM			
Konto-Nr. 0840		AfA-Satz: 20%	AfA-Methode: linear		
Datum	Vorgang	Zugang in DM	Abgang/AfA in DM	Bestand in DM	
19..–06–26 19..–12–31	ER 12 UmBu 23: AfA	120 000,00	24 000,00	96 000,00	

● Methoden zur Ermittlung der planmäßigen Abschreibung

▶ **Lineare Abschreibung (Abschreibung mit gleichbleibenden Jahresbeträgen):** Bei der linearen Abschreibung werden die Anschaffungskosten gleichmäßig auf die Jahre der Nutzung verteilt.

Beispiel **Lineare Abschreibung**
Anschaffungskosten: 120 000,00 DM   Nutzungsdauer: fünf Jahre

Formel	Berechnung
$\dfrac{\text{Anschaffungskosten}}{\text{Nutzungsdauer}} = $ **Abschreibungsbetrag**	$\dfrac{120\,000}{5} = 24\,000,00 \text{ DM}$
$\dfrac{100}{\text{Nutzungsdauer}} = $ **Abschreibungssatz**	$\dfrac{100}{5} = 20\,\%$
Berechnung der AfA mit AfA-Satz: $\text{Anschaffungskosten} \cdot \dfrac{\text{Abschreibungssatz}}{100}$	$120\,000 \cdot \dfrac{20}{100} = 24\,000,00 \text{ DM}$

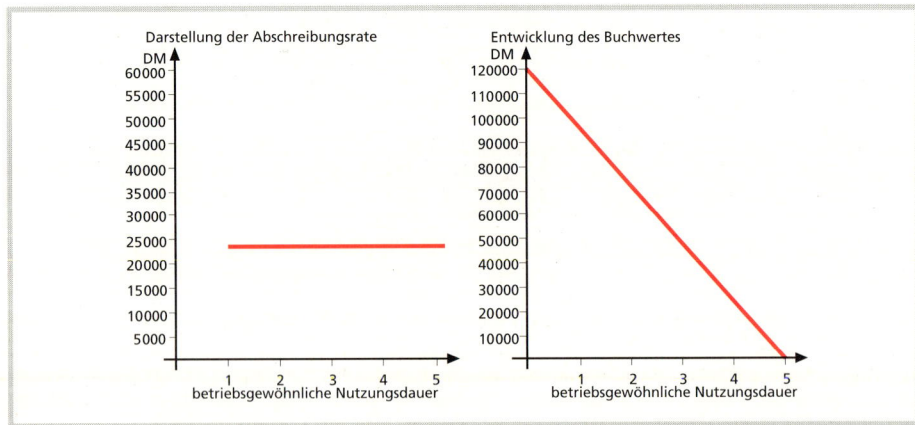

Betriebswirtschaftlich ist diese Methode **bei gleichmäßiger Nutzung** des Anlagegutes während der einzelnen Nutzungsjahre **empfehlenswert,** da damit auch eine gleichmäßige Abnutzung unterstellt wird.

▶ **Geometrisch-degressive Abschreibung (Abschreibung mit fallenden Abschreibungsbeträgen):** Bei der geometrisch-degressiven Abschreibung wird der Abschreibungsbetrag durch die Anwendung eines gleichbleibenden Abschreibungssatzes auf den jeweiligen Rest- oder Buchwert des Anlagegutes berechnet. Dadurch ergibt sich ein von Jahr zu Jahr fallender Abschreibungsbetrag, der in den ersten Jahren der Nutzung sehr hoch und in den späteren Nutzungsjahren niedrig ausfällt. Bei dieser Methode wird nie der Endwert Null in der geschätzten Nutzungsdauer erreicht.

Beispiel **Geometrisch-degressive Abschreibung**

Anschaffungskosten: 120 000,00 DM
Nutzungsdauer: fünf Jahre

Formel	Berechnung
Abschreibungsbetrag = Buchwert $\cdot\ \dfrac{\text{AfA-Satz}}{100}$	**1. Jahr:** $120\,000 \cdot \dfrac{30}{100} = 36\,000,00$ DM
	2. Jahr: $84\,000 \cdot \dfrac{30}{100} = 25\,200,00$ DM
Buchwert = Anfangsbestand – Abschreibung	**1. Jahr:** $120\,000 - 36\,000 = 84\,000,00$ DM
	2. Jahr: $84\,000 - 25\,200 = 58\,800,00$ DM

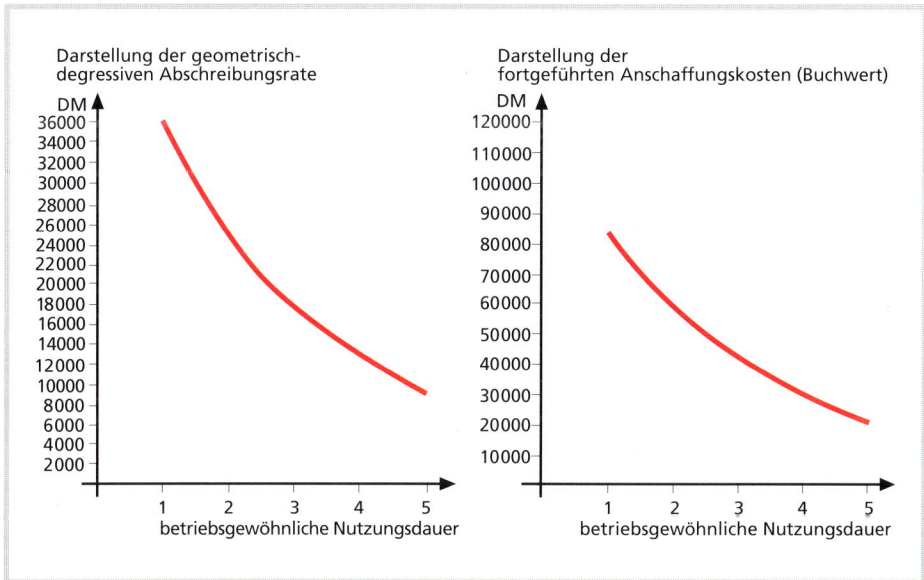

© Verlag Gehlen

Da sich eine Folge fallender Abschreibungsbeträge ergibt, bei denen das Verhältnis zwischen den Abschreibungsbeträgen und das Verhältnis zwischen den Buchwerten stets gleich bleibt, spricht man von der geometrisch-degressiven Abschreibung.

Steuerrechtlich ist die geometrisch-degressive Abschreibung nur bei **beweglichem abnutzbarem Anlagevermögen** zulässig, wenn der Abschreibungssatz

❏ nicht höher als das Dreifache des Prozentsatzes ist, der sich bei linearer AfA ergibt und

❏ der Abschreibungssatz 30 % nicht übersteigt.

Nutzungsdauer	Abschreibungshöchstsatz	Beispiele
ND < 10	30 %	ND:　5 Jahre ➞ 30 %
ND > 10	$\dfrac{100 \cdot 3}{\text{Nutzungsdauer}}$	ND: 20 Jahre ➞ 15 % ND: 15 Jahre ➞ 20 % ND: 12 Jahre ➞ 25 %

Da die geometrisch-degressive Abschreibung bei Anwendung des steuerlich zulässigen AfA-Satzes nach Ablauf der Nutzungsdauer zu einem verhältnismäßig hohen Restwert führt, ist es zulässig **im letzten Nutzungsjahr den Buchwert abzuschreiben.** Befindet sich das Anlagegut nach Ablauf der Nutzungsdauer noch im Betriebsvermögen, ist es üblich das Anlagegut mit einem **Erinnerungswert** von 1,00 DM auszuweisen.

Zur Beurteilung der geometrisch-degressiven Abschreibung sollten folgende Gesichtspunkte beachtet werden:

❏ Sie ist betriebswirtschaftlich sinnvoll, wenn das **Anlagegut in den ersten Nutzungsjahren** besonders intensiv genutzt oder durch technischen Fortschritt in den ersten Jahren stärker gemindert wird.

❏ Der erhöhte Abschreibungsaufwand der ersten Nutzungsjahre führt im Vergleich zum Abschreibungsaufwand bei linearer Methode zu einem geringeren steuerpflichtigen Gewinn und damit zu geringeren Steuerzahlungen. Es entsteht eine **Steuerverschiebung,** weil sich in den späteren Jahren wegen der geringeren geometrisch-degressiven Abschreibung die Steuerzahlungen erhöhen.

❏ Die verringerten Steuerzahlungen bewirken eine **stärkere Liquidität.** Dieses Kapital kann für Neuinvestitionen eingesetzt werden.

❏ Die steuerlich zulässigen hohen Abschreibungsbeträge in den ersten Nutzungsjahren führen zu einem Buchwert, der in der Regel kleiner ist als der zu diesem Zeitpunkt vorhandene Zeitwert, und somit zu einer **stillen Reserve** (vgl. S. 310).

▶ **Übergang von der geometrisch-degressiven zur linearen Abschreibung:** Die geometrisch-degressive Abschreibung führt nach Ablauf der Nutzungsdauer zu einem wesentlich höheren Restwert, der jedoch im letzten Jahr der Nutzungsdauer als Teil der Gesamtabschreibung mit abgeschrieben werden darf. Es ist jedoch sinnvoller zu einem früheren Zeitpunkt auf die lineare Abschreibung überzugehen, indem man den Buchwert durch die restliche Nutzungsdauer dividiert (siehe Tabelle S. 302). **Der Übergang von der linearen zur degressiven AfA ist nicht zulässig.** Der Übergang von der geometrisch-degressiven auf die lineare Abschreibung ist aus steuerlichen Gründen dann empfehlenswert, wenn mithilfe der linearen Abschreibung ein größerer Abschreibungsbetrag pro Jahr erreicht wird.

▶ **Abschreibung nach Maßgabe der Leistung:** Bei der Abschreibung nach Leistungs-einheiten bei beweglichen Anlagegütern wird die Nutzungsdauer des Wirtschaftsgutes nicht in Jahren ausgedrückt, sondern in Leistungseinheiten, die das Wirtschaftsgut während der Dauer seiner Nutzung erzeugen (leisten) kann (Soll-Kapazität).

Betriebswirtschaftlich ist diese Methode bei **schwankender Leistungsabgabe** zweckmäßig. Steuerrechtlich ist sie nur zulässig, wenn die jährliche Leistungsabgabe nachgewiesen werden kann (z. B. durch Zähler oder Fahrtenbuch).

Beispiel

Anschaffungskosten des Lkw   120 000,00 DM   Wertminderung $= \dfrac{120\,000}{200\,000} = 0{,}60\text{ DM}$

Voraussichtliche Gesamtleistung   200 000 km   je km

Nutzungsjahr	km	Wertminderung je km	Abschreibungsbetrag in DM
1.	45 000	0,60	27 000,00
2.	28 000	0,60	16 800,00
3.	51 000	0,60	30 600,00
4.	39 000	0,60	23 400,00
5.	32 000	0,60	19 200,00

Abschreibung nach Maßgabe der Leistung

Anschaffungskosten: 120 000,00 DM

Voraussichtliche Gesamtleistung: 200 000   km

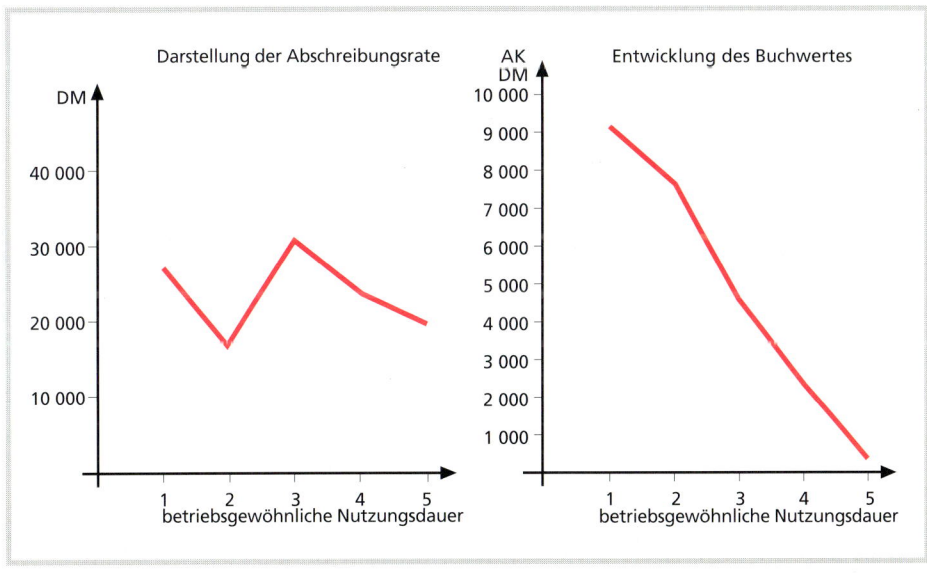

$$\textbf{Abschreibungsbetrag} = \frac{\text{Anschaffungskosten} \cdot \text{Istleistung im Abschreibungsjahr}}{\text{geschätzte Gesamtleistung}}$$

$$\text{AfA} = \frac{120\,000 \cdot 45\,000}{200\,000} \qquad \text{AfA} = 27\,000{,}00 \text{ DM}$$

Vergleich der Abschreibungsmethoden in einer Abschreibungstabelle

Anlagegut: Lkw Fabrikat: Condor G KAT 3000-443 PH 5 Nutzungsdauer: 5 Jahre	lineare AfA 20 % der Anschaffungs- kosten	geometrisch- degressive AfA 30 % vom Buchwert	geometrisch- degressive mit Übergang zur linearen AfA	Leistungs- abschreibung
Anschaffungskosten	120 000,00	120 000,00	120 000,00	120 000,00
– AfA 1	24 000,00	36 000,00	36 000,00	27 000,00
Buchwert 1	96 000,00	84 000,00	84 000,00	93 000,00
– AfA 2	24 000,00	25 200,00	25 200,00	16 800,00
Buchwert 2	72 000,00	58 800,00	58 800,00	76 200,00
– AfA 3	24 000,00	17 640,00	19 600,00	30 600,00
Buchwert 3	48 000,00	41 160,00	39 200,00	45 600,00
– AfA 4	24 000,00	12 348,00	19 600,00	23 400,00
Buchwert 4	24 000,00	28 812,00	19 600,00	22 200,00
– AfA 5	23 999,00	19 599,00	19 599,00	
Buchwert 5 Erinnerungswert	1,00	1,00	1,00	3 000,00

● Abschreibungen bei Anschaffungen im Laufe des Jahres

Wurde das Anlagegut im Laufe des Jahres angeschafft, gilt für die Bemessung des Abschreibungsbetrages folgende vereinfachende Regelung:

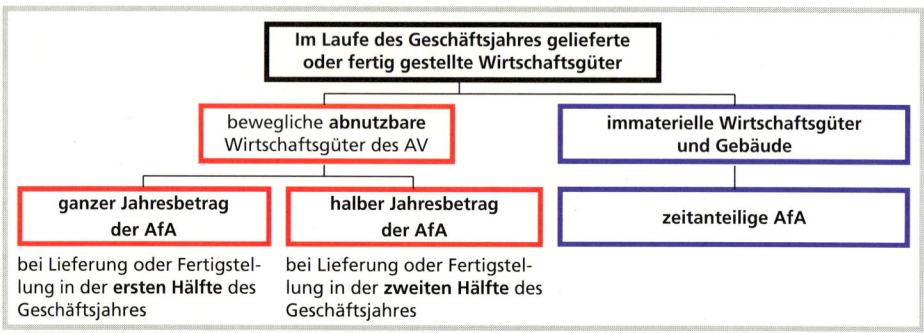

Auch beim **Verkauf von Wirtschaftsgütern innerhalb eines Geschäftsjahres** muss die **Abschreibung zeitanteilig** berechnet und berücksichtigt werden, um einen vollständigen Ausweis der Abschreibungen in der Gewinn- und Verlustrechnung zu ermöglichen.

Beispiel zum Kauf von AV im Laufe des Geschäftsjahres

ER, BA vom 18. 12.: Lieferung und Bezahlung eines Pkw zum 18. Dez. 19..

betriebsgewöhnliche Nutzungsdauer: vier Jahre
planmäßige Abschreibung: linear

Listenpreis	40 000,00 DM
– Messerabatt 4 %	1 600,00 DM
	38 400,00 DM
+ 15 % Umsatzsteuer	5 760,00 DM
	44 160,00 DM

Eigenbeleg: AfA des Geschäftsjahres
halbe Jahresabschreibung ... 4 800,00 DM

1. Buchung bei Beschaffung:
0840 Fuhrpark	38 400,00 DM
2600 Vorsteuer	5 760,00 DM
an 2800 Bank	44 160,00 DM

2. Buchung der planmäßigen Abschreibung:
| 6520 Abschreibungen auf Sachanlagen .... | 4 800,00 DM |
| an 0840 Fuhrpark ... | 4 800,00 DM |

● Außerplanmäßige Abschreibungen

Grundsätzlich ist das nicht abnutzbare Anlagevermögen mit seinen Anschaffungskosten zu bilanzieren, das abnutzbare Anlagevermögen mit den **fortgeführten Anschaffungskosten:**

> Anschaffungskosten
> – planmäßige Abschreibungen
> = **fortgeführte Anschaffungskosten**

Anschaffungs- bzw. fortgeführte Anschaffungskosten bilden die Wertobergrenze (**Anschaffungskostenprinzip**).

Ist am Bilanzstichtag jedoch mit einer dauerhaften Wertminderung gegenüber den fortgeführten Anschaffungskosten beim abnutzbaren AV zu rechnen, muss neben der planmäßigen eine außerplanmäßige Abschreibung durchgeführt werden. Solche Wertminderungen können durch **außergewöhnliche technische** oder **wirtschaftliche Abnutzung**, wie z. B. durch Brand, Explosion, Unfall, Hochwasser oder durch Preisverfall wegen technischer Verbesserungen eintreten.

Beispiel Die Primus GmbH hat beim Kauf einer Lagertransportanlage mit einem Anschaffungswert von 240 000,00 DM eine Nutzungsdauer von zwölf Jahren geschätzt und die lineare Abschreibung gewählt. Im 8. Nutzungsjahr wird festgestellt, dass die Anlage wegen des technischen Fortschritts (computergesteuerte Lagertransportsysteme) eine zusätzliche Wertminderung von 50 000,00 DM erfahren hat.

	DM
Buchwert am Ende des 8. Nutzungsjahres	80 000,00
Planmäßige Abschreibung am Ende des 8. Nutzungsjahres	20 000,00
	60 000,00
Außerplanmäßige Abschreibung am Ende des 8. Nutzungsjahres	50 000,00
Buchwert am Ende des 8. Nutzungsjahres	10 000,00
Planmäßige Abschreibung in den nächsten vier Jahren	2 500,00

Bei beweglichen abnutzbaren Wirtschaftsgütern des Anlagevermögens ist die Absetzung für außergewöhnliche technische und wirtschaftliche Abnutzung nicht zulässig bei vorangegangener geometrisch-degressiver Abschreibung.

● Buchung der Abschreibungen

Abschreibungen auf das abnutzbare Anlagevermögen sind **Aufwendungen,** die im Soll auf dem Aufwandskonto **„6520 Abschreibungen auf Sachanlagen"** und als **Minderungen des Anlagevermögens** im Haben auf dem entsprechenden aktiven Bestandskonto des Anlagegutes gebucht werden müssen. Das Anlagekonto weist dann nach der durchgeführten Abschreibung am Jahresende den Buchwert aus.

Abschlussangabe:	Buchungssatz:	
30 % geometrisch-degressive AfA 36 000,00 DM	6520 an 0840	36 000,00 DM

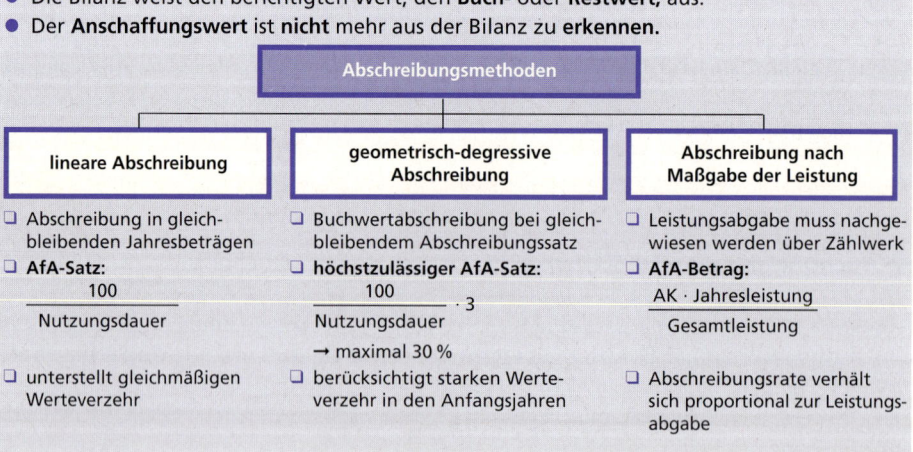

Mithilfe der Abschreibung können somit die **Vermögenslage in der Bilanz** und die **Ertragslage in der GuV-Rechnung** je nach Wahl der Abschreibungsmethode unterschiedlich dargestellt werden (vgl. auch Kapitel „Kalkulatorische Abschreibungen" S. 395 ff.).

● **Geringwertige Wirtschaftsgüter des Anlagevermögens**

Nach **§ 6 Abs. 2 EStG** können abnutzbare und selbständig nutzbare Wirtschaftsgüter des Anlagevermögens im Jahre der Anschaffung voll abgeschrieben werden, wenn die **Anschaffungskosten** für das einzelne Wirtschaftsgut **800,00 DM nicht übersteigen.**

GWG – selbständig nutzbar	GWG – nicht selbständig nutzbar
❏ Regal für das Lager, einschl. Montage, das 800,00 DM nicht übersteigt ❏ Kisten, Fässer, Paletten, Collicos zum Versand der Waren ❏ Tischrechner, Büromöbel	❏ Drucker für den Personalcomputer ❏ Einzelbauteile für Lagerregale ❏ Reifen und Ersatzreifen für Fahrzeuge

Abschreibungen auf Sachanlagen

- Abschreibung ist die buchmäßige Erfassung der Wertminderung des Vermögens.
- Bei der Abschreibung wird die **Wertkorrektur auf der Habenseite** des Anlagekontos vorgenommen. Die Sollbuchung erfolgt auf dem Aufwandskonto „Abschreibungen".
- Die Bilanz weist den berichtigten Wert, den **Buch-** oder **Restwert,** aus.
- Der **Anschaffungswert** ist **nicht** mehr aus der Bilanz zu **erkennen.**

Abschreibungsmethoden

lineare Abschreibung	geometrisch-degressive Abschreibung	Abschreibung nach Maßgabe der Leistung
❏ Abschreibung in gleichbleibenden Jahresbeträgen ❏ AfA-Satz: $$\frac{100}{\text{Nutzungsdauer}}$$	❏ Buchwertabschreibung bei gleichbleibendem Abschreibungssatz ❏ höchstzulässiger AfA-Satz: $$\frac{100}{\text{Nutzungsdauer}} \cdot 3$$ → maximal 30 %	❏ Leistungsabgabe muss nachgewiesen werden über Zählwerk ❏ AfA-Betrag: $$\frac{\text{AK} \cdot \text{Jahresleistung}}{\text{Gesamtleistung}}$$
❏ unterstellt gleichmäßigen Werteverzehr	❏ berücksichtigt starken Werteverzehr in den Anfangsjahren	❏ Abschreibungsrate verhält sich proportional zur Leistungsabgabe

- Außerplanmäßige Abschreibungen werden neben der planmäßigen Abschreibung vorgenommen.
- Sie ermöglichen die Erfassung von Wertminderungen, die über die planmäßigen Abschreibungen hinausgehen und bei Festlegung des Abschreibungsplans nicht vorhersehbar waren.
- Nach Steuerrecht sind die außerplanmäßigen Abschreibungen bei beweglichen abnutzbaren Wirtschaftsgütern nur zulässig bei Anwendung der linearen AfA und der Abschreibung nach Maßgabe der Leistung.
- Geringwertige Wirtschaftsgüter **bis 800,00 DM Anschaffungskosten können im Jahr der Anschaffung in voller Höhe** abgeschrieben werden **(Bewertungswahlrecht).**

1 Berechnen Sie den Abschreibungsbetrag und den Abschreibungssatz einer Maschine für das zweite Jahr der Nutzungsdauer bei linearer Abschreibung und stellen Sie den verbleibenden Buchwert fest!
Anschaffungskosten 43 680,00 DM, betriebsgewöhnliche Nutzungsdauer sieben Jahre.

2 Nach der Anlagendatei besitzt eine Möbelgroßhandlung folgende Anlagen:

Anlagegüter laut Anlagenkartei	Anschaffungs- jahr	Anschaffungs- kosten in DM	betriebsgewöhnliche Nutzungsdauer
1 Lastkraftwagen	Jan. 1995	180 000,00	vier Jahre
1 Elektrolastwagen	Jan. 1994	60 000,00	fünf Jahre
1 Bürocomputer	Jan. 1996	20 000,00	fünf Jahre
1 Panzerschrank	Jan. 1993	14 000,00	zehn Jahre

Berechnen Sie bei gleichmäßiger Abschreibung vom Anschaffungswert die Buchwerte dieser Anlagen zum Geschäftsjahresende 31. Dezember 1997!

3 Über eine Maschine liegen Informationen vor:
Anschaffungskosten . . . . 600 000,00 DM
betriebsgewöhnliche Nutzungsdauer . . . . zwölf Jahre
Stellen Sie einen Abschreibungsplan für die ersten drei Nutzungsjahre nach der linearen und der geometrisch-degressiven Abschreibung auf (vgl. AfA-Tabelle S. 302)!

4 Stellen Sie die Abschreibungsbeträge und die Buchwerte bei linearer, geometrisch-degressiver und Leistungsabschreibung nach dem ersten Nutzungsjahr gegenüber:
Anlagegut: . . . . Lkw
betriebsgewöhnliche Nutzungsdauer: . . . . fünf Jahre
Geschätzte Gesamtleistung: . . . . 480 000 km
Anschaffungskosten: . . . . 192 000,00 DM
Leistungsabgabe im 1. Nutzungsjahr laut Zähler: . . . . 129 600 km

5 Ein Lkw mit einem Anschaffungswert von 160 000,00 DM wird nach Maßgabe der Leistung abgeschrieben. Es wird von einer Gesamtleistung während der Nutzungsdauer von 400 000 km ausgegangen.
a) Mit welchem Wert ist der Lkw am Ende des 3. Nutzungsjahres zu erfassen, wenn er im 1. Jahr 70 000 km, im 2. Jahr 72 000 km und im 3. Jahr 64 000 km fuhr?
b) Welche Vorteile und welche Nachteile hat diese Abschreibungsmethode gegenüber
   ba) der linearen, bb) der geometrisch-degressiven Abschreibung?

6 Kauf einer Maschine gegen Bankscheck . . . . 459 000,00 DM
+ 15 % Umsatzsteuer . . . . 68 850,00 DM
527 850,00 DM

Die betriebsgewöhnliche Nutzungsdauer wird auf zwölf Jahre festgelegt. Die Leistungsabgabe wird auf 102 000 Arbeitsvorgänge geschätzt.

305

a) Bilden Sie den Buchungssatz beim Kauf der Maschine!

b) Stellen Sie einen Abschreibungsplan für die ersten drei Abschreibungsjahre bei linearer Abschreibung, geometrisch-degressiver Abschreibung und bei Abschreibung nach Leistungseinheiten auf!

Die Leistungsabgabe wird im 1. Jahr auf 8 568, im 2. Jahr auf 9 588, im 3. Jahr auf 4 386 Arbeitsvorgänge geschätzt.

Für die geometrisch-degressive Abschreibung ist der höchstzulässige Abschreibungssatz anzusetzen.

c) Treffen Sie eine begründete Entscheidung für den Übergang zur linearen Abschreibung bei Wahl der geometrisch-degressiven Abschreibung!

d) Vergleichen Sie die Abschreibungsbeträge, und treffen Sie eine begründete Entscheidung für eine bestimmte Abschreibungsmethode in folgenden Fällen:

❏ Die Unternehmung rechnet in den kommenden Jahren mit wachsenden Gewinnen und weiteren Investitionen.

❏ Die Unternehmung beabsichtigt mithilfe der Abschreibung den technischen Verschleiß möglichst genau zu erfassen.

❏ Die Unternehmung ist bemüht die Aufwandsstruktur für Zwecke der Kalkulation aus Wettbewerbsgründen weitgehend konstant zu gestalten.

❏ Die Unternehmung erwartet bei diesem hoch entwickelten Wirtschaftsgut weiteren technischen Fortschritt.

7 **Welche der folgenden Aussagen treffen zu**

a) auf die lineare Abschreibung,
b) auf die geometrisch-degressive Abschreibung?

1. Der Abschreibungsbetrag wird jährlich mithilfe eines festen Prozentsatzes vom Anschaffungswert berechnet.

2. Der Abschreibungsbetrag wird jährlich mithilfe eines festen Prozentsatzes vom Buchwert berechnet.

3. Am Ende der geschätzten Nutzungsdauer wird der Nullwert immer erreicht.

4. Der Abschreibungsbetrag nimmt jährlich um einen kleiner werdenden Betrag ab!

5. Es wird eine gleichbleibende Abnutzung unterstellt.

6. Sie beträgt zur Zeit höchstens 30 % des Buchwertes.

7. Der Nullwert wird am Ende der Nutzungsdauer nicht erreicht.

8. Die Wertminderung des Anlagegutes wird gleichmäßig auf die Jahre der Nutzung verteilt.

9. Sie wird einer Wertminderung des Anlagegutes in den ersten Nutzungsjahren besonders gerecht.

8 Die Buchwerte von vier Anlagegegenständen zeigen folgende Entwicklung im Laufe der Nutzungsjahre:

Anlagegut	Anschaffungswert	Buchwert nach dem 1. Jahr	Buchwert nach dem 2. Jahr	Buchwert nach dem 3. Jahr	Buchwert nach dem 4. Jahr	Buchwert nach dem 5. Jahr
A	125 000,00	100 000,00	80 000,00	64 000,00	51 200,00	40 960,00
B	176 000,00	165 000,00	154 000,00	143 000,00	132 000,00	121 000,00
C	320 000,00	240 000,00	180 000,00	135 000,00	112 500,00	90 000,00
D	188 000,00	176 500,00	161 400,00	149 900,00	138 150,00	127 000,00

Ermitteln Sie
a) die jeweils angewandte Abschreibungsmethode,
b) die AfA-Sätze für A, B und C,

c) die betriebsgewöhnliche Nutzungsdauer für A, B und C,

d) die Buchwerte von A, B und C zum Ende des 6. Jahres!

9 Eine Großhandelsunternehmung gibt folgende Daten zu einer Verpackungsanlage bekannt:

Anschaffungskosten	285 600,00 DM
betriebsgewöhnliche Nutzungsdauer	zwölf Jahre
Gesamtleistung in Vorgängen	204 000
Leistungsabgabe im 1. Jahr	10 608 Vorgänge
angenommener Gewinn vor AfA	200 000,00 DM
angenommener Einkommensteuersatz	30 %

Berechnen Sie

a) den linearen AfA-Betrag,

b) den linearen AfA-Satz,

c) die geometrisch-degressive AfA für das 2. Jahr,

d) den sinnvollen Zeitpunkt des Übergangs zur linearen AfA,

e) den AfA-Betrag der linearen AfA nach Übergang zur linearen AfA,

f) die AfA nach Leistungseinheiten für das 1. Nutzungsjahr,

g) die Einkommensteuerersparnis im 1. Jahr, falls als AfA die geometrisch-degressive statt der linearen angesetzt würde!

10 Die Möbelgroßhandlung Karl Krämer erwarb am 7. Juli 19.. einen Pkw für ihren Handelsreisenden Klaus Müller

1. ER vom 07. 07.:

Listenpreis für den Pkw	42 955,32 DM	
– 4 % Rabatt	1 718,21 DM	41 237,11 DM
+ 15 % Umsatzsteuer		6 185,57 DM
		47 422,68 DM

2. BA vom 17. 07.:

Überweisung der ER nach Abzug von 3 % Skonto . .	46 000,00 DM

Die betriebsgewöhnliche Nutzungsdauer des Pkw beträgt vier Jahre

a) Geben Sie die Buchungssätze für die obigen Geschäftsfälle an!

b) Berechnen Sie für die lineare Abschreibung:

    1. den Abschreibungsbetrag,

    2. den Abschreibungssatz,

    3. den Buchwert nach dem 1. Nutzungsjahr!

11 **ER vom** 02. 04.: Zielkauf einer computergesteuerten Abfüllanlage für den Getränkevertrieb

Listenpreis, netto	280 000,00 DM	
– Messerabatt 5 %	14 000,00 DM	266 000,00 DM
+ 15 % Umsatzsteuer		39 900,00 DM
		305 900,00 DM

BA vom 05. 04.:

Scheckeinlösung	4 600,00 DM

Die Montagekosten einschl. 15 % USt für die Abfüllanlage wurden sofort nach Fertigstellung der Anlage mit Verrechnungsscheck bezahlt:

Briefkopie vom 02. 05.:

Zahlung der ER für die Abfüllanlage mit Akzept, f.a.

10. 05., ...	305 900,00 DM

Schreiben des Lieferers vom 05. 05.:

Diskont: 9 %/68 Tage	5 200,30 DM

Die betriebsgewöhnliche **Nutzungsdauer** von Abfüllanlagen beträgt **zwölf Jahre**.

a) Geben Sie die Buchungssätze aufgrund obiger Belege an!

b) Ermitteln Sie die Anschaffungskosten der Abfüllanlage!

c) Stellen Sie in einer Abschreibungstabelle (vgl. S. 302) für die ersten vier Jahre der Nutzungsdauer den Verlauf nach der linearen und der geometrisch-degressiven Abschreibung dar!

d) Wie lauten die Buchungen (einschließlich Abschlussbuchungen)
   1. bei direkter Abschreibung
   2. bei indirekter Abschreibung
   am Ende des dritten Jahres bei Anwendung der geometrisch-degressiven Abschreibung?

12 Im vergangenen Geschäftsjahr erwarb die Großhandlung Schneider & Co. einen Personalcomputer zu Anschaffungskosten von 15 000,00 DM. Es wurde bei der Ermittlung der planmäßigen Abschreibung von einer fünfjährigen Nutzungsdauer ausgegangen. Im zweiten Nutzungsjahr wird nun festgestellt, dass aufgrund des technischen Fortschritts die Nutzungsdauer des PC sich um zwei Jahre verringern wird.

a) Berechnen Sie die planmäßige (lineare AfA) und außerplanmäßige Abschreibung für das 2. Nutzungsjahr!

b) Geben Sie die Buchungssätze für die planmäßige und außerplanmäßige Abschreibung an!

c) Berechnen Sie die neue planmäßige Abschreibung für die restliche Nutzungsdauer!

13 Im vergangenen Geschäftsjahr erwarb eine Lebensmittelgroßhandlung eine Maschine für ihre Lagerwirtschaft zu Anschaffungskosten von 288 000,00 DM. Es wurde bei der Ermittlung der planmäßigen Abschreibung von einer zwölfjährigen Nutzungsdauer ausgegangen. Im 5. Nutzungsjahr wird nun festgestellt, dass aufgrund der Absatzentwicklung der damit abgefüllten Waren mit einer Verkürzung der ursprünglichen Nutzungsdauer der Maschine um vier Jahre zu rechnen ist.

a) Berechnen Sie die planmäßige (lineare AfA) und außerplanmäßige Abschreibung für das 5. Nutzungsjahr!

b) Geben Sie die Buchungssätze für die planmäßige und außerplanmäßige Abschreibung an!

c) Berechnen Sie die neue planmäßige Abschreibung für die restliche Nutzungsdauer!

14 In der Finanzbuchhaltung einer Großhandelsunternehmung sind folgende Geschäftsfälle zu bearbeiten:

Geschäftsfälle:	DM	DM
1. **ER, KB:** Barkauf eines Druckers für den Bürocomputer		
– betriebsgewöhnliche Nutzungsdauer vier Jahre – netto	820,00	
– 5 % Rabatt....................	41,00	779,00
+ Fracht		15,00 794,00
+ Umsatzsteuer		119,10
		913,10
2. **ER, KB:** Barkauf von 15 Bürolochern à 48,00 DM – betriebsgewöhnliche Nutzungsdauer fünf Jahre –, netto........................	720,00	
+ 15 % Umsatzsteuer.............................	108,00	828,00

a) Berechnen Sie die Anschaffungskosten für die beiden Wirtschaftsgüter!

b) Bestimmen Sie, ob es sich dabei um geringwertige Wirtschaftsgüter handelt!

c) Buchen Sie die Geschäftsfälle!

d) Geben Sie die Höhe der jeweiligen AfA an – linear oder AfA als GWG!

3.6.3 Verkauf von Anlagegütern

Der Dienst-Pkw des Gruppenleiters Arnim Hack soll zu Beginn des Geschäftsjahres verkauft werden. Herr Müller bittet Frau Lapp um Informationen über den Pkw. „Einen Moment, bitte, ich hole mir das auf den Bildschirm."

Anlagendatei		Primus GmbH		
Gegenstand: Pkw Tabo		Fahrzeug-Nr.: 45 KN 84 300		
Fabrikat: GTI		Lieferer: Kfz-Handel Herbert Wendt, Duisburg		
Nutzungsdauer: vier Jahre		Anschaffungskosten: 36 000,00 DM		
Konto-Nr.: 0840		AfA-Satz: 25%	AfA-Methode: linear	
Datum	Vorgang	Zugang in DM	Abgang/AfA in DM	Bestand in DM
19..−01−04	ER 12	36 000,00		
19..−12−19	AfA		9 000,00	27 000,00
19..−12−31	AfA		9 000,00	18 000,00
19..−12−31	AfA		9 000,00	9 000,00

„Laut Anlagendatei hat der Pkw noch einen Wert von 9 000,00 DM. Aber unser Vertragshändler will nur 8 000,00 DM dafür zahlen."

Arbeitsauftrag
- ❏ Überprüfen Sie, wie es zu dieser unterschiedlichen Bewertung kommt.
- ❏ Geben Sie an, welche Konsequenzen sich daraus für die Buchung beim Verkauf ergeben!

Beim Verkauf von Gegenständen des betrieblichen Anlagevermögens werden selten **Verkaufserlöse** erzielt, die mit den ausgewiesenen **Buchwerten** übereinstimmen. Die **Differenz** zwischen dem Verkaufserlös und dem Buchwert ist als **Verlust** oder als **Ertrag** aus dem Abgang von Gegenständen des Anlagevermögens zu erfassen.

Beispiel 1 **Verkaufspreis < Buchwert**

AR, BA: Verkauf eines gebrauchten Pkw gegen Bankscheck

Verkaufspreis, netto	8 000,00 DM
+ 15 % USt	1 200,00 DM
	9 200,00 DM
Buchwert des Pkw zum Verkaufszeitpunkt	9 000,00 DM
Tageswert für den Pkw	8 000,00 DM
Verlust aus dem Abgang von Gegenständen des Anlagevermögens	1 000,00 DM

Buchungen:

2800	Bank	9 200,00
	an 0840 Fuhrpark	8 000,00
	an 4000 Umsatzsteuer	1 200,00
6960	Verluste aus dem Abgang von AV	1 000,00
	an 0840 Fuhrpark	1 000,00

Die in der Vergangenheit auf das Wirtschaftsgut durchgeführte Abschreibung hatte nicht zu einem Buchwert geführt, der dem Tageswert des Wirtschaftsgutes entsprach. Die in der Vergangenheit durchgeführte **Abschreibung war zu gering.**

Beispiel 2 **Verkaufspreis > Buchwert**

AR, BA: Verkauf eines gebrauchten Pkw gegen Bankscheck

Verkaufspreis, netto	12 000,00 DM
+ 15 % USt	1 800,00 DM
	13 800,00 DM
Buchwert des Pkw zum Verkaufszeitpunkt	9 000,00 DM
Tageswert für den Pkw	12 000,00 DM
Erträge aus dem Abgang von Gegenständen des Anlagevermögens	3 000,00 DM

Buchungen:

2800	Bank	13 800,00
	an 0840 Fuhrpark	12 000,00
	an 4800 Umsatzsteuer	1 800,00
0840	Fuhrpark	3 000,00
	an 5460 Erträge aus dem Abgang von AV	3 000,00

Das Wirtschaftsgut war im Verhältnis zum Tageswert niedriger bewertet. Die **Unterbewertung der Aktiva** führte zu **stillen Reserven**, die durch den Verkauf aufgedeckt werden.

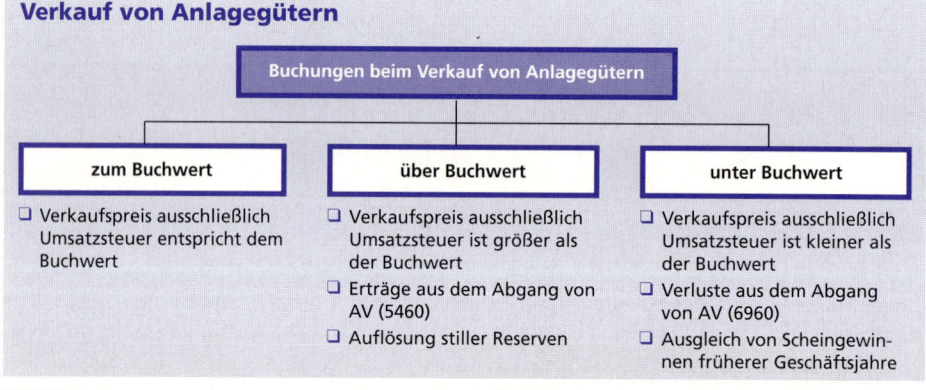

Verkauf von Anlagegütern

Buchungen beim Verkauf von Anlagegütern

zum Buchwert	über Buchwert	unter Buchwert
❏ Verkaufspreis ausschließlich Umsatzsteuer entspricht dem Buchwert	❏ Verkaufspreis ausschließlich Umsatzsteuer ist größer als der Buchwert ❏ Erträge aus dem Abgang von AV (5460) ❏ Auflösung stiller Reserven	❏ Verkaufspreis ausschließlich Umsatzsteuer ist kleiner als der Buchwert ❏ Verluste aus dem Abgang von AV (6960) ❏ Ausgleich von Scheingewinnen früherer Geschäftsjahre

1 Ein Personalcomputer, Anschaffungwert 15 000,00 DM, wird mit 30 % geometrisch-degressiv abgeschrieben. Nach dreimaliger Abschreibung wird der PC für 4 000,00 DM + 15 % Umsatzsteuer gegen Bankscheck verkauft.

a) Wie lautet der Buchungssatz für die jährliche Abschreibung?
b) Wie viel DM wurden bis zum Verkauf des PC insgesamt abgeschrieben?
c) Wie viel DM beträgt der Veräußerungsgewinn/-verlust beim Verkauf?
d) Wie lautet der Buchungssatz beim Verkauf des PC?

2 **Kontenplan:** 0830, 0840, 0860, 2450, 2800, 2880, 3001, 4800, 5420, 5460, 6960

Geben Sie die Buchungssätze für folgende Geschäftsfälle einer Großhandelsunternehmung an!

	DM	DM
1. **AR, KB:** Verkauf eines gebrauchten Personalcomputers bar, netto	600,00	
+ 15 % Umsatzsteuer	90,00	
Buchwert des PC auf dem Konto 0860		1 600,00

2. **AR, BA:** Verkauf eines gebrauchten Pkw gegen

	DM	DM
Bankscheck, netto	5 800,00	
+ 15 % Umsatzsteuer	870,00	6 670,00
Buchwert des Pkw auf dem Konto 0840		8 000,00

3. **Eigenbeleg:** Entnahme eines gebrauchten Geschäfts-

wagens für den Sohn (Student) des Inhabers, netto . .	2 000,00	
+ 15 % Umsatzsteuer	300,00	2 300,00
Buchwert des Pkw auf dem Konto 0840		1,00

4. **AR, Kundenakzept:** Verkauf einer gebrauchten Trans-

portanlage gegen Kundenakzept, netto	16 000,00	
+ 15 % Umsatzsteuer	2 400,00	18 400,00
Buchwert des Pkw auf dem Konto 0830		18 000,00

3 Die Sachkonten einer Möbelgroßhandlung mit eigener Reparaturwerkstatt weisen gegen Ende des Geschäftsjahres (01.01.–31.12.) folgende Summen aus:

Summenbilanz	Soll DM	Haben DM
0510 Grundstück mit Gebäude	480 000,00	–
0700 Maschinen	700 000,00	34 000,00
0840 Fuhrpark	280 000,00	16 000,00
2280 Waren	140 000,00	–
2600 Vorsteuer	84 100,00	70 200,00
2800 Bank	2 460 000,00	1 986 200,00
3000 Eigenkapital	–	1 084 000,00
4400 Verbindlichkeiten a. LL	320 600,00	439 300,00
4800 Umsatzsteuer	242 200,00	288 000,00
5100 Umsatzerlöse für Waren	–	1 740 000,00
5460 Erträge aus dem Abgang von AV und UV		2 400,00
6060 Aufwendungen für Waren	420 000,00	
6050 Energie	36 000,00	–
6160 Fremdinstandsetzung	42 000,00	–
6200–6300 Löhne und Gehälter	395 000,00	–
6520 Abschreibungen auf Anlagen	–	–
6960 Verluste aus dem Abgang von Gegeständen des AV	5 000,00	–
7000 Betriebliche Steuern	55 000,00	–
	5 659 900,00	5 659 900,00

Geschäftsfälle:

1. **BA, AR:** Verkauf einer gebrauchten Maschine gegen

Bankscheck, netto	30 000,00	
+ 15 % Umsatzsteuer	4 500,00	34 500,00
Buchwert der Maschine auf dem Konto 0700		40 000,00

2. **BA:** Kauf eines Lagergebäudes gegen Zahlung mit

Bankscheck – Grundstückswert	30 000,00	
Lagergebäude	80 000,00	110 000,00

3. **BA:** Banküberweisung der Grunderwerbsteuer für den

Kauf des Lagergebäudes mit Grundstück		3 850,00

4. **BA:** Banküberweisung der Notariatskosten für den Kauf

des Lagergebäudes (Fall 2), netto	800,00	
+ 15 % Umsatzsteuer	120,00	920,00

5. **ER:** Zieleinkauf einer Maschine für die Werkstatt,

Listenpreis	140 000,00	
– 10 % Sonderrabatt	14 000,00	126 000,00
+ 15 % Umsatzsteuer		18 900,00
		144 900,00

3.6.4 Darstellung des Anlagevermögens bei Kapitalgesellschaften im Anlagenspiegel (Anlagengitter)

Weil Herr Schubert und Frau Lapp in einer Besprechung mit der Geschäftsleitung waren, musste Nicole Höver den Anruf des Steuerberaters entgegennehmen: „Sagen Sie Frau Lapp, dass ich für die Bilanzierung des Anlagevermögens außer den eingereichten Buchwerten alle Angaben gemäß § 268 Abs. 2 HGB brauche; für den Anlagenspiegel, sie weiß Bescheid."

Nicole hat nichts verstanden, schaut aber im HGB nach und findet: „In der Bilanz oder im Anhang ist die Entwicklung der einzelnen Posten des Anlagevermögens [...] darzustellen. Dabei sind, ausgehend von den gesamten Anschaffungs- oder Herstellungskosten, die Zugänge, Abgänge, Umbuchungen und Zuschreibungen des Geschäftsjahres sowie die Abschreibungen in ihrer gesamten Höhe gesondert aufzuführen [...]." Sie ist erstaunt darüber, welche detaillierten Angaben der Gesetzgeber über das Anlagevermögen verlangt.

Arbeitsauftrag   Überprüfen Sie, welche Absicht der Gesetzgeber mit dieser Vorschrift verfolgt und welche Informationen Außenstehende durch diese Angaben erhalten!

Kapitalgesellschaften müssen die **Entwicklung des Anlagevermögens** während des Geschäftsjahres in einem Anlagenspiegel (Anlagengitter) auf der Aktivseite der Bilanz oder im Anhang **darstellen.** Aus dieser Darstellung müssen Anschaffungskosten, Zugänge, Abgänge und die gesamten Abschreibungen (kumulierte Abschreibungen) hervorgehen (§ 268 HGB).

Beispiel   Die Anlagenbuchführung der Primus GmbH weist folgende Werte zur Bilanzposition Fuhrpark aus:

	DM
Anschaffungskosten der vorhandenen Fahrzeuge zu Beginn des Geschäftsjahres	500 000,00
Pkw-Kauf während des Geschäftsjahres (netto) gegen Bankscheck	40 000,00

Kumulierte Abschreibungen bis zu Beginn des Geschäftsjahres 208 000,00
Abschreibungen des Geschäftsjahres 108 000,00
Buchwert des Vorjahres 292 000,00

Darstellung im Hauptbuch:

S	0840 Fuhrpark			H
8000 EBK	292 000,00	6520 Abschreibungen	108 000,00	
2800 Bank	40 000,00	8010 SBK	224 000,00	
	332 000,00		332 000,00	

Darstellung im Anlagengitter:

0	1	2	3	4	5	6	7	8	9
Anlage-vermögen	An-schaffungs- oder Her-stellungs-kosten	Zu-gänge	Ab-gänge	Um-buchun-gen	Zu-schrei-bungen	Ab-schrei-bungen insgesamt	Ab-schrei-bungen des Abschluss-jahres	Buchwert zum 31.12.	Buchwert des Vorjahres
Fuhrpark	500 000,00	40 000,00	–	–	–	316 000,00	108 000,00	224 000,00	292 000,00

Spalten/Datenfelder im Anlagengitter	Inhalt
1. Anschaffungs-/Herstellungskosten (AK/HK)	**AK/HK** aller zu Beginn des Geschäftsjahres vorhandenen Anlagegüter
2. Zugänge	Mengenmäßige Erhöhung durch Anschaffung oder Selbsterstellung (Bruttoinvestition)
3. Abgänge	Mengenmäßige Minderung durch Verkäufe, Verschrottung u. ä. Ausscheidungsvorgänge
4. Umbuchungen	Umgliederungen innerhalb des Anlagevermögens, wie z. B. die Fertigstellung von Anlagen im Bau
5. Zuschreibungen	Werterhöhende Korrekturen von Bilanzansätzen aufgrund von gesetzlichen Vorschriften oder durchgeführten Außenprüfungen der Finanzverwaltung
6. Kumulierte Abschreibungen	Aufgelaufene Abschreibungen lt. Vorjahresbilanz – Zuschreibungen des Geschäftsjahres + Abschreibungen im Geschäftsjahr – auf die Abgänge des Geschäftsjahres entfallende kumulierte Abschreibungen
7. Abschreibungen	Erfassung der auf das Geschäftsjahr entfallenden Wertminderungen
8. Buchwert des Geschäftsjahres	Anschaffungs- oder Herstellungskosten (Spalte 1) + Zugänge (Spalte 2) – Abgänge (Spalte 3) ± Umbuchungen (Spalte 4) – Kumulierte Abschreibungen (Spalte 6)
9. Buchwert des Vorjahres	Vergleichbarer Buchwert des Vorjahres (Spalte 8 aus dem Anlagengitter des Vorjahres)

Es ist zu beachten, dass in den **kumulierten Abschreibungen** (Abschreibungen insgesamt) der Spalte 6 die Abschreibungen des Abschlussjahres (Spalte 7) ebenfalls enthalten sind.

Bei Fortführung des Anlagengitters im folgenden Geschäftsjahr erscheinen die im Vorjahr ausgewiesenen Zugänge unter den Anschaffungskosten aller zu Beginn des Geschäftsjahres vorhandenen Anlagengüter.

Beispiel mit Fortführung des Anlagengitters S. 313   DM

Verkauf eines Pkw gegen Bankscheck einschl. 15 % Umsatzsteuer.	17 250,00
Anschaffungskosten laut Anlagenkartei	50 000,00
Kumulierte Abschreibungen hierauf laut Anlagendatei	40 000,00
Auf die verbleibenden Fahrzeuge werden zum Geschäftsjahresende abgeschrieben	98 000,00

Buchung des Verkaufs:

2800 Bank	17 250,00	an	0840 Fuhrpark	15 000,00
		an	4800 Umsatzsteuer	2 250,00
0840 Fuhrpark	5 000,00	an	5460 Erträge aus dem Abgang von AV	5 000,00

Darstellung im Hauptbuch auf dem Konto „0840 Fuhrpark":

S		0840 Fuhrpark		H
8000	224 000,00	2800		15 000,00
5460	5 000,00	6500		98 000,00
		8010		116 000,00
	229 000,00			229 000,00

Darstellung im Anlagengitter:

0	1	2	3	4	5	6	7	8	9
Anlage-vermögen	An-schaffungs- oder Her-stellungs-kosten	Zu-gänge	Ab-gänge	Um-buchun-gen	Zu-schrei-bungen	Ab-schrei-bungen insgesamt	Ab-schrei-bungen des Abschluss-jahres	Buchwert zum 31.12.	Buchwert des Vorjahres
Fuhrpark	540 000,00	–	50 000,00	–	–	374 000,00	98 000,00	116 000,00	224 000,00

Scheidet ein Anlagegut aus (z. B. durch Verkauf oder Verschrottung), dann ist der Abgang dieses Gutes im Anlagengitter mit den ursprünglichen Anschaffungskosten in der Spalte „Abgänge" auszuweisen und in dem darauf folgenden Jahr mit den Anschaffungskosten der Spalte 1 zu verrechnen, denn das Anlagegut ist zu Beginn des folgenden Geschäftsjahres nicht mehr vorhanden.

Ebenfalls sind die kumulierten Abschreibungen in der Spalte 6 „Abschreibungen insgesamt" um die auf den Abgang entfallenden kumulierten Abschreibungen zu berichtigen.

● Auswertung des Anlagespiegels

Das Anlagengitter ermöglicht Rückschlüsse auf die Investitionspolitik (Bruttoinvestition, Ersatzinvestition), die Abschreibungspolitik (Abschreibungen, Zuschreibungen) und den technischen Stand der Anlagen (Verhältnis vom Buchwert zum Anschaffungswert).

Aus dem Anlagenspiegel können Informationen über die Abnutzung der Anlagen, die Brutto- und Nettoinvestition und die durchschnittliche Abschreibungsquote gewonnen werden.

0	1	2	3	4	5	6	7	8	9
Anlage-vermögen	Anschaf-fungs- oder Her-stellungs-kosten	Zu-gänge	Ab-gänge	Umbu-chun-gen	Zu-schrei-bun-gen	Ab-schrei-bungen insgesamt	Ab-schrei-bungen des Abschluss-jahres	Buchwert zum 31.12.	Buchwert des Vorjahres
Maschinen	10 800 000,00	3 000 000,00	1 000 000,00[1]	–	–	7 780 000,00	2 260 000,00	5 020 000,00	4 480 000,00

▶ **Anlagenabnutzungsgrad:** Von Jahr zu Jahr werden die AfA-Beträge addiert (kumuliert). Aus dem Verhältnis von kumulierten Abschreibungen (eventuell abzüglich Zuschreibungen) zu dem Sachanlagevermögen zu Anschaffungskosten (einschl. Zugängen des Jahres und abzüglich der Abgänge) lässt sich errechnen, zu welchem Anteil Anlagen einer Bilanzposition im Durchschnitt abgeschrieben sind.

Daraus kann auf das Alter der Anlagen geschlossen werden.

$$\text{Abschreibung in Prozent (Anlagenabnutzungsgrad)} = \frac{\text{Kumulierte Abschreibung} \cdot 100}{\text{Sachanlagen zu AK am Jahresende}} \quad \frac{7\,780\,000 \cdot 100}{12\,800\,000} = 60{,}8\,\%$$

60,8 % der Anschaffungswerte aller Anlagen sind also schon abgeschrieben.

▶ **Investition:** Zugänge zeigen im Vergleich zum Sachanlagevermögen zu Beginn des Geschäftsjahres zum Buchwert die **Bruttoinvestition** an. Diese setzt sich wiederum zusammen aus der Ersatz- und Erweiterungsinvestition. Zieht man davon die Abgänge zum Buchwert und die Abschreibungen des Jahres ab, erhält man die **Nettoinvestition.**

▶ **Abschreibungsquote:** Sie gibt an, wie viel Prozent der Anschaffungskosten im Durchschnitt auf die Sachanlagen abgeschrieben werden:

$$\text{Abschreibungsquote} = \frac{\text{Jahresabschreibung auf Sachanlagen} \cdot 100}{\text{AK zu Beginn + Zugänge – Abgänge}} \quad \frac{2\,260\,000 \cdot 100}{12\,800\,000} = 17{,}7\,\%$$

Darstellung des Anlagevermögens bei Kapitalgesellschaften im Anlagenspiegel (Anlagengitter)

● Die Entwicklung jeder Position des Anlagevermögens während des Geschäftsjahres wird durch Darstellung von
- ❏ Anschaffungs- oder Herstellungskosten
- ❏ Zugängen
- ❏ Abgängen
- ❏ Umbuchungen
- ❏ Zuschreibungen
- ❏ kumulierten Abschreibungen
- ❏ Abschreibungen des Jahres
- ❏ Buchwert des Geschäftsjahres
- ❏ Buchwert des Vorjahres

verdeutlicht.

● Aus dieser Darstellung kann der Bilanzleser
- ❏ den Anlagenabnutzungsgrad
- ❏ die Bruttoinvestitionsquote
- ❏ die Nettoinvestitionsquote
- ❏ die Abschreibungsquote

ableiten.

---

[1] Die Abgänge zum Buchwert betrugen 200 000,00 DM.

1 Die Anlagenbuchhaltung einer GmbH wies folgende Werte zur Bilanzposition Maschinen aus:

	DM
Anschaffungskosten der Maschinen zu Beginn des Geschäftsjahres	800 000,00
Maschinenkauf während des Geschäftsjahres gegen Banküberweisung, netto	60,000,00
Kumulierte Abschreibungen des Geschäftsjahres	300 000,00
Abschreibungen des Geschäftsjahres	107 500,00
Buchwert des Jahres	500 000,00

a) Stellen Sie die obigen Vorgänge im Anlagengitter dar!

b) Ermitteln Sie den Anlagenabnutzungsgrad der Maschinen!

2 Die Anlagenbuchführung der Goldwaagen GmbH wies folgende Werte zur Bilanzposition Fuhrpark aus:

	DM
1. Anschaffungskosten der Fahrzeuge zu Beginn des Geschäftsjahres . . .	120 000,00
2. Kumulierte Abschreibungen bis zum Beginn des Geschäftsjahres	60 000,00
3. **BA, ER:** Im Januar des Geschäftsjahres wurde ein Pkw gekauft, netto	28 000,00
+ 15 % Umsatzsteuer	4 200,00
	32 200,00

4. **BA, AR:** Im Januar des Geschäftsjahres wurde ein gebrauchter Pkw für 8 000,00 DM + 15 % Umsatzsteuer gegen Bankscheck verkauft. Die Anschaffungskosten des Pkw betrugen 24 000,00 DM, die kumulierten Abschreibungen für diesen Pkw beliefen sich auf 18 000,00 DM.

5. Die Abschreibungen des Geschäftsjahres betragen ohne Vorgang Nr. 3	24 000,00
6. Abschreibung auf den neuerworbenen Pkw: 25 % der Anschaffungskosten	?

a) Stellen Sie die Entwicklung der Position „Fuhrpark" im Anlagengitter dar!

b) Ermitteln Sie die Abschreibungsquote!

3 Die Anlagenbuchhaltung einer Kapitalgesellschaft wies folgende Werte zur Bilanzposition Maschine aus:

	DM
Anschaffungskosten der Maschinen zu Beginn des Geschäftsjahres	800 000,00
ER, BA: Maschinenkauf zu Beginn des Geschäftsjahres, netto	60 000,00
+ 15 % Umsatzsteuer	9 000,00
	69 000,00
Kumulierte Abschreibungen bis zu Beginn des Geschäftsjahres	300 000,00
Abschreibungen des Geschäftsjahres	107 500,00
Buchwert des Vorjahres	500 000,00

a) Geben Sie den Buchungssatz für den Maschinenkauf an!

b) Richten Sie das Konto 0700 Maschinen des Hauptbuches ein und erfassen Sie die Vorgänge auf diesem Konto!

c) Stellen Sie die obigen Vorgänge im Anlagenspiegel dar!

d) Ermitteln Sie Abschreibungsquote und Abnutzungsgrad der Maschine!

4 Zwei Anlagegüter werden am Ende des 3. Nutzungsjahres folgendermaßen im Anlagengitter dargestellt:

Anlagegüter	Anschaffungswert	Kumulierte Abschreibungen	Abschreibung des Jahres	Buchwert	Buchwert des Vorjahres
Lkw	180 000,00	90 000,00	30 000,00	90 000,00	
Maschine	440 000,00		61 875,00		247 500,00

a) Ermitteln Sie für den Lkw

   1. den Abschreibungssatz,

   2. die Abschreibungsmethode,

   3. den Buchwert des Vorjahres,

   4. wie viel Prozent abgeschrieben sind,

   5. die betriebsgewöhnliche Nutzungsdauer!

b) Ermitteln Sie für die Maschine

   1. den Buchwert des Geschäftsjahres,

   2. die Abschreibungsmethode,

   3. die betriebsgewöhnliche Nutzungsdauer?

   4. die kumulierte Abschreibung,

   5. wie viel Prozent abgeschrieben, sind (eine Stelle nach dem Komma kfm. runden)

5 Im Zusammenhang mit der Anschaffung einer computergesteuerten Lagertransportanlage sind in der Primus GmbH folgende Belege vorzukontieren und auszuwerten:

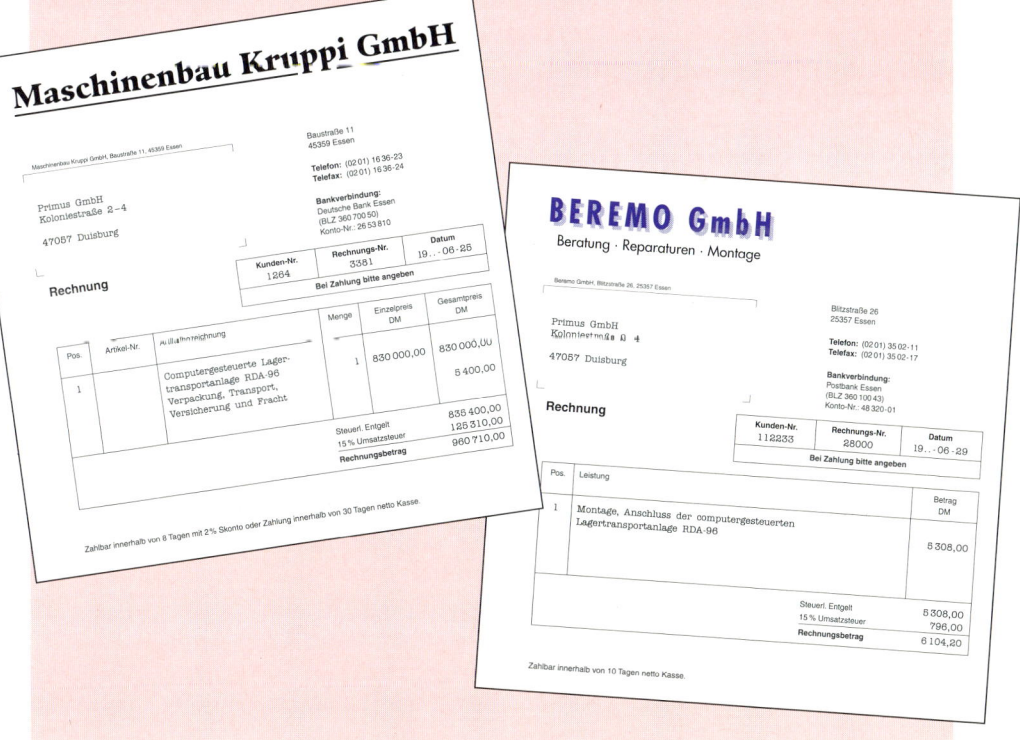

a) Bilden Sie die Buchungssätze zu den einzelnen Belegen (mit Beträgen)!

b) Ermitteln Sie

1. die Anschaffungskosten der Lagertransportanlage,

2. die aus diesem Anschaffungsvorgang absetzbare Vorsteuer,

3. den Abschreibungsbetrag bei höchstmöglicher geometrisch-degressiver Abschreibung und einer betriebsgewöhnlichen Nutzungsdauer von acht Jahren!

4 Durchführung und Auswertung des Jahresabschlusses

4.1 Buchungen zum Jahresabschluss

4.1.1 Posten der Rechnungsabgrenzung

Am 28. August 19. . wurde die Feuerversicherungsprämie für Geschäftsgebäude und Inventar der Primus GmbH für die Zeit vom 1. September des laufenden Geschäftsjahres bis zum 31. August des nächsten Jahres in Höhe von 3 600,00 DM durch Banküberweisung bezahlt. Nicole Höver hat den Geschäftsfall mit folgendem Buchungssatz erfasst:
6900 Versicherungsbeiträge   an 2800 Bank 3 600,00 DM

Beim Jahresabschluss wurde dieser Aufwand in Höhe von 3 600,00 DM in das GuV-Konto übernommen. Bei einer Betriebsprüfung durch die Finanzverwaltung wird diese Buchung beanstandet.

Arbeitsauftrag

❏ Suchen Sie nach Gründen, warum diese Buchung beanstandet wurde!
❏ Bilden Sie den Korrekturbuchungssatz!

Während des Geschäftsjahres fallen gelegentlich Zahlungen für Aufwendungen oder Erträge an, die ganz oder teilweise dem folgenden Geschäftsjahr zuzurechnen sind. In diesen Fällen sind die Aufwendungen und Erträge anteilig auf die Jahre zu verteilen, in denen sie entstanden sind (**periodengerechte Erfolgsermittlung**).

Ausgaben oder **Einnahmen im laufenden Geschäftsjahr**, die für **Aufwendungen** oder **Erträge nach dem Bilanzstichtag** getätigt werden, sind als Posten der Rechnungsabgrenzung zu erfassen. Zu unterscheiden sind **aktive und passive Rechnungsabgrenzungsposten**, die von allen Kaufleuten gesondert in der Bilanz auszuweisen sind (§§ 247, 266 HGB).

§ 250 Abs. 1 HGB: Als Rechnungsabgrenzungsposten sind auf der Aktivseite Ausgaben vor dem Abschlussstichtag auszuweisen, soweit sie Aufwand für eine bestimmte Zeit nach diesem Tag darstellen [...].

Abs. 2 HGB: Auf der Passivseite sind als Rechnungsabgrenzungsposten Einnahmen vor dem Abschlussstichtag auszuweisen, soweit sie Ertrag für eine bestimmte Zeit nach diesem Tag darstellen.

● **Aktive Rechnungsabgrenzung (ARA)**

Wird im laufenden Geschäftsjahr eine **Ausgabe für einen Aufwand des folgenden Geschäftsjahres** getätigt, dann darf sich diese Ausgabe nicht auf den Erfolg des laufenden Geschäftsjahres auswirken. Sie ist als Aufwand erst im folgenden Jahr zu erfassen. Bis zu diesem Zeitpunkt wird sie daher in der Bilanz auf dem aktiven Bestandskonto **„2900 Aktive Rechnungsabgrenzung"** (ARA) gespeichert. Diese zeitliche Abgrenzung des Aufwandes wird als vorbereitende Abschlussbuchung durchgeführt.

Beispiel Die Feuerversicherungsprämie für das Geschäftsgebäude und das Inventar (siehe Handlungssituation) betrifft den **Aufwand zweier Geschäftsjahre**. Zum Zwecke einer periodengerechten Erfolgsermittlung ist der Geschäftsfall so zu buchen, dass im alten Jahr nur

1200,00 DM (Versicherungsprämie für vier Monate) **erfolgswirksam** werden. Die Versicherungsprämie für die acht Monate des neuen Geschäftsjahres, also 2400,00 DM, dürfen erst im folgenden Geschäftsjahr erfolgswirksam werden.

Das Konto **„2900 Aktive Rechnungsabgrenzung" führt** den Betrag von 2400,00 DM **ins neue Geschäftsjahr hinüber** und **grenzt** somit den **Aufwand des alten Geschäftsjahres** vom **Aufwand des neuen Geschäftsjahres** ab.

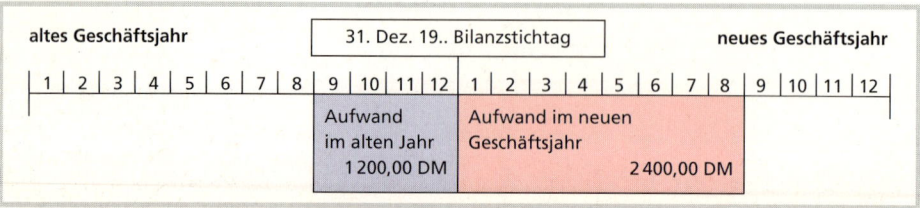

Buchungen im alten Geschäftsjahr	Buchungen im neuen Geschäftsjahr

28.08.: Zahlung durch Bankscheck
6900 Versicherungsbeiträge
    an 2800 Bank   3 600,00 DM
	02.01.: Eröffnung
	2900 ARA
	    an 8000 EBK 2 400,00 DM

31.12.: zeitliche Abgrenzung
2900 ARA
    an 6900 Versicherungs-
        beiträge   2 400,00 DM
	**02.01.: Auflösung der aktiven Rechnungs-
	            abgrenzung**
	6900 Versicherungsbeiträge
	    an 2900 ARA 2 400,00 DM

31.12.: Abschlussbuchungen
8020 GuV
    an 6900 Versicherungs-
        beiträge   1 200,00 DM
8010 Schlussbilanzkonto
    an 2900 ARA 2 400,00 DM	

Kontenmäßige Darstellung der Buchungen im alten Geschäftsjahr:

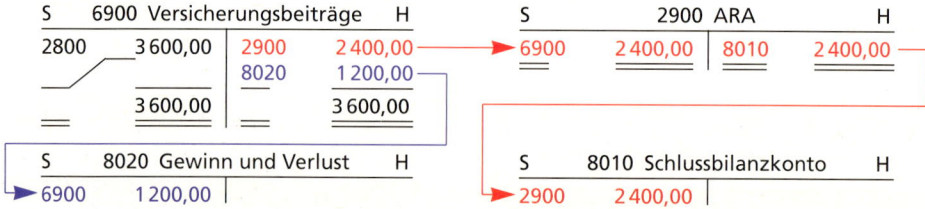

Kontenmäßige Darstellung der Buchungen im neuen Geschäftsjahr:

S	2900 ARA	H		S	6900 Versicherungsbeiträge	H
8000	2 400,00	6900 2 400,00		2900 2 400,00		

● Passive Rechnungsabgrenzung (PRA)

Wenn die Unternehmung im Laufe des Geschäftsjahres eine **Einnahme für einen Ertrag des folgenden Geschäftsjahres** erzielt, darf diese Einnahme den Erfolg des laufenden Geschäftsjahres nicht beeinflussen. Bis zu ihrer Erfassung als Ertrag wird sie daher auf dem passiven Bestandskonto **„4900 Passive Rechnungsabgrenzung"** (PRA) gespeichert.

Beispiel   Am 2. Juni des laufenden Geschäftsjahres hat ein Mieter eines Lagerraumes seine laut Vertrag im voraus zu zahlende Miete für die Zeit vom 1. Juni bis zum 30. Mai d.f.J. in Höhe von 30 000,00 DM durch Banküberweisung bezahlt.

Das Konto **„4900 Passive Rechnungsabgrenzung"** führt den Betrag von 12 500,00 DM ins neue Geschäftsjahr hinüber und **grenzt** somit den **Ertrag des alten Geschäftsjahres** vom **Ertrag des neuen Geschäftsjahres ab.**

Buchungen im alten Geschäftsjahr	Buchungen im neuen Geschäftsjahr

02.11.: Zahlung durch Banküberweisung
2800 Bank
    an 5400 Mieterträge   30 000,00 DM
	02.01.: Eröffnung
	8000 EBK
	    an 4900 PRA 12 500,00 DM

31.12.: zeitliche Abgrenzung
5400 Mieterträge
    an 4900 PRA   12 500,00 DM
	02.01.: Auflösung der Abgrenzung
	4900 PRA
	    an 5400 Mieterträge 12 500,00 DM

31.12.: Abschlussbuchungen
5400 Mieterträge
    an 8020 GuV   17 500,00 DM
4900 PRA
    an 8010 SBK 12 500,00 DM	

Kontenmäßige Darstellung der Buchungen im alten Geschäftsjahr:

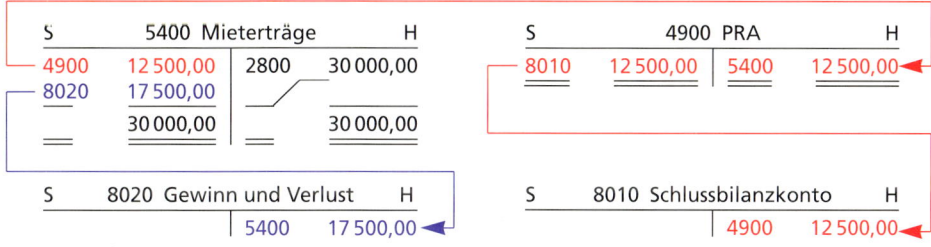

Kontenmäßige Darstellung der Buchungen im neuen Geschäftsjahr:

Es ist durchaus üblich die Rechnungsabgrenzung direkt bei der Erfassung der Ausgabe oder Einnahme vorzunehmen.

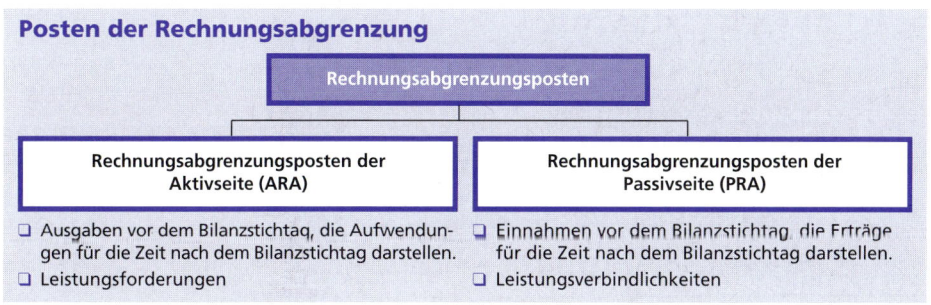

Posten der Rechnungsabgrenzung

Rechnungsabgrenzungsposten	
Rechnungsabgrenzungsposten der Aktivseite (ARA)	**Rechnungsabgrenzungsposten der Passivseite (PRA)**
❑ Ausgaben vor dem Bilanzstichtag, die Aufwendungen für die Zeit nach dem Bilanzstichtag darstellen. ❑ Leistungsforderungen	❑ Einnahmen vor dem Bilanzstichtag, die Erträge für die Zeit nach dem Bilanzstichtag darstellen. ❑ Leistungsverbindlichkeiten

1 Die Kraftfahrzeugsteuer für fünf Vertreterfahrzeuge in Höhe von insgesamt 2610,00 DM wurde am 1. September 19.. für die Zeit vom 1. September 19.. bis zum 31. August 19.. per Banküberweisung an das Finanzamt bezahlt. Ein Geschäftsjahr dauert vom 1. Januar bis zum 31. Dezember eines Jahres.

a) Buchung bei Zahlung am 1. September 19..

b) Buchung der zeitlichen Abgrenzung zum 31. Dezember 19..

c) Buchung nach der Eröffnung der Bestandskonten im neuen Geschäftsjahr

2 Am 24. Oktober 19.. wird die Miete von insgesamt 5400,00 DM für einen gemieteten Ausstellungsraum für die Zeit vom 1. November bis 31. Januar des folgenden Jahres im Voraus mit Bankscheck bezahlt.

a) Buchung am 28. Oktober 19.. bei Lastschrift der Bank wegen Scheckeinlösung.

b) Buchung der zeitlichen Abgrenzung zum 31. Dezember 19..

c) Buchung nach der Eröffnung der Bestandskonten im neuen Geschäftsjahr.

d) Begründen Sie die Notwendigkeit der Buchung zum Ende des Geschäftsjahres!

e) Geben Sie den Buchungssatz für den Fall an, dass die zeitliche Abgrenzung bereits bei Buchung der Zahlung vorgenommen worden wäre!

3 **Kontenplan:** 2600, 2800, 2850, 2880, 2900, 4900, 5400, 6700, 6810, 6900, 7030, 8010, 8020

Anfangsbestände

2800 Bank.............. 25600,00 DM   2880 Kasse.......... 2460,00 DM
2850 Postbank......... 13800,00 DM

Geschäftsfälle:

	DM
1. **BA vom 25.07.:** Banküberweisung der Jahresprämie für Gebäude-feuerversicherung und Gebäudehaftpflicht für den Versicherungs-zeitraum 1. August bis 31. Juli.............................	7200,00
2. **BA vom 29.07.:** Banküberweisung der Halbjahresmiete für vermietete Geschäftsräume für die Zeit vom 1. August bis 31. Januar.........	4800,00
3. **BA vom 26.10.:** Postüberweisung der Kraftfahrzeugsteuer für den Geschäftswagen für die Zeit vom 1. November bis 30. April........	480,00
4. **KB vom 01.12.:** Barzahlung der Miete für eine gemietete Garage für die Monate Dezember bis einschließlich Februar...............	210,00
5. **BA vom 27.12.:** Postüberweisung der Bezugskosten für eine Fachzeit-schrift für das 1. Quartal des folgenden Geschäftsjahres einschl. 7 % Umsatzsteuer..	64,20

Stellen Sie die Salden der obigen Konten nach Durchführung der Abgrenzungen in einer Saldenliste zusammen.

4 Bilden Sie die Buchungssätze

a) bei Zahlung,

b) beim Jahresabschluss zum 31. Dezember,

c) nach Konteneröffnung im neuen Jahr:

1. Banküberweisung der Kfz-Versicherungsprämie am 31. August für die Zeit vom 1. September bis zum 31. August: 1650,00 DM

2. Für eine vermietete Garage geht die Januarmiete bereits am 28. Dezember auf das Bankkonto ein: 80,00 DM

3. Für eine am 1. November gemietete Anlage wurde die Leasingrate für das erste Vierteljahr beim Vertragsabschluss mit Bankscheck gezahlt: 4800,00 DM

4. Am 28. April wird die Kfz-Steuer für einen Lkw für die Zeit vom 1. Mai bis zum 30. April durch Banküberweisung gezahlt: 4500,00 DM

5. Die im Voraus zu zahlende Jahresmiete für vermietete Büroräume geht am 30. April auf das Bankkonto ein: 21600,00 DM

4.1.2 Sonstige Verbindlichkeiten und Sonstige Forderungen

Am 31. Dezember stellt Frau Lapp fest, dass die Primus GmbH am 1. September ein Darlehen aufgenommen hat, für das am 31. August des folgenden Geschäftsjahres 600,00 DM Zinsen zu zahlen sind. Frau Lapp ist sich nicht sicher, ob sie mit der Erfassung dieser Aufwendungen bis zur Vorlage eines Zahlungsbeleges im neuen Geschäftsjahr warten kann.

Arbeitsauftrag
- ❏ Begründen Sie die Notwendigkeit der Erfassung zum 31. Dezember!
- ❏ Stellen Sie den Unterschied dieses Falles zu den Posten der Rechnungsabgrenzung heraus!

● Sonstige Verbindlichkeiten

Vielfach liegen am Bilanzstichtag **Aufwendungen** vor, **für die noch keine Zahlungen vorgenommen wurden**. Um eine periodengerechte Erfolgsermittlung sicherzustellen muss der Aufwand am Bilanzstichtag für das alte Geschäftsjahr erfasst werden. Dies geschieht im Rahmen der vorbereitenden Abschlussbuchungen.

Beispiel Am 1. September wurde ein Darlehen aufgenommen, für das am 31. August des folgenden Geschäftsjahres 600,00 DM Zinsen zu zahlen sind.

Bis zum 31. Dezember (Bilanzstichtag) sind 200,00 DM Zinsaufwendungen entstanden, die in der Gewinn- und Verlustrechnung des alten Geschäftsjahres zu berücksichtigen sind. Bis zum Tag der Zahlung sind die noch offen stehenden Ausgaben als **Sonstige Verbindlichkeiten** auszuweisen.

altes Geschäftsjahr	31. Dez. 19.. Bilanzstichtag	neues Geschäftsjahr
1 2 3 4 5 6 7 8	9 10 11 12 1 2 3 4	5 6 7 8 9 10 11 12
	Aufwand im alten Jahr 200,00 DM	Aufwand im neuen Geschäftsjahr 400,00 DM

Buchungen im alten Geschäftsjahr	Buchungen im neuen Geschäftsjahr

31.12.: vorbereitende Abschlussbuchung
7510 Zinsaufwendungen
    an 4890 Übrige sonstige
        Verbindlichkeiten 200,00 DM
	02.01.: Eröffnung
	8000 EBK
	    an 4890 Übrige sonstige
	        Verbindlichkeiten 200,00 DM

31.12.: Abschlussbuchungen
8020 Gewinn- und Verlust
    an 7510 Zinsaufwendungen 200,00 DM
4890 Übrige sonstige
    Verbindlichkeiten   200,00 DM
    an 8010 SBK   200,00 DM
	31.10.: Zahlung durch Banküberweisung
	4890 Übrige sonstige
	    Verbindlichkeiten 200,00 DM
	7510 Zinsaufwendungen 400,00 DM
	    an 2800 Bank 600,00 DM

● Sonstige Forderungen

Erträge des abzuschließenden **Geschäftsjahres, die noch nicht vereinnahmt wurden**, müssen wegen der periodengerechten Erfolgsermittlung als Ertrag des abgelaufenen Geschäftsjahres **erfasst** werden. Dies geschieht durch eine vorbereitende Abschlussbuchung.

Beispiel Für ein Darlehen über 40 000,00 DM, das die Primus GmbH einem Kunden am 31. Juli gewährt hat, sind die Zinsen (9 %) jeweils jährlich nachträglich zu zahlen. Die Zahlung der Zinsen erfolgt also am 1. August des folgenden Jahres durch Banküberweisung.

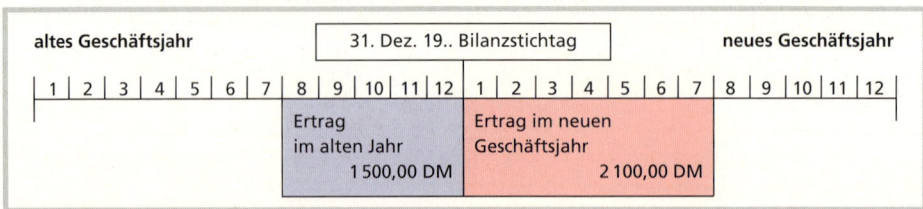

Buchungen im alten Geschäftsjahr	Buchungen im neuen Geschäftsjahr
31.12.: vorbereitende Abschlussbuchung 2690 Übrige sonstige 　　Forderungen 　　an 5710 Zinserträge　　1 500,00 DM	**02.01.: Eröffnung** 2690 Übrige sonstige 　　Forderungen 　　an 8000 EBK　　　　1 500,00 DM
31.12.: Abschlussbuchungen 5710 Zinserträge 　　an 8020 Gewinn- und 　　　　　Verlust　　　　1 500,00 DM 8010 SBK 　　an 2890 Übrige sonstige 　　　　　Forderungen　　1 500,00 DM	**01.08.: Banküberweisung der Zinsen** 2800 Bank　　　　　　　3 600,00 DM 　　an 2890 Übrige sonstige 　　　　　Forderungen　　1 500,00 DM 　　an 5710 Zinserträge　2 100,00 DM

Wesentlicher Unterschied der sonstigen Forderungen und sonstigen Verbindlichkeiten zu den Posten der Rechnungsabgrenzung besteht in der Auswirkung auf die Liquidität in der Zukunft. In den Fällen der Posten der Rechnungsabgrenzung trat die Liquiditätsänderung durch Einnahmen oder Ausgaben im alten Jahr ein. In den Fällen der sonstigen Forderungen und sonstigen Verbindlichkeiten tritt diese Liquiditätsänderung erst im folgenden Jahr ein:

Altes Jahr	31.12.	Neues Jahr	Ausweis in der Bilanz
Ausgabe		**Aufwand**	**Aktive Rechnungsabgrenzung (ARA)**
Einnahme		**Ertrag**	**Passive Rechnungsabgrenzung (PRA)**
Aufwand		**Ausgabe**	**Sonstige Verbindlichkeiten**
Ertrag		**Einnahme**	**Sonstige Forderungen**

❑ Beide dienen der zeitlichen Rechnungsabgrenzung der Aufwendungen und Erträge und der periodengerechten Erfolgsermittlung.

❑ Aufwendungen und Erträge werden den Zeiträumen zugeordnet, die sie wirtschaftlich verursacht haben.

Sonstige Verbindlichkeiten und Sonstige Forderungen

Sonstige Verbindlichkeiten	Sonstige Forderungen
❏ Am Bilanzstichtag noch nicht erfolgte Ausgaben für einen genauen feststehenden Aufwand des abgelaufenen Geschäftsjahres ❏ Geldverbindlichkeiten, die nach dem Bilanzstichtag zu Ausgaben führen	❏ Am Bilanzstichtag noch nicht erfolgte Einnahmen für einen Ertrag aus dem abgelaufenen Geschäftsjahr ❏ Geldforderungen, die nach dem Bilanzstichtag zu Einnahmen führen

1 Für ein Darlehen über 12 000,00 DM, das einem Kunden gewährt wurde, sind 8 % Zinsen vertragsgemäß halbjährlich nachträglich zu zahlen, und zwar am 30. April und 31. Oktober.
Wie ist zu buchen
a) am 31. Dezember (Bilanzstichtag),
b) zum 1. Januar bei Eröffnung der Konten,
c) am 30. April bei Banküberweisung der Zinsen durch den Kunden?

2 Beim Jahresabschluss wurde festgestellt, dass die Dezembermiete in Höhe von 850,00 DM für einen gemieteten Lagerraum versehentlich noch nicht bezahlt worden ist.
a) Welche Buchung ist am 31. Dezember vorzunehmen?
b) Wie ist zu buchen, wenn am 2. Januar die rückständige Dezembermiete zusammen mit der Januarmiete durch die Bank überwiesen wird?

3 1. Die Primus GmbH hat einem Kunden ein kurzfristiges Darlehen von 36 000,00 DM zu 9 % p. a. gewährt. Die Zinsen sind vertragsgemäß halbjährlich zu zahlen, und zwar jeweils am 1. April für den Darlehenszeitraum vom 30. September bis 31. März und am 1. Oktober für den Zeitraum vom 31. März bis 30. September.
a) Wie ist am 31. Dezember zu buchen?
b) Wie lautet die Buchung am 31. März bei Eingang der Zinszahlung durch Banküberweisung?

2. Die Miete für einen von der Primus GmbH gemieteten Lagerraum beträgt monatlich 2 500,00 DM. Beim Jahresabschluss der Primus GmbH wird festgestellt, dass die Dezembermiete versehentlich noch nicht bezahlt worden ist.
a) Welche Buchung muss noch mit Datum vom 31. Dezember vorgenommen werden?
b) Wie ist zu buchen, wenn am 5. Januar die rückständige Dezembermiete zusammen mit der Januarmiete durch die Bank überwiesen wird?

3. Die Rechnung der Stadtwerke für den Stromverbrauch für Dezember steht noch aus. Aufgrund der Ablesung an den Zählern vom 31. Dezember hat die Primus GmbH einen Betrag von 7 800,00 DM ermittelt.
a) Wie lautet die Buchung am 31. Dezember?
b) Wie ist zu buchen, wenn die Rechnung der Stadtwerke in Höhe von 13 200,00 DM zuzüglich 1 980,00 DM Umsatzsteuer am 23. Januar eingeht und sofort mit Postüberweisung bezahlt wird?

4. Die am 15. November fällige Gewerbesteuerschuld der Primus GmbH in Höhe von 5 000,00 DM wurde vom Stadtsteueramt auf Antrag bis zum 15. Februar gestundet.
a) Wie ist folglich noch am 31. Dezember zu buchen?
b) Wie lautet die Buchung, wenn die rückständige Steuerschuld am 13. Februar durch Postüberweisung beglichen wird?

5. Für ein vermitteltes Geschäft stehen der Primus GmbH 1 500,00 DM Provision zu. Hierfür wurde folgende Lastschriftanzeige erteilt:

Nettoprovision . . . . 1 500,00 DM
+ 15 % Umsatzsteuer . . 225,00 DM

1 725,00 DM

a) Wie ist am 31. Dezember zu buchen?

b) Welche Buchung ist vorzunehmen, wenn am 16. Januar der in Rechnung gestellte Betrag durch Postüberweisung bezahlt wird?

6. Dem Handelsvertreter stehen laut erfolgter Abrechnung für im Monat Dezember vermittelte Verkäufe 1 800,00 DM Provision zu. Die hierauf entfallende Umsatzsteuer beträgt 270,00 DM.

a) Wie ist am 31. Dezember zu buchen?

b) Wie lautet die Buchung, wenn der Handelsvertreter am 8. Januar über den Gesamtbetrag von der Primus GmbH einen Verrechnungsscheck erhält?

4 Ein Kunde erhielt am 1. April 19.. ein Darlehen in Höhe von 80 000,00 DM zu dem günstigen Zinssatz von 6 % p.a. Die Zinsen sind jedoch halbjährlich im Voraus zahlbar am 1. Oktober und am 1. April eines Jahres. Die letzte Zinszahlung für die Zeit vom 30. September bis zum 30. März des folgenden Geschäftsjahres erfolgte per Banküberweisung in Höhe von 2 400,00 DM am 1. Oktober des Geschäftsjahres.

a) Buchung der Zinszahlung am 1. Oktober des Geschäftsjahres!

b) Buchung der zeitlichen Abgrenzung zum 31. Dezember 19..!

c) Buchung nach der Eröffnung der Bestandskonten im neuen Geschäftsjahr!

d) Stellen Sie fest, ob die Buchung der zeitlichen Abgrenzung einen vorliegenden positiven Unternehmungsgewinn mindert, mehrt oder unverändert lässt.

5 Prüfen Sie die Richtigkeit folgender Aussagen, indem Sie Ihre Entscheidung begründen! Es wird unterstellt, dass vor Buchung der zeitlichen Abgrenzung ein Unternehmungsgewinn vorlag.

a) Aktive Rechnungsabgrenzungsposten speichern Aufwendungen des folgenden Geschäftsjahres!

b) Die Buchung der aktiven Rechnungsabgrenzung führt zur Vermögensmehrung und zur Mehrung des Unternehmungsgewinns.

c) Würde eine notwendige passive Rechnungsabgrenzung nicht vorgenommen, dann ergäbe sich ein zu hoher Unternehmungsgewinn.

d) Im Voraus erhaltene Miete führt zur Notwendigkeit einer aktiven Rechnungsabgrenzung!

e) Mit der Buchung „ARA an Aufwandskonten" sind die für das kommende Geschäftsjahr im Voraus gezahlten Aufwendungen abzugrenzen!

6 **Kontenplan:** 2600, 2800, 2850, 2880, 2900, 4900, 5400, 6700, 6810, 6900, 7030, 8010, 8020

Anfangsbestände: 2800 Bank 12 400,00 DM, 2850 Postbank 3 600,00 DM, 2880 Kasse 1 640,00 DM

a) Buchen Sie folgende Geschäftsfälle 1 bis 5 am Tage der Ausgabe bzw. Einnahme!

b) Führen Sie beim Abschluss die erforderliche Abgrenzung durch!

c) Geben Sie die Buchungssätze zum Abschluss der Konten an!

d) Eröffnen Sie im neuen Geschäftsjahr die Konten 2900 und 4900!

e) Lösen Sie die Posten der Rechnungsabgrenzung auf!

Geschäftsfälle:.	DM
1. **BA vom 25. 07.:** Banküberweisung der Jahresprämie für Gebäudefeuerversicherung und Gebäudehaftpflicht für den Versicherungszeitraum 1. August bis 31. Juli.	480,00
2. **BA vom 29. 07.:** Banküberweisung der Halbjahresmiete für vermietete Geschäftsräume für die Zeit vom 1. August bis 31. Januar	2 400,00
3. **PBA vom 26. 10.:** Postüberweisung der Kraftfahrzeugsteuer für den Geschäftswagen für die Zeit vom 1. November bis 30. April	240,00
4. **KB vom 01.12.:** Barzahlung der Miete für eine gemietete Garage für die Monate Dezember bis einschließlich Februar	210,00
5. **PBA vom 27.12.:** Postüberweisung der Bezugskosten für eine Fachzeitschrift für das 1. Quartal des folgenden Geschäftsjahres Bezugsgebühren einschließlich 7 % Umsatzsteuer.	64,20

7 Einige Sachkonten eines Unternehmens weisen zum Jahresabschluss folgende Werte aus:

		Soll DM	Haben DM
2900	Aktive Rechnungsabgrenzung.	1 500,00	1 500,00
4900	Passive Rechnungsabgrenzung	940,00	940,00
5400	Mieterträge.		5 200,00
6900	Versicherungsbeiträge	2 400,00	
7030	Kfz-Steuer	1 420,00	
7510	Zinsaufwendungen.	1 200,00	

Abschlussangaben:

Führen Sie aufgrund folgender Informationen die zeitlichen Abgrenzungen durch!

1. Für einen vermieteten Geschäftsraum wurde die Halbjahresmiete in Höhe von 2 400,00 DM für die Zeit vom 1. August bis 31. Januar vertragsgemäß im Voraus gezahlt.
2. Die Gebäudefeuerversicherungsprämie in Höhe von 360,00 DM war am 28. August für den Versicherungszeitraum 1. September bis 31. August an die Versicherung überwiesen worden.
3. Am 30. September wurden die Halbjahreszinsen in Höhe von 1 200,00 DM für eine Darlehensschuld im Voraus bezahlt.
4. Die Kfz-Steuer über 120,00 DM wurde am 30. November für die Zeit vom 1. Dezember bis 28. Februar bezahlt.

Stellen Sie die Salden der obigen Konten nach Durchführung der Abgrenzungen in einer Saldenliste zusammen.

8 a) Erläutern Sie die Unterschiede zwischen den Posten der Rechnungsabgrenzung und den sonstigen Forderungen und Verbindlichkeiten!

b) Die Jahresmiete über 6 000,00 DM für die Lagerräume wurde am 1. Juli für ein Jahr im Voraus bezahlt und über das Konto 6700 Mieten gebucht. Am Ende des Jahres wurde der ganze Betrag auf das Konto 8020 GuV übertragen. Bei einer Steuerprüfung im folgenden Geschäftsjahr wird diese Buchung beanstandet. Wie erklären Sie sich diese Kritik?

9 Die Gold GmbH ermittelte ein vorläufiges positives Unternehmensergebnis von 176 000,00 DM. Sie hatte bei ihrer Erfolgsermittlung folgenden Sachverhalt noch nicht berücksichtigt:

Am 1. Juni des folgenden Geschäftsjahres sind Zinsen für den Kreditzeitraum 30. November bis zum 31. Mai in Höhe von 8 % p.a. an ein Kreditinstitut für einen durch eine Grundschuld gesicherten Kredit von 240 000,00 DM zu zahlen.

Prüfen Sie die Richtigkeit folgender Aussagen:

a) Die Berücksichtigung des obigen Sachverhalts führt zu einer Erhöhung der Aufwendungen des Geschäftsjahres um 9 600,00 DM.

b) Die Gold GmbH hat beim Jahresabschluss noch eine Geldverbindlichkeit von 1 600,00 DM zu erfassen.

c) Das Unternehmungsergebnis würde bei Beachtung des Sachverhalts 184 000,00 DM betragen.

d) Da es sich bei den Zinsen um Aufwendungen des folgenden Geschäftsjahres handelt, ist eine aktive Rechnungsabgrenzung durchzuführen.

e) Die Berücksichtigung des obigen Sachverhalts führt zu einer Verminderung des Unternehmungsergebnisses und zu einer Erhöhung der ausgewiesenen Verbindlichkeiten.

10 Ordnen Sie die untenstehenden Sachverhalte den folgenden Inhalten ordnungsgemäß zu:

a) Aktive Rechnungsabgrenzung   d) Übrige sonstige Verbindlichkeiten

b) Passive Rechnungsabgrenzung   e) kein Vorgang der zeitlichen Abgrenzung

c) Übrige sonstige Forderungen

Sachverhalte:

1. Zum Geschäftsjahresende noch nicht erhaltene Einnahmen für Erträge des kommenden Geschäftsjahres

2. Ausgaben vor dem Geschäftsjahresende für Aufwendungen des kommenden Geschäftsjahres

3. Zum Geschäftsjahresende noch nicht erhaltene Einnahmen für Erträge des Geschäftsjahres

4. Aufwendungen des Geschäftsjahres, die erst im kommenden Geschäftsjahr zu einer Ausgabe führen

5. Ausgaben im Geschäftsjahr für Aufwendungen des Geschäftsjahres

6. Zum Geschäftsjahresende bereits vorliegende Einnahmen für Erträge des folgenden Geschäftsjahres

 4.1.3 Rückstellungen

 Aufgrund der Betriebsprüfung durch das Finanzamt muss die Primus GmbH mit einer Gewerbesteuernachzahlung rechnen. Herr Müller weist Frau Lapp an, diese Tatsache bei der Erstellung des Jahresabschlusses zu berücksichtigen. Frau Lapp weiß nicht, wie sie die mögliche Nachzahlung erfassen soll, zumal ihr auch ein entsprechender Beleg fehlt.

Arbeitsauftrag

❏ Erläutern Sie die Auswirkungen auf den Jahresabschluss, wenn Frau Lapp die Nachzahlung nicht berücksichtigt!

❏ Bilden Sie den erforderlichen Buchungssatz!

 ● **Ungewisse Verbindlichkeiten für Aufwendungen des Geschäftsjahres**

Für zahlreiche Aufwendungen, die dem abgelaufenen Rechnungsjahr zugerechnet werden müssen, stehen zum Jahresabschluss **Höhe** bzw. **Fälligkeit** der zu leistenden Ausgabe noch nicht fest.

Beispiele gemäß § 249 Abs. 1 HGB

❑ Ungewisse Verbindlichkeiten, wie mögliche Garantieverpflichtungen, zu erwartende Steuernachveranlagungen, zu erwartende Prozesskosten

❑ Unterlassene Aufwendungen für Instandsetzung, die in den ersten drei Monaten des folgenden Geschäftsjahres nachgeholt werden, wie Dach- oder Kfz-Reparaturen

❑ Gewährleistungen, die ohne rechtliche Verpflichtung erbracht wurden (Kulanzleistungen)

❑ Pensionsverpflichtungen (Vorsorgeaufwendungen für leitende Angestellte)

Zum Zwecke einer **periodengerechten** und **vorsichtigen Erfolgsermittlung müssen** für solche Aufwendungen Beträge geschätzt und als **Verbindlichkeiten in Form von Rückstellungen** auf der Passivseite der Bilanz ausgewiesen werden.

Außerdem dürfen nach § 249 Abs. 2 HGB **Rückstellungen** für genau umschriebene andere **Aufwendungen** (Aufwandsrückstellungen), die dem Geschäftsjahr oder einem früheren Geschäftsjahr zuzuordnen sind, gebildet werden **(Wahlrecht).**

Beispiel Aufwendungen für die Entsorgung von Lösungsmitteln, Aufwendungen für Großreparaturen am Gebäude, Aufwendungen für Generalüberholungen von Verwaltungsgebäuden

Rückstellungen sind Verbindlichkeiten für Aufwendungen, deren Höhe bzw. Fälligkeit am Bilanzstichtag noch nicht feststehen.

⬤ Bildung von Rückstellungen

Die Höhe einer Rückstellung muss **geschätzt** werden. Wegen der Unsicherheit bei der Bemessung besteht

❑ die **Gefahr der Unterbewertung** (zu niedriger Ansatz der Rückstellung),

❑ die **Möglichkeit der Überbewertung** (Bildung stiller Reserven durch zu hohen Ansatz der Rückstellung).

Bei der Bildung der Rückstellung wird der geschätzte Betrag als Aufwand erfasst und dem entsprechenden Rückstellungskonto im Haben gutgeschrieben. Nach § 266 HGB sind für den Ausweis der Rückstellungen drei Konten vorgesehen:

> 3700 Pensionsrückstellungen
> 3800 Steuerrückstellungen
> 3900 Sonstige Rückstellungen

⬤ Auswirkung von Rückstellungen

Rückstellungen werden für Aufwendungen gebildet. Dadurch wird der Gewinn der Rechnungsperiode um diesen Betrag gemindert. Entsprechend vermindern sich die **Steuern,** die vom Gewinn berechnet werden (z. B. Körperschaftsteuer bei GmbH und AG), und die **Ausschüttungen** an die Gesellschafter.

Beispiel Frau Lapp hat aufgrund ihrer Schätzungen folgenden Beleg über die erwartete Gewerbesteuernachzahlung erstellt:

Buchung zum Bilanzstichtag:

7000 Gewerbesteuer	an 3800 Steuerrückstellungen	8 000,00 DM
8020 GuV	an 7000 Gewerbesteuer	8 000,00 DM
3800 Steuerrückstellungen	an 8010 SBK	8 000,00 DM

```
      S    3800 Steuerrückstellungen   H        S      7000 Gewerbesteuer    H
  ┌── 8100    8 000,00 │ 7000   8 000,00 ◄───► 3800   8 000,00 │ 8020  8 000,00 ──┐
  │                                                                               │
      S         8010 SBK           H            S         8020 GuV          H
  │             │ 3800   8 000,00 ◄──  ──► 7000   8 000,00 │
```

● Auflösung von Rückstellungen

Eine Rückstellung ist aufzulösen, wenn **der Grund für ihre Bildung weggefallen ist** und damit der angenommene Aufwand und die geschätzte Schuld nicht entstehen (§ 249 Abs. 2 HGB).

Die Auflösung der Rückstellung macht in den folgenden Fällen **erfolgswirksame Korrekturbuchungen** notwendig.

Zahlungsverpflichtung > Rückstellung	Zahlungsverpflichtung < Rückstellung
Buchung des bisher nicht erfassten Aufwandes	Buchung eines Ertrages aus der Auflösung von Rückstellungen

Beispiel Am 10. Februar des folgenden Geschäftsjahres geht ein Steuerbescheid über 7 500,00 DM vom Steueramt der Stadt Duisburg ein.
Der Betrag wird sofort an die Stadtkasse durch Bank überwiesen.

Buchung:

3800 Steuerrückstellungen 8 000,00 DM	an 2800 Bank	7 500,00 DM
	an 5490 Periodenfremde Erträge	500,00 DM

Ist die **Zahlung höher** (z. B. 9 000,00 DM) **als die gebildete Rückstellung** (8 000,00 DM), ergibt sich folgende Buchung:

3800 Steuerrückstellungen	8 000,00 DM		
7000 Gewerbesteuer	1 000,00 DM	an 2800 Bank	9 000,00 DM

© Verlag Gehlen

Rückstellungen

- Rückstellungen sind Verbindlichkeiten, die im Gegensatz zu den anderen ausgewiesenen Verbindlichkeiten der **Höhe** und/oder **Fälligkeit** nach am Bilanzstichtag noch **nicht feststehen**; sie werden daher geschätzt.

1 Der Kunde Herstadt Warenhaus GmbH hat am 15. Dezember des Geschäftsjahres erhebliche Mängel an gelieferten Büromöbeln gemeldet. Die Primus GmbH schätzt die im folgenden Geschäftsjahr zu übernehmenden Instandsetzungsaufwendungen für diese Schäden auf etwa 17 000,00 DM. Am 17. März des folgenden Geschäftsjahres trat der Garantiefall ein. Die Rechnung einer beauftragten Unternehmung zur Durchführung der Reparatur belief sich auf 16 200,00 DM zuzüglich 15 % Umsatzsteuer. Sie wurde sofort per Bankscheck bezahlt.

Bilden Sie die Buchungssätze

a) zum 31. Dezember, b) zum 17. März

2 Die Miete für einen gemieteten Lagerraum beträgt monatlich 2 400,00 DM. Beim Jahresabschluss wird festgestellt, dass die Dezembermiete versehentlich noch nicht bezahlt wurde.

a) Welche Buchung muss noch mit Datum vom 31. Dezember vorgenommen werden?

b) Wie ist zu buchen, wenn die rückständige Dezembermiete am 2. Januar zusammen mit der Januarmiete durch die Bank überwiesen wird?

3 Die Rechnung der Stadtwerke für den Stromverbrauch für Dezember steht noch aus. Aufgrund der Ablesung an den Zählern am 31. Dezember wird ein Betrag von 4 800,00 DM ermittelt.

a) Wie lautet die Buchung am 31. Dezember?

b) Wie ist zu buchen, wenn am 23. Januar die Rechnung der Stadtwerke in Höhe von 6 200,00 DM zuzüglich 930,00 DM Umsatzsteuer eingeht und sofort mit Postüberweisung bezahlt wird?

4 Zum 31. Dezember wurde festgestellt, dass dringende Reparaturarbeiten am Lagergebäude nicht durchgeführt worden sind. Nach den vorliegenden Kostenvoranschlägen werden die Aufwendungen wahrscheinlich etwa 42 000,00 DM betragen. Die Instandsetzungsarbeiten sollen im Monat Februar des folgenden Geschäftsjahres durchgeführt werden. Nach Erledigung der Reparaturarbeiten im Februar wurde die Rechnung über 43 100,00 DM zuzüglich 15 % Umsatzsteuer sofort per Postüberweisung beglichen.

a) Wie lautet die Buchung am 31. Dezember?

b) Wie lautet die Buchung bei Zahlung der Rechnung im Februar des folgenden Geschäftsjahres?

5 Wegen einer strittigen Vertragsabwicklung mit einem Lieferer befindet sich die Primus GmbH zum Ende des Geschäftsjahres in einem Rechtsstreit mit diesem Lieferer. Da der Ausgang des Prozesses ungewiss ist, können möglicherweise Rechtskosten in Höhe von 16 000,00 DM entstehen. Im Juni des folgenden Geschäftsjahres lag die Abrechnung für den Prozess vor:

Gerichtskosten . . . . 4 600,00 DM
Rechtsanwaltskosten . . . . 12 000,00 DM
+15 % Umsatzsteuer . . . . <u>1 800,00 DM</u>   13 800,00 DM

Die Zahlung der Rechnung erfolgte per Banküberweisung.

a) Wie lautet die Buchung am 31. Dezember?

b) Wie lautet die Buchung bei Bezahlung der Rechnungen im Juli des folgenden Jahres?

6 Die Gewerbesteuerabschlusszahlung für das laufende Jahr wird zum 31. Dezember auf 52 000,00 DM geschätzt. Laut Gewerbesteuerbescheid vom 18. März des folgenden Geschäftsjahres beträgt die restliche Gewerbesteuer 54 000,00 DM. Die Zahlung der restlichen Gewerbesteuer für das vergangene Geschäftsjahr erfolgte per Banküberweisung.

a) Wie lautet die Buchung zum 31. Dezember des Geschäftsjahres?

b) Wie lautet die Buchung bei Bezahlung per Banküberweisung am 18. März des folgenden Jahres?

7 Geben Sie die Buchungssätze zum Geschäftsjahresende an für eine

a) Sonstige Forderung,   c) Aktive Rechnungsabgrenzung,

b) Sonstige Verbindlichkeit,   d) Passive Rechnungsabgrenzung!

Benutzen Sie zur Formulierung des Buchungssatzes folgende Konten:

(2690) Sonstige Forderungen   (2900) Aktive Rechnungsabgrenzung

(4890) Sonstige Verbindlichkeiten   (2900) Passive Rechnungsabgrenzung

(5400) Mieterträge   (6700) Mieten

8 Ein Großhandelsbetrieb bildet am 31. Dezember für eine einem Kunden gegenüber eingegangene Garantieverpflichtung für eine an ihn gelieferte Maschine eine Rückstellung von 2 500,00 DM.

Der Kunde musste im neuen Geschäftsjahr einen Mangel an der Maschine durch Reparatur beseitigen lassen. Die quittierte Rechnung über die durchgeführte Maschinenreparatur überreicht er uns am 4. Februar mit der Bitte um Erstattung:

Maschinenreparatur, netto	2 800,00 DM
+ 15 % Umsatzsteuer	420,00 DM 3 220,00 DM

a) Wie lautet die Buchung zur Bildung der Rückstellung?

b) Wie lautet die Buchung zum Abschluss des Kontos Rückstellungen?

c) Wie lautet die Buchung, wenn dem Kunden am 4. Februar wegen der Maschinenreparatur eine Gutschrift zugeschickt wird?

9
10 Bilden Sie die Buchungssätze für die folgenden Geschäftsfälle:

Geschäftsfälle:	9	10
	DM	DM
1. a) Aufgrund einer Buch- und Betriebsprüfung durch das Finanzamt ist für das abzuschließende Geschäftsjahr mit einer Gewerbesteuernachzahlung zu rechnen von	6 000,00	10 000,00
b) Wie ist am 24. März zu buchen, wenn der Nachveranlagungsbescheid über lautet und durch Banküberweisung bezahlt wird?	7 500,00	9 000,00
2. a) Für die noch zu erwartende Jahresabschlusszahlung an die Berufsgenossenschaft wegen der Unfallversicherung wird am 31. Dezember eine Rückstellung gebildet über	5 000,00	3 500,00
b) Aufgrund der Jahresabschlussrechnung der Berufsgenossenschaft vom 29. Januar werden für das vergangene Geschäftsjahr als Beitrag zur Berufsgenossenschaft durch die Bank überwiesen.	4 500,00	4 500,00
3. a) Für einen schwebenden Rechtsstreit, der sich zu unseren Ungunsten entwickelt hat, wird am 31. Dezember eine Rückstellung in Höhe von gebildet.	15 000,00	12 000,00
b) Wie ist zu buchen, wenn wir am 27. April des folgenden Geschäftsjahres an die Gerichtskasse und an den Prozessgegner durch Postüberweisung zahlen	13 000,00	13 000,00

4. a) Für eine Sonderanfertigung, für die wir eine einjährige Garantieverpflichtung eingegangen sind, wird eine Rückstellung gebildet von . . . .

	DM	DM
	3 000,00	5 000,00

b) **zu Aufgabe 9:** Der Käufer hat innerhalb der Garantiefrist an uns keine Ansprüche gestellt. Wie ist am Ende des folgenden Geschäftsjahres zu buchen?

zu Aufgabe 10: Der Käufer hat uns aufgrund der Garantieverpflichtung in Anspruch genommen und für durchgeführte Nachbesserungsarbeiten Rechnung erteilt . .   3 200,00

+ 15 % Umsatzsteuer   480,00

Den Rechnungsbetrag haben wir mit Verrechnungsscheck beglichen. 3 680,00

11 Wie verändern die folgenden noch zu buchenden Geschäftsfälle ein vorläufiges positives Unternehmungsergebnis?

Geben Sie die Buchungssätze an und stellen Sie fest, ob das Unternehmungsergebnis a) erhöht, b) vermindert oder c) nicht beeinflusst wird.

1. **31.12.:** Es wird festgestellt, dass am 1. November des Geschäftsjahres Zinsen für die Zeit vom 30. Oktober des Geschäftsjahres bis zum 30. April des folgenden Geschäftsjahres von uns im Voraus bezahlt wurden.
2. **15.12.:** Die Sozialversicherungsbeiträge für den Monat November wurden an die Krankenkasse durch Postüberweisung bezahlt.
3. **31.12.:** Es wird festgestellt, dass am 1. Dezember des Geschäftsjahres der Mieter die Miete für eine gemietete Garage für drei Monate im Voraus an uns überwies.
4. **31.12.:** Es wird festgestellt, dass am 1. November des Geschäftsjahres die Kfz-Steuer für einen Lkw von uns im Voraus für die Zeit vom 1. November des Geschäftsjahres bis zum 30. Oktober des folgenden Geschäftsjahres überwiesen wurde.
5. **20.12.:** Die Einkommensteuervorauszahlung an das Finanzamt wurde mit Bankscheck bezahlt.
6. **31.12.:** Die Reparaturaufwendungen für die Instandsetzung einer Maschine sollen laut Kostenvoranschlag 4 000,00 DM betragen. Die Instandsetzung soll im Februar des folgenden Geschäftsjahres durchgeführt werden.
7. **31.12.:** Es wird festgestellt, dass die betrieblichen Stromkosten laut Zählerstand für den Monat Dezember des Geschäftsjahres isngesamt 14 000,00 DM betragen werden. Die Rechnung ist noch nicht eingetroffen.
8. **31.12.:** Es wird festgestellt, dass die Zinsen für eine Darlehensforderung an uns nachträglich am 1. November des Geschäftsjahres und am 1. Mai des folgenden Geschäftsjahres zahlbar sind.
9. **10.12.:** Die einbehaltenen Lohn- und Kirchensteuern für den Monat November des Geschäftsjahres wurden an das Finanzamt mit Bankscheck bezahlt.
10. **31.12.:** Die Gewerbesteuerabschlusszahlung für das Geschäftsjahr wird auf 25 000,00 DM geschätzt.

BÜWI

BWL

4.2   Bewertung nach Handelsrecht

Zur Vorbereitung des Jahresabschlusses wird in der Primus GmbH Inventur gemacht. Frau Lapp und Herr Müller haben bereits alle Aufnahmelisten eingesammelt und mit der Bewertung der Vermögensteile und der Schulden begonnen. Bei manchen Wertansätzen sind sie sich nicht einig: Den erwarteten großen Gewinn möchte Frau Lapp verstecken und daher das Vermögen möglichst niedrig bewerten. Frau Lapp möchte jedoch einige Vermögensteile, die als Sicherheiten für beantragte Kredite in Frage kommen, möglichst hoch bewerten.

Im Rahmen der **Inventur** muss der Kaufmann zur Aufstellung des Inventars und der Bilanz **Vermögen** und **Schulden bewerten.** Bewerten heißt entscheiden, mit welchen Geldwerten die einzelnen Vermögensteile und Schulden zu inventarisieren oder zu bilanzieren sind. Schwierigkeiten bereitet die Bewertung vor allem bei solchen Wirtschaftsgütern,

❑ die Preisschwankungen unterliegen (Waren),

❑ die Wertminderungen (Anlagevermögen wird abgenutzt) erleiden,

❑ die aufgrund gesetzlich eingeräumter Wahlrechte unterschiedlich hoch angesetzt (Rückstellungen, vgl. S. 328 ff.) werden können.

Die festgelegten Werte gehen in den **Jahresabschluss** ein. Er besteht aus Bilanz, GuV-Rechnung und Anhang. Mit diesen Bestandteilen des Jahresabschlusses sollen der Unternehmer selbst und außenstehende Dritte (Kapitalgeber, Finanzverwaltung, Belegschaft u. a.) über

> ❑ **die Vermögenslage**   ❑ **die Ertragslage**   ❑ **die Finanzlage**

informiert werden (vgl. S. 148 ff.).

Daher ist zu beachten, dass ein den tatsächlichen Verhältnissen entsprechendes Bild vermittelt und eine zu hohe oder zu niedrige Bewertung vermieden wird.

Zu hohe Bewertung des Vermögens und zu niedrigere Bewertung der Schulden können die Gläubiger und Kapitalgeber zu falschen Entscheidungen veranlassen.

Jedoch ist zu beachten, dass eine zu niedrige Bewertung des Vermögens und eine zu hohe Bewertung der Schulden wegen des geringeren steuerpflichtigen Gewinns gegen die Interessen der Finanzverwaltung verstoßen. Bewertungsentscheidungen müssen daher im Rahmen handels- und steuerrechtlicher Vorschriften erfolgen.

Bewertungsvorschriften	
nach dem Handelsrecht	**nach dem Steuerrecht**
❑ Die grundlegenden Vorschriften sind im **3. Buch des HGB** (Handelsbücher) enthalten. ❑ Sie gelten für **alle** Vollkaufleute, die Vermögen und Erfolg ermitteln müssen. ❑ Sie dienen dem **Gläubigerschutz,** weil Vermögen und Schulden möglichst **vorsichtig** (wichtigster Grundsatz) bewertet werden müssen.	❑ Grundlegende Vorschriften finden sich im **Einkommensteuergesetz** ❑ Sie gelten für alle, die nach steuerrechtlichen Vorschriften Bücher führen oder Aufzeichnungen machen müssen. ❑ Sie sollen bewirken, dass der **Gewinn als Steuerbemessungsgrundlage** nach **einheitlichen Grundsätzen** ermittelt wird. Damit dienen sie der **gerechten Besteuerung.**

Die Wertansätze in der Handelsbilanz sind grundsätzlich auch für die Steuerbilanz maßgeblich **(Maßgeblichkeitsgrundsatz).**

© Verlag Gehlen

● Bewertungsgrundsätze

▶ **Allgemeine Bewertungsgrundsätze:** Im § 252 HGB ist ein Katalog von allgemeinen Bewertungsgrundsätzen ausgewiesen:

❑ **Bilanzidentität (Bilanzgleichheit):** Die Eröffnungsbilanz eines Geschäftsjahres muß als Ganzes und in den einzelnen Positionen und Werten mit der Schlussbilanz des vorangegangenen Geschäftsjahres übereinstimmen.

❑ **Fortführung der Unternehmenstätigkeit** (going concern): Bei der Bewertung ist von der Fortführung der Unternehmenstätigkeit auszugehen, nicht von der Veräußerung des Wirtschaftsgutes oder von der Auflösung des Unternehmens.

❑ **Einzelbewertung:** Jedes Wirtschaftsgut und jede Schuld ist grundsätzlich einzeln zu bewerten. Aus diesem Grundsatz leitet sich ein **Saldierungsverbot** ab.
Beispiel Forderungen und Verbindlichkeiten dürfen nicht miteinander verrechnet werden. Dadurch würden Vermögens- und Finanzlage verfälscht.

Der Gesetzgeber hat unter bestimmten Bedingungen davon abweichende Bewertungsvereinfachungsverfahren zugelassen (vgl. § 240 Abs. 3 und 4 HGB und S. 338 ff.).

❑ **Vorsichtsprinzip, Gläubigerschutzprinzip:** Es sind alle vorhersehbaren Risiken und Verluste im Jahresabschluss zu berücksichtigen, um einen zu hohen Vermögens- und einen zu niedrigen Schuldenausweis zu vermeiden. Demnach dürfen Gewinne infolge von Wertsteigerungen nur berücksichtigt werden, wenn sie am Abschlusstag realisiert sind **(Realisationsprinzip).**
Beispiel Das Grundstück mit dem Anschaffungswert von 80 000,00 DM und einem Verkehrswert von 120 000,00 DM darf nicht mit 120 000,00 DM angesetzt werden, weil 40 000,00 DM Wertsteigerung nicht realisiert sind. Die Realisierung erfolgt erst durch den Verkauf des Grundstücks.

Drohende Wertverluste müssen dagegen berücksichtigt werden, obwohl sie noch nicht eingetreten sind. Wegen der unterschiedlichen Behandlung nicht realisierter Gewinne und Verluste spricht man auch vom **Imparitätsprinzip** (Imparität = Ungleichheit).

Die Beachtung des Vorsichtsprinzips verhindert, dass Vermögen und Gewinn zu hoch ausgewiesen werden. Unangemessene Besteuerung und Gewinnausschüttung werden verhindert. Die Haftungssubstanz gegenüber den Gläubigern wird realistisch dargestellt. Das Vorsichtsprinzip findet seinen Ausdruck in speziellen Vorschriften zur Bewertung des Vermögens und der Schulden (vgl. 337 ff.).

❑ **Periodenabgrenzung:** Aufwendungen und Erträge des Geschäftsjahres sind unabhängig von den Zeitpunkten der entsprechenden Zahlungen im Jahresabschluss zu berücksichtigen (vgl. Posten der Rechnungsabgrenzung, S. 319 ff.).

❑ **Bewertungsstetigkeit (Kontinuität):** Die auf den vorhergehenden Jahresabschluss angewandten Bewertungsmethoden sollen beibehalten werden. Mit diesem Grundsatz soll der Übergang zu anderen Bewertungsmethoden aus bilanztaktischen Erwägungen verhindert und die **Vergleichbarkeit der Jahresabschlüsse** gesichert werden.
Beispiel Die einmal gewählte Abschreibungsmethode für ein Anlagegut muss beibehalten werden.

Von diesen Grundsätzen darf nur in begründeten Ausnahmefällen abgewichen werden (§ 252 Abs. 2 HGB).

▶ **Besondere Bewertungsgrundsätze für Vermögen und Schulden:** Neben den allgemeinen Bewertungsgrundsätzen, die für alle Vollkaufleute gelten, werden in § 253 HGB Bewertungsgrundsätze für das Vermögen und die Schulden konkretisiert, die alle Ausdruck des Vorsichts- und Gläubigerschutzprinzips sind.

❑ **Anschaffungskostenprinzip:** Vermögensgegenstände sind höchstens mit ihren **Anschaffungskosten** anzusetzen. Die Anschaffungskosten bilden die **Wertobergrenze,** auch wenn am Bilanzstichtag der Wert über den Anschaffungskosten liegt (§ 253 Abs. 1 HGB).

Unter Anschaffungskosten ist der Wert zu verstehen, den ein Betrieb aufwenden muss, um ein Wirtschaftsgut zu beschaffen und – um es in einen betriebsbereiten Zustand zu versetzen (§ 255 Abs. 1 HGB, s. S. 159 ff., 294 ff.).

Beispiel Der Anschaffungswert eines durch die Primus GmbH im November gekauften Grundstückes betrug 78 000,00 DM. Am Bilanzstichtag beträgt der Marktpreis 84 000,00 DM. Der Wertansatz im Inventar und in der Bilanz muss zum Anschaffungswert von 78 000,00 DM erfolgen. 6 000,00 DM stellen nicht realisierte Gewinne dar, die nicht ausgewiesen werden dürfen.

❑ **Niederstwertprinzip:**

– **Strenges Niederstwertprinzip beim Umlaufvermögen:** Liegt der Tageswert (Börsen- oder Marktpreis) zum Bilanzstichtag unter dem Anschaffungswert oder dem vorherigen Wertansatz in der Bilanz, liegen auszuweisende nicht realisierte Verluste vor. Demnach muss das Vermögen zum niedrigeren Wert ausgewiesen werden. Das strenge Niederstwertprinzip gilt nur für Gegenstände des Umlaufvermögens.

Beispiel

Anschaffungswert des Taschenrechners Datenbank SF 4300 B	65,83 DM
Niedrigerer Wert zum Bilanzstichtag	62,00 DM
Wertansatz in der Bilanz gem. § 253 Abs. 3 HGB	62,00 DM

– **Gemildertes Niederstwertprinzip beim Anlagevermögen:** Beim Anlagevermögen wird das Niederstwertprinzip gemildert, indem der niedrigere Wert nur dann angesetzt werden muss, wenn eine voraussichtlich dauernde Wertminderung vorliegt. Bei vorübergehender Wertminderung kann der niedrigere Wert angesetzt werden (gemildertes Niederstwertprinzip). Es liegt also im letzten Falle ein **Bewertungswahlrecht** vor.

Das Bewertungswahlrecht gilt bei **Kapitalgesellschaften** allerdings nur für das **Finanzanlagevermögen** (§ 279 Abs. 1 HGB).

Beispiel

Anschaffungswert einer computergesteuerten Transportanlage	50 000,00 DM
Vorläufiger Buchwert zum Bilanzstichtag	35 000,00 DM
Niedrigerer Wert zum Bilanzstichtag wegen eines erheblichen Nachfragerückgangs nach der Anlage	25 000,00 DM
Bilanzansatz: alle Werte zwischen . . . . 25 000,00 und 35 000,00 DM	

– **Wertbeibehaltungswahlrecht:** Einzelunternehmen und Personengesellschaften können den niedrigeren Wertansatz auch dann beibehalten, wenn die Gründe für die Wertminderung fortgefallen sind. Eine Zuschreibung und damit verbundene Auflösung stiller Reserven ist als nicht zwingend vorgesehen.

– **Wertaufholungsgebot bei Kapitalgesellschaften:** Kapitalgesellschaften müssen nach § 280 HGB, also nach Handelsrecht, bei einer Wertsteigerung den höheren Wert ansetzen (Wertaufholungsgebot). Bei einer Zuschreibung ist aber das Anschaffungskostenprinzip in jedem Falle zu beachten. Das bedeutet, dass eine Zuschreibung bis zum Anschaffungswert (beim AV bis zum Anschaffungswert abzüglich planmäßiger Abschreibungen) und damit verbundene Auflösung stiller Reserven vorzunehmen ist.

Beispiel

Anschaffungskosten einer Aktie: . . . . 800,00 DM

Wertansatz in der Bilanz des Vorjahres:. . . . . 750,00 DM

Kurs zum Bilanzstichtag: . . . . 820,00 DM

Wertansatz in der Bilanz: . . . . 750,00 bis 800,00 DM

Die Kapitalgesellschaft **muss** nach Handelsrecht den Wert von 800,00 DM ansetzen.

❑ **Höchstwertprinzip bei der Schuldenbewertung:** Das Höchstwertprinzip gilt bei der Bewertung von Verbindlichkeiten. Wie beim Niederstwertprinzip gilt auch hier das Imparitätsprinzip (vgl. S. 335).

Drohende Verluste und ungewisse Verbindlichkeiten müssen ausgewiesen werden.

● Bewertung des Vermögens

▶ **Bewertung des Anlagevermögens:** Wirtschaftsgüter des Anlagevermögens sind höchstens zu Anschaffungskosten zu bewerten. Nach § 255 HGB sind Anschaffungsnebenkosten einzubeziehen, Anschaffungskostenminderungen abzusetzen (vgl. S. 294 f.).

Bei **Anlagegütern, die der Abnutzung** unterliegen, sind die **Anschaffungskosten** um planmäßige Abschreibungen zu kürzen.

Nur bei **anhaltender Unterschreitung** der Anschaffungs- bzw. fortgeführten Anschaffungskosten **muss der tiefere Wert angesetzt werden (gemildertes Niederstwertprinzip).**

▶ **Bewertung des Umlaufvermögens:** Grundsätzlich bilden die **Anschaffungskosten** aus Gründen der Vorsicht die **Wertobergrenze** für die Bilanzierung des Umlaufvermögens (§ 253 HGB).

Liegt der Tageswert jedoch am Bilanzstichtag unter den Anschaffungskosten, ist der niedrigere Wertansatz gemäß § 253 Abs. 3 HGB **zwingend (strenges Niederstwertprinzip).** Der niedrigere Wert kann auch dann beibehalten werden, wenn der Wert steigt. Die Rückkehr zum Anschaffungswert ist möglich **(Beibehaltungswahlrecht),** bei **Kapitalgesellschaften** nach § 280 HGB grundsätzlich zwingend.

● Bewertung der Vorräte

❑ **Vorräte:** Zu den Vorräten der Großhandelsbetriebe zählen die Waren.

❑ **Anschaffungskosten als Wertobergrenze:** Von Dritten **erworbene Waren** sind grundsätzlich mit den **Anschaffungskosten** zu bewerten. Anschaffungskosten bilden die Wertobergrenze.

❑ **Strenges Niederstwertprinzip:** Liegt der Wert der Ware am Bilanzstichtag unter den Anschaffungskosten muss der niedrigere Wert angesetzt werden.

Beispiel Am 28. November wurden 800 Bürostühle für 220,00 DM je Stück angeschafft. In der neuen Preisliste, die für das folgende Geschäftsjahr gilt, bietet der Lieferer sie für 198,00 DM an.

Der Bestand ist mit 198,00 DM je Stück, insgesamt 158 400,00 DM, zu bewerten.

❏ **Wertbeibehaltungswahlrecht und Wertaufholungsgebot: Einzelunternehmen** und **Personengesellschaften** dürfen den niedrigeren Wert beibehalten, auch wenn die Gründe dafür nicht mehr bestehen (vgl. § 253 Abs. 5 HGB; **Beibehaltungswahlrecht).**
Kapitalgesellschaften müssen die Wertaufholung beachten und zum höheren Wert, höchstens jedoch bis zu den Anschaffungskosten zurückkehren (§ 280 HGB).

❏ **Bewertungsvereinfachungsverfahren:** Grundsätzlich gilt für die Bewertung der Waren der **Grundsatz der Einzelbewertung.** Vielfach lassen sich die Anschaffungskosten nur schwer individuell feststellen. Das gilt vor allem für gleichartige Güter aus verschiedenen Anschaffungsvorgängen mit unterschiedlichen Anschaffungspreisen, die gemischt gelagert werden.

Beispiele Schrauben, Nägel, Brenn- und Treibstoffe, Schüttgüter (Getreide, Sand, Kies, Kohle).

Der Gesetzgeber gestattet daher den Grundsatz der Einzelbewertung bei gleichartigen Gütern zu durchbrechen, indem er verschiedene **Sammel-** oder **Gruppenbewertungen** zulässt, aus denen die **Durchschnittsbewertung** (vgl. § 240 Abs. 4 HGB) und die **Verbrauchsfolgebewertung** (vgl. § 256 HGB) dargestellt werden:

▶ **Durchschnittsbewertung:** Hiernach wird in der einfachsten Form aus dem Anfangsbestand und den Zugängen während des Geschäftsjahres ein gewogener Durchschnittswert ermittelt (vgl. S. 40 ff.).

Beispiel

Eingänge	Ausgänge
01.01. 800 kg zu je 7,50 DM = 6 000,00 DM 15.06. 500 kg zu je 6,30 DM = 3 150,00 DM 15.11. 900 kg zu je 6,40 DM = 5 760,00 DM	15.03. 400 kg 02.10. 600 kg 12.12. 500 kg
2 200 kg = 14 910,00 DM	1 500 kg
Bestand am 31.12. = 700 kg	
Durchschnittspreis = $\dfrac{\text{Wert des Anfangsbestandes + Wert der Zugänge}}{\text{Menge aus Anfangsbestand + Zugänge}}$	$\dfrac{14\,910}{2\,200}$ = 6,777 DM/kg
Wertansatz des Warenpostens: 700 · 6,777 = 4 743,90 DM	

Genauer ist die Errechnung des gewogenen Durchschnitts nach jedem Zugang (**gleitender Durchschnitt**).

Beispiel   (Zahlen wie oben)

01.01. Anfangsbestand	800 kg zu je 7,50 DM = 6 000,00 DM	
15.03. Abgang	400 kg zu je 7,50 DM = 3 000,00 DM	
Bestand	400 kg zu je 7,50 DM = 3 000,00 DM	
15.06. Zugang	500 kg zu je 6,30 DM = 3 150,00 DM	
Bestand	900 kg zu je 6,833 DM = 6 150,00 DM	
02.10. Abgang	600 kg zu je 6,833 DM = 4 100,00 DM	
Bestand	300 kg zu je 6,833 DM = 2 050,00 DM	
15.11. Zugang	900 kg zu je 6,40 DM = 5 760,00 DM	(Aufrundung)
Bestand	1 200 kg zu je 6,508 DM = 7 810,00 DM	
12.12. Abgang	500 kg zu je 6,508 DM = 3 254,00 DM	
31.12. Bestand	700 kg zu je 6,508 DM = 4 556,00 DM	

Beim Vergleich der beiden Formen der Durchschnittsbewertung wird deutlich sichtbar, dass bei der letzten Form die Anschaffungskosten der zuletzt bezogenen Waren den Durchschnittswert wesentlich beeinflussen. Somit ist der gewogene Durchschnittspreis aktueller. Der Inventurwert kann auf diese Weise unmittelbar aus der Lagerdatei ermittelt werden. Der Durchschnittswert kommt nur zum Ansatz, wenn der Tageswert darüber liegt. Sonst ist der Tageswert für die Bilanzierung entscheidend. Die Differenz ist dann abzuschreiben. Gegen die Durchschnittsmethode bestehen handels- und steuerrechtlich keine Bedenken.

▶ **Verbrauchsfolgebewertung:** Rechtliche Grundlage der Verbrauchsfolgebewertung bildet § 256 HGB. Kern möglicher Verbrauchsfolgeverfahren bildet jeweils die **Unterstellung einer bestimmten Verbrauchsfolge.**

❑ **Lifo-Verfahren** (last in first out): Es wird unterstellt, dass die **zuletzt angeschafften** Vorräte **zuerst verbraucht** oder **veräußert** werden. Der Schlussbestand wird mit den Werten der zuerst angeschafften Vorräte bewertet.

❑ **Fifo-Verfahren** (first in first out): Es wird unterstellt, dass die **zuerst angeschafften** Vorräte auch **zuerst verbraucht** oder **veräußert** werden. Der Schlussbestand ist mit den Werten der zuletzt angeschafften Vorräte anzusetzen.

Beispiel Bewertung des Schlussbestandes lt. Beispiel S. 338

Lifo-Verfahren	**Fifo-Verfahren**
700 kg zu je 7,50 DM = 5 250,00 DM	700 kg zu je 6,40 DM = 4 480,00 DM

Liegt der Tageswert der Rohstoffe unter dem so ermittelten Wert, kommt der Tageswert zum Ansatz (strenges Niederstwertprinzip).

Nach Handelsrecht sind beide Verfahren erlaubt. Steuerrechtlich ist **nur das Lifo-Verfahren** zugelassen.

● **Bewertung der Forderungen**

Die Bewertung der Forderungen wurde bereits auf S. 271 ff. dargestellt.

● **Bewertung der Schulden**

Schulden sind mit ihrem **Nennwert (Anschaffungskosten)** oder, dem **Höchstwertprinzip** entsprechend, mit ihrem höheren Rückzahlungsbetrag zu bewerten (§ 253 HGB):

Beispiel Die Primus GmbH kaufte am 13. November 19.. Personalcomputer im Werte von 20 000 $, Ziel 60 Tage; Briefkurs für den $ am 13. November 19.. 1,60 DM

a) **Briefkurs für den $ am 31. Dezember 19.. 1,70 DM**
Da Verbindlichkeiten gemäß § 253 Abs. 1 Satz 2 HGB mit ihrem Rückzahlungsbetrag anzusetzen sind, muss aus **Vorsichtsgründen** am 31. Dezember 19.. (vgl. § 252 Abs. 1 Nr. 4 HGB) zum Briefkurs von 1,70 DM bewertet werden. In der Bilanz wird die Verbindlichkeit daher mit 34 000,00 DM ausgewiesen **(Höchstwertprinzip).**

b) **Briefkurs für den $ am 31. Dezember 19.. 1,50 DM**
Der niedrigere Briefkurs zum Bilanzstichtag bewirkt einen Rückzahlungsbetrag, der kleiner ist als der Nennwert der ursprünglichen Verbindlichkeit (30 000,00 DM zu 32 000,00 DM). Da gem. § 252 Abs. 1 Nr. 4 HGB Gewinne nur dann zu berücksichtigen sind, wenn sie zum Abschlussstichtag realisiert sind, darf der sich rechnerisch ergebende Gewinn noch nicht berücksichtigt werden. In der Bilanz sind die Verbindlichkeiten mit 32 000,00 DM auszuweisen **(Realisationsprinzip).**

Bewertung nach Handelsrecht

- **Bewertungsgrundsätze**
  - ❏ **Allgemeine Bewertungsgrundsätze:** Bilanzidentität, Unternehmensfortführung (going concern), Einzelbewertung, Vorsicht (Realisationsprinzip, Imparitätsprinzip)
  - ❏ **Besondere Bewertungsgrundsätze für Vermögen und Schulden:**
    - – Anschaffungskostenprinzip für das Vermögen (Anschaffungskosten als Wertobergrenze),
    - – strenges Niederstwertprinzip für das Umlaufvermögen,
    - – gemildertes Niederstwertprinzip für das Anlagevermögen,
    - – Höchstwertprinzip für die Schulden,
    - – Wertbeibehaltungswahlrecht für Einzelunternehmen und Personengesellschaften
    - – Wertaufholungsgebot (Zuschreibung) bei Wertaufholungen für Kapitalgesellschaften
- Realisations-, Anschaffungskosten-, Niederstwertprinzip- und Höchstwertprinzip sind Ausdruck kaufmännischer Vorsicht.
- Zielsetzungen der Bewertung sind Gläubigerschutz, Vermeidung zu hoher Gewinnausschüttung und -versteuerung und Erhaltung der Haftungssubstanz.
- **Bewertung des Anlagevermögens (AV)**
  - ❏ **abnutzbares AV:** Anschaffungskosten (AK)
    - – planmäßige Abschreibung = **Fortgeführte AK**
    - – außerplanmäßige Abschreibung bei kurzfristiger Unterschreitung möglich **(Bewertungswahlrecht),** bei voraussichtlich dauernder Unterschreitung zwingend
  - ❏ **nicht abnutzbares AV:** Anschaffungskosten
    - – Abschreibung auf den niedrigeren Wert möglich bzw. zwingend (siehe abnutzbares AV)
- **Bewertung des Umlaufvermögens (UV)**
  - ❏ Anschaffungs- oder Herstellungskosten
  - ❏ niedrigerer Wert, wenn der Tageswert niedriger ist **(strenges Niederstwertprinzip)**
  - ❏ Liegt der Tageswert am Bilanzstichtag über dem bisherigen Bilanzansatz, ist eine Zuschreibung bis zum Tageswert (höchstens bis zu den AK) bei Einzelunternehmen und Personengesellschaften möglich, jedoch zwingend bei Kapitalgesellschaften

Bewertungsvereinfachungsverfahren bei gleichartigen Vorräten	
Durchschnittsbewertung	**Verbrauchsfolgeverfahren**
❏ gewogener Durchschnitt	❏ Lifo-Verfahren
❏ gleitender gewogener Durchschnitt	❏ Fifo-Verfahren

- **Bewertung von Forderungen**
  - – Abschreibung vom Nettowert des geschätzten Ausfalls,
  - – Umsatzsteuerkorrektur, wenn der Ausfall feststeht.
- **Bewertung der Schulden**
  - ❏ Anschaffungskosten (AK), Nennwert
  - ❏ Liegt der Rückzahlungsbetrag am Bilanzstichtag über den AK, ist der höhere Wert anzusetzen **(Höchstwertprinzip).**

1 Ein Großhandelsunternehmen erwarb Anfang Januar 19.. ein Grundstück gegen Zahlung mit Bankscheck für 40 000,00 DM. An das Finanzamt wurden 3,5 % Grunderwerbsteuer per Banküberweisung bezahlt. Die Notariatskosten für den Grundstückskaufvertrag in Höhe von 1 200,00 DM zuzüglich 180,00 DM USt. wurden bar bezahlt.

Zum Ende des Geschäftsjahres betrug der Verkehrswert (Tageswert) für dieses Grundstück laut der Grundstückspreisentwicklung in diesem Gebiet 50 000,00 DM.

a) Berechnen Sie die Anschaffungskosten des Grundstücks und begründen Sie Ihre Entscheidung!

b) Entscheiden Sie über die Bewertung des Grundstücks zum 31. Dez.!
   Erläutern Sie in diesem Zusammenhang das Anschaffungskosten- und das Realisationsprinzip!

2 Im Januar des Geschäftsjahres (1. Januar–31. Dezember) wurde ein 2 000 qm großes unbebautes Grundstück von einer Holzgroßhandlung erworben.

Vertrag, BA: Kauf eines Grundstücks gegen Zahlung mit Bankscheck . .   180 000,00 DM

BA: Banküberweisung der Grunderwerbsteuer für den Grundstückserwerb an das Finanzamt: 3,5 % des Kaufpreises . . . .   6 300,00 DM

KB: Gerichtskosten für die Grundbucheintragung bar bezahlt . . . .   1 200,00 DM

ER, BA: Banküberweisung der Notariatskosten, netto . . . 3 200,00 DM

\+ 15 % Umsatzsteuer . . . .   480,00 DM   3 680,00 DM

Informationen zum 31. Dez. des Geschäftsjahres:
Die Grundstückspreise stiegen in dieser Lage im Laufe der vergangenen Monate erheblich, weil in diesem Gebiet ein modernes Gewerbezentrum errichtet werden soll. Der qm-Preis ist inzwischen für vergleichbare Grundstücke in diesem Gebiet auf 105,00 DM gestiegen.

Die Unternehmungsleitung ist der Auffassung, dass das 2 000 qm große Grundstück der Unternehmung entsprechend zu bewerten ist.

a) Berechnen Sie die Anschaffungskosten des Grundstücks insgesamt und je qm!

b) Mit welchem Wert ist das Grundstück zum Bilanzstichtag zu bewerten?

3 In der **Bilanz zum 31. Dezember 1996** wurde ein unbebautes Grundstück von 2 000 qm mit folgenden Anschaffungskosten bewertet . . . . .   188 000,00 DM

Wegen der Änderung des Bebauungsplanes wurden im Geschäftsjahr 1997 nur noch Grundstückspreise von etwa 70,00 DM je qm in diesem Gebiet bezahlt. Aufgrund dieser Entwicklung wurde das Grundstück mit dem niedrigeren Wert von . . . .   140 000,00 DM

in der **Bilanz zum 31. Dezember 1997** angesetzt.

Es ist anzunehmen, dass diese Preissenkung **voraussichtlich langfristig** andauern wird.

In der **zweiten Jahreshälfte 1998** stiegen die Grundstückspreise in diesem Gebiet wieder an, weil eine Autobahnauffahrt in unmittelbarer Nähe neu eingerichtet wird. Die Grundstückspreise stiegen dadurch für vergleichbare Grundstücke auf 120,00 DM je qm.

a) Begründen Sie den Bilanzansatz des unbebauten Grundstücks in der Bilanz 1997!

b) Bewerten Sie das unbebaute Grundstück zum 31. Dezember 1998!
   ba) Unterstellen Sie bei Ihrer Entscheidung, dass es sich um eine Einzelunternehmung bzw. Personengesellschaft handelt!
   bb) Unterstellen Sie bei Ihrer Entscheidung, dass es sich um eine Kapitalgesellschaft handelt!

4 In der Finanzbuchhaltung einer Großhandlung sind folgende Fälle der Beschaffung von Wirtschaftsgütern des Anlagevermögens zu bearbeiten:

ER, BA vom 10.01.: Kauf von zehn Personalcomputern

Listenpreis, netto . . . . 20 170,30 DM

– Messerabatt 8 % . . . . 1 613,62 DM   18 556,68 DM

\+ 15 % USt . . . . 2 783,50 DM   21 340,18 DM

– 3 % Skonto . . . . 640,21 DM

Scheckbetrag . . . .   20 699,97 DM

ER, KB vom 12.01.19..: Barzahlung der Fracht für die An-
lieferung der PC, netto . . . . 981,44 DM
Transportversicherung . . . . 18,56 DM   1 000,00 DM
+ 15 % USt. . . . .   150,00 DM
                                                                                             1 150,00 DM

Die betriebsgewöhnliche Nutzungsdauer der Personalcomputer beträgt vier Jahre. Zum
Ende des zweiten Nutzungsjahres wird festgestellt, dass die Anschaffungskosten für
einen PC dieser Ausstattung aufgrund der technischen Entwicklung nur noch
1 200,00 DM betragen.

a) Berechnen Sie die Anschaffungskosten für einen Personalcomputer und begründen
   Sie Ihre Berechnung!

b) Berechnen Sie die fortgeführten Anschaffungskosten der Personalcomputer zum
   Ende des Geschäftsjahres bei linearer AfA!

c) Entscheiden Sie die Auswirkung der Informationen über die Preisentwicklung solcher
   Computer auf den Bilanzansatz zum 31. Dezember des zweiten Nutzungsjahres (vgl.
   S. 303)!

5 Bei der Inventur des Lagerbestandes einer Elektrogerätegroßhandlung entstand folgendes Bewertungsproblem:

70 Waschmaschinen, Marke „Öko", Anschaffungkosten . . . .   à 600,00 DM
90 Waschmaschinen, Marke „Super-Spar", Anschaffungskosten . . . . . .   à 500,00 DM

Die Anschaffungskosten solcher Waschmaschinen betrugen jedoch zum Zeitpunkt der
Bilanzierung:

Waschmaschine, Marke „Öko" . . . .   450,00 DM
Waschmaschine, Marke „Super-Spar". . . . .   570,00 DM

a) Berechnen Sie den Wertansatz der 160 Waschmaschinen im Inventar und begründen
   Sie Ihre Entscheidung!

b) Erläutern Sie die Auswirkung Ihrer Bewertung auf die Bilanz und die Gewinn- und
   Verlustrechnung des Geschäftsjahres!

6 Bei der Inventur des Lagerbestandes eines Möbelgroßhandels entstand folgendes Bewertungsproblem:

Im **November des Geschäftsjahres** waren folgende Einkäufe zu buchen:

1. **ER, BA:** Einkäufe von Möbeln von verschiedenen Lieferern gegen sofortige Zahlung
   mit Bankscheck

2. **ER, KB:** Barzahlung der Frachtkosten für den Bezug der drei Möbellieferungen

Warenart	Listenpreis, netto	Rabatt	Skonto	Fracht, netto	Umsatz- steuer
12 Tische	6 513,24 DM	6 %	2 %	240,00	15 %
10 Schränke	8 247,42 DM	5 %	3 %	400,00	15 %
10 Regale	3 116,88 DM	12,5 %	1 %	300,00	15 %

Zum Zeitpunkt der Inventur waren die im November gekauften Möbel noch vorhanden!
Anschaffungskosten dieser Möbel zum Bilanzstichtag:

Tische . . . .   à 430,00 DM
Schränke . . . .   à 850,00 DM
Regale . . . .   à 180,00 DM

a) Berechnen Sie die Anschaffungskosten der Tische, Schränke und Regale und begründen Sie Ihre Berechnung!

b) Bewerten Sie diese Bestände zum Bilanzstichtag und begründen Sie Ihre Bewertung!

7 In der Finanzbuchhaltung eines Autozubehörgroßhändlers ist folgender Bewertungs-
vorgang zu entscheiden:
Bei der Inventur des Warenbestandes zum 31. Dezember 19.. (Gesch.-J.: 1. Januar – 31.
Dezember) wurden u. a. 350 Allwetterreifen, 175/70 R 14 T, gezählt.
Die Anschaffungskosten für diesen Autoreifen betrugen zum
Zeitpunkt der Beschaffung: . . . . 120,00 DM je Reifen
a) Wie ist der Warenposten zum 31. Dezember des Geschäftsjahres zu bewerten, die
Wiederbeschaffungskosten eines solchen Reifens zum Bilanzstichtag betrug:
1. . . . . 150,00 DM   2. . . . . 102,00 DM
b) Begründen Sie die von Ihnen getroffenen Entscheidungen!

8 Eine Maschinengroßhandlung kaufte am 10. Dezember 19.. gegen Zielgewährung von
60 Tagen in den USA Waren im Werte von 150 000 $ zum Kurs von 1,55.
Mit welchem Wert ist die Verbindlichkeit in der Bilanz anzusetzen, wenn der Kurs zum
31. Dezember 19.. a) 1,50 bzw. b) 1,65 beträgt? Begründen Sie Ihre Entscheidung!

9 Die Ruhr-Stahlhandel GmbH, Duisburg, erhielt im November
gegen Gewährung eines Zahlungsziels von 60 Tagen Stahl aus
Schweden zum Rechnungsbetrag von . . . .   2 700 000,00 sKr
Der **Devisenkurs bei Lieferung** betrug . . . .   100 sKr = 22,50 DM
Am **Bilanzstichtag** war der Devisenkurs . . . .   100 sKr = 25,00 DM
1. Bewerten Sie die Verbindlichkeit zum Bilanzstichtag!
Begründen Sie Ihre Entscheidung!
2. Bewerten Sie die Verbindlichkeit für den Fall, dass der Devisenkurs zum Bilanzstich-
tag 100 sKr = 21,00 DM betragen hätte!

10 Kauf einer Hebeanlage ab Werk, Listenpreis 200 000,00 DM abzüglich 5 % Sonderrabatt,
Transportkosten 2 800,00 DM, Fundamentierungskosten eines Schraubsockels 2 200,00
DM, Montage 2 000,00 DM. Zur Skontoausnutzung von 4 % auf den Bruttorechnungsbetrag einschließlich 15 % Umsatzsteuer überzieht der Betrieb das Bankkonto. Dabei
entstehen Finanzierungskosten (Zinsen) in Höhe von 700,00 DM.
Berechnen Sie
a) die Anschaffungskosten,
b) den Betrag, der insgesamt vom Bankkonto abgebucht wird!

11 Wegen angekündigter Preissteigerungen wurden am 3. Juli d. J. zwei Warenposten gekauft:

	Listenpreis	Rabatt	Skonto binnen 10 Tagen	Anschaffungsneben-kosten
Posten I	60 000,00 DM	10 %	2 %	1 200,00 DM bar
Posten II	40 000,00 DM	12$\frac{1}{2}$ %	3 %	400,00 DM bar

a) Zu welchem Wert wurden die Posten am 3. Juli d. J. aktiviert und wie wurde gebucht
bei Zielkauf + 15 % USt und bei späterer Zahlung durch Banküberweisung?
b) Mit welchem Wert sind die Waren am 31. Dezember d. J. zu bilanzieren, wenn die
Wiederbeschaffungskosten für Ware I auf 62 000,00 DM gestiegen, für Ware II unerwartet auf 33 000,00 DM gefallen sind?

12 Eine Farbengroßhandlung bezieht 12 000 kg Lack, Listenpreis 6,00 DM je kg, Rabatt
15 %, Skonto 3 %, Fracht 542,00 DM, Versicherung 8 ‰ des Rechnungspreises, Umsatzsteuer 15 %.
Berechnen Sie die Anschaffungskosten der Sendung.

13 Eine Holzgroßhandlung kauft 2 000 Stück Spanplatten zu je 68,00 DM Listenpreis
(netto) + 15 % Umsatzsteuer. Der Lieferer gewährt 12,5 % Mengenrabatt und 2 % Skonto. Die Bezugskosten betragen 1 380,00 DM zuzüglich 15 % Umsatzsteuer.

a) Mit welchem Wert ist die einzelne Spanplatte zum Jahresabschluss zu bewerten?

b) Welcher Wert ist anzusetzen, wenn der Anschaffungswert zum 31. Dezember
   1. auf 56,00 DM gefallen ist,
   2. auf 62,00 DM gestiegen ist?

14 Die Warenposten A und B sind
a) nach dem gewogenen Durchschnitt,
b) nach dem gleitenden gewogenen Durchschnitt,
c) nach dem Fifo-Verfahren,
d) nach dem Lifo-Verfahren zu bewerten!

Ware 1					Ware 2				
Datum	Zu-gang	AK je Einheit	Ab-gang	Bestand	Datum	Zu-gang	AK je Einheit	Ab-gang	Bestand
01.01.		7,00		4 200	01.01.		32,00		650
15.02.			1 500		03.02.			380	
26.03.	6 000	8,00			27.03.	500	33,00		
04.04.			3 000		09.04.			220	
09.05.			3 400		17.05.			360	
26.06.	6 000	9,00			18.06.	500	34,00		
27.07.			4 500		29.07.			490	
28.08.	8 000	8,50			25.08.	700	33,50		
24.09.			5 000		26.09.			350	
27.10.			4 000		13.10.			400	
27.11.	8 000	8,70			16.11.	800	32,00		
10.12.			6 800		18.12.			400	
31.12.				4 000	31.12.				550
Marktpreis am 31.12.: 8,60 DM					Marktpreis am 31.12.: 33,50 DM				

15 Ein Posten Waren wurde zu verschiedenen Preisen angeschafft, aber nicht getrennt gelagert:

Datum des Einkaufs	Stückzahl	Preis je Stück in DM
01.03.	2 000	4,00
14.06.	4 000	5,60
18.08.	3 000	5,00
20.12.	11 000	6,20

Endbestand lt. Inventur: 7 108 Stück

a) Errechnen Sie den Wert des Warenpostens
   1. nach dem Lifo-Verfahren,
   2. nach dem Fifo-Verfahren,
   3. nach dem gewogenen Durchschnitt!

b) Zu welchem Wert ist der Posten zu inventarisieren?

16 Die Stahlgroßhandlung Wega GmbH, Köln, erhielt im November eine Lieferung hochwertigen Stahls aus Schweden zum Rechnungsbetrag von 2 700 000,00 sKr. Der Devisenkurs bei Lieferung betrug 100 sKr = 25,00 DM.

a) Mit welchem Wert muss die Verbindlichkeit in der Bilanz ausgewiesen werden?

b) Wie lauten die Buchungen?

c) Begründen Sie die Wahl des Bilanzansatzes über die dafür wesentlichen Bewertungsgrundsätze und -vorschriften!

d) Mit welchem Wert hätte die Verbindlichkeit ausgewiesen werden müssen, wenn der Devisenkurs zum Bilanzstichtag 100 sKr = 21,00 DM betragen hätte?

4.3 Hauptabschlussübersicht (Betriebsübersicht)

Nachdem Frau Lapp und Herr Müller alle Vermögensteile und Schulden im Rahmen der Inventur neu bewertet haben, macht Frau Lapp die Bemerkung: „Na, Frau Höver, das ist eine schöne Aufgabe für Sie, nämlich die Abstimmung der Inventur- und Buchwerte." Frau Höver stellt teilweise große Unterschiede fest, so z. B. beim Fuhrpark einen Buchwert von 430 000,00 DM und einen Inventurwert von 370 000,00 DM.

Arbeitsauftrag Stellen Sie Gründe möglicher Abweichungen zusammen und welche Folgen sich daraus für die Buchhaltung ergeben!

Am Ende eines Geschäftsjahres werden die **Konten** zur Erstellung der Bilanz und GuV-Rechnung **abgeschlossen.** Parallel dazu werden alle **Bestände** durch **Inventur** ermittelt. Die **Buchbestände (Sollbestände)** und **Inventurbestände (Istbestände)** werden miteinander verglichen und aufeinander abgestimmt. Diese Abstimmung erfolgt in einer tabellarischen Übersicht, der **Betriebsübersicht** oder **Abschlussübersicht**.

Die Betriebsübersicht umfasst meistens **sechs Spalten.**

(1) Summen- oder Probebilanz

Die Summenbilanz enthält **alle Sachkonten** des Hauptbuches **mit den Summen ihrer Soll- und Habenbuchungen.** Die Summen enthalten **bei den** aktiven und passiven **Bestandskonten** also **auch** die mit den Eröffnungsbuchungen vorgetragenen **Anfangsbestände.** Da bei jeder Buchung die Beträge im Soll und im Haben gebucht werden, müssen die Summen der Sollspalte mit der Summe der Habenspalte übereinstimmen (vgl. S. 348).

Rechenfehler bei der Addition der Summen auf den Sachkonten sowie fehlende Gegen- oder doppelte Buchungen im Soll oder im Haben führen also zur Abweichung der Soll- oder Habenspalte der Summenbilanz. Da beim Einsatz computergestützter Finanzbuchhaltung die Summen der Konten über das Programm addiert werden und eine Buchung ohne Gegenbuchung vom Programm nicht durchgeführt wird, treten rechnerische Differenzen bei einer Summenbilanz nicht mehr auf. Selbstverständlich besagt die Richtigkeit der Summenbilanz nicht, dass auch die Buchungen sachgerecht durchgeführt wurden.

(2) Saldenbilanz I oder Überschussbilanz

Bei jedem Konto der Summenbilanz wird festgestellt, welcher Saldo sich ergibt. Sind die **Sollzahlen des Kontos größer als die Habenzahlen,** dann liegt ein **Sollsaldo** vor, der im Gegensatz zum Konto **in der Saldenbilanz** ebenfalls in der **Sollspalte** einzutragen ist.

Sind die **Sollzahlen des Kontos kleiner als die Habenzahlen,** dann liegt ein **Habensaldo** vor, der im Gegensatz zum Konto **in der Saldenbilanz** ebenfalls in der **Habenspalte** einzutragen ist.

Wenn Sollspalte und Habenspalte in der Summenbilanz übereinstimmen, müssen auch die Soll- und Habenspalte der Saldenbilanz übereinstimmen (vgl. S. 348).

(3) Umbuchungen

Die Spalte Umbuchungen nimmt alle **vorbereitenden Abschlussbuchungen** auf, durch die die Sachkonten des Hauptbuches für den Abschluss vorbereitet werden:

Vorbereitende Abschlussbuchungen		
zeitliche Abgrenzung	Inventurdifferenzen	Abschluss von Unterkonten
aktive Rechnungsabgrenzung passive Rechnungsabgrenzung sonstige Forderungen sonstige Verbindlichkeiten Rückstellungen	Vorsteuer Bestandsveränderungen Fehlbestände (z. B. Kassenmanko) Abschreibungen auf ❑ Sachanlagen ❑ Forderungen	3001 Privat 6061 Bezugskosten 6062 Nachlässe 6063 Liefererskonti 6064 Liefererboni 5101 Erlösberichtigungen 5102 Kundenskonti 5103 Kundenboni

Alle vorbereitenden Abschlussbuchungen werden in einer besonderen **Umbuchungsliste in der Form des Grundbuchs** zusammengestellt. Diese Umbuchungsliste hat Belegcharakter. Anschließend werden sie in der Umbuchungsspalte nach den Regeln der doppelten Buchführung erfasst (vgl. S. 347 f.).

(4) Saldenbilanz II

Die **Umbuchungen bewirken Veränderungen der in der Saldenbilanz I ermittelten Werte.** Um die veränderten Salden der Sachkonten festzustellen wird die **Saldenbilanz II** in der Betriebsübersicht geführt. Sie ergibt sich aus den **Salden der Saldenbilanz I unter Berücksichtigung der Werte aus der Umbuchungsspalte.** Die Salden der Bestandkonten sollten nun mit den durch Inventur ermittelten Beständen an Vermögen und Schulden übereinstimmen (vgl. S. 348).

(5) Vermögensbilanz

Die Vermögensbilanz übernimmt die **Salden der Bestandskonten aus der Saldenbilanz II,** wobei die **Sollsalden in die Spalte „Aktiva"** und die **Habensalden in die Spalte „Passiva"** übernommen werden. Die Differenz zwischen den Aktiva und den Passiva sollte mit der Differenz übereinstimmen, die sich bei der folgenden Erfolgsbilanz ergibt (vgl. S. 348).

(6) Erfolgsbilanz

Die **Erfolgsbilanz** übernimmt **aus der Saldenbilanz II die Salden der Erfolgskonten,** wobei die Salden der Aufwandskonten in die Spalte **„Aufwendungen"** und die Salden der Ertragskonten in die **Spalte „Erträge"** übernommen werden. Die **Differenz** beider Spalten zeigt den **Gewinn oder Verlust des Geschäftsjahres.** Um diese Differenz müssen auch Aktiva und Passiva voneinander abweichen, da noch keine Korrektur des Eigenkapitals um den Gewinn oder Verlust buchhalterisch durchgeführt wurde (vgl. S. 348).

Hauptabschlussübersicht (Betriebsübersicht)

- Die Betriebsübersicht stellt einen **Probeabschluss** außerhalb der Buchführung dar.
- Durch Gegenüberstellung der Ergebnisse der Buchführung und Inventur dient sie dazu,
  ❑ Fehler in den Buchungen vor dem Abschluss festzustellen und zu korrigieren.

© Verlag Gehlen

Liste der Umbuchungen lt. Abschlussangaben

Abschlussangaben	Buchungssätze Soll Konto	Soll DM	Haben Konto	Haben DM
1. Die Zinsen für die restliche Darlehensschuld (Konto 4250: 80000,00 DM) in Höhe von 8 % p. a. wurden für den Zeitraum 30.09. bis 31.12. des Geschäftsjahres noch nicht an das Kreditinstitut überwiesen.	7510 Zinsaufwendungen	1600,00	4890 Sonstige Verb.	1600,00
2. Ein Mieter hat die Miete für den Zeitraum Januar bis einschließlich März des folgenden Geschäftsjahres am 28.12. des Geschäftsjahres im Voraus überwiesen. 3600,00	5400 Mieterträge	3600,00	4900 PRA	3600,00
3. Kfz-Steuern für betriebliche Fahrzeuge wurden für die Zeit vom 01.10.19.. bis zum 30.09. des folgenden Jahres im Voraus überwiesen und auf dem Konto „7030 Kfz-Steuern" gebucht 4500,00	2900 ARA	3375,00	7030 Kfz-Steuern	3375,00
4. Abschreibungen 4.1 Betriebsgebäude: 4 % von 1000000,00 DM AK 4.2 Fuhrpark: 10 % von 600000,00 DM AK 4.3 Geschäftsausstattung: 30 % vom Buchwert	6520 Abschreibungen auf Sachanlagen	131800,00	0510 Gebäude / 0840 Fuhrpark / 0860 Geschäftsausst.	40000,00 / 60000,00 / 31800,00
5. Warenendbestand zum 31.12. lt. Inventur Waren 190000,00 Bestandsminderung 10000,00	6060 Aufwendungen für Waren	10000,00	2280 Warenbestand	10000,00
6. Abschluss von Unterkonten 6.1 5101 Erlösberichtigungen 35000,00 6.2 6061 Bezugskosten/Waren 27000,00 6.3 6062 Nachlässe 15000,00	5100 Umsatzerlöse/Waren / 6060 Aufw. für Waren / 6062 Nachlässe	35000,00 / 27000,00 / 15000,00	5101 Erlösber. / 6061 Bezugskosten / 6060 Aufw. für Waren	35000,00 / 27000,00 / 15000,00
7. Umbuchung der Vorsteuer zur Ermittlung der Zahllast	4800 Umsatzsteuer	17600,00	2600 Vorsteuer	17600,00

Beispiel Hauptabschlussübersicht (Betriebsübersicht)

Nr.	Konto	Bezeichnung	Summenbilanz S	Summenbilanz H	Saldenbilanz I S	Saldenbilanz I H	Umbuchungen S	Umbuchungen H	Saldenbilanz II S	Saldenbilanz II H	Vermögensbilanz S	Vermögensbilanz H	Erfolgsbilanz S	Erfolgsbilanz H
01	0510	Grundstück mit Gebäude	900 000,00	50 000,00	850 000,00	—	—	40 000,00	810 000,00	—	810 000,00	—	—	—
02	0840	Fuhrpark	500 000,00	70 000,00	430 000,00	—	—	60 000,00	370 000,00	—	370 000,00	—	—	—
03	0860	Geschäftsausstattung	110 000,00	4 000,00	106 000,00	—	—	31 800,00	74 200,00	—	74 200,00	—	—	—
04	2280	Warenbestand	200 000,00	—	200 000,00	—	—	10 000,00	190 000,00	—	190 000,00	—	—	—
05	2600	Vorsteuer	133 200,00	115 600,00	17 600,00	—	—	17 600,00	—	—	—	—	—	—
06	2800	Bank	3 348 500,00	2 774 500,00	574 000,00	—	—	—	574 000,00	—	574 000,00	—	—	—
07	2900	Aktive Rechnungsabgrenzung	9 300,00	9 300,00	—	—	3 375,00	—	3 375,00	—	3 375,00	—	—	—
08	3000	Eigenkapital	—	1 457 600,00	—	1 457 600,00	—	—	—	1 457 600,00	—	1 457 600,00	—	—
09	4250	Verbindlichkeiten gegenüber Kreditinstituten	20 000,00	100 000,00	—	80 000,00	—	—	—	80 000,00	—	80 000,00	—	—
10	4400	Verbindlichkeiten a. LL	703 800,00	867 100,00	—	163 300,00	—	—	—	163 300,00	—	163 300,00	—	—
11	4800	Umsatzsteuer	446 800,00	506 300,00	—	59 500,00	17 600,00	—	—	41 900,00	—	41 900,00	—	—
12	4890	Sonstige Verbindlichkeiten	5 000,00	5 000,00	—	—	—	1 600,00	—	1 600,00	—	1 600,00	—	—
13	4900	Passive Rechnungsabgrenzung	3 500,00	3 500,00	—	—	—	3 600,00	—	3 600,00	—	3 600,00	—	—
14	5100	Umsatzerlöse für Waren	—	2 260 000,00	—	2 260 000,00	35 000,00	—	—	2 225 000,00	—	—	—	2 225 000,00
15	5101	Erlösberichtigungen	35 000,00	—	35 000,00	—	—	35 000,00	—	—	—	—	—	—
16	5400	Mieterträge	—	48 000,00	—	48 000,00	3 600,00	—	—	44 400,00	—	—	—	44 400,00
17	6060	Aufwendungen für Waren	754 000,00	—	754 000,00	—	37 000,00	15 000,00	776 000,00	—	—	—	776 000,00	—
18	6061	Bezugskosten für Waren	27 000,00	—	27 000,00	—	—	27 000,00	—	—	—	—	—	—
19	6062	Nachlässe	—	15 000,00	—	15 000,00	15 000,00	—	—	—	—	—	—	—
20	62/64	Personalaufwendungen	932 000,00	—	932 000,00	—	—	—	932 000,00	—	—	—	932 000,00	—
21	6520	Abschreibungen	—	—	—	—	131 800,00	—	131 800,00	—	—	—	131 800,00	—
22	6700	Mieten	80 000,00	—	80 000,00	—	—	—	80 000,00	—	—	—	80 000,00	—
23	6870	Werbung	67 000,00	—	67 000,00	—	—	—	67 000,00	—	—	—	67 000,00	—
24	7030	Kfz-Steuer	6 000,00	—	6 000,00	—	—	3 375,00	2 625,00	—	—	—	2 625,00	—
25	7510	Zinsaufwendungen	4 800,00	—	4 800,00	—	1 600,00	—	6 400,00	—	—	—	6 400,00	—
			8 285 900,00	8 285 900,00	4 083 400,00	4 083 400,00	244 975,00	244 975,00	4 017 400,00	4 017 400,00	2 021 575,00	1 748 000,00	1 995 825,00	2 269 400,00
		Gewinn des Geschäftsjahres										273 575,00	273 575,00	
											2 021 575,00	2 021 575,00	2 269 400,00	2 269 400,00

- ❑ Abweichungen der Istbestände von den Sollbeständen durch Bewertungsentscheidungen im Inventar in der Buchführung zu erfassen.
- ❑ Verrechnungsbuchungen durch Abschluss von Unterkonten durchzuführen,
- ❑ den Abschluss im Hauptbuch vorzubereiten.
- ● Sie gibt dem Unternehmer die Übersicht über die Vermögens- und Ertragslage.
- ● Im Vergleich zur Bilanz des Vorjahres zeigt sie in gedrängter Form die Veränderungen des Vermögens und der Schulden und die Entstehung des Erfolges.
- ● Die Zahlen der Betriebsübersicht dienen einem schnellen Abschluss der Konten, weil die Umbuchungen und Salden der Konten aus ihr entnommen werden können.

1 Erstellen Sie die Hauptabschlussübersicht!

Konto	Bezeichnung	Summenbilanz	
		S	H
0510	Grundstück mit Gebäude	720 000,00	–
0840	Fuhrpark	260 000,00	–
0860	Geschäftsausstattung	80 000,00	–
1600	Darlehensforderung	60 000,00	–
2280	Warenbestand	275 000,00	–
2400	Forderungen a. LL	4 025 000,00	3 850 600,00
2600	Vorsteuer	382 660,00	354 600,00
2690	Übrige sonstige Forderungen	–	–
2800	Bank	4 067 660,00	3 682 200,00
2880	Kasse	98 000,00	95 000,00
2900	Aktive Rechnungsabgrenzung	–	–
3000	Eigenkapital	–	894 520,00
3001	Privat	42 000,00	–
4400	Verbindlichkeiten a. LL	2 356 000,00	2 530 000,00
4800	Umsatzsteuer	715 000,00	775 000,00
4830/4840	Verbindlichkeiten gegenüber FA und SV	210 400,00	263 600,00
4890	Sonstige Verbindlichkeiten	–	–
4900	Passive Rechnungsabgrenzung	–	–
5100	Umsatzerlöse für Waren	16 500,00	4 385 000,00
5101	Erlosberichtigungen	58 000,00	–
5400	Mieterträge	–	72 000,00
5710	Zinserträge	–	2 700,00
6060	Aufwendungen für Waren	2 419 000,00	18 000,00
6061	Bezugskosten für Waren	48 000,00	–
6062	Nachlässe	–	45 000,00
6160	Fremdinstandsetzung	54 000,00	–
6200-6400	Personalaufwendungen	895 600,00	–
6520	Abschreibungen auf Sachanlagen	–	–
6700	Mieten	44 400,00	–
6900	Versicherungsbeiträge	16 000,00	–
6930	Verluste aus Schadensfällen	11 000,00	–
7000	Betriebliche Steuern	114 000,00	–
		16 968 220,00	16 968 220,00

Abschlussangaben: DM

1. Der Darlehensnehmer (siehe Konto 1600) hat die Zinsen für das IV. Quartal des Geschäftsjahres in Höhe von 6 % p. a. noch nicht überwiesen.

2. Die Dezembermiete für eine gemietete Ausstellungshalle wurde noch nicht überwiesen 4 000,00

3. Ein Mieter zahlte die Miete für die Monate Dezember bis Februar im Voraus. Sie wurde auf dem Konto 5400 Mieterträge erfasst 4 800,00

4. Die Kfz-Versicherung für einen Lkw wurde für die Zeit vom 1. Oktober 19.. bis zum 30. September des folgenden Jahres im Voraus überwiesen und auf dem Konto 6900 gebucht 4 480,00

5. Abschreibungen auf
   1. Betriebsgebäude: 2 % der Anschaffungskosten von 1 200 000,00
   2. Fuhrpark   30 % vom Buchwert
   3. Geschäftsausstattung: 25 % vom Buchwert

6. Endbestände lt. Inventur
   1. Kassenbestand 2 900,00
   Die Differenz zwischen Inventur- und Sollbestand ist als Verlust auf dem Konto 6930 zu erfassen.
   2. Waren 210 000,00

2   Erstellen Sie die Betriebsübersicht:

Konto	Bezeichnung	Summenbilanz	
		S	H
0860	Geschäftsausstattung	130 000,00	–
1600	Darlehensforderungen	80 000,00	–
2280	Waren	100 000,00	–
2600	Vorsteuer	243 700,00	223 700,00
2690	Sonstige Forderungen	–	
2800/2880	Bank/Kasse	3 780 000,00	3 420 000,00
2900	Aktive Rechnungsabgrenzung	9 800,00	9 800,00
3000	Eigenkapital	–	438 500,00
3001	Privat	60 000,00	
3800	Steuerrückstellungen	–	–
4250	Verbindlichkeiten gegenüber Banken	–	90 000,00
4800	Umsatzsteuer	492 000,00	562 000,00
4890	Sonstige Verbindlichkeiten	3 400,00	3 400,00
5100	Umsatzerlöse für Waren	10 000,00	2 900 000,00
5101	Erlösberichtigungen	40 000,00	–
5710	Zinserträge	–	5 400,00
6060	Aufwendungen für Waren	1 620 000,00	6 000,00
6061	Bezugskosten für Waren	17 600,00	–
6062	Nachlässe	–	17 100,00
6200-6400	Personalaufwendungen	914 600,00	–
6520	Abschreibungen auf Sachanlagen	–	–
6700	Mieten	92 000,00	–
7000	Gewerbesteuer	78 000,00	–
7510	Zinsaufwendungen	4 800,00	–
		7 675 900,00	7 675 900,00

Abschlussangaben: DM

1. Die Zinsen für das Bankdarlehen (Konto 4250) in Höhe von 9 % p.a.
   sind halbjährlich nachträglich zum 1. September und 1. März zahlbar.
   Die letzte Zinszahlung erfolgte am 1. September des Geschäftsjahres.
2. Die Zinsen für die Darlehensforderung (Konto 1600) in Höhe von 6 %
   p. a. sind halbjährlich nachträglich zum 1. Oktober und 1. April fällig.
   Die letzte Zinszahlung erfolgte am 1. Oktober des Geschäftsjahres.
3. Die Miete für gemietete Betriebsgebäude und Maschinen wurde am
   1. Dezember des Geschäftsjahres für die Zeit vom 1. Dezember bis zum
   28. Februar im Voraus überwiesen 36 000,00
4. Die Gewerbesteuernachzahlung für das IV. Quartal des Geschäftsjahres
   wird geschätzt auf 18 000,00
5. Abschreibungen auf Geschäftsausstattung: 30 % vom Buchwert
6. Warenendbestand lt. Inventur. 98 000,00

3 Ein Großhandelsunternehmen will mithilfe einer Betriebsübersicht einen vorläufigen
Jahresabschluss erstellen. Aufgrund der Zahlen der Finanzbuchhaltung ergibt sich folgende Summenbilanz:

		Summenbilanz	
Konto-Nr.	Kontenbezeichnung	Soll DM	Haben DM
0860	Geschäftsausstattung	230 000,00	
1600	Darlehensforderung	60 000,00	
2280	Warenbestand	140 000,00	
2600	Vorsteuer	213 780,00	163 780,00
2690	Übrige sonstige Forderungen		
2800/2880	Bank/Kasse	3 488 060,60	3 140 160,00
2900	Aktive Rechnungsabgrenzung	9 100,00	9 100,00
3000	Eigenkapital		110 000,00
3001	Privat	50 000,00	75 000,00
3800	Steuerrückstellungen		
4250	Darlehensschuld		90 000,00
4800	Umsatzsteuer	462 000,00	542 000,00
4890	Übrige sonstige Verbindlichkeiten	5 400,00	5 400,00
5100	Umsatzerlöse für Waren	50 000,00	2 800 000,00
5101	Erlösberichtigung	42 000,00	
5102	Kundenskonti	21 000,00	
5710	Zinserträge		4 500,00
6060	Wareneingang/Aufw. f. Waren	1 520 000,00	4 000,00
6061	Bezugskosten	7 000,00	
6063	Liefererskonti		12 000,00
6200–6400	Personalaufwand	813 200,00	
6520	Abschreibungen auf Sachanlagen		
6700	Mieten	84 000,00	
7000	Betriebliche Steuern	85 000,00	
7510	Zinsaufwand	5 400,00	
		7 285 940,00	7 285 940,00

Abschlussangaben:

1. Die Gewerbesteuerabschlusszahlung für das IV. Quartal des Gj. wird
   geschätzt auf . . . .   25 000,00 DM
2. Die Miete für gemietete Betriebsgebäude wurde am 1. Dezember des
   Gj. für die Zeit vom 1. Dezember bis zum 28. Februar des folgenden Gj.
   im Voraus überwiesen . . . .   18 000,00 DM

3. Die Zinsen für die Darlehensforderung (Konto 1600) in Höhe von
   9 % p.a. sind halbjährlich nachträglich zum 1. November und 1. Mai
   fällig. Die letzte Zinszahlung erfolgte am 1. November des Geschäftsjahres.
4. Die Zinsen für das Bankdarlehen (Konto 4250) in Höhe von 8 % p.a.
   sind halbjährlich nachträglich zum 1. Oktober und 1. April zahlbar.
   Die letzte Zinszahlung erfolgte am 1. Oktober des Geschäftsjahres.
5. Lineare Abschreibung auf Geschäftsausstattung:
   15 % der Anschaffungskosten in Höhe von . . . . 380 000,00 DM
6. Warenendbestand laut Inventur . . . . 150 000,00 DM

BÜWI

4.4 Auswertung des Jahresabschlusses unter Finanzierungsaspekten

BWL

4.4.1 Auswertung der Bilanz

Die Primus GmbH hat einen Kredit über 800 000,00 DM zur Finanzierung eines Erweiterungsbaus bei der Stadtsparkasse Duisburg beantragt. Auf Verlangen des Kreditsachbearbeiters hat Herr Müller dem Antrag die nachstehenden Bilanzen der beiden letzten Geschäftsjahre beigefügt:

Bilanzen der Primus GmbH

	Berichts-jahr	Vorjahr		Berichts-jahr	Vorjahr
A. Anlagevermögen			**A. Eigenkapital**		
I. Sachanlagen			I. Gezeichnetes Kapital	1 200 000,00	1 200 000,00
1. Grundstücke, Gebäude	1 349 000,00	1 035 000,00	II. Gewinnrücklagen	312 500,00	100 000,00
2. Fuhrpark	276 000,00	320 000,00	III. Jahresüberschuss	97 500,00	412 500,00[2]
3. Geschäftsaus-stattung	190 000,00	210 000,00	**B. Rückstellungen[3]**		
B. Umlaufvermögen			1. Pensionsrück-stellungen	250 000,00	200 000,00
I. Waren	495 750,00	413 000,00	2. Steuerrück-stellungen	45 000,00	50 000,00
II. Forderungen			3. Sonstige Rückstellungen	60 000,00	35 000,00
Forderungen a. LL	223 250,00	211 000,00	**C. Verbindlichkeiten**		
Übrige sonstige Forderungen	18 000,00	35 000,00	1. Verbindlichkeiten gegenüber Kreditinstituten[4]	473 000,00	133 000,00
III. Liquide Mittel	226 000,00	165 000,00	2. Verbindlichkeiten a. LL	275 000,00	200 000,00
C. Aktive Rechnungs-abgrenzung[1]	22 000,00	11 000,00	3. Sonstige Verbind-lichkeiten	85 000,00	55 000,00
			D. Passive Rechnungs-abgrenzung	12 000,00	14 500,00
	2 800 000,00	2 400 000,00		2 800 000,00	2 400 000,00

[1] werden den kurzfristigen Forderungen zugerechnet.

[2] 212 500,00 DM werden den Gewinnrücklagen zugeführt, der Rest ist den kurzfristigen Verbindlich-keiten zuzuführen. Im Berichtsjahr soll der Jahresüberschuss ganz im Unternehmen bleiben.

[3] Pensionsrückstellungen sind den langfristigen Steuerrückstellungen, Sonstige Rückstellungen und Passive Rechnungsabgrenzungsposten den kurzfristigen Verbindlichkeiten zuzurechnen.

[4] Davon mit einer Laufzeit über fünf Jahre: 400 000,00 DM (im Vorjahr 100 000,00 DM). Ansonsten handelt es sich wie bei den Verbindlichkeiten a. LL und sonstigen Verbindlichkeiten um kurzfristige Ver-bindlichkeiten.

● Notwendigkeit der Auswertung

Mit der Erstellung des Jahresabschlusses ist die Aufgabe des kaufmännischen Rechnungswesens nicht erfüllt. Vielmehr will der Unternehmer über eine kritische Analyse der Zahlen der Buchführung und der Kosten- und Leistungsrechnung seine Marktstellung erkennen und Daten zur Unternehmenssteuerung gewinnen.

Diese Daten dienen

❑ der richtigen Beurteilung und systematischen Kontrolle der Geschäftsentwicklung,

❑ der Ergänzung betriebswirtschaftlicher Daten bei Verbesserungs- und Anpassungsmaßnahmen,

❑ der Planungsvorbereitung künftiger Investitionen,

❑ der Begründung künftiger Marketingkonzeptionen.

Die Ergebnisse sind jedoch nicht nur für die Geschäftsleitung von außerordentlicher Bedeutung, sondern auch für Außenstehende. So versuchen die Gläubiger, z.B. Lieferer und Geldgeber, Institute und Verbände, aus den veröffentlichten bzw. vorgelegten Bilanzen Einblick in ein Unternehmen zu gewinnen:

❑ bei Kreditwürdigkeitsprüfungen,

❑ vor einer Beteiligung,

❑ bei steuerlichen Betriebsprüfungen,

❑ bei Marktbeobachtungen, -forschungen und -beurteilungen.

● Methoden der Auswertung

▶ **Einzelanalyse:** Es wird der Jahresabschluss **einer** Rechnungsperiode untersucht. Die Ergebnisse werden nicht mit früheren Rechnungsperioden oder anderen Betrieben verglichen. Diese Analyse lässt keine Aussagen über Entwicklung und Marktstellung der Unternehmung zu.

▶ **Zeitvergleich:** Die Ergebnisse einzelner Rechnungsabschnitte (Monat, Quartal, Jahr) werden miteinander verglichen. Dadurch können Entwicklungstendenzen erkannt werden.

Beispiel Umsatz-, Kostenarten-, Erfolgs-, Eigen- und Fremdkapitalentwicklung und Entwicklung des Anlagevermögens und des Umlaufvermögens, der Kosten und Umsätze in den letzten fünf Jahren im Möbelgroßhandel

▶ **Betriebs- oder Branchenvergleich:** Die Ergebnisse des ausgewerteten Betriebes werden mit Durchschnittswerten der Branche oder Kennzahlen gleichartiger Betriebe verglichen. Hierbei ist zu beachten, dass Größe, Organisation und Tätigkeitsbereiche der Vergleichsbetriebe möglichst übereinstimmen. Mithilfe von Betriebs- und Branchenvergleichen kann die Marktstellung sichtbar gemacht werden.

Beispiele Umsatzanteil am Gesamtmarkt, Kostenstruktur, Liquiditätslage, Eigenkapitalanteil im Vergleich zu konkurrierenden Unternehmungen

Strukturdaten der deutschen Möbelindustrie 1993

	Herstellung von Holzmöbeln	Polstermöbeln	Metallmöbeln
Zahl der Betriebe[1]	1 288	253	311
Zahl der Beschäftigten[2]	123 816	33 009	42 751
Beschäftigte je Betrieb	96,1	130,5	137,5
Geleistete Arbeiterstunden (in 1 000)	149 459	41 754	47 211
Lohnsumme (in Mill. DM)	4 214	1 042	1 338
Gehaltssumme (in Mill. DM)	2 074	403	824
Lohn- und Gehaltssumme (in Mill. DM)	6 288	1 445	2 162
Löhne und Gehälter je beschäftigte Person pro Monat (in DM)	4 233	3 648	4 214
Lohn je geleistete Arbeitsstunde (DM)	28,30	25,00	28,34
Umsatz (in Mill. DM)	26 260	6 314	9 431
Auslandsumsatz (in Mill. DM)	2 577	583	1 662
Anteil des Auslandsumsatzes (in %)	9,8	9,2	17,6
Lohn- und Gehaltssumme in % v. Umsatz	29,3	22,9	22,9

Quelle: Statistisches Bundesamt, Fachserie 4, Reihe 4.1.1

▶ **Soll-Ist-Vergleich:** Geplante Werte werden mit realisierten verglichen, um Art und Höhe der Abweichungen festzustellen. Es soll kontrolliert werden, ob getroffene Entscheidungen sinnvoll waren und zielgerecht ausgeführt wurden. Diese Ergebnisse bilden die Ansätze für die Ursachenforschung solcher Abweichungen, um korrigierte Plangrößen vorgeben zu können. Daher sollen Soll-Ist-Vergleiche in möglichst kurzen Abständen vorgenommen werden, um Chancen und Risiken rechtzeitig zu erkennen.

Beispiele
❑ Vergleich des Absatzplanes mit dem erreichten Absatz, um auf die negative Entwicklung einzelner Artikel reagieren zu können (Förderung der Artikel oder Artikeleliminierung).
❑ Vergleich der Kostenvorgaben für die Kostenstellen mit den Istkosten lt. Kostenstellenrechnung, um rechtzeitig Kostenexplosionen zu erkennen und Maßnahmen der Gegensteuerung einzuleiten (Änderungen im Lager- und Vertriebssystem, Einsparungen bei Beschaffungen, Umbesetzungen).
❑ Vergleich geplanter Einnahmen und Ausgaben mit eingetretenen Einnahmen und Ausgaben, um Liquiditätsengpässe zu vermeiden.

● Bilanzauswertung und -kritik

▶ **Strukturierung der Bilanz:** Für Zwecke der Auswertung muss die veröffentlichte Bilanz aufbereitet und strukturiert werden. Dabei werden gleichartige Positionen zusammengefasst, um die Aussagekraft der Bilanz zu erhöhen.

---

[1] Örtliche Niederlassungen mit mindestens 20 tätigen Personen.
[2] Einschließlich tätiger Inhaber sowie unbezahlt mithelfender Familienangehöriger.

Kapital-bindung	Vermögensstruktur	Bilanzstruktur	Kapitalstruktur	Kapital-überlassung

langfristig	I. **Anlagevermögen (AV)**
	  1. **Immaterielle Anlagen**
	  2. **Sachanlagen**
	    ❏ Grundstücke, Gebäude
	    ❏ Maschinen
	    ❏ Betriebs- und Geschäftsausstattung
	    ❏ Fuhrpark
	  3. **Finanzanlagen**
		I. **Eigenkapital**
		  1. **Gezeichnetes Kapital**
		    ❏ Grundkapital der AG
		    ❏ Stammkapital der GmbH
		  2. **Rücklagen**
		    ❏ gesetzliche und freie Gewinn-rücklagen
		  3. **Gewinnvortrag**
		  4. **Jahresüberschuss**[1]
			langfristig

mittel- bis kurzfristig	II. **Umlaufvermögen (UV)**
	  1. **Vorräte**
	    ❏ Waren
	  2. **Kurzfristige Forderungen**
	    ❏ Forderungen a. LL
	    ❏ Wechselforderungen
	    ❏ Sonstige kurz-fristige Forderungen
	    ❏ Aktive Posten der Rechnungs-abgrenzung
		II. **Schulden/Fremdkapital**
		  1. **Langfristige Schulden**
		    ❏ Pensions-rückstellungen
		    ❏ Verbindlichkeiten mit einer Rest-laufzeit von mehr als 5 Jahren
		  2. **Mittelfristige Schulden**
		    ❏ Verbindlichkeiten mit einer Restlaufzeit von mehr als einem bis fünf Jahren
		  3. **Kurzfristige Schulden mit einer Restlaufzeit bis zu einem Jahr**
		    ❏ Steuerrückstellungen Sonstige Rückstellungen
		    ❏ Verbindlichkeiten a. LL, Wechsel-verbindlichkeiten, Verbindlichkeiten aus Steuern, abzuführende Sozial-versicherungs-beiträge, Sonstige Verbindlichkeiten
		    ❏ Passive Posten der Rechnungsabgrenzung
			langfristig
			
			mittelfristig
			
			kurzfristig

kurzfristig	3. **Liquide Mittel**
	    ❏ Kasse
	    ❏ Bank
	    ❏ Postbank		

▶ **Statistische Aufbereitung des Jahresabschlusses:** Die absoluten Zahlen sind in Verhältniszahlen (Prozentsätze) zur Bilanzsumme (= 100 %) umzurechnen, um die Vergleichbarkeit der Werte im Jahresabschluss zu verbessern.

---

[1] Häufig tritt in Bilanzen anstelle der Positionen Gewinn-/Verlustvortrag und Jahresüberschuss/-fehlbetrag die Position Bilanzgewinn/-verlust auf. Diese Position tritt dann auf, wenn der Jahresabschluss nach teilweiser Verwendung des Jahresüberschlusses (Einstellung in die Rücklagen) aufgestellt wurde. Es muss aus Vorsichtsgründen davon ausgegangen werden, dass dieser Bilanzgewinn ausgeschüttet wird und somit dem Fremdkapital zuzurechnen ist.

❏ **Gliederungszahlen** drücken einen Teilwert im Verhältnis zum Gesamtwert aus. Die Zähler-masse ist immer ein Teil der Nennermasse. Sie werden in der Regel als Prozentsatz angege-ben.

Gliederungszahl	Anwendungsfälle	
$\dfrac{\text{Teilmasse} \cdot 100}{\text{Gesamtmasse}}$	$\dfrac{\text{ein Vermögensposten} \cdot 100}{\text{Gesamtvermögen}}$	$\dfrac{\text{ein Kapitalposten} \cdot 100}{\text{Gesamtkapital}}$

❏ **Beziehungszahlen** drücken das prozentuale Verhältnis zwischen zwei verschiedenartigen Massen aus. Die Zählermasse ist daher weder ein Teil der Nennermasse noch mit ihr gleichartig.

Beziehungszahl	Anwendungsfälle		
$\dfrac{\text{Masse A} \cdot 100}{\text{Masse B}}$	$\dfrac{\text{Eigenkapital} \cdot 100}{\text{Anlagevermögen}}$	$\dfrac{\text{Liquide Mittel} \cdot 100}{\text{Kurzf. Verbindl.}}$	$\dfrac{\text{Eigenkapital} \cdot 100}{\text{Fremdkapital}}$

Beispiel Aufbereitung der Bilanzen der Primus GmbH

	Berichtsjahr		Vorjahr		Veränderungen	
	DM	%	TDM	%	TDM	%
Vermögensstruktur **I. Anlagevermögen** 1. Sachanlagen	1 815 000,00	64,8	1 565 000,00	65,2	+ 250 000,00	+ 16,0
Summe Anlagevermögen	1 815 000,00	64,8	1 565 000,00	65,2	+ 250 000,00	+ 16,0
II. Umlaufvermögen 1. Waren 2. Kurzfristige Forderungen 3. Liquide Mittel	495 750,00 263 250,00 226 000,00	17,7 9,4 8,1	413 000,00 257 000,00 165 000,00	17,2 10,7 6,9	+ 82 750,00 + 6 250,00 + 61 000,00	+ 20,0 + 2,4 + 37,0
Summe Umlauf-vermögen	985 000,00	35,2	835 000,00	34,8	+ 150 000,00	+ 18,0
Summe Vermögen	2 800 000,00	100,0	2 400 000,00	100,0	+ 400 000,00	+ 16,7
Kapitalstruktur I. Eigenkapital II. Langfristige Schulden	1 610 000,00 650 000,00	57,5 23,2	1 512 500,00 300 000,00	63,0 12,5	+ 97 500,00 + 350 000,00	+ 6,4 + 116,7
Summe langfristiges Kapital	2 260 000,00	80,7	1 812 500,00	75,5	+ 447 500,00	+ 24,7
III. Kurzfristige Schulden	540 000,00	19,3	587 500,00	24,5	− 47 500,00	− 8,1
Summe Schulden	1 190 000,00	42,5	887 500,00	37,0	+ 302 500,00	+ 34,1
Summe Kapital	2 800 000,00	100,0	2 400 000,00	100,0	+ 400 000,00	+ 16,7

Dadurch lassen sich neben der Bedeutung einzelner Kapitalquellen und Verwendungsformen Veränderungen (Trends) vom Berichtsjahr gegenüber dem Vorjahr schneller erkennen.

Die Darstellung von Gliederungszahlen kann durch **grafische Darstellungen** optisch verbessert werden. Grafische Darstellungen

- ❑ veranschaulichen die Beziehungen zwischen den statistischen Massen innerhalb einer statistischen Reihe in einer bildlichen Darstellung,
- ❑ verdeutlichen optisch Gemeinsamkeiten und Unterschiede,
- ❑ lenken die Aufmerksamkeit auf das Wesentliche und informieren schnell und umfassend ohne zusätzliche Hinweise,
- ❑ informieren schnell und und umfassend über zusammenhängende Tatbestände.
- ❑ prägen sich besser ein als zahlenmäßige Darstellungen.

Zur Darstellung von Gliederungszahlen wird das Flächendiagramm in der Form des Kreises, Rechtecks oder Halbkreises gewählt. Das Kreisdiagramm eignet sich besonders zur Veranschaulichung des Anteils, den die Teilmassen an der Gesamtmasse haben, zum Beispiel

- ❑ Anteile der Vermögenspositionen am Gesamtvermögen
- ❑ Anteile der Kapitalpositionen am Gesamtkapital

Der Gesamtmasse (Bilanzsumme) entspricht die Halbkreisfläche (180°). Für die Teilmengen (Anlage- und Umlaufvermögen einerseits und Eigen- und Fremdkapital andererseits) sind dann die entsprechenden Kreisausschnitte bzw. Winkelgrade zu berechnen.

Beispiel Die Bilanzsumme der Primus GmbH beträgt im Beobachtungsjahr 2 800 000,00 DM, das Anlagevermögen 1 815 000,00 DM, das Umlaufvermögen 985 000,00 DM, das Eigenkapital 1 610 000,00 DM, die langfristigen Schulden 650 000,00 DM, die kurzfristigen Schulden 540 000,00 DM.

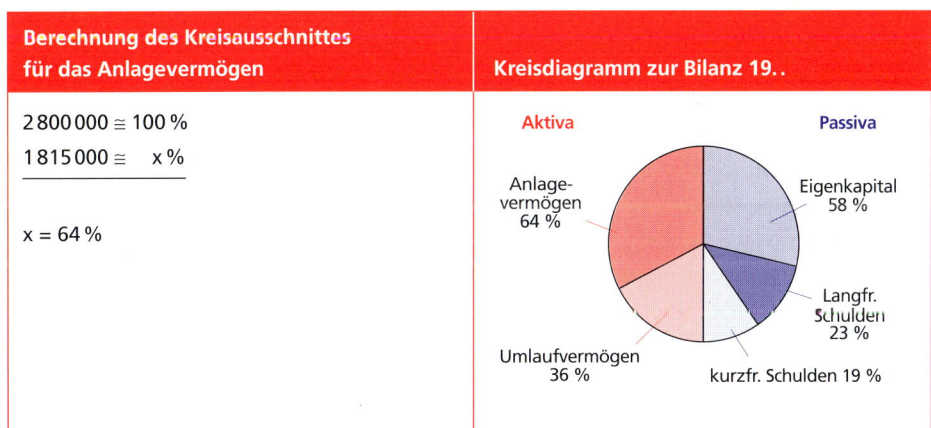

Berechnung des Kreisausschnittes für das Anlagevermögen	Kreisdiagramm zur Bilanz 19..
2 800 000 ≙ 100 % 1 815 000 ≙ x % _____ x = 64 %	

● Auswertung der Bilanz mithilfe von Bilanzkennzahlen

Vermögens- und Kapitalaufbau können mithilfe von Gliederungs- und Beziehungszahlen verdeutlicht werden.

▶ **Vermögensaufbau (Konstitution – Aktivseite):** Der Vermögensaufbau geht bereits weitgehend aus den aufbereiteten Bilanzen hervor. Die hier angegebenen **Prozentsätze** stellen **Intensitätskennziffern** oder **Quoten** dar, die den jeweiligen Anteil des Postens am Gesamtvermögen ausdrücken.

Beispiel

	Berichtsjahr	Vorjahr
Anlage-vermögens-intensität $= \dfrac{\text{Anlagevermögen} \cdot 100}{\text{Gesamtvermögen}}$	$\dfrac{1\,815\,000 \cdot 100}{2\,800\,000} = 64,8\,\%$	$\dfrac{1\,565\,000 \cdot 100}{2\,400\,000} = 65,2\,\%$
Umlauf-vermögens-intensität $= \dfrac{\text{Umlaufvermögen} \cdot 100}{\text{Gesamtvermögen}}$	$\dfrac{985\,000 \cdot 100}{2\,800\,000} = 35,2\,\%$	$\dfrac{835\,000 \cdot 100}{2\,400\,000} = 34,8\,\%$

Der **Anteil des Anlagevermögens** am Gesamtvermögen ist um 0,4 %-Prozentpunkte geringfügig gefallen (siehe Beispiel), obwohl absolut mehr in Anlage- als in Umlaufvermögen investiert wurde.

Die **Umlaufvermögensintensität** hat entsprechend um 0,4 Prozentpunkte zugenommen. Aus der Funktion des Umlaufvermögens heraus (Gewinnträger) ist das grundsätzlich positiv zu beurteilen. Bei näherer Betrachtung der einzelnen Posten, die sich verändert haben, liegt die Hauptursache in einer Bestandsmehrung der Waren. Dies kann natürlich negativ mit Absatzschwierigkeiten gedeutet werden.

Die **Vermögensstruktur** ist in erster Linie abhängig von der Art und Zielsetzung des Betriebes. So haben Unternehmen des Großhandels in der Regel ein großes Umlaufvermögen, während Betriebe der Grundstoffindustrie sehr anlageintensiv sind. Daneben schlagen sich Art des Großhandels, Lager-, Beschaffungs- und Absatzorganisation u. a. im Verhältnis von Anlage- zu Umlaufvermögen nieder.

Das **Anlagevermögen** bildet zwar die **Grundlage der Betriebsbereitschaft,** verursacht aber immer gleichbleibende hohe fixe Kosten. Dies wirkt sich bei rückläufiger Beschäftigung in Krisenzeiten des Betriebes oder bei unerwarteter technischer oder wirtschaftlicher Überholung der Anlagen wegen geringer Anpassungsfähigkeit anlageintensiver Betriebe besonders negativ aus. Daher ist mit dem Anlagevermögen ein großes Risiko verbunden. Die Angaben der Bilanz werden durch den Anlagespiegel (vgl. S. 312 ff.) ergänzt.

Das **Umlaufvermögen** ist der eigentliche Gewinnträger. Durch Verkauf der Waren fließen in die Unternehmung Geldwerte zurück, die zum Zwecke der Wiederbeschaffung, Rationalisierung und Erweiterung eingesetzt werden können.

▶ **Kapitalaufbau (Finanzierung – Passivseite):** Die **Passivseite** erteilt wichtige Informationen über die **Finanzierung** eines Unternehmens. Sie gibt Auskunft über die Herkunft des Kapitals durch den getrennten Ausweis von **Eigen-** und **Fremdkapital** (Schulden).

Entsprechend dieser Gliederung der Kapitalien nach Überlassungsfristen können auch für die Passivseite der Bilanz Intensitätskennziffern (bzw. Quoten) berechnet werden.

Beispiel

	Berichtsjahr	Vorjahr
Eigenkapital-intensität (Eigen-kapitalquote) $= \dfrac{\text{Eigenkapital} \cdot 100}{\text{Gesamtkapital}}$	$\dfrac{1\,610\,100 \cdot 100}{2\,800\,000} = 57,5\,\%$	$\dfrac{1\,512\,500,00 \cdot 100}{2\,400\,000} = 63,0\,\%$
Fremdkapital-intensität (Anspannungs-koeffizient) $= \dfrac{\text{Fremdkapital} \cdot 100}{\text{Gesamtkapital}}$	$\dfrac{1\,190\,000 \cdot 100}{2\,800\,000} = 42,5\,\%$	$\dfrac{887\,500,00 \cdot 100}{2\,400\,000} = 37,0\,\%$

Die Eigenkapitalquote hat sich um 5,5 Prozentpunkte verschlechtert. Für diese Entwicklung ist sicher auch das schlechtere Jahresergebnis im Berichtsjahr verantwortlich. Die Entwicklung ist auch auf verstärkte Fremdfinanzierung durch Aufnahme langfristiger Kredite zurückzuführen (Steigerung um 10,7 %), wie die aufbereiteten Bilanzen zeigen.

Die Fremdkapitalintensität ist wegen verstärkter Kreditaufnahme um 5,5 Prozentpunkte gestiegen. Sie ist jedoch im Verhältnis zu den deutschen Handelsbetrieben (fast 70 %) noch als günstig zu bezeichnen.

Vielfach werden statt der beiden Intensitätskennzahlen andere Kennzahlen gewählt, die Ähnliches aussagen:

Beispiel

	Berichtsjahr	Vorjahr
Intensität der kurzfristigen Schulden (Finanzielle Beweglichkeit) $= \dfrac{\text{Kurzfristige Verbindlichkeiten} \cdot 100}{\text{Gesamtkapital}}$	$\dfrac{540\,000 \cdot 100}{2\,800\,000} = 19,3\,\%$	$\dfrac{587\,500,00 \cdot 100}{2\,400\,000} = 24,5\,\%$
Finanzierung (Fremdkapital deckung) $= \dfrac{\text{Eigenkapital} \cdot 100}{\text{Fremdkapital}}$	$\dfrac{1\,610\,000 \cdot 100}{1\,190\,000} = 135,3\,\%$	$\dfrac{1\,512\,500,00 \cdot 100}{887\,500,00} = 170,4\,\%$
Verschuldungs- koeffizient $= \dfrac{\text{Fremdkapital} \cdot 100}{\text{Eigenkapital}}$	$\dfrac{1\,190\,000 \cdot 100}{1\,610\,000} = 73,9\,\%$	$\dfrac{887\,500,00 \cdot 100}{1\,512\,500,00} = 58,7\,\%$

Wegen der zunehmenden langfristigen Finanzierung wurde die **Anspannung der Liquidität** durch die kurzfristigen Schulden geringfügig abgebaut (im Beispiel 5,2 Prozentpunkte).

Die **Finanzierung oder Fremdkapitaldeckung** hat sich um 35,1 Prozentpunkte verschlechtert, was auf die stark zugenommene Fremdfinanzierung zurückzuführen ist. Dennoch deutet ein Überhang von 35 % einen Spielraum weiterer Kreditwürdigkeit an.

Der Verschuldungskoeffizient hat um 15,2 Prozentpunkte zugenommen.

❏ **Intensität der kurzfristigen Schulden:** Der Anteil kurzfristiger Schulden am Gesamtkapital sagt etwas über die Anspannung der Liquidität der Unternehmung durch laufende Kapitalrückzahlungen und über das Finanzierungsrisiko wegen der kurzfristigen Überlassungsfristen aus.

❏ **Finanzierung der Fremdkapitaldeckung:** Sie sagt etwas über die Deckung und damit Sicherheit des Fremdkapitals aus.

Der **Verschuldungskoeffizient** bestätigt die Aussagen der Fremdkapitaldeckung. Daraus kann ein verstärkter Schuldendienst (Tilgungen und Zinszahlungen) abgeleitet werden, was ebenfalls mit einer zunehmenden Belastung der Liquidität gleichzusetzen ist. Dies ist jedoch nicht zwingend, weil der Verschuldungskoeffizient die Fristigkeit des Fremdkapitals nicht in die Analyse einbezieht.

▶ **Die Kapitalanlage (Investierung):** Bei Investitionen hat der Unternehmer darauf zu achten, dass das zur Finanzierung benötigte Kapital für die Dauer der Bindung im Vermögen bereitstehen muss. **Kapitalüberlassungsfristen** sollen mit **Kapitalbindungsfristen** übereinstimmen **(goldene Finanzierungsregel).** Dieser Grundsatz, dass Kapitalbindungs- und -überlassungsfristen übereinstimmen, wird vor allem für die Finanzierung des Anlagevermögens gefordert (**goldene Bilanzregel** oder **goldene Bankregel**).

Beispiel

		Berichtsjahr	Vorjahr
Anlagendeckung I	$= \dfrac{\text{Eigenkapital} \cdot 100}{\text{Anlagevermögen}}$	$\dfrac{1\,610\,000 \cdot 100}{1\,815\,000} = 88{,}7\,\%$	$\dfrac{1\,512\,500{,}00 \cdot 100}{1\,565\,000} = 96{,}6\,\%$
Anlagendeckung II	$= \dfrac{(\text{Eigenkapital} + \text{langfristiges Fremdkapital}) \cdot 100}{\text{Anlagevermögen}}$	$\dfrac{2\,260\,000 \cdot 100}{1\,815\,000} = 124{,}5\,\%$	$\dfrac{1\,812\,500{,}00 \cdot 100}{1\,565\,000} = 115{,}8\,\%$

Die Verschlechterung der **Anlagendeckung I** um 7,9 Prozentpunkte deutet eindeutig darauf hin, dass die Investition in das Anlagevermögen fremdfinanziert wurde.

Im Durchschnitt liegt die **Anlagendeckung II** in den deutschen Großhandelsbetrieben erheblich darüber (150 %). Dies ist deshalb sinnvoll, weil zur Erhaltung der Betriebsbereitschaft neben dem Anlagevermögen Teile des Umlaufvermögens (Eiserne Bestände) langfristig finanziert werden müssen. Im Beispiel hat sie sich um 8,7 Prozentpunkte verbessert. Dies ist in erster Linie durch eine langfristige Fremdfinanzierung hervorgerufen worden, die über den Bedarf für die Anlagevermögensinvestition hinausgeht.

❏ **Anlagendeckung I:** Die Kennziffer Anlagendeckung I zeigt, ob das Anlagevermögen, das dem Unternehmen auf lange Sicht dienen soll, auch mit Mitteln finanziert wurde, die dem Unternehmen dauernd zur Verfügung stehen.

❏ **Anlagendeckung II:** Es ist weder notwendig noch zweckmäßig Anlagevermögen ausschließlich mit **Eigenkapital** zu finanzieren. Auch **langfristiges Fremdkapital** kann zu seiner Finanzierung wegen der langfristigen Tilgung (kleine Raten) herangezogen werden.

 ▶ **Liquidität (Zahlungsbereitschaft): Liquidität** ist die Fähigkeit der Unternehmung, ihren Verbindlichkeiten fristgemäß nachzukommen. Ist die Unternehmung dazu in der Lage, befindet sie sich im **finanziellen Gleichgewicht.** Sie wird als liquide bezeichnet. Ist die Zahlungsbereitschaft größer als der Zahlungsmittelbedarf, liegt **Überliquidität** vor.

Da das im Anlagevermögen investierte Kapital grundsätzlich langfristig gebunden bleibt, müssen **fällige Schulden** aus dem Umlaufvermögen getilgt werden. Unpünktliche Erfüllung der Zahlungsverpflichtungen kann zum Verlust der Kreditwürdigkeit führen. Anhaltende **Zahlungsunfähigkeit** führt sogar zum Konkurs. Daher sollte ein Unternehmen immer in der Lage sein seinen Verpflichtungen nachzukommen. Das ist langfristig nur möglich, wenn liquide Mittel einer bestimmten Fristigkeit mit entsprechenden Fälligkeiten der Verbindlichkeiten übereinstimmen.

Wie die mangelhafte Liquidität bringt auch eine **Überliquidität** wirtschaftliche Nachteile mit sich, nämlich Zinsverlust und damit Minderung der Rentabilität.

Zur Beurteilung der Liquidität sind den Verbindlichkeiten (Zahlungsverpflichtungen) die liquiden Mittel gegenüberzustellen. Nach den Kriterien „Flüssigkeit und Fälligkeit" werden liquide Mittel und Verbindlichkeiten 1., 2. und 3. Ordnung unterschieden (vgl. S. 355, 361) und in einzelnen Liquiditätskennziffern berücksichtigt.

	Berichtsjahr	Vorjahr
Liquidität 1. Grades (Barliquidität) $= \dfrac{\text{Liquide Mittel} \cdot 100}{\text{Kurzfristige Schulden}}$	$\dfrac{226\,000 \cdot 100}{540\,000} = 41{,}9\,\%$	$\dfrac{165\,000 \cdot 100}{587\,500{,}00} = 28{,}1\,\%$
Liquidität 2. Grades (Einzugs-bedingte Liquidität) $= \dfrac{(\text{Liquide Mittel} + \text{kurzfristige Forderung}) \cdot 100}{\text{Kurzfristige Schulden}}$	$\dfrac{(226\,000 + 263\,250) \cdot 100}{540\,000} = 90{,}6\,\%$	$\dfrac{(165\,000 + 257\,000) \cdot 100}{587\,500{,}00} = 71{,}8\,\%$
Liquidität 3. Grades (Absatz-bedingte Liquidität) $= \dfrac{\text{Umlaufvermögen} \cdot 100}{\text{Kurzfristige Schulden}}$	$\dfrac{985\,000 \cdot 100}{540\,000} = 182{,}4\,\%$	$\dfrac{835\,000 \cdot 100}{587\,500{,}00} = 142{,}1\,\%$

Alle **Liquiditätskennzahlen** haben sich verbessert. Die Barliquidität von 41,9 % besagt, dass von 100,00 DM kurzfristigen Schulden bei sofortiger Fälligkeit nur 41,90 DM getilgt werden können. Das deutet zwar gegenüber dem Vorjahr auf eine starke Verbesserung, aber immer noch auf eine große Gefährdung der Liquidität hin. Diese Aussage wird ebenfalls belegt durch die Liquidität 2. Grades, die mindestens 100 % betragen sollte.

Die **Liquiditätsziffern** sollten mit Vorsicht beurteilt werden. Sie gelten nur für den Bilanzstichtag und geben somit einen Status an, der sich schnell ändern kann. Aussagen für die nächste Zukunft können nur bei Kenntnis der Fälligkeitsdaten der Verbindlichkeiten einerseits, der Einkaufsplanung, der Liquidierbarkeit der Posten des Umlaufvermögens, der Umsatzentwicklung, der Marktlage und Zahlungsgepflogenheiten der Kunden andererseits gemacht werden.

▶ **Liquiditätsstatus in Staffelform:** Es handelt sich um eine Gegenüberstellung von Vermögens- und Schuldenteilen, aufgegliedert nach Fristen, in denen sie voraussichtlich zu Einnahmen bzw. zu Ausgaben führen. Diese auf die künftige Zahlungsbereitschaft gerichtete Rechnung soll kurz-, mittel- und langfristige Unter- oder Überdeckung durch vorhandene Mittel erkennen lassen.

Beispiel

	Berichtsjahr	Vorjahr
Liquide Mittel – Kurzfristige Verbindlichkeiten	226 000,00 540 000,00	165 000,00 587 500,00
Unterdeckung/Überdeckung + Kurzfristige Forderungen	– 314 000,00 263 250,00	– 422 500,00 257 000,00
Unterdeckung/Überdeckung + Vorräte	– 50 750,00 495 750,00	– 165 500,00 413 000,00
Unterdeckung/Überdeckung	445 000,00	247 500,00

Der Liquiditätsstatus des Beispiels zeigt, dass selbst durch die Heranziehung der kurzfristigen Forderungen eine Tilgung der kurzfristigen Verbindlichkeiten nicht zu erreichen ist. Das deutet auf einen Liquiditätsengpass über eine längere Dauer hin. Eine auf das finanzielle Gleichgewicht ausgerichtete Unternehmenspolitik muss daher um eine Umschuldung der kurzfristigen in langfristige Verbindlichkeiten bzw. um eine verstärkte Kreditbeschaffung bemüht sein. Ein zusätzlicher **Schutz gegen drohende Zahlungsunfähigkeit** wäre die Einrichtung einer detaillierter **Finanzplanung**.

	A	B	C	D	E	F	G
1	**Statistische Aufbereitung der Bilanz**						
2							
3		Berichtsjahr	Vorjahr			Berichtsjahr	Vorjahr
4	AV	1 815 000,00	1 565 000,00		EK	1 610 000,00	1 512 500,00
5	UV	985 000,00	835 000,00		FK	1 190 000,00	887 500,00
6	Summen	2 800 000,00	2 400 000,00		Summen	2 800 000,00	2 400 000,00

Entwicklung AV/UV	**Entwicklung EK/FK**

Anteile AV/UV	**Anteile EK/FK**

			Ber.-Jahr(%)	Vorjahr (%)	Formeln	
31			Ber.-Jahr(%)	Vorjahr (%)	**Formeln**	
32	Anlagevermögensintensität:		64,82	65,21	=B4*100/B6 bzw. =C4*100/C6	
33	Umlaufvermögensintensität:		35,18	34,79	=B5*100/B6 bzw. =C5*100/C6	
34	Eigenkapitalquote:		57,50	63,02	=F4*100/F6 bzw. =G4*100/G6	
35	Fremdkapitalquote:		42,50	36,98	=F5*100/F6 bzw. =G5*100/G6	
36	Fremdkapitaldeckung:		135,29	170,42	=F4*100/F5 bzw. =G4*100/G5	
37	Verschuldungskoeffizient:		73,91	58,68	=F5*100/F4 bzw. =G5*100/G4	
38	Anlagendeckung I:		88,71	96,65	=F4*100/B4 bzw. =G4*100/C4	
39						
40	Eingaben in B4, B5, C4,C5,F4, F5,G4,G5					
41	Ausgaben in D32:E38 durch Formeln, die sich aus den Berechnungen der einzelnen Kennziffern					
42	ergeben. Siehe hierzu die Ausführungen im Sachinhalt.					

Auswertung der Bilanz
● **Notwendigkeit**
- ❏ Kontrolle und Beurteilung der Geschäftsentwicklung
- ❏ Beurteilung der Kreditwürdigkeit durch Fremdkapitalgeber
- ❏ Kontrolle des steuerpflichtigen Gewinns

1 a) Die Holzgroßhandlung erhielt einen neuen Hebekran im Werte von 360 000,00 DM.  Seine Anschaffung wurde mit einem Drei-Monatsakzept finanziert. Beurteilen Sie diese Entscheidung!

b) Der Deckungsgrad des Anlagevermögens durch langfristiges Kapital entwickelt sich auf 110 % gegenüber 75 % des Vorjahres. Die Unternehmung war aus einer Einzelunternehmung in eine KG umgewandelt worden. Prüfen Sie, ob die Veränderung der Kennziffer durch diesen Vorgang beeinflusst wurde!

2 Werten Sie die nachstehenden Bilanzen (in DM) der Geschäftsjahre 1 und 2 eines Großhandelsbetriebes aus:

Aktiva	Berichts-jahr	Vorjahr	Passiva	Berichts-jahr	Vorjahr
I. **Anlage-vermögen**			I. **Eigenkapital**	270 000,00	350 000,00
1. Grundstücke	20 000,00	20 000,00	II. **Fremdkapital**		
2. Gebäude	85 000,00	79 000,00	1. Hypotheken-schulden	40 000,00	40 000,00
3. Fuhrpark	15 000,00	120 000,00	2. Darlehens-schulden	120 000,00	120 000,00
4. Geschäftsaus-stattung	30 000,00	26 000,00	3. Verbindlich-keiten a. LL	136 200,00	142 800,00
II. **Umlauf-vermögen**			4. Schuld-wechsel	33 800,00	47 200,00
1. Waren-bestand	209 700,00	280 300,00			
2. Forderungen a. LL	115 000,00	80 400,00			
3. Besitzwechsel	25 600,00	15 700,00			
4. Kasse	9 300,00	6 200,00			
5. Postbank	25 000,00	17 300,00			
6. Bank	65 400,00	55 100,00			
	600 000,00	700 000,00		600 000,00	700 000,00

a) Stellen Sie die aufbereiteten Bilanzen der beiden Jahre dar!
b) Ermitteln Sie dabei für beide Jahre die Kennzahlen
  1. zum Vermögensaufbau   3. zur Anlagendeckung
    a) Anlagevermögensintensität   a) Anlagendeckung I
    b) Umlaufvermögensintensität   b) Anlagendeckung II
  2. zur Finanzierung   4. zur Liquidität
    a) Eigenkapitalintensität   a) Liquidität 1. Grades
    b) Fremdkapitalintensität   b) Liquidität 2. Grades
    c) Intensität der kurzfristigen Schulden   c) Liquidität 3. Grades
    d) Finanzierung   d) Liquiditätsstatus
    e) Verschuldungskoeffizient
c) Beurteilen Sie die Entwicklung des Unternehmens anhand der Kennzahlen in einem Bericht zur Bilanz!
d) Stellen Sie Anlagevermögen, Umlaufvermögen, Eigenkapital und Fremdkapital in je einem Kreisdiagramm für beide Jahre dar!

3 a) Stellen Sie aufgrund folgender Angaben (Werte in TDM) eine Bilanz nach den Gliederungsvorschriften des § 266 HGB auf:

Warenbestand	594	Fuhrpark	1934
Betriebs- und Geschäfts-		Wechselverbindlichkeiten	40
ausstattung	400	Verbindlichkeiten a. LL	260
Forderungen a. LL	50	Grundstücke und Gebäude	2840
Sonstige kurzfristige		Bankguthaben	460
Forderungen	48	Sonstige kurzfristige	
Pensionsrückstellungen	220	Verbindlichkeiten	60
Passive Rechnungsabgrenzungs-		Darlehensschulden mit einer	
posten	16	Laufzeit über fünf Jahre	300
Aktive Rechnungsabgrenzungs-		Anleihen (Darlehensschulden)	
posten	8	über fünf Jahre	870
Andere Rückstellungen	160		
Eigenkapital	4540		

b) Die Bilanz ist unter Beachtung folgender Angaben zu bereinigen und nach dem Schema S. 356 aufzubereiten: Die „andere Rückstellungen" sind im Gegensatz zu den Pensionsrückstellungen dem kurzfristigen Fremdkapital zuzurechnen!

c) Ermitteln Sie folgende Bilanzkennzahlen:
- ❏ Anlagevermögensintensität
- ❏ Umlaufvermögensintensität
- ❏ Eigenkapitalintensität
- ❏ Fremdkapitalintensität
- ❏ Intensität der kurzfristigen Schulden
- ❏ Verschuldungskoeffizient
- ❏ Anlagendeckung I
- ❏ Anlagendeckung II
- ❏ Liquidität 1. Grades
- ❏ Liquidität 2. Grades

d) Stellen Sie den Liquiditätsstatus auf!

e) Beurteilen Sie die einzelnen Kennzahlen!

4 Die Bilanz eines Großhandelsbetriebes (in Mio. DM) ist auszuwerten:

Aktiva	Bilanz		Passiva
I. Anlagevermögen		**I. Eigenkapital**	2200
Bebaute Grundstücke	300	**II. Schulden über fünf Jahre**	
Gebäude	700	Hypothekenschulden	450
Maschinen	500	Darlehensschulden	150
Fuhrpark	340	**III. Andere Verbindlichkeiten**	
Betriebs- und Geschäfts-		**(kurzfristige)**	
ausstattung	160	Verbindlichkeiten a. LL	780
II. Umlaufvermögen		Sonstige Verbindlichkeiten	310
Warenbestand	930	Wechselverbindlichkeiten	104
Forderungen a. LL	843	**IV. Rechnungsabgrenzungs-**	
Kasse	5	**posten**	6
Bank	218		
III. Rechnungsabgrenzungs-			
posten	4		
	4000		4000

a) Stellen Sie nach dem Beispiel S. 356 die bereinigte Bilanz unter Beachtung folgender Angabe auf: Die aktiven Rechnungsabgrenzungsposten sind mit den kurzfristigen Forderungen, die passiven Rechnungsabgrenzungsposten mit den kurzfristigen Verbindlichkeiten zusammenzufassen!

b) Rechnen Sie die absoluten Zahlen der bereinigten Bilanz in Verhältniszahlen um!

c) Ermitteln Sie
   1. die Konstitution,

2. die Anlagen- und Umlaufvermögensintensität,
3. die Eigen- und Fremdkapitalintensität und die Finanzierung,
4. die Anlagendeckung I und II,
5. die Liquidität 1., 2. und 3. Grades!

5 a) Warum kann die Finanzierung in dem Beispiel auf S. 358 f. als gut bezeichnet werden?

b) Wie kann das Verhältnis Eigenkapital : Fremdkapital noch verbessert werden?

c) Wodurch kann eine Verschlechterung eintreten?

d) Wie beurteilen Sie das Verhältnis von Eigenkapital : Fremdkapital = 3 : 4?

e) Die Kennziffer über den Vermögensaufbau änderte sich gegenüber dem Vorjahr von 35 % auf 48 % bei etwa gleichbleibendem Umlaufvermögen.
Begründen Sie diese Entwicklung!

6 a) In Großhandelsbetrieben bilden Waren und Forderungen oft die größten Posten innerhalb des Umlaufvermögens. Wie erklären Sie sich diesen Sachverhalt?

b) Was sagt Ihnen die Bilanz über die Art des Betriebes?

7 a) Kauf eines Lkw im Werte von 160 000,00 DM. Seine Anschaffung wurde mit einem Drei-Monatskonzept finanziert. Beurteilen Sie diese Entscheidung.

b) Der Deckungsgrad des Anlagevermögens durch langfristiges Kapital entwickelte sich auf 110 % gegenüber 75 % des Vorjahres. Die Unternehmung war aus einer Einzelunternehmung in eine KG umgewandelt worden.
Prüfen Sie, ob die Veränderung der Kennziffer durch diesen Vorgang beeinflusst worden sein kann!

8 a) Warum ist die aus der Bilanz errechnete Zahlungsbereitschaft mit Vorsicht zu behandeln?

b) Welche Angaben müssten Sie haben, um ein genaueres Bild über die Liquidität zu erhalten?

c) Durch welche Maßnahmen kann die Liquidität verbessert werden?

9 Folgende vereinfachte Bilanzen in Mio. DM eines Großhandelsbetriebes sind auszuwerten:

	1996	1997		1996	1997
Sachanlagen	600	700	Eigenkapital	600	600
Finanzanlagen	120	70	Langfristig. Fremdkapital	375	520
Anlagevermögen	720	770	Kurzfristig. Fremdkapital	225	280
Vorräte	220	315			
Forderungen	140	210			
Liquide Mittel	120	105			
Umlaufvermögen	480	630			
Vermögen	1 200	1 400	Kapital	1 200	1 400

a) Nennen Sie Bilanzposten, die in den einzelnen Vermögens- und Kapitalgruppen enthalten sind!

b) Ermitteln Sie die Intensitätskennziffern der einzelnen Vermögens- und Kapitalgruppen in einer Tabelle!

c) Ermitteln Sie die prozentualen Veränderungen der Einzelgruppen, und geben Sie Ursachen und Folgen an!

d) Ermitteln Sie den Verschuldungskoeffizienten, die Anlagendeckung I und II, und die Liquidität 1., 2. und 3. Grades!

10 In einem Großhandelsunternehmen ist folgende Bilanz statistisch auszuwerten:

A	Bilanz		P
Gebäude	720 000,00	Eigenkapital	960 000,00
Geschäftsausstattung	264 000,00	Darlehensschulden	784 800,00
Fuhrpark	96 000,00	Verbindlichkeiten a. LL	588 000,00
Warenbestände	884 000,00	Umsatzsteuer	55 200,00
Forderungen a. LL	100 000,00	Verb. g. FA und Soz. Vers.	12 000,00
Bank	332 400,00		
Kasse	3 600,00		
	2 400 000,00		2 400 000,00

Ermitteln Sie
a) den prozentualen Anteil
    1. des Anlagevermögens, 2. des Umlaufvermögens
    am Gesamtvermögen,
b) den prozentualen Anteil
    1. des Eigenkapitals,   2. der Schulden
    am Gesamtkapital,
c) den prozentualen Anteil jedes Bilanzpostens an der Bilanzsumme.
    Stellen Sie eine gegliederte und aufbereitete Bilanz auf, in der Sie hinter den absolu-
    ten Zahlen die Anteile eintragen!

4.4.2 Auswertung der Gewinn- und Verlustrechnung

Der Kreditsachbearbeiter (vgl. S. 352f.) hat Herrn Müller gebeten, zusätzlich zu den Bilanzen die Gewinn- und Verlustrechnung der beiden letzten Jahre zur Einsicht nachzureichen.

Gewinn- und Verlustrechnung der Primus GmbH

	Berichtsjahr	Vorjahr
Umsatzerlöse	6 684 206,50	6 226 100,00
Sonstige betriebliche Erträge	108 000,00	134 000,00
	6 792 206,50	6 360 100,00
Aufwand für Waren	4 312 031,50	3 790 200,00
Personalaufwand	2 105 000,00	1 916 900,00
Abschreibungen	126 000,00	120 000,00
Sonstige betriebliche Aufwendungen	26 250,00	49 300,00
	222 925,00	483 700,00
Zinsen u. ä. Aufwendungen	44 210,00	10 200,00
Ergebnis der gewöhnlichen Geschäftstätigkeit	178 715,00	473 500,00
Steuern	81 215,00	61 000,00
Jahresüberschuss/-fehlbetrag	97 500,00	412 500,00

● Aufbereitung der Gewinn- und Verlustrechnung

Die Einbeziehung der Erfolgsrechnung in die Betriebsanalyse ermöglicht genauere Aussagen über die **Aufwands-** und **Ertragsstruktur** und damit über die **Ertragskraft** und ihre Bestimmungsfaktoren. Im Vergleich mit früheren GuV-Rechnungen und in Verbindung mit den Bilanzdaten können zusätzlich Kennziffern zur Entwicklung des Unternehmens gewonnen werden. Wie bei der Bilanzanalyse muss der Ermittlung von Kennzahlen eine entsprechende Aufbereitung vorausgehen. Im folgenden Beispiel werden in den aufbereiteten GuV-Rechnungen die Anteile (Intensitätskennziffern) der **Erfolgsquellen** am Gesamtertrag (= 100 %) und deren Entwicklung gegenüber dem Vorjahr dargestellt:

Beispiel Aufbereitete Gewinn- und Verlustrechnung der Primus GmbH

Struktur der GuV-Rechnung	Berichtsjahr		Vorjahr		Veränderungen	
	DM	%	TDM	%	TDM	%
Umsatzerlöse	6 684 206,50	98,4	6 226 100,00	97,9	+ 458 106,50	+ 7,4
Sonstige betriebliche Erträge	108 000,00	1,6	134 000,00	2,1	– 26 000,00	– 19,4
Betriebliche Erträge	6 792 206,50	100,0	6 360 100,00	100,0	+ 432 106,50	+ 6,8
Aufwand für Waren	4 312 031,50	63,5	3 790 200,00	59,6	+ 521 831,50	+ 13,8
Personalaufwand	2 105 000,00	31,0	1 916 900,00	30,1	188 100,00	+ 9,8
Abschreibungen	126 000,00	1,9	120 000,00	1,9	+ 6 000,00	+ 5,0
Sonstige betriebliche Aufwendungen	26 250,00	0,4	49 300,00	0,8	– 23 050,00	– 46,8
Betriebliche Aufwendungen	6 569 281,50	96,7	5 876 400,00	92,4	+ 692 881,50	+ 11,8
Betriebsergebnis	222 925,00	3,3	483 700,00	7,6	– 260 775,00	– 53,9
Zinsen und andere Aufwendungen	44 210,00	0,7	10 200,00	0,2	+ 34 010,00	+ 333,4
Ergebnis der gewöhnlichen Geschäftstätigkeit	178 715,00	2,6	473 500,00	7,4	– 294 785,00	– 62,3
Steuern	81 215,00	1,2	61 000,00	1,0	+ 20 215,00	+ 33,1
Jahresüberschuss/-fehlbetrag	97 500,00	1,4	412 500,00	6,5	– 315 000,00	– 76,4

Diese Kennzahlen zeigen, dass sich die Struktur der Aufwendungen und Erträge nur unwesentlich verändert hat, sieht man einmal von den Aufwendungen für Waren, Personalaufwand und insbesondere den sonstigen betrieblichen Aufwendungen ab. In der Kosten- und Leistungsrechnung wird analysiert, wo die Ursachen der Veränderungen liegen. Externe Beobachter können das allerdings nicht erkennen. Der starke Anstieg der Zinsaufwendungen ist auf eine bedeutende Fremdkapitalaufnahme zurückzuführen (Bilanz S. 352). Erhöhte Personalaufwendungen können auf Gehaltserhöhungen, Neueinstellungen oder zusätzliche Überstunden zurückzuführen sein. Ansonsten haben sich die Aufwendungen des Berichtsjahres in nahezu gleichem Verhältnis wie die Erträge vermehrt.

● Beurteilung der betrieblichen Aufwendungen und Erträge

Unternehmer und Außenstehende beobachten besonders die betrieblichen Aufwendungen und Erträge und deren Entwicklung, weil von diesen langfristig die Existenz und Beurteilung einer Unternehmung abhängig sind. In diesem Zusammenhang werden die wichtigsten Aufwendungen und Erträge des Betriebes als Anteile der gesamten betrieblichen Aufwendungen und Erträge ausgedrückt.

Beispiel

Ertragsintensitäten		Berichtsjahr	Vorjahr
Umsatz-intensität	$=\dfrac{\text{Umsatzerlöse} \cdot 100}{\text{Betriebliche Erträge}}$	$\dfrac{6\,684\,206{,}50 \cdot 100}{6\,792\,206{,}50} = 98{,}4\%$	$\dfrac{6\,226\,100 \cdot 100}{6\,360\,100} = 97{,}9\%$

Von 100,00 DM Ertrag sind 98,40 DM (97,90 DM im Vorjahr) betriebliche Erträge.

Aufwandsintensitäten		Berichtsjahr	Vorjahr
Waren-aufwands-intensität	$=\dfrac{\text{Warenaufwand} \cdot 100}{\text{Betriebliche Aufwendungen}}$	$\dfrac{4\,312\,031{,}50 \cdot 100}{6\,569\,281{,}50} = 65{,}6\%$	$\dfrac{3\,790\,200 \cdot 100}{5\,876\,400} = 64{,}5\%$
Personal-aufwands-intensität	$=\dfrac{\text{Personalaufwand} \cdot 100}{\text{Betriebliche Aufwendungen}}$	$\dfrac{2\,105\,000 \cdot 100}{6\,569\,281{,}50} = 32{,}0\%$	$\dfrac{1\,916\,900 \cdot 100}{5\,876\,400} = 32{,}6\%$
Abschrei-bungs-intensität	$=\dfrac{\text{Abschreibungen} \cdot 100}{\text{Betriebliche Aufwendungen}}$	$\dfrac{126\,000 \cdot 100}{6\,569\,281{,}50} = 1{,}9\%$	$\dfrac{120\,000 \cdot 100}{5\,876\,400} = 2{,}0\%$

Die Aufwandsintensitäten drücken den Anteil des Verzehrs der wesentlichen Produktionsfaktoren aus, die zur Erzielung der Umsatzerlöse notwendig waren. Je nach Bedeutung der Produktionsfaktoren werden Großhandelsbetriebe eingeteilt in:

❑ **Materialintensive Betriebe** bei überwiegender Warenaufwandsintensität

❑ **Lohnintensive Betriebe** bei überwiegender Personalaufwandsintensität

❑ **Anlageintensive Betriebe** bei überwiegender Abschreibungsintensität

Grafisch können die Anteile einzelner Aufwendungen und Erträge in Flächendiagrammen veranschaulicht werden. Säulen- und Liniendiagrammeen eignen sich besonders zur Darstellung von Vergleichszahlen und Trends bzw. Entwicklungen im Zeitablauf.

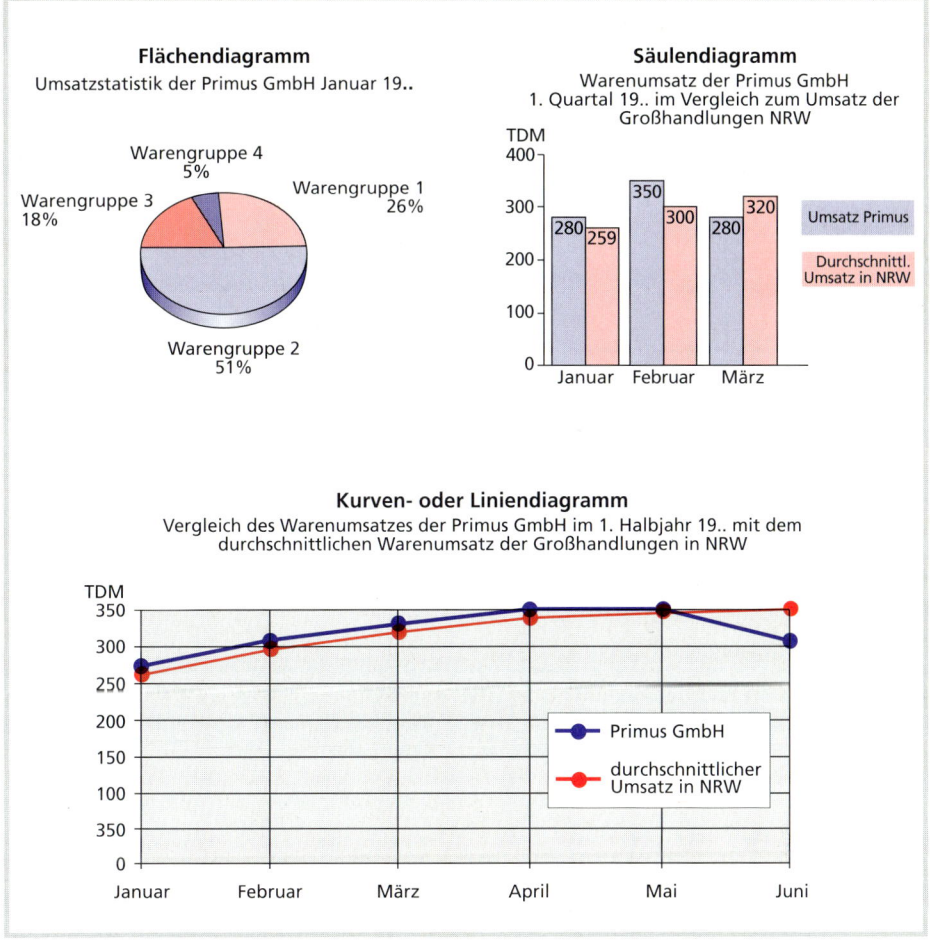

Flächendiagramm
Umsatzstatistik der Primus GmbH Januar 19..

Warengruppe 4
5%
Warengruppe 3
18%
Warengruppe 1
26%
Warengruppe 2
51%

Säulendiagramm
Warenumsatz der Primus GmbH
1. Quartal 19.. im Vergleich zum Umsatz der
Großhandlungen NRW

Umsatz Primus
Durchschnittl. Umsatz in NRW

Kurven- oder Liniendiagramm
Vergleich des Warenumsatzes der Primus GmbH im 1. Halbjahr 19.. mit dem
durchschnittlichen Warenumsatz der Großhandlungen in NRW

Primus GmbH
durchschnittlicher
Umsatz in NRW

▶ **Rentabilität:** Unter Rentabilität wird das prozentuale Verhältnis des Gewinnes (positiv) oder Verlustes (negativ) zum eingesetzten Kapital oder zum erzielten Umsatz verstanden. Entsprechend ist die **Kapitalrentabilität** von der **Umsatzrentabilität** zu unterscheiden.

❑ **Kapitalrentabilität:**
– **Rentabilität des Eigenkapitals (Unternehmerrentabilität):** Sie wird durch das prozentuale Verhältnis des Jahresüberschusses zum Eigenkapital ausgedrückt. Bei der Berechnung wird in der Praxis vielfach das Anfangskapital zugrunde gelegt.

$$\text{Eigenkapitalrentabilität (Unternehmerrentabilität)} = \frac{\text{Jahresüberschuss} \cdot 100}{\text{Eigenkapital am Jahresanfang}}$$

	Berichtsjahr	Vorjahr
Jahresüberschuss/-fehlbetrag Eigenkapital – Anfangsbestand	97 500,00 1 512 500,00	412 500,00 1 360 000,00
Eigenkapitalrentabilität	$\dfrac{97\,500,00 \cdot 100}{1\,512\,500,00} = 6,4\,\%$	$\dfrac{412\,500,00 \cdot 100}{1\,360\,000,00} = 30,3\,\%$

Unterstellt man im obigen Beispiel einen landesüblichen Zinssatz für langfristig gebundenes Kapital von 6 %, verbleibt beispielsweise im Vorjahr eine Risikoprämie von 24,3 % (30,3 – 6).

Geringe Eigenkapitalrentabilität und Risikoprämie, die auch auf eine niedrige Ausschüttung schließen lassen, können dazu führen, dass Gesellschafter ihre Anteile veräußern. Dadurch könnten sich negative Auswirkungen auf den Börsenkurs von Aktiengesellschaften und damit auf Möglichkeiten künftiger Kapitalbeschaffung ergeben. Unter Berücksichtigung der Risikoprämie sollte die Eigenkapitalrentabilität über dem landesüblichen Zinssatz für langfristiges Kapital liegen.

– **Rentabilität des Gesamtkapitals (Unternehmungsrentabilität):** Hierbei wird der mit dem Gesamtkapital erzielte Reinertrag (Gewinn + gezahlte Fremdkapitalzinsen) dem Gesamtkapital am Jahresanfang gegenübergestellt:

$$\text{Gesamtkapitalrentabilität (Unternehmungsrentabilität)} = \frac{(\text{Jahresüberschuss} + \text{Fremdkapitalzinsen}) \cdot 100}{\text{Gesamtkapital am Jahresanfang}}$$

	Berichtsjahr	Vorjahr
Jahresüberschuss Fremdkapitalzinsen Gesamtkapital – Anfangsbestand	97 500,00 44 210,00 2 400 000,00	412 500,00 10 200,00 2 300 000,00
Gesamtkapital- rentabilität	$\dfrac{(97\,500 + 44\,210) \cdot 100}{2\,400\,000} = 5,9\%$	$\dfrac{(412\,500 + 10\,200) \cdot 100}{2\,300\,000} = 18,4\%$

Mit der Gesamtkapitalrentabilität kann nachgewiesen werden, ob der Einsatz des Fremdkapitals sich gelohnt hat. Liegt sie über dem landesüblichen Zinssatz, kann die Eigenkapitalrentabilität durch fremdfinanzierte Investitionen verbessert werden. Umgekehrt tritt eine Minderung der Eigenkapitalrentabilität ein, wenn der Zinssatz für Fremdkapital die Gesamtkapitalrentabilität übersteigt.

❏ **Umsatzrentabilität:** Die Umsatzrentabilität gibt den prozentualen Anteil des Betriebsgewinns (Jahresüberschuß) am Umsatzerlös an.

Beispiel

	Berichtsjahr	Vorjahr
Jahresüberschuss	97 500,00	412 500,00
Umsatzerlöse	6 684 206,50	6 226 100,00
Umsatz-rentabilität $= \dfrac{\text{Jahresüberschuss} \cdot 100}{\text{Umsatzerlöse}}$	$\dfrac{97\,500 \cdot 100}{6\,684\,206,50} = 1{,}5\,\%$	$\dfrac{412\,500 \cdot 100}{6\,226\,100} = 6{,}6\,\%$

Die Umsatzrentabilität drückt den Gewinnanteil je 100,00 DM Umsatzerlös aus, der für Ausschüttungen oder Investitionen im Unternehmen verwendet werden kann. Das Ergebnis aus dem Beispiel liegt im Vorjahr über, im Berichtsjahr unter dem Durchschnitt der deutschen Großhandelsbetriebe (etwa 3 %). Für die stark gefallenen Rentabilitätskennziffern können externe Betrachter nur die Haupteinflussgrößen des Gewinns, nämlich gestiegene Kosten einerseits oder gesunkene Umsatzerlöse andererseits, verantwortlich machen.

▶ **Finanzanalyse mithilfe des Cash-flow:** Cash-flow bedeutet in wörtlicher Übersetzung **Zahlungs-** oder **Kassenfluss** (cash = Kasse, flow = Fluss, Strömung): Es ist ein **„Kassenüberschuss"** bzw. **„finanzwirtschaftlicher Überschuss"** gemeint, der über die reine Aufwandsdeckung hinausreicht und somit zunächst im Unternehmen bleibt und zur **Finanzierung von Investitionen,** zur **Rückzahlung von Verbindlichkeiten** und zur **Ausschüttung von Gewinnen** zur Verfügung steht. Neben der Ertragslage wird mit dieser Kennzahl in erster Linie der **Selbstfinanzierungsspielraum** aufgezeigt.

Ausgangsgröße für die Berechnung des Cash-flow ist der Jahresüberschuss. Der Jahresüberschuss ist um alle Aufwendungen des Berichtsjahres zu erhöhen, die im selben Jahr nicht ausgabewirksam waren und somit dem Unternehmen für spätere Finanzierungszwecke (Anlagenkäufe, Pensionszahlungen) zur Verfügung stehen.

Beispiele Abschreibungen auf Anlagen, Einstellung in langfristige Rückstellungen (Pensionsrückstellungen)

Berechnung des Cash-flow vom Jahresüberschuss	Berichtsjahr	Vorjahr
Jahresüberschuss	97 500,00	412 500,00
+ Abschreibungen auf Anlagen	126 000,00	120 000,00
+ Erhöhung der Rückstellungen	50 000,00	40 000,00[1]
Cash-flow	273 500,00	572 500,00

Der Cash-flow gibt gegenüber dem Gewinn einen Einblick in die Selbstfinanzierung, indem er aufzeigt, welche Mittel dem Unternehmen durch Gewinn, Abschreibungen und langfristige Rückstellungsbildung für Investitionen, Schuldentilgungen und Ausschüttungen in dem Abrechnungsjahr zugeflossen sind.

Das prozentuale Verhältnis von Cash-flow zum Umsatz drückt den Anteil der so über die Umsatzerlöse zugeflossenen Mittel aus. Möglichen Kapitalgebern gibt sie Informationen über die Fähigkeit des Unternehmens aus eigener Kraft Kredite zurückzuzahlen (Kreditwürdigkeit).

---

[1] Erhöhung gegenüber dem vorangegangenen Geschäftsjahr.

	Berichtsjahr	Vorjahr
Cash-flow-Umsatzrate $=\dfrac{\text{Cash-flow} \cdot 100}{\text{Umsatzerlöse}}$	$\dfrac{273\,500,00 \cdot 100}{6\,684\,206,50} = 4,1\%$	$\dfrac{572\,500 \cdot 100}{6\,226\,100} = 9,2\%$

Das Ergebnis sagt aus, dass von 100,00 DM Umsatzerlösen etwa 4,10 DM (Vorjahr 9,20 DM) für Finanzierungszwecke zur Verfügung stehen[1].

▶ **Umschlagskennzahlen:** Umschlagskennziffern werden durch Gegenüberstellung des Umsatzes und einzelner Posten der Bilanz errechnet. Mit ihrer Hilfe wird die Höhe einzelner Bestände kritisch beleuchtet. Besonders aussagekräftig sind der **Lagerumschlag,** der **Umschlag der Forderungen, der Verbindlichkeiten** und **des Kapitals,** weil sie in besonderem Maße Risiko, Kapitalbindung und Liquidität sowie Rentabilität und Wirtschaftlichkeit mitbestimmen. Zur genauen Ermittlung der Kennziffern, vor allem aber zur Ausschaltung von Zufallsergebnissen, wird von durchschnittlichen Beständen ausgegangen.

❑ **Umschlag der Waren:** Die Unterhaltung von Lagern ist notwendig, um die Absatzbereitschaft zu gewährleisten. Andererseits ist mit der Vorratsbildung eine Kapitalbindung und ein Beständerisiko verbunden: Zu hohe Lagerbestände belasten die Liquidität, verursachen Kosten (Zinsen, Schwund, Verderb) und vermindern damit die Rentabilität; zu niedrige Lagerbestände gefährden die Absatzbereitschaft.

Das Ziel des Unternehmers muss es sein, mit dem geringsten Einsatz an Kapital den Absatz reibungslos zu gewährleisten. In diesem Zusammenhang ist die Beobachtung

– des Lagerbestandes wegen der **Höhe** der Kapitalbindung und

– der Umschlagshäufigkeit und Lagerdauer wegen der **Dauer** der Kapitalbindung

mithilfe der Lagerkennzahlen anzustreben:

Beispiel

	Berichtsjahr	Vorjahr
Durchschnittlicher Lagerbestand $=\dfrac{\text{Anfangsbestand} + \text{Endbestand}}{2}$	$\dfrac{413\,000 + 495\,750}{2}$ $= 454\,375,00$ DM	$\dfrac{413\,000 + 400\,000^1}{2}$ $= 406\,500,00$ DM
Umschlagshäufigkeit der Waren $=\dfrac{\text{Wareneinsatz}}{\text{Durchschnittlicher Lagerbestand an Waren}}$	$\dfrac{4\,312\,031,50}{454\,375}$ $= 9,5$ mal	$\dfrac{3\,790\,200}{406\,500}$ $= 9,3$ mal
Durchschnittliche Lagerdauer $=\dfrac{360}{\text{Umschlagshäufigkeit}}$	$\dfrac{360}{9,5} = 37,9$ Tage	$\dfrac{360}{9,3} = 38,7$ Tage

[1] Bei externer Analyse können grobe Ungenauigkeiten entstehen, weil der im Cash-flow enthaltene Jahresüberschuss nicht um betriebsfremde und außerordentliche Erträge bereinigt wurde.

[2] Angaben aus dem vorhergehenden Geschäftsjahr.

Die Primus GmbH hat keine wesentlichen Verbesserungen in der Lagerhaltung erzielt: Vergrößerung des durchschnittlichen Warenbestandes, aber geringfügige Beschleunigung des Umschlags und Verkürzung der Lagerdauer. Dadurch wurden kaum Kapital- und Lagerkosten abgebaut, also keine wirksamen Maßnahmen zur Gewinn-, Wirtschaftlichkeits- und Rentabilitätsverbesserung durchgesetzt.

❏ **Umschlag der Forderungen a. LL:** Mithilfe der **durchschnittlichen Debitorenlaufzeit** wird im Vergleich mit den Zahlungsbedingungen erkennbar, ob die Kunden im Durchschnitt termingerecht zahlen. Wird die angebotene Frist wesentlich überschritten, wird die eigene Liquidität belastet. Es sind dann verstärkte Maßnahmen zum Einzug der Forderungen (Mahnverfahren, Einschaltung von Inkassoinstituten) und zur Beeinflussung des Zahlungsverhaltens der Kunden (Konditionenpolitik, Vertreterbesuche) notwendig.

Je schlechter die Umschlagshäufigkeit bzw. je länger die Debitorenlaufzeit,

– desto größer wird der Bedarf an zusätzlichem Kapital,

– desto größer sind die zu kalkulierenden Zins- und Wagniskosten,

– desto schlechter wird die Wirtschaftlichkeit und Wettbewerbsfähigkeit.

Die Umschlagskennzahlen der Forderungen sind nur bei interner Analyse exakt zu ermitteln, weil die zu vergleichenden veröffentlichten Werte unterschiedliche Bestandteile enthalten. So ist beispielsweise in den Forderungen die Umsatzsteuer enthalten, in den Umsatzerlösen nicht. Umgekehrt enthalten die Umsatzerlöse Bar- und Zielverkäufe, die Forderungen jedoch nur Zielverkäufe.

Beispiel

Kennzahlen der Forderungen		Berichtsjahr	Vorjahr
Durchschnittlicher Forderungsbestand	$=\dfrac{\text{Anfangsbestand} + \text{Endbestand}}{2}$	$\dfrac{223\,250 + 211\,000}{2}$ $= 217\,125{,}00\ \text{DM}$	$\dfrac{211\,000 + 197\,000\,[1]}{2}$ $= 204\,000{,}00\ \text{DM}$
Debitorenumschlag	$=\dfrac{\text{Umsatzerlöse}}{\text{Durchschnittlicher Forderungsbestand}}$	$\dfrac{6\,684\,206{,}50}{217\,125}$ $= 30{,}8\ \text{mal}$	$\dfrac{6\,226\,100}{204\,000}$ $= 30{,}5\ \text{mal}$
Debitorenlaufzeit	$=\dfrac{360}{\text{Debitorenumschlag}}$	$\dfrac{360}{30{,}8} = 11{,}7\ \text{Tage}$	$\dfrac{360}{30{,}5} = 11{,}8\ \text{Tage}$

Die Kennzahlen zeigen, dass die Konditionenpolitik der Primus GmbH schon gewirkt hat (binnen zehn Tagen abzüglich 2 % Skonto, binnen 30 Tagen netto). Die Skontofrist von zehn Tagen wird im Durchschnitt nur um zwei Tage überschritten. Diese Rechnung wird dadurch verfälscht, dass in dem Forderungsbestand die Umsatzsteuer enthalten ist, in den Umsatzerlösen jedoch nicht. Also müssten diese Zahlen bereinigt werden.

Bei interner Analyse werden zur Ermittlung der Debitorenumschlagshäufigkeit die Kreditverkäufe lt. Forderungskonto dem durchschnittlichen Forderungsbestand gegenübergestellt.

❏ **Umschlag der Verbindlichkeiten a. LL:** Der **Durchschnittsbestand an Verbindlichkeiten** gibt an, wie hoch der beanspruchte Liefererkredit im Laufe des Jahres ist. **Kredi-**

[1] Bestand des vorangegangenen Jahres

torenumschlagshäufigkeit und **-laufzeit** sollten möglichst mit der Debitorenumschlagshäufigkeit und Laufzeit übereinstimmen, um den Kapitalbedarf von außen zu minimieren.

Je höher dieser Liefererkredit ist,

– desto höher ist der Aufwand für den Materialeinsatz wegen der nicht in Anspruch genommenen Skonti,
– desto größer ist die Gefahr zusätzlicher Aufwendungen durch Verzugszinsen,
– desto größer ist der Einfluß der Lieferanten,
– desto größer wird die Gefahr der Liquiditätsanspannung und Zahlungsunfähigkeit.

Beispiel

Kennzahlen der Verbindlichkeiten	Berichtsjahr	Vorjahr
Durchschnittlicher Kreditorenbestand $= \dfrac{\text{Anfangsbestand} + \text{Endbestand}}{2}$	$\dfrac{275\,000 + 200\,000}{2}$ $= 237\,500{,}00\ \text{DM}$	$\dfrac{200\,000 + 220\,000^{1}}{2}$ $= 210\,000{,}00\ \text{DM}$
Kreditorenumschlag $= \dfrac{\text{Wareneinsatz}^{2}}{\text{Durchschnittlicher Kreditorenbestand}}$	$\dfrac{4\,312\,031{,}50}{237\,500}$ $= 18{,}2\ \text{mal}$	$\dfrac{3\,790\,200}{210\,000}$ $= 18\ \text{mal}$
Kreditorenlaufzeit $= \dfrac{360}{\text{Kreditorenumschlag}}$	$\dfrac{360}{18{,}2} = 19{,}8\ \text{Tage}$	$\dfrac{360}{18} = 20\ \text{Tage}$

Die **Kreditorenlaufzeit** im Beispiel hat sich nicht verändert. Ursachen dafür sind
– die Zahlungsbedingungen der Lieferer,
– Zahlungsmoral bzw. -fähigkeit der Primus GmbH gegenüber den Lieferern,
– ausreichend Kapitalquellen für Investitionen.

Daraus kann abgeleitet werden, dass sich
– die Kreditwürdigkeit nicht verändert hat,
– die eingeräumten Zahlungsbedingungen nicht verschlechtert haben.

❑ **Umschlag des Kapitals:** Das im Unternehmen investierte Gesamtkapital wird überwiegend benötigt, um über Beschaffung, Lagerung und Absatz die Umsatzerlöse zu erzielen. Mit den Umsatzerlösen fließt das eingesetzte Kapital wieder in das Unternehmen zurück. Dadurch stehen Mittel bereit, um die eingesetzten Produktionsfaktoren zu ersetzen und – wegen der im Umsatz enthaltenen Gewinne – Erweiterungsinvestitionen und Schuldentilgungen zu finanzieren.

Je häufiger dieser Umschlag sich vollzieht,

– desto schneller fließt das Kapital zurück,
– desto besser wird die Liquidität,
– desto höher wird die Rentabilität,
– desto geringer wird der zusätzliche Kapitalbedarf.

---

[1] Bestand des vorangegangenen Jahres.
[2] Bei interner Analyse Kreditkäufe laut Verbindlichkeitskonto.

© Verlag Gehlen

	A	B	C	D	E	F
1	**Statistische Aufbereitung der Gewinn- und Verlustrechnung**					
2		Berichtsjahr	Vorjahr		Berichtsjahr	Vorjahr
3	Umsatzerlöse	6 684 206,50	6 226 100,00	Aufw. für Waren	4 312 031,50	3 790 200,00
4	Sonstige betr. Erträge	108 000,00	134 000,00	Personalaufwand	1 685 000,00	1 716 900,00
5	Betriebliche Erträge	6 792 206,50	6 360 100,00	Abschreibungen	126 000,00	120 000,00
6				Sonstige betr. Aufw.	446 250,00	249 300,00
7				Betriebliche Aufw.	6 569 281,50	5 876 400,00
8			Berichtsjahr	Vorjahr		
9	**Betriebsergebnis**		222 924,50	483 700,00		
10	Zinsen u. a. Aufw.		44 210,00	10 200,00		
11	Ergebnis der gew. Geschäftstätigkeit		178 714,50	473 500,00		
12	Steuern		81 215,00	61 000,00		
13	**Jahresüberschuss**		97 499,50	412 500,00		
14						

Umsatzanalyse

Aufwandsanalyse

	A	B	C	D	E	F
36			Berichtsjahr	Vorjahr	Formeln	
37	Umsatzintensität		98,41	97,89	B3*100/B5 bzw. C3*100/C5	
38	Wareneinsatzintensität		65,64	64,50	E3*100/E7 bzw. F3*100/F7	
39	Personalaufwandsintensität		25,65	29,22	E4*100/E7 bzw. F4*100/F7	
40	Abschreibungsintensität		1,92	2,04	E5*100/E7 bzw. F5*100/F7	
41	Umsatzrentabilität		1,46	6,63	C13*100/B3 bzw. D13*100/C3	
42						
43	Eingaben in B3:C5, E3:F6					
44	Ausgaben in C 31:D35 nach Formeln, die sich aus den Berechnungen der einzelnen Kennziffern					
45	ergeben. Siehe hierzu die Ausführungen im Sachinhalt.					

		Berichtsjahr	Vorjahr
Durchschnittlicher Kapitalbestand	$= \dfrac{\text{Anfangsbestand} + \text{Endbestand}}{2}$	$\dfrac{2\,800\,000 + 2\,400\,000}{2}$ $= 2\,600\,000$	$\dfrac{2\,400\,000 + 2\,200\,000}{2}$ $= 2\,300\,000$
Umschlagshäufigkeit des Gesamtkapitals	$= \dfrac{\text{Umsatzerlöse}}{\text{Gesamtkapital} - \text{Anfangsbestand}}$	$\dfrac{6\,684\,206,50}{2\,600\,000} = 2,6$	$\dfrac{6\,226\,100}{2\,300\,000} = 2,7$
Kapitalumschlagsdauer	$= \dfrac{360}{\text{Kapitalumschlagshäufigkeit}}$	$\dfrac{360}{2,6} = 138$ Tage	$\dfrac{360}{2,7} = 133$ Tage

Die Umschlagsdauer des Gesamtkapitals hat sich um fünf Tage verlängert. Dies schlägt sich im Beispiel auch in der verschlechterten Gesamtkapitalrentabilität nieder (von 18,4 % auf 5,9 %, vergleiche Seite 370).

Auswertung der Gewinn- und Verlustrechnung

- **Intensität einzelner Ertrags- und Aufwandsarten**
  Verhältnis einzelner Aufwands- oder Ertragsarten zum Gesamtaufwand oder Ertrag

- **Rentabilität**
  Verhältnis von Gewinn zum eingesetzten Kapital oder Umsatz

- **Cash-flow**
  Kassenzufluss durch Gewinn, Abschreibungen und Einstellung in die langfristigen Rückstellungen

- **Umschlagskennzahlen**
  - ❏ Waren
  - ❏ Verbindlichkeiten
  - ❏ Forderungen
  - ❏ Kapital

1 a) Erstellen Sie für die Großhandelsbetriebe I und II aufgrund der Angaben der Finanzbuchhaltung in Mio. DM die Gewinn- und Verlustrechnung in Kontenform und in Staffelform gemäß § 275 HGB!

b) Berechnen Sie für beide Betriebe 1. den Anteil der Aufwendungen für Waren, der Personalaufwendungen und der Abschreibungen an den Gesamtaufwendungen, 2. den Anteil der Aufwendungen für Waren, der Personalaufwendungen, Abschreibungen und des Gewinns am Umsatz! Die Ergebnisse sind jeweils in einem Kreisdiagramm darzustellen!

Aufwendungen und Erträge	Betrieb I DM	Betrieb II DM
5100 Umsatzerlöse	68 125	61 965
5700 Sonstige Zinsen und ähnliche Erträge	555	100
6060 Aufwand für Waren	19 695	14 825
6050 Aufwand für Energie	3 235	3 175
6100 Aufwendungen für bezogene Leistungen	1 765	1 500
6200 Löhne	5 880	3 620
6300 Gehälter	14 115	9 225
6400 Soziale Abgaben	7 055	4 220
6500 Abschreibungen	6 940	9 875
6800 Aufwendungen für Kommunikation	2 350	4 635
6900 Aufwendungen für Beiträge und Sonstiges	1 175	1 680
7000 Betriebliche Steuern	455	400
7500 Zinsen und ähnliche Aufwendungen	62	575
7700 Steuern vom Einkommen und Ertrag	73	26

2 Ein Großhandelsunternehmen hatte in den beiden letzten Jahren folgende Aufwendungen und Erträge in Mio. DM:

Aufwands- bzw. Ertragsarten	Vorjahr	Berichtsjahr
Umsatzerlöse	1 200	1 500
Aufwendungen für Waren	400	500
Personalaufwendungen	100	120
Abschreibungen	320	400
Steuern	20	25
Aufwendungen für Rechte und Dienste	10	15
Aufwendungen für Kommunikation	150	140

a) Ermitteln Sie die Intensitätskennziffern der einzelnen Aufwandsarten!

b) Erläutern Sie die Aufwandsstrukturen der beiden Jahre und ihre Veränderung! Stellen Sie die Veränderung in einem Säulendiagramm dar!

c) Nennen Sie Gründe für die Aufwandsstrukturveränderung, bezogen auf die einzelnen Aufwandsarten!

d) Welchen Einfluss hätte eine Steigerung der Waren- und Personalaufwendungen von jeweils 10 % im kommenden Jahr, wenn alle anderen Aufwandsarten gleich bleiben, und um wie viel DM und % würden sich die Gesamtaufwendungen gegenüber dem Berichtsjahr erhöhen?

e) Um wie viel Prozent müsste sich der Umsatz bei der angenommenen Aufwandserhöhung (Aufgabe d) im kommenden Jahr gegenüber dem Berichtsjahr steigern, wenn der Gewinn des Berichtsjahres erreicht werden soll?

3 Ein Großhandelsunternehmen hatte im Vorjahr und im Berichtsjahr folgende Aufwendungen und Erträge in Mio. DM:

Aufwands- bzw. Ertragsarten	Vorjahr	Berichtsjahr
Aufwand für Waren	410	515
Personalaufwand	228	120
Abschreibungen	280	380
Sonstige betriebliche Aufwendungen	150	140
Steuern	60	45
Umsatzerlöse	1 200	1 500

a) Ermitteln Sie die Intensitätskennziffern der einzelnen Aufwandsarten an den Umsatzerlösen!

b) Erläutern Sie die Aufwandsstruktur der beiden Jahre und ihre Veränderungen! Veranschaulichen Sie die Ergebnisse durch ein Kreisdiagramm!

c) Nennen Sie Gründe für die Kostenstrukturänderung, bezogen auf die einzelnen Kostenarten!

4 a) Errechnen Sie aus folgenden Angaben (in Mio. DM) für die letzten beiden Jahre eines Großhandelsbetriebes

    1. die Eigenkapitalrentabilität,   4. die Cash-flow-Eigenkapitalrentabilität,

    2. die Gesamtkapitalrentabilität,   5. die Cash-flow-Umsatzrate!

    3. die Umsatzrentabilität,

	1	2
Gewinn	18	12
Abschreibungen	20	18
Einstellung in die langfristigen Rückstellungen	6	6
Fremdkapitalzinsen	12	15
Durchschnittliches Eigenkapital	180	180
Durchschnittliches Fremdkapital	120	180
Umsatz	500	600

b) Geben Sie Gründe für die wesentlichen Veränderungen an!

5 Ermitteln Sie aus nachstehenden Konten bei interner Analyse (siehe Text S. 372 ff.)

a) den durchschnittlichen Bestand, die Umschlagshäufigkeit und die durchschnittliche Lagerdauer der Waren,

b) den durchschnittlichen Debitorenbestand, den Debitorenumschlag und die durchschnittliche Debitorenlaufzeit,

c) den durchschnittlichen Kreditorenbestand, den Kreditorenumschlag und die durchschnittliche Kreditorenlaufzeit!

S	2400 Forderungen a. LL	H		S	4400 Verbindlichkeiten a. LL	H
8000	63 000,00	2800,		2800,		8000 85 000,00
5100,		2880 775 000,00		2880 549 000,00	6060,	
4800	769 000,00	8010 57 000,00		8010 94 000,00	2600	558 000,00
	832 000,00	832 000,00		643 000,00		643 000,00

S	2280 Waren	H		S	6060 Aufwendungen für Waren	H
8000	43 800,00	8010 44 400,00		4400 357 425,00	4400	1 250,00

S	6061 Bezugskosten/Waren	H		S	6062 Nachlässe/Waren	H
2800, 2880 5 300,00					4400	1 800,00

6 Erklären Sie folgende Bilanzpositionen einer Kapitalgesellschaft:

a) Eigenkapital

b) Rücklagen

c) Rückstellungen

d) Verbindlichkeiten

e) Sachanlagen

f) Vorräte

g) Finanzanlagen

7

A	Bilanz der Hega-AG zum 31. Dezember 19..		P
Grundstücke und Gebäude	70 000,00	Gezeichnetes Kapital	100 000,00
Maschinen	40 000,00	Gesetzliche Rücklagen	20 000,00
Betriebs- u. Geschäftsausstattung	30 000,00	Hypothekenschulden	85 000,00
Waren	25 000,00	Verbindlichkeiten a. LL	45 000,00
Forderungen a. LL	50 000,00		
Bank	35 000,00		
	250 000,00		250 000,00

a) Wie viel Prozent beträgt der Anteil des Anlagevermögens am Gesamtvermögen?
b) Wie viel Prozent beträgt der Eigenkapitalanteil am Gesamtkapital?
c) Wie viel Prozent beträgt die Anlagendeckung durch das Eigenkapital (auf zwei Stellen nach dem Komma genau)?

8 Folgende Daten sind einer Lagerdatei entnommen (Angabe in Stück):

Jahresanfangsbestand:		6 300	Juli	6 200
Endbestände:	Januar	6 100	August	6 300
	Februar	6 500	September	6 600
	März	6 600	Oktober	6 400
	April	6 300	November	6 200
	Mai	6 000	Dezember	6 500
	Juni	5 900	Jahresabsatz:	50 400

Ermitteln Sie
a) den durchschnittlichen Lagerbestand,
b) die Umschlagshäufigkeit,
c) die durchschnittliche Lagerdauer,
d) den durchschnittlichen Absatz je Arbeitstag, wenn im Jahresdurchschnitt 21 Verkaufstage je Monat zu berücksichtigen sind!

9 Ermitteln Sie aus unten stehenden Angaben in Tausend DM (TDM)
a) das Eigenkapital, d) das Umlaufvermögen,
b) das Anlagevermögen, e) den Rohgewinn,
c) das Fremdkapital, f) den Kalkulationszuschlagssatz!
   g) den Reingewinn

Aufwand für Waren/Wareneingang	800	Forderungen a. LL	120
Grundstücke und Gebäude	810	Rücklagen	190
Umsatzerlöse	1 200	Rückstellungen	20
Hypothekenschulden	250	Warenbestände (Sollbestände)	230
Verbindlichkeiten a. LL	160	Gezeichnetes Kapital	800
Fuhrpark	220	Löhne und Gehälter	280
Gewerbesteuer	20	Bankguthaben	40

10 Warenendbestand und Wareneinsatz einer Ware sollen zum durchschnittlichen Einstandspreis im Inventar bewertet werden.
Folgende Daten liegen der Buchhaltung hierfür vor:

Datum	Vorgänge	Menge in kg	Einzelpreis in DM
02.01.	Anfangsbestand	245	6,80
15.01.	Einkauf	600	6,85
17.02.	Einkauf	1 000	6,60
19.04.	Einkauf	1 500	6,40
20.06.	Einkauf	2 000	6,20
18.07.	Einkauf	3 000	6,20
25.10.	Einkauf	1 500	6,40
14.12.	Einkauf	1 000	6,60
31.12.	Endbestand	480	

5 Kosten- und Leistungsrechnung des Großhandels

5.1 Kosten- und Leistungsrechnung als Vollkostenrechnung

5.1.1 Aufgaben und Stufen der Kosten- und Leistungsrechnung

Mit ihren Warengruppen

| Bürotechnik | Büroeinrichtung | Verbrauch/Organisation |

erwirtschaftete die Primus GmbH im Vorjahr und im Abrechnungsjahr folgende Ergebnisse: GuV 19.. und Vorjahr

		Vorjahr	Abrechnungsjahr			Vorjahr	Abrechnungsjahr
6060	Aufwendungen für Waren	3 596 600,00	3 872 500,00	5100	Umsatzerlöse für Waren	6 226 100,00	6 684 206,50
6050	Aufwendungen für Energie	152 000,00	180 006,00	5400	Mieterträge	60 000,00	63 000,00
6160	Fremdinstandsetzung	41 600,00	259 525,50	5460	Erträge aus Vermögensabgängen	74 000,00	45 000,00
6200	Löhne	890 000,00	930 000,00				
6300	Gehälter	800 000,00	755 000,00				
6500	Abschreibungen	120 000,00	126 000,00				
6800	Aufwendungen für Kommunikation (Büromaterial, Post, Werbung)	234 000,00	294 250,00				
6960	Aufwendungen aus Vermögensabgängen	15 000,00	152 000,00				
7000	Betriebliche Steuern	61 000,00	81 215,00				
7510	Zinsaufwendungen	37 100,00	44 210,00				
8020	Jahresüberschuss (Gewinn)	412 500,00	97 500,00				
		6 360 100,00	6 792 206,50			6 360 100,00	6 792 206,50

Über das Ergebnis im Abrechnungsjahr ist Herr Müller sehr enttäuscht. Er versucht, die wesentlichen Abweichungen gegenüber dem Vorjahr und deren Ursachen herauszufinden.

Arbeitsauftrag Ermitteln und erläutern Sie diese Abweichungen und stellen Sie mögliche Gründe für diese zusammen!

● **Informationen und Mängel der GuV-Rechnung**

Mithilfe der **Finanz-** oder **Geschäftsbuchhaltung** wird durch Gegenüberstellung der **Aufwendungen und Erträge** des Geschäftsjahres das **Gesamtergebnis der Unternehmung,** der **Gewinn** oder der **Verlust,** ermittelt.

Die Gewinn- und Verlustrechnung ermöglicht somit eine **Wirtschaftlichkeitskontrolle** der Unternehmung.

Die Gewinn- und Verlustrechnung liefert jedoch keine Informationen über

❏ die **Wirtschaftlichkeit** des **Gesamtbetriebes,** weil ein Teil der Aufwendungen der Finanzbuchhaltung **nicht durch das Sachziel** der Unternehmung (z. B. Verkauf von Bürobedarf),
verursacht worden ist,

   Beispiel Das Ergebnis enthält „Mieterträge", die nichts mit dem Sachziel der Primus GmbH
   zu tun haben.

❏ die **Wirtschaftlichkeit einzelner Teilbereiche** (Abteilungen, Arbeitsplätze), weil die Aufwendungen der gesamten Unternehmung in einer Summe ausgewiesen werden,

❏ die **Wirtschaftlichkeit einzelner Warengruppen oder einzelner Artikel,** weil die Zurechnung der entsprechenden Aufwendungen zu den Warengruppen oder Artikeln in der Finanzbuchhaltung fehlt.

   Beispiel Die Wirtschaftlichkeit der Warengruppe „Bürotechnik"

Um Schlüsse dieser Art ziehen zu können ist es notwendig, zusätzlich zur Finanzbuchhaltung in
der Unternehmung eine **Kosten- und Leistungsrechnung (Betriebsbuchhaltung)** einzurichten.

● Aufgaben der KLR

Die Kostenrechnung muss die **Kosten und Leistungen erfassen.** Informationen über ihre zeitliche Entwicklung bereitstellen und, um sie beeinflussen zu können, die **Ursachen ihrer Entstehung** und **Entwicklung verdeutlichen.**

Beispiele
Zusätzliche Informationen über einzelne Kostenarten:
❏ Aufwendungen für Waren: Wareneinsatz für einzelne Warengruppen
❏ Mieten: Raumbedarf für die Lagerung, die Verwaltung
❏ Zinsen: Kapitalbindung in einzelnen Betriebsmitteln

Dazu muss sie untersuchen, ob die Aufwendungen und Erträge der GuV-Rechnung durch die
eigentliche Betriebstätigkeit verursacht wurden. Erst danach können Aussagen über die **Wirtschaftlichkeit des Betriebes** gemacht werden. Die KLR hat ferner zu untersuchen, welche
Teilbereiche (Abteilungen, Verantwortungsbereiche) und welche Warengruppen oder Artikel
die Kosten und Leistungen verursacht haben. Dadurch liefert sie wichtige Daten für betriebliche Entscheidungen, die das Sortiment sowie die Annahme von Aufträgen betreffen.

Durch die **Gegenüberstellung** der **betrieblichen Erträge (Leistungen)** und **betrieblichen
Aufwendungen (Kosten)** wird das **Betriebsergebnis** (vgl. S. 388 ff.) ermittelt.

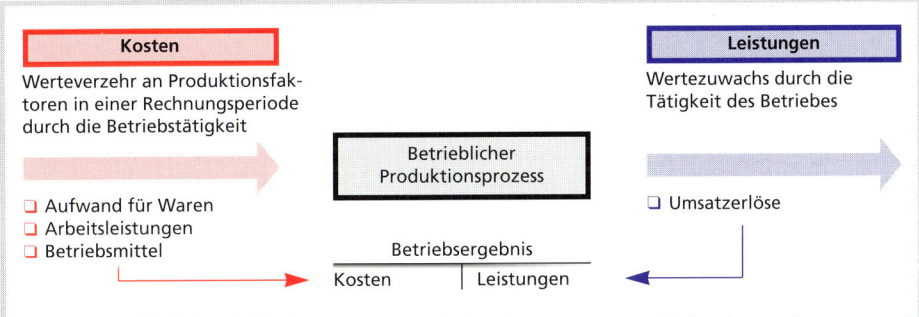

● Stufen der KLR

Nach dem **abrechnungstechnischen Ablauf** beantwortet die KLR folgende Fragen:

- ❏ **Welche Kosten** wurden durch Beschaffung, Lagerung, Absatz und Verwaltung verursacht?
- ❏ **Wo** sind die Kosten verursacht worden (in welchen Abteilungen)?
- ❏ **Welchen Leistungen** (z. B. Warengruppen) sind diese Kosten zuzurechnen?

In der Reihenfolge der Beantwortung dieser Fragen ergeben sich die folgenden **Stufen der KLR:**

Finanzbuchhaltung	Kosten- und Leistungsrechnung		
Erfassung aller Aufwendungen und Erträge zur Ermittlung des **Unternehmungsergebnisses** in der GuV-Rechnung	**Kostenartenrechnung**	**Kostenstellenrechnung**	**Kostenträgerrechnung**
	Erfassung und **Gliederung** der Kosten	**Verteilung** der Kosten **auf die Betriebsbereiche (Kostenstellen),** in denen sie angefallen sind	**Verteilung** der Kosten auf die Leistungen (Warengruppen, Artikel)
	Welche Kosten sind entstanden?	**Wo** sind die Kosten entstanden?	**Welcher Kostenanteil** entfällt auf die einzelnen Warengruppen?

Danach können weitere Aussagen über die Aufwendungen und ihre Verursachung gemacht werden.

Aufgaben und Stufen der Kosten- und Leistungsrechnung

- ● Die Finanzbuchhaltung ermittelt das Gesamtergebnis der Unternehmung.
- ● Dieses macht keine Aussagen über die Wirtschaftlichkeit des Betriebes, einzelner Teilbereiche oder einzelner Warengruppen oder Artikel.
- ● Solche Informationen stellt die Kosten- und Leistungsrechnung bereit.
- ● Sie ermittelt,
  - ❏ welche Leistungen der Betrieb erstellt und welche Kosten diese Leistungserstellung verursacht hat,
  - ❏ wo die Kosten verursacht wurden und
  - ❏ welchen Leistungen die Kosten zuzurechnen sind.
- ● Entsprechend sind **Kostenarten-, Kostenstellen-** und **Kostenträgerrechnung** als Bereiche der KLR zu unterscheiden.

1 Nennen Sie drei Stufen der KLR und erläutern Sie deren grundsätzliche Aufgaben!

2 Erläutern Sie, warum die GuV-Rechnung der Finanzbuchhaltung der Primus GmbH als Informationsinstrument des Betriebsgeschehens nicht ausreicht!

5.1.2 Grundkosten und neutraler Aufwand, Leistungen und neutrale Erträge

Herr Müller lässt die Ergebnisentwicklung in der Finanzbuchhaltung untersuchen. Schon nach wenigen Stunden erhält er von Frau Lapp folgende Anmerkungen zu Einzelpositionen der GuV-Rechnung des Abrechnungsjahres:

Konto	Anmerkungen	DM
5400	Ein Teil des Betriebsgebäudes wurde zu Gewerbezwecken vermietet: Erträge hieraus	63 000,00
5460	Erträge aus dem Verkauf von betrieblichen Anlagen über Buchwert	45 000,00
6060	Waren wurden durch Überschwemmung vernichtet (kein Versicherungsschutz)	290 000,00
6160	Dachreparatur am vermieteten Gebäudeteil Dachreparatur am betrieblich genutzten Gebäude	36 171,50 176 000,00
65	Abschreibungsanteil des vermieteten Gebäudes	18 000,00
6800	Anzeigen „Vermietung gewerblicher Räume"	1 750,00
6960	Verluste aus dem Verkauf von betrieblichen Anlagen unter Buchwert	152 000,00
70	Grundsteueranteil für vermietetes Gebäude	2 500,00
7510	Hypothekenzinsanteil für vermietetes Gebäude	6 200,00

Herrn Müller fällt ein Stein vom Herzen. Der Betrieb hat besser gewirtschaftet, als es das Ergebnis ausweist.

Arbeitsauftrag Versuchen Sie diese Auffassung zu begründen!

● **Grundkosten und neutraler Aufwand**

Die **Beurteilung der Wirtschaftlichkeit des Betriebes** aufgrund der Gewinn- und Verlustrechnung führt zu **falschen Aussagen,** weil neben dem **Zweckaufwand betriebsfremde** und **betrieblich außerordentliche** Aufwendungen und **Erträge** hierin enthalten sind.

▶ **Grundkosten Zweckaufwand:** Der Werteverzehr einer Rechnungsperiode wird als **Aufwand** bezeichnet. Da er im Zusammenhang mit der Verfolgung des eigentlichen Betriebszweckes der Großhandelsunternehmung entstand, ist er zugleich **Zweckaufwand,** der im selben Umfang Kosten darstellt **(aufwandsgleiche Kosten = Grundkosten).** Er wird in gleicher Höhe in das Betriebsergebnis und in die Kosten- und Leistungsrechnung übernommen.

	Aufwand der FiBu in DM	Kosten der KLR in DM
Stromverbrauch in den Abteilungen Lager, Einkauf, Verkauf im Monat Juni	4 400,00	4 400,00
Wareneinsatz (Anschaffungskosten der verkauften Waren) im Juni	317 500,00	317 500,00
Löhne für die Lagerarbeiter und Gehälter für die Angestellten im Monat Juni	142 000,00	142 000,00
Werbeaktion im Monat Juni	38 000,00	38 000,00

▶ **Betriebsfremde Aufwendungen:** Aufwendungen, die **nicht** mit der Verfolgung des eigentlichen **Betriebszweckes** angefallen sind, werden als **betriebsfremde Aufwendungen** bezeichnet.

Der hier entstehende Aufwand steht in keiner Verbindung zum eigentlichen Betriebszweck, An- und Verkauf von Bürobedarf, sondern im Zusammenhang mit dem Nebenziel „Vermietung". Somit darf dieser Aufwand auch nicht in die Kostenrechnung einfließen.

Beispiele

	Aufwand der FiBu in DM	Kosten der KLR in DM
Dachreparatur am vermieteten Gebäudeanteil	36 171,50	–
Abschreibungsanteil des vermieteten Gebäudes	18 000,00	–
Anzeigen „Vermietung gewerblicher Räume"	1 750,00	–
Grundsteueranteil für vermietetes Gebäude	2 500,00	–
Hypothekenzinsanteil für vermietetes Gebäude	6 200,00	–

Die in den Kontenklassen 6 und 7 der Finanzbuchhaltung erfassten betriebsfremden Aufwendungen der Primus GmbH sind somit von den Aufwendungen abzugrenzen, die der Absatz des Bürobedarfs verursacht.

▶ **Betrieblich außerordentliche Aufwendungen:** Sie sind zwar Aufwendungen, die bei der Verfolgung des eigentlichen Betriebszweckes entstanden sind,

❑ aber sie fallen teilweise nur **einmalig und/oder völlig unerwartet** an und sind **untypisch** für das normale Betriebsgeschehen der Rechnungsperiode (= **Zufallsaufwand**),

❑ lassen sich vielfach **keinem bestimmten Abrechnungszeitraum zurechnen** (= **zeitraumneutrale Aufwendungen**),

❑ betreffen oft eine **bereits abgeschlossene Rechnungsperiode** (= **periodenfremde Aufwendungen**).

Beispiele

	Aufwand der FiBu in DM	Kosten der KLR in DM
Warenverderb durch Hochwasser	290 000,00	–
Dachreparatur am betrieblich genutzten Gebäude	176 000,00	–
Verluste aus dem Verkauf von Anlagen unter Buchwert	152 000,00	–

Würden diese betrieblich außerordentlichen Aufwendungen wie Kosten behandelt, würden die Aussagen zur Wirtschaftlichkeit und zum Betriebsergebnis verfälscht. Daher müssen die betrieblich außerordentlichen Aufwendungen von den Zweckaufwendungen abgegrenzt werden.

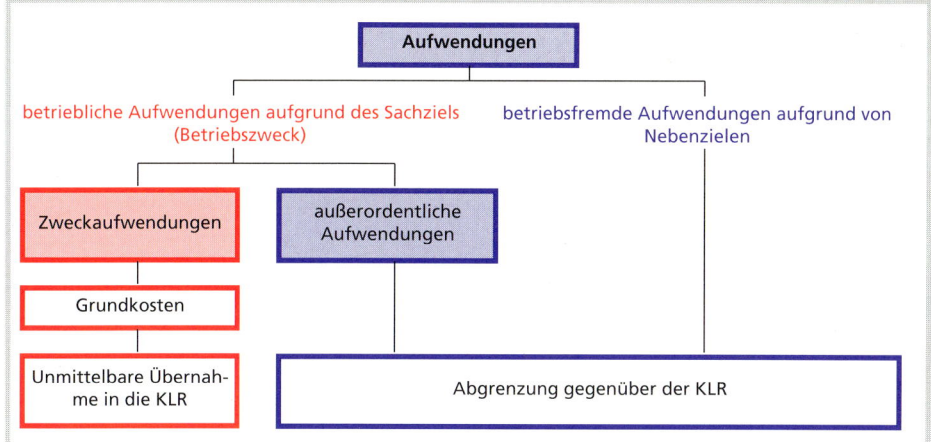

Die **abgegrenzten Aufwendungen** werden also nicht in die KLR übernommen. Sie werden daher auch als **neutrale Aufwendungen** bezeichnet.

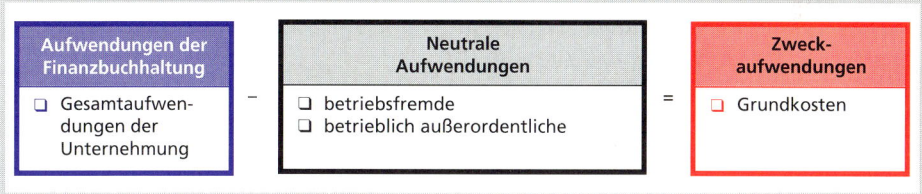

● Leistungen und neutrale Erträge

Der größte Teil der in der Finanzbuchhaltung erfassten Erträge wird über den Umsatz der Waren erzielt. Es sind betriebliche Erträge aufgrund der Sachzielverfolgung. Diese betrieblichen Erträge sind auch Mittelpunkt der KLR; denn sie sind ja die Ursache und das Ergebnis der entstandenen Kosten. In der KLR werden diese typischen betrieblichen Erträge einer Rechnungsperiode als **Leistungen** bezeichnet. Ihnen sind die Kosten zuzurechnen. Sie werden damit zu **„Kostenträgern".**

Von den Leistungen sind die **betriebsfremden** und **betrieblich außerordentlichen** Erträge als **„neutrale Erträge"** abzugrenzen.

▶ **Betriebsfremde Erträge:** Sie werden nicht durch die eigentliche Betriebstätigkeit verwirklicht, sondern sind das Ergebnis der Verwirklichung von Nebenzielen.

Beispiele Mieterträge aus Wohnungen in Betriebsgebäuden; Zinserträge aus gewährten Darlehen an Nichtkunden, Dividenden von Aktien

▶ **Betrieblich außerordentliche Erträge:** Sie stehen zwar im Zusammenhang mit dem Betriebsgeschehen, sind jedoch nicht Ergebnisse des Betriebsprozesses. Vielfach stellen sie nur die Stornierung eines zu hohen Aufwandes früherer Perioden dar.

Beispiele
❑ Rückerstattung von Gewerbesteuern, Zinsen für Kundendarlehen
❑ Erträge aus dem Verkauf von betrieblichen Anlagen über Buchwert

Betriebsfremde und betrieblich außerordentliche Erträge sind von den betriebstypischen Erträgen (Umsatzlöse) abzugrenzen, damit kein falsches Bild von der Ertragskraft des Betriebes entsteht.

Beispiele

	Ertrag der FiBu in DM	Leistungen KLR in DM
Mieterträge aus vermieteten Gebäuden	63 000,00	–
Erträge aus dem Verkauf von betrieblichen Anlagen über Buchwert	45 000,00	–
Umsatzlöse aus dem Verkauf von Büroartikeln	6 684 206,50	–

Grundkosten und neutraler Aufwand, Leistungen und neutrale Erträge

Aufwendungen und Erträge der Finanzbuchhaltung

betriebsfremde
- ❏ Sie entstehen bei der Verfolgung von Nebenzielen

betriebliche
- ❏ Sie entstehen bei der Verfolgung des Sachziels oder Betriebszwecks

außerordentliche
- ❏ Sie sind völlig untypisch, zufällig und unerwartet

ordentliche
- ❏ Kosten (Zweckaufwendungen) und Leistungen des Betriebes
- ❏ Die **Kosten** sind der bewertete Verzehr von Gütern und Dienstleistungen innerhalb einer Rechnungsperiode zur Verfolgung des Betriebszwecks
- ❏ Die Leistungen sind das Ergebnis der Kostenverursachung (Umsatz)

neutrale
- ❏ Sie werden nicht in das Betriebsergebnis und in die Kostenrechnung einbezogen, d. h. sie werden neutralisiert
- ❏ Sie werden von den ordentlichen Aufwendungen und Erträgen der Finanzbuchhaltung abgegrenzt

Kosten- und Leistungsrechnung

1 In einem Großhandelsunternehmen wurden im Monat Februar in der Finanzbuchhaltung folgende Aufwendungen erfasst:

	TDM
1. Wareneinsatz.	3 390
2. Warenverderb durch falsche Lagerung	60
3. Miete für das Verwaltungsgebäude	600

	TDM
4. Lohnzahlungen an die Lagerarbeiter	1 900
5. Ein Pkw mit einem Buchwert von .... erleidet Totalschaden	80
6. Treibstoff für Lkw	460
7. Gehaltszahlungen..	1 240
8. Reparatur eines Schadens an einer Abfüllanlage aufgrund eines Bedienungsfehlers..	205
9. Beiträge zur Berufsgenossenschaft	180
10. Ausgangsfrachten für den Versand von Waren an Kunden...........	71
11. Aufwendungen für Werbung und Reise	270
12. Abschreibungen auf betriebsnotwendige Anlagen	740
13. Kassenfehlbetrag	5
14. Verzugszinsen für überfällige Liefererrechnungen	90
15. Energie für Lagerräume	355
16. Soziale Abgaben (Arbeitgeberanteil)	435

Ermitteln Sie aus diesen Vorgängen
a) die Summe der Kosten,
b) die Summe der betriebsfremden Aufwendungen,
c) die Summe der betrieblich außerordentlichen Aufwendungen,
d) die Summe der neutralen Aufwendungen!

2 Im Konto 6060 Aufwendungen für Waren ist ein Warenverderb im Werte von 600 000,00 DM infolge einer Überschwemmung enthalten. Erläutern Sie, wie sich diese Entscheidung
a) auf die Wirtschaftlichkeitsbeurteilung,
b) auf die Wettbewerbssituation des Betriebes
auswirken kann, wenn dieser Betrag unverändert in die KLR übernommen wird!

3 a) Nennen Sie die Merkmale des Kostenbegriffes!
b) Grenzen Sie die Kosten von den neutralen Aufwendungen ab!
c) Begründen Sie die Notwendigkeit der Abgrenzung von Kosten und neutralen Aufwendungen zur Beurteilung der Wirtschaftlichkeit eines Betriebes!
d) Erläutern Sie die Merkmale des Leistungsbegriffes analog zum Kostenbegriff S. 383 f.!

4 Ordnen Sie die Fälle 1 bis 8 einer Möbelgroßhandlung den Erträgen dieser Übersicht zu:

	Erträge		
Leistungen a)	außerordentliche b)	periodenfremde c)	betriebsfremde d)

1. Verkauf von Tischen
2. Mieteinnahmen
3. Verkauf eines Pkw über Buchwert
4. Rückerstattung zu viel bezahlter Gewerbesteuer
5. Zinsen für ein einem Kunden gewährtes Darlehen
6. Verkauf verschiedener Artikel zur Möbelbehandlung (Wachs, Lack u. a.)
7. Eine Gewährleistungsrückstellung erübrigt sich; sie wird aufgelöst
8. Verkauf einer gebrauchten Schreibmaschine über Buchwert

5 Die Buchführung eines Haushaltsgerätegroßhandels, der Mixer und Elektromesser vertreibt, stellt der Unternehmungsleitung folgende Daten zur Erfolgsanalyse der beiden letzten Quartale des Geschäftsjahres zur Verfügung:

Kto.	Aufwands-, Ertragsarten	3. Quartal DM	4. Quartal DM
6060	Aufwendungen für Waren	535 000,00	588 000,00
6100	Aufwendungen für bezogene Leistungen	91 000,00	102 800,00
6200	Löhne	182 000,00	179 900,00
6300	Gehälter	620 000,00	614 900,00
6400	Soziale Abgaben	130 200,00	129 700,00
6500	Abschreibungen	85 100,00	88 600,00
6700	Aufwendungen für Rechte und Dienste	94 200,00	107 400,00
6800	Aufwendungen für Kommunikation	65 000,00	81 900,00
6900	Aufwendungen für Beiträge und Sonstiges	32 700,00	29 100,00
7000	Betriebliche Steuern	25 100,00	25 100,00
7500	Zinsen und ähnliche Aufwendungen	16 800,00	16 800,00
	Aufwendungen insgesamt	1 877 100,00	1 963 200,00
5100	Umsatzerlöse Mixer	1 246 000,00	1 205 000,00
5110	Umsatzerlöse Elektromesser	754 000,00	650 000,00
54	Sonstige betriebliche Erträge	24 000,00	29 000,00
	Erträge insgesamt	2 024 000,00	1 884 000,00

a) Ermitteln Sie den Erfolg für das 3. und 4. Quartal!
b) Stellen Sie die Veränderungen (Abweichungen) in Prozent fest!
c) Worauf können die Abweichungen zurückzuführen sein?
d) Zeigen Sie die Informationsmängel der GuV-Rechnung auf, wenn Sie den Einfluss der einzelnen Warengruppen auf den Erfolg bestimmen wollen!
e) Welche Maßnahme schlagen Sie vor, um bessere Informationen über die Aufwandsverursachung zu erhalten?

5.1.3 Statistische Ermittlung des Betriebsergebnisses durch eine Abgrenzungsrechnung

Herr Müller hat sich eingehend mit den Informationen von Frau Lapp zu einzelnen Positionen der GuV-Rechnung des Abrechnungsjahres auseinander gesetzt (siehe S. 383). Jetzt will er wissen, wie der Betrieb gewirtschaftet hat, um eventuell erforderliche Maßnahmen einzuleiten.

Um eine bessere Übersicht über die Leistung des Betriebes zu erhalten bittet er Herrn Zimmer, den Leiter der KLR, um eine tabellarische Aufstellung, in der die betriebsfremden und die betrieblich außerordentlichen Aufwendungen und Erträge gesondert ausgewiesen werden.

Arbeitsauftrag Erläutern Sie, was diese Aufstellung bezweckt und wie sie aufgebaut sein könnte!

● Aufbau der Abgrenzungsrechnung

Die **Abgrenzungsrechnung** wird in zwei Schritten durchgeführt. Zuerst werden aus den Aufwendungen und Erträgen der Finanzbuchhaltung die betriebsfremden und dann die betrieblich außerordentlichen abgegrenzt.

Ergebnis der Abgrenzung ist die **Gegenüberstellung** von **Zweckaufwendungen (Grund-kosten)** und **Umsatzerlösen für Waren** und **Dienstleistungen (Leistungen)** zur Ermittlung des **Betriebsergebnisses.**

Werte der Finanzbuchhaltung	Unternehmungs-bezogene Abgren-zungsrechnung	Betriebsbezogene Abgrenzungs-rechnung	Kosten- und Leistungsarten
Gegenüberstellung der **Aufwendungen** und **Erträge** der **Finanzbuchhaltung**	Abgrenzung der **betriebsfremden Aufwendungen** und **Erträge**	Abgrenzung der **betrieblich außer-ordentlichen Auf-wendungen** und **Erträge** sowie kostenrechnerische Korrekturen	Gegenüberstellung der **Zweckaufwen-dungen** (Grund-kosten) einerseits **und Umsatzerlöse für Waren und Dienst-leistungen** (Leis-tungen) andererseits
Gesamtergebnis oder Unternehmungs-ergebnis	Ergebnis der unter-nehmungsbezogenen Abgrenzungs-rechnung	Ergebnis der betriebs-bezogenen Abgren-zungsrechnung	Betriebsergebnis

● Unternehmungsbezogene Abgrenzungsrechnung

Aufgrund der Angaben der Finanzbuchhaltung (vgl. S. 383) werden in der unternehmungs-bezogenen Abgrenzungsrechnung die **betriebsfremden Aufwendungen und Erträge ausge-sondert,** also diejenigen Aufwendungen und Erträge, die nicht durch das Sachziel, den Absatz der Waren, verursacht wurden. Zur Vorbereitung der unternehmungsbezogenen Abgrenzungs-rechnung sind die Aufwendungen und Erträge der GuV-Rechnung in die Spalte „Werte der Fi-nanzbuchhaltung" zu übernehmen. Der Saldo der unternehmungsbezogenen Abgrenzungs-rechnung wird als „Ergebnis aus unternehmungsbezogener Abgrenzungsrechnung" bezeichnet (vgl. Beispiel S. 390, Spalte II).

Nach Abgrenzung der betriebsfremden Aufwendungen und Erträge verbleiben ausschließlich betriebsbezogene Aufwendungen und Erträge.

● Betriebsbezogene Abgrenzungsrechnung

Aufwendungen und Erträge, die in der unternehmungsbezogenen Abgrenzungsrechnung nicht abgefiltert wurden, sind **betriebsbezogen.** Dabei handelt es sich teilweise um **betrieblich außerordentliche Aufwendungen** und **Erträge.**

Beispiele
❏ Warenverluste durch Verderb, Diebstahl
❏ Verluste aufgrund von Unfällen,
❏ Verluste aus Verkäufen von Anlagen unter Buchwert
❏ Reparaturaufwand an betrieblichen Gebäuden
❏ Verzugszinsen wegen verspäteter Kundenzahlungen

In diesen Fällen handelt es sich um **unerwartete, untypische** und **stark schwankende Auf-wendungen** und **Erträge,** die das **Betriebsergebnis verfälschen** würden. Daher dürfen sie nicht in das Betriebsergebnis einbezogen werden. Ebenfalls sind sie gegenüber der Kosten-und Leistungsrechnung zu neutralisieren, weil sie in keinem Verhältnis zur Leistung der Un-ternehmung (Umsatz) stehen (vgl. Beispiel S. 390, Spalte III).

Beispiel Unternehmungs- und betriebsbezogene Abgrenzungsrechnung

Z.	Konto	Bezeichnung	I Werte der Finanzbuchhaltung		II Unternehmungsbezogene Abgrenzungsrechnung		III Betriebsbezogene Abgrenzungsrechnung		IV Kosten- und Leistungsarten	
		Aufwands- und Ertragspositionen	1 Aufwendungen	2 Erträge	3 betriebsfr. Aufwendungen	4 betriebsfr. Erträge	5 betr. a.o. Aufwendungen	6 betr. a.o. Erträge	7 Kosten	8 Leistungen
01	5100	Umsatzerlöse für Waren	–	6 684 206,50	–	–	–	–	–	6 684 206,50
02	5400	Mieterträge	–	63 000,00	–	63 000,00	–	–	–	–
03	5460	Erträge aus Vermögensabgang	–	45 000,00	–	–	–	45 000,00	–	–
04	6060	Aufwand für Waren	3 872 500,00	–	–	–	290 000,00	–	3 582 500,00	–
05	6050	Energie	180 006,00	–	–	–	–	–	180 006,00	–
06	6160	Fremdinstandsetzung	259 525,50	–	36 171,50	–	176 000,00	–	47 354,00	–
07	6200	Löhne	930 000,00	–	–	–	–	–	930 000,00	–
08	6300	Gehälter	755 000,00	–	–	–	–	–	755 000,00	–
09	6500	Abschreibungen	126 000,00	–	18 000,00	–	–	–	108 000,00	–
10	6800	Aufwendunge für Kommunikation	294 250,00	–	1 750,00	–	–	–	292 500,00	–
11	6960	Aufwendungen aus Vermögensabgängen	152 000,00	–	–	–	152 000,00	–	–	–
12	7000	Betriebliche Steuern	81 215,00	–	2 500,00	–	–	–	78 715,00	–
13	7510	Zinsaufwendungen	44 210,00	–	6 200,00	–	–	–	38 010,00	–
			6 694 706,50	6 792 206,50	64 621,50	63 000,00	618 000,00	45 000,00	6 012 085,00	6 684 206,50
			97 500,00			1 621,50		573 000,00	672 121,50	–
			6 792 206,50	6 792 206,50	64 621,50	64 621,50	618 000,00	618 000,00	6 684 206,50	6 684 206,50

● Kosten- und Leistungsarten

Nach Abgrenzung der betriebsfremden Aufwendungen und Erträge in der unternehmungsbezogenen Abgrenzungsrechnung und der betrieblich außerordentlichen Aufwendungen und Erträge in der betriebsbezogenen Abgrenzungsrechnung bleiben die für die KLR geeigneten Leistungen und Kosten übrig. Durch ihre Gegenüberstellung wird das Betriebsergebnis ermittelt (vgl. Beispiel S. 390, Spalte IV):

Kosten > Leistungen = betrieblicher Verlust	Kosten < Leistungen = betrieblicher Gewinn

● Abstimmung der Ergebnisse

Das Betriebsergebnis unterscheidet sich vom **Gesamtergebnis** der Unternehmung durch das **neutrale Ergebnis,** das sich aus dem Ergebnis der betriebsbezogenen Abgrenzungsrechnung und dem Ergebnis der unternehmungsbezogenen Abgrenzungsrechnung zusammensetzt.

Abstimmung der Ergebnisse	Beispiel	
Betriebsergebnis		+ 672 121,50
± **Neutrales Ergebnis:**		
Ergebnis aus betriebsbezogener Abgrenzungsrechnung	– 573 000,00	
Ergebnis aus unternehmungsbezogener Abgrenzungsrechnung	– 1 621,50	– 574 621,50
Gesamtergebnis (= Unternehmungsergebnis)		**97 500,00**

Statistische Ermittlung des Betriebsergebnisses durch eine Abgrenzungsrechnung

- Die Abgrenzungsrechnung dient der Ermittlung des Betriebsergebnisses.
- In der unternehmungsbezogenen Abgrenzungsrechnung werden die betriebsfremden Aufwendungen und Erträge von dem Ergebnis der Finanzbuchhaltung abgegrenzt.
- In der betriebsbezogenen Abgrenzungsrechnung werden betriebliche, aber außerordentliche Aufwendungen und Erträge abgegrenzt, die das Betriebsergebnis der Rechnungsperiode verfälschen würden und nicht für die KLR geeignet sind.

1 Aus folgenden Angaben der Finanzbuchhaltung der Großhandlung Peter Abel & Co. OHG ist die Abgrenzungsrechnung durchzuführen:

Konto	Aufwands- und Ertragspositionen mit Erläuterungen	DM
5100	Umsatzerlöse für Waren	15 400 000,00
5400	Mieterträge	115 500,00
5710	Zinserträge insgesamt aus Darlehen an Nichtkunden	148 500,00
6060	Aufwendungen für Waren davon wurden 33 000,00 DM für Reparaturen im vermieteten Gebäude verwendet	6 765 000,00
6140	Ausgangsfrachten und Fremdlager	583 000,00
6150	Vertriebsprovision	445 500,00
6160	Fremdinstandsetzungen davon 46 750,00 DM für Dachreparatur des vermieteten Lagergebäudes	404 250,00
62-64	Personalaufwendungen	4 730 000,00
6520	Abschreibungen auf Sachanlagen davon entfallen 16 500,00 DM auf vermietete Lagergebäude	495 000,00
67	Aufwendungen für die Inanspruchnahme von Rechten und Diensten	225 500,00
68	Aufwendungen für Kommunikation (Büromaterial, Werbung) davon Anzeigen für Vermietung von Betriebsgebäuden 2 750,00 DM	624 250,00
6900	Versicherungsbeiträge davon für vermieteten Gebäudeteil 9 350,00 DM	123 750,00
70	Betriebliche Steuern davon Grundsteuer für vermieteten Gebäudeteil 4 950,00 DM	550 000,00
7510	Zinsaufwendungen davon entfallen 11 550,00 DM auf Hypothekenzinsen für das vermietete Lagergebäude	93 500,00

2 Die Finanzbuchhaltung der Textilgroßhandlung Josef Faden gibt zur Durchführung der unternehmungsbezogenen Abgrenzungsrechnung folgende Informationen:

Nr.	Konto	Aufwands- und Ertragspositionen mit Erläuterungen	DM
1	5100	Umsatzerlöse für Waren	3 087 500,00
2	5400	Mieterträge davon 78 000,00 DM aus der Vermietung eines Lagergebäudes	136 500,00
3	5710	Zinserträge davon 13 000,00 DM aus betriebsfremden Geschäften; der Rest aus der vorübergehenden Anlage nicht benötigter liquider Mittel	234 000,00
4	6060	Aufwendungen für Waren, davon wurden 34 600,00 DM Gardinenstoffe für vermietete Gebäude verwendet	910 000,00
5	6160	Fremdinstandsetzungen davon 8 125,00 DM für Reparaturen an vermieteten Lagergebäuden	299 000,00
6	62/63	Löhne/Gehälter	1 108 000,00
7	6400	Soziale Abgaben	275 000,00
8	6520	Abschreibungen auf Sachanlagen davon 6 500,00 DM auf das vermietete Lagergebäude	308 000,00
9	6800	Aufwendungen für Kommunikation davon 390,00 DM für eine Zeitungsanzeige wegen der Vermietung des Lagergebäudes	123 500,00
10	6900	Versicherungsbeiträge davon 1 200,00 DM Gebäudeversicherung für das vermietete Lagergebäude	403 000,00
11	7000	Betriebliche Steuern davon 1 800,00 DM Grundsteueranteil für das vermietete Lagergebäude, die restlichen Steuern sind Kostensteuern	113 000,00
12	7510	Zinsaufwendungen davon 2 600,00 DM Hypothekenzinsanteil vom vermieteten Lagergebäude	39 000,00

Führen Sie die unternehmungsbezogene Abgrenzungsrechnung durch und stimmen Sie die Ergebnisse miteinander ab!

3 Die Finanzbuchhaltung eines Großhandelsbetriebes wies für das abgelaufene Geschäftsjahr folgende Werte aus:

Konto	Kontobezeichnung	Aufwendungen DM	Erträge DM
5100	Umsatzerlöse für Waren	–	4 200 000,00
5400	Mieterträge	–	180 000,00
5710	Zinserträge	–	1 000,00
6060	Aufwendungen für Waren	1 450 000,00	–
62-64	Personalaufwand	1 300 000,00	–
6520	Abschreibungen auf Sachanlagen	250 000,00	–
66-6900	Sonstige betriebliche Aufwendungen	910 000,00	–
6960	Aufwendungen aus dem Abgang von Vermögensgegenständen	75 000,00	–
7000	Betriebliche Steuern	90 000,00	–
7510	Zinsaufwendungen	35 000,00	

393

Zu den obigen Positionen liegen folgende Informationen vor:

Konto	Anmerkungen	DM
5400	Mieterträge	180 000,00
5710	Verzugszinsen für verspätet bezahlte Kundenrechnungen	1 000,00
6060	Warenverderb, Diebstahl	21 000,00
6520	Abschreibungen Davon entfallen auf das vermietete Gebäude	250 000,00 12 000,00
6960	Verluste aus dem Verkauf nicht betriebsnotwendiger Anlagen	75 000,00
70	a) Grundsteuer für vermietete Gebäudeteile b) Gewerbesteuernachzahlung für das vergangene Geschäftsjahr c) Restliche Steuern sind Zweckaufwand	2 500,00 15 000,00 72 500,00
7510	Zinsaufwendungen für betrieblich notwendiges Fremdkapital	35 000,00
	Ansonsten handelt es sich um betrieblich ordentliche Erträge und um Zweckaufwand	

Führen Sie die Abgrenzungsrechnung durch und stimmen Sie die Ergebnisse miteinander ab!

4 Für eine Großhandelsunternehmung ist zu entscheiden, ob folgende Aufwendungen für die KLR geeignet sind: DM

a) Warenverderb 17 000,00
b) Reparatur des Daches eines Lagergebäudes 120 000,00
c) Spende an den Betriebssportverein 80 000,00
d) Nachzahlung von Gewerbesteuer für das Vorjahr 18 000,00
e) Zinsen für aufgenommene betriebsnotwendige Darlehen 24 000,00
f) Verlust durch Spekulation mit Wertpapieren 115 000,00
g) Ein Lkw erleidet auf der Fahrt zu Kunden einen selbst verschuldeten
   Unfallschaden 50 000,00

Begründen Sie Ihre Entscheidung!

5.1.4 Kostenrechnerische Korrekturen durch Erfassen von Zusatzkosten

Nicole Höver diskutiert mit Frau Lapp: „Aufgrund unserer Angaben haben die Kostenrechner das Betriebsergebnis korrigiert. Sie haben beispielsweise den Warenverderb durch Überschwemmung von 290 000,00 DM und die Dachreparatur am betrieblich genutzten Gebäude mit 176 000,00 DM gegenüber dem Betriebsergebnis und der Kosten- und Leistungsrechnung abgegrenzt. Das ist doch Augenwischerei, da kann man doch jedes Ergebnis der Buchhaltung umdrehen!" „Das ist nicht ganz so, Nicole, die setzen dafür andere Beträge ein. Es gibt gute Argumente, weshalb die Kostenrechner die genannten Aufwendungen nicht voll in die Kostenrechnung übernehmen wollen."

Arbeitsauftrag Stellen Sie Argumente zusammen, weshalb die Kostenrechner die obigen Aufwendungen gegenüber dem Betriebsergebnis und der Kosten- und Leistungsrechnung abgrenzen und dafür andere Werte ansetzen!

● Kalkulatorische Kosten als Anderskosten

Einige betriebliche Aufwendungen, die von der Art und Ursache des Güter- und Dienst-leistungsverzehrs her Kosten sein könnten, werden nicht in gleicher Höhe von der KLR über-nommen, weil sie dort das Betriebsergebnis des Abrechnungsjahres und somit Wirtschaftlich-keits- und Preisvergleiche verfälschen würden.

Beispiel Im Abrechnungsjahr wurden eine Dachreparatur und der Außenanstrich am Betriebs-gebäude durchgeführt. Der in der Finanzbuchhaltung erfasste Aufwand hierfür betrug 176 000,00 DM. Dieser betriebliche Aufwand darf dem Betriebsergebnis des Abrechnungsjahres nicht allein angelastet werden, weil er die Gebäudenutzung über mehrere Jahre möglich macht. Die Beurteilung des Betriebsergebnisses des Jahres würde verfälscht.

Um eine Verfälschung des Betriebsergebnisses zu verhindern, werden solche nicht verrechen-bare Aufwendungen gegenüber dem Betriebsergebnis und der KLR neutralisiert, indem sie in der betriebsbezogenen Abgrenzungsrechnung abgegrenzt werden. Langfristig müssen aber auch diese betrieblichen Aufwendungen in die KLR einbezogen und über die Verkaufspreise der Waren hereingeholt werden. Um jedoch Störungen des Kostenvergleichs und Wettbe-werbsnachteile durch sprunghafte Preissteigerungen zu vermeiden werden statt dieser tatsäch-lich angefallenen Aufwendungen in der KLR Kosten in anderer Höhe (**Anderskosten**) ange-setzt, die dem durchschnittlichen Werteverzehr entsprechen. Solche Kosten werden als **kalku-latorische Kosten** bezeichnet. Typische Anderskosten sind kalkulatorische Abschreibungen, kalkulatorische Zinsen, kalkulatorische Wagnisse und kalkulatorische Miete. Sie werden zu-sätzlich zu den Grundkosten in die KLR einbezogen (**Zusatzkosten**).

▶ Kalkulatorische Abschreibungen:

❏ **Bilanzmäßige Abschreibungen:** Der in der Finanzbuchhaltung erfasste **Abschreibungs-aufwand (bilanzielle Abschreibung)** geht in die GuV-Rechnung ein. Er beeinflusst somit den **Gewinn, gewinnabhängige Steuern** (z. B. Einkommen- oder Körperschaftsteuer) und die **Ausschüttungspolitik** der Unternehmung (z. B. Dividende). Die Höhe der bilanziellen Abschreibung wird daher eher von handels- und steuerrechtlichen Bestimmungen (Erfolgs- und Vermögensausweis) beeinflusst als vom tatsächlichen Werteverzehr der Anlagen.

Beispiel Eine Lagertransportanlage mit einem Anschaffungswert von 160 000,00 DM und einer betriebsgewöhnlichen Nutzungsdauer von acht Jahren wird wegen der erwarteten guten Ertragslage mit dem zulässigen Höchstsatz (30 %) geometrisch-degressiv abgeschrie-ben. Bilanzmäßige Abschreibung im ersten Nutzungsjahr: 48 000,00 DM

❏ **Kalkulatorische Abschreibungen:** Für Zwecke der KLR ist die bilanzmäßige Abschrei-bung nicht geeignet. Die Abschreibung dient hier dazu den Werteverzehr nur solcher Anla-gen zu erfassen, die dem **Betriebszweck** dienen und somit **betriebsnotwendig** sind. Dieser Werteverzehr wird unter Berücksichtigung der Wettbewerbsfähigkeit in die Preisberech-nung der Waren einbezogen. Über die Umsatzerlöse fließen dem Unternehmen die Ab-schreibungsbeträge dann wieder zu. Damit stehen dem Unternehmen die liquiden Mittel für die Erneuerung der Anlagen wieder zur Verfügung (**Finanzierung durch Abschreibung,** vgl. S. 396).

Zur Berechnung der kalkulatorischen Abschreibung sind die **betriebsindividuelle Nut-zungsdauer,** der **Wiederbeschaffungswert** und die **Abschreibungsmethode** festzulegen.

- **Betriebsindividuelle Nutzungsdauer:** Gemeint ist die Nutzungsdauer, die die Anlage dem Betrieb dient. Wird sie beispielsweise zu kurz eingeschätzt, wird das Betriebsergebnis verfälscht, weil den einzelnen Rechnungsperioden zu hohe Kosten angelastet werden. Es ist also eher von betriebsindividuellen Erfahrungswerten oder Angaben des Herstellers als von den Durchschnittswerten der Abschreibungstabellen auszugehen.
- **Wiederbeschaffungswert:** Der Anschaffungswert ist als Ausgangswert für die Berechnung der kalkulatorischen Abschreibung nicht geeignet, weil damit bei fortschreitender Kaufkraftentwertung am Ende der Nutzungsdauer nicht mehr dieselbe Anlage angeschafft werden kann. Der Betrieb würde an Substanz verlieren. Soll die Substanz erhalten bleiben, muss die kalkulatorische Abschreibung so bemessen sein, dass über sie am Ende der Nutzungsdauer die teurer gewordene Anlage finanziert werden kann (**Prinzip der Substanzerhaltung**). Dazu wäre der Wiederbeschaffungswert der geeignete Ausgangswert.
- **Abschreibungsmethode:** Um die Kosten der Abschreibungen von Rechnungsperiode zu Rechnungsperiode **vergleichbar** zu gestalten empfiehlt sich bei annähernd gleichmäßiger Beschäftigung die lineare (vgl. S. 298 ff.), bei schwankender Beschäftigung die Abschreibung nach Leistungseinheiten (vgl. S. 299 ff.) als kalkulatorische Abschreibung.

Beispiel Für die kalkulatorische Abschreibung der Transportanlage (vgl. S. 395) wird eine achtjährige Nutzungsdauer und ein Wiederbeschaffungswert von 220 000,00 DM zugrunde gelegt. Sie wird wegen gleichmäßiger Nutzung linear abgeschrieben.

Aufwand der Finanzbuchhaltung	Kosten der KLR
Bilanzmäßige Abschreibung $= \dfrac{160\,000 \cdot 30}{100} = 48\,000{,}00$ DM	Kalkulatorische Abschreibung $= \dfrac{220\,000}{8} = 27\,500{,}00$ DM

Somit wird der Betrieb über seine Umsatzerlöse jährlich 27500,00 DM Abschreibungskosten auf seine Kunden abwälzen, um nach acht Jahren Nutzungsdauer über die finanziellen Mittel zur Wiederbeschaffung einer neuen Anlagen verfügen zu können.

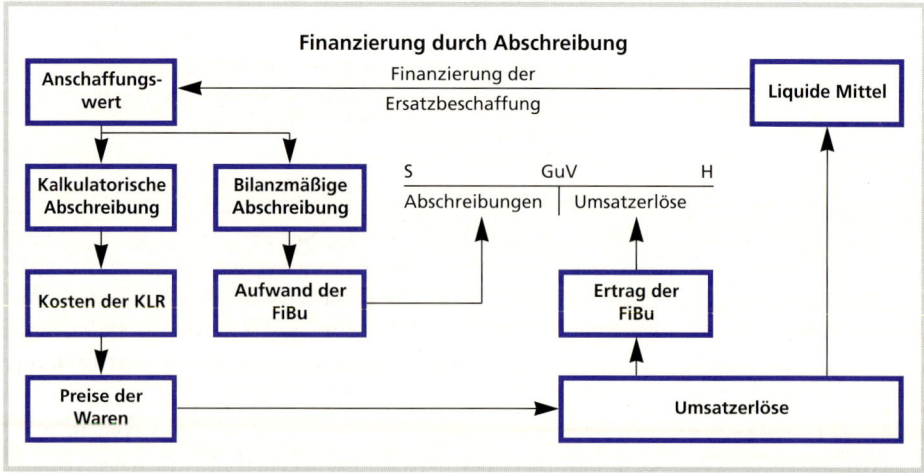

Bilanzmäßige Abschreibung in der Finanzbuchhaltung	Kalkulatorische Abschreibung in der KLR
❏ dient der Bewertung des Vermögens in der Bilanz und der Aufwendungen in der GuV-Rechnung	❏ dient der Bewertung des tatsächlichen Werteverzehrs der Anlagen, die für die Leistungserstellung notwendig sind
❏ wird von handels- und steuerrechtlichen Vorschriften bestimmt	❏ wird vom Wiederbeschaffungswert berechnet
❏ wird vom Anschaffungs- oder Buchwert berechnet	❏ wird vom Grundsatz der Substanzerhaltung bestimmt
= nominelle Abschreibung	**= substantielle Abschreibung**

In der betriebsbezogenen Abgrenzungsrechnung werden die bilanzmäßigen Abschreibungen auf betriebliche Anlagen abgegrenzt. Stattdessen werden kalkulatorische Abschreibungen in anderer Höhe als Kosten (**Anderskosten**) verrechnet. Der verrechnete Betrag wird den bilanzmäßigen Abschreibungen als verrechnete Kosten auf der Ertragsseite gegenübergestellt. Der ursprünglich neutralisierte Aufwand wird dadurch verringert.

Beispiel   Darstellung der Beispiele in der Abgrenzungsrechnung:

Abgrenzungsrechnung	I		II		III		IV	
	Werte der Finanzbuchhaltung		Unternehmungsbezogene Abgrenzungsrechnung		Betriebsbezogene Abgrenzungsrechnung		Kosten- und Leistungsarten	
Aufwands- und Ertragsposition	1	2	3	4	5	6	7	8
Bezeichnung	Aufwendungen	Erträge	betriebsfr. Aufwendungen	betriebsfr. Erträge	betr. o. a. Aufwendungen	betr. o. a. Erträge	Kosten	Leistungen
Bilanzmäßige Abschreibungen	48 000,00	–	–	–	48 000,00	–	–	–
Kalkulatorische Abschreibungen	–	–	–	–	–	27 500,00	27 500,00	–

	Aufwand der Finanzbuchhaltung	Verrechnete Kosten	Kosten der KLR

Die bilanzmäßige Abschreibung bewirkt Steuerersparnis, Minderung der Ausschüttung und Erhaltung der Liquidität.

Die kalkulatorische Abschreibung wird Preisbestandteil. Über die Umsatzerlöse werden die Anschaffungskosten und somit Mittel zur Wiederbeschaffung freigesetzt.

▶ **Kalkulatorische Zinsen:**

❏ **Zinsen in der Finanzbuchhaltung:** In der Finanzbuchhaltung werden gezahlte Zinsen für aufgenommene Fremdkapitalien als Aufwand erfasst.

❏ **Kalkulatorische Zinsen in der KLR:** Für Zwecke der KLR ist der Zinsaufwand der Finanzbuchhaltung aus folgenden Gründen nicht geeignet:

- **Betriebe mit hohem Fremdkapital** hätten **Wettbewerbsnachteile** gegenüber Betrieben mit hohem Eigenkapitalanteil.
- Über den Preis soll auch eine Verzinsung des eingesetzten Eigenkapitals erwirtschaftet werden.

Die kalkulatorischen Zinsen können jedoch nicht vom Gesamtkapital der Unternehmung berechnet werden, weil das hiermit finanzierte Vermögen teilweise nicht dem Sachziel der Unternehmung dient.

Beispiel Verpachtete Grundstücke oder vermietete Gebäude dienen betriebsfremden Zwecken.

Grundlage für die Berechnung der kalkulatorischen Zinsen bildet das **betriebsnotwendige Vermögen.** Dies wird ermittelt, indem vom Gesamtvermögen die nicht betriebsnotwendigen Vermögensteile abgezogen werden. Von dem verbleibenden betriebsnotwendigen Vermögen sind als sogenanntes **Abzugskapital** Kapitalbeträge abzuziehen, für deren Nutzung das Unternehmen **keine Zinsen** zahlen muß (z. B. Kundenzahlungen) oder deren Verzinsung (nicht ausgenutzter Skonto) **in einer anderen Kostenart** erfaßt wird (im Aufwand für Waren).

Beispiel Berechnung der kalkulatorischen Zinsen in der Primus GmbH

Betriebsnotwendiges Anlagevermögen	1 815 000,00 DM
+ Betriebsnotwendiges Umlaufvermögen	985 000,00 DM
= Betriebsnotwendiges Vermögen	2 800 000,00 DM
− Abzugskapital (Kundenanzahlungen, Verbindlichkeiten a. LL)	300 000,00 DM
= Betriebsnotwendiges Kapital	2 500 000,00 DM
Bei einem Zinssatz von 6% betragen die kalkulatorischen Zinsen	150 000,00 DM

Die im abgelaufenen Geschäftsjahr gezahlten Zinsen beliefen sich auf 44 210,00 DM. In der KLR sind 130000,00 DM kalkulatorische Zinsen zu verrechnen.

Aufwand der Finanzbuchhaltung		Kosten der KLR	
Zinsaufwendungen	44 210,00 DM	Kalkulatorische Zinsen	150 000,00 DM

Die Höhe des kalkulatorischen Zinssatzes orientiert sich an dem marktüblichen Zins und wird von der Geschäftsleitung festgesetzt.

▶ **Kalkulatorische Wagnisse:**

❑ **Wagnisverluste in der Finanzbuchhaltung:** In der Finanzbuchhaltung werden während des Geschäftsjahres Schäden aufgrund von betriebsbedingten **Einzelwagnissen** erfasst.

Einzelwagnis	Beispiele
Beständewagnis	Diebstahl, Verderb, Veraltern, Güteminderung, Wertminderungen durch Preissenkungen
Anlagenwagnis	Bruch oder Beschädigung von Maschinen oder Fahrzeugen durch Explosionen, Brand, Unfälle (Katastrophenverschleiß), technischen Fortschritt, Fehlschätzung der Nutzungsdauer

Einzelwagnis	Beispiele
Vertriebswagnis	Forderungsausfälle, Währungsverluste, Verlust von Absatzgebieten
Gewährleistungswagnis	Kostenlose Reparaturen (Nacharbeiten) verkaufter Waren aus Garantieverpflichtungen oder Ersatzlieferungen

Da sie zeitlich unregelmäßig und in unterschiedlicher Höhe anfallen, können sie nicht in das Betriebsergebnis und in die KLR übernommen werden.

- ❑ **Kalkulatorische Wagnisse in der KLR:** Sollte der Betrieb gegen einige dieser Verluste, wie Feuerschaden, Haftpflichtansprüche, Diebstähle, durch Fremdversicherung gedeckt sein, so erscheinen die hierfür zu zahlenden Prämien unter den Kosten. Für alle übrigen **Risiken,** die im Allgemeinen **durch Fremdversicherung nicht ausgeschaltet** werden können, sind entsprechende **kalkulatorische Wagniszuschlagskosten** zu berechnen. Kalkulatorische Wagniszuschläge sind daher eine rechnerisch leicht nachprüfbare Form von **Selbstversicherung.** Sie gewährleisten, dass die durch die Risiken anfallenden Aufwendungen stets gedeckt und auf dem Wege über die Selbstkostenrechnung in der Preisstellung für die Waren wieder in das Unternehmen zurückfließen. Es werden also für die tatsächlich geleisteten Wagnisaufwendungen der Finanzbuchhaltung kalkulatorische Wagnisse in die KLR aufgenommen. Die kalkulatorischen Wagniszuschläge errechnen sich aus einem Durchschnittssatz der in den letzten Jahren tatsächlich eingetretenen Verluste.

Beispiel **Berechnung eines Beständewagniszuschlages:** In den letzten fünf Jahren wurden von Herrn Patt, Abteilungsleiter Lager/Versand, folgende Daten ermittelt:

Jahr	Warenkäufe in DM	Verderb, Schwund u. ä. in DM	Verlust in % der Käufe
01	680 000,00	27 200,00	4,0
02	640 000,00	12 800,00	2,0
03	720 000,00	50 400,00	7,0
04	760 000,00	19 000,00	2,5
05	750 000,00	7 500,00	1,0

Durchschnittliches kalkulatorisches Beständewagnis für Waren $= \dfrac{4 + 2 + 7 + 2,5 + 1}{5} = 3,3\,\%$

Beständewagnis für Waren im Jahre 19..
Geplante Wareneinkäufe   750 000,00 DM
Wagnissatz   3,3 %
Kalkulatorisches Wagnis   24 750,00 DM

Nach Ablauf der Rechnungsperiode sind 18 750,00 DM Warenverluste eingetreten und als Aufwand in der Finanzbuchhaltung erfasst worden. Finanzbuchhaltung und KLR arbeiten also mit unterschiedlichen Werten.

Aufwand der Finanzbuchhaltung	Kosten der KLR
Verluste aus Schadensfällen 18 750,00 DM	Kalkulatorisches Beständewagnis 24 750,00 DM

Durch die Rechnung mit kalkulatorischen Wagniszuschlägen in der KLR werden ökonomische Schäden aufgrund von Einzelwagnissen langfristig verteilt. Die Auswirkung von

Zufallsaufwendungen auf das Betriebsergebnis und die Kalkulation wird verhindert. Die KLR arbeitet somit mit relativ stabilen und vergleichbaren Kosten.

Die Gefahr für das Unternehmen als Ganzes aufgrund von Nachfrageverschiebungen und Konjunktureinbrüchen ist nicht Bestandteil der kalkulatorischen Kosten. Dieses allgemeine Unternehmerwagnis wird durch den Gewinn abgegolten.

▶ **Kalkulatorische Miete: Statt** die zufälligen, vielfältigen und **verschieden hohen Aufwendungen,** die die Gebäude (Verwaltungs-, Lagergebäude usw.) und deren Erhaltung verursachen, als Kosten in die KLR zu bringen, ist es sinnvoll, **eine kalkulatorische Miete** zu ermitteln, die aufgrund ihres gleichmäßigen Ansatzes **Kostenvergleichsrechnungen** und Kalkulationen nicht verfälscht.

Die Verrechnung einer kalkulatorischen Miete setzt eine exakte Abgrenzung der Gebäudeaufwendungen von anderen ähnlichen Aufwendungen voraus, damit eine Doppelverrechnung in der **KLR** vermieden wird. So dürfen im Falle der kalkulatorischen Miete für die Betriebsräume

❑ die entsprechenden Gebäudeabschreibungen nicht in die kalkulatorischen Abschreibungen,

❑ Zinsen von diesen Gebäuden nicht in die kalkulatorischen Zinsen,

❑ Reparaturen dieser Gebäude nicht in die Instandhaltungskosten,

❑ die anteilige Grundsteuer und Gebäudeversicherung nicht in die betrieblichen Steuern und Versicherungen einbezogen werden.

Die angesprochenen betrieblichen Gebäudeaufwendungen werden im Falle einer kalkulatorischen Miete von der KLR abgegrenzt.

Für die Ermittlung der kalkulatorischen Miete sind zwei Wege denkbar:

1. Vergleichbare ortsübliche Mietpreise für gewerblich genutzte Räume,

2. Erfassung sämtlicher angefallener Gebäudekosten (kalkulatorische Abschreibungen, kalkulatorische Zinsen, Erhaltungsaufwand, Gebäudesteuern und -versicherungen) und Errechnung einer betriebsindividuellen Kostenmiete (z. B. je m²).

Beispiel Die Primus GmbH setzt für 800 m² betrieblich genutzte Gebäudefläche eine ortsübliche Miete von 7,50 DM/m² (monatlich) für kalkulatorische Zwecke an. Dies sind im Jahr 72 000,00 DM.

Aufwand der Finanzbuchhaltung			Kosten der KLR	
Konto	Bezeichnung	DM	Bezeichnung	DM
6160	Fremdinstandsetzung	176 000,00		
6520	Abschreibungen auf Sachanlagen	20 000,00		
6900	Gebäudeversicherungsbeiträge	4 000,00		
7020	Grundsteuer	6 000,00		
7510	Zinsen für Kredite (Hypothekenzinsen)	40 000,00		
		246 000,00	Kalkulatorische Miete	72 000,00

In kleineren und mittleren Betrieben wird häufig für die betriebliche Nutzung von Räumen in Gebäuden des Privatvermögens des Unternehmers eine kalkulatorische Miete angesetzt, damit über die Kalkulation eine Gegenleistung dafür erzielt und letztlich der Unternehmergewinn erhöht wird.

© Verlag Gehlen

● Kalkulatorischer Unternehmerlohn als echte Zusatzkosten

In **Kapitalgesellschaften** erhalten die gesetzlichen Vertreter – Vorstandsmitglieder der AG und Geschäftsführer der GmbH – für ihre Tätigkeit Gehälter. Diese gehen als Grundkosten in die KLR ein.

Anders ist es beim **Einzelunternehmer** und bei den **Gesellschaftern der Personengesellschaften;** sie haben nur Anspruch auf einen etwaigen Gewinn. Damit im Gewinn die Arbeitsleistung entgolten wird, muss sie als Kostenbestandteil einkalkuliert werden. Daher muss die Mitarbeit des Unternehmers in seinem eigenen Betrieb als **Kostenbestandteil** erfasst und als **„kalkulatorischer Unternehmerlohn"** in der Kostenrechnung berücksichtigt werden.

Der Unternehmerlohn wird als die Vergütung für die dem Unternehmen durch den Inhaber zur Verfügung gestellte betrieblich notwendige Arbeitskraft angesehen. Bei der Festlegung des kalkulatorischen Unternehmerlohns orientiert sich die KLR an Gehältern leitender Angestellter (Geschäftsführer, Prokuristen) mit gleichwertiger Tätigkeit in einem Unternehmen gleicher Art und Bedeutung sowie gleichen Standortes.

Dem kalkulatorischen Unternehmerlohn stehen **keine Aufwendungen** in der **Finanzbuchhaltung** gegenüber. Daher handelt es sich um **echte Zusatzkosten.**

Beispiel   Kalkulatorischer Unternehmerlohn im Jahr 120 000,00 DM

Aufwand der Finanzbuchhaltung			Kosten der KLR	
Konto	Bezeichnung	DM	Bezeichnung	DM
–	–	–	Kalkulatorischer Unternehmerlohn	120 000,00

Beispiel   **Abgrenzungsrechnung unter Einbeziehung kostenrechnerischer Korrekturen.** Die Primus GmbH führte in der Abgrenzungsrechnung folgende kostenrechnerische Korrekturen durch:

1. **Kalkulatorische Abschreibungen**   150 000,00 DM
   Sie wurden statt der verbleibenden Abschreibungen der Finanzbuchhaltung von 108 000,00 DM auf betriebsnotwendige Sachanlagen in die KLR übernommen.
2. **Kalkulatorische Zinsen**   130 000,00 DM
   Sie wurden statt der Zinsaufwendungen in Höhe von 38 010,00 DM für betriebsnotwendige Fremdkapitalien in die KLR übernommen
3. **Kalkulatorische Miete**   72 000,00 DM
   Sie wurde statt der Aufwendungen an betriebseigenem Gebäude (Reparatur von 176 000,00 DM) in die KLR übernommen.
4. **Kalkulatorische Wagnisse**   98 000,00 DM
   Sie wurden statt der eingetretenen Wagnisschäden (Hochwasserschaden, Verluste aus Anlagenverkäufen) verrechnet. (Fortsetzung des Beispiels S. 390)

Abstimmung der Ergebnisse		Beispiel
Betriebsergebnis		+ 368 131,50
± Neutrales Ergebnis:		
Ergebnis aus betriebsbezogener Abgrenzungsrechnung	– 269 010,00	
Ergebnis aus unternehmungsbezogener Abgrenzungsrechnung	– 1 621,50	– 270 631,50
Gesamtergebnis (Unternehmungsergebnis)		97 500,00

Abgrenzungsrechnung

Z.	Konto	Bezeichnung	I Werte der Finanzbuchhaltung		II Unternehmungsbezogene Abgrenzungsrechnung		III Betriebsbezogene Abgrenzungsrechnung		IV Kosten- und Leistungsarten	
			1 Aufwendungen	2 Erträge	3 betriebsfr. Aufwendungen	4 betriebsfr. Erträge	5 betr. a.o. Aufwendungen	6 betr. a.o. Erträge	7 Kosten	8 Leistungen
01	5100	Umsatzerlöse für Waren	–	6 684 206,50	–	–	–	–	–	6 684 206,50
02	5400	Mieterträge	–	63 000,00	–	63 000,00	–	–	–	–
03	5460	Erträge aus Vermögensabgang	–	45 000,00	–	–	–	45 000,00	–	–
04	6060	Aufwand für Waren	3 872 500,00	–	–	–	290 000,00	–	3 582 500,00	–
05	6050	Energie	180 006,00	–	–	–	–	–	180 006,00	–
06	6160	Fremdinstandsetzung	259 525,50	–	36 171,50	–	176 000,00	–	47 354,00	–
07	6200	Löhne	930 000,00	–	–	–	–	–	930 000,00	–
08	6300	Gehälter	755 000,00	–	–	–	–	–	755 000,00	–
09	6500	Abschreibungen	126 000,00	–	18 000,00	–	108 000,00	–	–	–
10	6800	Aufwendungen für Kommunikation	294 250,00	–	1 750,00	–	–	–	292 500,00	–
11	6960	Aufwendungen aus Vermögensabgang	152 000,00	–	–	–	152 000,00	–	–	–
12	7000	Betriebliche Steuern	81 215,00	–	2 500,00	–	–	–	78 715,00	–
13	7510	Zinsaufwendungen	44 210,00	–	6 200,00	–	38 010,00	–	–	–
14	–	kalkulatorische Abschreibungen	–	–	–	–	–	150 000,00	150 000,00	–
15	–	kalkulatorische Zinsen	–	–	–	–	–	130 000,00	130 000,00	–
16	–	kalkulatorische Wagnisse	–	–	–	–	–	98 000,00	98 000,00	–
17	–	kalkulatorische Miete	–	–	–	–	–	72 000,00	72 000,00	–
			6 694 706,50	6 792 205,60	64 621,50	63 000,00	764 010,00	495 000,00	6 316 075,00	6 684 206,50
			97 500,00	–	–	1 621,50	–	269 010,00	368 131,50	–
			6 792 206,50	6 792 206,50	64 621,50	64 621,50	764 010,00	764 010,00	6 684 206,50	6 684 206,50

Aufwands- und Ertragspositionen

Kostenrechnerische Korrekturen durch Erfassen von Zusatzkosten

- Wegen der unterschiedlichen Zielsetzung erfassen Finanzbuchhaltung und KLR unterschiedlichen Werteverzehr,
  - ❏ die FiBu erfasst alle Aufwendungen der Unternehmung,
  - ❏ die KLR erfasst alle Kosten des Betriebes.

- Die KLR
  - ❏ grenzt betriebsfremde und betrieblich außerordentliche Aufwendungen ab,
  - ❏ übernimmt Zweckaufwendungen als Grundkosten (aufwandsgleiche Kosten),
  - ❏ verrechnet kalkulatorische Kosten
    - Anderskosten (aufwandsungleiche Kosten), wie kalkulatorische Abschreibungen, Zinsen, Wagnisse, Miete
    - Echte Zusatzkosten (aufwandslose Kosten), wie kalkulatorischer Unternehmerlohn.

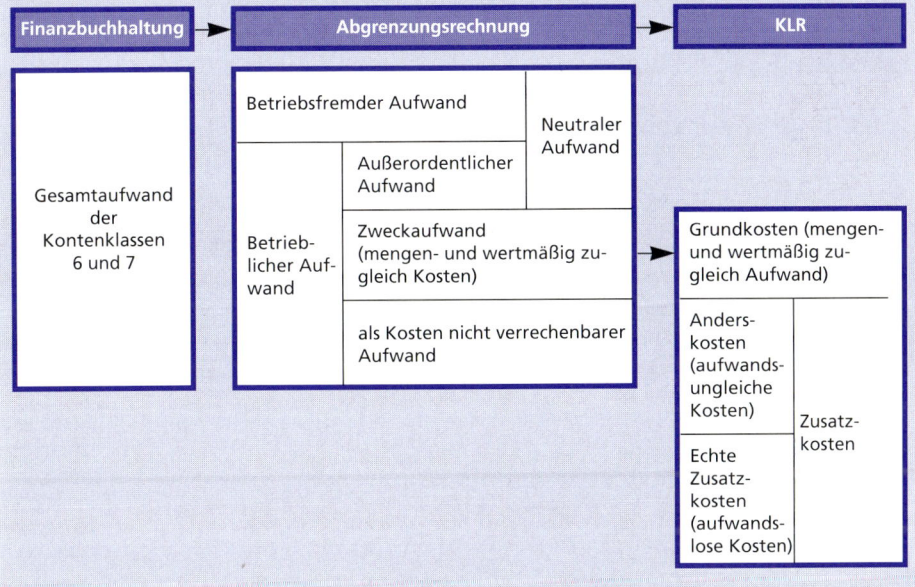

---

1 In der Finanzbuchhaltung wurde eine Abfüllanlage über eine geschätzte Nutzungsdauer von acht Jahren mit 30 % geometrisch-degressiv abgeschrieben. Für die KLR wird die Leistungsabschreibung vom Wiederbeschaffungswert gewählt.
Begründen Sie die unterschiedlichen Ansätze der Abschreibung!

2 Eine Lagertransportanlage, die für 600 000,00 DM angeschafft wurde, ist in den beiden ersten Nutzungsjahren folgendermaßen abgeschrieben worden:
bilanzmäßig: 30 % geometrisch-degressiv
kalkulatorisch: 20 % vom geschätzten Wiederbeschaffungswert in Höhe von
                800 000,00 DM

Ermitteln Sie den Buchwert am Ende des 3. Jahres aufgrund der bilanzmäßigen Abschreibung der Finanzbuchhaltung und der kalkulatorischen Abschreibung der Kostenrechnung!

3 a) Aus nachstehenden Angaben sind die kalkulatorischen Zinsen in Höhe von 10 % zu ermitteln:

	DM
Anlagevermögen	5 000 000,00
davon verpachtete Grundstücke	500 000,00
vermietete Lagerhalle	1 500 000,00
Umlaufvermögen	3 000 000,00
Eigenkapital	4 000 000,00
Hypothekenschulden	2 000 000,00
Darlehensschulden	800 000,00
Verbindlichkeiten a. LL	900 000,00
Anzahlungen von Kunden	300 000,00
Die tatsächlich angefallenen Zinsaufwendungen betrugen	270 000,00

b) Begründen Sie die Notwendigkeit der Berücksichtigung kalkulatorischer Zinsen.

4 Errrechnen Sie, mit welchen Beträgen die Einzelwagnisse in der Kostenrechnung des folgenden Jahres zu berücksichtigen sind:

a) **Beständewagnis:** Von den gelagerten Waren der letzten fünf Jahre mit einem Wert von insgesamt 24 Mio. DM wurden im gleichen Zeitraum Waren im Wert von 672 000,00 DM durch Verderb, Veraltern unbrauchbar. Im kommenden Jahr wird mit einem Wareneinsatz von 5,8 Mio. DM gerechnet.

b) **Anlagenwagnis:** Die Reparaturkosten infolge von Bedienungsfehlern, selbst verschuldeten Unfällen, Explosion u. a. betrugen in den letzten acht Jahren insgesamt 320 000,00 DM.

c) **Gewährleistungswagnis:** 1,4 % des geplanten Umsatzes in Höhe von 24 Mio. DM.

5 Im Jahre 19.. fallen folgende ausgabenwirksame Haus- und Grundstücksaufwendungen an:

	DM
1. Anstrich des Verwaltungsgebäudes.	30 000,00
2. Dachreparatur des Verwaltungsgebäudes	24 000,00
3. Reinigungsmaterial für Gebäude	18 000,00
4. Gebäudeversicherungen	4 800,00
5. Grundsteuer	12 000,00

Für Zwecke der Kalkulation sollen monatlich 3 000,00 DM Haus- und Grundstücksaufwendungen mithilfe einer kalkulatorischen Miete verrechnet werden.

a) In welchen Konten der Finanzbuchhaltung sind diese Aufwendungen enthalten?
b) Erläutern Sie Inhalt und Bedeutung der kalkulatorischen Miete!
c) Stellen Sie die Zusammenhänge in der Abgrenzungsrechnung dar!

6 Der Unternehmer Konrad Steiner, dessen Unternehmen mit 20 Beschäftigten einen Umsatz von 18 Mio. DM erzielt, legt für die Berechnung seines Unternehmerlohnes die Daten einer ihm bekannten Maschinengroßhandlung (GmbH) derselben Branche zugrunde:

Gehalt des Geschäftsführers im Jahr	210 000,00 DM
Umsatz im Jahr	40 Mio. DM
Durchschnittliche Zahl der Beschäftigten	50 Personen

Ermitteln Sie den kalkulatorischen Unternehmerlohn für die KLR!

7 Die Finanzbuchhaltung eines Großhandelsbetriebes wies für das abgelaufene Geschäftsjahr folgende Werte aus:

Konto	Kontobezeichnung	Aufwendungen DM	Erträge DM
5100	Umsatzerlöse für Waren	–	9 300 000,00
5400	Mieterträge	–	240 000,00
5710	Zinserträge	–	3 200,00
6060	Aufwendungen für Waren	2 470 000,00	–
62-64	Personalaufwand	3 900 000,00	
6520	Abschreibungen auf Sachanlagen	480 000,00	–
66-6900	Sonstige betriebliche Aufwendungen	1 670 000,00	
6960	Aufwendungen aus dem Abgang von Vermögensgegenständen	182 000,00	–
7000	Betriebliche Steuern	260 000,00	–
7510	Zinsaufwendungen	64 000,00	–

Zu den vorherigen Positionen liegen folgende Informationen vor:

Konto	Anmerkung	DM
5400	Mieterträge	240 000,00
5710	Verzugszinsen für verspätet bezahlte Kundenrechnungen	3 200,00
6060	Warenverderb, Diebstahl Hierfür werden kalkulatorische Wagnisse berücksichtigt (s. u.)	132 000,00
6520	Abschreibungen Davon entfallen auf das vermietete Gebäude Für die restlichen bilanziellen Abschreibungen sind kalkulatorische Abschreibungen zu verrechnen	480 000,00 17 500,00
6960	Verluste aus dem Verkauf nicht betriebsnotwendiger Anlagen	182 000,00
7000	a) Grundsteuer für vermietete Gebäudeteile b) Gewerbesteuernachzahlung für das vergangene Geschäftsjahr c) Restliche Steuern sind Zweckaufwand	6 200,00 42 000,00 211 800,00
7510	Zinsaufwendungen für betrieblich notwendiges Fremdkapital. Statt der Fremdkapitalzinsen werden kalkulatorische Zinsen verrechnet (s. u.)	64 000,00
	Ansonsten handelt es sich um betrieblich ordentliche Erträge und um Zweckaufwand	
	Folgende kalkulatorische Kosten sind anzusetzen: a) kalkulatorische Abschreibungen b) kalkulatorische Zinsen c) kalkulatorische Wagnisse	265 000,00 117 000,00 48 000,00

Führen Sie die Abgrenzungsrechnung durch und stimmen Sie die Ergebnisse miteinander ab!

5.1.5 Gliederung der Kosten nach ihrer Zurechenbarkeit

Herr Müller ist zunächst erfreut, als er erfährt, daß sein Betrieb einen Gewinn von 368 161,50 DM (siehe Abgrenzungsrechnung S. 402) erwirtschaftet hat.

Im Vorjahr betrug der Betriebsgewinn lt. Abgrenzungsrechnung noch 508 000,00 DM. Er fragt nach Ursachen dieser negativen Entwicklung. Herr Müller verlangt von Herrn Winkler, dem Abteilungsleiter „Verkauf/Marketing" eine Erklärung für diesen Gewinnrückgang.

Arbeitsauftrag Stellen Sie für Herrn Winkler mögliche Ursachen für diese Entwicklung zusammen!

● **Einflussgrößen des Betriebserfolges**

Der **Betriebserfolg (Gewinn/Verlust)** einer Unternehmung wird einerseits durch die **Umsatzerlöse,** andererseits durch die **Kosten** beeinflusst. Die Kosten setzen sich aus den Anschaffungskosten der einzelnen Artikel und den **Handlungskosten,** die Umsatzerlöse aus dem Umsatz der einzelnen Warengruppen zusammen.

Beispiel

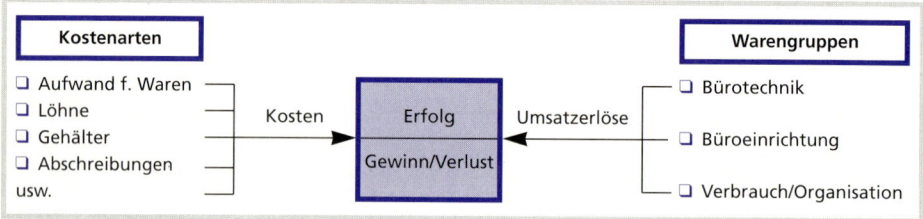

Nehmen beispielsweise die Umsatzerlöse einer Warengruppe (z.B. Bürotechnik) ab oder steigen deren Anschaffungskosten, kann der Gewinn dadurch abnehmen.

Der Unternehmer muss also laufend die Einflussgrößen des Gewinns beobachten, d.h.

❑ einerseits die **Umsatzerlöse** insgesamt und der einzelnen Warengruppen,

❑ andererseits die **Kosten** insgesamt und der einzelnen Warengruppen.

Er muss stärker darauf achten, dass möglichst jeder Artikel seine eigenen Kosten deckt und darüber hinaus einen Gewinn erzielt. Der Unternehmer braucht also Informationen über die Umsatzerlöse und die Kosten jeder Ware. Die im Kontenrahmen festgelegte Unterteilung der Kosten- bzw. Aufwandsarten, wie Aufwand für Waren, Personalaufwand, Abschreibungen, Aufwand für die Inanspruchnahme von Rechten und Diensten, Aufwendungen für Kommunikation, Betriebliche Steuern, reicht nicht aus.

● **Gemein- und Einzelkosten**

Soll die Wirtschaftlichkeit einzelner Warengruppen betrachtet werden, sind den Umsatzerlösen der jeweiligen Warengruppe die entsprechenden Kosten gegenüberzustellen.

Das setzt voraus, dass die in der Abgrenzungsrechnung ermittelten Kosten den einzelnen Waren zugerechnet werden. In Unternehmen mit mehreren Warengruppen ist das jedoch nicht exakt möglich, weil zahlreiche Kostenarten **für mehrere** oder **alle Warengruppen gemeinsam** anfallen.

▶ **Gemeinkosten:** Solche Kosten, die durch mehrere Warengruppen oder alle Warengruppen verursacht werden, sind **Gemeinkosten.** Sie können den einzelnen Warengruppen oder Aufträgen nur auf dem Weg besonderer Umlageverfahren zugerechnet werden.

Beispiele   Gemeinkosten der Primus GmbH

❏ Kosten der Entsorgung (Verpackung, Lösungsmittel, Altöl der Fahrzeuge)

❏ Brennstoffe und Energie

❏ Gehälter und entsprechende soziale Abgaben

❏ Aufwendungen für Fremdleistungen (z. B. Fremdinstandsetzungen)

❏ Lagermiete, Lagerreinigung

❏ Aufwendungen für Kommunikation (Büromaterial, Fachliteratur, Postentgelte, Werbung)

❏ Aufwendungen für Versicherungen und Gebühren

❏ Kalkulatorische Kosten (kalk. Abschreibungen, Zinsen, Wagnisse, Miete)

❏ Steuern, Gebühren

▶ **Einzelkosten:** Kostenarten, die **einzelnen Warengruppen direkt** zugeordnet werden können, werden als **Einzelkosten** bezeichnet.

Beispiele

❏ Entgelte für die eingesetzten Waren und deren Beschaffung (Anschaffungskosten)

❏ Ausgangsfracht für einen bestimmten Kundenauftrag

❏ Versandverpackung für einen bestimmten Kundenauftrag

❏ Kundenskonto

Gliederung der Kosten nach ihrer Zurechenbarkeit

Einzelkosten	Gemeinkosten
❏ Kostenarten, die dem einzelnen Artikel oder der einzelnen Warengruppe direkt zugerechnet werden können.	❏ Kostenarten, die durch mehrere Warengruppen oder Artikel verursacht werden und somit nicht direkt zugerechnet werden können. ❏ Sie werden den einzelnen Warengruppen oder Artikeln auf dem Wege besonderer Umlageverfahren zugerechnet.

1 Welche der folgenden Kosten der Primus GmbH sind
a) Einzelkosten,   b) Gemeinkosten?

Kosten der Primus GmbH

1. Wareneinsatz „Bürotechnik"
2. Stromverbrauch des Betriebes
3. Kfz-Steuer für die Betriebs-Lkw
4. Werbeanzeigen für Sonderangebote an Bürobedarf
5. Treibstoffverbrauch des Lkw

6. Vertreterprovision
7. Abschreibung der Lagereinrichtung
8. Transportverpackung für verkaufte Waren
9. Miete für die Verwaltungsräume
10. Lohnzahlung an die Lagerarbeiter

2 In der Finanzbuchhaltung eines Großhandelsbetriebes werden u. a. die folgenden Aufwendungen erfasst:

6040 Verpackungsmaterial, 6050 Energie, 6060 Aufwand für Waren, 6150 Vertriebsprovision, 6160 Fremdinstandsetzung, 62 Löhne, 63 Gehälter, 64 Soziale Abgaben, 65 Abschreibungen, 6700 Mieten, 6730 Gebühren, 6750 Kosten des Geldverkehrs, 6800 Büromaterial, 6820 Postgebühren, 6870 Werbung, 7000 Gewerbekapitalsteuer, 7030 Kfz-Steuer.

Stellen Sie fest, ob es sich bei den einzelnen Kostenarten um Einzel- oder Gemeinkosten handelt!

3 Entscheiden Sie in den folgenden Fällen der Möbelgroßhandlung Karl Wolf, ob es sich um a) Einzelkosten oder b) Gemeinkosten handelt!

1. Wert des Wareneinsatzes an Stühlen
2. Stromverbrauch lt. Zähler
3. Kfz-Steuer für den Betriebs-Lkw
4. Banküberweisung der Unfallversicherung an die Berufsgenossenschaft
5. Banküberweisung der Gehälter für die Büroangestellten
6. Werbeanzeigekosten für Sonderangebote
7. Verteterprovision lt. aufgeschlüsseltr Abrechnung über den Verkauf von Möbeln
8. Spezialverpackung für verkaufte Schränke
9. Gewerbesteuervorauszahlung
10. Steuerberatungskosten
11. Reinigungsmaterial für die Büroräume
12. Arbeitslohn für Lagerarbeiter
13. Ausgleich der Stromrechnung durch Banküberweisung

5.1.6 Kostenstellenrechnung

Herr Müller hat festgestellt, dass der Block der Gemeinkosten den einzelnen Warengruppen nicht ohne weiteres zugeordnet werden kann, so daß noch keine exakte Aussage darüber möglich ist, wie groß der Gewinnanteil der einzelnen Warengruppen ist und ob jede Warengruppe überhaupt einen Gewinn erzielt hat. Auch sieht Herr Müller keine Möglichkeit die Gemeinkosten zu beeinflussen, da er nicht genau weiß, wo diese Kosten entstanden sind und wer sie zu verantworten hat.

Arbeitsauftrag Entwickeln Sie einen Vorschlag zur Lösung dieser Probleme!

● **Kostenstellen und ihre Einteilungskriterien**

Um die Gemeinkosten beeinflussen zu können muss der Unternehmer wissen, **wo** sie entstanden sind und **wer** sie zu verantworten hat. Dazu ist es notwendig den **Gesamtbetrieb** nach **Aufgaben-** oder nach **Verantwortungsbereichen** zu unterteilen.

Diese **Bereiche der Kostenverursachung** werden als **Kostenstellen** bezeichnet.

Für die Aufteilung des Betriebes in Kostenstellen bieten sich **Verantwortungsbereiche** oder **betriebliche Funktionen** an.

▶ Eine **Gliederung nach Verantwortungsbereichen** ist sinnvoll, wenn bei Untersuchungen der Kostenstruktur bzw. der Kostenentwicklung, z. B. bei Abweichungen von den Plankosten, die Verantwortlichen herangezogen werden sollen.

Beispiel   Kosten der Verwaltung sind bei vergleichbarem Umsatz unverhältnismäßig gestiegen, verantwortlich ist die Abteilungsleiterin Sabine Berg.

▶ Bei einer **Gliederung nach Funktionen** (Aufgaben) werden die Kostenstellen nach Tätigkeitsbereichen abgegrenzt. Ein Tätigkeitsbereich kann vom einzelnen Arbeitsplatz bis zu Abteilungen reichen. Organisatorisch kann eine Übereinstimmung von Funktions- und Verantwortungsbereich erzielt werden.

Beispiele   **(vgl. Organigramm S. 10)**

Funktionsbereiche	Verantwortliche
Einkauf	Frau Konski
Lager	Herr Patt
Verkauf	Herr Winkler
Verwaltung	Frau Berg

In kleineren Großhandelsbetrieben beschränkt man sich vielfach, den Hauptfunktionsbereichen entsprechend, auf die Einteilung des Gesamtbetriebes in vier Kostenstellen mit den zugehörigen Tätigkeiten, wie folgendes Schaubild zeigt:

Kostenstellen und zugehörige Tätigkeiten

I. Einkauf	II. Lager	III. Verwaltung	IV. Vertrieb
❏ Bezugsquellen-ermittlung ❏ Angebotsein-holung ❏ Angebotsver-gleich ❏ Bedarfs-ermittlung ❏ Bestellwesen ❏ Reklamationen ❏ u.a.	❏ Warenannahme ❏ Warenprüfung ❏ Führung der Warendatei ❏ Warenausgabe ❏ Warenversand ❏ Warenpflege ❏ Bestands-kontrolle ❏ u.a.	❏ Posteingang ❏ Bearbeitung des Schriftverkehrs ❏ Schriftgutablage ❏ Rechtsfragen ❏ Personalwesen ❏ Gehaltsabrech-nung ❏ Telefonzentrale ❏ Buchführung ❏ u.a.	❏ Werbung ❏ Verkaufs-organisation ❏ Warenausgangs-kontrolle ❏ Kundendienst ❏ Bearbeitung von Anfragen ❏ Erledigung von Mängelrügen ❏ Kreditverkäufe ❏ u. a.

Verteilung der **Gemeinkosten** aufgrund der Verursachung durch die jeweiligen Tätigkeiten

● **Haupt- und Hilfskostenstellen**

▶ **Hauptkostenstellen:** Die Gemeinkosten werden letztlich wie die Einzelkosten von den Waren verursacht. Die Kontrolle der Wirtschaftlichkeit der einzelnen Warengruppen setzt somit die Zurechnung der Gemeinkosten auf die Warengruppen (Kostenträger, Endkostenstellen) voraus.

Ein wichtiges Kriterium für die Kostenstellengliederung bilden somit die **nach Warengruppen gegliederten Verkaufsabteilungen** (= Hauptkostenstellen).

Hauptkostenstellen der Primus GmbH		
Bürotechnik	Büroeinrichtung	Verbrauch/Organisation

Nur die Einzelkosten (Wareneinsatz) können den Hauptkostenstellen verursachungsgerecht aufgrund von Belegen zugeordnet werden. Der größte Teil der Gemeinkosten kann diesen Hauptkostenstellen nicht problemlos zugeordnet werden, weil sie durch mehrere Warengruppen oder den Gesamtbetrieb verursacht werden. Teilweise ist überhaupt kein Verursachungszusammenhang zwischen Warengruppen und Kosten zu erkennen.

Beispiele

❑ Gehälter des Lagerpersonals, das in verschiedenen Bereichen des Lagers (Warengruppen) oder Verkaufsabteilungen tätig ist.

❑ Gehälter der Angestellten im Einkauf, in der Verwaltung und im Vertrieb

❑ Miete für Lagerräume

❑ Betriebliche Steuern

▶ **Hilfskostenstellen:** Gemeinkosten fallen meistens in den verschiedenen Funktionsbereichen (Einkauf, Lager, Vertrieb, Verwaltung) des Großhandelsbetriebes an. Ein direkter Bezug zur einzelnen Warengruppe ist nur selten eindeutig erkennbar. In Einzelfällen, in denen ein solcher Zusammenhang erkennbar ist (z. B. Werbekosten für einen bestimmten Artikel oder eine Warengruppe), verzichtet man sogar auf die direkte Verteilung auf die Hauptkostenstellen, um die Kosten der einzelnen Funktionsbereiche zu erkennen. Da Funktionsbereiche vielfach mit Verantwortungsbereichen leitender Angestellten übereinstimmen, können Kosten so von Rechnungsperiode zu Rechnungsperiode in ihrer Entwicklung beobachtet und durch Anweisungen an verantwortliche Personen direkt beeinflusst werden. Daher werden die Gemeinkosten, soweit nicht ein eindeutiger Bezug zu den einzelnen Warengruppen besteht, zunächst den Funktionsbereichen Einkauf, Lager, Verwaltung und Vertrieb zugeordnet.

Mithilfe von Verteilungsschlüsseln werden sie dann auf die Warengruppen (Hauptkostenstellen) verteilt. Somit dienen die Funktionsbereiche der Umlage der Gemeinkosten auf die Warengruppen. Sie werden daher als Hilfskostenstellen bezeichnet.

Folgende Übersicht zeigt eine Möglichkeit der Kostenstellenbildung. Die in den Hilfskostenstellen erledigten Aufgaben verursachen Kosten, die sich auf mehrere oder alle Hauptkostenstellen beziehen.

Ein besonderes Problem der Kostenstellenrechnung ist es daher, einen geeigneten Schlüssel für die Kostenumlage von den Hilfskosten- auf die Hauptkostenstellen zu finden.

Hilfskostenstellen (Funktionsbereiche)				Hauptkostenstellen (Warengruppen)		
Einkauf	Lager	Verwaltung	Vertrieb	Büro-technik	Büro-einrichtung	Verbrauch Organisation

© Verlag Gehlen

▶ **Allgemeine Kostenstellen:** Gemeinkosten können auch in Funktionsbereichen anfallen, die Leistungen für den Gesamtbetrieb oder mehrere Kostenstellen erbringen.

Beispiele

❑ Personalkosten für Beschäftigte der EDV-Abteilung,

❑ Lohn für Arbeitskräfte in der Kantine,

❑ Kfz-Kosten für betriebliche Fahrzeuge,

❑ Telefonkosten für Reparaturwerkstatt.

Funktionsbereiche, die Leistungen für mehrere andere Kostenstellen erbringen, werden als **allgemeine Hilfskostenstellen** bezeichnet.

Die hier anfallenden Kosten sind also auf die übrigen Kostenstellen zu verteilen. Sie sind somit auch Vorkostenstellen.

Beispiele

Allgemeine Kostenstellen				
Fuhrpark	Kantine	Reparaturwerkstatt	Pförtner	EDV

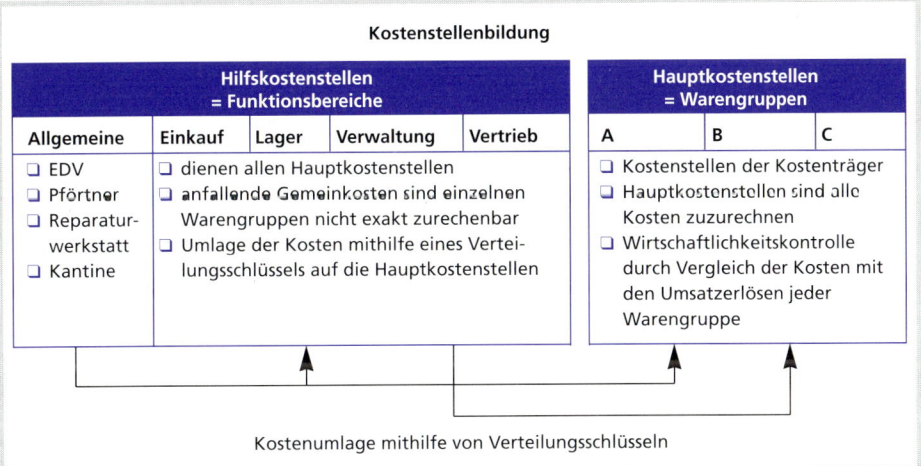

● **Verteilung der Gemeinkosten auf die Kostenstellen im Betriebsabrechnungsbogen**

Ziel der Gemeinkostenverteilung muss es sein, die Gemeinkosten möglichst verursachungsgerecht auf die Kostenstellen zu verteilen. Denn welcher **Abteilungsleiter** möchte schon für die Kosten verantwortlich gemacht werden, die die Abteilung nicht verursacht hat.

Beispiel   Herr Zimmer schlägt vor, die Anteile der Feuerversicherung für alle vier Kostenstellen gleichzusetzen. Damit sind die Abteilungsleiterinnen Frau Konski und Frau Berg nicht einverstanden, weil sie meinen, dass die unterschiedliche Raumgröße zu berücksichtigen sei.

▶ **Kostenstelleneinzelkosten:** Ein Teil der Gemeinkosten kann aufgrund von Belegen oder mithilfe von Mess- und Zähleinrichtungen zugeordnet werden:

Beispiele

❑ Gehälter, Sozialkosten mithilfe von Gehaltslisten
❑ Kosten der Werbung anhand von Belegen
❑ Instandhaltungskosten anhand von Belegen
❑ Abschreibungen bestimmter Anlagen mittels Anlagendatei
❑ Stromkosten mithilfe von Zählern
❑ Büromaterial aufgrund von Materialentnahmescheinen oder Eingangsrechnungen

Die Kostenträgergemeinkosten, die den Kostenstellen direkt zugerechnet werden können, sind **Kostenstelleneinzelkosten.**

▶ **Kostenstellengemeinkosten:** Ein Teil der Gemeinkosten wurde von mehreren oder allen Kostenstellen gemeinsam verursacht. Es sind **Kostenstellengemeinkosten.** Sie können den Kostenstellen nur mithilfe von **Verteilungsschlüsseln** zugerechnet werden. Kernproblem der Kostenstellengemeinkostenverteilung ist es, geeignete Verteilungsschlüssel zu finden, die die Kostenverursachung auch widerspiegeln.

Verteilungsmöglichkeiten einzelner Gemeinkosten

Kostenart	Verteilungsgrundlage
❑ Kfz-Kosten (Versicherung, Steuer, Kraftstoff)	km (Fahrtenbücher) auf die Funktionsbereiche
❑ Unfallversicherung	Zahl der Beschäftigten in den Funktionsbereichen
❑ Feuerversicherung	Wert des versicherten Vermögens in den Funktionsbereichen
❑ Miete, Heizung	m² oder m³ der einzelnen Funktionsbereiche
❑ Abschreibungen	Wert des Anlagevermögens in den Funktionsbereichen
❑ Kalkulatorische Zinsen	Wert des betriebsnotwendigen Vermögens einzelner Funktionsbereiche

● Betriebsabrechnungsbogen (BAB)

Die Verteilung der Gemeinkosten wird in statistisch-tabellarischer Form im **Betriebsabrechnungsbogen (BAB)** durchgeführt.

Verrechnungstechnisch ist der **einstufige** vom **mehrstufigen** BAB zu unterscheiden.

▶ **Der einstufige BAB** enthält nur Endkostenstellen mit den Hauptfunktionsbereichen Einkauf, Lager, Verwaltung und Vertrieb.

Aus der Abgrenzungsrechnung der Kostenartenrechnung werden die Gemeinkosten übernommen und dann mithilfe von Belegen, Zähl- und Messeinrichtungen oder mithilfe von Schlüsseln auf die Kostenstellen verteilt.

▶ **Der mehrstufige BAB** enthält neben den Endkostenstellen mehrere Hilfskostenstellen (Vorkostenstellen), deren Kosten auf die Endkostenstellen umgelegt werden.

Die regelmäßige Erstellung eines BAB ermöglicht der Unternehmensleitung neben der Kostenartenkontrolle eine Überwachung der Kosten einzelner Kostenstellen. Dadurch können im Falle starker Schwankungen und unveränderter Beschäftigung und Preissituation die Ursachen der Abweichungen leichter herausgefunden werden (zur Auswertung des BAB für Zwecke der Kalkulation siehe S. 417 ff.).

Beispiel Angaben zur Aufstellung des Betriebsabrechnungsbogens (vgl. Seite 419)

Kostenstellen / Kostenarten	DM	Verteilungsgrundlagen	Hilfskostenstellen				Hauptkostenstellen (= Kostenträger)		
			Einkauf	Lager	Verwaltung	Vertrieb	Bürotechnik	Büroeinrichtung	Verbrauch/ Organisation
WE[1] „Bürotechnik"	1 365 000,00						1 365 000,00		
WE „Büroeinrichtung"	1 740 000,00								1 740 000,00
WE „Verbrauch/Organisation"	477 500,00								477 500,00
Summe Einzelkosten	3 582 500,00						1 365 000,00	1 740 000,00	477 500,00
6050 Energie	180 006,00	Schlüsselzahlen	1	8	2	1	0	0	0
6160 Fremdinstandsetzung	47 354,00	ER	1 582,50	2 900,00	23 000,00	6 636,50	5 000,00	6 235,00	2 000,00
6200 Löhne	930 000,00	Lohnlisten	84 000,00	365 000,00	15 000,00	75 000,00	31 000,00	360 000,00	0
6300 Gehälter	755 000,00	Gehaltslisten	76 000,00	48 000,00	214 000,00	104 000,00	78 600,00	231 825,00	2 575,00
6800 Aufw. für Kommunikation	292 500,00	Belege	58 172,00	27 851,00	97 019,00	46 118,00	6 400,00	56 940,00	0
7000 Betriebliche Steuern	78 715,00	Schlüsselzahlen	1	1	4	1	0	0	0
Kalkulatorische Abschreibungen	150 000,00	Anlagendatei	21 000,00	28 000,00	18 000,00	8 000,00	30 000,00	30 000,00	15 000,00
Kalkulatorische Zinsen	130 000,00	Betriebsnotwendiges Kapital	19 000,00	26 000,00	12 000,00	10 000,00	25 000,00	25 000,00	13 000,00
Kalkulatorische Wagnisse	98 000,00	Betriebsnotwendiges Vermögen	18 000,00	20 000,00	6 000,00	14 000,00	18 000,00	16 000,00	6 000,00
Kalkulatorische Miete	72 000,00	Schlüsselzahlen	8	13	10	5	0	0	0
Summe der Gemeinkosten	2 733 575,00								
		Verteilungsschlüssel der Hilfskostenstelle „Einkauf"					3	3	2
		Verteilungsschlüssel der Hilfskostenstelle „Lager"					5	8	2
		Verteilungsschlüssel der Hilfskostenstelle „Verwaltung"					4	6	2
		Verteilungsschlüssel der Hilfskostenstelle „Vertrieb"					4	4	2
		Umsatzerlöse der Warengruppe „Bürotechnik"					2 315 040,00		
		Umsatzerlöse der Warengruppe „Büroeinrichtung"						3 636 600,00	
		Umsatzerlöse der Warengruppe „Verbrauch/Organisation"							732 566,50

[1] Wareneinsatz

Mit Hilfe von Verteilungsschlüsseln werden die Kosten der Funktionsbereiche Einkauf, Lager, Verwaltung und Vertrieb auf die Kostenträger verteilt. Mögliche Verteilungsgrundlage für die Umlage der Kosten der Hilfskostenstellen auf die Hauptkostenstellen gehen aus folgender Übersicht hervor:

Gemeinkosten der Funktionsbereiche (Hilfskostenstellen)	Mögliche Verteilungsgrundlage
Einkauf	Wareneinsatz
Lager	Wareneinsatz, Lagerraum (m2, m3)
Verwaltung	Wareneinsatz, Warenumsatz
Vertrieb	Warenumsatz

Beispiel Herr Zimmer soll den Betriebsabrechnungsbogen (BAB) aufgrund der Angaben von Seite 413 erstellen. Verteilungsgrundlagen bzw. Verteilungsschlüssel werden unter den Abteilungsleitern abgestimmt.

Kostenstellenrechnung

- Die Kostenstellenrechnung informiert über die **Kostenverursachung einzelner Betriebsbereiche** (Funktions- und Verantwortungsbereiche); dadurch lassen sich Kosten den verantwortlichen Personen zuordnen.
- Durch Vergleich verschiedener Zeiträume (Zeitvergleich) kann die Kostenentwicklung jeder Kostenstelle festgestellt werden.
- Durch Vergleich der angefallenen Kosten (Istkosten) mit den geplanten Kosten (Sollkosten) liefert sie **Unterlagen für die Kostensteuerung** und damit für die Wirtschaftlichkeitskontrolle.
- Die Kostenstellenrechnung ist Voraussetzung für die Verteilung der Gemeinkosten auf die Kostenträger.
- Nach der Zurechnung der Gemeinkosten auf die Kostenstellen sind Kostenstelleneinzel- und Kostenstellengemeinkosten zu unterscheiden.
- Die Verteilung der Gemeinkosten wird in statistisch-tabellarischer Form im Betriebsabrechnungsbogen (BAB) durchgeführt.
- Je nach Tiefengliederung werden einstufiger und mehrstufiger BAB unterschieden.

1 Die folgenden Gemeinkosten eines Großhandelsbetriebes sind im BAB nach den untenstehenden Angaben zu verteilen:

		DM
6050	Aufwendungen für Energie	28 009,00
6850	Reisekosten	14 000,00
6870	Werbung	42 000,00
6140	Frachten	35 000,00
6160	Fremdinstandsetzung	17 500,00
63/64	Gehälter, Sozialabgaben	171 000,00
6800	Büromaterial	139 995,00
70	Betriebliche Steuern	20 987,00
	Kalkulatorische Abschreibungen	126 005,00
	Kalkulatorische Miete	105 504,00

Kosten-art	Verteilungs grundlage	EDV	Einkauf	Lager	Verwal-tung	Vertrieb	Gruppe A	Gruppe B	Gruppe C
6050	Rauminhalt in m³	10500	8400	18500	2700	12300	1300	1200	1118
6140	nach km-Inanspruchnahme	0	0	0	0	47500	25000	9000	6000
6160	nach Reparatur-Stunden	40	80	500	55	200	0	0	0
63/64	Gehaltsliste	9000,00	21000,00	36000,00	27000,00	45000,00	18000,00	9000,00	6000,00
6800	Schlüsselzahlen	1	3	5	2	6	0	0	0
6850	20 : 5 : 2 : 1	0,00	0,00	0,00	0,00	200000,00	50000,00	20000,00	10000,00
6870	nach Belegen in DM	0,00	0,00	0,00	6000,00	24000,00	4000,00	6000,00	2000,00
70	Schlüsselzahlen	2	5	9	7	8	0	0	0
kalk. Abschr.	nach Belegen in DM	21361,00	14510,00	28482,00	15541,00	39824,00	2450,00	1400,00	2437,00
kalk. Miete	Fläche in m²	500	300	3000	900	3100	200	450	342
Verteilung „EDV" nach beanspruchten Stunden			180	300	450	200	70	40	60
Verteilung „Einkauf"							3	4	1
Verteilung „Lager"							11	5	4
Verteilung „Verwaltung"							3	1	1
Verteilung „Vertrieb"							3	5	2

2 Die folgenden Gemeinkosten eines Großhandelsbetriebes sind im BAB nach den untenstehenden Angaben zu verteilen:

		DM
6050	Aufwendungen für Energie	31872,00
6870	Werbung	52206,00
6140	Frachten	75400,00
6160	Fremdinstandsetzung	23199,00
63/64	Gehälter, Sozialabgaben	114800,00
6800-6850	Verschiedene Aufwendungen für Kommunikation	98615,00
7000	Betriebliche Steuern	20328,00
	Kalkulatorische Abschreibungen	63786,00
	Kalkulatorische Miete	70800,00
	Kalkulatorische Zinsen	28994,00

Kosten-art	Verteilungs grundlage	EDV	Einkauf	Lager	Verwal-tung	Vertrieb	Gruppe A	Gruppe B	Gruppe C
6050	Rauminhalt in m³	8400	3200	28000	15200	20100	2300	1200	1280
6140	nach km-Inanspruchnahme	0	0	0	0	130000	18500	24000	16000
6160	nach Reparatur-Stunden	42	70	560	152	430	0	0	0
63/64	Anzahl der Personen	1	4	7	3	12	2	3	9
6800-6850	Schlüsselzahlen	17	15	39	27	18	2	1	2
6870	nach Belegen in DM	0,00	0,00	0,00	8136,00	35934,00	4068,00	1356,00	2712,00
7000	Schlüsselzahlen	17	27	37	12	28	0	0	0
kalk. Abschr.	nach Belegen in DM	2652,00	9064,00	13839,00	7151,00	23697,00	1282,00	2499,00	3602,00
kalk. Miete	Fläche in m²	400	200	2500	800	2300	700	1200	750
kalk. Zinsen	nach Belegen in DM	4000,00	1500,00	6000,00	2000,00	10000,00	1250,00	2500,00	1744,00
Verteilung „EDV" nach beanspruchten Stunden			70	110	280	80	15	24	11
Verteilung „Einkauf"							6	4	2
Verteilung „Lager"							7	3	5
Verteilung „Verwaltung"							2	1	1
Verteilung „Vertrieb"							4	3	1

3 Erstellen Sie den BAB einer Getränkegroßhandlung für den Monat Juli!

Kostenstellen / Kostenarten	DM	Verteilungsgrundlagen	Hilfskostenstellen Einkauf	Lager	Verwaltung	Vertrieb	Hauptkostenstellen (= Kostenträger) Biere	Limonaden	Weine
Wareneingang „Biere"	88 187,00						88 187,00		
Wareneingang „Limonaden"	22 732,00							22 732,00	
Wareneingang „Weine"	66 444,00								66 444,00
Summe Einzelkosten	177 363,00						88 187,00	22 187,00	66 444,00
6050 Energie	4 796,00	Rauminhalt in m³	90 m³	1 740 m³	120 m³	448 m³			
6160 Fremdinstandsetzung	2 408,00	nach Reparatur-Std.	5 Std.	17 Std.	3 Std.	18 Std.			
62-64 Personalaufwendungen	54 400,00	laut Gehaltsliste	3 200,00 DM	16 000,00 DM	6 400,00 DM	28 800,00 DM			
6500 Abschreibungen	14 400,00	nach Belegen in DM	1 562,00 DM	5 306,00 DM	3 294,00 DM	4 238,00 DM			
6700 Mieten	15 804,00	Fläche in m²	30 m²	580 m²	40 m²	667 m²			
6800 Aufw. f. Kommunikation	17 992,00	nach Schlüsselzahlen	2	3	2	6			
7000 Betriebliche Steuern	4 200,00	nach Schlüsselzahlen	3	5	2	11			
7510 Zinsaufwendungen	6 000,00	nach Belegen in DM	1 050,00 DM	2 150,00 DM	1 250,00 DM	1 550,00 DM			
Gesamtkosten:	120 000,00								
		Verteilungsschlüssel der Hilfskostenstelle „Einkauf"					3	1	4
		Verteilungsschlüssel der Hilfskostenstelle „Lager"					13	2	9
		Verteilungsschlüssel der Hilfskostenstelle „Verwaltung"					6	2	4
		Verteilungsschlüssel der Hilfskostenstelle „Vertrieb"					14	4	2
		Umsatzerlöse der Warengruppe „Biere"					211 648,80 DM		
		Umsatzerlöse der Warengruppe „Limonaden"						48 624,30 DM	
		Umsatzerlöse der Warengruppe „Weine"							154 150,40 DM

4 Erstellen Sie den BAB für den Monat April 19 . . der Textilgroßhandlung Inge Schöne!

Kostenstellen / Kostenarten	DM	Verteilungsgrundlagen	Hilfskostenstellen Einkauf	Lager	Verwaltung	Vertrieb	Hauptkostenstellen (= Kostenträger) Herrenbekleidung	Damenbekleidung	Kinderbekleidung
Wareneingang „Herrenbekleidung"	276 755,00						276 755,00		
Wareneingang „Damenbekleidung"	360 961,00							360 961,00	
Wareneingang „Kinderbekleidung"	136 457,00								136 457,00
Summe Einzelkosten	774 173,00						276 755,00	360 961,00	136 457,00
6050 Energie	3 595,20	Rauminhalt in m³	360 m³	900 m³	360 m³	2 874 m³			
6160 Fremdinstandsetzung	7 200,00	nach Reparatur-Std.	8 Std.	24 Std.	18 Std.	40 Std.			
62-64 Personalaufwendungen	172 000,00	laut Gehaltsliste	16 000,00 DM	36 000,00 DM	20 000,00 DM	100 000,00 DM			
6500 Abschreibungen	43 200,00	nach Belegen in DM	3 137,00 DM	14 120,00 DM	6 627,00 DM	19 316,00 DM			
6700 Mieten	42 210,00	Fläche in m²	120 m²	300 m²	120 m²	867 m²			
6800 Aufw. f. Kommunikation	72 000,00	nach Schlüsselzahlen	7	3	6	4			
7000 Betriebliche Steuern	10 795,00	nach Schlüsselzahlen	1	4	7	5			
7510 Zinsaufwendungen	8 999,80	nach Belegen in DM	1 500,00 DM	2 900,00 DM	2 000,00 DM	2 599,80 DM			
Gesamtkosten:	360 000,00								
		Verteilungsschlüssel der Hilfskostenstelle „Einkauf"					6	15	4
		Verteilungsschlüssel der Hilfskostenstelle „Lager"					4	8	3
		Verteilungsschlüssel der Hilfskostenstelle „Verwaltung"					5	6	1
		Verteilungsschlüssel der Hilfskostenstelle „Vertrieb"					7	9	2
		Umsatzerlöse der Warengruppe „Herrenbekleidung"					433 398,60 DM		
		Umsatzerlöse der Warengruppe „Damenbekleidung"						669 366,42 DM	
		Umsatzerlöse der Warengruppe „Kinderbekleidung"							257 903,80 DM

5.1.7 Kostenträgerrechnung
5.1.7.1 Kostenträgerzeitrechnung

Nachdem die Einzel- und die Gemeinkosten lt. BAB verteilt worden sind, ist Herr Müller der Meinung, dass jetzt der Erfolg der einzelnen Warengruppen festgestellt werden kann.

Arbeitsauftrag
- ❏ Erläutern Sie, warum Herr Müller den Erfolg der einzelnen Warengruppen wissen will!
- ❏ Machen Sie Vorschläge für die Erfolgsermittlung der einzelnen Warengruppen!

Kostenträger sind die Absatzleistungen der Großhandelsbetriebe, die die Kosten verursacht haben. Kostenträger können **Aufträge** (Ausstattung eines Großraumbüros) oder **Zeiträume** (ein Jahr, ein Quartal, ein Monat) sein. Werden die Kosten einzelnen **Artikeln** oder **Verpackungseinheiten** oder **Aufträgen** zugeordnet, spricht man von der **Kostenträgerstückrechnung** oder **Kalkulation**. Werden die **Kosten Zeiträumen zugeordnet,** spricht man von der **Kostenträgerzeitrechnung.**

Beispiel

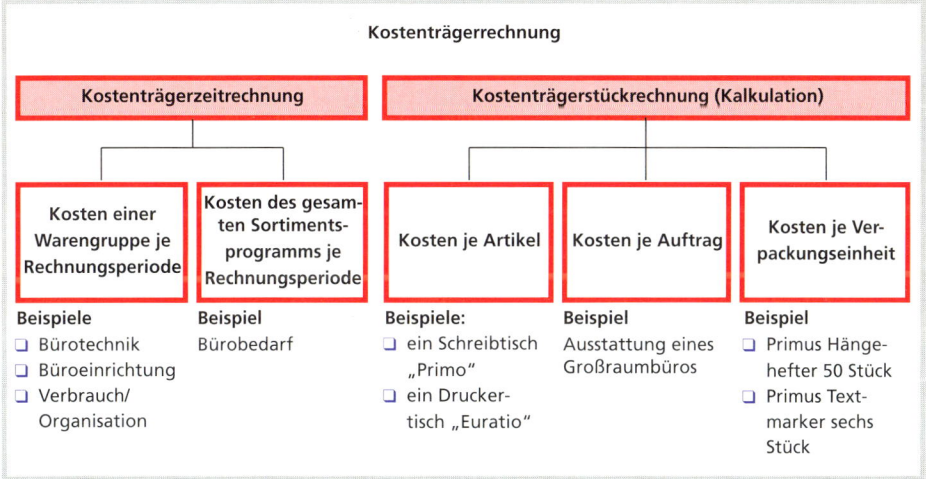

Die **Kostenträgerzeitrechnung** hat die Aufgabe, die in einer Rechnungsperiode erzielten Erfolge des gesamten Sortiments und bestimmter Gruppen und Artikel zu ermitteln. Das wird erreicht, indem den Umsatzerlösen des gesamten Sortiments oder einzelner Warengruppen bzw. Artikel die entsprechenden Kosten gegenübergestellt werden.

Die Gesamtkosten des Großhandelsbetriebes und jeder Warengruppe setzen sich aus den Einzelkosten und den anteiligen Gemeinkosten zusammen. Um den Erfolg des Betriebes insgesamt oder einzelner Warengruppen oder gar einzelner Artikel zu ermitteln müssen den Umsatzerlösen jeweils die Selbstkosten lt. BAB (Wareneinsatz + Handlungskosten) gegenübergestellt werden.

Kostenträgerzeitrechnung zum Beispiel S. 413 f. und S. 419

	insgesamt		Bürotechnik		Büroeinrichtung		Verbrauch/Orga	
	DM	%	DM	%	DM	%	DM	%
Wareneinsatz	3 582 500,00		1 365 00,00		1 740 000,00		477 500,00	
+ Handlungskosten (Gemeinkosten lt. BAB)	2 733 575,00	76,3	819 000,00	60,0	1 566 000,00	90,0	348 575,00	74,0
Selbstkosten	6 316 075,00		2 184 000,00		3 306 000,00		826 075,00	
Umsatzerlöse	6 684 215,50		2 315 040,00		3 636 600,00		732 575,00	
Gewinn/Verlust	368 140,50	5,8	131 040,00	6,0	330 600,00	10,0	−93 499,50	−11,3

Die Kostenträgerzeitrechnung kann somit zur Ermittlung

❏ eines **allgemeinen (durchschnittlichen)** Handlungskosten- und Gewinnzuschlagssatzes für den Gesamtbetrieb und

❏ unterschiedlicher Zuschlagssätze für die einzelnen Warengruppen ausgewertet werden.

Beispiel

Kalkulations-zuschläge	insgesamt	Bürotechnik	Büroeinrichtung	Verbrauch/Orga
Handlungskosten-zuschlag (HKZ) $= \dfrac{HK \cdot 100}{Wareneinsatz}$	$= \dfrac{2\,733\,575 \cdot 100}{3\,582\,500}$ $= 76,3\,\%$	$= \dfrac{819\,000 \cdot 100}{1\,365\,000}$ $= 60\,\%$	$= \dfrac{1\,566\,000 \cdot 100}{1\,740\,000}$ $= 90\,\%$	$= \dfrac{348\,575 \cdot 100}{477\,500}$ $= 73\,\%$
Gewinnzuschlags-satz (GZ) $= \dfrac{Gewinn \cdot 100}{Selbstkosten}$	$= \dfrac{368\,140,50 \cdot 100}{6\,316\,075}$ $= 5,8\,\%$	$= \dfrac{130\,040 \cdot 100}{2\,184\,000}$ $= 6\,\%$	$= \dfrac{330\,600 \cdot 100}{3\,306\,000}$ $= 10\,\%$	$= \dfrac{-93\,499,50 \cdot 100}{826\,075}$ $= 11,3\,\%$

Das Schaubild von Seite 419 zeigt die Ableitung der Kostenträgerzeitrechnung aus der Kosten-arten- und Kostenstellenrechnung im Zusammenhang.

Kostenträgerzeitrechnung

● Die Kostenträgerrechnung kann Kostenträgerzeit-oder Kostenträgerstückrechnung sein.
Die **Kostenträgerzeitrechnung** rechnet die Kosten des Betriebes oder einzelner Waren-gruppen einzelnen Rechnungsperioden (Monate, Quartale, Jahre) zu.
Die **Kostenträgerstückrechnung,** auch Kalkulation genannt, rechnet die Kosten den Kalku-lationsobjekten (Artikel, Auftrag, Verpackungseinheit) zu.

● Durch die Gegenüberstellung der Selbstkosten und des Umsatzes insgesamt und jeder Wa-rengruppe können
❏ der **Erfolg** insgesamt und jeder Warengruppe,
❏ der **durchschnittliche Handlungskostenzuschlagssatz** und die **unterschiedlichen Hand-lungszuschlagssätze jeder Warengruppe,**
❏ der **durchschnittliche Gewinnzuschlagssatz** und die **unterschiedlichen Gewinnzu-schlagssätze jeder Warengruppe** ermittelt werden.

● Die Verteilung der Handlungskosten (Gemeinkosten) auf die Hauptkostenstellen der Kostenträger ist Voraussetzung für die Wirtschaftlichkeitskontrolle des Sortiments.

Kostenträgerzeitrechnung

Kostenarten	DM	Verteilungsgrundlagen	Einkauf	Lager	Verwaltung	Vertrieb	Bürotechnik	Büroeinrichtung	Verbrauch/Orga.	Summe DM
WE „Bürotechnik"	1 365 000,00						1 365 000,00			
WE „Büroeinrichtung"	1 740 000,00							1 740 000,00		
WE „Verbrauch/Organisation"	477 500,00								477 500,00	
Summe Einzelkosten	3 582 500,00						1 365 000,00	1 740 000,00	477 500,00	3 582 500,00
6050 Energie	180 006,00	1:8:2:1:0:0:0	15 000,50	120 004,00	30 001,00	15 000,50				180 006,00
6160 Fremdinstandsetzung	47 354,00	ER	1 582,50	2 900,00	23 000,00	6 636,50	5 000,00	6 235,00	2 000,00	47 354,00
6200 Löhne	930 000,00	Lohnlisten	84 000,00	365 000,00	15 000,00	75 000,00	31 000,00	360 000,00		930 000,00
6300 Gehälter	755 000,00	Gehaltslisten	76 000,00	48 000,00	214 000,00	104 000,00	78 600,00	231 825,00	2 575,00	755 000,00
6800 Aufw. für Kommunikation	292 500,00	Belege	58 172,00	27 851,00	97 019,00	46 118,00	6 400,00	56 940,00		292 500,00
7000 Betriebliche Steuern	78 715,00	1:1:4:1:0:0:0	11 245,00	11 245,00	44 980,00	11 245,00				78 715,00
Kalkulatorische Abschreibungen	150 000,00	Anlagendatei	21 000,00	28 000,00	18 000,00	8 000,00	30 000,00	30 000,00	15 000,00	150 000,00
Kalkulatorische Zinsen	130 000,00	Betriebsnotwendiges Kapital	19 000,00	26 000,00	12 000,00	10 000,00	25 000,00	25 000,00	13 000,00	130 000,00
Kalkulatorische Wagnisse	98 000,00	Betriebsnotwendiges Vermögen	18 000,00	20 000,00	6 000,00	14 000,00	18 000,00	16 000,00	6 000,00	98 000,00
Kalkulatorische Miete	72 000,00	8:13:10:5:0:0:0	16 000,00	26 000,00	20 000,00	10 000,00				72 000,00
Summe der Gemeinkosten	2 733 575,00		320 000,00	675 000,00	480 000,00	300 000,00	194 000,00	726 000,00	38 575,00	2 733 575,00
Verteilung Einkauf		3:3:2								
Verteilung Lager		5:8:2								
Verteilung Verwaltung		4:6:2								
Verteilung Vertrieb		4:4:2								
Summe der Handlungskosten (Gemeinkosten) je Warengruppe und insgesamt							819 000,00	1 566 000,00	348 575,00	2 733 575,00
Handlungskostenzuschlag je Warengruppe und insgesamt in %							60	90	73	76,30
Selbstkosten der Rechnungsperiode							2 184 000,00	3 306 000,00	826 075,00	6 316 075,00
Nettoverkaufserlöse der Rechnungsperiode							2 315 040,00	3 636 600,00	732 566,50	6 684 206,50
Betriebsgewinn/-verlust je Warengruppe und insgesamt							131 040,00	330 600,00	-93 508,50	368 131,50
Gewinnzuschlagssätze bzw. Erfolg in % der Selbstkosten je Warengruppe und insgesamt							6,00	10,00	-11,32	5,83

1

Kostenstellen / Kostenarten	DM	Verteilungsgrundlagen	Hilfskostenstellen				Hauptkostenstellen (= Kostenträger)		
			Einkauf	Lager	Verwaltung	Vertrieb	Damenschuhe	Herrenschuhe	Kinderschuhe
Wareneingang „Damenschuhe"	315440,00						315440,00		
Wareneingang „Herrenschuhe"	258060,00							258060,00	
Wareneingang „Kinderschuhe"	116375,00								116375,00
Summe Einzelkosten:	689875,00						315440,00	258060,00	116375,00
6050 Energie	7497,60	Rauminhalt in m³	405 m³	1440 m³	390 m³	4013 m³			
6160 Fremdinstandsetzung	2520,00	nach Reparatur-Stunden	3 Std.	11 Std.	0 Std.	14 Std.			
62-64 Personalaufwendungen	236000,00	laut Gehaltsliste	28000,00DM	60000,00DM	36000,00DM	112000,00DM			
6500 Abschreibungen	40008,00	nach Belegen in DM	7678,60DM	12127,00DM	6077,00DM	14125,40DM			
6700 Mieten	58992,00	nach Schlüsselzahlen	135 m²	480 m²	130 m²	1713 m²			
6800 Aufwendungen für Kommunikation	127472,00	nach Schlüsselzahlen	5	3	17	6			
7000 Betriebliche Steuern	15011,00	nach Schlüsselzahlen	2	3	7	5			
7510 Zinsaufwendungen	12499,40	nach Belegen in DM	1.999,40DM	650,00DM	2.250,00DM	7.600,00DM			
Gesamtkosten	500000,00						883232,00DM	621151,00DM	199001,25DM
Verteilungsschlüssel der Hilfskostenstelle „Einkauf"							13	7	5
Verteilungsschlüssel der Hilfskostenstelle „Lager"							5	4	3
Verteilungsschlüssel der Hilfskostenstelle „Verwaltung"							9	7	4
Verteilungsschlüssel der Hilfskostenstelle „Vertrieb"							7	5	2
Umsatzerlöse der Warengruppe „Damenschuhe"									
Umsatzerlöse der Warengruppe „Herrenschuhe"									
Umsatzerlöse der Warengruppe „Kinderschuhe"									

a) Erstellen Sie den BAB der Schuhwarengroßhandlung Franz Schuster GmbH für den Monat Oktober 19 ...!
b) Berechnen Sie für die Warengruppen die Handlungskostenzuschlagssätze! c) Berechnen Sie für die Warengruppen die Gewinnzuschlagssätze!

2

Kostenstellen / Kostenarten	DM	Verteilungsgrundlagen	Hilfskostenstellen				Hauptkostenstellen (= Kostenträger)		
			Einkauf	Lager	Verwaltung	Vertrieb	Tapeten	Farben	Bodenbelag
Wareneingang „Tapeten"	197000,00						197000,00		
Wareneingang „Farben"	122500,00							122500,00	
Wareneingang „Bodenbelag"	275921,00								275921,00
Summe Einzelkosten:	595421,00						197000,00	122500,00	275921,00
6050 Energie	3598,80	Rauminhalt in m³	390 m³	1200 m³	240 m³	1169 m³			
6160 Fremdinstandsetzung	1190,00	nach Reparatur-Stunden	2 Std.	8 Std.	3 Std.	4 Std.			
62-64 Personalaufwendungen	112000,00	laut Gehaltsliste	10500,00DM	42000,00DM	14000,00DM	45500,00DM			
6500 Abschreibungen	19210,00	nach Belegen in DM	3451,80DM	9684,00DM	2634,00DM	3440,20DM			
6700 Mieten	29600,00	nach Schlüsselzahlen	130 m²	400 m²	80 m²	574 m²			
6800 Aufwendungen für Kommunikation	61200,00	nach Schlüsselzahlen	9	4	7	5			
7000 Betriebliche Steuern	7201,00	nach Schlüsselzahlen	2	6	8	3			
7510 Zinsaufwendungen	6000,20	nach Belegen in DM	1.400,20DM	2.250,00DM	700,00DM	1.650,00DM			
Gesamtkosten	240000,00						330960,00DM	169907,50DM	495002,30DM
Verteilungsschlüssel der Hilfskostenstelle „Einkauf"							8	5	11
Verteilungsschlüssel der Hilfskostenstelle „Lager"							4	3	6
Verteilungsschlüssel der Hilfskostenstelle „Verwaltung"							8	6	11
Verteilungsschlüssel der Hilfskostenstelle „Vertrieb"							7	5	8
Umsatzerlöse der Warengruppe „Tapeten"									
Umsatzerlöse der Warengruppe „Farben"									
Umsatzerlöse der Warengruppe „Bodenbelag"									

a) Erstellen Sie den BAB der Einrichtungsgroßhandlung Karl Maier für den Monat Januar 19 ...!
b) Berechnen Sie für die Warengruppen die Handlungskostenzuschlagssätze! c) Berechnen Sie für die Warengruppen die Gewinnzuschlagssätze!

3 Stellen Sie aufgrund folgender Angaben eines Großhandelsbetriebes die Kostenträger-zeitrechnung auf und ermitteln Sie
a) den Erfolg des Betriebes insgesamt und der Sortimentsgruppen A, B und C,
b) die HKZ des Betriebes und der Sortimentsgruppen,
c) den Gewinnsatz des Betriebes und der Sortimentsgruppen!

	insgesamt DM	Sortimentsgruppen		
		A DM	B DM	C DM
Wareneinsatz	4 840 000,00	2 100 000,00	1 790 000,00	950 000,00
Gemeinkosten (Handlungs-kosten) lt. BAB	3 098 000,00	1 129 400,00	1 042 300,00	926 300,00
Umsatzerlöse	8 890 112,00	4 095 000,00	1 879 500,00	2 915 612,00

4 Ein Großhandelsbetrieb ermittelte in der Abgrenzungsrechnung folgende Daten:

		DM
	Warenverkauf Gruppe A	573 868,40
	Warenverkauf Gruppe B	405 936,00
	Warenverkauf Gruppe C	422 428,50
	Wareneinsatz Gruppe A	365 987,50
	Wareneinsatz Gruppe B	225 520,00
	Wareneinsatz Gruppe C	224 100,00
6050	Energie	10 800,00
6140	Fachten	43 200,00
6160	Fremdinstandsetzung	12 600,00
62/63/64	Löhne/Gehälter/Soziale Aufwendungen	87 000,00
6800–6850	Aufwendungen für Kommunikation	64 800,00
6870	Werbung	32 400,00
7000	Betriebliche Steuern	7 200,00
	Kalkulatorische Abschreibungen	39 600,00
	Kalkulatorische Miete	53 400,00
	Kalkulatorische Zinsen	9 000,00

Kosten-art	Verteilungs grundlage	EDV	Einkauf	Lager	Verwal-tung	Vertrieb	Gruppe A	Gruppe B	Gruppe C
6050	Rauminhalt in m³	2 100	3 600	18 400	3 200	24 800	400	700	800
6140	nach km-Inan-spruchnahme	0	0	0	0	90 000	12 000	23 000	19 000
6160	nach Reparatur-Stunden	40	50	70	20	30	10	60	0
63/64	Gehaltsliste	6 000,00	9 000,00	15 000,00	12 000,00	33 000,00	3 000,00	3 000,00	6 000,00
6800 – 6850	Schlüsselzahlen	2	3	5	9	5	2	1	3
6870	Schlüsselzahlen	0	0	0	0	15	2	3	5
7000	Schlüsselzahlen	2	5	7	3	13	0	0	0
kalk. Abschr.	nach Belegen in DM	2 540,00	2 750,00	6 590,00	7 000,00	13 430,00	2 248,00	3 107,00	1 935,00
kalk. Miete	Fläche in m²	120	300	1 800	400	1 200	130	240	260
kalk. Zinsen	nach Belegen in DM	1 000,00	2 000,00	3 500,00	500,00	1 500,00	150,00	225,00	125,00
	Verteilung „EDV" nach beanspruchten Stunden		30	70	60	190	170	130	70
	Verteilung „Einkauf"						5	1	4
	Verteilung „Lager"						12	6	7
	Verteilung „Verwaltung"						2	1	1
	Verteilung „Vertrieb"						2	2	1

Erstellen Sie nach dem Beispiel auf S. 419 die Kostenstellenrechnung und Kostenträger-zeitrechnung!

5.1.7.2   Kostenträgerstückrechnung (Kalkulation)[1]

Für die Stadtverwaltung Oberhausen benötigt das Bürofachgeschäft Herbert Blank 400 spezielle Computertische, die die Primus GmbH noch nicht in der Warengruppe „Büroeinrichtung" führt. Über mehrere Anfragen ist die Einkaufsabteilung fündig geworden. Der Computertisch wird der Primus GmbH von einem Lieferer für 420,00 DM angeboten. Dieser Preis wird der Verkaufsabteilung weitergeleitet, damit diese dem Kunden ein Angebot unterbreiten kann.

Arbeitsauftrag   Kalkulieren Sie den Verkaufspreis unter Auswertung der Kostenträgerzeitrechnung Seite 419!

Die Kostenträgerstückrechnung hat die Aufgaben,

- den **Angebotspreis** einer **Wareneinheit** oder eines **Auftrags** zu berechnen oder zu **kalkulieren (= Vorkalkulation),**

- **abgegebene Angebotspreise** zu einem späteren Zeitpunkt zu **kontrollieren (= Nachkalkulation).**

Da der Großhandelsbetrieb die eingekauften Waren grundsätzlich ohne Veränderung wieder verkauft, baut die Angebotskalkulation auf dem Bezugspreis des Artikels auf. Für die Kalkulation können die Zuschlagssätze der entsprechenden Warengruppe zugrunde gelegt werden, wenn ihre Berechnung noch nicht lange zurückliegt. Haben sich die Gemeinkosten jedoch zwischenzeitlich geändert (z. B. gestiegene Löhne und Gehälter, gestiegene Benzinpreise, Änderung der Telefongebühren und Porti), müssten die Zuschlagssätze entsprechend angepasst werden.

Beispiel   Die Gruppenleiterin „Büroeinrichtung", Frau Klein, bittet Herrn Zimmer um Hilfe für die Preisberechnung. Dieser empfiehlt die in der Kostenträgerzeitrechnung ermittelten Zuschlagssätze: Handlungskostenzuschlagssatz 90 %, Gewinn 10 %.

Kalkulation:		DM
Bezugspreis		420,00 DM
+ Handlungskosten	90 %	378,00 DM
Selbstkosten		798,00 DM
+ Gewinn	10 %	79,80 DM
= Bar- oder Nettoverkaufspreis		877,80 DM

Dem Bürofachgeschäft Herbert Blank wird ein entsprechendes Angebot gemacht.

● Die Kostenträgerstückrechnung wird auch als Kalkulation bezeichnet. Sie hat die Aufgabe, die Selbstkosten- und die Angebotspreise zu kalkulieren.

---

[1] Der Aufbau der Kalkulation wurde bereits S. 186 ff. ausführlich erklärt.

1 Berechnen Sie für folgende Artikel den Barverkaufspreis:

Artikel	Bezugspreis in DM	Handlungskosten-zuschlagssatz in %	Gewinnzuschlags-satz in %
A	360,00	25	12,5
B	860,00	45	8
C	136,00	80	12
D	422,00	115	25

2 Der Barverkaufspreis einer Ware beträgt 498,00 DM.
Wie viel DM darf dieser Artikel beim Einkauf kosten, wenn 24,5 % Handlungskosten und 25 % Gewinn kalkuliert werden?

3 Stellen Sie aufgrund untenstehender Angaben eines Großhandelsbetriebes die Kostenträgerzeitrechnung auf und ermitteln Sie
a) den Erfolg des Betriebes insgesamt und der Sortimentsgruppen A, B und C,
b) den Handlungskostenzuschlagssatz des Betriebes insgesamt und der Sortimentsgruppen A, B und C,
c) den Gewinnzuschlagssatz des Betriebes insgesamt und der Sortimentsgruppen A, B und C,
d) den Nettoverkaufspreis für folgende Artikel der verschiedenen Sortimentsgruppen:

Sortimentsgruppe	Bezugspreis einzelner Artikel in DM
A	280,00
B	98,00
C	142,00

Angaben zur Aufstellung der Kostenträgerzeitrechnung:

		Hauptkostenstellen		
	insgesamt	A	B	C
Wareneinsatz	4 840 000,00	2 100 000,00	1 790 000,00	950 000,00
Gemeinkosten lt. BAB	3 098 000,00	1 129 400,00	1 042 300,00	926 300,00
Umsatzerlöse/WE	8 890 112,00	4 095 000,00	1 879 500,00	2 915 612,00

4 Im vergangenen Quartal erzielte ein Textilgroßhandelsunternehmen mit den Teilsortimenten Herren-, Damen- und Kinderbekleidung folgende Ergebnisse:

	Herren	Damen	Kinder
Umsatz	530 538,58	859 040,00	365 020,83
Wareneinsatz	238 175,35	416 000,00	174 651,12
Gemeinkosten lt. BAB	154 813,99	312 000,00	157 186,00

a) Stellen Sie die Kostenträgerzeitrechnung auf und ermitteln Sie für den Gesamtbetrieb und die drei Teilsortimente
   1. den Erfolg,
   2. die Handlungskostenzuschlagssätze,
   3. die Gewinnzuschlagssätze.
b) Aufgrund vorliegender Angebote wurden eingekauft:
   1. 1 000 Herrensakkos zu je 188,00 DM
   2.   800 Damenkostüme zu je 218,00 DM
   3. 2 000 Kinderkleier zu je 78,00 DM
Welche Nettoverkaufspreise sind für die Artikel anzusetzen, wenn die Zuschlagssätze auch im kommenden Quartal beibehalten werden?

5.2 Kosten- und Leistungsrechnung als Teilkostenrechnung

5.2.1 Mängel der Vollkostenrechnung

Frau Dorothea Klein, die Gruppenleiterin Verkauf/Marketing für die Warengruppe „Büroeinrichtung" hat mehrere Tage auf den Auftrag des Kunden Herbert Blank gewartet, vergebens (vgl. S. 422). Sie versucht auf telefonischem Wege den Grund zu erfahren.

„Wir haben zwar den Auftrag noch nicht vergeben, aber einer Ihrer Mitbewerber hat den Computertisch mehr als 200,00 DM billiger angeboten," sagt Herr Blank.

„Das ist nicht möglich, die Konkurrenz muss doch auch kalkulieren."

„Ja, aber sie kalkuliert wohl anders."

Frau Klein wendet sich nach dem Telefongespräch mit Herrn Blank sofort an Herrn Zimmer in der Kostenrechnung: „Ihr müsst den Angebotspreis für den Computertisch neu kalkulieren; wir müssen den Auftrag unbedingt bekommen!"

Arbeitsauftrag   Zeigen Sie Möglichkeiten auf, wie das erreicht werden kann!

Ein Großhandelsbetrieb muss ständig auf seine **Wirtschaftlichkeit** achten. Diese ist gegeben, wenn die **Leistungen** aus dem Verkauf der Waren (= Verkaufspreis) **über den Kosten** liegen, die die Leistungserbringung verursacht hat. Bei der Kalkulation der Waren muss somit darauf geachtet werden, dass sämtliche anfallenden Kosten den Kostenträgern zugerechnet **(Vollkostenrechnung),** damit sie über den Verkauf (Umsatz) hereingeholt werden.

Marktorientierte Unternehmungsführung verlangt vom Großhandelsbetrieb eine flexiblere **Preisstellung** in besonderen Marktsituationen, um bestimmte Aufträge zu erhalten. Dabei muss auf **Teile der Gesamtkosten verzichtet** werden, die die Kostenrechnung ermittelt hat.

Beispiele besonderer Marktsituationen
❑ Einführungspreise für neue Produkte
❑ Sonderangebote aus verschiedenen Anlässen (Lagerabbau auslaufender Modelle)
❑ Niedrigere Konkurrenzpreise

In solchen Situationen stellt sich die Frage nach der **Preisuntergrenze.** Die Vollkostenrechnung führt zwangsläufig zu Wettbewerbsnachteilen, weil sie dem einzelnen Artikel Kosten anlastet, die der Gesamtbetrieb, aber nicht der einzelne Artikel, direkt verursacht hat. So fällt ein großer Teil der Gemeinkosten auch an, wenn der einzelne Artikel nicht geführt und verkauft wird.

● Fixe und variable Kosten

Eine Aufteilung der Gesamtkosten in fixe und variable Bestandteile kann hier helfen eine Lösung zu finden.

▶ **Fixe Kosten: Kosten,** die **unabhängig** vom **Absatz** des einzelnen Artikels in **gleicher Höhe** anfallen, werden als **fixe Kosten** bezeichnet. Man nennt sie auch **„Kosten der Betriebsbereitschaft",** weil sie bereits mit der Bereitstellung einer bestimmten Kapazität anfallen. Sie entstehen, ob der Artikel geführt und verkauft wird oder nicht.

Beispiele   Miete, kalkulatorische Abschreibungen, Gebäudeversicherung, Gehälter, Kfz-Versicherung, Strom- und Heizungskosten für eine Lagerhalle, Kfz-Steuer usw.

▶ **Absolut fixe und sprungfixe Kosten:** Fixe Kosten bleiben für eine bestimmte Kapazität **konstant** oder **absolut fix,** unabhängig davon, in welchem Maße die Kapazität ausgelastet ist.

Beispiel Kfz-Versicherung und -steuer ändern sich nicht, wenn der Lkw viel oder wenig gefahren wird.

Diese absolut fixen Kosten werden in ihrer Höhe nicht von der Absatzmenge der Artikel beeinflusst. Da sie nicht von dem Absatz, der eigentlichen Tätigkeit des Großhandelsbetriebes, abhängig sind, bezeichnet man sie als **beschäftigungsunabhängige Kosten.**

Beispiele **Mögliche absolut fixe Kosten:** Kfz-Steuer 1 400,00 DM, Kfz-Versicherung 3 600,00 DM, Abschreibungen auf einen LKW 19 000,00 DM

Die in einer Rechnungsperiode gleichbleibenden K_f (im Beispiel 24 000,00 DM) müssen auf die Absatzeinheiten verteilt werden. Mit steigender Absatzmenge fällt der Fixkostenanteil je Absatzeinheit, der sich folgendermaßen errechnen lässt:

$$k_f = \frac{K_f}{x}$$

Fixe Stückkosten (k_f) und fixe Gesamtkosten (K_f)

Produktions- und Absatzmenge (x)		Fixe Kosten (K_f) insgesamt		Fixe Kosten (k_f) je Stück	
1	2	1	2	1	2
0	300	24 000,00	24 000,00	–	80,00
100	400	24 000,00	24 000,00	240,00	60,00
200	500	24 000,00	24 000,00	120,00	48 00

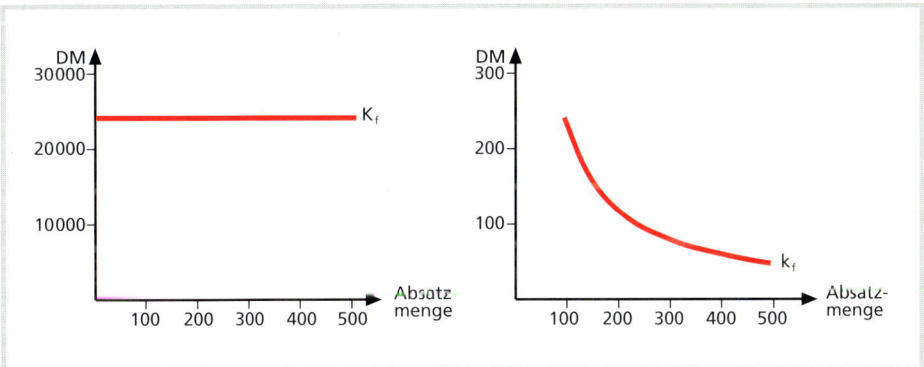

Es muss Ziel des Unternehmens sein seine Kapazität möglichst auszulasten, weil an der Kapazitätsgrenze die fixen Kosten je Stück am geringsten sind. Wenn die gegebene Kapazität (eines Lkw) nicht ausreicht, um den Absatzplan zu realisieren, wird die Kapazität erweitert, damit die Betriebsbereitschaft gewährleistet ist.

Beispiele Anschaffung eines weiteren Lkw, Miete einer weiteren Lagerhalle

Die **fixen Kosten steigen** dann **sprunghaft** an und bleiben aber bis zur nächsten Kapazitätserweiterung konstant.

Beispiele **Sprungfixe Kosten:** Gehälter von zusätzlich eingerichteten Verkaufsabteilungen, Abschreibungen bei Kapazitätserweiterungen, Miete für zusätzliche Lagerräume, Kfz-Steuer, Kfz-Versicherung

Sprungfixe Gesamtkosten (k_f) und Fixe Stückkosten (K_f) nach Anschaffung eines 2. Lkw

Absatzmenge (x)		Fixe Kosten insgesamt (K_f)		Fixe Kosten je Stück (k_f)	
1	2	1	2	1	2
0	600	24 000,00	48 000,00	–	80,00
100	700	24 000,00	48 000,00	240,00	68,57
200	800	24 000,00	48 000,00	120,00	60,00
300	900	24 000,00	48 000,00	80,00	53,33
400	1 000	24 000,00	48 000,00	60,00	48,00
500		24 000,00		48,00	

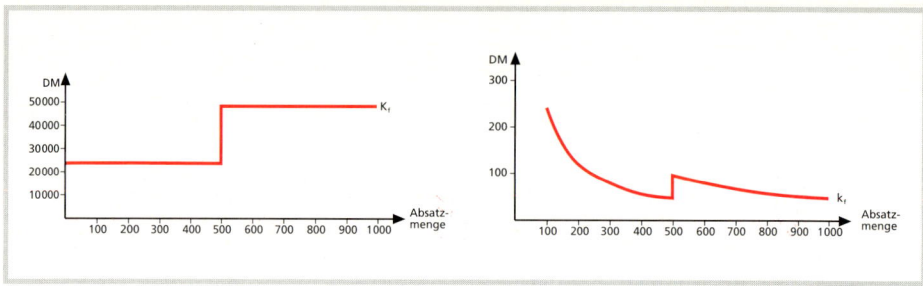

Fixe Gesamtkosten (K_f) bleiben innerhalb einer gegebenen Kapazität konstant. Da sie in der Kalkulation auf die Artikelpreise abgewälzt werden, belasten sie die Preise als Durchschnitts- oder Stückkosten **bei abnehmender Beschäftigung** stärker als bei zunehmender Beschäftigung. Wegen des sprunghaften Anstiegs der fixen Kosten je Absatzeinheit muss vor jeder Erweiterungsinvestition die künftige Auslastung bedacht werden.

▶ **Variable Kosten:** Mit Aufnahme der Absatztätigkeit entstehen neben den bereits gegebenen Kosten der Betriebsbereitschaft mit jeder Absatzeinheit zusätzliche Kosten. **Kosten, die in Abhängigkeit von der Absatzmenge (Beschäftigung)** entstehen, werden als **variable Kosten** bezeichnet. Variable Kosten können sich **proportional, degressiv** oder **progressiv** zu Beschäftigungsänderungen verhalten.

Proportional verhalten sich die Kosten, wenn das Verhältnis von Kosten zur Beschäftigung bei Beschäftigungsänderung gleich bleibt. Die Kosten je Einheit der Absatzmenge bleiben gleich.

Beispiele proportionaler Kosten eines Bürotisches   Bezugspreis 380,00 DM. Vertriebsprovision für den Handelsvertreter 10 % vom Verkaufspreis von 1 200,00 DM (= 120,00 DM).

Absatzmenge (x)		Variable Gesamtkosten (k_v) in DM		Variable Stückkosten (k_v) in DM	
1	2	1	2	1	2
0	3	–	1 500,00	–	500,00
1	4	500,00	2 000,00	500,00	500,00
2	5	1 000,00	2 500,00	500,00	500,00

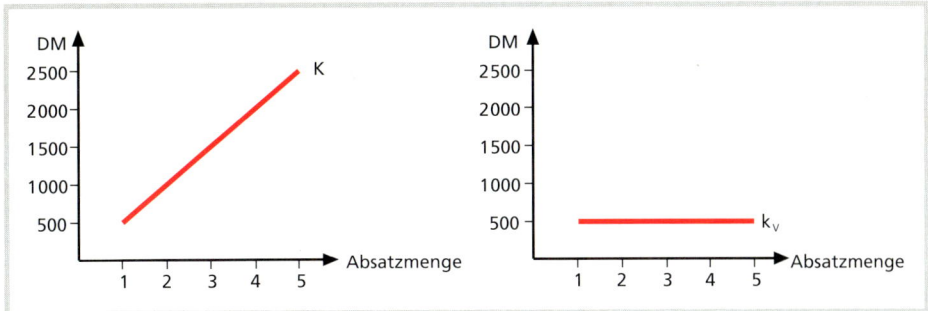

Degressive Kosten verhalten **sich unterproportional** zu einer **Beschäftigungsänderung.** Bei einer Beschäftigungsgradzunahme steigen die Kosten in geringerem Maße als die Absatzmenge. Der Anstieg der variablen Gesamtkosten verringert sich mit zunehmender Absatzmenge.

Beispiel Fallende Bezugspreise aufgrund gestaffelter Mengenrabatte beim Einkauf von Bürodrehstühlen zum Einzelpreis von 200,00 DM

Absatzmenge (x)	Variable Gesamtkosten (K_v) in DM	Variable Stückkosten (k_v) in DM
1	–	200,00
100	19 000,00	190,00
200	36 000,00	180,00
300	51 000,00	170,00
400	64 000,00	160,00
500	75 000,00	150,00

Abnahmemenge in Stück	Rabatt in %
1 – 99	0
100 – 199	5
200 – 299	10
300 – 399	15
400 – 499	20
500 – 599	25

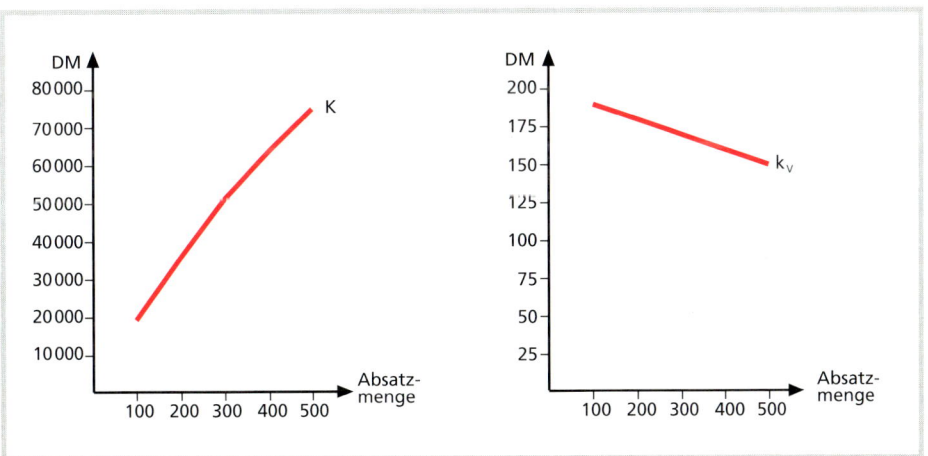

Progressive Kosten verhalten sich bei steigender Absatzmenge überproportional. Dadurch steigen die Stückkosten mit steigender Absatzmenge. Dabei steigen die Gesamtkosten prozentual stärker als die Absatzmenge. Der Anstieg der variablen Gesamtkosten nimmt mit zunehmender Absatzmenge zu.

Beispiele Erhöhter Benzinverbrauch bei überdurchschnittlicher Beanspruchung eines Pkw, Überstundenzuschläge, Anstieg der Reparaturkosten

Absatzmenge (x)		Variable Gesamtkosten (K$_v$) in DM		Variable Stückkosten (k$_v$) in DM	
1	2	1	2	1	2
0	3	–	18,00	–	6,00
1	4	4,00	28,00	4,00	7,00
2	5	10,00	40,00	5,00	8,00

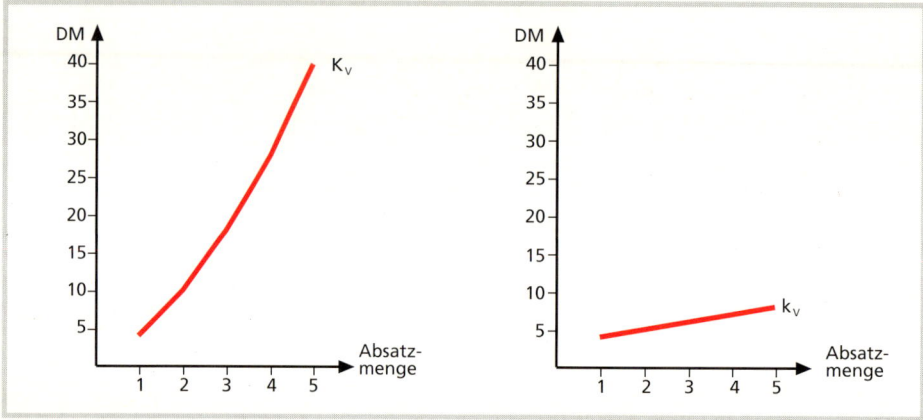

● Beschäftigungsgrad

Die Auflösung der Kosten in fixe und variable ist wichtig, um Ursachen von Kostenschwankungen festzustellen. Die Verteilung der fixen Kosten auf unterschiedliche Absatzmengen zeigt, dass ihr Stückanteil von dem **Kapazitätsausnutzungs-** oder **Beschäftigungsgrad** abhängig ist.

$$\text{Kapazitätsausnutzungsgrad (Beschäftigungsgrad)} = \frac{\text{Tatsächlich genutzte Kapazität} \cdot 100}{\text{Verfügbare Kapazität}}$$

Die Kapazität kann gemessen werden

❑ am **Output,** z. B. an der möglichen Absatzmenge,
❑ am **Input,** z. B. an der notwendigen Zahl an Beschäftigten, Arbeitsstunden, Lagergröße, um einen bestimmten Umsatz zu erzielen.

Beispiel Bei voller Ausnutzung seiner Kapazität kann ein Großhändler einen Monatsumsatz von 800 000,00 DM abwickeln. Zur Zeit beträgt der Monatsumsatz 656 000,00 DM.

$$\text{Beschäftigungsgrad} = \frac{656\,000 \cdot 100}{800\,000} = 68\,\%$$

▶ **Abweichungen der Kosten bei geplantem und erreichtem Beschäftigungsgrad:** Ein niedrigerer Beschäftigungsgrad bewirkt, dass die gesamten fixen Kosten (z. B. Abschreibungen) auf eine verringerte Absatzmenge verteilt werden müssen und infolgedessen bei konstanten variablen Stückkosten höhere Gesamtkosten je Absatzeinheit verursachen. Umgekehrt werden mit steigendem Beschäftigungsgrad niedrigere Stückkosten erreicht.

● Lineare Gesamtkosten

Die Kostenbetrachtung hat gezeigt, dass die Gesamtkosten sich aus unterschiedlichen Kostenarten zusammensetzen, die teilweise unabhängig von der Beschäftigungsänderung (K_f) sind, teilweise sich mit der Beschäftigung verändern (K_v). Unterstellt man eine proportionale Veränderung der variablen Kosten, lassen sich die Gesamtkosten mithilfe einer Gleichung für jeden Beschäftigungsgrad bestimmen:

Gesamtkosten = Fixe Kosten + (Variable Kosten je Stück · Absatzsmenge)

$$K_g = K_f + (k_v \cdot x)$$

Beispiel Bei einem Beschäftigungsintervall von 500 Einheiten betragen die K_f 24 000,00 DM. Die proportionalen Kosten betragen 500,00 DM je Einheit. Die Gesamtkosten bei 40 Einheiten betragen 500,00 DM je Einheit. Die Gesamtkosten bei 40 Einheiten betragen also nach der vorstehenden Gleichung:

$K_g = 24\,000 + (40 \cdot 500) = \underline{44\,000,00\ DM}$

Mängel der Vollkostenrechnung

- Fixe Gesamtkosten (K_f) bleiben innerhalb einer gegebenen Kapazität konstant. Da sie in der Kalkulation auf die Artikelpreise abgewälzt werden, belasten sie die Preise als Durchschnitts- oder Stückkosten (k_f) bei abnehmender Beschäftigung stärker als bei zunehmender Beschäftigung.
- Bei gegebener Kapazität muss es Ziel der Unternehmungsleitung sein diese möglichst auszulasten, weil an der Kapazitätsgrenze die fixen Kosten je Stück am geringsten sind.
- Zu unterscheiden sind absolut fixe und sprungfixe Kosten.
- Die Belastung der Preise je Absatzeinheit hängt vom Beschäftigungsgrad ab.
- Variable Kosten entstehen in Abhängigkeit von der Absatzmenge (Beschäftigung).
- Variable Kosten können sich proportional, degressiv oder progressiv bei zunehmender Beschäftigung verhalten.
- Bei proportionalen variablen Kosten lassen sich die Gesamtkosten für jeden Beschäftigungsgrad durch folgende Gleichung bestimmen: $K_g = K_f + (k_v \cdot x)$

---

1 Nennen Sie je drei Beispiele für
a) proportionale Kosten,
b) degressive Kosten,
c) progressive Kosten,
d) fixe Kosten!

2 Der Absatz von 400 000 Primus Ordnern verursacht in der Primus GmbH 1 300 000,00 DM Gesamtkosten.
a) Wie hoch sind die fixen Kosten, wenn die variablen Stückkosten 2,00 DM betragen?
b) Stellen Sie den Verlauf der fixen Kosten, der variablen Kosten, der Gesamtkosten insgesamt und je Stück im Koordinatensystem dar!
c) Leiten Sie die Gleichung für die Gesamtkosten bei der angegebenen Absatzmenge ab!

3 Welche der unten angegebenen Kosten einer Möbelgroßhandlung, die Tische, Stühle und Schränke vertreibt, sind

a) Einzelkosten,
b) Gemeinkosten,
c) variable Kosten,
d) fixe Kosten?

1. Wareneinsatz Tische
2. Stromverbrauch des Betriebes
3. Kfz-Steuer für die Lkw
4. Büromaterial
5. Benzinverbrauch der Lkw

6. Umsatzprovision für Handelsvertreter
7. Abschreibung des Fuhrparks
8. Gehälter für die Angestellten
9. Miete für die Verwaltungsräume
10. Lohnzahlung an die Lagerarbeiter

4 Ein Spiegelproduzent stellte im Abrechnungsjahr insgesamt 50 000 m² Spiegelglas her. Damit wurde die Produktion gegenüber dem Vorjahr durch bessere Kapazitätsauslastung um 25 % gesteigert. Die Gesamtkosten stiegen gegenüber dem Vorjahr um 16 % auf 580 000,00 DM im Abrechnungsjahr.

a) Wie hoch sind die fixen Kosten, wenn die variablen Stückkosten in beiden Jahren gleich sind?

b) Wie erklären Sie sich die verhältnismäßig geringe Kostensteigerung im Vergleich zur Produktionssteigerung?

c) Im Vorjahr wurde ein Beschäftigungsgrad von 60 % erreicht. Wie hoch ist er im Abrechnungsjahr?

d) Bei welcher Ausbringung wäre die Kapazität voll ausgelastet?

5 Aufgrund von Aufzeichnungen ermittelt ein Unternehmer für den Pkw eines Reisenden folgende Kosten (aus Vereinfachungsgründen wurden einige Kostenarten nicht berücksichtigt) bei einer durchschnittlichen Fahrleistung von 48 000 km im Jahr:

Benzinverbrauch . . . . 4 000 l zu je 1,50 DM/l

Ölverbrauch . . . . 1 l zu je 16,00 DM je 1 000 km

Kfz-Steuer . . . . 360,00 DM im Jahr

Versicherung/Vollkasko . . . . 960,00 DM im Jahr

Garage . . . . 80,00 DM im Monat

Reparaturen/Inspektionen . . . . 1 600,00 DM im Jahr (fix)

Abschreibungen . . . . 12 000,00 DM im Jahr

a) Ermitteln Sie

❑ die fixen Kosten je Monat,

❑ die variablen Kosten je 100 km,

❑ die Gesamtkosten im Jahr und je km!

b) Dem Reisenden soll der Pkw auch für private Zwecke gegen Berechnung einer km-Pauschale zu Selbstkosten zur Verfügung gestellt werden.

❑ Über welchen Betrag muss die km-Pauschale lauten, wenn davon ausgegangen wird, dass sich die Fahrleistung dadurch auf 60 000 km im Jahr erhöht?

❑ Vergleichen Sie das Ergebnis mit dem der Aufgabe a)! Worauf führen Sie den Unterschied zurück?

❑ Erläutern Sie die Problematik einer km-Pauschale aus der Sicht des Unternehmens und aus der Sicht des Reisenden!

5.2.2 Lösung mithilfe der Deckungsbeitragsrechnung

Frau Klein und Herr Zimmer diskutieren erneut über die Preisgestaltung bei Großaufträgen. Frau Klein meint, dass bei der Neuberechnung des Angebotspreises (vgl. S. 424) auf die Einrechnung von fixen Kosten verzichtet werden sollte.

Arbeitsauftrag Stellen Sie Argumente zusammen, die in dieser besonderen Situation dafür sprechen, die fixen Kosten bei der Preisermittlung nicht zu berücksichtigen.

● Direkte Kosten als Preisuntergrenze

Die Deckungsbeitragsrechnung basiert auf der Aufteilung der gesamten Kosten in fixe und variable Bestandteile.

Da die fixen Kosten den einzelnen Artikeln nicht verursachungsgerecht zugerechnet werden können, verzichtet die Deckungsbeitragsrechnung ganz auf ihre Einbeziehung in die Preisfestsetzung der Artikel.

Es werden nur die vom einzelnen Artikel direkt verursachten variablen Kosten kalkuliert. Im Großhandel stimmen sie weitgehend mit den Einzelkosten überein. In der Deckungsbeitragsrechnung werden sie als direkte Kosten bezeichnet. Direkte Kosten oder Einzelkosten erkennt man daran, dass sie nur dann auftreten, wenn der bestimmte Artikel geführt wird. Fällt der Artikel weg, treten diese Kosten nicht auf.

Beispiele Wareneinsatz je Artikel, Versandverpackung für diesen Artikel, Umsatzprovision für den Handelsvertreter oder Handlungsreisenden.

Diese direkten Kosten bilden somit die absolute Preisuntergrenze, weil sie bei jeder Einheit ersetzt werden müssen.

● Deckungsbeitrag

Jeder Preis, der über den variablen Kosten liegt, erbringt einen Beitrag zur Deckung der durch den Gesamtbetrieb verursachten fixen Kosten.

$$\text{Deckungsbeitrag je Einheit} = \text{Verkaufspreis je Einheit} - \text{Variable Kosten}$$
$$d_B = e - k_v$$

Beispiel Frau Klein hat mittlerweile die Dienste eines Marktforschungsinstitutes in Anspruch genommen. Es wurde ihr bestätigt, dass die Konkurrenten den von ihr mit 877,80 DM angebotenen Computertisch zum Preis von 648,00 DM abgeben. Das hätte die Primus GmbH auch gekonnt, wie folgende Rechnung zeigt:

Ermittlung des Rechnungsbetrages		
Verkaufspreis	e	648,00 DM
Bezugspreis, netto	k_v	420,00 DM
= Deckungsbeitrag	d_B	228,00 DM

Mit jeder Verkaufseinheit werden neben den variablen Stückkosten zusätzlich 228,00 DM zur Deckung der fixen Kosten erwirtschaftet.

● Gewinnschwelle, break-even-point

Deckt die Summe aller Deckungsbeiträge die fixen Kosten, erreicht der Betrieb die **Gewinnschwelle** oder den **break-even-point (toter Punkt, kritischer Punkt).**

Er zeigt die Absatzmenge (Beschäftigungsgrad), bei der der Gesamtdeckungsbeitrag (dB) die fixen Kosten deckt. Wird dieser Punkt nicht erreicht, bewegt sich der Betrieb in der Verlustzone, wird er überschritten, tritt er in die Gewinnzone ein.

Beispiel Nach dieser Rechnung könnte der Verkaufspreis kurzfristig sogar bis auf 420,00 DM zurückgenommen werden. Langfristig müsste der Verkaufspreis aber über 420,00 DM liegen, weil die Fixkosten des Unternehmens gedeckt werden müssen. Diese Erkenntnis hat Frau Klein trotz des ersten Misserfolges ermutigt. Wegen verstärkter Nachfrage plant sie sogar einen besonderen Ausstellungsraum für diese Computertische, der nach Berechnung der KLR im Jahr 41 600,00 DM fixe Kosten verursachen würde.

Der Einführungspreis des Computertisches wird auf 628,00 DM festgelegt.

1. Welcher Deckungsbeitrag je Verkaufseinheit wird erzielt?

2. Wie viel Computertische müsste die Abteilung verkaufen, damit sie ihre fixen Kosten deckt?

Mit jeder Verkaufseinheit wird ein Deckungsbeitrag (dB) von 208,00 DM erzielt.

Die Absatzmenge zur Deckung der fixen Kosten und damit zur Erreichung der **Gewinnschwelle** läßt sich auf folgenden Wegen berechnen:

$$\text{Absatzmenge am break-even-point} = \frac{K_f}{d_B} \qquad \frac{41\,600}{208} = 200 \text{ Einheiten}$$

Der break-even-point ist dadurch gekennzeichnet, dass die Umsatzerlöse sämtliche Kosten decken. Er kann somit durch folgende Gleichung definiert werden:

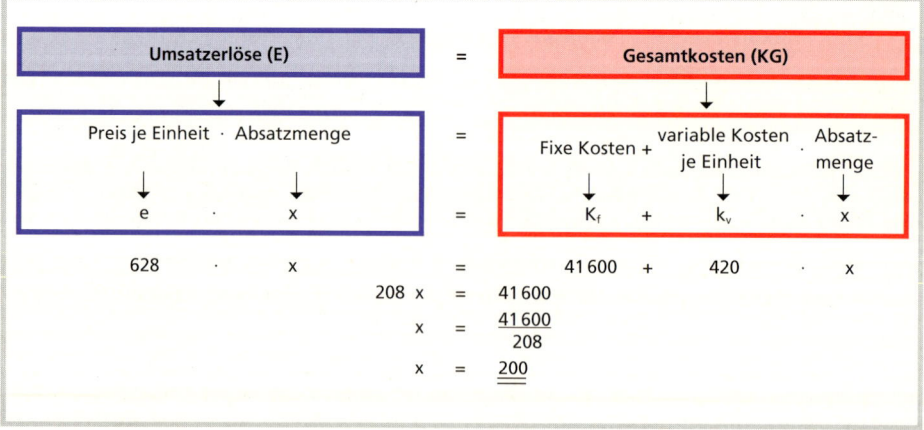

Diese Zusammenhänge werden im folgenden Diagramm verdeutlicht:

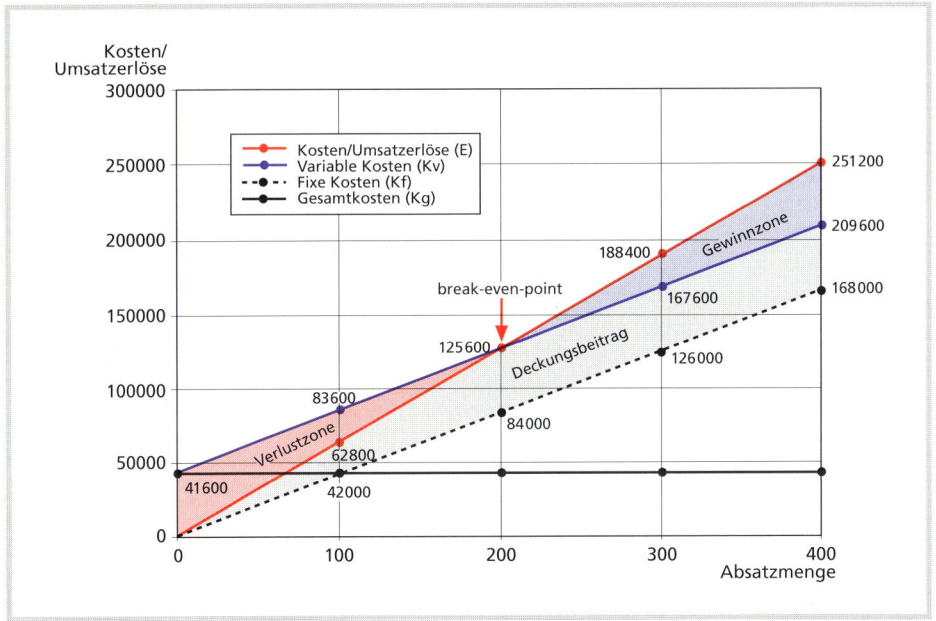

Bei Änderung der Verkaufsdaten können auf diesem Weg Auswirkungen auf die Gewinnschwellenmenge sofort abgelesen werden.

Veränderung der Verkaufsdaten		Auswirkung auf die Gewinnschwellenmenge	
		steigt	fällt
Verkaufspreis	steigt		x
	fällt	x	
Variable Kosten je Einheit (k_v)	steigen	x	
	fallen		x
Bereitschaftskosten (K_f)	steigen	x	
	fallen		x

● Erfolgsermittlung in der Deckungsbeitragsrechnung

Ist der Deckungsbeitrag aller Artikel bekannt, kann der Gesamtdeckungsbeitrag der Abteilung oder des Betriebes ermittelt werden. Der Gewinn wird ermittelt, indem vom Gesamtdeckungsbeitrag (D_B) noch die Fixkosten (K_f) abgezogen werden.

Beispiel Frau Klein führt mittlerweile vier Computertische in dem neuen Ausstellungsraum, allerdings noch mit sehr unterschiedlichen Erfolgen im letzten Geschäftsjahr. Die Fixkosten von 41 600,00 DM im Jahr haben sich nicht geändert.

	A	B	C	D
Absatzmenge in Stück	600	250	120	100
Verkaufspreis (netto) in DM	628,00	460,00	350,00	780,00
Bezugspreis in DM	420,00	320,00	380,00	740,00
d_B je Einheit	208,00	140,00	− 30,00	40,00
D_B je Artikel in DM	122 400,00	35 000,00	− 3 600,00	4 000,00
D_B insgesamt	157 800,00			
Fixkosten (K_f)	41 600,00			
Gewinn	116 200,00			

Die Unternehmungsleitung kann auf der Grundlage dieses Ergebnisses absatz- und sortiments-politische Entscheidungen treffen:

❑ Herausnahme von Artikeln mit negativem Deckungsbeitrag aus dem Sortiment (im Beispiel C)

❑ Pflege und Förderung von Artikeln mit positivem Deckungsbeitrag (Konditionenpolitik, Werbung u.a.)

Jeder Maßnahme muss jedoch eine Ursachenforschung vorausgehen.

Lösung mithilfe der Deckungsbeitragsrechnung

Deckungsbeitragsrechnung

Kostenträgerstücksrechnung

❑ berechnet den Deckungsbeitrag einzelner Artikel:
$d_B = e - k_v$
❑ d_B = Beitrag zur Fixkostendeckung
❑ setzt Trennung fixer und variabler Kosten voraus
❑ Positive Deckungsbeiträge verbessern das Betriebsergebnis

Kostenträgerzeitrechnung

❑ berechnet in einem Beobachtungszeitraum
– den Deckungsbeitrag einzelner Artikel
– den Deckungsbeitrag der Sortiments-bereiche
– die Summe der Deckungsbeiträge (D_B)
❑ stellt die Summe der D_B den Fixkosten des Betriebes zur Ergebnisermittlung gegenüber:
Betriebsergebnis = $D_B - K_f$

1 Ein Haushaltsgerätegroßhandel setzte im abgelaufenen Rechnungsabschnitt drei Entsaftertypen ab.

a) Ermitteln Sie aus folgenden Angaben mithilfe der Deckungsbeitragsrechnung
  1. den Jahreserfolg,
  2. die Deckungsbeiträge je Stück der einzelnen Entsafter!

	Typ I	Typ II	Typ III
Variable Kosten (K_v)			
Wareneinsatz	36 000,00	56 100,00	197 500,00
Umsatzabhängige Vertreterprovision	1 800,00	2 805,00	9 875,00
Mengenabhängige Verpackung	3 000,00	495,00	2 625,00
Absatz (Stück)	1 200	1 100	2 500
Verkaufspreis	32,00	58,00	118,00
Fixkosten (Gemeinkosten)	45 000,00		

b) Nehmen Sie zu den Ergebnissen kritisch Stellung!

2 Ein Großhandelsbetrieb setzte im abgelaufenen Monat 50 000 Stück eines Massenartikels zum Preis von 3,20 DM je Stück ab. Der Absatz verursachte 55 000,00 DM K_v und 84 000,00 DM K_f.

a) Ermitteln Sie

   1. den Stück- und Monatsdeckungsbeitrag,

   2. den Erfolg!

b) Bei welchem Absatz würde die Gewinnschwelle erreicht werden?

c) Wie hoch sind Umsatz und Kosten an der Gewinnschwelle?

3 Ein Großhandelsbetrieb ist gezwungen, den Verkaufspreis eines Artikels um 30 % zu reduzieren, um seinen bisherigen Marktanteil behaupten zu können:

Absatzmenge	2 000 000 Stück
Verkaufspreis bisher	3,00 DM
Variable Stückkosten (k_v)	1,80 DM
Bereitschaftskosten (K_f)	480 000,00 DM
Beschäftigungsgrad	80 %

a) Wie wirkt sich die Preissenkung bei angegebener Absatzmenge auf den Gewinn aus?

b) Wie hoch sind die Deckungsbeiträge vor und nach der Preissenkung?

c) Bestimmen Sie den break-even-point vor und nach der Preissenkung:

   1. Absatzmenge,   2. Beschäftigungsgrad,   3. Umsatz und Gesamtkosten!

d) Wie viel Prozent müssen nach der Preissenkung mehr verkauft werden, um die Gesamtkosten zu decken?

e) Wie viel Stück müssten zusätzlich verkauft werden, um bei vermindertem Preis keine Gewinneinbuße hinnehmen zu müssen?

4 Ein Großhändler verkauft Rasenkantensteine. Der Absatz von 50 000 Stück im letzten Monat verursachte bei einem Beschäftigungsgrad von 62,5 % 105 000,00 DM Gesamtkosten. Der Anteil der K_f betrug 40 000,00 DM. Der Umsatz belief sich auf 125 000,00 DM. In dieser Situation hat das Unternehmen zu entscheiden, ob ein Auftrag der Gemeindeverwaltung von 10 000 Stück angenommen werden kann, wobei der Verkaufspreis von 1,90 DM je Stück nicht überschritten werden darf.

a) Kann der Auftrag bei gegebener Kapazität angenommen werden?

b) Ermitteln Sie beim gegebenen Beschäftigungsgrad im Rahmen der Vollkostenrechnung

   1. die fixen Kosten je Stück,   3. die Gesamtkosten je Stück,

   2. die variablen Kosten je Stück,   4. den Verkaufspreis und den Gewinn je Stück!

c) Beurteilen Sie eine Kalkulation des Auftrages zu den gleichen Stückkosten!

d) Wie soll sich der Großhändler entscheiden?

   Begründen Sie Ihre Meinung mithilfe der Deckungsbeitragsrechnung!

5 Ein Großhandelsbetrieb mit einer Kapazität von 1 200 Einheiten ermittelt 36 000,00 DM K_f und je Einheit 40,00 DM k_v. Er rechnet bei einer Kapazitätsausnutzung von 75 % mit einem Gewinnzuschlagssatz von 15 % der Selbstkosten.

a) Berechnen Sie den Preis je Einheit und den erwarteten Gewinn bei 75 % Kapazitätsauslastung!

b) Berechnen Sie den eingetretenen Erfolg bei einer tatsächlichen Kapazitätsauslastung von 60 % und von 90 % und bestimmen Sie die Kostenunter- und -überdeckung in beiden Fällen!

c) Stellen Sie die Ergebnisse der Aufgaben a) und b) in einem Diagramm dar (vgl. Schaubild S. 433)!

d) Berechnen Sie den Deckungsbeitrag je Einheit und insgesamt den Erfolg bei 60 %, 75 % und 90 % Beschäftigungsgrad!

e) Berechnen Sie die Absatzmenge am break-even-point!

f) Stellen Sie die Ergebnisse der Aufgaben d) und e) in einem Schaubild (vgl. Schaubild S. 433 dar!

6 In einem Verbrauchermarkt wurden in der Haushaltswarenabteilung folgende vier Kaffee-Automaten verkauft:

Kaffee-Automat	A	B	C	D
Absatzmenge (Stück)	50	30	40	60
Verkaufspreis (netto) in DM Bezugspreis in DM	105,00 60,00	130,00 84,00	95,00 59,00	85,00 54,00

Die fixen Kosten betrugen 5 400,00 DM.

Ermitteln Sie

a) den Deckungsbeitrag je Stück,

b) den Deckungsbeitag je Artikel A, B, C und D insgesamt,

c) den Deckungsbeitrag für alle Kaffee-Automaten insgesamt,

d) den Reingewinn für alle Kaffee-Automaten insgesamt!

7 Die angegebenen Absatzmengen verursachten folgende Gesamtkosten:

Absatzmenge (x)	0	1	2	3	4	5	6	7	8	9	10
Gesamtkosten (K_g) in DM	40	51	64	85	120	175	256	369	520	715	960

a) Stellen Sie die Abhängigkeit zwischen Absatzmengen und K_g in einem Diagramm dar (Abszisse : 1 E = 1 cm, Ordinate : 100 DM = 1 cm)!

b) Ermitteln Sie

1. die Gesamtstückkosten (k_g),   2. die variablen Stückkosten (k_v)!

c) Stellen Sie den Verlauf der Stückkosten im Diagramm dar (Abszisse : 1 E = 1 cm, Ordinate : 10 DM = 1 cm)!

8 Der Absatz von 600 000 Kugelschreibern verursacht 360 000,00 DM Gesamtkosten.

a) Wie hoch sind die fixen Kosten, wenn die variablen Stückkosten 0,35 DM betragen?

b) Stellen Sie den Verlauf a) der fixen Kosten, b) der variablen Kosten und c) der Gesamtkosten insgesamt und je Stück im Koordinatensystem dar!

9 Ein Holzgroßhandel setzte in einer Rechnungsperiode insgesamt 1 600 m³ Weichhölzer ab. Damit wurde der Absatz gegenüber dem Vorjahr durch bessere Kapazitätsauslastung um 25 % gesteigert. Die Gesamtkosten stiegen gegenüber dem Vorjahr nur um 16 % auf 580 000,00 DM.

a) Wie hoch sind die fixen Kosten, wenn die variablen Stückkosten in beiden Jahren gleich sind?

b) Wie erklären Sie sich die verhältnismäßig geringe Kostensteigerung im Vergleich zur Absatzsteigerung?

c) Im Vorjahr wurde ein Beschäftigungsgrad von 60 % erreicht. Wie hoch ist er in der zu untersuchenden Rechnungsperiode?

d) Bei welcher Absatzmenge (ganze Zahl) wäre die Kapazität voll ausgelastet?

6 Controlling

Frau Primus und Herr Müller möchten die negative Entwicklung der Warengruppen „Verbrauch/Organisation" stoppen. Dazu haben sie alle Abteilungs- und Gruppenleiter zusammengerufen. Sie sollen einen Maßnahmenkatalog entwickeln.

Arbeitsauftrag Entwickeln Sie einen Katalog von Maßnahmen zur Kontrolle der Wirtschaftlichkeit einzelner Artikel und Warengruppen!

● Controlling mithilfe von Vergleichszahlen und Kennzahlensystemen

Um einen Betrieb planmäßig steuern zu können, muss der Unternehmer sich Kontrollinstrumente schaffen, die ihn

❑ im Vergleich zur vorangegangenen Rechnungsperiode (**Zeitvergleich**),

❑ im Vergleich zu Betrieben derselben Branche (**Betriebsvergleich**),

❑ im Vergleich zur Planung (**Soll-Ist-Vergleich**)

über die Ergebnisse der Geschäftstätigkeit unterrichten.

Solche Vergleichszahlen werden teilweise aus den Ergebnissen der Finanzbuchführung (GuV und Bilanz) und der Kosten- und Leistungsrechnung (Kostenartengliederung, BAB, Kostenträgerblatt), teilweise durch die Auswertung externer Daten gewonnen.

▶ **Zeitvergleiche:** In Zeitvergleichen werden in regelmäßigen Abständen Daten der Finanzbuchführung und Kosten- und Leistungsrechnung gegenübergestellt.

Absolute Zahlen werden in Prozentzahlen umgerechnet und somit vergleichbar gemacht. Vielfach werden die absoluten Zahlen auch zur Bildung von Kennzahlen verwertet, durch die Beziehung von Ziel- und Einflussgrößen ausgedrückt werden.

Beispiel Entwicklung der betrieblichen Aufwendungen

Betriebliche Aufwendungen	31. Dezember des Vorjahres		31. Dezember des Berichtsjahres	
	DM	%	DM	%
Wareneinsatz	3 790 200,00	63,8	4 312 031,50	64,4
Personalaufwand	1 916 900,00	32,2	2 105 000,00	31,4
Abschreibungen	120 000,00	2,0	126 000,00	1,9
Sonstige betriebliche Aufwendungen	120 500,00	2,0	151 675,00	2,3
Gesamtaufwendungen	5 947 600,00	100,0	6 694 706,50	100,0

Aufgabe des Controllings ist es, die Ursachen und Einflußfaktoren für die negative und positive Entwicklung herauszufinden, daraus neue Zielsetzungen und Maßnahmen abzuleiten und der Unternehmungsleitung darzustellen.

> Zeitvergleiche sind vor allem geeignet Entwicklungstendenzen sichtbar zu machen.

▶ **Betriebsvergleiche:** Sie dienen dazu den eigenen Betrieb mit Betrieben derselben Branche zu vergleichen.

Beispiel Vergleich der Kostenanteile

	Unternehmung			Branche
	31. 12 Vorjahr	31. 12 Berichts- jahr	31. 12 Vorjahr	31. 12 Berichts- jahr
Wareneinsatzintensität	63,8	64,4	65,2	65,0
Personalaufwandsintensität	32,2	31,4	29,0	31,0
Abschreibungsintensität	2,0	1,9	2,3	2,0
Intensität der sonstigen betrieblichen Aufwendungen	2,0	2,3	3,5	2,0
	100,0	100,0	100,0	100,0

> Betriebsvergleiche sind vor allem geeignet Schwachstellen gegenüber Mitbewerbern zu erkennen.

● **Soll-Ist-Vergleiche**

Im Soll-Ist-Vergleich werden **Ergebnisse eines Unternehmungsprozesses** einer Rechnungsperiode **mit geplanten Ergebnissen verglichen.** Sie sollen der Unternehmungsleitung Aufschluss darüber bringen, wieweit Zielvorstellungen verwirklicht und getroffene Maßnahmen sinnvoll waren. Der Controller vergleicht Ist-Soll-Ergebnisse, stellt die Planabweichungen heraus, begründet diese und leitet daraus notwendige Korrekturmaßnahmen ab, um die ursprünglichen gesetzten Ziele zu erreichen.

> ❑ Mittelpunkt jedes Controlling sind permanente Soll-Ist-Vergleiche.
> ❑ Der Controller erfasst Ergebnisse, erläutert und erklärt sie, zeigt betriebswirtschaftliche Zusammenhänge auf und löst Rückkoppelungsprozesse aus.

▶ **Soll-Ist-Vergleiche im Rahmen der KLR:** Typische Aufgaben des Controllings im Rahmen und auf der Grundlage der Bereiche der **Kosten- und Leistungsrechnung** gehen aus der Übersicht auf der folgenden Seite oben hervor.

Kostenartenrechnung	Kostenstellenrechnung	Kostenträgerrechnung
Erfassung der entstandenen Kosten (Istkosten) Gliederung der Kosten in Kostenarten	Verteilung der Gemeinkosten auf Kostenstellen	Erfassung der entstandenen Kosten je Zeitraum (Kostenträgerzeitrechnung) und je Artikel (Kostenträgerstückrechnung)
Planung der Kosten für die Zukunft **Sollkosten**	Planung und Vorgabe der Kosten je Kostenstelle **Kostenvorgabe**	Planung der Kosten je Zeitraum und je Artikeleinheit **Vorkalkulation**
Soll-Ist-Vergleich	Soll-Ist-Vergleich	Soll-Ist-Vergleich

Beispiel

Kostenarten der Gesamtkosten	Soll-Anteil		Ist-Anteil		Abweichungen der Istkosten	
	in DM	in %	in DM	in %	in DM	in %
Wareneinsatz	4 400 000,00	64,7	4 312 031,50	64,4	– 87 968,50	– 2,0
Personalkosten	2 150 000,00	31,6	2 105 000,00	31,4	– 45 000,00	– 2,1
Abschreibungen	120 000,00	1,8	126 000,00	1,9	+ 6 000,00	+ 5,0
Sonstige betriebliche Aufwendungen	130 000,00	1,9	151 675,00	2,3	+ 21 675,00	+ 16,7
insgesamt	6 800 000,00	100,0	6 694 706,50	100,0	–105 293,50	– 1,5

Der Controller hat die Aufgabe die Abweichungen zu erklären und geeignete Maßnahmen zur Kostensenkung vorzuschlagen. Dazu muss er das gesamte Netz der Einflussfaktoren auf die einzelnen Kostenarten betrachten, sowohl in der Vergangenheit als auch in der Zukunft.

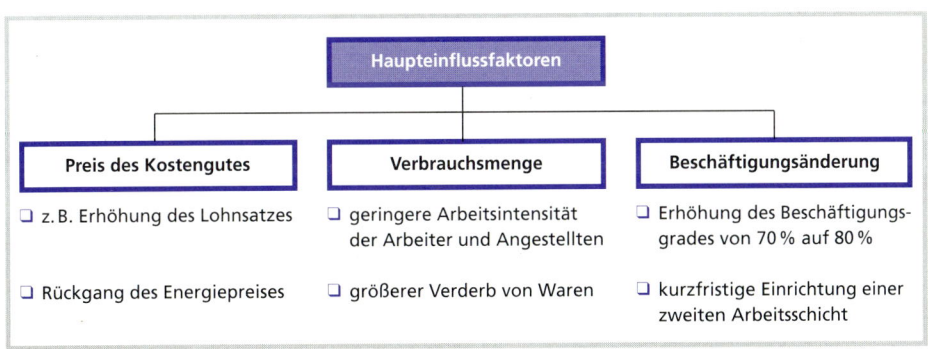

Beispiel Einflussfaktoren der Personalkosten
- ❑ Zahl der Mitarbeiter, davon Vollbeschäftigte, Teilzeitbeschäftigte, Auszubildende
- ❑ Arbeitsstunden lt. Arbeitsvertrag
- ❑ Ausfallzeiten, davon durch Krankheit, durch Urlaub
- ❑ Löhne und Gehälter lt. Tarifvertrag, Einzelvertrag
- ❑ Zulagen, Überstunden-, Feiertagszuschläge u. a.

▶ **Soll-Ist-Vergleiche mithilfe von Kennzahlsystemen:** Für alle Einflussfaktoren auf bestimmte Zielgrößen müssen regelmäßig die Istwerte beobachtet werden, um die Abweichungen von Sollwerten erklären zu können. Dies geschieht in der Regel mithilfe einer Vielzahl von Kennzahlsystemen. Dies wird an der Zielgröße „Umsatzrentabilität" verdeutlicht.

Beispiel

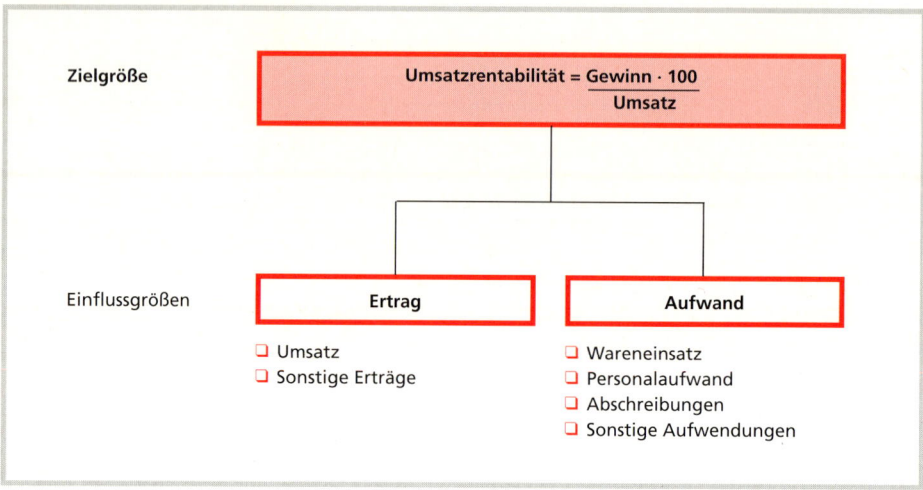

Controlling

● Aufgabe des Controllings ist es, das Kosten-Leistung-Verhältnis (Wirtschaftlichkeit eines Unternehmens), die Verzinsung des eingesetzten Kapitals (Rentabilität) und die Lebensfähigkeit des Unternehmens (Liquidität) laufend zu kontrollieren und zu steuern.

● Aus den Ergebnissen der Buchführung und Kostenrechnung werden neue Ziele abgeleitet, die dann Grundlage für neue Planungen und die Durchführung künftiger Maßnahmen sind.

● Controlling koordiniert Teilpläne der einzelnen Funktionsbereiche der Unternehmung und führt nach Realisierung von Maßnahmen durch Soll-Ist-Vergleiche Kontrollen durch.

1 Der Controller einer Großhandelsunternehmung stellte folgende Daten zur Auswertung zusammen:

	Vorjahr	Abrechnungsjahr
Anzahl der Mitarbeiter	80	84
Anzahl der Arbeitsstunden	128 800	120 960
Umsatz in DM	8 372 000,00	8 588 160,00

a) Ermitteln Sie
   1. die Arbeitsstunden je Mitarbeiter in den Vegleichsjahren,
   2. den Umsatz je Mitarbeiter in den Vergleichsjahren,
   3. den Umsatz je Arbeitsstunde in den Vergleichsjahren!

b) Beurteilen Sie die Umsatzentwicklung im Vergleich zur geleisteten Arbeitszeit!

© Verlag Gehlen

2 Eine Großhandelsunternehmung führt zehn Sortimentsgruppen, für die im letzten Jahr folgende Daten ermittelt wurden:

Sortimentsgruppen	Abrechnungsjahr		Vorjahr	
	Umsatz in TDM	Wareneinsatz in TDM	Umsatz in TDM	Wareneinsatz in TDM
1	1536	960	1440	990
2	2100	1500	2030	1450
3	270	150	500	280
4	2100	1200	2275	1300
5	102	85	48	40
6	432	320	405	300
7	1025	820	1000	800
8	1540	1400	1650	1500
9	360	120	1320	440
10	1080	600	900	500

Die Unternehmungsleitung möchte wissen, welche Sortimentsgruppen besonders gefördert werden sollen. Dazu wünscht sie eine Übersicht über

a) den Umsatzanteil,

b) den Anteil an Aufwand für Waren (Wareneinsatz),

c) den Kalkulationszuschlag

der Warengruppen.

Erstellen Sie diese Übersicht und ordnen Sie dabei die Sortimentsgruppen nach Umsatzgröße!

3 Eine Großhandelsunternehmung ermittelte für die abgelaufene und vorangegangene Rechnungsperiode folgende Daten:

	Abrechnungsjahr	Vorjahr
Umsatzerlöse	6 464 000,00	6 840 000,00
Personalaufwand	600 000,00	680 000,00
Wareneinsatz	3 420 000,00	3 200 000,00
Abschreibungen	320 000,00	330 000,00
Sonstige betriebliche Aufwendungen	650 000,00	640 000,00
Zahl der Beschäftigten	75	80

a) Ermitteln Sie

1. die Aufwandsanteile an den Gesamtaufwendungen,

2. den Rohgewinn und den Reingewinn,

3. den Wirtschaftlichkeitsfaktor der beiden Rechnungsperioden,

4. den Umsatz je Beschäftigten in beiden Jahren!

b) Werten Sie die Ergebnisse aus!

Sachwortverzeichnis

A

Abgang von Gegenständen des AV 309
Abgänge AV 313, 315
Abgrenzungsrechnung 388 ff., 397, 401 ff.
– Aufbau 388
– betriebsbezogene 389 f., 397, 402
– Ergebnis der betriebsbezogenen 389, 391 f.
– Ergebnis der unternehmungsbezogenen 389, 391 f.
– unternehmungsbezogene 389 f., 397, 402
abnutzbares Anlagevermögen 296, 302, 340
Abnutzung 303
– außergewöhnliche technische 303
– außergewöhnliche wirtschaftliche 303
absatzbedingte Liquidität 361
Absatzmarkt 15f.
Absatzwirtschaft 186ff.
Abschlussbuchungen 77
Abschlussgliederungsprinzip 122
Abschreibungen 297
– auf Sachanlagen 296; 303 f.
– außergewöhnliche 278
– außerplanmäßige 303, 305
– bei Anschaffungen im Laufe des Jahres 302
– bilanzmäßige 395 ff.
– Buchung 303
– Finanzierung 395 f.
– geometrisch-deggressive 299, 302, 304
– kalkulatorische 395 ff., 401 ff.
– kumulierte 313, 315
– Leistungsabschreibung 302
– lineare 298, 302, 304
– nach Maßgabe der Leistung 301, 304
– nominelle 397
– Notwendigkeit 296
– planmäßige 297, 305, 337, 340
– substanzielle 397
– uneinbringliche Forderungen 272

Abschreibungsbetrag 298 f., 301
Abschreibungsintensität 368
Abschreibungsmethoden 302, 304, 395 f.
Abschreibungsplan 297
Abschreibungsquote 314
Abschreibungssatz 298
Abschreibungstabelle 302
Absetzung für Abnutzung 297
Abzugskapital 398
AfA 297
AfA-Betrag 304
AfA-Satz 304
AfA-Tabellen 297
Aktiv-Passiv-Mehrung 56
Aktiv-Passiv-Minderung 56
aktive Rechnungsabgrenzungsposten 319 f., 324
Aktivkonten 59f.
Aktivtausch 55
allgemeine Kostenstelle 411
Anderskosten 397, 395, 403
Angebotspreise 422
Anhang 148ff., 334
Ankaufskurs 222
Anlagegüter 294
– Verkauf 309
Anlagekäufe 295
Anlagen
– immaterielle 355
Anlagenabnutzungsgrad 315
Anlagendatei 297 f.
Anlagendeckung I 360
Anlagengitter 312 ff.
Anlagenspiegel 312 ff.
– Auswertung 314
Anlagenwagnis 398
Anlagenwirtschaft 293 ff.
Anlagevermögen 29ff., 294, 312, 358
– Abgang von Gegenständen 309
– abnutzbares 296, 300
– Anordnung 30
– bewegliches abnutzbares 300
– Bewertung 337
– geringwertige Wirtschaftsgüter 304 f.
Anlagevermögensintensität 358

Anschaffungskosten 159, 248, 293 ff., 303, 313, 315, 337, 339
– Berechnung 294 f.
– Buchung 293, 295
Anschaffungskostenminderungen 337
Anschaffungskostenprinzip 303, 336, 340
Anschaffungsnebenkosten 159, 294 f., 337
Anschaffungspreisminderungen 294 f.
Anspannungskoeffizient 358
ARA 319, 324
Arbeitslohn
– steuerfreier 276
– steuerpflichtiger 276
Atbeitnehmersparzulage 287, 289
Aufbereitung des Jahresabschlusses 355
Aufbewahrungspflichten 120
Aufwandsarten 84
aufwandsgleiche Kosten 384
Aufwandsintensität 368
Aufwandsrückstellungen 329
Aufwendungen 82ff., 152f., 383 ff., 403
– außerordentliche 385
– betrieblich außerordentliche 383, f., 389, 391, 403
– betriebliche 381, 367, 386
– betriebsfremde 383 ff., 391, 403
– neutrale 385 f., 403
– periodenfremde 384
Außenwert 222
außergewöhnliche Belastungen 278
außergewöhnliche technische Abnutzung 303
außergewöhnliche wirtschaftliche Abnutzung 303
außerplanmäßige Abschreibung 303, 305
Auswertung
– GuV-Rechnung 366 ff.
– Jahresabschluss 352 ff.
– Methoden 353, 363
– Notwendigkeit 353